CAD/CAM/CAE 工程应用丛书

ANSYS 17.0 有限元分析完全自学手册

第 2 版

贾长治　李志尊　等编著

机 械 工 业 出 版 社

本书分为两篇，第一篇为操作基础篇，详细介绍了 ANSYS 分析全流程的基本步骤和方法，共 7 章：第 1 章介绍 ANSYS 入门基础；第 2 章介绍创建几何模型；第 3 章介绍模型创建过程；第 4 章介绍模型的网格划分；第 5 章介绍载荷施加及载荷步；第 6 章介绍有限元模型求解；第 7 章介绍通用及时间历程后处理。第二篇为专题实例篇，按不同的分析专题讲解了各种分析专题的参数设置方法与技巧，共 11 章：第 8 章介绍结构静力分析；第 9 章介绍模态分析；第 10 章介绍谱分析；第 11 章介绍谐响应分析；第 12 章介绍瞬态动力学分析；第 13 章介绍非线性分析；第 14 章介绍接触问题分析；第 15 章介绍结构屈曲分析；第 16 章介绍热力学分析；第 17 章为电磁场分析；第 18 章介绍耦合场分析。书中所有实例的模型素材文件和命令代码均在随书附赠网盘中，读者可扫描封底相应二维码自行下载。

本书适用于 ANSYS 软件的初、中级用户，以及有初步使用经验的技术人员；本书可作为理工科院校相关专业的高年级本科生、研究生及教师学习 ANSYS 软件的培训教材，也可作为从事结构分析相关行业的工程技术人员使用 ANSYS 软件的参考书。

图书在版编目（CIP）数据

ANSYS 17.0 有限元分析完全自学手册/贾长治等编著．—2 版．—北京：机械工业出版社，2017.6
（CAD/CAM/CAE 工程应用丛书）
ISBN 978-7-111-57211-4

Ⅰ．①A…　Ⅱ．①贾…　Ⅲ．①有限元分析－应用软件－手册　Ⅳ．①O241.82－39

中国版本图书馆 CIP 数据核字（2017）第 137620 号

机械工业出版社（北京市百万庄大街 22 号　邮政编码 100037）
策划编辑：张淑谦　　责任编辑：张淑谦
责任校对：张艳霞　　责任印制：李　昂
三河市宏达印刷有限公司印刷
2017 年 7 月第 2 版・第 1 次印刷
184mm×260mm・23.25 印张・565 千字
0001－3000 册
标准书号：ISBN 978-7-111-57211-4
定价：69.80 元

凡购本书，如有缺页、倒页、脱页，由本社发行部调换

电话服务
服务咨询热线：（010）88361066
读者购书热线：（010）68326294
（010）88379203

网络服务
机 工 官 网：www.cmpbook.com
机 工 官 博：weibo.com/cmp1952
教育服务网：www.cmpedu.com
金 书 网：www.golden-book.com

前　　言

随着市场竞争的日趋激烈，制造厂商们对 CAE 在产品设计制造过程中的重要作用认识得越来越清楚。CAD 技术着重解决的是产品的设计质量问题（如造型、装配、出图等）；CAM 技术着重解决的是产品的加工质量问题；而 CAE 技术着重解决的是产品的性能问题。由于产品性能仿真所涉及的内容及学科多样性、合作对象的多元化，因此设计和制造厂商对于能够将各种设计、分析、制造、测试软件紧密有效地集成为一个易学易用的完整框架系统的需求也就变得更加迫切，从而最大限度地降低开发成本、缩短设计周期。

ANSYS 软件是一款大型通用有限元分析（FEA）软件，它能够进行包括结构、热、声、流体以及电磁场等学科的研究，在核工业、铁道、石油化工、航空航天、机械制造、能源、汽车交通、国防军工、电子、土木工程、造船、生物医药、轻工、地矿、水利和日用家电等领域有着广泛的应用。

本书对 ANSYS 分析的基本思路、操作步骤、应用技巧进行了详细介绍，并结合典型工程应用实例详细讲述了 ANSYS 具体工程应用方法。书中尽量避开了烦琐的理论描述，从实际应用出发，结合作者使用该软件的经验，采用 GUI 方式一步一步地对操作过程和步骤进行讲解。为了帮助用户熟悉 ANSYS 的相关操作命令，在每个实例的后面列出了分析过程的命令流文件。

本书分为两篇，第一篇为操作基础篇，详细介绍了 ANSYS 分析全流程的基本步骤和方法，共 7 章：第 1 章介绍 ANSYS 入门基础；第 2 章介绍创建几何模型；第 3 章介绍模型创建过程；第 4 章模型的网格划分；第 5 章介绍载荷施加及载荷步；第 6 章介绍有限元模型求解；第 7 章介绍通用及时间历程后处理。第二篇为专题实例篇，按不同的分析专题讲解了各种分析专题的参数设置方法与技巧，共 11 章：第 8 章介绍结构静力分析；第 9 章介绍模态分析；第 10 章介绍谱分析；第 11 章介绍谐响应分析；第 12 章介绍瞬态动力学分析；第 13 章介绍非线性分析；第 14 章介绍接触问题分析；第 15 章介绍结构屈曲分析；第 16 章介绍热力学分析；第 17 章介绍电磁场分析；第 18 章介绍耦合场分析。本书还附赠超值多媒体网盘资源，除了有每一个实例 GUI 实际操作步骤的视频以外，还以文本文件的格式给出了每个实例的命令流文件，用户可以直接调用。

本书由三维书屋工作室策划，主要由军械工程学院的贾长治、李志尊两位老师编写，此外，胡仁喜、康士廷、谢江坤、闫聪聪、李亚莉、孟培、闫国超、刘昌丽、孙立明、张亭、甘勤涛、杨雪静、吴秋彦和井晓翠也参与了部分章节的编写工作，在此向他们表示衷心的感谢。

本书适用于 ANSYS 软件的初、中级用户，以及有初步使用经验的技术人员；本书可作为理工科院校相关专业的高年级本科生、研究生及教师学习 ANSYS 软件的培训教材，也可作为从事结构分析相关行业的工程技术人员使用 ANSYS 软件的参考书。另外，由于作者的水平有限，缺点和错误在所难免，恳请专家和广大读者不吝赐教，或者登录 www. sjzswsw. com 或联系 win760520@ 126. com 邮箱批评指正。

本书所有实例的模型素材文件及命令代码均在随书附赠网盘资料中，读者可扫描封底机械工业出版社计算机分社官方微信订阅号“IT 有得聊”自行下载，并可获得更多增值服务和最新资讯。

为了方便广大读者下载和安装软件，交流学习心得，作者特设立了专门的 ANSYS 学习 QQ 群：180284277，为广大读者提供指导和咨询，及时推送各种最新学习资料，欢迎广大读者登录交流。

作者

目 录

前言

操作基础篇

专题实例篇

操作基础篇

ANSYS 入门简述

知识导引

本章简要介绍 ANSYS 17.0。有限元分析的常用术语、分析过程以及 ANSYS 的启动、配置方法，最后带领读者认识了 ANSYS 分析的基本过程。

- ANSYS 概述
- ANSYS 17.0 的安装与启动
- ANSYS 分析求解过程
- ANSYS 文件系统管理

1.1 ANSYS 概述

ANSYS 软件可在大多数计算机及操作系统中运行，从个人计算机到工作站直到巨型计算机，ANSYS 文件在其所有的产品系列和工作平台上均兼容。ANSYS 多物理场耦合的功能，允许在同一模型上进行各式各样的耦合计算成本，如热 - 结构耦合、磁 - 结构耦合以及电 - 磁 - 流体 - 热耦合，在个人计算机上生成的模型同样可运行于巨型计算机上，这样就确保了 ANSYS 对多领域多变工程问题的求解。

1.1.1 ANSYS 的功能

1. 结构分析

静力分析——用于静态载荷。可以考虑结构的线性及非线性行为，例如，大变形、大应变、应力刚化、接触、塑性、超弹性及蠕变等。

模态分析——计算线性结构的自振频率及振形，谱分析是模态分析的扩展，用于计算由随机振动引起的结构应力和应变（也叫作响应谱或 PSD）。

谐响应分析——确定线性结构对随时间按正弦曲线变化的载荷的响应。

瞬态动力学分析——确定结构对随时间任意变化的载荷的响应。可以考虑与静力分析相同的结构非线性行为。

特征屈曲分析——用于计算线性屈曲载荷并确定屈曲模态形状（结合瞬态动力学分析可以实现非线性屈曲分析）。

专项分析——断裂分析、复合材料分析、疲劳分析。

专项分析用于模拟非常大的变形，惯性力占支配地位，并考虑所有的非线性行为。它的显式方程求解冲击、碰撞、快速成型等问题，是目前求解这类问题最有效的方法。

2. ANSYS 热分析

热分析一般不是单独的，其后往往进行结构分析，计算由于热膨胀或收缩不均匀引起的应力。热分析包括以下类型。

相变（熔化及凝固）——金属合金在温度变化时的相变，如铁合金中马氏体与奥氏体的转变。

内热源（如电阻发热等）——存在热源问题，如加热炉中对试件进行加热。

热传导——热传递的一种方式，当相接触的两物体存在温度差时发生。

热对流——热传递的一种方式，当存在流体、气体和温度差时发生。

热辐射——热传递的一种方式，只要存在温度差时就会发生，可以在真空中进行。

3. ANSYS 电磁分析

电磁分析中考虑的物理量是磁通量密度、磁场密度、磁力、磁力矩、阻抗、电感、涡流、耗能及磁通量泄漏等。磁场可由电流、永磁体、外加磁场等产生。磁场分析包括以下类型。

静磁场分析——计算直流电（DC）或永磁体产生的磁场。

交变磁场分析——计算由于交流电（AC）产生的磁场。

瞬态磁场分析——计算随时间随机变化的电流或外界引起的磁场。

电场分析——用于计算电阻或电容系统的电场。典型的物理量有电流密度、电荷密度、电场及电阻热等。

高频电磁场分析——用于微波及 RF 无源组件，波导、雷达系统、同轴连接器等。

4. ANSYS 流体分析

流体分析主要用于确定流体的流动及热行为。流体分析包括以下类型。

CFD（Coupling Fluid Dynamic，耦合流体动力）——ANSYS/FLOTRAN 提供了强大的计算流体动力学分析功能，包括不可压缩或可压缩流体、层流及湍流以及多组分流等。

声学分析——考虑流体介质与周围固体的相互作用，进行声波传递或水下结构的动力学分析等。

容器内流体分析——考虑容器内的非流动流体的影响。可以确定由于晃动引起的静力压力。

流体动力学耦合分析——在考虑流体约束质量的动力响应基础上，在结构动力学分析中使用流体耦合单元。

5. ANSYS 耦合场分析

耦合场分析主要考虑两个或多个物理场之间的相互作用。如果两个物理场之间相互影响，单独求解一个物理场是不可能得到正确结果的，因此需要一个能够将两个物理场组合到一起求解的分析软件。例如，在压电力分析中，需要同时求解电压分布（电场分析）和应变（结构分析）。

1.1.2 ANSYS 的发展

ANSYS 能与多数 CAD 软件结合使用，实现数据共享和交换，如 AutoCAD、I－DEAS、Creo、NASTRAN、Alogor 等。

ANSYS 软件提供了一个不断改进的功能清单，具体包括：结构高度非线性分析、电磁分析、计算流体力学分析、设计优化、接触分析、自适应网格划分、大应变/有限转动功能以及利用 ANSYS 参数设计语言（APDL）的扩展宏命令功能。基于 Motif 的菜单系统使用户能够通过对话框、下拉菜单和子菜单进行数据输入和功能选择，为用户使用 ANSYS 提供“导航”。

1.2 ANSYS 17.0 的安装与启动

1.2.1 设置运行环境

在使用 ANSYS 17.0 软件进行设计之前，可以根据用户的需求设计环境。

用鼠标依次选择“开始”>“程序”>【ANSYS 17.0】>【Mechanical APDL Product Launcher】得到图 1-1 所示的对话框，主要设置内容有模块选择、文件管理、用户管理/个人设置和程序初始化等。

1. 模块选择

在 Simulation Environment（数值模拟环境）下拉列表框中列出了以下 3 种界面。

1）ANSYS：典型 ANSYS 用户界面。

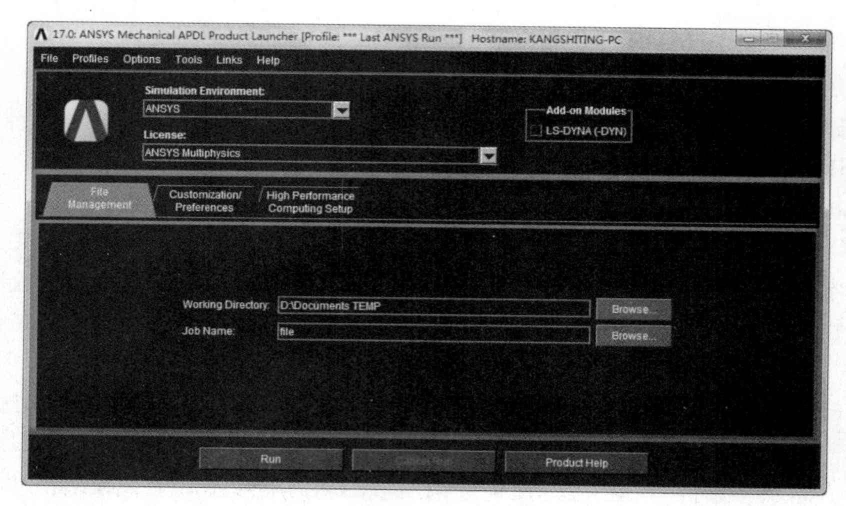

图 1-1　ANSYS 17.0 初始设置界面

2）ANSYS Batch：ANSYS 命令流界面。

3）LS－DYNA Solver：线性动力求解界面。

用户可以根据自己实际需要选择一种界面。

在 License 下拉列表框中列出了各种界面下相应的模块：ANSYS Multiphysics、ANSYS Multiphysics/LS－DYNA、ANSYS Mechanical Enterprise、ANSYS Mechanical Premium 等，用户可根据自己要求选择，如图 1-2 所示。

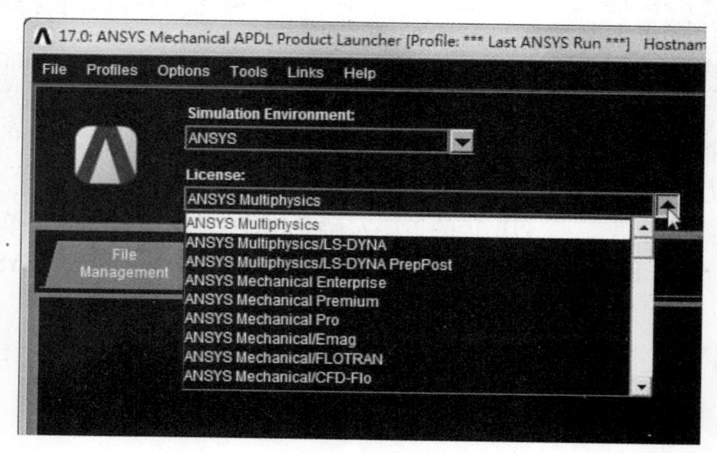

图 1-2　License 下拉列表框

2. 文件管理

用鼠标单击 File Management（文件管理）选项卡，然后在 Working Directory（工作目录）文本框设置工作目录，再在 Job Name（文件名）中设置文件名，默认文件名叫 File。

注意：

ANSYS 默认的工作目录是系统所在硬盘分区的根目录，如果一直采用这一设置，会影响 ANSYS 17.0 的工作性能，建议将工作目录设置在非系统所在硬盘分区中，且要有足够大的硬盘容量。

注意：

初次运行 ANSYS 时默认文件名为 File，重新运行时工作文件名默认为上一次定义的工作名。为防止对之前工作内容的覆盖，建议每次启动 ANSYS 时更改文件名，以便备份。

3. 用户管理/个人设置

用鼠标单击 Customization/Preferences（用户管理/个人设置）选项卡，就可以得到图 1-3 所示的 Customization/Preferences 界面。

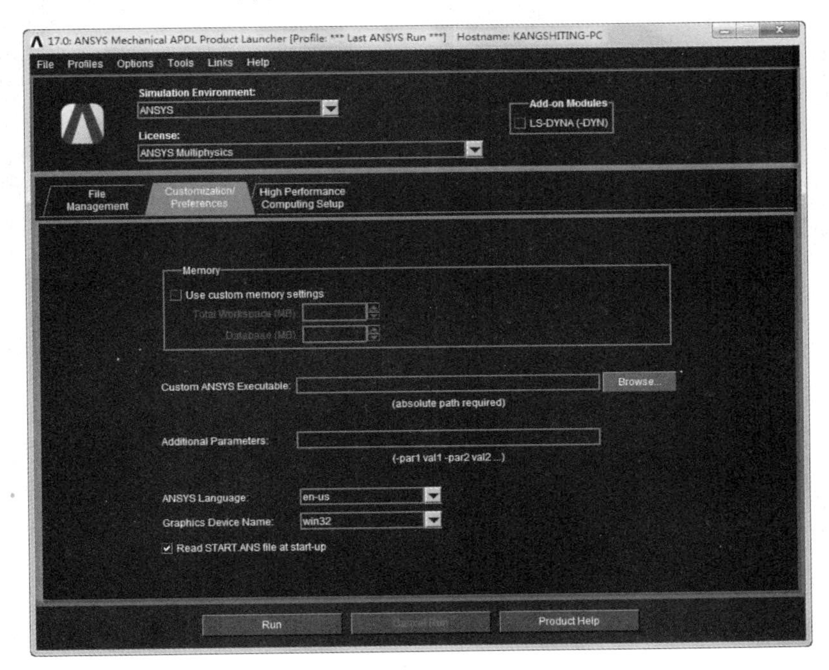

图 1-3 Customization/Preferences 界面

用户管理中可设定数据库的大小和进行内存管理，个人设置中可设置自己喜欢的用户环境：在 Language Selection 中选择语言；在 Graphics Device Name 中对显示模式进行设置（Win32 提供 9 种颜色等值线，Win32c 提供 108 种颜色等值线；3D 针对 3D 显卡，适宜显示三维图形）；在 Read START file at start - up 中设定是否读入启动文件。

4. 运行程序

完成以上设置后，用鼠标单击 Run 按钮就可以运行 ANSYS 17.0 程序了。

1.2.2 启动与退出

1. 启动 ANSYS 17.0

1）快速启动：在 Window 系统中依次执行“开始” > “程序” > ANSYS 17.0 > Mechanical APDL 17.0（ANSYS）命令，如图 1-4a 所示菜单，就可以快速启动 ANSYS 17.0，采用的用户环境默认为上一次运行的环境配置。

2）交互式启动：在 Windows 系统中依次执行“开始” > “程序” > ANSYS 17.0 > Mechanical APDL Product Launcher 命令，如图 1-4b 所示菜单，就是以交互式启动 ANSYS 17.0。

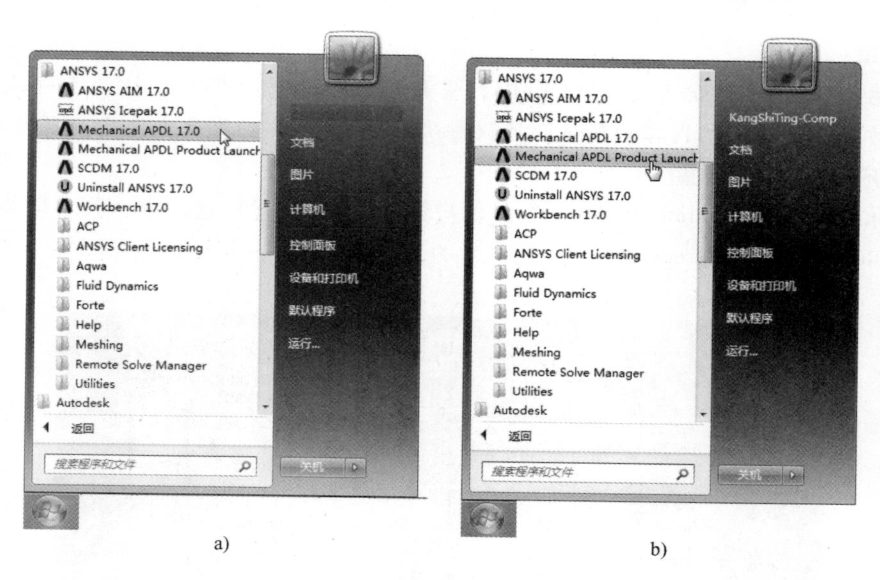

图 1-4　ANSYS 17.0 启动方式
a）快速启动　b）交互式启动

注意：

建议用户选用交互式启动，这样可防止上一次运行的结果文件被覆盖，并且还可以重新选择工作目录和工作文件名，便于用户管理。

2. 退出 ANSYS 17.0

1）命令方式：/EXIT。

2）GUI 路径：用户界面中用鼠标单击 ANSYS Toolbar（工具条）中的 QUIT 按钮，或 Utility Menu > File > EXIT，出现 ANSYS 17.0 程序 Exit 对话框，如图 1-5 所示。

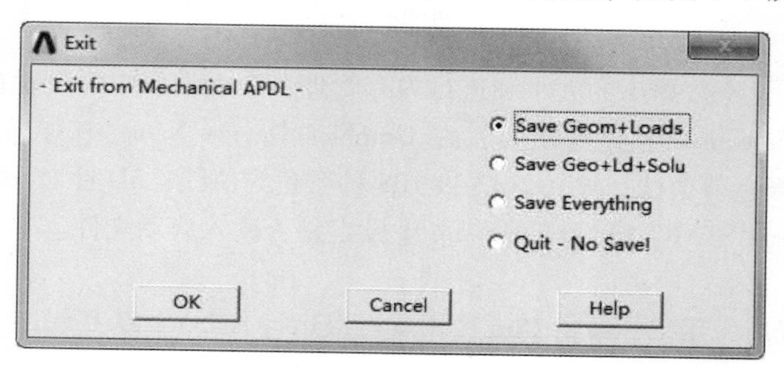

图 1-5　ANSYS 17.0 程序 Exit 对话框

3）在 ANSYS 17.0 输出窗口单击“关闭”按钮。

注意：

采用第一种和第三种方式退出时，ANSYS 会直接退出；而采用第二种方式时，退出 ANSYS 前要求用户对当前的数据库（几何模型、载荷、求解结果及三者的组合，或者什么都不保存）进行选择性操作，因此建议用户采用第二种方式退出。

1.3 ANSYS 分析求解过程

从总体上讲，ANSYS 软件有限元分析包含前处理、求解和后处理 3 个基本过程，如图 1-6 所示，它们分别对应 ANSYS 主菜单系统中 Processor（前处理）、Solution（求解器）、General Postproc（通用后处理器）与 TimeHist Postproc（时间历程处理器）。

ANSYS 软件包含多种有限元分析功能，从简单的线性静态分析到复杂的非线性动态分析，以及热分析、流固耦合分析、电磁分析、流体分析等。ANSYS 具体应用到每一个不同的工程领域，其分析方法和步骤有所差别，本节主要讲述对大多数分析过程都适用的一般步骤。

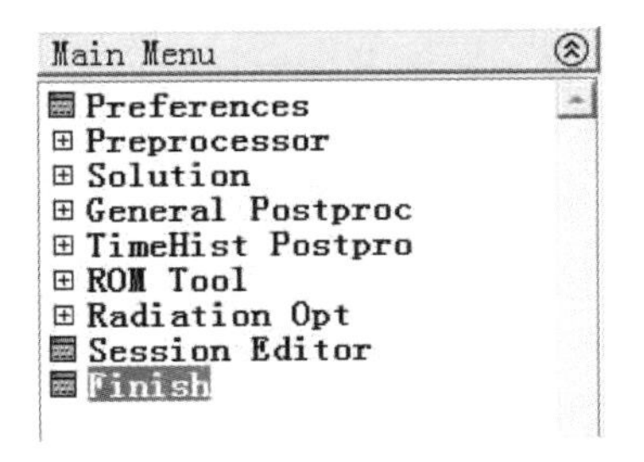

图 1-6　分析主菜单

一个典型的 ANSYS 分析过程可分为以下 3 个步骤：

1）建立模型。

2）加载求解。

3）查看分析结果。

其中，建立模型包括参数定义、实体建模和划分网格；加载求解包括施加载荷、边界条件和进行求解运算；查看分析结果包括查看分析结果和分析处理并评估结果。

1.3.1 创建模型

创建模型包括创建实体模型、定义单元属性、划分有限元网格、修正模型等几项内容。现今大部分的有限元模型都用实体模型建模，类似于 CAD，ANSYS 以数学的方式表达结构的几何形状，然后在里面划分节点和单元，还可以在几何模型边界上方便地施加载荷，但是实体模型并不参与有限元分析，所以施加在几何实体边界上的载荷或约束必须最终传递到有限元模型上（单元或节点）进行求解，这个过程通常是 ANSYS 程序自动完成的。

用户可以通过以下 4 种途径创建 ANSYS 模型。

1）在 ANSYS 环境中创建实体模型，然后划分有限元网格。

2）在其他软件（如 CAD）中创建实体模型，然后导入 ANSYS 环境，经过修正后划分有限元网格。

3）在 ANSYS 环境中直接创建节点和单元。

4）在其他软件中创建有限元模型，然后将节点和单元数据导入 ANSYS。

单元属性是指划分网格以前必须指定的所分析对象的特征，这些特征包括：材料属性、单元类型、实常数等。需要强调的是，除了磁场分析以外，用户不需要告诉 ANSYS 使用的是什么单位制，只需要自己决定使用何种单位制，然后确保所有输入值的单位制统一，单位制影响输入的实体模型尺寸、材料属性、实常数及载荷等。

1.3.2 加载及求解

ANSYS 中的载荷可分为以下几类。

1）自由度 DOF——定义节点的自由度（DOF）值（如结构分析的位移、热分析的温度、电磁分析的磁势等）。

2）面载荷（包括线载荷）——作用在表面的分布载荷（如结构分析的压力、热分析的热对流、电磁分析的麦克斯韦表面等）。

3）体积载荷——作用在体积上或场域内（如热分析的体积膨胀和内生成热，电磁分析的磁流密度等）。

4）惯性载荷——结构质量或惯性引起的载荷（如重力，加速度等）。

在进行求解之前，用户应进行分析数据检查，包括以下内容。

1）单元类型和选项，材料性质参数，实常数以及统一的单位制。

2）单元实常数和材料类型的设置，实体模型的质量特性。

3）确保模型中没有不应存在的缝隙（特别是从 CAD 中输入的模型）。

4）壳单元的法向，节点坐标系。

5）集中载荷和体积载荷，面载荷的方向。

6）温度场的分布和范围，热膨胀分析的参考温度。

1.3.3 两个后处理

ANSYS 提供了两个后处理器：

1）通用后处理（POST1）——用来观看整个模型在某一时刻的结果。

2）时间历程后处理（POST26）——用来观看模型在不同时间段或载荷步上的结果，常用于处理瞬态分析和动力分析的结果。

1.4 ANSYS 文件系统管理

本节简要讲述一下 ANSYS 文件的类型和文件管理相关知识。

1.4.1 文件类型

ANSYS 程序广泛应用文件来存储和恢复数据，特别是在求解分析时。这些文件被命名为 jobname. ext，其中 jobname 是默认的工作名，默认作业名为 file，用户可以更改，最大长度可达 32 个字符，但必须是英文名，ANSYS 不支持中文的文件名；ext 是由 ANSYS 定义的唯一的由 2 ~4 个字符组成的扩展名，用于表明文件的内容。

ANSYS 程序运行产生的文件中，有一些文件在 ANSYS 在运行结束前产生但在某一时刻会自动删除，这些文件称为临时文件（见表 1-1）；另外一些文件在运行结束后保留的文件则称为永久文件（见表 1-2）。

表 1-1 ANSYS 产生的临时文件

文 件 名	类 型	内 容
Jobname. ano	文本	图形注释命令
Jobname. bat	文本	从批处理输入文件中复制的输入数据
Jobname. don	文本	嵌套层（级）的循环命令
Jobname. erot	二进制	旋转单元矩阵文件
Jobname. page	二进制	ANSYS 虚拟内存页文件

表 1-2 ANSYS 产生的永久性文件

文件名	类型	内容	文件名	类型	内容
Jobname. out	文本	输出文件	Jobname. grph	文本	图形文件
Jobname. db	二进制	数据文件	Jobname. emat	二进制	单元矩阵文件
Jobname. rst	二进制	结构与耦合分析文件	Jobname. log	文本	日志文件
Jobname. rth	二进制	热分析文件	Jobname. err	文本	错误文件
Jobname. rmg	二进制	磁场分析文件	Jobname. elem	文本	单元定义文件
Jobname. rfl	二进制	流体分析文件	Jobname. esav	二进制	单元数据存储文件
Jobname. sn	文本	载荷步文件			

临时文件一般是计算过程中存储某些中间信息的文件，如 ANSYS 虚拟内存页（Jobname. page）以及旋转某些中间信息的文件（Jobname. erot）等。

1.4.2 文件管理

1. 指定文件名

ANSYS 的文件名有以下 3 种方式来指定。

1）进入 ANSYS 后，通过以下方法实现更改工作文件名。

```
命令:/FILNAME,fname
GUI:Utility Menu > FILE > Change Jobname….
```

2）由 ANSYS 交互式启动器进入 ANSYS 后，直接运行，则 ANSYS 的文件名默认为 file。

3）由 ANSYS 交互式启动器进入 ANSYS 后，在运行环境设置窗口中 job name 项中把系统默认的 file 更改为用户想要输入的文件名。

2. 保存数据库文件

ANSYS 数据库文件包含了建模、求解、后处理所产生的保存在内存中的数据，一般指存储几何信息、节点单元信息、边界条件、载荷信息、材料信息、位移、应变、应力和温度等数据库文件，扩展名为 . db。

存储操作将 ANSYS 数据库文件从内存中写入数据库文件 jobname. db，作为数据库当前状态的一个备份。由于 ANSYS 软件没有其他有限元软件的即时 Undo 功能以及自动保存功能，因此，建议用户在不能确定下一个操作是否稳妥时，保存一下当前数据库，以便及时恢复。

Toolbar
SAVE_DB | RESUM_DB | QUIT | POWRGRPH

图 1-7 ANSYS 文件的存储与读取快捷方式

ANSYS 提供以下 3 种方式存储数据库。

1）利用工具栏上面的 SAVE_DB 命令，如图 1-7 所示。

2）使用命令流方式进行存储数据库：

```
命令:SAVE,Fname,ext,dir,slab
```

3）用下拉菜单方式保存数据库：

```
GUI:Utility Menu > FILE > Save as jobname. db
    或 Utility Menu > FILE > Save as ……
```

注意：

Save asjobname. db 表示以工作文件名保存数据库；而 Save as ……程序将数据保存到另

外一个文件名中，当前的文件内容并不会发生改变，保存之后进行的操作仍记录在原来的工作、文件的数据库中。

重复存储到一个同名数据库文件，ANSYS 先将旧文件复制到 jobname. dbb 作为备份，用户可以恢复它，相当于执行一次 Undo 操作。

在求解之前保存数据库。

3. 恢复数据库文件

ANSYS 提供了以下三种方式恢复数据库。

1）利用工具栏上面的 RESUM_DB 命令，如图 1-7 所示。

2）使用命令流方式进行数据库恢复。

命令:Resume,Fname,ext,dir,slab

3）用下拉菜单方式恢复数据库。

GUI:Utility Menu > FILE > Resume jobname. db
或 Utility Menu > FILE > Resume from ……

4. 读入文本文件

ANSYS 程序经常需要读入一些文本文件，如参数文件、命令文件、单元文件、材料文件等，常见读入文本文件的操作如下。

1）读取 ANSYS 命令记录文件。

命令:/Input,fname,ext, -- ,line,log
GUI:Utility Menu > FILE > Read input from

2）读取宏文件。

命令: * Use,name,arg1,arg2,…,arg18
GUI:Utility Menu > Macro > Execute Data Block

3）读取材料参数文件。

命令:Parres,lab,fname,ext,…
GUI:Utility Menu > Parameters > Restore Parameters

4）读取材料特性文件。

命令:Mpread,fname,ext, -- ,lib
GUI:Main Menu > Preprocess > Material Props > Read from File
或 Main Menu > Preprocess > Loads > Other > Change Mat Props > Read from File
或 Main Menu > Solution > Load step opts > Other > change Mat Props > Read from File

5）读取单元文件。

命令:Nread,fname,ext, --
GUI:Main Menu > Preprocess > Modeling > Creat > Elements > Read Elem File

6）读取节点文件。

命令:Nread,fname,ext, --
GUI: Main Menu > Preprocess > Modeling > Creat > Nodes > Read Node File

5. 写出文本文件

1）写入参数文件。

命令:Parsav,lab,fname,ext,…
GUI: Utility Menu > Parameters > Save Parameters

2）写材料特性文件。

命令:Mpwrite,fname,ext,…,lib,mat
GUI:Main Menu > Preprocess > Material Props > Write to File
或 Main Menu > Preprocess > Loads > Other > Change Mat Props > Write to File
或 Main Menu > Solution > Load step opts > Other > change Mat Props > Write to File

3）写入单元文件。

命令:Ewrite,fname,ext, -- ,kappnd,format
GUI:Main Menu > Preprocess > Modeling > Creat > Elements > Write Elem File

4）写入节点文件。

命令:Nwrite,fname,ext, -- ,kappnd
GUI:Main Menu > Preprocess > Modeling > Creat > Elements > Write Node File

6. 文件操作

ANSYS 的文件操作相当于操作系统中的文件操作功能，如重命名文件、复制文件和删除文件等。

1）重命名文件。

命令:/rename,fname,ext, -- ,fname2,ext2,…
GUI:Utility Menu > File > File Operation > Rename

2）复制文件。

命令:/copy,fname,ext1, -- ,fname2,ext2,…
GUI:Utility Menu > File > File Operation > Copy

3）删除文件。

命令:/delete,fname,ext, --
GUI:Utility Menu > File > File Operation > Delete

7. 列表显示文件信息

1）列表显示 Log 文件。

GUI:Utility Menu > File > List > Log Files
或 Utility Menu > List > File s > Log Files

2）列表显示二进制文件。

GUI:Utility Menu > File > List > Binary Files
或 Utility Menu > List > File s > Binary Files

3）列表显示错误信息文件。

GUI:Utility Menu > File > List > Error Files
或 Utility Menu > List > File s > Error Files

第2章

创建几何模型

知识导引

本章介绍几何模型创建的基础知识，包括坐标系基础、工作平面的使用、布尔操作及移动、复制和缩放几何模型。

- 坐标系基础
- 工作平面的使用
- 布尔操作
- 移动、复制和缩放几何模型
- 实例——框架结构的实体建模

2.1 坐标系基础

ANSYS 有以下 5 种坐标系供选择。

1）总体和局部坐标系：用来定位几何形状参数（节点、关键点等）和空间位置。

2）显示坐标系：用于几何形状参数的列表和显示。

3）节点坐标系：定义每个节点的自由度和节点结果数据的方向。

4）单元坐标系：确定材料特性主轴和单元结果数据的方向。

5）结果坐标系：用来列表、显示或在通用后处理操作中将节点和单元结果转换到一个特定的坐标系中。

2.1.1 总体及局部坐标系

总体坐标系和局部坐标系用来定位几何体。默认地，当定义一个节点或关键点时，其坐标系为总体笛卡儿坐标系。可是对有些模型，定义为不是总体笛卡儿坐标系的另外坐标系可能更方便。ANSYS 程序允许用任意预定义的 3 种（总体）坐标系的任意一种来输入几何数据，或者在任何其他定义的（局部）坐标系中进行此项工作。

1. 总体坐标系

总体坐标系被认为是一个绝对的参考系。ANSYS 程序提供了前面定义的 3 种总体坐标系：笛卡儿坐标系、柱坐标系和球坐标系，这 3 种坐标系都是右手系，而且有共同的原点。

图 2-1a 表示笛卡儿坐标系；图 2-1b 表示一类圆柱坐标系（其 Z 轴同笛卡儿坐标系的 Z 轴一致），坐标系统标号是 1；图 2-1c 表示球坐标系，坐标系统标号是 2；图 2-1d 表示两类圆柱坐标系（Z 轴与笛卡儿坐标系的 Y 轴一致），坐标系统标号是 3。

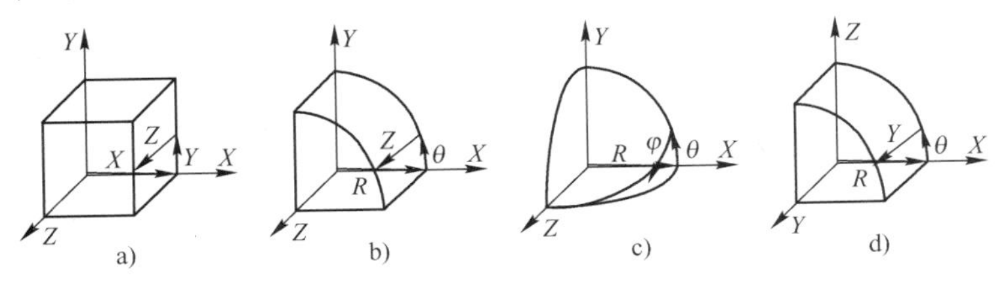

图 2-1　总体坐标系

2. 局部坐标系

在许多情况下，必须要建立自己的坐标系。其原点与总体坐标系的原点偏移一定距离，或其方位不同于先前定义的总体坐标系，图 2-2 表示一个局部坐标系，它是通过用于局部、节点或工作平面坐标系旋转的欧拉旋转角来定义的。可以按以下方式定义局部坐标系。

1）按总体笛卡儿坐标定义局部坐标系。

命令：LOCAL。
GUI：Utility Menu > WorkPlane > Local Coordinate Systems > Create Local CS > At Specified Loc +。

2）通过已有节点定义局部坐标系。

命令：CS
GUI：Utility Menu > WorkPlane > Local Coordinate Systems > Create Local CS > By 3 Nodes +。

3）通过已有关键点定义局部坐标系。

命令：CSKP。
GUI：Utility Menu > WorkPlane > Local Coordinate Systems > Create Local CS > By 3 Keypoints +。

4）以当前定义的工作平面的原点为中心定义局部坐标系。

命令：CSWPLA。
GUI：Utility Menu > WorkPlane > Local Coordinate Systems > Create Local CS > At WP Origin。

图 2-1 中 X，Y，Z 表示总体坐标系，然后通过旋转该总体坐标系来建立局部坐标系。图 2-2a 表示将总体坐标系绕 Z 轴旋转一个角度得到 $X1$，$Y1$，$Z(Z1)$；图 2-2b 表示将 $X1$，$Y1$，$Z(Z1)$ 绕 $X1$ 轴旋转一个角度得到 $X1(X2)$，$Y2$，$Z2$。

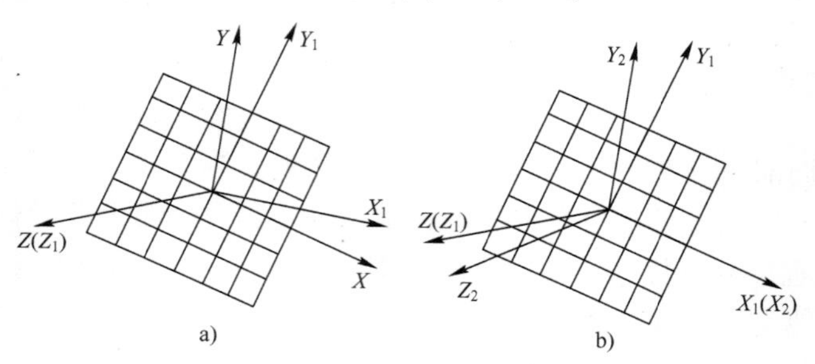

图 2-2　局部坐标系

当定义了一个局部坐标系后，它就会被激活。当创建了局部坐标系后，分配给它一个坐标系号（必须是 11 或更大），可以在 ANSYS 程序中的任何阶段建立或删除局部坐标系。若要删除一个局部坐标系，可以利用下面的方法。

命令：CSDELE。
GUI：Utility Menu > WorkPlane > Local Coordinate Systems > Delete Local CS。

若要查看所有的总体和局部坐标系，可以使用下面的方法。

命令：CSLIST。
GUI：Utility Menu > List > Other > Local Coord Sys。

与 3 个预定义的总体坐标系类似，局部坐标系可以是笛卡儿坐标系、柱坐标系或球坐标系。局部坐标系可以是圆的，也可以是椭圆的，另外，还可以建立环形局部坐标系，如图 2-3 所示。

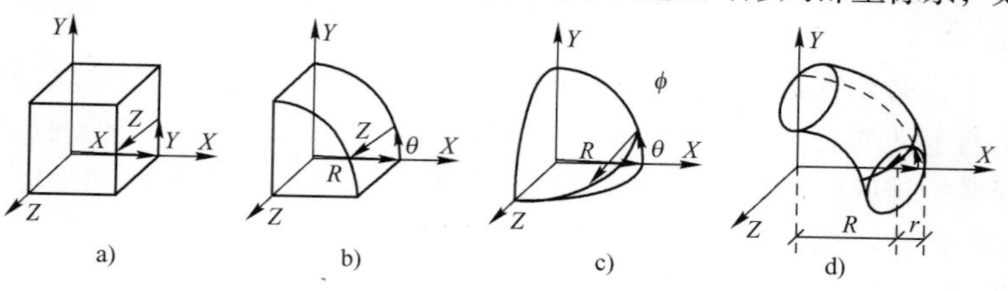

图 2-3　局部坐标系类型

图 2-3a 表示局部笛卡儿坐标系；图 2-3b 表示局部圆柱坐标系；图 2-3c 表示局部球坐标系；图 2-3d 表示局部环坐标系。

3. 坐标系的激活

可以定义多个坐标系，但某一时刻只能有一个坐标系被激活。激活坐标系的方法如下。

首先自动激活总体笛卡儿坐标系，当定义一个新的局部坐标系时，这个新的坐标系就会自动被激活，如果要激活一个总体坐标系或以前定义的坐标系，可用以下列方法。

命令：CSYS。
GUI：Utility Menu > WorkPlane > Change Active CS to > Global Cartesian。
Utility Menu > WorkPlane > Change Active CS to > Global Cylindrical。
Utility Menu > WorkPlane > Change Active CS to > Global Spherical。
Utility Menu > WorkPlane > Change Active CS to > Specified Coord Sys。
Utility Menu > WorkPlane > Change Active CS to > Working Plane。

在 ANSYS 程序运行的任何阶段都可以激活某个坐标系，若没有明确改变激活的坐标系，当前激活的坐标系将一直保持不变。

在定义节点或关键点时，不管哪个坐标系是激活的，程序都将坐标标为 X、Y 和 Z，如果激活的不是笛卡儿坐标系，应将 X、Y 和 Z 理解为柱坐标中的 R、θ、Z 或球坐标系中的 R、θ 和 φ。

2.1.2 显示坐标系

在默认情况下，即使是在坐标系中定义的节点和关键点，其列表都显示它们的总体笛卡儿坐标，可以用下列方法改变显示坐标系。

命令：DSYS。
GUI：Utility Menu > WorkPlane > Change Display CS to > Global Cartesian。
Utility Menu > WorkPlane > Change Display CS to > Global Cylindrical。
Utility Menu > WorkPlane > Change Display CS to > Global Spherical。
Utility Menu > WorkPlane > Change Display CS to > Specified Coord Sys。

改变显示坐标系也会影响图形显示。除非有特殊的需要，一般在用诸如“NPLOT，EPLOT”命令显示图形时，应将显示坐标系重置为总体笛卡儿坐标系。DSYS 命令对 LPLOT、APLOT 和 VPLOT 命令无影响。

2.1.3 节点坐标系

总体和局部坐标系用于几何体的定位，而节点坐标系则用于定义节点自由度的方向。每个节点都有自己的节点坐标系，默认情况下，它总是平行于总体笛卡儿坐标系（与定义节点的激活坐标系无关）。可用下列方法将任意节点坐标系旋转到所需方向，如图 2-4 所示。

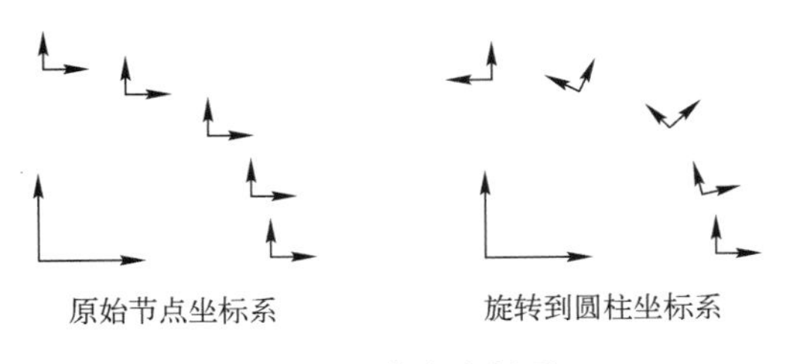

图 2-4　节点坐标系

1）将节点坐标系旋转到激活坐标系的方向。即节点坐标系的 X 轴转成平行于激活坐标系的 X 轴或 R 轴，节点坐标系的 Y 轴旋转到平行于激活坐标系的 Y 或 θ 轴，节点坐标系的 Z 轴转成平行于激活坐标系的 Z 或 ϕ 轴。

命令：NROTAT。
GUI：Main Menu > Preprocessor > Modeling > Create > Nodes > Rotate Node CS > To Active CS。
Main Menu > Preprocessor > Modeling > Move/Modify > Rotate Node CS > To Active CS。

2）按给定的旋转角旋转节点坐标系（因为通常不易得到旋转角，因此 NROTAT 命令可能更有用），在生成节点时可以定义旋转角，或对已有节点指定旋转角（NMODIF 命令）。

命令：N。
GUI：Main Menu > Preprocessor > Modeling > Create > Nodes > In Active CS。
命令：NMODIF。
GUI：Main Menu > Preprocessor > Modeling > Create > Nodes > Rotate Node CS > By Angles。
Main Menu > Preprocessor > Modeling > Move/Modify > Rotate Node CS > By Angles。

可以用下列方法列出节点坐标系相对于总体笛卡儿坐标系旋转的角度。

命令：NANG。
GUI：Main Menu > Preprocessor > Modeling > Create > Nodes > Rotate Node CS > By Vectors。
Main Menu > Preprocessor > Modeling > Move/Modify > Rotate Node CS > By Vectors。
命令：NLIST。
GUI：Utility Menu > List > Nodes。
Utility Menu > List > Picked Entities > Nodes。

2.1.4 单元坐标系

每个单元都有自己的坐标系，单元坐标系用于规定正交材料特性的方向，施加压力和显示结果（如应力应变）的输出方向。所有的单元坐标系都是正交右手系。

大多数单元坐标系的默认方向遵循以下规则。

1）线单元的 X 轴通常从该单元的 I 节点指向 J 节点。

2）壳单元的 X 轴通常也取 I 节点到 J 节点的方向，Z 轴过 I 点且与壳面垂直，其正方向由单元的 I、J 和 K 节点按右手法则确定，Y 轴垂直于 X 轴和 Z 轴。

3）对二维和三维实体单元的单元坐标系总是平行于总体笛卡儿坐标系。

并非所有的单元坐标系都符合上述规则，对于特定单元坐标系的默认方向可参考 ANSYS 帮助文档单元说明部分。许多单元类型都有选项（KEYOPTS，在 DT 或 KETOPT 命令中输入），这些选项用于修改单元坐标系的默认方向。对面单元和体单元而言，可用下列命令将单元坐标的方向调整到已定义的局部坐标系上。

命令：ESYS。
GUI：Main Menu > Preprocessor > Meshing > Mesh Attributes > Default Attribs。
Main Menu > Preprocessor > Modeling > Create > Elements > Elem Attributes。

如果既用了 KEYOPT 命令又用了 ESYS 命令，则 KEYOPT 命令的定义有效。对某些单元而言，通过输入角度可相对先前的方向做进一步旋转，例如，SHELL63 单元中的实常数 THETA。

2.1.5 结果坐标系

在求解过程中，计算的结果数据有位移（UX，UY，ROTS 等），梯度（TGX，TGY 等），应力（SX，SY，SZ 等），应变（EPPLX，EPPLXY 等）等，这些数据存储在数据库和结果文件中，要么是在节点坐标系（初始或节点数据），要么是单元坐标系（导出或单元数据）。但是，结果数据通常是旋转到激活的坐标系（默认为总体坐标系）中来进行云图显示、列表显示和单元数据存储（ETABLE 命令）等操作。

可以将活动的结果坐标系转到另一个坐标系（如总体坐标系或一个局部坐标系），或转到求解时所用的坐标系下（如节点和单元坐标系）。如果列表、显示或操作这些结果数据，则它们将首先被旋转到结果坐标系下。利用下列方法可改变结果坐标系。

命令：RSYS。
GUI：Main Menu > General Postproc > Options for Output。
Utility Menu > List > Results > Options。

2.2 工作平面的使用

尽管光标在屏幕上只表现为一个点，但它实际上代表的是空间中垂直于屏幕的一条线。为了能用光标拾取一个点，首先必须定义一个假想的平面，当该平面与光标所代表的垂线相交时，能唯一地确定空间中的一个点，这个假想的平面就是工作平面。从另一种角度想象光标与工作平面的关系，可以描述为光标就像一个点在工作平面上来回游荡，工作平面因此就如同在上面写字的平板一样，工作平面可以不平行于显示屏，如图 2-5 所示。

工作平面是一个无限平面，有原点、二维坐标系、捕捉增量和显示栅格。在同一时刻只能定义一个工作平面（当定义一个新的工作平面时就会删除已有的工作平面）。工作平面是与坐标系独立使用的。例如，工作平面与激活的坐标系可以有不同的原点和旋转方向。

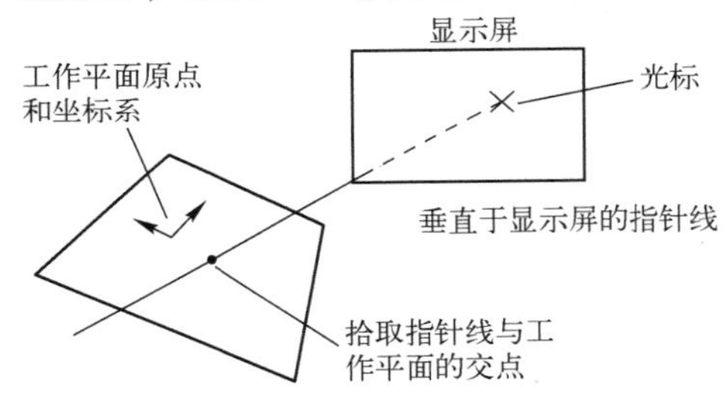

图 2-5　显示屏、光标、工作平面及拾取点之间的关系

进入 ANSYS 程序时，有一个默认的工作平面，即总体笛卡儿坐标系的 X－Y 平面。工作平面的 X、Y 轴分别取为总体笛卡儿坐标系的 X 轴和 Y 轴。

2.2.1 定义一个新的工作平面

可以用下列方法定义一个新的工作平面。

1）由 3 点定义一个工作平面：

命令：WPLANE。
GUI：Utility Menu > WorkPlane > Align WP with > XYZ Locations。

2）由 3 个节点定义一个工作平面：

命令：NWPLAN。
GUI：Utility Menu > WorkPlane > Align WP with > Nodes。

3）由 3 个关键点定义一个工作平面：

命令：KWPLAN。
GUI：Utility Menu > WorkPlane > Align WP with > Keypoints。

4）通过一指定线上的点的垂直于该直线的平面定义为工作平面：

命令：LWPLAN。
GUI：Utility Menu > WorkPlane > Align WP with > Plane Normal to Line。

5）通过现有坐标系的 X－Y（或 R－θ）平面定义工作平面：

命令：WPCSYS。
GUI：Utility Menu > WorkPlane > Align WP with > Active Coord Sys。
Utility Menu > WorkPlane > Align WP with > Global Cartesian。
Utility Menu > WorkPlane > Align WP with > Specified Coord Sys。

2.2.2 控制工作平面的显示和样式

为获得工作平面的状态（即位置、方向、增量）可用下面的方法。

命令：WPSTYL，STAT。
GUI：Utility Menu > List > Status > Working Plane。

将工作平面重置为默认状态下的位置和样式，利用命令 WPSTYL，DEFA。

2.2.3 移动工作平面

可以将工作平面移动到与原位置平行的新的位置，方法如下。

1）将工作平面的原点移动到关键点：

命令：KWPAVE。
GUI：Utility Menu > WorkPlane > Offset WP to > Keypoints。

2）将工作平面的原点移动到节点：

命令：NWPAVE。
GUI：Utility Menu > WorkPlane > Offset WP to > Nodes。

3）将工作平面的原点移动到指定点：

命令：WPAVE。
GUI：Utility Menu > WorkPlane > Offset WP to > Global Origin。
Utility Menu > WorkPlane > Offset WP to > Origin of Active CS。
Utility Menu > WorkPlane > Offset WP to > XYZ Locations。

4）偏移工作平面

命令：WPOFFS。
GUI：Utility Menu > WorkPlane > Offset WP by Increments。

2.2.4 旋转工作平面

可以将工作平面旋转到一个新的方向，可以在工作平面内旋转 X－Y 轴，也可以使整个工作平面都旋转到一个新的位置。如果不清楚旋转角度，利用前面的方法可以很容易在正确的方向上创建一个新的工作平面。旋转工作平面的方法如下。

命令：WPROTA。
GUI：Utility Menu > WorkPlane > Offset WP by Increments。

2.2.5 还原一个已定义的工作平面

尽管实际上不能存储一个工作平面，但可以在工作平面的原点创建一个局部坐标系，然后利用这个局部坐标系还原一个已定义的工作平面。

在工作平面的原点创建局部坐标系的方法如下。

命令:CSWPLA。
GUI:Utility Menu > WorkPlane > Local Coordinate Systems > Create Local CS > At WP Origin。

利用局部坐标系还原一个已定义的工作平面的方法如下。

命令:WPCSYS。
GUI:Utility Menu > WorkPlane > Align WP with > Active Coord Sys。
Utility Menu > WorkPlane > Align WP with > Global Cartesian。
Utility Menu > WorkPlane > Align WP with > Specified Coord Sys。

2.3 布尔操作

在布尔运算中，对一组数据可用诸如交、并、减等逻辑运算处理，ANSYS 程序也允许对实体模型进行同样的操作，这样修改实体模型就更加容易。

无论是自顶向下还是自底向上构造的实体模型，都可以对它进行布尔运算操作。需注意的是，凡是通过连接生成的图元对布尔运算无效，对退化的图元也不能进行某些布尔运算。通常，完成布尔运算之后，紧接着就是实体模型的加载和单元属性的定义，如果用布尔运算修改了已有的模型，需注意重新进行单元属性和加载的定义。

2.3.1 布尔运算的设置

对两个或多个图元进行布尔运算时，可以通过以下的方式确定是否保留原始图元，如图 2-6 所示。

命令:BOPTN。
GUI:Main Menu > Preprocessor > Modeling > Operate > Booleans > Settings。

一般来说，对依附于高级图元的低级图元进行布尔运算是允许的，但不能对已划分网格的图元进行布尔操作，必须在执行布尔操作之前将网格清除。

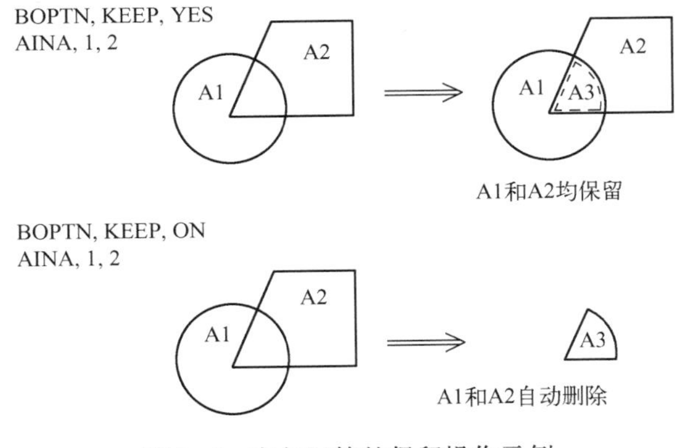

图 2-6　布尔运算的保留操作示例

2.3.2 布尔运算之后的图元编号

ANSYS 的编号程序会对布尔运算输出的图元依据其拓扑结构和几何形状进行编号。例如，面的拓扑信息包括定义的边数，组成面的线数（即三边形面或四边形面），面中的任何原始线（在布尔操作之前存在的线）的线号，任意原始关键点的关键点号等。面的几何信息包括形心的坐标、端点和其他相对于一些任意的参考坐标系的控制点。控制点是由 NURBS 定义的描述模型的参数。

编号程序首先给输出图元分配按其拓扑结构唯一识别的编号（以下一个有效数字开始），任何剩余图元按几何编号。但需注意的是，按几何编号的图元顺序可能会与优化设计的顺序不一致，特别是在多重循环中几何位置发生改变的情况下。

2.3.3 交运算

布尔交运算的命令及 GUI 菜单路径见表 2-1。

表 2-1　交运算

用　法	命　令	GUI 菜单路径
线相交	LINL	Main Menu > Preprocessor > Modeling > Operate > Booleans > Intersect > Common > Lines
面相交	AINA	Main Menu > Preprocessor > Modeling > Operate > Booleans > Intersect > Common > Areas
体相交	VINV	Main Menu > Preprocessor > Modeling > Operate > Booleans > Intersect > Common > Volumes
线和面相交	LINA	MainMenu > Preprocessor > Modeling > Operate > Booleans > Intersect > Line with Area
面和体相交	AINV	Main Menu > Preprocessor > Modeling > Operate > Booleans > Intersect > Area with Volume
线和体相交	LINV	Main Menu > Preprocessor > Modeling > Operate > Booleans > Intersect > Line with Volume

图 2-7 ~ 图 2-11 所示为一些图元相交的实例。

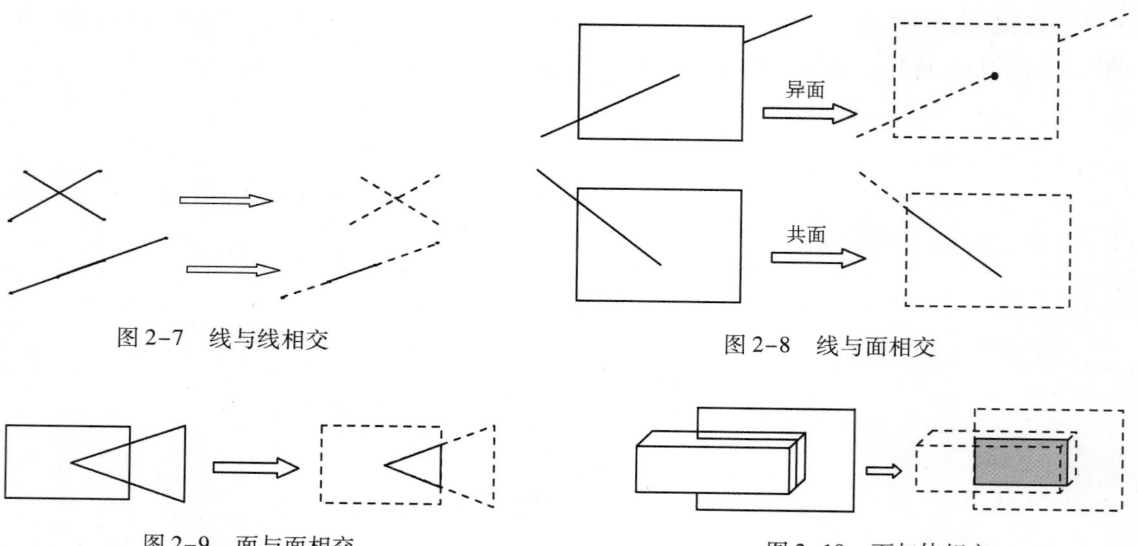

图 2-7　线与线相交

图 2-8　线与面相交

图 2-9　面与面相交

图 2-10　面与体相交

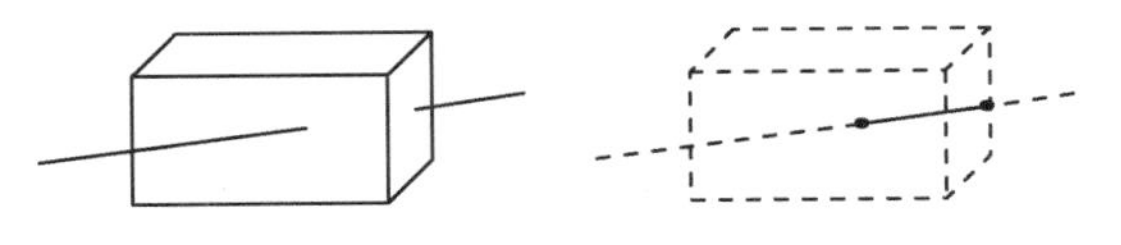

图 2-11 线与体相交

2.3.4 两两相交

两两相交时由图元集叠加而形成的一个新的图元集。就是说，两两相交表示至少任意两个原图元的相交区域。比如，线集的两两相交可能是一个关键点（或关键点的集合），或是一条线（或线的集合）。

布尔两两相交运算的命令及 GUI 菜单路径见表 2-2。

表 2-2 两两相交

用　法	命　令	GUI 菜单路径
线两两相交	LINP	Main Menu > Preprocessor > Modeling > Operate > Booleans > Intersect > Pairwise > Lines
面两两相交	AINP	Main Menu > Preprocessor > Modeling > Operate > Booleans > Intersect > Pairwise > Areas
体两两相交	VINP	Main Menu > Preprocessor > Modeling > Operate > Booleans > Intersect > Pairwise > Volumes

图 2-12 和图 2-13 所示为一些两两相交的实例。

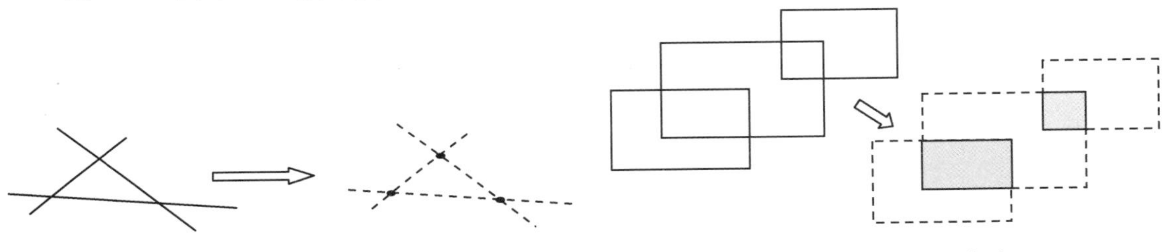

图 2-12 线的两两相交

图 2-13 面的两两相交

2.3.5 相加

加运算的结果是得到一个包含各个原始图元所有部分的新图元，这样形成的新图元是一个单一的整体，没有接缝。在 ANSYS 程序中，只能对三维实体或二维共面的面进行加操作，面相加可以包含面内的孔即内环。

加运算形成的图元在网格划分时通常不如搭接形成的图元。

布尔相加运算的命令及 GUI 菜单路径见表 2-3。

表 2-3 相加运算

用　法	命　令	GUI 菜单路径
面相加	AADD	Main Menu > Preprocessor > Modeling > Operate > Booleans > Add > Areas
体相加	VADD	Main Menu > Preprocessor > Modeling > Operate > Booleans > Add > Volumes

2.3.6 相减

如果从某个图元（E1）减去另一个图元（E2），其结果可能有两种情况：一种情况是生成一个新图元 E3（E1−E2 = E3），E3 和 E1 有同样的维数，且与 E2 无搭接部分；另一种情况是 E1 与 E2 的搭接部分是个低维的实体，其结果是将 E1 分成两个或多个新的实体（E1−E2 = E3，E4）。布尔相减运算的命令及 GUI 菜单路径见表 2−4。

表 2−4　相减运算

用　法	命　令	GUI 菜单路径
线减去线	LSBL	Main Menu > Preprocessor > Modeling > Operate > Booleans > Subtract > Lines Main Menu > Preprocessor > Modeling > Operate > Booleans > Subtract > With Options > Lines Main Menu > Preprocessor > Modeling > Operate > Booleans > Divide > Line by Line Main Menu > Preprocessor > Modeling > Operate > Booleans > Divide > With Options > Line by Line
面减去面	ASBA	Main Menu > Preprocessor > Modeling > Operate > Booleans > Subtract > Areas Main Menu > Preprocessor > Modeling > Operate > Booleans > Subtract > With Options > Areas Main Menu > Preprocessor > Modeling > Operate > Booleans > Divide > Area by Area Main Menu > Preprocessor > Modeling > Operate > Booleans > Divide > With Options > Area by Area
体减去体	VSBV	Main Menu > Preprocessor > Modeling > Operate > Booleans > Subtract > Volumes Main Menu > Preprocessor > Modeling > Operate > Booleans > Subtract > With Options > Volumes
线减去面	LSBA	Main Menu > Preprocessor > Modeling > Operate > Booleans > Divide > Line by Area Main Menu > Preprocessor > Modeling > Operate > Booleans > Divide > With Options > Line by Area
线减去体	LSBV	Main Menu > Preprocessor > Modeling > Operate > Booleans > Divide > Line by Volume Main Menu > Preprocessor > Modeling > Operate > Booleans > Divide > With Options > Line by Volume
体减去面	ASBV	Main Menu > Preprocessor > Modeling > Operate > Booleans > Divide > Area by Volume Main Menu > Preprocessor > Modeling > Operate > Booleans > Divide > With Options > Area by Volume
面减去线	ASBL[1]	Main Menu > Preprocessor > Modeling > Operate > Booleans > Divide > Area by Line Main Menu > Preprocessor > Modeling > Operate > Booleans > Divide > With Options > Area by Line
体减去面	VSBA	Main Menu > Preprocessor > Modeling > Operate > Booleans > Divide > Volume by Area Main Menu > Preprocessor > Modeling > Operate > Booleans > Divide > With Options > Volume by Area

图 2−14 和图 2−15 所示为一些相减的实例。

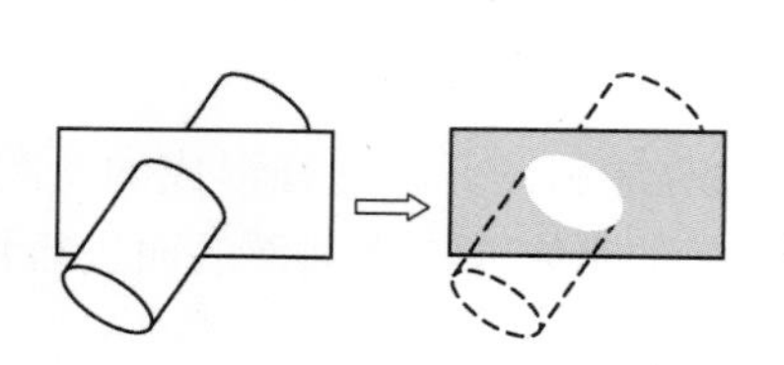

图 2−14　ASBV 面减去体

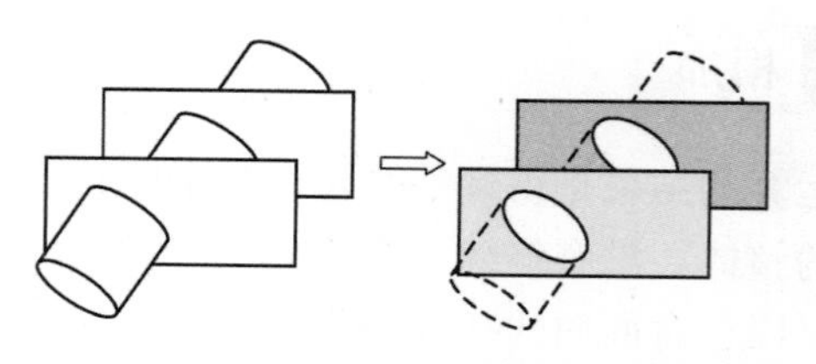

图 2−15　ASBV 多个面减去一个体

2.3.7 利用工作平面作减运算

工作平面可以用减运算将一个图元分成两个或多个图元。可以将线、面或体利用命令或相应的 GUI 路径用工作平面去减。对于以下的每个减命令，“SEPO”用来确定生成的图元有公共边界或者独立但恰好重合的边界，“KEEP”用来确定保留或者删除图元，而不管“BOPTN”命令（GUI：Main Menu > Preprocessor > Modeling > Operate > Booleans > Settings）的设置如何。

利用工作平面进行减运算的命令及 GUI 菜单路径见表 2−5。

表 2-5　减运算

用　　法	命令	GUI 菜单路径
利用工作平面减去线	LSBW	Main Menu > Preprocessor > Modeling > Operate > Booleans > Divide > Line by WrkPlane Main Menu > Preprocessor > Modeling > Operate > Booleans > Divide > With Options > Line by WrkPlane
利用工作平面减去面	ASBW	Main Menu > Preprocessor > Operate > Divide > Area by WrkPlane Main Menu > Preprocessor > Modeling > Operate > Booleans > Divide > With Options > Area by WrkPlane
利用工作平面减去体	VSBW	Main Menu > Preprocessor > Modeling > Operate > Booleans > Divide > Volu by WrkPlane Main Menu > Preprocessor > Modeling > Operate > Booleans > Divide > With Options > Volu by WrkPlane

2.3.8 搭接

搭接命令用于连接两个或多个图元，以生成3个或更多新的图元的集合。搭接命令除了在搭接域周围生成了多个边界外，与加运算非常类似。也就是说，搭接操作生成的是多个相对简单的区域，加运算生成一个相对复杂的区域。因而，搭接生成的图元比加运算生成的图元更容易划分网格。

搭接区域必须与原始图元有相同的维数。

布尔搭接运算的命令及 GUI 菜单路径见表 2-6。

表 2-6　搭接运算

用　　法	命　　令	GUI 菜单路径
线的搭接	LOVLAP	Main Menu > Preprocessor > Modeling > Operate > Booleans > Overlap > Lines
面的搭接	AOVLAP	Main Menu > Preprocessor > Modeling > Operate > Booleans > Overlap > Areas
体的搭接	VOVLAP	Main Menu > Preprocessor > Modeling > Operate > Booleans > Overlap > Volumes

2.3.9 分割

分割命令用于分割两个或多个图元，以生成3个或更多的新图元。如果分割区域与原始图元有相同的维数，那么分割结果与搭接结果相同。但是分割操作与搭接操作不同的是，没有参加分割命令的图元将不被删除。

布尔分割运算的命令及 GUI 菜单路径见表 2-7。

表 2-7　分割运算

用　　法	命　　令	GUI 菜单路径
线分割	LPTN	Main Menu > Preprocessor > Modeling > Operate > Booleans > Partition > Lines
面分割	APTN	Main Menu > Preprocessor > Modeling > Operate > Booleans > Partition > Areas
体分割	VPTN	Main Menu > Preprocessor > Modeling > Operate > Booleans > Partition > Volumes

2.3.10 粘接（或合并）

粘接命令与搭接命令类似，只是图元之间仅在公共边界处相关，且公共边界的维数低于原始图元的维数。这些图元之间在执行粘接操作后仍然相互独立，只是在边界上连接。

布尔粘接运算的命令及 GUI 菜单路径见表 2-8。

表 2-8 粘接运算

用　法	命　令	GUI 菜单路径
线的粘接	LGLUE	Main Menu > Preprocessor > Modeling > Operate > Booleans > Glue > Lines
面的粘接	AGLUE	Main Menu > Preprocessor > Modeling > Operate > Booleans > Glue > Areas
体的粘接	VGLUE	Main Menu > Preprocessor > Modeling > Operate > Booleans > Glue > Volumes

2.4 移动、复制和缩放几何模型

如果模型中的相对复杂的图元重复出现，则仅需对重复部分构造一次，然后在所需的位置按所需的方位复制生成。例如，在一个平板上开几个细长的孔，只需生成一个孔，然后再复制该孔即可完成，如图 2-16 所示。

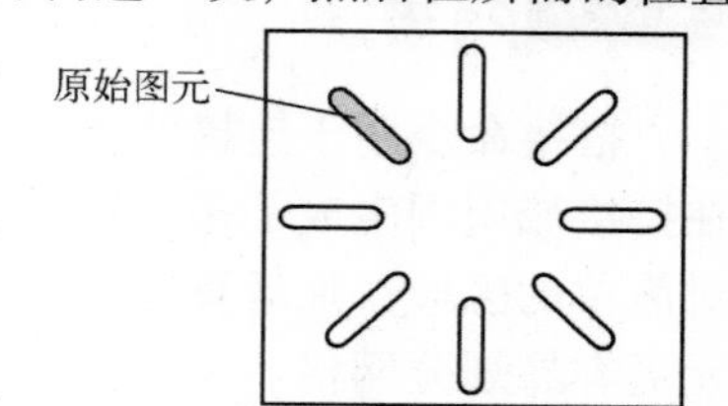

图 2-16　复制面示意图

生成几何体素时，其位置和方向由当前工作平面决定。因为对生成的每一个新体素都重新定义工作平面很不方便，允许体素在错误的位置生成，然后将该体素移动到正确的位置。当然，这种操作并不局限于几何体素，任何实体模型图元都可以复制或移动。

对实体图元进行移动和复制的命令有："xGEN" "xSYM（M）" 和 "xTRAN"（相应的有 GUI 路径）。其中 "xGEN" 和 "xTRAN" 命令对图元的复制进行移动和旋转可能最为有用。另外需注意，复制一个高级图元将会自动把它所有附带的低级图元都一起复制，而且，如果复制图元的单元（NOELEM =0 或相应的 GUI 路径），则所有的单元及其附属的低级图元都将被复制。在 xGEN、xSYM（M）和 xTRAN 命令中，设置 IMOVE =1 即可实现移动操作。

2.4.1 按照样本生成图元

1）从关键点的样本生成另外的关键点：

命令：KGEN。
GUI：Main Menu > Preprocessor > Modeling > Copy > Keypoints。

2）从线的样本生成另外的线：

命令：LGEN。
GUI：Main Menu > Preprocessor > Modeling > Copy > Lines。
　　Main Menu > Preprocessor > Modeling > Move/Modify > Lines。

3）从面的样本生成另外的面：

命令：AGEN。
GUI：Main Menu > Preprocessor > Modeling > Copy > Areas。
　　Main Menu > Preprocessor > Modeling > Move/Modify > Areas > Areas。

4）从体的样本生成另外的体：

命令：VGEN。
GUI：Main Menu > Preprocessor > Modeling > Copy > Volumes。
　　Main Menu > Preprocessor > Modeling > Move/Modify > Volumes。

2.4.2 由对称映像生成图元

1）生成关键点的映像集：

命令:KSYMM。
GUI:Main Menu > Preprocessor > Modeling > Reflect > Keypoints。

2）样本线通过对称映像生成线：

命令:LSYMM。
GUI:Main Menu > Preprocessor > Modeling > Reflect > Lines。

3）样本面通过对称映像生成面：

命令:ARSYM。
GUI:Main Menu > Preprocessor > Modeling > Reflect > Areas。

4）样本体通过对称映像生成体：

命令:VSYMM。
GUI:Main Menu > Preprocessor > Modeling > Reflect > Volumes。

2.4.3 将样本图元转换坐标系

1）将样本关键点转到另外一个坐标系：

命令:KTRAN。
GUI:Main Menu > Preprocessor > Modeling > Move/Modify > Transfer Coord > Keypoints。

2）将样本线转到另外一个坐标系：

命令:LTRAN。
GUI:Main Menu > Preprocessor > Modeling > Move/Modify > Transfer Coord > Lines。

3）将样本面转到另外一个坐标系：

命令:ATRAN。
GUI:Main Menu > Preprocessor > Modeling > Move/Modify > Transfer Coord > Areas。

4）将样本体转到另外一个坐标系：

命令:VTRAN。
GUI:Main Menu > Preprocessor > Modeling > Move/Modify > Transfer Coord > Volumes。

2.4.4 实体模型图元的缩放

已定义的图元可以进行放大或缩小。xSCALE 命令族可用来将激活的坐标系下的单个或多个图元进行比例缩放，如图 2-17 所示。

4 个定比例命令每个都是将比例因子用到关键点坐标 X、Y、Z 上。如果是柱坐标系，X、Y 和 Z 分别代表 R、θ 和 Z，其中 θ 是偏转角，如果是球坐标系，X、Y 和 Z 分别表示 R、θ 和 ϕ，其中 θ 和 ϕ 都是偏转角。

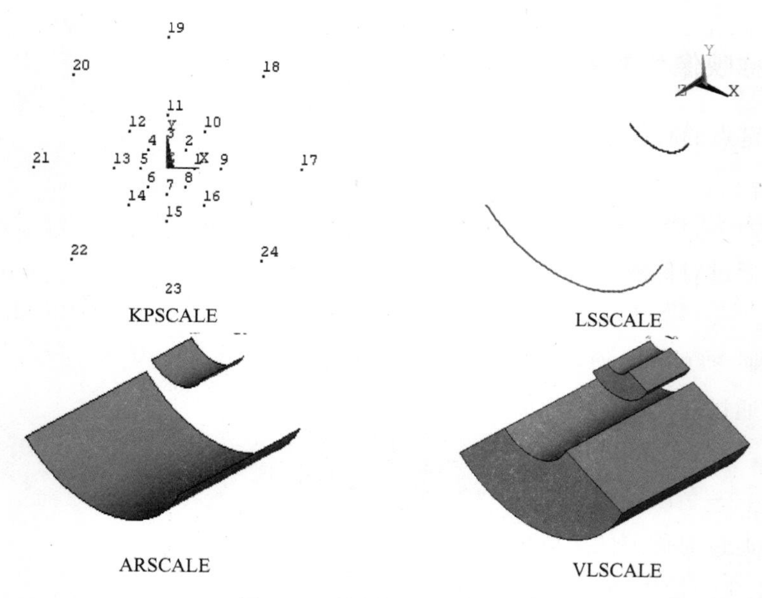

图 2-17　给图元定比例缩放

1）从样本关键点（也划分网格）生成一定比例的关键点：

命令：KPSCALE。
GUI：Main Menu > Preprocessor > Modeling > Operate > Scale > Keypoints。

2）从样本线生成一定比例的线：

命令：LSSCALE。
GUI：Main Menu > Preprocessor > Modeling > Operate > Scale > Lines。

3）从样本面生成一定比例的面：

命令：ARSCALE。
GUI：Main Menu > Preprocessor > Modeling > Operate > Scale > Areas。

4）从样本体生成一定比例的体：

命令：VLSCALE。
GUI：Main Menu > Preprocessor > Modeling > Operate > Scale > Volumes。

2.5　实例——框架结构的实体建模

本节针对一个框架结构进行仿真建模，分别采用 GUI 方式和命令流方式。

2.5.1　问题描述

已知框架结构的平面图、立面图、侧面图如图 2-18 所示。楼板和屋盖厚度 200 mm，框架柱截面 0.5 m×0.5 m，横梁截面 0.3 m×0.6 m。

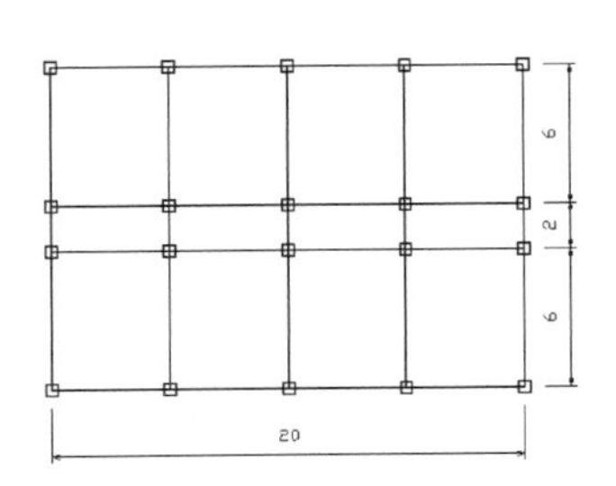

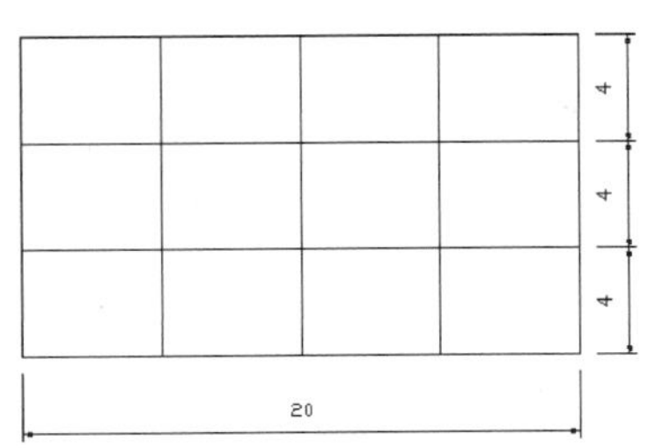

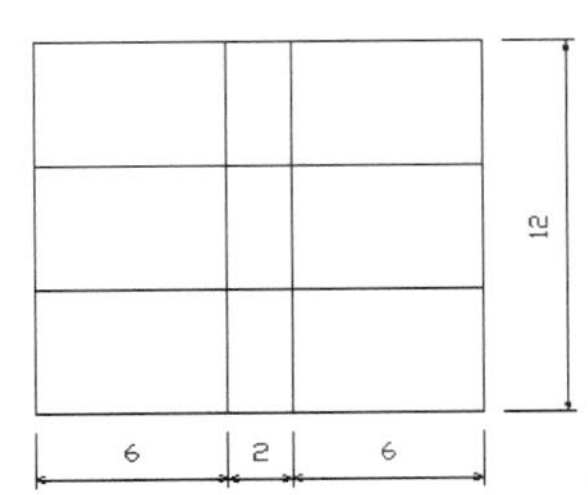

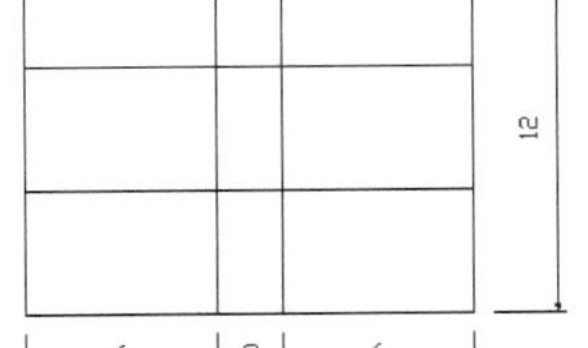

图 2-18　框架结构平面、侧面、立面尺寸简图

2.5.2 GUI 操作方法

1. 创建物理环境

（1）过滤图形界面

GUI:Main Menu > Preferences，弹出 Preferences for GUI Filtering 对话框，选中 Structural 来对后面的分析进行菜单及相应的图形界面过滤。

（2）定义工作文件名和工作标题

定义工作文件名。依次执行菜单栏中的 Utility Menu > Change Jobname 命令，在弹出的“更改工作名”对话框中输入 Frame 并选择 New log and error files 复选框，然后单击 OK 按钮。

定义工作标题。GUI:Utility Menu > File > Change Title，在弹出的对话框中输入 Frame construction analysis，单击 OK 按钮。

（3）定义单元类型

GUI:Main Menu > Preprocessor > Element Type > Add/Edit/Delete，弹出 Element Types 单元类型对话框，单击 Add 按钮，弹出 Library of Element Types 单元类型库对话框。在该对话框左面滚动栏中选择 Structural Solid，在右边的滚动栏中选择 Brick 8node 185，单击 OK 按钮，定义了 SOLID185 单元。在 Element Types 单元类型对话框中选择 SOLID185 单元，单击 Options...按钮打开 SOLID185 element type options 对话框，将其中的 K2 设置为 Simple Enhanced Strn，单击 OK 按钮。最后单击 Close 按钮关闭单元类型对话框。本模型只用这一种实体单元类型。

（4）定义单元实常数

由于 SOLID 单元没有实常数，所以不必添加实常数。

（5）指定材料属性

GUI:Main Menu > Preprocessor > Material Props > Material Models，弹出 Define Material Model Behavior 对话框，在右边的栏中连续单击 Structural > Linear > Elastic > Isotropic 后，弹出 Linear Isotropic Properties for Material Number 1 对话框，如图 2-19 所示，在该对话框中 EX 后面的文本框输入 3e10，PRXY 后面的输入栏输入 0.1667，单击 OK 按钮。

如图 2-21 所示，继续在 Define Material Model Behavior 对话框右边的栏中连续单击 Structural > Density，弹出 Density for Material Number 1 对话框，如图 2-20 所示，在该对话框中 DENS 后面的文本框输入 2500，单击 OK 按钮。

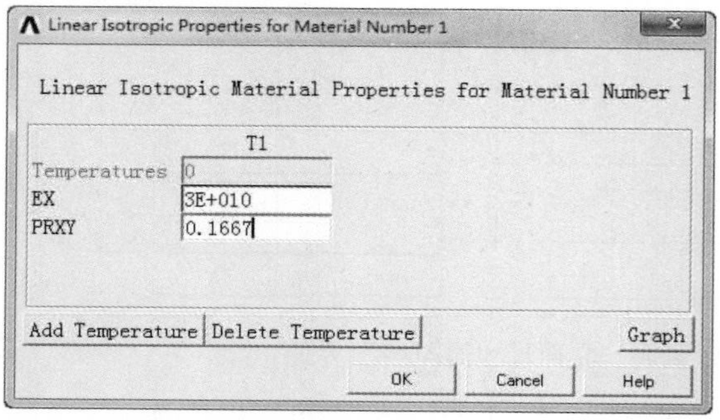

图 2-19 设置弹性模量和泊松比

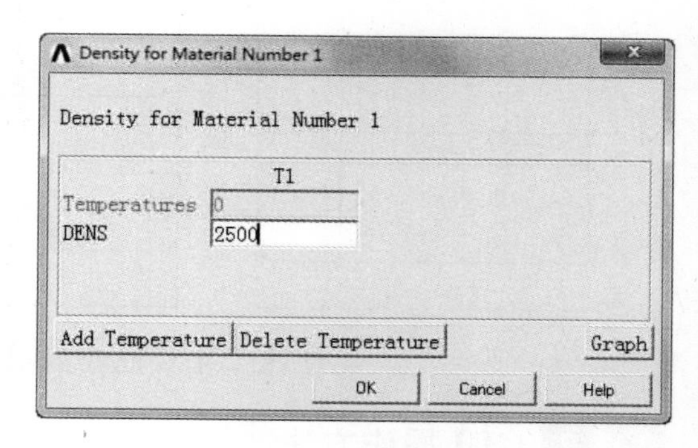

图 2-20 设置密度

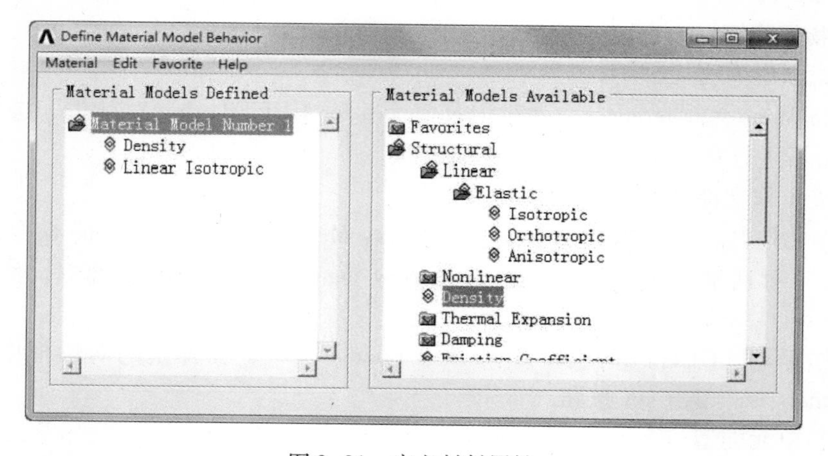

图 2-21 定义材料属性

2. 建立实体模型

（1）建立框架柱

GUI：Main Menu > Preprocessor > Modeling > Create > Keypoits > In Active CS，弹出 Create Keypoits in Active CS 对话框，在 X，Y，Z 输入行输入 8 个关键点，分别为 1、2、3、4、5、6、7、8，坐标分别是“1.25,0,0.25”“1.25,0，-0.25”“0.75,0,0.25”“0.75,0，-0.25”“1.25，12，0.25”“1.25，12，-0.25”“0.75,12,0.25”“0.75,12,-0.25”，单击 OK 按钮。

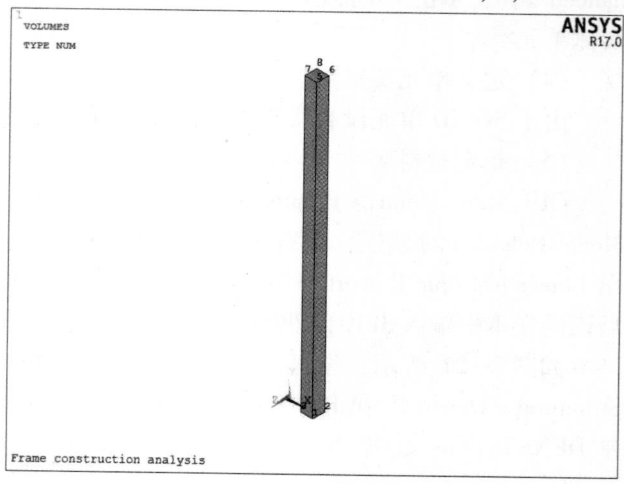

图 2-22 一个框架柱

GUI：Main Menu > Preprocessor > Modeling > Create > Volumes > Arbitrary > Through KPs，依次选择 1、2、4、3、5、6、8、7 号节点，单击 OK 按钮，建成一个柱子，如图 2-22 所示。

GUI：Main Menu > Preprocessor > Modeling > Copy > Volumes，选择建成的柱体，单击 OK 按钮。弹出 Copy Volumes 对话框，ITIME 项输入 2，DX 项输入 6，如图 2-23 所示，单击 Apply

按钮。

继续单击 Pick All 按钮。弹出 Copy Volumes 对话框，在 ITIME 项输入 5，DZ 项输入 5，单击“OK”按钮。

GUI：Main Menu > Preprocessor > Modeling > Reflect > Volumes，单击 Pick All 按钮。弹出 Reflect Volumes 对话框，在 VSYMM 项选择 Y – Z planex，如图 2–24 所示，单击 OK 按钮。

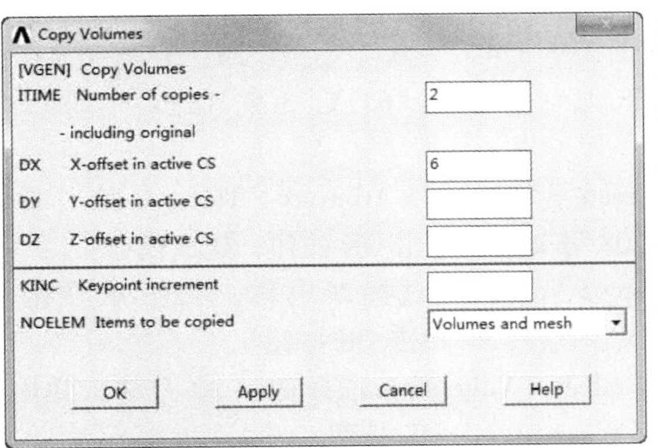

图 2–23 复制体设置

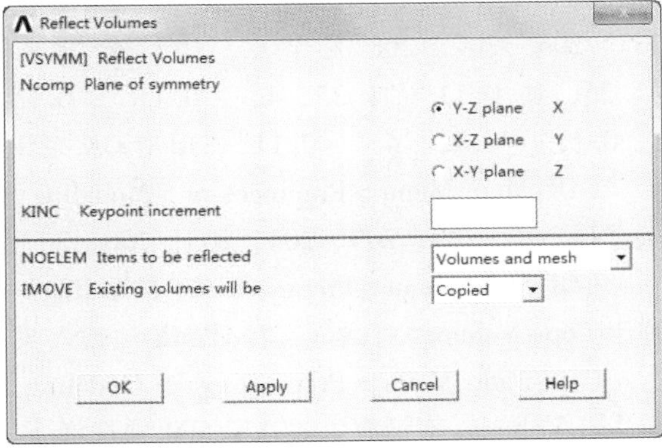

图 2–24 镜像体设置

最终建成所有框架柱，如图 2–25 所示。

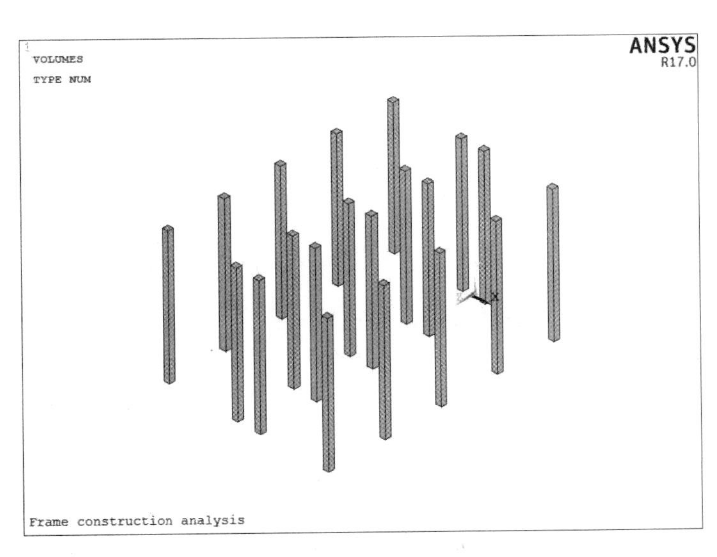

图 2–25 框架柱

（2）建立横梁

GUI：Main Menu > Preprocessor > Modeling > Create > Keypoits > In Active CS，弹出 Create Keypoits in Active CS 对话框，在 X，Y，Z 输入行输入 8 个关键点，即 161、162、163、164、165、166、167、168 号节点，坐标分别是“0.75，3.4，–0.11”“0.75，3.4，0.11”“0.75，4，0.11”“0.75，4，–0.11”“–0.75，3.4，–0.11”“–0.7，3.4，0.11”“–0.75，4，0.11”“–0.75，4，–0.11”，单击 OK 按钮。

GUI:Main Menu > Preprocessor > Modeling > Create > Volumes > Arbitrary > Through KPs，依次选择161、162、163、164、165、166、167、168号节点，单击OK按钮，建成一根横梁。

GUI:Main Menu > Preprocessor > Modeling > Copy > Volumes，选择21号体，单击OK按钮。弹出Copy Volumes对话框，在ITIME项输入5，DZ项输入5，单击OK按钮。

GUI:Main Menu > Preprocessor > Modeling > Create > Keypoits > In Active CS，弹出Create Keypoits in Active CS对话框，在X，Y，Z输入行输入8个关键点，201、202、203、204、205、206、207、208号节点，坐标分别是“1.25，3.4，-0.11”“1.25，3.4，0.11”“1.25，4，0.11”“1.25，4，-0.11”“6.75，3.4，-0.11”“6.75，3.4，0.11”“6.75，4，0.11”“6.75，4，-0.11”，单击OK按钮。

GUI:Main Menu > Preprocessor > Modeling > Create > Volumes > Arbitrary > Through KPs，依次选择201、202、203、204、205、206、207、208号节点，单击OK按钮，建成横梁。

GUI:Main Menu > Preprocessor > Modeling > Copy > Volumes，选择26号体，单击OK按钮。弹出Copy Volumes对话框，在ITIME项输入5，DZ项输入5，单击OK按钮。

GUI:Main Menu > Preprocessor > Modeling > Reflect > Volumes，选择26~30号体。弹出Reflect Volumes对话框，在VSYMM项选择Y-Z plane，单击OK按钮。

GUI:Main Menu > Preprocessor > Modeling > Copy > Volumes，选择21~35号体，单击OK按钮。弹出Copy Volumes对话框，在ITIME项输入3，DY项输入4，单击OK按钮。建好的梁柱如图2-26所示。

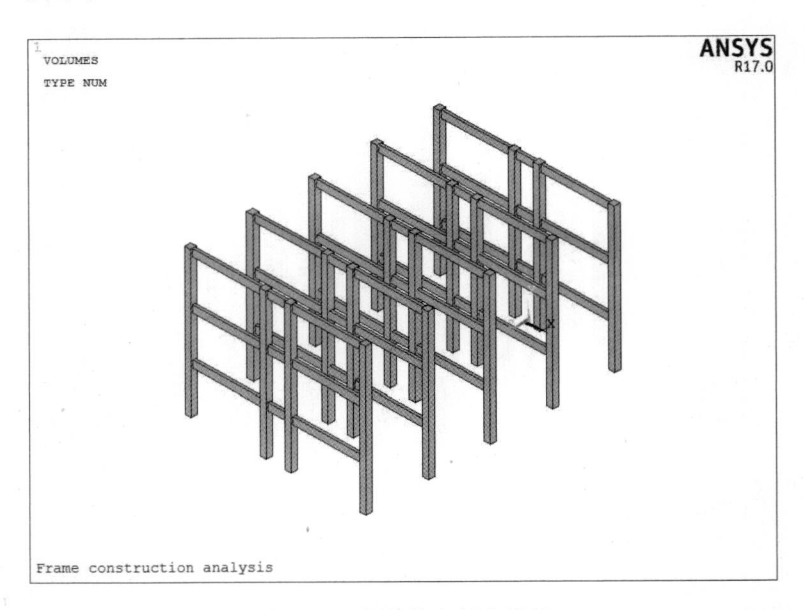

图2-26　框架柱和部分横梁

GUI:Main Menu > Preprocessor > Modeling > Create > Keypoits > In Active CS，弹出Create Keypoits in Active CS对话框，在X，Y，Z输入行输入8个关键点，521、522、523、524、525、526、527、528号节点，坐标分别是“0.89，3.4，0.25”“1.11，3.4，0.25”“1.11，4，0.25”“0.89，4，0.25”“0.89，3.4，4.75”“1.11，3.4，4.75”“1.11，4，4.75”“0.89，4，4.75”，单击OK按钮。

GUI：Main Menu > Preprocessor > Modeling > Create > Volumes > Arbitrary > Through KPs，依次选择521、522、523、524、525、526、527、528号节点，单击OK按钮，建成横梁。

GUI：Main Menu > Preprocessor > Modeling > Copy > Volumes，选择66号体，单击OK按钮。弹出Copy Volumes对话框，在ITIME项输入4，DZ项输入5，单击OK按钮。

GUI：Main Menu > Preprocessor > Modeling > Copy > Volumes，选择66~69号体，单击OK按钮。弹出Copy Volumes对话框，在ITIME项输入2，DX项输入6，单击OK按钮。

GUI：Main Menu > Preprocessor > Modeling > Reflect > Volumes，选择66~73号体。弹出Reflect Volumes对话框，在VSYMM项选择Y-Z plane，单击OK按钮。

GUI：Main Menu > Preprocessor > Modeling > Copy > Volumes，选择66~81号体，单击OK按钮。弹出Copy Volumes对话框，在ITIME项输入3，DY项输入4，单击OK按钮。建成所有的梁柱，如图2-27所示。

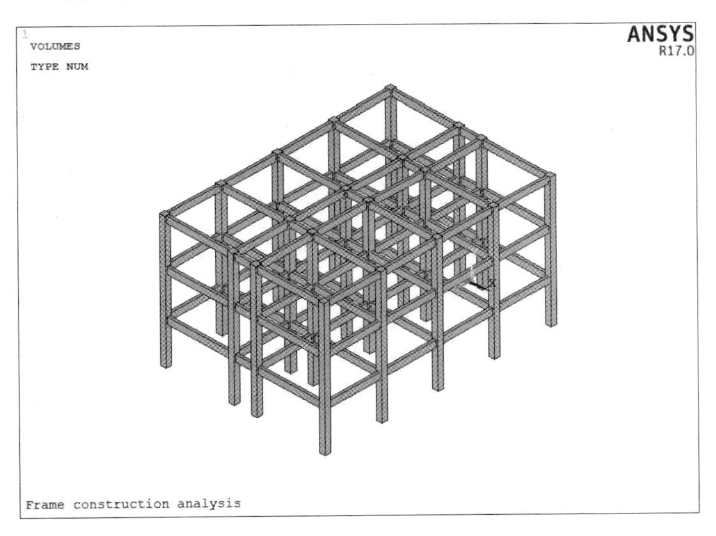

图2-27　横梁和框架柱

（3）建立楼板

GUI：Main Menu > Preprocessor > Modeling > Create > Keypoits > In Active CS，弹出Create Keypoits in Active CS对话框，在X，Y，Z输入8个关键点，即905、906、907、908、909、910、911、912号节点，坐标分别是"-7.25，3.8，-0.25""-7.25，3.8，20.25""7.25，3.8，20.25""7.25，3.8，-0.25""-7.25，4，-0.25""-7.25，4，20.25""7.25，4，20.25""7.25，4，-0.25"，单击OK按钮。

GUI：Main Menu > Preprocessor > Modeling > Create > Volumes > Arbitrary > Through KPs，依次选择905、906、907、908、909、910、911、912号节点，单击OK按钮，建成一层楼板。

GUI：Main Menu > Preprocessor > Modeling > Copy > Volumes，选择114号体，单击OK按钮。弹出Copy Volumes对话框，在ITIME项输入3，DY项输入4，单击OK按钮。

（4）搭接几何体

GUI：Main Menu > Preprocessor > Modeling > Operate > Booleans > Overlap > Volumes，单击Pick All按钮。

建成框架结构的最终形式，如图 2-28 所示。

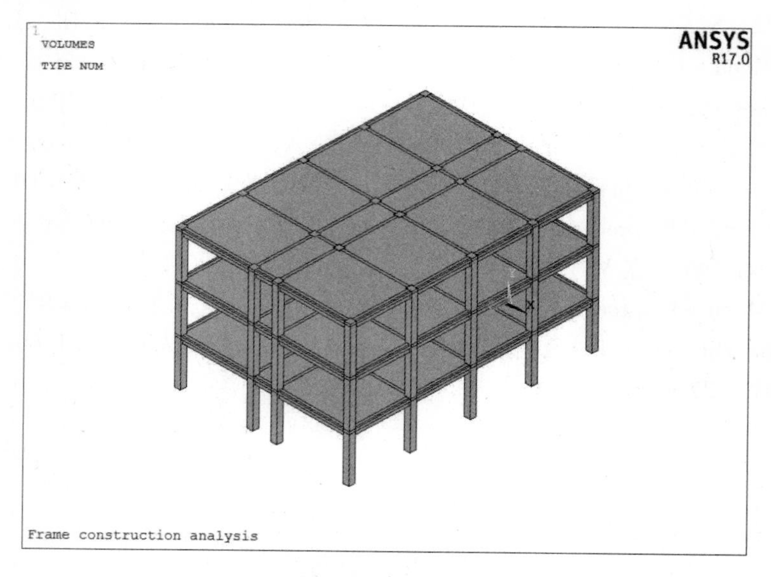

图 2-28　框架结构实体模型

3. 保存几何模型

单击 ANSYS Toolbar 窗口中的 SAVE_DB 按钮。

2.5.3 命令方式

```
/BATCH
/TITLE,Frame construction analysis
/COM,Structural                          ! 选择分析类型为结构分析
/PREP7                                   ! 进入前处理器
ET,1,SOLID185                            ! 定义 1 号单元类型
KEYOPT,1,2,3
MP,EX,1,3E10                             ! 定义 1 号材料属性弹性模量
MP,DENS,1,2500                           ! 定义 1 号材料属性密度
MP,PRXY,1,0.1667                         ! 定义 1 号材料属泊松比

K,1,1.25,,0.25,                          ! 定义关键点
K,2,1.25,,-0.25,
K,3,0.75,,0.25,
K,4,0.75,,-0.25,
K,5,1.25,12,0.25,
K,6,1.25,12,-0.25,
K,7,0.75,12,0.25,
K,8,0.75,12,-0.25,
V,1,2,4,3,5,6,8,7                        ! 建立柱体
VGEN,2,all,,,6,,,,0                      ! 复制体
VGEN,5,all,,,,,5,,0                      ! 复制体
VSYMM,X,all,,,,0,0                       ! 镜像体

K,,0.75,3.4,-0.11,                       ! 定义关键点
```

```
K,,0.75,3.4,0.11,
K,,0.75,4,0.11,
K,,0.75,4,-0.11,
K,,-0.75,3.4,-0.11,
K,,-0.75,3.4,0.11,
K,,-0.75,4,0.11,
K,,-0.75,4,-0.11,
V,161,162,163,164,165,166,167,168          ! 建立梁体
VGEN,5,21,,,,,5,,0                          ! 复制体

K,,1.25,3.4,-0.11,                          ! 定义关键点
K,,1.25,3.4,0.11,
K,,1.25,4,0.11,
K,,1.25,4,-0.11,
K,,6.75,3.4,-0.11,
K,,6.75,3.4,0.11,
K,,6.75,4,0.11,
K,,6.75,4,-0.11,
V,201,202,203,204,205,206,207,208          ! 建立梁体
VGEN,5,26,,,,,5,,0                          ! 复制体
VSYMM,X,26,30,,,0,0                         ! 镜像体
VGEN,3,21,35,,,4,,,0                        ! 复制体

K,,0.89,3.4,0.25,                           ! 定义关键点
K,,1.11,3.4,0.25,
K,,1.11,4,0.25,
K,,0.89,4,0.25,
K,,0.89,3.4,4.75,
K,,1.11,3.4,4.75,
K,,1.11,4,4.75,
K,,0.89,4,4.75,
V,521,522,523,524,525,526,527,528          ! 建立梁体
VGEN,4,66,,,,,5,,0                          ! 复制体
VGEN,2,66,69,,6,,,,0                        ! 复制体
VSYMM,X,66,73,,,0,0                         ! 镜像体
VGEN,3,66,81,,,4,,,0                        ! 复制体

K,,-7.25,3.8,-0.25,                         ! 定义关键点
K,,-7.25,3.8,20.25,
K,,7.25,3.8,20.25,
K,,7.25,3.8,-0.25,
K,,-7.25,4,-0.25,
K,,-7.25,4,20.25,
K,,7.25,4,20.25,
K,,7.25,4,-0.25,
V,905,906,907,908,909,910,911,912          ! 建立楼板体
VGEN,3,114,,,,4,,,0                         ! 复制体
VOVLAP,all                                  ! 搭接体
SAVE
```

第 3 章

模型创建过程

知识导引

本章介绍建立有限元模型的两种方法：自底向上法及自顶向下法，并且分别举例介绍使用不用方法进行模型创建的方法。

- 自底向上创建几何模型
- 自顶向下创建几何模型（体素）
- 实例——轴承座的实体建模

3.1 自底向上创建几何模型

无论是使用自底向上还是自顶向下的方法构造实体模型，均由关键点（keypoints）、线（lines）、面（areas）和体（volumes）组成，如图 3-1 所示。

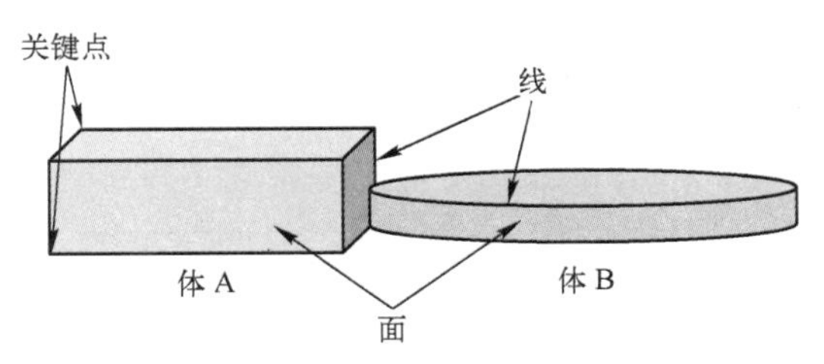

图 3-1　基本实体模型图元

顶点为关键点，边为线，表面为面，而整个物体内部为体。这些图元的层次关系是：最高级的体图元以次高级的面图元为边界，面图元又以线图元为边界，线图元则以关键点图元为端点。

3.1.1 关键点

用自底向上的方法构造模型时，首先定义最低级的图元——关键点。关键点是在当前激活的坐标系内定义的。不必总是按从低级到高级的办法定义所有的图元来生成高级图元，可以直接在它们的顶点由关键点来直接定义面和体。中间的图元需要时可自动生成。例如，定义一个长方体可用 8 个角的关键点来定义，ANSYS 程序会自动生成该长方形中所有面和线。可以直接定义关键点，也可以从已有的关键点生成新的关键点，定义好关键点后，可以对它进行查看、选择和删除等操作。

1. 定义关键点

定义关键点的命令及 GUI 菜单路径见表 3-1。

表 3-1　定义关键点

位　　置	命　　令	GUI 路径
在当前坐标系下	K	Main Menu > Preprocessor > Modeling > Create > Keypoints > In Active CS Main Menu > Preprocessor > Modeling > Create > Keypoints > On Working Plane
在线上的指定位置	KL	Main Menu > Preprocessor > Modeling > Create > Keypoints > On Line Main Menu > Preprocessor > Modeling > Create > Keypoints > On Line w/Ratio

2. 从已有的关键点生成关键点

从已有的关键点生成关键点的命令及 GUI 菜单路径见表 3-2。

表 3-2　从已有的关键点生成关键点

位　　置	命　　令	GUI 路径
在两个关键点之间创建一个新的关键点	KEBTW	Main Menu > Preprocessor > Modeling > Create > Keypoints > KP between KPs

（续）

位　　置	命　　令	GUI 路径
在两个关键点之间填充多个关键点	KFILL	Main Menu > Preprocessor > Modeling > Create > Keypoints > Fill between KPs
在三点定义的圆弧中心定义关键点	KCENTER	Main Menu > Preprocessor > Modeling > Create > Keypoints > KP at Center
由一种模式的关键点生成另外的关键点	KGEN	Main Menu > Preprocessor > Modeling > Copy > Keypoints
从已给定模型的关键点生成一定比例的关键点	KSCALE	该命令没有菜单模式
通过映像产生关键点	KSYMM	Main Menu > Preprocessor > Modeling > Reflect > Keypoints
将一种模式的关键点转到另外一个坐标系中	KTRAN	Main Menu > Preprocessor > Modeling > Move/Modify > TransferCoord > Keypoints
给未定义的关键点定义一个默认位置	SOURCE	该命令没有菜单模式
计算并移动一个关键点到一个交点上	KMOVE	Main Menu > Preprocessor > Modeling > Move/Modify > Keypoint > To Intersect
在已有节点处定义一个关键点	KNODE	Main Menu > Preprocessor > Modeling > Create > Keypoints > On Node
计算两关键点之间的距离	KDIST	Main Menu > Preprocessor > Modeling > CheckGeom > KP distances
修改关键点的坐标系	KMODIF	MainMenu > Preprocessor > Modeling > Move/Modify > Keypoints > Set of KPs MainMenu > Preprocessor > Modeling > Move/Modify > Keypoints > Single KP

3. 查看、选择和删除关键点

查看、选择和删除关键点的命令及 GUI 菜单路径见表 3-3。

表 3-3　查看、选择和删除关键点

用　　途	命　　令	GUI 菜单路径
列表显示关键点	KLIST	Utility Menu > List > Keypoint > Coordinates + Attributes Utility Menu > List > Keypoint > Coordinates only Utility Menu > List > Keypoint > Hard Points
选择关键点	KSEL	Utility Menu > Select > Entities
屏幕显示关键点	KPLOT	Utility Menu > Plot > Keypoints > Keypoints Utility Menu > Plot > Specified Entities > Keypoints
删除关键点	KDELE	Main Menu > Preprocessor > Modeling > Delete > Keypoints

3.1.2 硬点

硬点实际上是一种特殊的关键点，它表示网格必须通过的点。硬点不会改变模型的几何形状和拓扑结构，大多数关键点命令（如 FK、KLIST 和 KSEL 等）都适用于硬点，而且它还有自己的命令集和 GUI 路径。

如果发出更新图元几何形状的命令，例如，布尔操作或者简化命令，任何与图元相连的硬点都将自动删除；不能用复制、移动或修改关键点的命令操作硬点；当使用硬点时，不支持映射网格划分。

1. 定义硬点

定义硬点的命令及 GUI 菜单路径见表 3-4。

表 3-4　定义硬点

位　　置	命　　令	GUI 路径
在线上定义硬点	HPTCREATE LINE	Main Menu > Preprocessor > Modeling > Create > Keypoints > Hard PT on line > Hard PT by ratio Main Menu > Preprocessor > Modeling > Create > Keypoints > Hard PT on line > Hard PT by coordinates Main Menu > Preprocessor > Modeling > Create > Keypoints > Hard PT on line > Hard PT by picking
在面上定义硬点	HPTCREATE AREA	Main Menu > Preprocessor > Modeling > Create > Keypoints > Hard PT on area > Hard PT by coordinates Main Menu > Preprocessor > Modeling > Create > Keypoints > Hard PT on area > Hard PT by picking

2. 选择硬点

选择硬点的命令及 GUI 菜单路径见表 3-5。

表 3-5　选择硬点

位　　置	命　　令	GUI 路径
硬点	KSEL	Utility Menu > Select > Entities
附在线上的硬点	LSEL	Utility Menu > Select > Entities
附在面上的硬点	ASEL	Utility Menu > Select > Entities

3. 查看和删除硬点

查看和删除硬点的命令及 GUI 菜单路径见表 3-6。

表 3-6　查看和删除硬点

用　　途	命　　令	GUI 菜单路径
列表显示硬点	KLIST	Utility Menu > List > Keypoint > Hard Points
列表显示线及附属的硬点	LLIST	该命令没有相应 GUI 路径
列表显示面及附属的硬点	ALIST	该命令没有相应 GUI 路径
屏幕显示硬点	KPLOT	Utility Menu > Plot > Keypoints > Hard Points
删除硬点	HPTDELETE	Main Menu > Preprocessor > Modeling > Delete > Hard Points

3.1.3 线

线主要用于表示实体的边。像关键点一样，线是在当前激活的坐标系内定义的。并不总是需要明确地定义所有的线，因为 ANSYS 程序在定义面和体时，会自动生成相关的线。只有在生成线单元（如梁）或想通过线来定义面时，才需要专门定义线。

1. 定义线

定义线的命令及 GUI 菜单路径见表 3-7。

2. 从已有线生成新线

从已有的线生成线的命令及 GUI 菜单路径见表 3-8。

表 3-7　定义线

用　　法	命　　令	GUI 菜单路径
在指定的关键点之间创建直线（与坐标系有关）	L	Main Menu > Preprocessor > Modeling > Create > Lines > Lines > In Active Coord
通过三个关键点创建弧线（或者是通过两个关键点和指定半径创建弧线）	LARC	Main Menu > Preprocessor > Modeling > Create > Lines > Arcs > By EndKPs & Rad Main Menu > Preprocessor > Modeling > Create > Lines > Arcs > Through 3KPs
创建多义线	BSPLIN	Main Menu > Preprocessor > Modeling > Create > Lines > Splines > Spline thruKPs Main Menu > Preprocessor > Modeling > Create > Lines > Splines > Spline thruLocs Main Menu > Preprocessor > Modeling > Create > Lines > Splines > With Options > Spline thru KPs Main Menu > Preprocessor > Modeling > Create > Lines > Splines > With Options > Spline thruLocs
创建圆弧线	CIRCLE	Main Menu > Preprocessor > Modeling > Create > Lines > Arcs > By Cent & Radius Main Menu > Preprocessor > Modeling > Create > Lines > Arcs > Full Circle
创建分段式多义线	SPLINE	Main Menu > Preprocessor > Modeling > Create > Lines > Splines > Segmented Spline Main Menu > Preprocessor > Modeling > Create > Lines > Splines > With Options > Segmented Spline
创建与另一条直线成一定角度的直线	LANG	Main Menu > Preprocessor > Modeling > Create > Lines > Lines > At Angle to Line Main Menu > Preprocessor > Modeling > Create > Lines > Lines > Normal to Line
创建与另外两条直线成一定角度的直线	L2ANG	Main Menu > Preprocessor > Modeling > Create > Lines > Lines > Angle to 2 Lines Main Menu > Preprocessor > Modeling > Create > Lines > Lines > Norm to 2 Lines
创建一条与已有线共终点且相切的线	LTAN	Main Menu > Preprocessor > Modeling > Create > Lines > Lines > Tan to 2 Lines
生成一条与两条线相切的线	L2TAN	Main Menu > Preprocessor > Modeling > Create > Lines > Lines > Tan to 2 Lines
生成一个面上两关键点之间最短的线	LAREA	Main Menu > Preprocessor > Modeling > Create > Lines > Lines > Overlaid on Area
通过一个关键点按一定路径延伸成线	LDRAG	Main Menu > Preprocessor > Modeling > Operate > Extrude > Lines > Along Lines
使一个关键点绕一条轴旋转生成线	LROTAT	Main Menu > Preprocessor > Modeling > Operate > Extrude > Lines > AboutAxis
在两相交线之间生成倒角线	LFILLT	Main Menu > Preprocessor > Modeling > Create > Lines > Line Fillet
生成与激活坐标系无关的直线	LSTR	Main Menu > Preprocessor > Create > Lines > Lines > Straight Line

表 3-8　生成新的线

用　　法	命　　令	GUI 菜单路径
通过已有线生成新线	LGEN	Main Menu > Preprocessor > Modeling > Copy > Lines Main Menu > Preprocessor > Modeling > Move/Modify > Lines
从已有线对称映像生成新线	LSYMM	Main Menu > Preprocessor > Modeling > Reflect > Lines
将已有线转到另一个坐标系	LTRAN	Main Menu > Preprocessor > Modeling > Move/Modify > TransferCoord > Lines

3. 修改线

修改线的命令及 GUI 菜单路径见表 3-9。

表 3-9　修改线

用　法	命　令	GUI 菜单路径
将一条线分成更小的线段	LDIV	Main Menu > Preprocessor > Modeling > Operate > Booleans > Divide > Line into 2 Ln's Main Menu > Preprocessor > Modeling > Operate > Booleans > Divide > Line into N Ln's Main Menu > Preprocessor > Modeling > Operate > Booleans > Divide > Lines w/Options
将一条线与另一条线合并	LCOMB	Main Menu > Preprocessor > Modeling > Operate > Booleans > Add > Lines
将线的一端延长	LEXTND	Main Menu > Preprocessor > Modeling > Operate > Extend Line

4. 查看和删除线

查看和删除线的命令及 GUI 菜单路径见表 3-10。

表 3-10　查看和删除线

用　法	命　令	GUI 菜单路径
列表显示线	LLIST	Utility Menu > List > Lines Utility Menu > List > Picked Entities > Lines
屏幕显示线	LPLOT	Utility Menu > Plot > Lines Utility Menu > Plot > Specified Entities > Lines
选择线	LSEL	Utility Menu > Select > Entities
删除线	LDELE	Main Menu > Preprocessor > Modeling > Delete > Line and Below Main Menu > Preprocessor > Modeling > Delete > Lines Only

3.1.4 面

平面可以表示二维实体（如平板和轴对称实体）。曲面和平面都可以表示三维的面，例如，壳、三维实体的面等。跟线类似，只有用到面单元或者由面生成体时，才需要专门定义面。生成面的命令将自动生成依附于该面的线和关键点，同样，面也可以在定义体时自动生成。

1. 定义面

定义面的命令及 GUI 菜单路径见表 3-11。

表 3-11　定义面

用　法	命令	GUI 菜单路径
通过顶点定义一个面（即通过关键点）	A	Main Menu > Preprocessor > Modeling > Create > Areas > Arbitrary > ThroughKPs
通过其边界线定义一个面	AL	Main Menu > Preprocessor > Modeling > Create > Areas > Arbitrary > By Lines
沿一条路径拖动一条线生成面	ADRAG	Main Menu > Preprocessor > Modeling > Operate > Extrude > Along Lines
沿一轴线旋转一条线生成面	AROTAT	Main Menu > Preprocessor > Modeling > Operate > Extrude > AboutAxis
在两面之间生成倒角面	AFILLT	Main Menu > Preprocessor > Modeling > Create > Areas > Area Fillet
通过引导线生成光滑曲面	ASKIN	Main Menu > Preprocessor > Modeling > Create > Areas > Arbitrary > By Skinning
通过偏移一个面生成新的面	AOFFST	Main Menu > Preprocessor > Modeling > Create > Areas > Arbitrary > By Offset

2. 通过已有面生成新的面

通过已有面生成新的面的命令及 GUI 菜单路径见表 3-12。

表 3-12 生成新的面

用 法	命令	GUI 菜单路径
通过已有面生成另外的面	AGEN	Main Menu > Preprocessor > Modeling > Copy > Areas Main Menu > Preprocessor > Modeling > Move/Modify > Areas > Areas
通过对称映像生成面	ARSYM	Main Menu > Preprocessor > Modeling > Reflect > Areas
将面转到另外的坐标系下	ATRAN	Main Menu > Preprocessor > Modeling > Move/Modify > Transfer Coord > Areas
复制面的一部分	ASUB	Main Menu > Preprocessor > Modeling > Create > Areas > Arbitrary > Overlaid on Area

3. 查看、选择和删除面

查看、选择和删除面的命令及 GUI 菜单路径见表 3-13。

表 3-13 查看、选择和删除面

用 法	命 令	GUI 菜单路径
列表显示面	ALIST	Utility Menu > List > Areas UtilityMenu > List > Picked Entities > Areas
屏幕显示面	APLOT	Utility Menu > Plot > Areas Utility Menu > Plot > Specified Entities > Areas
选择面	ASEL	Utility Menu > Select > Entities
删除面	ADELE	Main Menu > Preprocessor > Modeling > Delete > Area and Below Main Menu > Preprocessor > Modeling > Delete > Areas Only

3.1.5 体

体用于描述三维实体，仅当需要用体单元时才必须建立体，生成体的命令将自动生成低级的图元。

1. 定义体

定义体的命令及 GUI 菜单路径见表 3-14。

其中，VOFFST 和 VEXT 操作示意图如图 3-2 所示。

表 3-14 定义体

用 法	命令	GUI 菜单路径
通过顶点定义体（即通过关键点）	V	Main Menu > Preprocessor > Modeling > Create > Volumes > Arbitrary > Through KPs
通过边界定义体（即用一系列的面来定义）	VA	Main Menu > Preprocessor > Modeling > Create > Volumes > Arbitrary > By Areas
将面沿某个路径拖曳生成体	VDRAG	Main Menu > Preprocessor > Operate > Extrude > Along Lines
将面沿某根轴旋转生成体	VROTAT	Main Menu > Preprocessor > Modeling > Operate > Extrude > AboutAxis
将面沿其法向偏移生成体	VOFFST	Main Menu > Preprocessor > Modeling > Operate > Extrude > Areas > Along Normal
在当前坐标系下对面进行拖曳和缩放生成体	VEXT	Main Menu > Preprocessor > Modeling > Operate > Extrude > Areas > By XYZ Offset

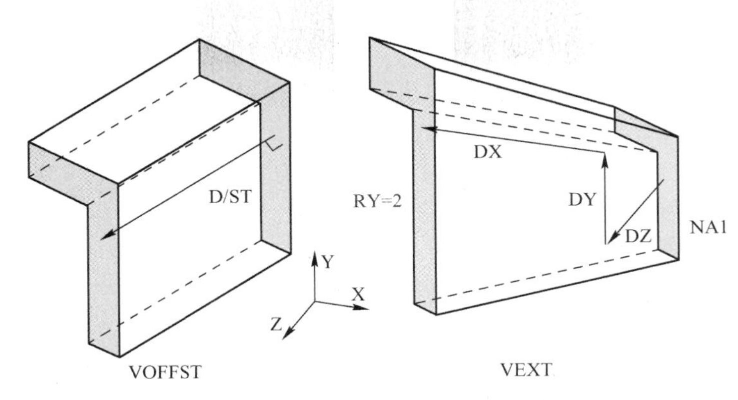

图 3-2　VOFFST 和 VEXT 操作示意图

2. 通过已有的体生成新的体

通过已有的体生成新的体的命令及 GUI 菜单路径见表 3-15。

表 3-15　生成新的体

用　法	命　令	GUI 菜单路径
由一种模式的体生成另外的体	VGEN	Main Menu > Preprocessor > Modeling > Copy > Volumes Main Menu > Preprocessor > Modeling > Move/Modify > Volumes
通过对称映像生成体	VSYMM	Main Menu > Preprocessor > Modeling > Reflect > Volumes
将体转到另外的坐标系	VTRAN	Main Menu > Preprocessor > Modeling > Move/Modify > TransferCoord > Volumes

3. 查看、选择和删除体

查看、选择和删除体的命令及 GUI 菜单路径见表 3-16。

表 3-16　查看、选择和删除体

用　法	命　令	GUI 菜单路径
列表显示体	VLIST	Utility Menu > List > Picked Entities > Volumes Utility Menu > List > Volumes
屏幕显示体	VPLOT	Utility Menu > Plot > Specified Entities > Volumes Utility Menu > Plot > Volumes
选择体	VSEL	Utility Menu > Select > Entities
删除体	VDELE	Main Menu > Preprocessor > Modeling > Delete > Volume and Below Main Menu > Preprocessor > Modeling > Delete > Volumes Only

3.1.6 自底向上建模实例

自底向上建模与自顶向下建模正好相反，是按照从点到线，从线到面，从面到体的顺序建立模型，因为线是由点构成，面是由线构成，而体是由面构成，所以称这个顺序为自顶向下建模。在建立模型的过程中，自底向上并不是绝对的，有时也用到自顶向下的方法。现在通过建立一个平面体来介绍自底向上建模的方法。

1. 修改工作目录

进入 ANSYS 工作目录，按照前面讲过的方法，将 example 作为 jobname。

2. 创建两个圆面

1）在主菜单中选择 Main Menu：依次执行 Preprocessor > Modeling > Create > Areas > Circle > By Dimensions…命令。

2）打开创建圆的对话框，设置 RAD1 = 10，RAD2 = 6，THETA1 = 0，THETA2 = 180，单击 OK 按钮，如图 3-3 所示。

得到图 3-4 所示的结果。

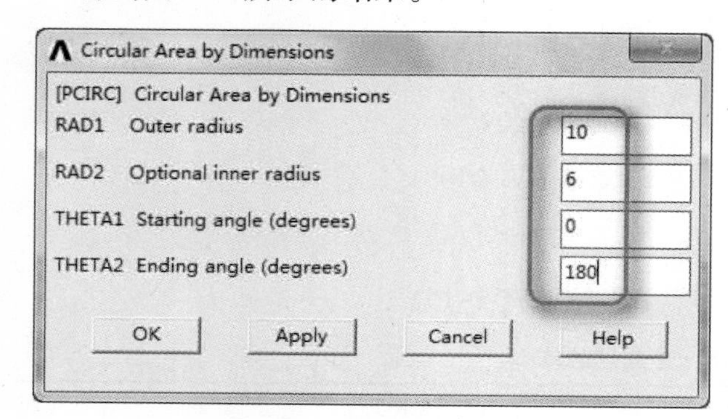

图 3-3 创建圆面设置（1）

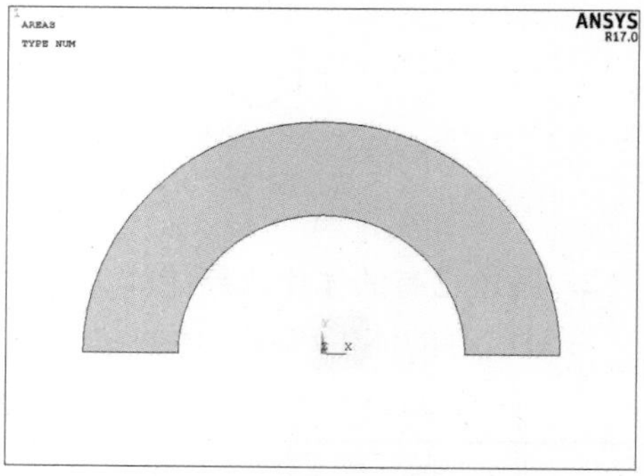

图 3-4 创建圆面的结果

3. 建立另外两个圆面

（1）偏移工作平面到给定位置

1）从应用菜单中选择 Utility Menu：依次执行 WorkPlane > Offset WP to > XYZ Locations + 命令。

2）打开设置点对话框，在 Global Cartesian 文本框输入 16，0，0，单击 OK 按钮，如图 3-5 所示。

（2）将激活的坐标系设置为工作平面坐标系

从应用菜单中选择 Utility Menu：依次执行 WorkPlane > Change Active CS to > Working Plane 命令。

（3）创建另两个圆面

1）从主菜单中选择 Main Menu：依次执行 Preprocessor > Modeling > Create > Areas > Circle > By Dimensions ... 命令。

2）这时会打开创建圆的对话框，设置 RAD1 = 5，RAD2 = 3，THETA1 = 0，THETA2 = 180，然后单击 OK 按钮，如图 3-6 所示。

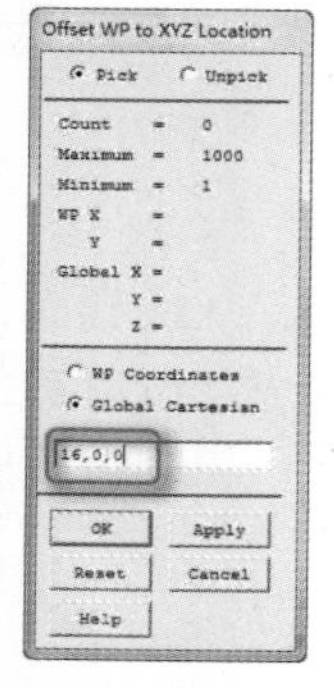

图 3-5 创建圆面设置（2）

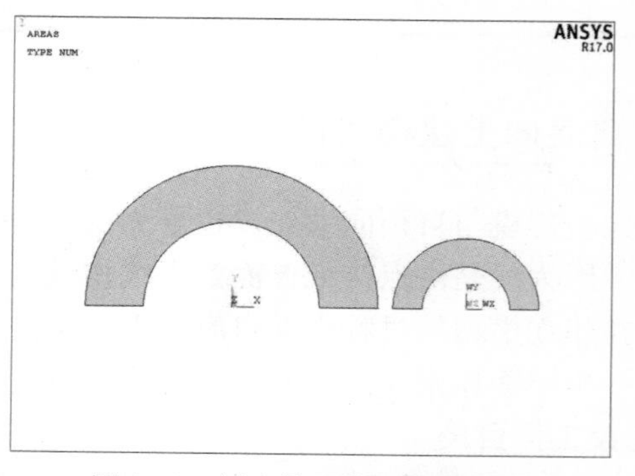

图 3-6 创建另两个圆面的结果

4. 创建两圆面的切线

（1）将激活的坐标系设置为总体柱坐标系

从应用菜单中选择 Utility Menu：依次执行 WorkPlane > Change Active CS to > Global Cylindrical 命令。

（2）定义一个新的关键点

1）从主菜单中选择 Main Menu：依次执行 Preprocessor > Modeling > Create > Keypoints > In Active CS …命令。

2）出现定义点的对话框，设置点号为 110，X = 10，Y = 73，单击 OK 按钮，如图 3-7 所示。

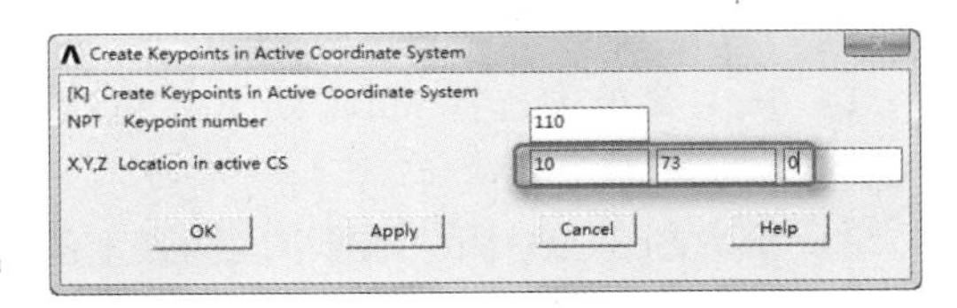

图 3-7　创建关键点

（3）创建局部坐标系

1）从应用菜单中选择 Utility Menu：依次执行 WorkPlane > Local Coordinate Systems > Create Local CS > At Specified Loc ＋命令。

2）打开坐标系设置对话框，在 Global Cartesian 文本框中输入 16，0，0，然后单击 OK 按钮，得到 Create Local CS at Specified Location 对话框。

3）在 Ref number of new coord sys 中输入 11，在 Type of coordinate system 中选择 Cylindrical 1 选项，在 Origin of coord system 文本框中分别输入 16，0，0，单击 OK 按钮，如图 3-8 所示。

（4）定义另一个新的关键点

1）从主菜单中选择 Main Menu：依次执行 Preprocessor > Modeling > Create > Keypoints > In Active CS …命令。

2）打开定义点的对话框，设置点号为 120，X = 5，Y = 73，单击 OK 按钮。

（5）将激活的坐标系设置为总体笛卡儿坐标系

从应用菜单中选择 Utility Menu：依次执行 WorkPlane > ChangeActive CS to > Global Cartesian 命令。

（6）在刚刚建立的关键点（110 和 120）之间创建直线

1）从主菜单中选择 Main Menu：依次执行 Preprocessor > Modeling > Create > Lines > Lines > Straight Line 命令。

2）在选择窗口中输入图 3-9 所示的两个关键点的点号，然后单击 OK 按钮。

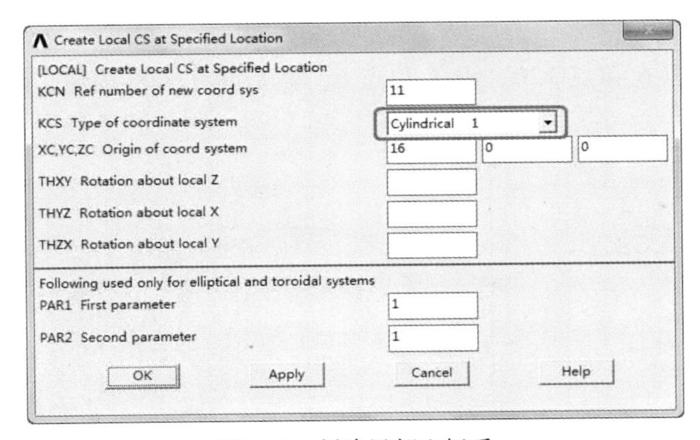

图 3-8　创建局部坐标系

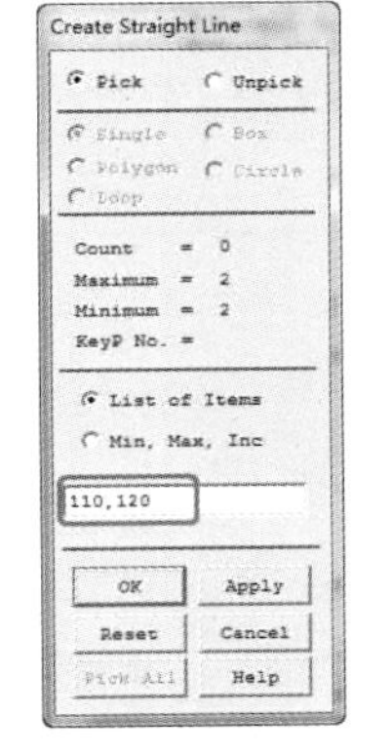

图 3-9　创建线设置

（7）显示线

从应用菜单中选择 Utility Menu：依次执行 Plot > Lines 命令。

所得结果如图 3-10 所示。

5. 创建两圆柱面之间的连接面

（1）将激活的坐标系设置为总体柱坐标系

从应用菜单中选择 Utility Menu：依次执行 WorkPlane > Change Active CS to > Global Cylindrical 命令。

（2）创建直线

1）从主菜单中选择 Main Menu：依次执行 Preprocessor > Modeling > Create > Lines > Lines > In Active Coord 命令。

2）拾取图 3-10 中的大圆小段圆弧上的两个关键点，然后单击 OK 按钮，如图 3-11 所示。

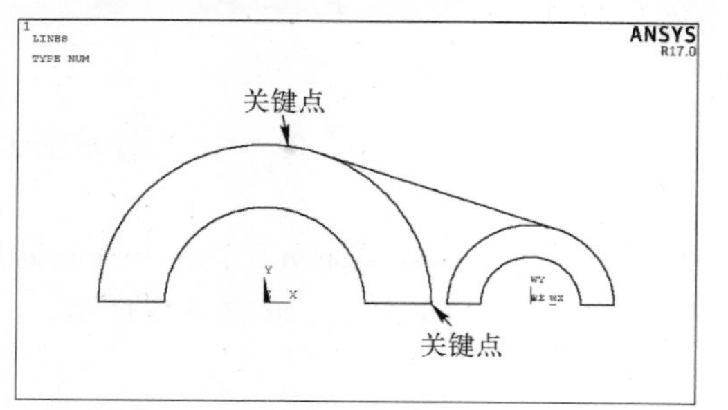

图 3-10　创建切线的结果（1）

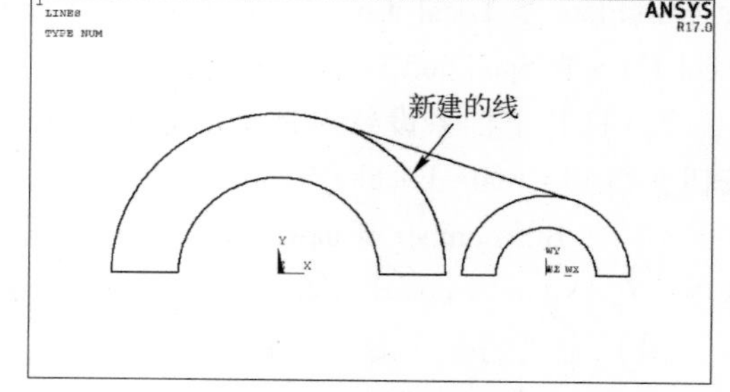

图 3-11　创建切线

（3）将激活的坐标系设置为局部柱面坐标系

1）从应用菜单中选择 Utility Menu：依次执行 WorkPlane > Change Active CS to > Specified Coord Sys 命令。

2）在 Coordinate system number 文本框中输入坐标系编号 11，单击 OK 按钮，如图 3-12 所示。

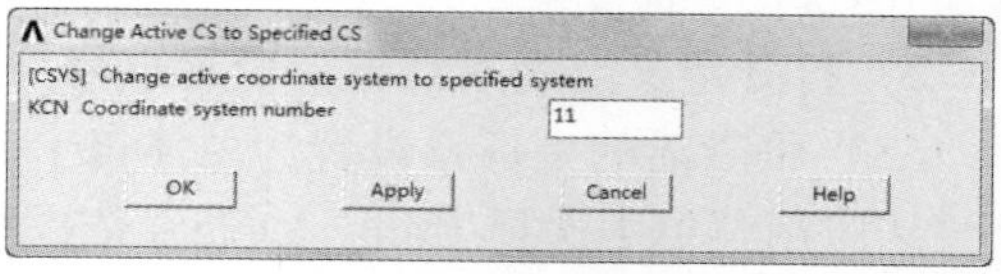

Change Active CS to Specified CS
[CSYS] Change active coordinate system to specified system
KCN Coordinate system number 11
OK Apply Cancel Help

图 3-12　激活局部坐标系

（4）在局部柱面坐标系中创建圆弧线

1）从主菜单中选择 Main Menu：依次执行 Preprocessor > Modeling > Create > Lines > Lines > In Active Coord 命令。

2）拾取图 3-13 所示的关键点 6 和点 120，点 1 和点 6，然后单击 OK 按钮，结果如图 3-14 所示。

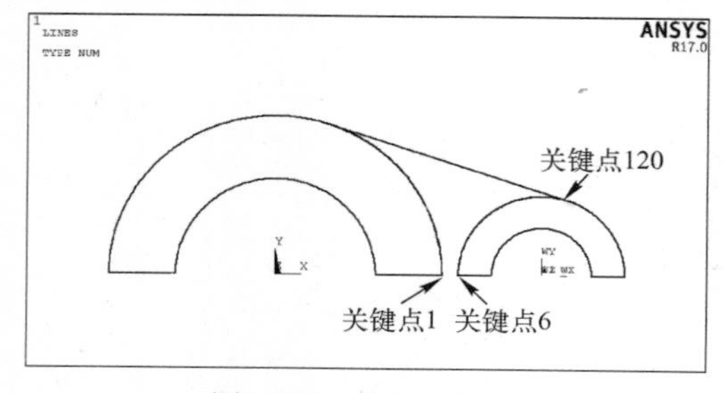

图 3-13　拾取关键点

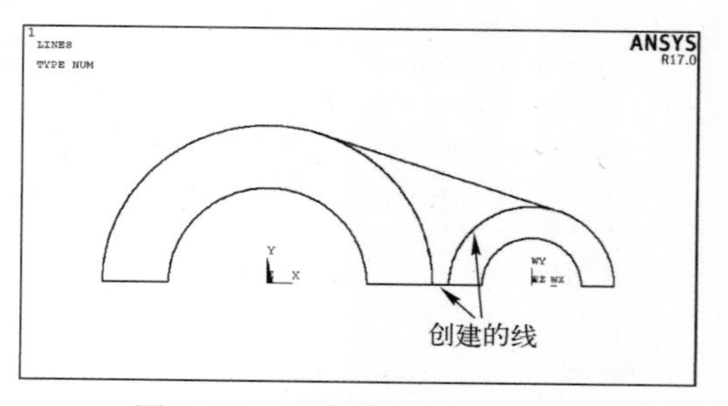

图 3-14　创建切线的结果（2）

（5）将激活的坐标系设置为总体笛卡儿坐标系

从应用菜单中选择 Utility Menu：依次执行 WorkPlane > Change Active CS to > Global Cartesian 命令。

（6）由前面定义的线创建一个新的面

1）从主菜单中选择 Main Menu：依次执行 Preprocessor > Modeling > Create > Areas > Arbitrary > By Lines 命令。

2）拾取刚刚建立的 4 条线，如图 3-15 所示，然后单击 OK 按钮。

（7）打开面的编号并画面

1）从应用菜单中选择 Utility Menu：依次执行 PlotCtrls > Numbering 命令。

2）打开点、线、面的编号，单击 OK 按钮，如图 3-16 所示。

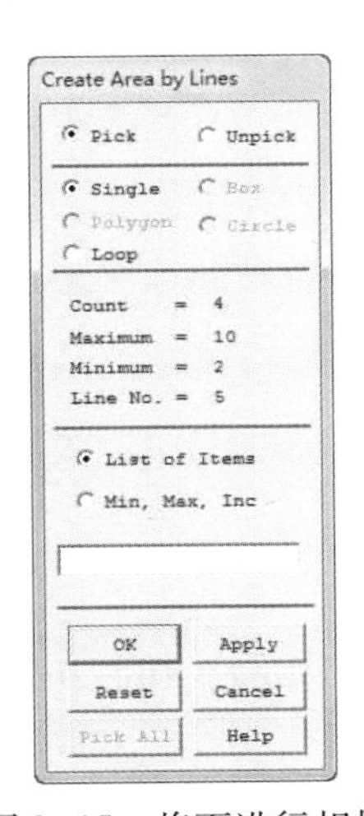

图 3-15　将面进行相加

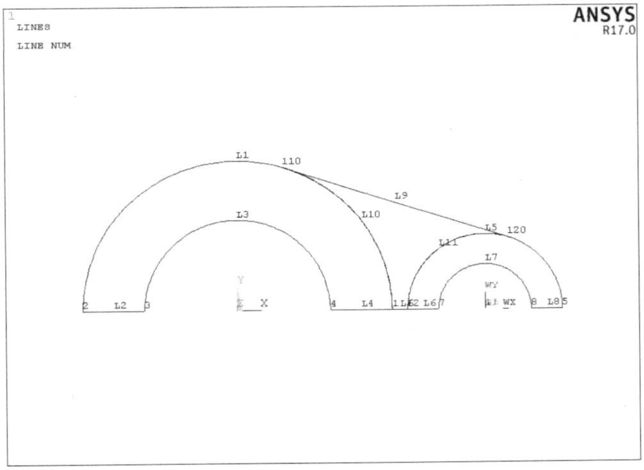

图 3-16　创建面

（8）从应用菜单中选择 Utility Menu：Plot > Areas。

6. 把所有面加起来形成一个面

（1）从主菜单中选择 Main Menu：依次执行 Preprocessor > Modeling > Operate > Booleans > Add > Areas 命令。

（2）在打开的对话框中选择 Pick All 将面进行相加。所得结果如图 3-17 所示。

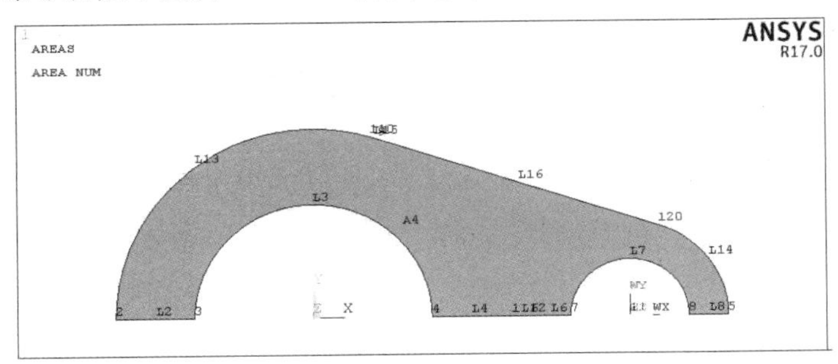

图 3-17　将面相加的结果

7. 形成一个矩形孔

（1）创建一个矩形面

1）从应用菜单中选择 Utility Menu：依次执行 WorkPlane > Offset WP to > Global Origin 命令。

2）从主菜单中选择 Main Menu：依次执行 Preprocessor > Modeling > Create > Areas > Rectangle > By Dimensions ... 命令。

3）在出现的定义矩形面对话框中，设置 X1 = -2，X2 = 2，Y1 = 0，Y2 = 8，单击 OK 按钮，如图 3-18 所示。

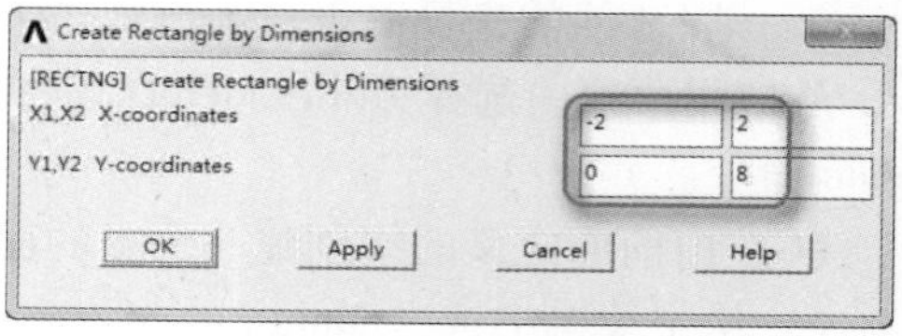

图 3-18　创建矩形面

得到结果如图 3-19 所示。

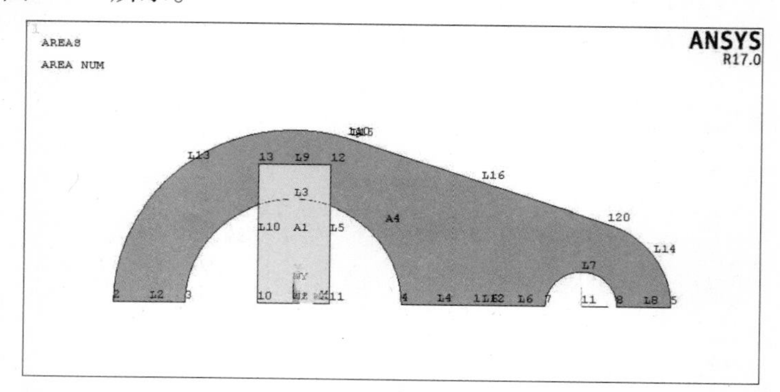

图 3-19　创建矩形面的结果

（2）从总体面中“减”去矩形面形成孔

1）从主菜单中选择 Main Menu：依次执行 Preprocessor > Modeling > Operate > Booleans > Subtract > Areas 命令。

2）在图形窗口中选择总体面，作为布尔“减”操作的母体，单击 Apply 按钮。

3）拾取刚刚建立的矩形面作为“减”去的对象，单击 OK 按钮，所得结果如图 3-20 所示。

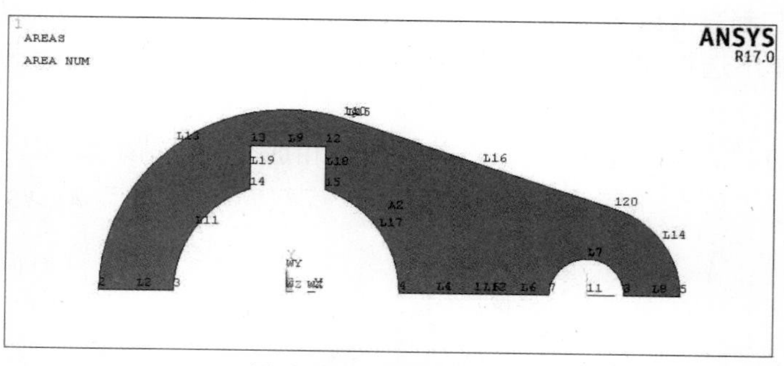

图 3-20　减去孔的结果

8. 将面进行映射得到完全的面

（1）旋转工作平面

1）从应用菜单中选择 Utility Menu：依次执行 WorkPlane > Offset WP by Increments 命令。

2）在 XY，YZ，ZXAngles 文本框中输入 0，0，90，单击 OK 按钮，如图 3-21 所示。

（2）用工作平面切分面

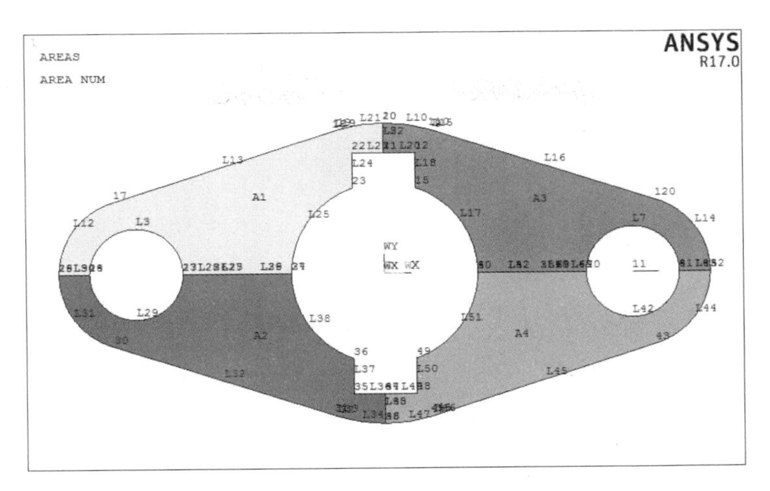

图 3-28　将面沿 X-Z 面进行映射的结果

9. 存储数据库并离开 ANSYS

1）在工具条上拾取“SAVE_DB”。

2）选取工具条上的 QUIT。

本例操作的命令流如下。

```
/PREP7
PCIRC,10,6,0,180,
! 创建两个圆面
FLST,2,1,8
FITEM,2,16,0,0
! 偏移工作平面到给定位置
WPAVE,P51X
CSYS,4
! 将激活的坐标系设置为工作平面坐标系
PCIRC,5,3,0,180,
! 创建另两个圆面
CSYS,1
! 将激活的坐标系设置为总体柱坐标系
K,110,10,73,,
! 定义一个新的关键点
LOCAL,11,1,16,0,0, , , ,1,1,
! 创建局部坐标系
K,120,5,73,,
! 定义另一个新的关键点
CSYS,0
! 将激活的坐标系设置为总体笛卡儿坐标系
LSTR,      110,      120
! 在刚刚建立的关键点(110 和 120)之间创建直线
LPLOT
! 显示线
CSYS,1
! 将激活的坐标系设置为总体柱坐标系
L,      110,         1
! 创建直线
```

```
CSYS,11,
! 将激活的坐标系设置为局部柱面坐标系
L,       1,       6
L,       6,     120
! 在局部柱面坐标系中创建圆弧线
CSYS,0
! 将激活的坐标系设置为总体笛卡儿坐标系
FLST,2,4,4
FITEM,2,10
FITEM,2,11
FITEM,2,12
FITEM,2,9
AL,P51X
! 由前面定义的线创建一个新的面
/PNUM,KP,1
/PNUM,LINE,1
/PNUM,AREA,1
/PNUM,VOLU,0
/PNUM,NODE,0
/PNUM,TABN,0
/PNUM,SVAL,0
/NUMBER,0
! *
/PNUM,ELEM,0
/REPLOT
! *
APLOT
! 打开面的编号并画面
FLST,2,3,5,ORDE,2
FITEM,2,1
FITEM,2,-3
AADD,P51X
! 把所有面加起来形成一个面
CSYS,0
WPAVE,0,0,0
CSYS,0
RECTNG,-2,2,0,8,
! 创建一个矩形面
ASBA,       4,       1
! 从总体面中“减”去矩形面形成孔
wprot,0,0,90
! 旋转工作平面
ASBW,       2
! 用工作平面切分面
ADELE,       1, , ,1
! 删除右边的面
FLST,3,1,5,ORDE,1
FITEM,3,3
ARSYM,X,P51X, , , ,0,0
! 将面沿 Y-Z 面进行映射(在 X 方向)
FLST,3,2,5,ORDE,2
FITEM,3,1
FITEM,3,3
```

```
ARSYM,Y,P51X, , , ,0,0
! 将面沿 X - Z 面进行映射（在 Y 方向）
/REPLOT,RESIZE
SAVE
FINISH
! 存储数据库并离开 ANSYS
```

3.2 自顶向下创建几何模型（体素）

几何体素是指用单个 ANSYS 命令创建常用实体模型（如球，正棱柱等）。因为体素是高级图元，不用先定义任何关键点而形成，所以称利用体素进行建模的方法为自顶向下建模。当生成一个体素时，ANSYS 程序会自动生成所有属于该体素的必要的低级图元。

3.2.1 创建面体素

创建面体素的命令及 GUI 菜单路径见表 3-17。

表 3-17 创建面体素

用　法	命　令	GUI 菜单路径
在工作平面上创建矩形面	RECTNG	Main Menu > Preprocessor > Modeling > Create > Areas > Rectangle > By Dimensions
通过角点生成矩形面	BLC4	Main Menu > Preprocessor > Modeling > Create > Areas > Rectangle > By 2 Corners
通过中心和角点生成矩形面	BLC5	Main Menu > Preprocessor > Modeling > Create > Areas > Rectangle > By-Centr & Cornr
在工作平面上生成以其原点为圆心的环形面	PCIRC	Main Menu > Preprocessor > Modeling > Create > Circle > By Dimensions
在工作平面上生成环形面	CYL4	Main Menu > Preprocessor > Modeling > Create > Circle > Annulus or > Partial Annulus or > Solid Circle
通过端点生成环形面	CYL5	Main Menu > Preprocessor > Modeling > Create > Circle > By End Points
以工作平面原点为中心创建正多边形	RPOLY	Main Menu > Preprocessor > Modeling > Create > Polygon > ByCircumscr Rad or > By Inscribed Rad or > By Side Length
在工作平面的任意位置创建正多边形	RPR4	Main Menu > Preprocessor > Modeling > Create > Polygon > Hexagon or > Octagon or > Pentagon or > Septagon or > Square or > Triangle
基于工作平面坐标对生成任意多边形	POLY	该命令没有相应 GUI 路径

3.2.2 创建实体体素

创建实体体素的命令及 GUI 菜单路径见表 3-18。

表 3-18 创建实体体素

用　法	命　令	GUI 菜单路径
在工作平面上创建长方体	BLOCK	Main Menu > Preprocessor > Modeling > Create > Volumes > Block > By Dimensions

（续）

用　　法	命　　令	GUI 菜单路径
通过角点生成长方体	BLC4	Main Menu > Preprocessor > Modeling > Create > Volumes > Block > By 2 Corners & Z
通过中心和角点生成长方体	BLC5	Main Menu > Preprocessor > Modeling > Create > Volumes > Block > By-Centr，Cornr，Z
以工作平面原点为圆心生成圆柱体	CYLIND	Main Menu > Preprocessor > Modeling > Create > Volumes > Cylinder > By Dimensions
在工作平面的任意位置创建圆柱体	CYL4	Main Menu > Preprocessor > Modeling > Create > Volumes > Cylinder > Hollow Cylinder or > Partial Cylinder or > Solid Cylinder
通过端点创建圆柱体	CYL5	Main Menu > Preprocessor > Modeling > Create > Volumes > Cylinder > By End Pts & Z
以工作平面的原点为中心创建正棱柱体	RPRISM	Main Menu > Preprocessor > Modeling > Create > Volumes > Prism > By-Circumscr Rad or > By Inscribed Rad or > By Side Length
在工作平面的任意位置创建正棱柱体	RPR4	Main Menu > Preprocessor > Modeling > Create > Volumes > Prism > Hexagonal or > Octagonal or > Pentagonal or > Septagonal or > Square or > Triangular
基于工作平面坐标对创建任意多棱柱体	PRISM	该命令没有相应 GUI 路径
以工作平面原点为中心创建球体	SPHERE	Main Menu > Preprocessor > Modeling > Create > Volumes > Sphere > By Dimensions
在工作平面的任意位置创建球体	SPH4	Main Menu > Preprocessor > Modeling > Create > Volumes > Sphere > Hollow Sphere or > Solid Sphere
通过直径的端点生成球体	SPH5	Main Menu > Preprocessor > Modeling > Create > Volumes > Sphere > By End Points
以工作平面原点为中心生成圆锥体	CONE	Main Menu > Preprocessor > Modeling > Create > Volumes > Cone > By Dimensions
在工作平面的任意位置创建圆锥体	CON4	Main Menu > Preprocessor > Modeling > Create > Volumes > Cone > By Picking
生成环体	TORUS	Main Menu > Preprocessor > Modeling > Create > Volumes > Torus

图 3-29 所示是环形体素和环形扇区体素。

图 3-30 所示是空心圆球体素和圆台体素。

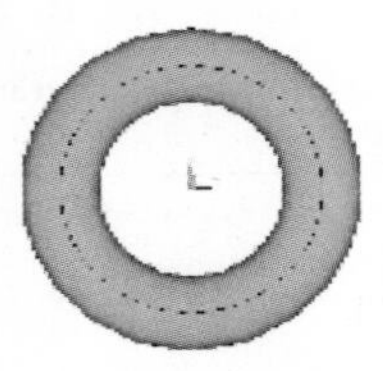

环形体素

环形扇区体素

图 3-29　环形体素和环形扇区体素

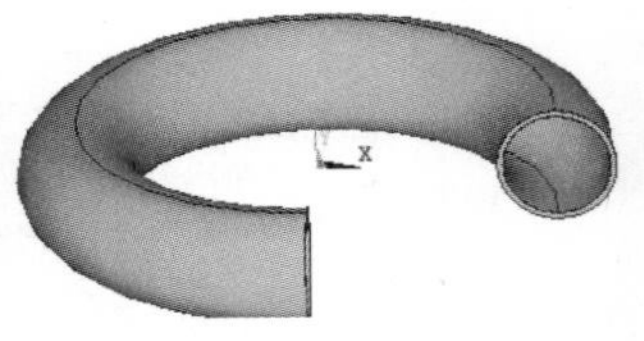

空心圆球体素

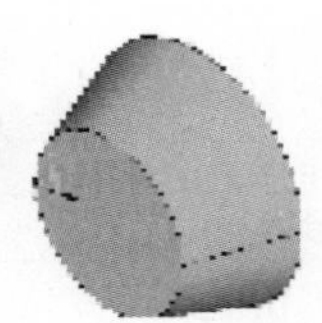

圆台体素

图 3-30　空心圆球体素和圆台体素

3.2.3 自顶向下建模实例

自顶向下的建立模型是指按照从体到面、从面到线、从线到点的顺序进行建模，因为线是由点构成，面是由线构成，而体是由面构成，所以称这个顺序为自顶向下建模。在建立模型的过程中，自顶向下并不是绝对的，有时也用到自底向上的方法。现在通过建立一个联轴体来介绍自顶向下建模的方法，联轴体如图 3-31 所示。

建立联轴体的具体步骤如下。

首先从主菜单中选择 Main Menu：执行 Preprocessor 命令，进入前处理（/PREP7）。

1. 创建圆柱体

1）进入 ANSYS 工作目录，单击照前面讲过的方法，将 example - 3 - 3 - 1 作为 jobname。

2）从主菜单中选择 Main Menu：依次执行 Preprocessor > modeling > Create > Volumes > Cylinder > Solid Cylinder 命令。

3）在打开的创建柱体对话框中，在 WP X 中输入 0，在 WP Y 中输入 0，在 Radius 中输入 5，在 Depth 中输入 10，单击“Apply”按钮。

4）分别在 WP X 中输入 12，WP Y 中输入 0，Radius 中输入 3，Depth 中输入 4，单击 OK 按钮生成一个圆柱体，如图 3-32 所示，得到两个圆柱体，结果如图 3-33 所示。

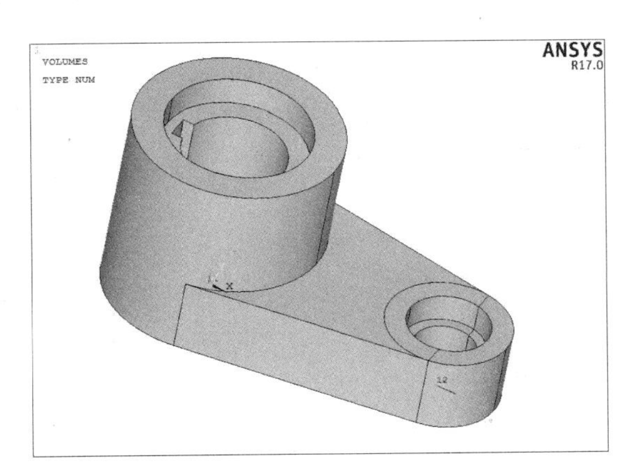

图 3-31　需要创建的联轴体

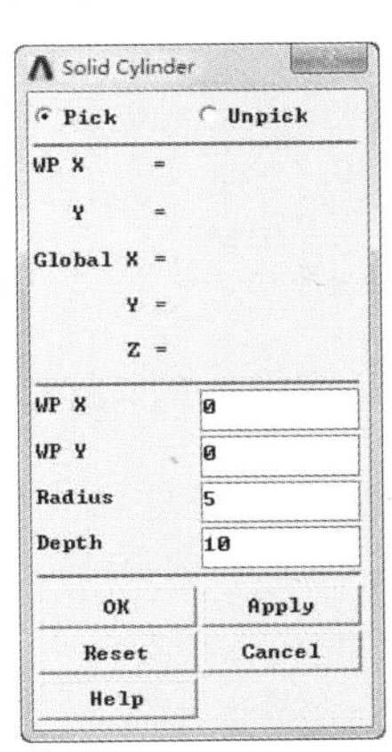

图 3-32　创建圆柱体

5）显示线。从实用菜单中选择 Utility Menu：依次执行 Plot > Lines 命令，结果如图 3-34 所示。

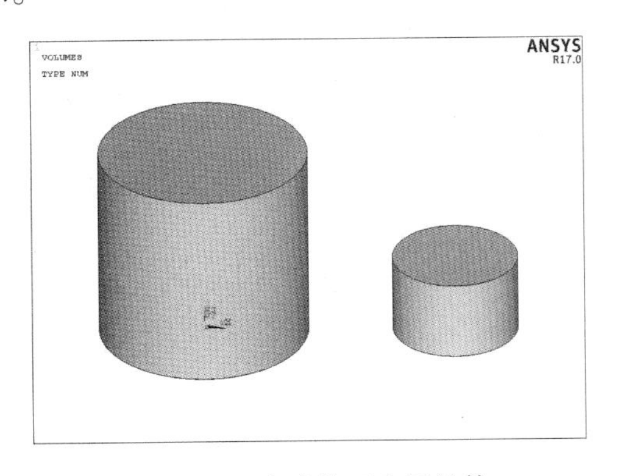

图 3-33　生成的两个圆柱体

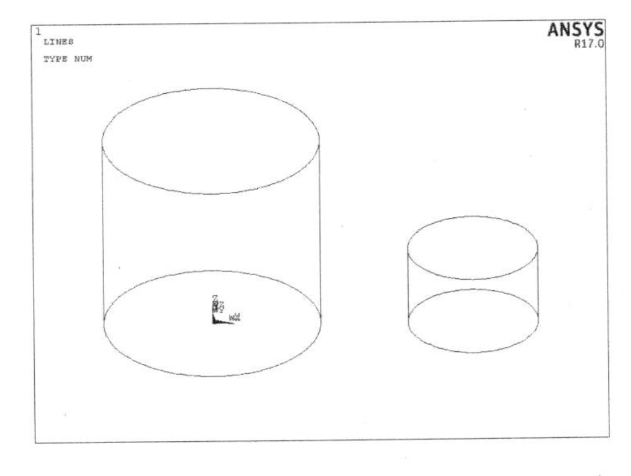

图 3-34　线显示

2. 建立两圆柱面相切的 4 个关键点

（1）创建局部坐标系

1）从实用菜单中选择 Utility Menu：依次执行 WorkPlane > Local Coordinate Systems > Create Local CS > At Specified Loc +命令。

2）在打开的创建坐标系对话框中，在 Global Cartesian 文本框中输入 0，0，0，如图 3-35 所示。然后单击 OK 按钮，得到 Create Local CS At Specified Location 对话框。

3）在 Ref number of new coord sys 中输入 11，在 Type of coordinate system 中选择 Cylindrical 1 选项，在 Origin of coord system 文本框中分别输入 0，0，0，单击 OK 按钮，如图 3-36 所示。

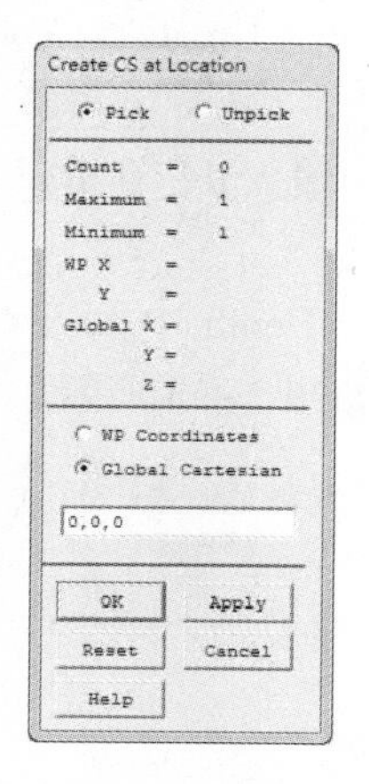

图3-35 输入坐标系的原点坐标

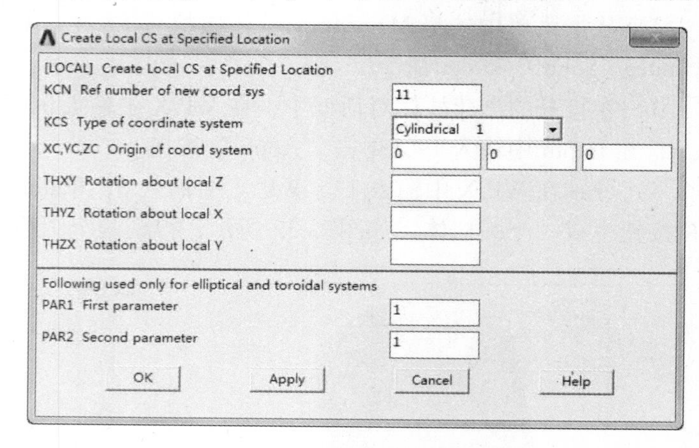

图 3-36 创建局部柱坐标系

（2）建立两圆柱面相切的 4 个关键点

1）从主菜单中选择 Main Menu：依次执行 Preprocessor > Modeling > Create > Keypoints > In Active CS 命令。

2）在 Keypoint number 文本框中输入 110，在 Location in active CS 文本框中分别输入 5，-80.4，0，创建一个关键点，如图 3-37 所示，单击 Apply 按钮，在 Keypoint number 文本框中输入 120，在 Location in active CS 文本框中分别输入 5，80.4，0，单击 OK 按钮，创建另一个关键点。

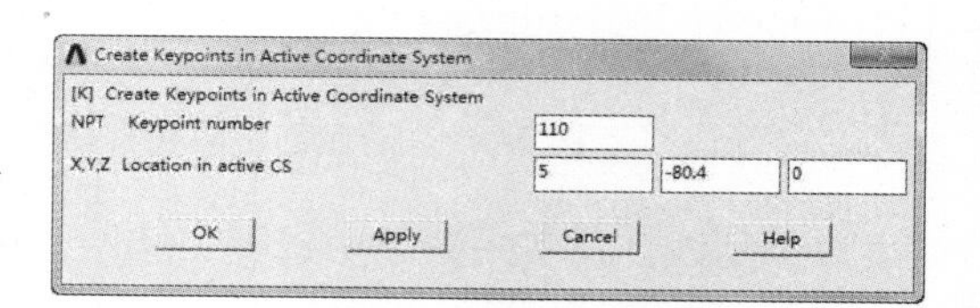

图 3-37 在局部坐标系中创建关键点

（3）创建局部坐标系

1）从实用菜单中选择 Utility Menu：依次执行 WorkPlane > Local Coordinate Systems > Create Local CS > At Specified Loc +按钮。

2）在 Global Cartesian 文本框中输入 12，0，0，然后单击 OK 按钮，得到 Create Local CS At Specified Location 对话框。

3）在 Ref number of new coord sys 文本框中输入 12，在 Type of coordinate system 中选择 Cylindrical 1 选项，在 Origin of coord system 文本框中分别输入 12，0，0，单击 OK 按钮。

4）从主菜单中选择 Main Menu：依次执行 Preprocessor > Modeling > Create > Keypoints > In Active CS 命令。

5）在 Keypoint number 文本框中输入 130，在 Location in active CS 文本框中分别输入 3，-80.4，0，创建一个关键点，单击 Apply 按钮，在 Keypoint number 文本框中输入 140，在 Location in active CS 文本框中分别输入 3，80.4，0，单击 OK 按钮，创建另一个关键点。

3. 生成与圆柱底相交的面

（1）用 4 个相切的点创建 4 条直线

1）从主菜单中选择 Main Menu：依次执行 Preprocessor > Modeling > Create > Lines > Lines > Strainght lines 命令。

2）连接点 110 和点 130，点 120 和点 140，点 110 和点 120，点 130 和点 140，使它们成为 4 条直线，单击 OK 按钮，如图 3-38 所示。

（2）创建一个四边形面

1）从主菜单中选择 Main Menu：依次执行 Preprocessor > Modeling > Create > Areas > Arbitrary > By Lines 命令。

2）依次拾取刚刚建立的 4 条直线，单击 OK 按钮，如图 3-39 所示。

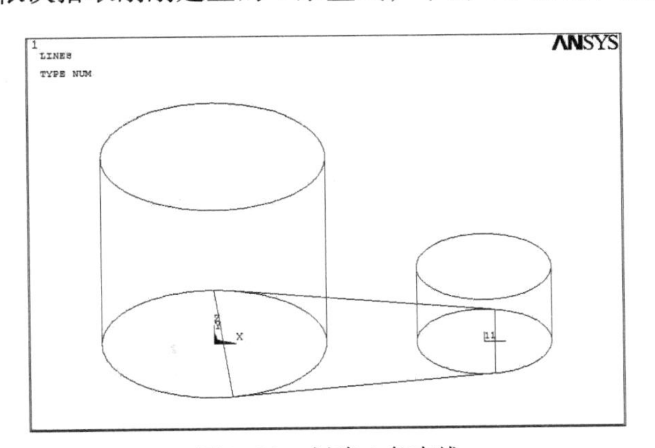

图 3-38 创建 4 条直线

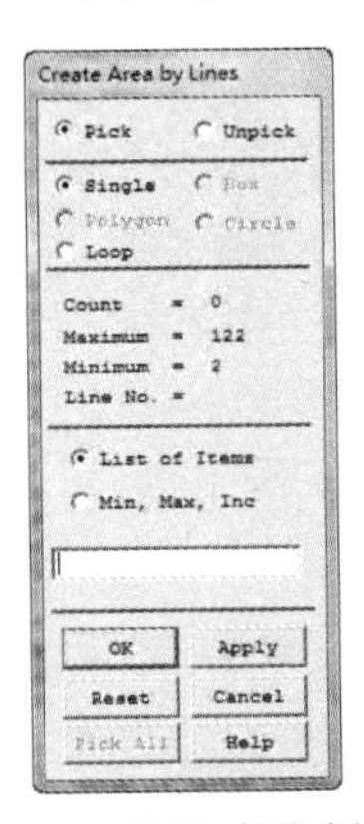

图 3-39 拾取直线创建面

生成的四边形面如图 3-40 所示。

4. 沿面的法向拖拉面形成一个四棱柱

1）从主菜单中选择 Main Menu：依次执行 Preprocessor > Modeling > Operate > Extrude > Areas > Along Normal 命令。

2）在图形窗口中拾取四边形面，单击 OK 按钮，如图 3-41 所示。

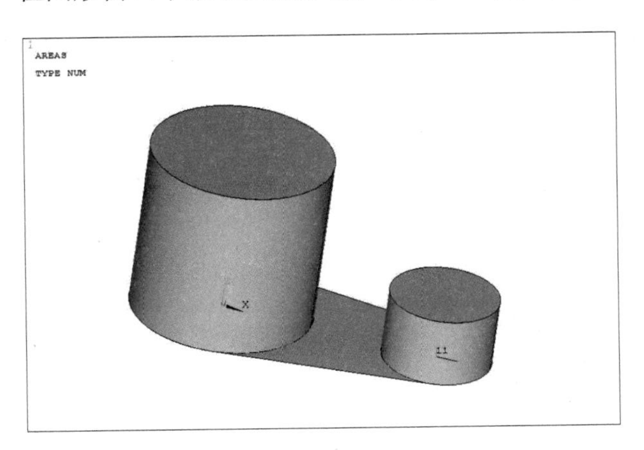

图 3-40 创建四边形面

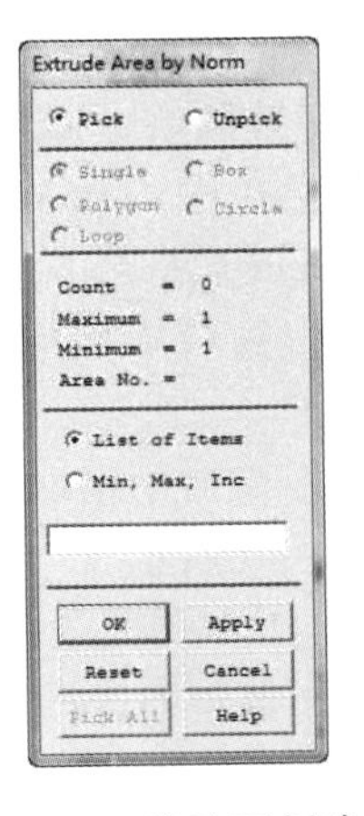

图 3-41 拾取面创建体

3）这时打开创建体对话框，输入 DIST = 4，厚度的方向是向圆柱所在的方向，单击 OK 按钮，如图 3-42 所示。

生成的四棱柱如图 3-43 所示。

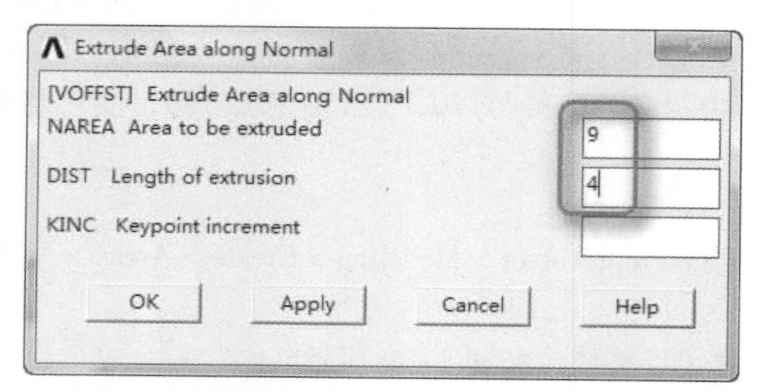

图 3-42　输入体的厚度

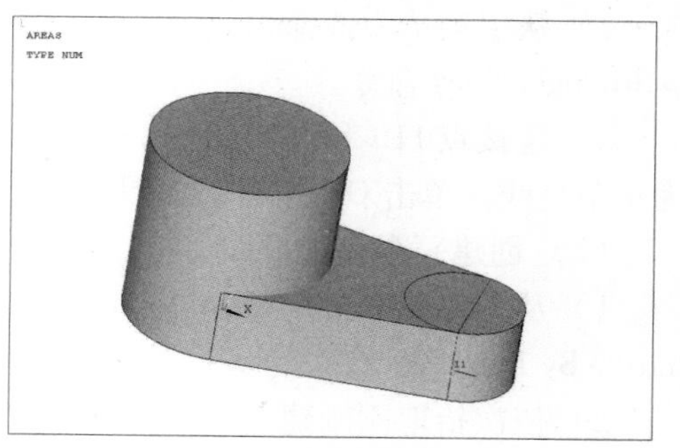

图 3-43　生成的四棱柱

5. 形成一个完全的轴孔

（1）将坐标系转到全局直角坐标系下

从实用菜单中选择 Utility Menu：依次执行 WorkPlane -> Change Active CS to > Global Cartesian 命令。

（2）偏移工作平面

1）从实用菜单中选择 Utility Menu：依次执行 WorkPlane > Offset WP to > XYZ Locations + 命令。

2）在 Global Cartesian 文本框中输入 0，0，8.5，单击 OK 按钮，如图 3-44 所示。

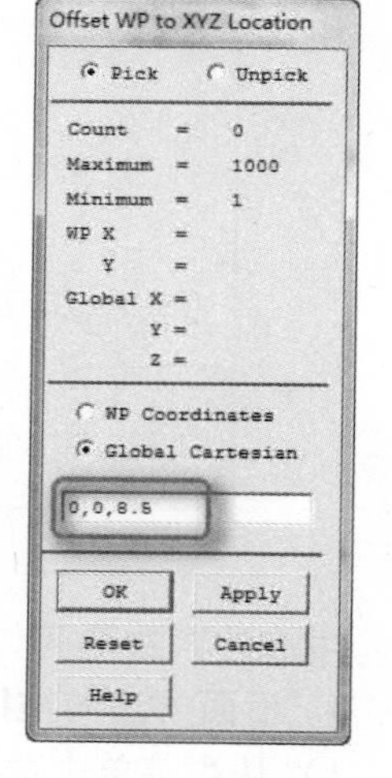

图 3-44　偏移工作平面

（3）创建圆柱体

1）从主菜单中选择 Main Menu：依次执行 Preprocessor > Modeling > Create > Volumes > Cylinder > Solid Cylinder 命令。

2）在创建圆柱体对话框中，在 WP X 中输入 0，在 WP Y 中输入 0，在 Radius 中输入 3.5，在 Depth 中输入 1.5，单击 Apply 按钮。

3）在 WP X 中输入 0，在 WP Y 中输入 0，在 Radius 中输入 3.5，在 Depth 中输入 -8.5，单击 OK 按钮生成另一个圆柱体。得到两个圆柱体，结果如图 3-45 所示。

（4）从联轴体中“减”去圆柱体形成轴孔

1）从主菜单中选择 Main Menu：依次执行 Preprocessor > Modeling > Operate > Booleans > Subtract > Volumes 命令。

2）在图形窗口中拾取联轴体及大圆柱体，作为布尔“减”操作的母体，单击 Apply 按钮。

3）在图形窗口中拾取刚刚建立的两个圆柱体作为“减”去的对象，单击 OK 按钮，所得结果如图 3-46 所示。

（5）偏移工作平面

1）从实用菜单中选择 Utility Menu：依次执行 WorkPlane > Offset WP to > XYZ Locations + 命令。

2）在偏移工作平面对话框的 Global Cartesion 文本框中输入 0，0，0，单击 OK 按钮。

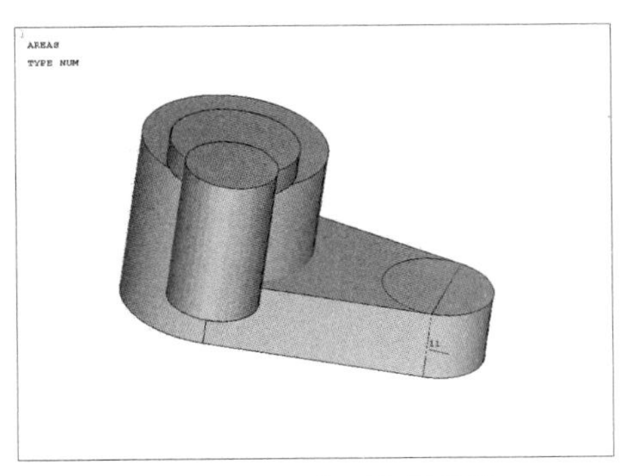

图 3-45　生成两个圆柱体

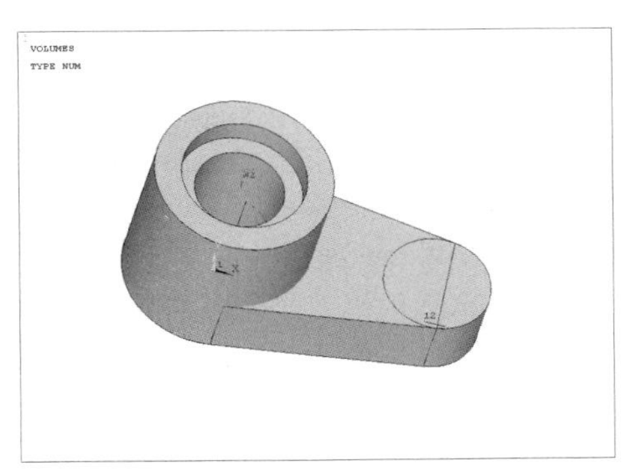

图 3-46　形成圆轴孔

（6）生成长方体

1）从主菜单中选择 Main Menu：依次执行 Preprocessor > Modeling > Create > Volumes > Block > By Dimensions 命令。

2）输入 X1 =0，X2 = −3，Y1 = −0.6，Y2 =0.6，Z1 =0，Z2 =8.5，如图 3-47 所示。得到的结果如图 3-48 所示。

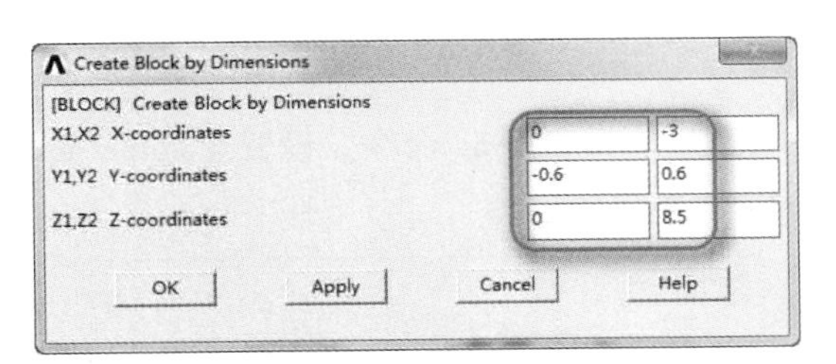

图 3-47　创建长方体

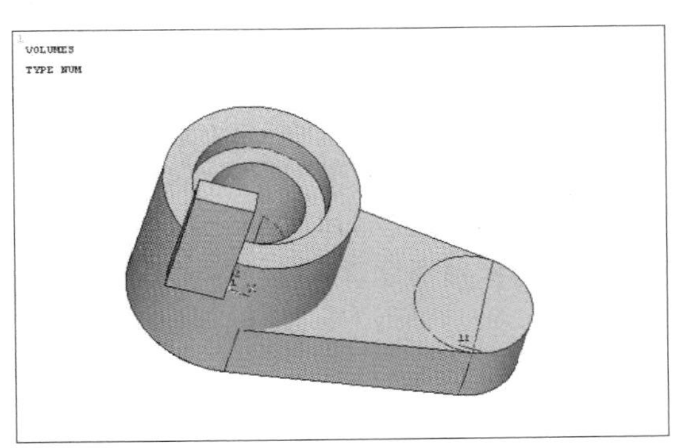

图 3-48　生成长方体

（7）从联轴体中再“减”去长方体形成完全的轴孔

1）从主菜单中选择 Main Menu：依次执行 Preprocessor > Modeling > Operate > Booleans > Subtract > Volumes 命令。

2）在图形窗口中拾取联轴体及大圆柱体，作为布尔“减”操作的母体，单击 Apply 按钮。

3）在图形窗口中拾取刚刚建立的长方体作为“减”去的对象，单击 OK 按钮，所得结果如图 3-49 所示。

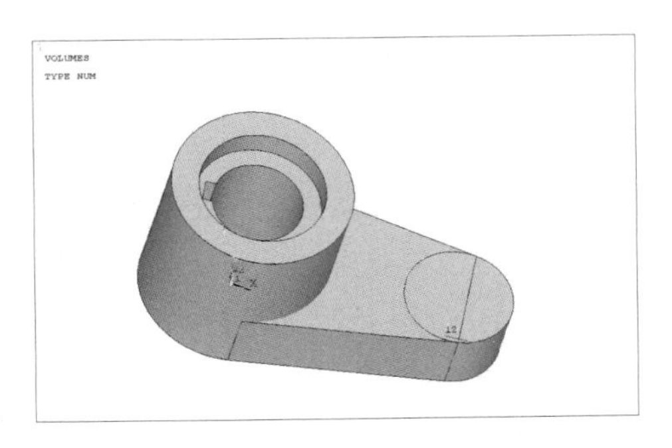

图 3-49　生成完全的轴孔

6. 形成另一个轴孔

（1）偏移工作平面

1）从实用菜单中选择 Utility Menu：依次执行 WorkPlane > Offset WP to > XYZ Locations + 命令。

2）打开工作平面设置对话框，在 Global Cartesian 文本框中输入 12，0，2.5，单击 OK 按钮。

（2）创建圆柱体

1）从主菜单中选择 Main Menu：依次执行 Preprocessor > Modeling > Create > Volumes > Cylinder > Solid Cylinder 命令。

2）打开创建圆柱体对话框，在 WP X 中输入 0，在 WP Y 中输入 0，在 Radius 中输入 2，在 Depth 中输入 1.5，单击 Apply 按钮。

3）在 WP X 中输入 0，在 WP Y 中输入 0，在 Radius 中输入 1.5，在 Depth 中输入 -2.5，单击 OK 按钮生成另一个圆柱体，得到两个圆柱体。

（3）从联轴体中“减”去圆柱体形成轴孔

1）从主菜单中选择 Main Menu：依次执行 Preprocessor > Modeling > Operate > Booleans > Subtract > Volumes 按钮。

2）拾取联轴体，作为布尔“减”操作的母体，单击 Apply 按钮。

3）拾取刚建立的两个圆柱体作为“减”去对象，单击 OK 按钮，所得结果如图 3-50 所示。

7. 连接所有体

1）从主菜单中选择 Main Menu：依次执行 Preprocessor > Modeling > Operate > Booleans > Add > Volumes 命令。

2）在出现的对话框中单击 Pick All 按钮。

3）打开体号显示开关并画体

从实用菜单中选择 Utility Menu：依次执行 PlotCtrls > Numbering 命令。设置 Volume numbles 选项为 on，单击 OK 按钮，所得结果如图 3-51 所示。

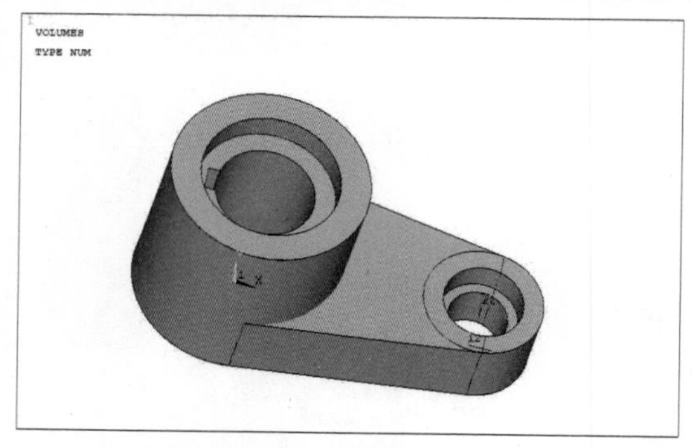

图 3-50　形成轴孔

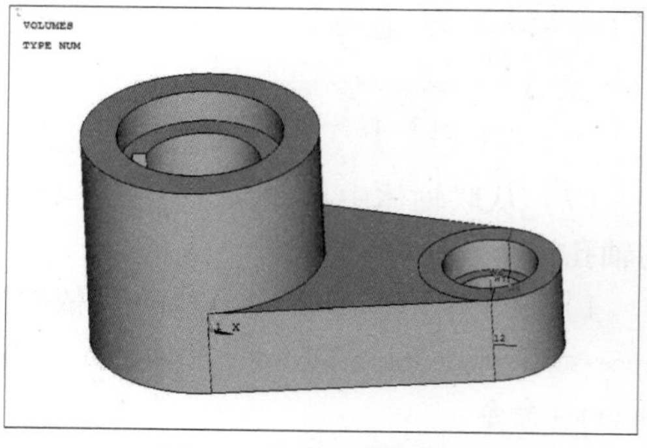

图 3-51　体显示的结果

8. 保存并退出 ANSYS

1）选取工具条上的 SAVE_DB。

2）选取工具条上的 QUIT。

本例的操作命令流如下。

```
/CLEAR,START
/FILNAME,example -3 -3 -1,0
! 将“example -3 -3 -1”作为 jobname
/PREP7
```

```
CYL4,0,0,5, , , ,10
CYL4,12,0,3, , , ,4
! 创建圆柱体
LPLOT
! 显示线
LOCAL,11,1,0,0,0, , , ,1,1,
! 创建局部坐标系
K,110,5, -80.4,0,
K,120,5,80.4,0,
! 建立左圆柱面相切的两个关键点
LOCAL,12,1,12,0,0, , , ,1,1,
! 创建局部坐标系
K,130,3, -80.4,0,
K,140,3,80.4,0,
! 建立右圆柱面相切的两个关键点
LSTR,       110,       130
LSTR,       120,       140
LSTR,       130,       140
LSTR,       120,       110
! 用四个相切的点创建4条直线
FLST,2,4,4
FITEM,2,24
FITEM,2,21
FITEM,2,23
FITEM,2,22
AL,P51X
! 创建一个四边形面
VOFFST,9,4, ,
! 沿面的法向拖拉面形成一个四棱柱,厚度为4
CSYS,0
! 将坐标系转到全局直角坐标系下
FLST,2,1,8
FITEM,2,0,0,8.5
WPAVE,P51X
! 偏移工作平面
CYL4,0,0,3.5, , , ,1.5
CYL4,0,0,2.5, , , , -8.5
! 创建两个圆柱体
FLST,2,2,6,ORDE,2
FITEM,2,1
FITEM,2,3
FLST,3,2,6,ORDE,2
FITEM,3,4
FITEM,3, -5
VSBV,P51X,P51X
! 从联轴体中"减"去圆柱体形成轴孔
FLST,2,1,8
FITEM,2,0,0,0
WPAVE,P51X
! 偏移工作平面
BLOCK,0, -3, -0.6,0.6,0,8.5,
! 生成长方体
VSBV,        7,        1
```

```
! 从联轴体中再“减”去长方体形成完全的轴孔
FLST,2,1,8
FITEM,2,12,0,2.5
WPAVE,P51X
! 偏移工作平面
CYL4,0,0,2, , , ,1.5
CYL4,0,0,1.5, , , ,-2.5
! 创建两个圆柱体
FLST,2,2,6,ORDE,2
FITEM,2,2
FITEM,2,6
FLST,3,2,6,ORDE,2
FITEM,3,1
FITEM,3,4
VSBV,P51X,P51X
! 从联轴体中“减”去圆柱体形成轴孔
FLST,2,3,6,ORDE,3
FITEM,2,3
FITEM,2,5
FITEM,2,7
VADD,P51X
! 连接所有体
SAVE
FINISH
! 保存并退出 ANSYS
```

3.3 实例——轴承座的实体建模

如图 3-52 所示轴承座，有 4 个安装孔，两个肋板，各部分尺寸是：底座长度、宽度、厚度分别为 6、3、1；安装孔直径 0.75，孔中心到两边距离均为 0.75；支撑部分：下部分长、厚、高分别为 3、0.75、1.75；上部分半径 1.5，厚度为 0.75；轴承孔中心位于支撑部分上下部分的连接处，两个沉孔尺寸分别为：大孔直径 2，深度 0.1875；小孔直径 1.7，深度 0.5625；肋板厚度为 0.15。整个结构整体具有对称性。

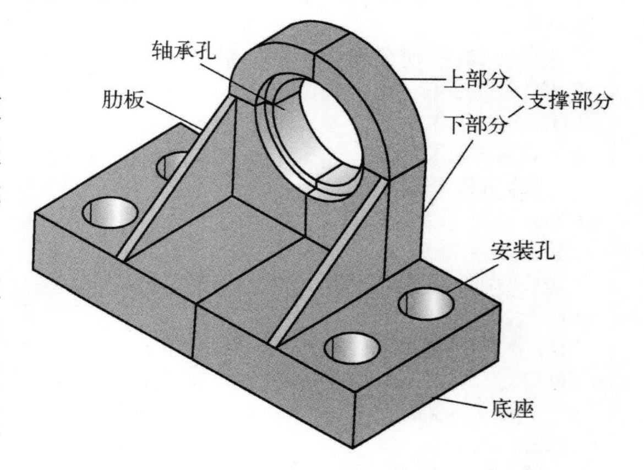

图 3-52　轴承座示意图

轴承孔大沉孔承受轴瓦推力作用，大小为 1000 Pa，大沉孔承受轴承重力作用，大小为 5000 Pa，轴承座材料弹性模量为 1.7 × 1011 Pa，泊松比为 0.3。分析轴承座的应力分布。

本例将按照建立几何模型、划分网格、加载、求解以及后处理查看结果的顺序在本章和以后的几章里依次介绍，以使读者对 ANSYS 的分析过程有一个初步的认识和了解，本章只介绍建立几何模型部分。

注意：

本例作为参考例子，没有给出尺寸单位，读者在自己建立模型时，请务必要选择好尺寸单位。

3.3.1 GUI 方式

1. 定义工作文件名和工作标题

1）定义工作文件名。依次执行菜单栏中的 Utility Menu > Change Jobname 命令，在弹出的 Change Jobname 对话框中的 Enter new jobname 文本框输入 Bearing Block 并勾选 New log and error files 复选框，然后单击 OK 按钮，如图 3-53 所示。

2）定义工作标题。依次执行菜单栏中的 Utility Menu > File > Change Title 命令，在弹出的 Change Title 对话框中的 Enter new title 文本框中输入 The Bearing Block Model，然后单击 OK 按钮定义工作的标题，如图 3-54 所示。

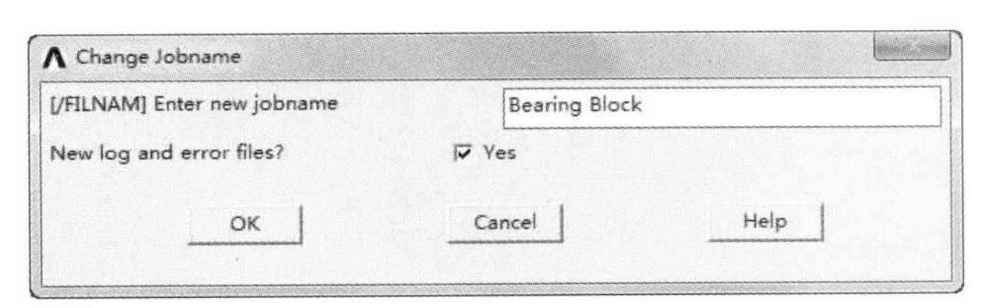

图 3-53 Change Jobname 对话框

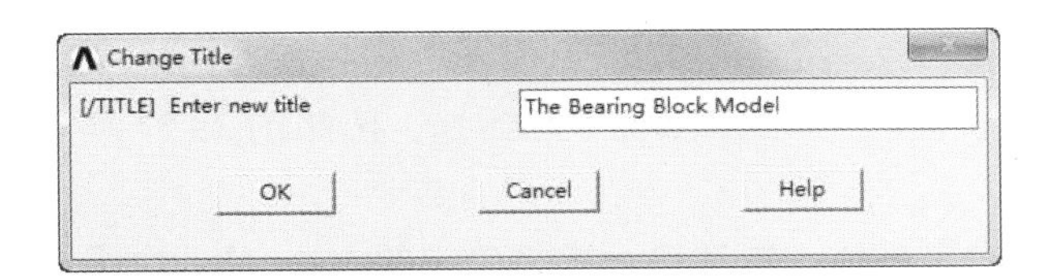

图 3-54 Change Title 对话框

3）重新显示。依次执行菜单栏中的 Utility Menu > Plot > Replot 命令，重新显示绘图区域。

2. 生成轴承座底板

1）生成矩形块。依次执行主菜单中的 Main Menu > Preprocessor > Modeling > Create > Volumes > Block > By Dimensions 命令，弹出 Create Block by Dimensions 对话框，按照如图 3-55 所示输入数据，单击 OK 按钮完成矩形块的创建。

2）依次执行菜单栏中的 Utility Menu > PlotCtrls > Pan Zoom Rotate 命令，弹出平移 - 缩放 - 旋转对话框，然后单击 Iso 按钮，生成结果如图 3-56 所示。

3）显示工作平面。依次执行菜单栏中的 Utility Menu > WorkPlane > Display Working Plane 命令，显示工作平面。

4）平移工作平面。执行菜单栏中的 Utility Menu > WorkPlane > Offset WP by Increments 命令，弹出偏移工作平面对话框，在对话框中的 X，Y，Z offset 文本框中输入 2.25，1.25，0.75，然后单击 Apply 按钮；在 XY，YZ，ZX 文本框中输入 0，-90，0，然后单击 OK 按钮。

5）生成圆柱体。依次执行主菜单中的 Main Menu > Preprocessor > Create > Volumes > Cylin-

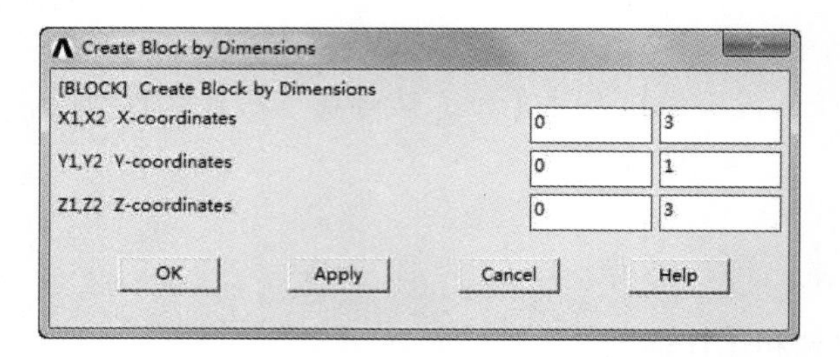

图 3-55　Create Block by Dimensions 对话框

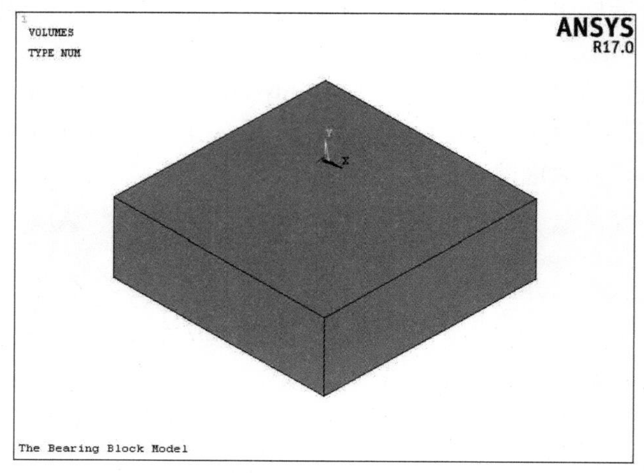

图 3-56　生成结果

der > Solid Cylinder 命令，弹出 Solid Cylinder 对话框，按照图 3-57 所示输入数据，单击 OK 按钮。

6）复制生成另一个圆柱体。依次执行主菜单中的 Main Menu > Preprocessor > Modeling > Copy > Volumes 命令，弹出 Copy Volumes 对话框，鼠标拾取刚刚生成的圆柱体，然后单击 Copy Volumes 拾取框的 OK 按钮，弹出 Copy Volumes 对话框，如图 3-58 所示在 DZ 后面的文本框中输入 1.5，然后单击 OK 按钮。

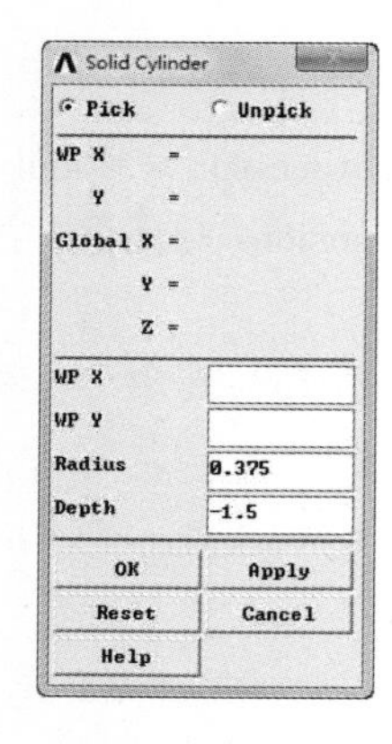

图 3-57　Solid Cylinder 对话框

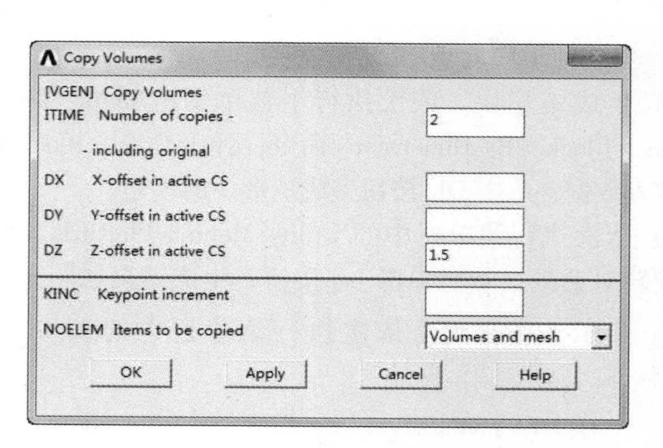

图 3-58　Copy Volumes 对话框

7）进行体相减操作。依次执行主菜单中的 Main Menu > Preprocessor > Modeling > Operate > Booleans > Subtract > Volumes 命令，弹出减去体对话框，拾取矩形块，单击 Apply 按钮，然后拾取两个圆柱体，单击 OK 按钮，生成结果如图 3-59 所示。

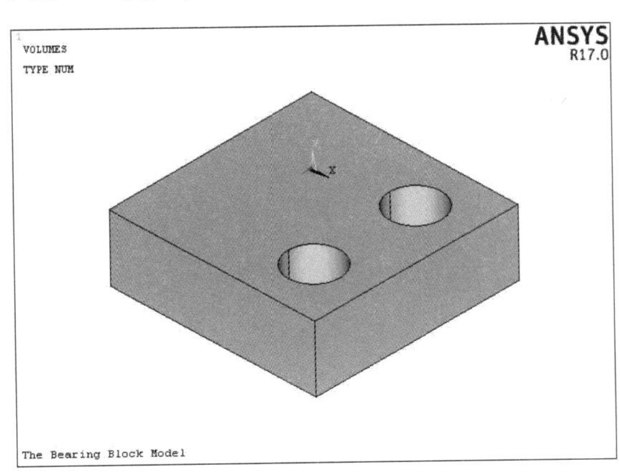

图 3-59　生成结果

3. 生成支撑部分

1）依次执行菜单栏中的 Utility Menu > WorkPlane > Align WP with > Global Cartesian 命令，使工作平面与总体笛卡儿坐标系一致。

2）生成支撑板。依次执行主菜单中的 Main Menu > Preprocessor > Modeling > Create > Volumes > Block > By 2 corners & Z 命令，弹出 “Block by 2 Comers & Z” 对话框，如图 3-60 所示输入数据，单击 OK 按钮。

3）偏移工作平面到支撑部分的前表面。依次执行菜单栏中的 Utility Menu > WorkPlane > Offset WP to > Keypoints 命令，弹出通过关键点偏移工作平面拾取框，拾取刚刚创建的实体块的左上角的点，单击 OK 按钮。

4）生成支撑部分的上部分。依次执行主菜单中的 Main Menu > Preprocessor > Modeling > Create > Volumes > Cylinder > Partial Cylinder 命令，弹出 Partial Cylinder 对话框，按照图 3-61 所示输入数据，然后单击 OK 按钮，生成的结果如图 3-62 所示。

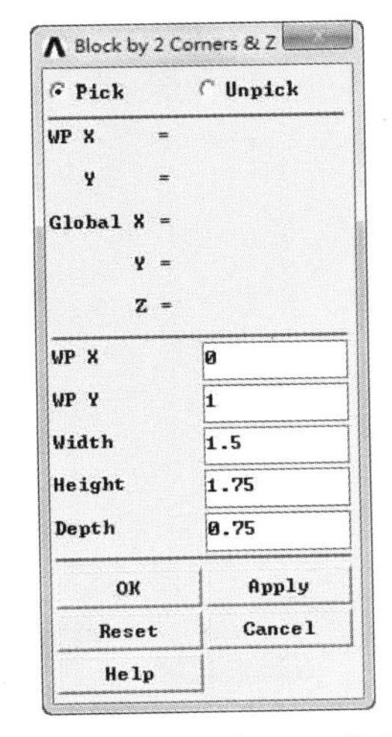

图 3-60　Block by 2 Comers & Z 对话框

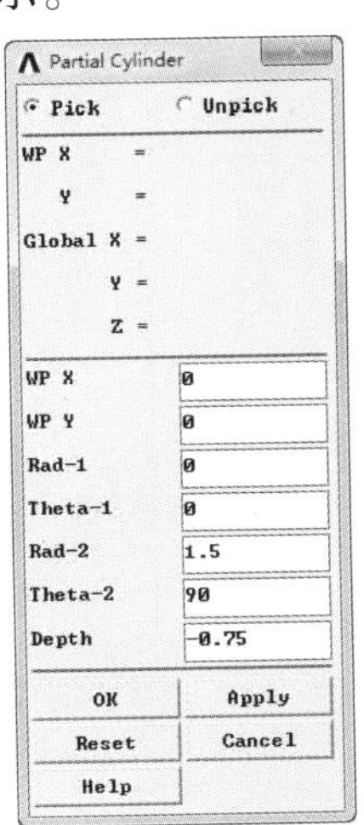

图 3-61　Partial Cylinder 对话框

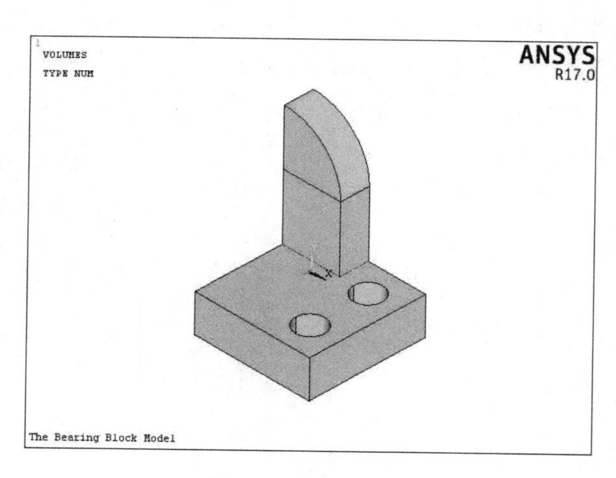

图 3-62　生成结果

4. 在轴承孔位置建立圆柱体

依次执行主菜单中的 Main Menu > Preprocessor > Modeling > Create > Volume > Cylinder > Solid Cylinder 命令，弹出图 3-57 所示的 Solid Cylinder 对话框，在 WP X、WP Y、Radius、Depth 文本框中依次输入 0、0、1、-0.1875，然后单击 Apply 按钮；再次输入 0、0、0.85、-2，单击 OK 按钮。

5. 体相减操作

1）打开体编号控制器。依次执行菜单栏中的 Utility Menu > PlotCtrls > Numbering 命令，弹出绘图编号控制对话框，勾选 Volume numbers 后面的复选框，把 off 变为 on，单击 OK 按钮。

2）依次执行主菜单中的 Main Menu > Preprocessor > Modeling > Operate > Booleans > Subtract > Volumes 命令，弹出减去体拾取框，先拾取编号为 V1 和 V2 的两个体，单击 Apply 按钮，然后拾取编号为 V3 的体，单击 Apply 按钮；再拾取编号为 V6 和 V7 的体，单击 Apply 按钮，拾取编号为 V5 的体，单击 OK 按钮，生成的结果如图 3-63 所示。

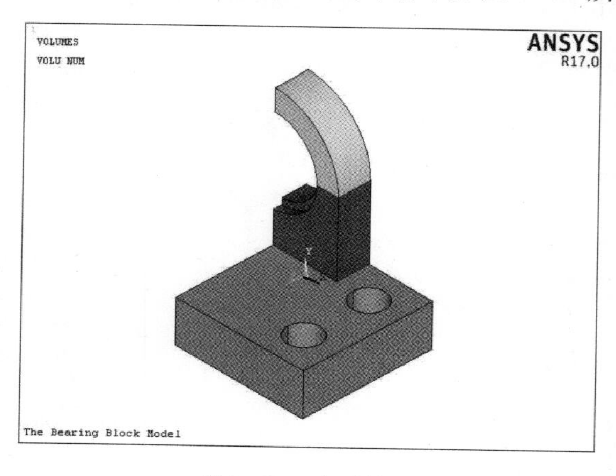

图 3-63　生成结果

6. 合并重合的关键点

依次执行主菜单中的 Main Menu > Preprocessor > Numbering Ctrls > Merge Items 命令，弹出 Merge Coincident or Equivalently Defined Items 对话框，在 Label 后面的选择框中选择 Keypoints 选项，如图 3-64 所示，单击 OK 按钮。

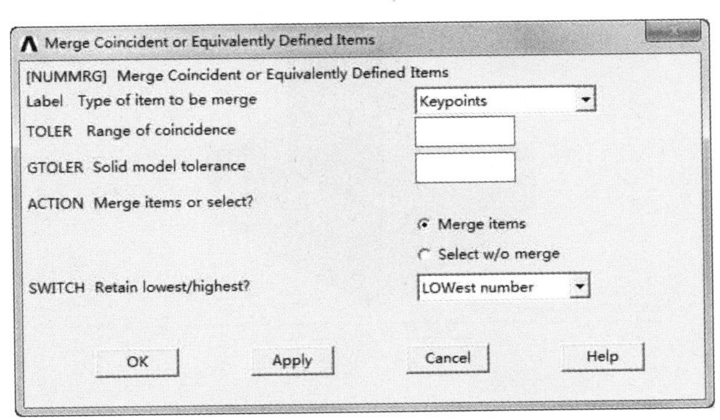

图 3-64 Merge Coincident or Equivalently Defined Items 对话框

7. 生成肋板

1）打开点编号控制器。依次执行菜单栏中的 Utility Menu > PlotCtrls > Numbering 命令，弹出绘图编号控制对话框，勾选 Keypoint numbers 复选框，把 off 变为 on，单击 OK 按钮。

2）创建一个关键点。依次执行主菜单中的 Main Menu > Preprocessor > Modeling > Create > Keypoints > KP between KPs 命令，弹出 KP between KPs 拾取框，鼠标拾取编号为 7 和 8 的关键点，单击 OK 按钮，弹出如图 3-65 所示的 KBETween options 对话框，单击 OK 按钮。

3）创建一个三角形面。依次执行主菜单中的 Main Menu > Preprocessor > Modeling > Create > Areas > Arbitrary > Through KPs 命令，弹出通过关键点创建面拾取框，鼠标拾取编号为 9、14、15 的关键点，单击 OK 按钮，生成三角形面。

4）生成三棱柱肋板。依次执行主菜单中的 Main Menu > Preprocessor > Modeling > Operate > Extrude > Areas > Along Normal 命令，弹出沿法线拉伸面拾取框，拾取刚刚生成的三角形面，单击 OK 按钮，弹出 Extrude Area along Normal 对话框，如图 3-66 所示，在 DIST 后面的文本框中输入 -0. 15，然后单击 OK 按钮，生成的结果如图 3-67 所示。

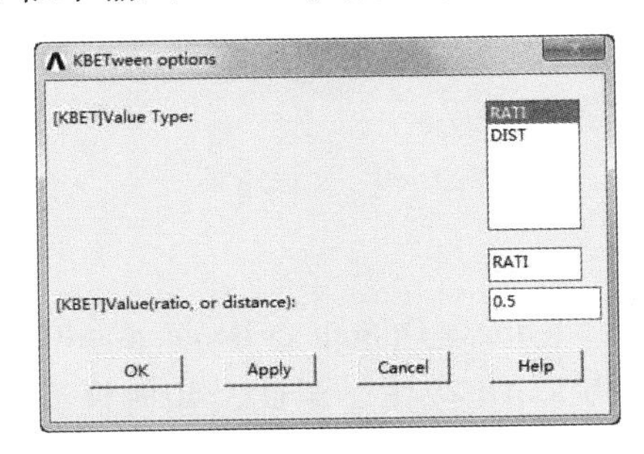

图 3-65 KBETween options 对话框

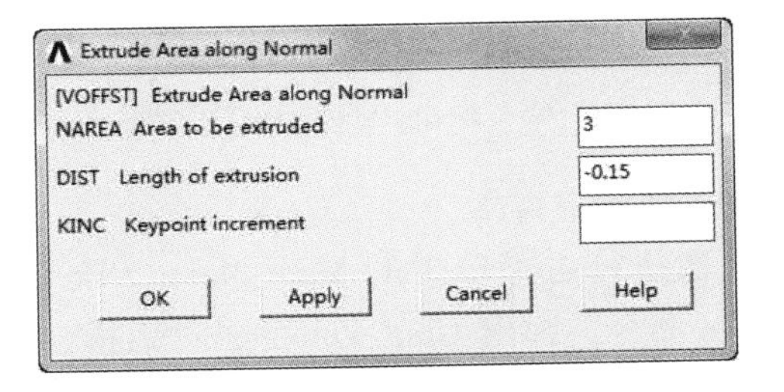

图 3-66 Extrude Area along Normal 对话框

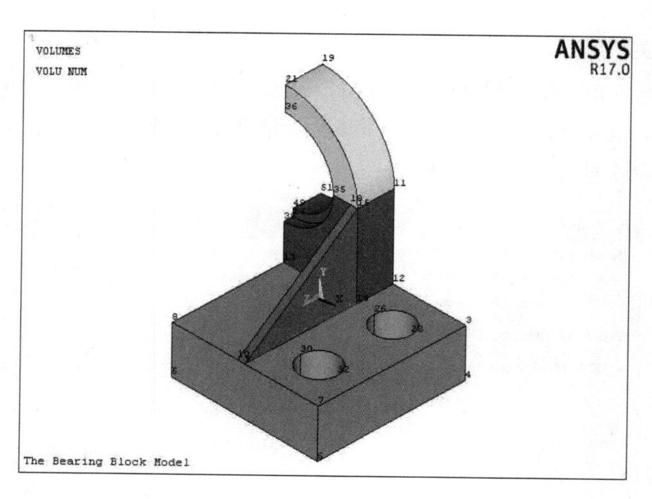

图 3-67　生成结果

8. 关闭工作平面及体、点编号控制器

依次执行菜单栏中的 Utility Menu > WorkPlane > Display Working Plane 命令关闭工作平面。依次执行菜单栏中的 Utility Menu > PlotCtrls > Numbering 命令，弹出绘图编号控制对话框，勾选 Volume numbers 和 Keypoint numbers 复选框，把 on 变为 off，然后单击 OK 按钮。

9. 镜像生成全部轴承座模型

依次执行主菜单中的 Main Menu > Preprocessor > Modeling > Reflect > Volumes 命令，弹出镜像体对话框，单击“Pick All”按钮，出现 Reflect Volumes 对话框，如图 3-68 所示，然后单击 OK 按钮，生成的结果如图 3-69 所示。

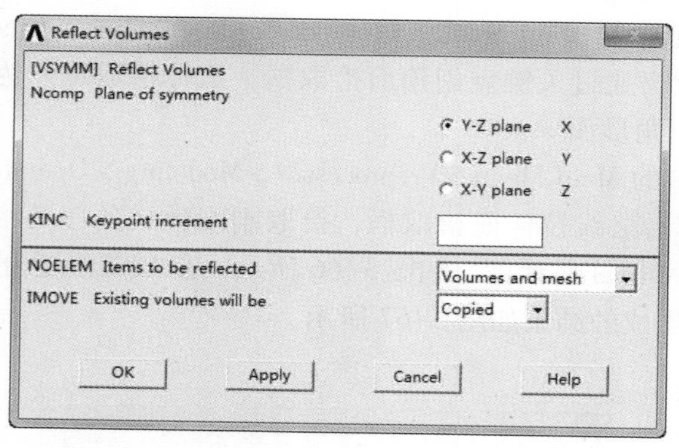

图 3-68　Reflect Volumes 对话框

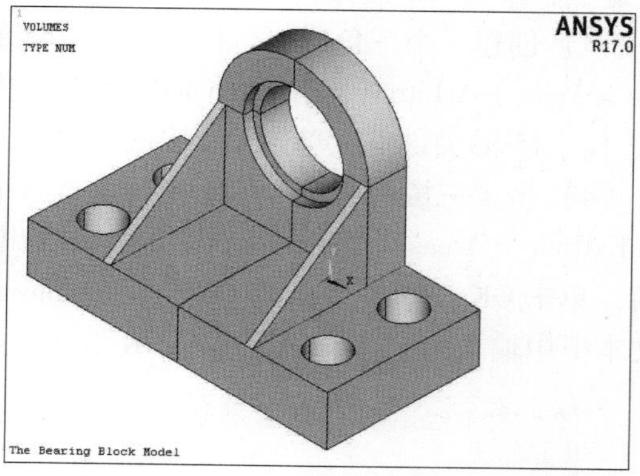

图 3-69　生成结果

10. 粘接所有体

依次执行主菜单中的 Main Menu > Preprocessor > Modeling > Operate > Booleans > Glue > Volumes 命令，弹出 Glue Volumes 对话框，然后单击 Pick All 按钮。至此，几何模型创建完毕。

11. 保存几何模型

单击 ANSYS Toolbar 窗口中的 SAVE_DB 按钮。

3.3.2 命令方式

```
/FILNAME,Bearing Block
/TITLE,The Bearing Block Model
/PREP7
BLOCK,,3,,1,,3,
/VIEW, 1 ,1,1,1
WPSTYLE,,,,,,,,1
wpoff,2.25,1.25,0.75
wprot,0,-90,0
CYL4, , ,0.375, , , ,-1.5
FLST,3,1,6,ORDE,1
FITEM,3,2
VGEN,2,P51X, , , , ,1.5, ,0
FLST,3,2,6,ORDE,2
FITEM,3,2
FITEM,3,-3
VSBV,       1,P51X
WPCSYS,-1,0
BLC4,0,1,1.5,1.75,0.75
KWPAVE,      16
CYL4,0,0,0,0,1.5,90,-0.75
CYL4,0,0,1, , , ,-0.1875
CYL4,0,0,0.85, , , ,-2
FLST,2,2,6,ORDE,2
FITEM,2,1
FITEM,2,-2
VSBV,P51X,      3
FLST,2,2,6,ORDE,2
FITEM,2,6
FITEM,2,-7
VSBV,P51X,      5
NUMMRG,KP, , , ,LOW
KBETW,8,7,0,RATI,0.5,
FLST,2,3,3
FITEM,2,9
FITEM,2,14
FITEM,2,15
A,P51X
VOFFST,3,-0.15, ,
WPSTYLE,,,,,,,,0
FLST,3,4,6,ORDE,2
FITEM,3,1
FITEM,3,-4
VSYMM,X,P51X, , , ,0,0
FLST,2,8,6,ORDE,2
FITEM,2,1
FITEM,2,-8
VGLUE,P51X
SAVE
```

模型的网格划分

知识导引

网格划分是进行有限元分析的基础，它要求考虑的问题较多，需要的工作量较大，所划分的网格形式对计算精度和计算规模将产生直接影响，因此需要学习正确合理的网格划分方法。

- 有限元网格概论
- 影响网格的因素
- 网格划分的控制
- 自由及映射网格划分控制
- 实例——框架结构的网格划分
- 延伸和扫掠
- 直接生成网格模型
- 实例——轴承座的网格划分

4.1 有限元网格概论

生成节点和单元的网格划分过程包括3个步骤:

1）定义单元属性。

2）定义网格生成控制（非必须，因为默认的网格生成控制对多数模型生成都是合适的。如果没有指定网格生成控制，程序会用 DSIZE 命令使用默认设置生成网格。当然，也可以手动控制生成质量更好的自由网格)，ANSYS 程序提供了大量的网格生成控制，可按需要选择。

3）生成网格。在对模型进行网格划分之前，甚至在建立模型之前，要明确是采用自由网格还是采用映射网格来分析。自由网格对单元形状无限制，并且没有特定的准则。而映射网格则对包含的单元形状有限制，而且必须满足特定的规则。映射面网格只包含四边形或三角形单元，映射体网格只包含六面体单元。另外，映射网格具有规则的排列形状，如果想要这种网格类型，所生成的几何模型必须具有一系列相当规则的体或面。自由网格和映射网格示意图如图 4-1 所示。

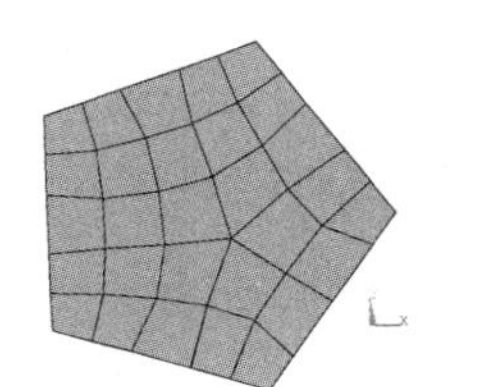
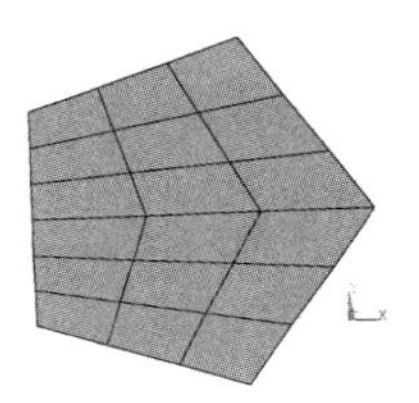

图 4-1 自由网格和映射网格示意图

可用 MSHESKEY 命令或相应的 GUI 路径选择自由网格或映射网格。注意，所用网格控制将随自由网格或映射网格划分而不同。

4.2 影响网格因素

在生成节点和单元网格之前，必须定义合适的单元属性，包括如下几项。

1）单元类型（如 BEAM3、SHELL61 等)。

2）实常数（如厚度和横截面积)。

3）材料性质（如弹性模量、热传导系数等)。

4）单元坐标系。

5）截面号（只对 BEAM44、BEAM188、BEAM189 单元有效)。

4.2.1 生成单元属性表

为了定义单元属性，首先必须建立一些单元属性表。典型的包括单元类型（命令 ET 或者 GUI 路径：Main Menu > Preprocessor > Element Type > Add/Edit/Delete)、实常数（命令 R 或者 GUI 路径：Main Menu > Preprocessor > Real Constants、材料性质（命令 MP 和 TB 或者 GUI 路径：Main Menu > Preprocessor > Material Props > material option)。

利用 LOCAL、CLOCAL 等命令可以组集坐标系表（GUI 路径：Utility Menu > WorkPlane > Local Coordinate Systems > Create Local CS > option)。这个表用来给单元分配单元坐标系。

并非所有的单元类型都可用这种方式来分配单元坐标系。

对于用 BEAM44、BEAM188、BEAM189 单元划分的网格，可利用命令 SECTYPE 和

SECDATA（GUI 路径：Main Menu > Preprocessor > Sections）创建截面号表格。

方向关键点是线的属性而不是单元的属性，不能创建方向关键点表格。

可以用命令 ETLIST 来显示单元类型，命令 RLIST 来显示实常数，MPLIST 来显示材料属性，上述操作对应的 GUI 路径是：Utility Menu > List > Properties > property type。另外，还可以用命令 CSLIST（GUI 路径：Utility Menu > List > Other > Local Coord Sys）来显示坐标系，命令 SLIST（GUI 路径：Main Menu > Preprocessor > Sections > List Sections）来显示截面号。

4.2.2 分配单元属性

一旦建立了单元属性表，通过指向表中合适的条目即可对模型的不同部分分配单元属性。指针就是参考号码集，包括材料号（MAT），实常数号（TEAL），单元类型号（TYPE），坐标系号（ESYS），以及使用 BEAM188 和 BEAM189 单元时的截面号（SECNUM）。可以直接给所选的实体模型图元分配单元属性，或者定义默认的属性在生成单元的网格划分中使用。

如前面所提到的，在给梁划分网格时给线分配的方向关键点是线的属性而不是单元属性，所以必须是直接分配给所选线，而不能定义默认的方向关键点以备后面划分网格时直接使用。

1. 直接给实体模型图元分配单元属性

给实体模型分配单元属性时，允许对模型的每个区域预置单元属性，从而避免在网格划分过程中重置单元属性。清除实体模型的节点和单元不会删除直接分配给图元的属性。

利用下列命令和相应的 GUI 路径可直接给实体模型分配单元属性。

给关键点分配属性：

命令：KATT。
GUI：Main Menu > Preprocessor > Meshing > Mesh Attributes > All Keypoints。
Main Menu > Preprocessor > Meshing > Mesh Attributes > PickedKPs。

给线分配属性：

命令：LATT。
GUI：Main Menu > Preprocessor > Meshing > Mesh Attributes > All Lines。
Main Menu > Preprocessor > Meshing > Mesh Attributes > Picked Lines。

给面分配属性：

命令：AATT。
GUI：Main Menu > Preprocessor > Meshing > Mesh Attributes > All Areas。
Main Menu > Preprocessor > Meshing > Mesh Attributes > Picked Areas。

给体分配属性：

命令：VATT。
GUI：Main Menu > Preprocessor > Meshing > Mesh Attributes > All Volumes。
Main Menu > Preprocessor > Meshing > Mesh Attributes > Picked Volumes。

2. 分配默认属性

可以通过指向属性表的不同条目来分配默认的属性，在开始划分网格时，ANSYS 程序会自动将默认属性分配给模型。直接分配给模型的单元属性将取代上述默认属性，而且，当清除实体模型图元的节点和单元时，其默认的单元属性也将被删除。

可利用如下方式分配默认的单元属性：

命令:TYPE，REAL，MAT，ESYS，SECNUM。
GUI:Main Menu > Preprocessor > Meshing > Mesh Attributes > Default Attribs。
Main Menu > Preprocessor > Modeling > Create > Elements > Elem Attributes。

3. 自动选择维数正确的单元类型

有些情况下，ANSYS 程序能对网格划分或拖拉操作选择正确的单元类型，当选择明显正确时，不必人为地转换单元类型。

特殊地，当未将单元属性（xATT）直接分配给实体模型时，或者默认的单元属性（TYPE）对于要执行的操作维数不对时，而且已定义的单元属性表中只有一个维数正确的单元，ANSYS 程序会自动利用该种单元类型执行这个操作。

受此影响的网格划分和拖拉操作命令有：KMESH、LMESH、AMESH、VMESH、FVMESH、VOFFST、VEXT、VDRAG、VROTAT、VSWEEP。

4. 在节点处定义不同的厚度

可以利用下列方式对壳单元在节点处定义不同的厚度。

命令:RTHICK。
GUI:Main Menu > Preprocessor > Real Constants > Thickness Func。

壳单元可以模拟复杂的厚度分布，以 SHELL63 为例，允许给每个单元的 4 个角点指定不同的厚度，单元内部的厚度假定是在 4 个角点厚度之间光滑变化。给一群单元指定复杂的厚度变化是有一定难度的，特别是每一个单元都需要单独指定其角点厚度的时候，在这种情况下，利用命令 RTHICH 能大大简化模型定义。

下面用一个实例来详细说明该过程，该实例的模型为 10×10 的矩形板，用 0.5×0.5 的方形 SHELL63 单元划分网格。先在 ANSYS 程序里输入如下命令流。

```
/TITLE, RTHICK Example
/PREP7
ET,1,63
RECT,,10,,10
ESHAPE,2
ESIZE,,20
AMESH,1
EPLO
```

得到初始的网格图如图 4-2 所示。

假定板厚按下述公式变化：h = 0.5 + 0.2x + 0.02y2，为了模拟该厚度变化，创建一组参数给节点设定相应的厚度值。换句话说，数组里面的第 N 个数对应于第 N 个节点的厚度，命令流如下。

```
MXNODE = NDINQR(0,14)
*DIM,THICK,,MXNODE
*DO,NODE,1,MXNODE
  *IF,NSEL(NODE),EQ,1,THEN
    THICK(node) = 0.5 + 0.2 * NX(NODE) + 0.02 * NY(NODE) ** 2
```

```
    * ENDIF
 * ENDDO
NODE =$MXNODE
```

利用 RTHICK 函数将这组表示厚度的参数分配到单元上，结果如图 4-3 所示。

图 4-2 初始的网格图

图 4-3 不同厚度的壳单元

```
RTHICK,THICK(1),1,2,3,4
/ESHAPE,1.0   $ /USER,1   $ /DIST,1,7
/VIEW,1, -0.75, -0.28,0.6   $ /ANG,1, -1
/FOC,1,5.3,5.3,0.27   $ EPLO
```

4.3 网格划分的控制

网格划分控制能建立用在实体模型划分网格的因素，例如单元形状、中间节点位置、单元大小等。此步骤是整个分析中最重要的步骤之一，因为此阶段得到的有限元网格将对分析的准确性和经济性起决定作用。

4.3.1 ANSYS 网格划分工具（MeshTool）

ANSYS 网格划分工具（GUI 路径：Main Menu > Preprocessor > Meshing > MeshTool）提供了最常用的网格划分控制和最常用的网格划分操作的便捷途径。其功能主要包括：

1）控制 SmartSizing 水平。

2）设置单元尺寸控制。

3）指定单元形状。

4）指定网格划分类型（自由或映射）。

5）对实体模型图元划分网格。

6）清除网格。

7）细化网格。

4.3.2 单元形状

ANSYS 程序允许在同一个划分区域出现多种单元形状，例如，同一区域的面单元可以是四边形也可以是三角形，但建议尽量不要在同一个模型中混用六面体和四面体单元。

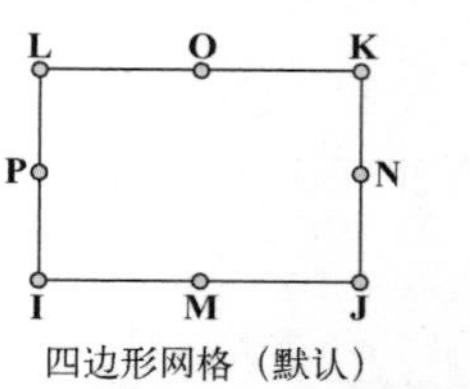

图 4-4 四边形单元形状的退化

下面简单介绍一下单元形状的退化，如图 4-4

所示。在划分网格时，应该尽量避免使用退化单元。

用下列方法指定单元形状：

命令：MSHAPE，KEY，Dimension。
GUI：Main Menu > Preprocessor > Meshing > MeshTool。
Main Menu > Preprocessor > Meshing > Mesher Opts。
Main Menu > Preprocessor > Meshing > Mesh > Volumes > Mapped >4 to 6 sided。

如果正在使用 MSHAPE 命令，维数（2D 或 3D）的值表明待划分的网格模型的维数，KEY 值（0 或 1）表示划分网格的形状：

- KEY =0，如果 Dimension =2D，ANSYS 将用四边形单元划分网格，如果 Dimension = 3D，ANSYS 将用六面体单元划分网格。
- KEY =1，如果 Dimension =2D，ANSYS 将用三角形单元划分网格，如果 Dimension = 3D，ANSYS 将用四面体单元划分网格。

有些情况下，MSHAPE 命令及合适的网格划分命令（相应的 GUI 路径：Main Menu > Preprocessor > Meshing > Mesh > meshing option）就是对模型划分网格的全部所需。每个单元的大小由指定的默认单元大小（AMRTSIZE 或 DSIZE）确定。例如，图 4-5 左边的模型用 VMESH 命令生成右边的网格。

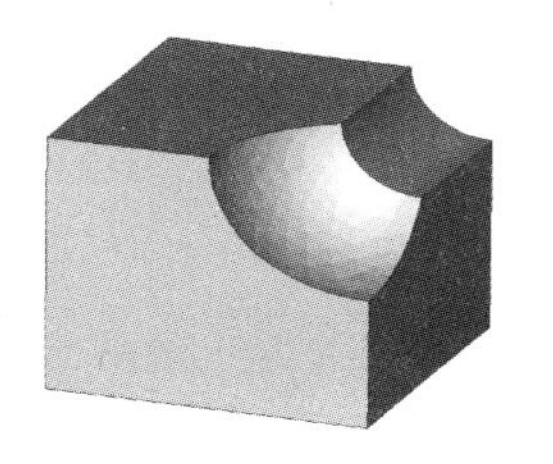
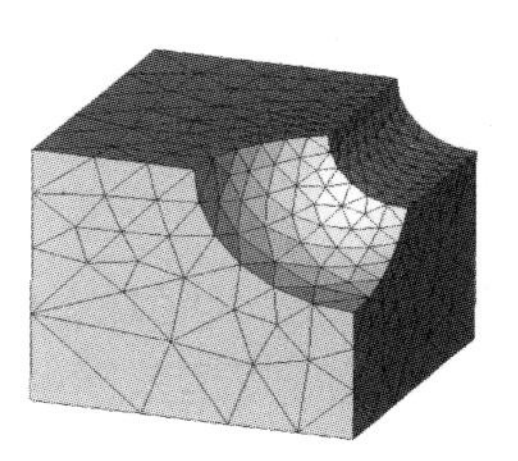

图 4-5 默认单元尺寸

4.3.3 选择自由或映射网格划分

除了指定单元形状之外，还需指定对模型进行网格划分的类型（自由划分或映射划分），方法如下。

命令：MSHKEY。
GUI：Main Menu > Preprocessor > Meshing > MeshTool。
Main Menu > Preprocessor > Meshing > Mesher Opts。

单元形状（MSHAPE）和网格划分类型（MSHEKEY）的设置共同影响网格的生成，表 4-1 列出了 ANSYS 程序支持的单元形状和网格划分类型。

表 4-1 ANSYS 程序支持的单元形状和网格划分类型

单元形状	自由划分	映射划分	既可以映射划分又可以自由划分
四边形	Yes	Yes	Yes
三角形	Yes	Yes	Yes
六面体	No	Yes	No
四面体	Yes	No	No

4.3.4 控制单元边中节点的位置

当使用二次单元划分网格时，可以控制中间节点的位置，有以下两种选择。

1）边界区域单元在中间节点沿着边界线或者面的弯曲方向，这是默认设置。

2）设置所有单元的中间节点且单元边是直的，此选项允许沿曲线进行粗糙的网格划分，但是模型的弯曲并不与之相配。

可用如下方法控制中间节点的位置。

命令：MSHMID。
GUI：Main Menu > Preprocessor > Meshing > Mesher Opts。

4.3.5 划分自由网格时的单元尺寸控制（SmartSizing）

默认的，DESIZE 命令方法控制单元大小在自由网格划分中的使用，但一般推荐使用 SmartSizing，为打开 SmartSizing，只要在 SMRTSIZE 命令中指定单元大小即可。

ANSYS 里面有两种 SmartSizing 控制：

1）基本的控制。利用基本的控制，可以简单地指定网格划分的粗细程度，从 1（细网格）到 10（粗网格），程序会自动设置一系列独立的控制值用来生成想要的大小，方法如下。

命令：SMRTSIZE，SIZLVL。
GUI：Main Menu > Preprocessor > Meshing > MeshTool。

图 4-6 表示利用几个不同的 SmartSizing 设置生成的网格。

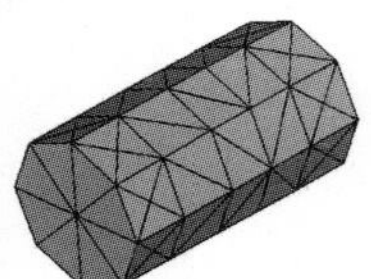
Level=6（默认）

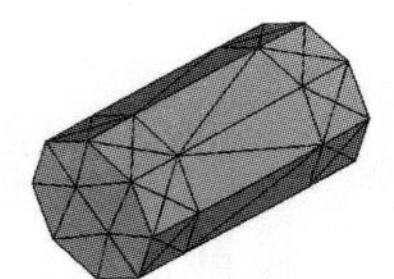
Level=0（粗糙）

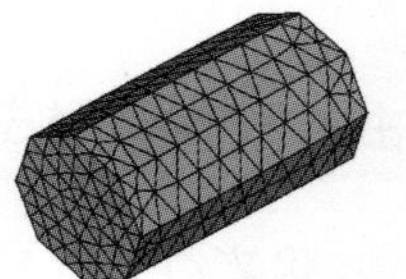
Level=10（精细）

图 4-6　对同一模型该面 SmartSizing 的划分结果

2）高级的控制。ANSYS 还允许使用高级方法专门设置人工控制网格质量，方法如下。

命令：SMRTSIZE and ESIZE。
GUI：Main Menu > Preprocessor > Meshing > Size Cntrls > SmartSize > Adv Opts。

4.3.6 映射网格划分中单元的默认尺寸

DESIZE 命令（GUI 路径：Main Menu > Preprocessor > Meshing > Size Cntrls > ManualSize > Global > Other）常用来控制映射网格划分的单元尺寸，同时也用在自由网格划分的默认设置，但是，对于自由网格划分，建议使用 SmartSizing（SMRTSIZE）。

对于较大的模型，通过 DESIZE 命令查看默认的网格尺寸是明智的，可通过显示线的分割来观察将要划分的网格情况。预查看网格划分的步骤如下。

1）建立实体模型。

2）选择单元类型。

3）选择容许的单元形状（MSHAPE）。

4）选择网格划分类型（自由或映射）（MSHKEY）。

5）输入 LESIZE，ALL（通过 DESIZE 规定调整线的分割数）。

6）显示线（LPLOT）。

下面用个实例来说明：

如果觉得网格太粗糙，可用通过改变单元尺寸或者线上的单元份数来加密网格，方法如下。

选择 GUI 路径：Main Menu > Preprocessor > Meshing > Size Cntrls > ManualSize > Layers > Picked Lines，弹出 Elements Sizes on Picked Lines 拾取菜单，用鼠标单击拾取屏幕上的相应线段，如图 4-7 所示。单击 OK 按钮，弹出 Area Layer - Mesh Controls on Picked Lines 对话框，如图 4-8 所示，在 SIZE Element edge length 文本框输入具体数值（它表示单元的尺寸），或者是在 NDIV No. of Line divisions 文本框输入正整数（它表示所选择的线段上的单元份数），单击 OK 按钮。然后重新划分网格，如图 4-9 所示。

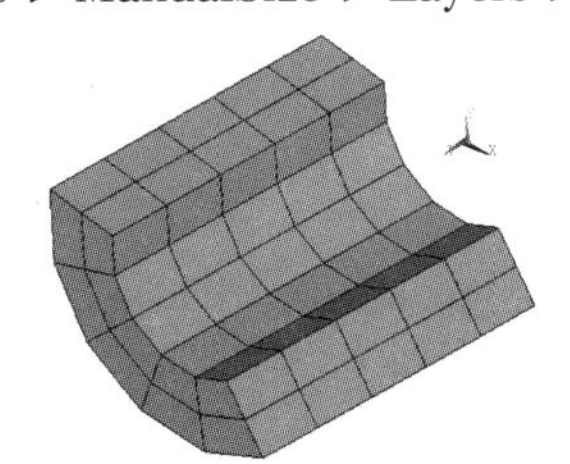

图 4-7　拾取线段

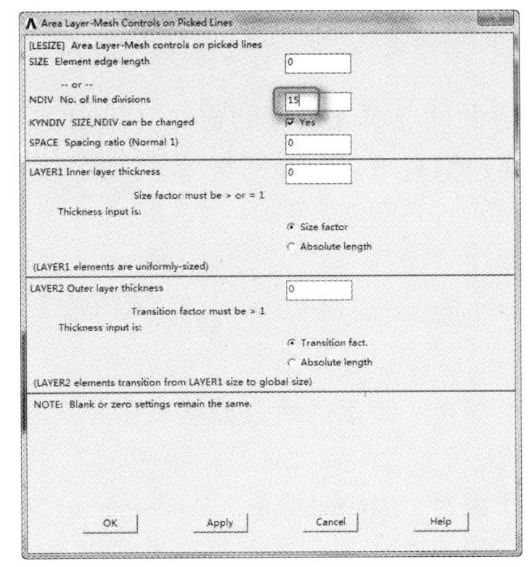

图 4-8　Area Layer - Mesh Controls on Picked Lines 对话框

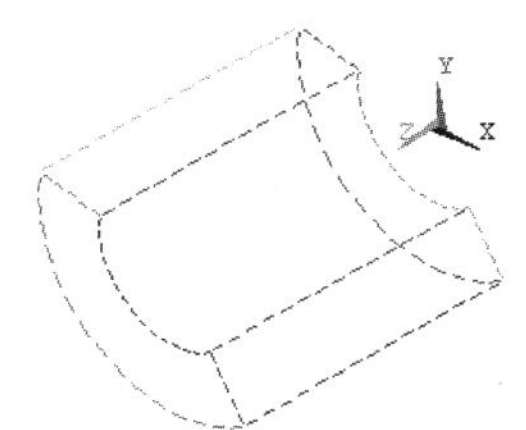

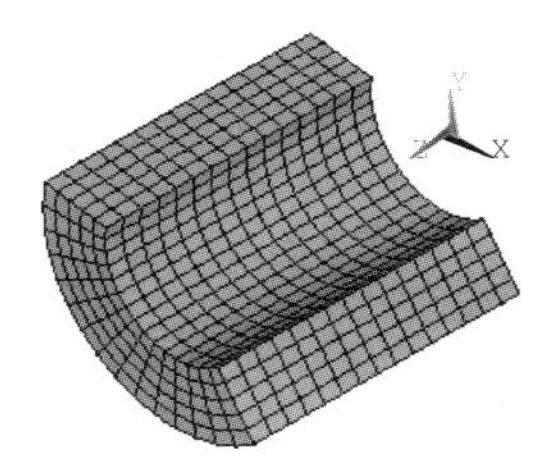

图 4-9　预览改进的网格

4.3.7 局部网格划分控制

在许多情况下，对结构的物理性质来说用默认单元尺寸生成的网格不合适，例如，有应力集中或奇异的模型。在这种情况下，需要将网格局部细化，详细说明如下。

1）通过表面的边界所用的单元尺寸控制总体的单元尺寸，或者控制每条线划分的单元数。

命令：ESIZE。
GUI：Main Menu > Preprocessor > Meshing > Size Cntrls > ManualSize > Global > Size。

2）控制关键点附近的单元尺寸。

命令：KESIZE。

GUI:Main Menu > Preprocessor > Meshing > Size Cntrls > ManualSize > Keypoints > All KPs。
Main Menu > Preprocessor > Meshing > SizeCntrls > ManualSize > Keypoints > Picked KPs。
Main Menu > Preprocessor > Meshing > SizeCntrls > ManualSize > Keypoints > Clr Size。

3）控制给定线上的单元数。

命令:LESIZE。
GUI:Main Menu > Preprocessor > Meshing > Size Cntrls > ManualSize > Lines > All Lines。
Main Menu > Preprocessor > Meshing > SizeCntrls > ManualSize > Lines > Picked Lines。
Main Menu > Preprocessor > Meshing > SizeCntrls > ManualSize > Lines > Clr Size。

上述所有定义尺寸的方法都可以一起使用，但遵循一定的优先级别，具体说明如下。

- 用 DESIZE 定义单元尺寸时，对任何给定线，沿线定义的单元尺寸优先级为：用 LESIZE 指定的为最高级，KESIZE 次之，ESIZE 再次之，DESIZE 最低级。
- 用 SMRTSIZE 定义单元尺寸时，优先级为：LESIZE 为最高级，KESIZE 次之，SMRTSIZE 为最低级。

4.3.8 内部网格划分控制

前面关于网格尺寸的讨论集中在实体模型边界的外部单元尺寸的定义（LESIZE、ESIZE 等），除此之外，也可以在面的内部（即非边界处）没有可以引导网格划分的尺寸线处控制网格划分，方法如下。

命令:MOPT。
GUI:Main Menu > Preprocessor > Meshing > Size Cntrls > ManualSize > Global > Area Cntrls。

（1）控制网格的扩展

MOPT 命令中的 Lab = EXPND 选项可以用来引导在一个面的边界处将网格划分较细，而内部则较粗，如图 4-10 所示。

图 4-10 中，左边网格是由 ESIZE 命令（GUI 路径：Main Menu > Preprocessor > Meshing > Size Cntrls > ManualSize > Global > Size）对面进行设定生成的，右边网格是利用 MOPT 命令的扩展功能（Lab = EXPND）生成的，其区别显而易见。

（2）控制网格过渡

图 4-10 中的网格还可以进一步改善，MOPT 命令中的 Lab = TRANS 项可以用来控制网格从细到粗的过渡，如图 4-11 所示。

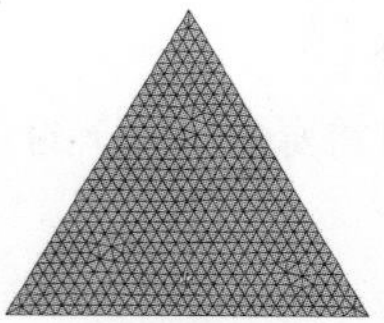

没有扩张网格

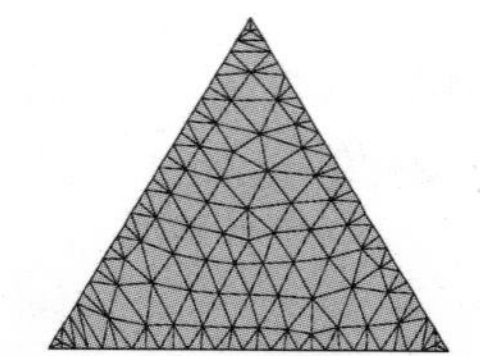

扩展网（MOPT, EXPND, 2.5）

图 4-10　网格扩展示意图

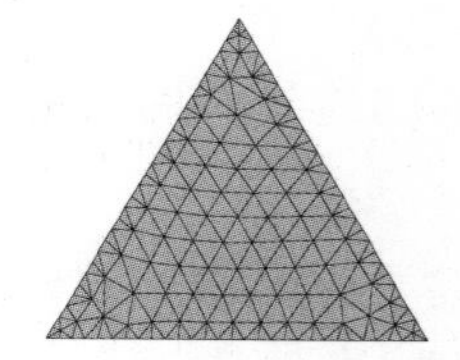

图 4-11　控制了网格过渡（MOPT，EXPND，1.5）

（3）控制 ANSYS 的网格划分器

可用 MOPT 命令控制表面网格划分器（三角形和四边形）和四面体网格划分器，使

ANSYS 执行网格划分操作（AMESH、VMESH）。

命令:MOPT。
GUI:Main Menu > Preprocessor > Meshing > Mesher Opts。

在弹出的 Mesher Options 对话框（见图4-12）中，在 AMESH 下拉列表对应三角形表面网格划分，包括 Program choose（默认）、main、Alternate 和 Alternate2 4 个选项；QMESH 对应四边形表面网格划分，包括 Program choose（默认）、main 和 Alternate 3 个选项，其中 main 又称为 Q－Morph（quad－morphing）网格划分器，它多数情况下能得到高质量的单元，如图4-13 所示，另外，Q－Morph 网格划分器要求面的边界线的分割总数是偶数，否则将产生三角形单元；VMESH 对应四面体网格划分，包括 Program choose（默认）、Alternate 和 main 3 个选项。

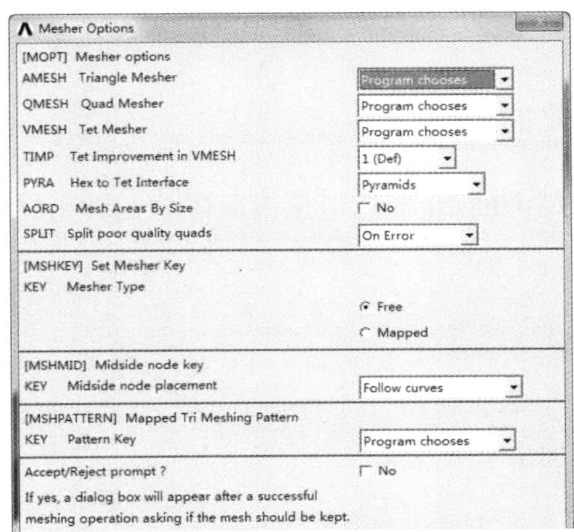

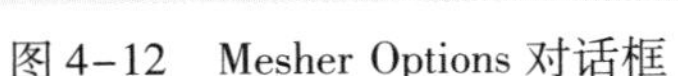
图4-12　Mesher Options 对话框

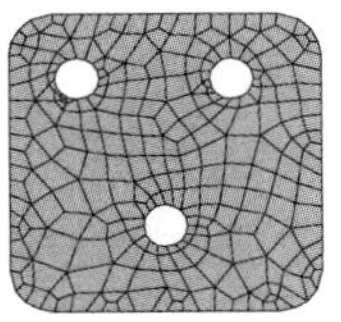
Alternate 网格划分器

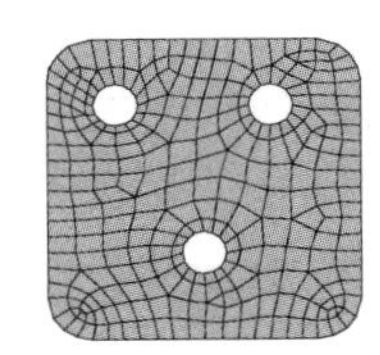
Q-Morph 网格划分器

图4-13　网格划分器

（4）控制四面体单元的改进

ANSYS 程序允许对四面体单元作进一步改进，方法如下。

命令:MOPT,TIMP,Value。
GUI:Main Menu > Preprocessor > Meshing > Mesher Opts。

在弹出的 Mesher Options 对话框中，TIMP 后面的下拉列表表示四面体单元改进的程度，取值为 1～6，1 表示提供最小的改进，5 表示对线性四面体单元提供最大的改进，6 表示对二次四面体单元提供最大的改进。

4.3.9 生成过渡棱锥单元

1. ANSYS 程序在下列情况下会生成过渡的棱锥单元

1）准备对体用四面体单元划分网格，待划分的体直接与已用六面体单元划分网格的体相连。

2）准备用四面体单元划分网格，而目标体上至少有一个面已经用四边形网格划分。

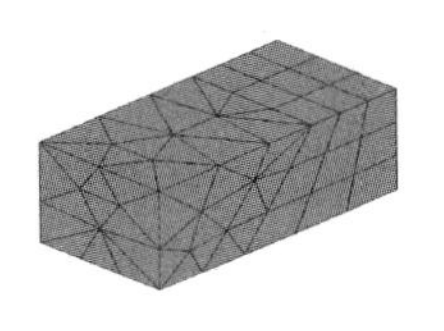
图4-14　过渡网格实例

图4-14 所示为一个过渡网格的实例。

2. 当对体用四面体单元进行网格划分时，为生成过渡棱锥单元，应事先满足的条件

1）设定单元属性时，需确定给体分配的单元类型可以退化为棱锥形状，这种单元包括 SOLID62、VISCO89、SOLID90、SOLID95、SOLID96、SOLID97、SOLID117、HF120、SOLID122、FLUID142、SOLID186。ANSYS 对除此以外的任何单元都不支持过渡的棱锥单元。

2）设置网格划分时，激活过渡单元表面想让三维单元退化。激活过渡单元（默认）的方法如下。

命令：MOPT，PYRA，ON。
GUI：Main Menu > Preprocessor > Meshing > Mesher Opts。

生成退化三维单元的方法如下。

命令：MSHAPE，1，3D。
GUI：Main Menu > Preprocessor > Meshing > Mesher Opts。

4.3.10 将退化的四面体单元转化为非退化的形式

在模型中生成过渡的棱锥单元之后，可将模型中的 20 节点退化四面体单元转化成相应的 10 节点非退化单元，方法如下。

命令：TCHG，ELEM1，ELEM2，ETYPE2。
GUI：Main Menu > Preprocessor > Meshing > Modify Mesh > Change Tets。

不论是使用命令方法还是 GUI 路径，都将按表 4-2 转换合并的单元。

执行单元转化的好处在于：节省内存空间，加快求解速度。

表 4-2　允许 ELEM1 和 ELEM2 单元合并

物理特性	ELEM1	ELEM2
结构	SOLID95 or 95	SOLID92 or 92
热学	SOLID90 or 90	SOLID87 or 87
静电学	SOLID122 or 122	SOLID123 or 123

4.3.11 执行层网格划分

ANSYS 程序的层网格划分功能（当前只能对二维面）能生成线性梯度的自由网格：

1）沿线只有均匀的单元尺寸（或适当的变化）。

2）垂直于线的方向单元尺寸和数量有急剧过渡。

这样的网格适于模拟 CFD 边界层的影响以及电磁表面层的影响等。

可以通过 ANSYS GUI 也可以通过命令对选定的线设置层网格划分控制。如果用 GUI 路径，则选择 Main Menu > Preprocessor > Meshing > Mesh Tool，显示网格划分工具控制器，单击 Layer 相邻的设置按钮打开选择线的对话框，接下来是 Area Layer Mesh Controls on Picked Lines 对话框，可在其上指定单元尺寸（SIZE）和线分割数（NDIV），线间距比率（SPACE），内部网格的厚度（LAYER1）和外部网格的厚度（LAYER2）。

LAYER1 的单元是均匀尺寸的，等于在线上给定的单元尺寸；LAYER2 的单元尺寸会从 LAYER1 的尺寸缓慢增加到总体单元的尺寸；另外，LAYER1 的厚度可以用数值指定也可以利用尺寸系数（表示网格层数），如果是数值，则应该大于或等于给定线的单元尺寸，如果是尺寸系数，则应该大于 1，图 4-15 表示层网格的实例。

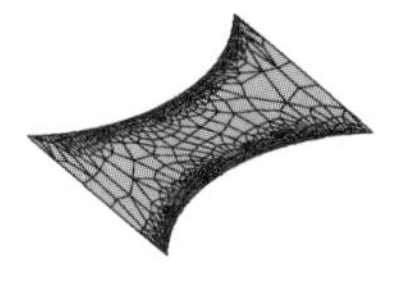

图 4-15　层网格实例

如果想删除选定线上的层网格划分控制，选择网格划分工具控制器上包含 Layer 的清除按钮即可。也可用 LESIZE 命令定义层网格划分控制和其他单元特性。

用下列方法可查看层网格划分尺寸规格。

命令：LLIST。
GUI：Utility Menu > List > Lines。

4.4 自由及映射网格划分控制

4.4.1 自由网格划分

自由网格划分操作对实体模型无特殊要求。任何几何模型，即使是不规则的，也可以进行自由网格划分。所用单元形状依赖于对面还是对体进行网格划分，对面时，自由网格可以是四边形，也可以是三角形，或两者混合；对体时，自由网格一般是四面体单元，棱锥单元作为过渡单元也可以加入到四面体网格中。

如果选择的单元类型严格限定为三角形或四面体（例如 PLANE2 和 SOLID92），程序划分网格时只用这种单元。但是，如果选择的单元类型允许多于一种形状（如 PLANE82 和 SOLID95），可通过下列方法指定用哪一种（或几种）形状。

命令：MSHAPE。
GUI：Main Menu > Preprocessor > Meshing > Mesher Opts。

另外还必须指定对模型用自由网格划分。

命令：MSHKEY，0。
GUI：Main Menu > Preprocessor > Meshing > Mesher Opts。

对于支持多于一种形状的单元，默认地会生成混合形状（通常时四边形单元占多数）。可用 MSHAPE，1，2D 和 MSHKEY，0 来要求全部生成三角形网格。

可能会遇到全部网格都必须为四边形网格的情况。当面边界上总的线分割数为偶数时，面的自由网格划分会全部生成四边形网格，并且四边形单元质量还比较好。通过打开 Smart-Sizing 项并让它来决定合适的单元数，可以增加面边界线的缝总数为偶数的几率（而不是通过 LESIZE 命令人工设置任何边界划分的单元数）。应保证四边形分裂项关闭 MOPT，SPLIT，OFF，以使 ANSYS 不将形状较差的四边形单元分裂成三角形。

使体生成一种自由网格，应当选择只允许一种四面体形状的单元类型，或利用支持多种形状的单元类型并设置四面体一种形状功能 MSHAPE，1，3D 和 MSHKEY，0。

对自由网格划分操作，生成的单元尺寸依赖于 DESIZ3E、ESIZE、KESIZE、LESIZE 的当前设置。如果 SmartSizing 打开，单元尺寸将由 AMRTSIZE 及 ESZIE、DESIZE 和 LESIZE 决定，对自由网格划分推荐使用 SmartSizing。

另外，ANSYS 程序有一种称为扇形网格划分的特殊自由网格划分，适于涉及 TARGE170 单元对三边面进行网格划分的特殊接触分析。当三个边中有两个边只有一个单元分割数，另外一边有任意单元分割数，其结果成为扇形网格，如图 4-16 所示。

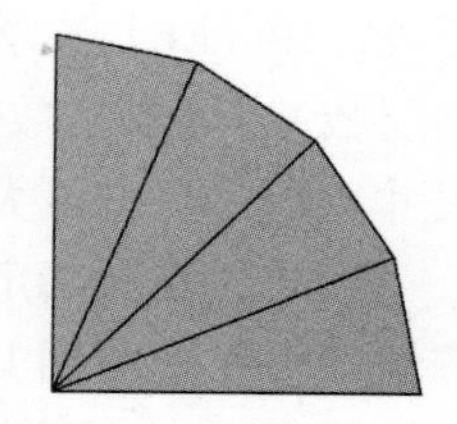

图 4-16　扇形网格划分实例

记住，使用扇形网格必须满足下列条件。

- 必须对三边面进行网格划分，其中两边必须只分一个网格，第三边分任何数目。
- 必须使用 TARGE170 单元进行网格划分。
- 必须使用自由网格划分。

4.4.2 映射网格划分

映射网格划分要求面或体有一定的形状规则，它可以指定程序全部用四边形面单元、三角形面单元或者六面体单元生成网格模型。

对映射网格划分，生成的单元尺寸依赖于 DESIZE 及 ESIZE、KESZIE、LESIZE 和 AESIZE 的设置（或相应 GUI 路径：Main Menu > Preprocessor > Meshing > Size Cntrls > option）。

SmartSizing（SMRTSIZE）不能用于映射网格划分，硬点不支持映射网格划分。

1. 面映射网格划分

面映射网格包括全部是四边形单元或者全部是三角形单元，面映射网格须满足以下条件。

- 该面必须是 3 条边或者 4 条边（有无连接均可）。
- 如果是 4 条边，面的对边必须划分为相同数目的单元，或者是划分一过渡型网格。如果是 3 条边，则线分割总数必须为偶数且每条边的分割数相同。
- 网格划分必须设置为映射网格。图 4-17 所示为一面映射网格的实例。

如果一个面多于 4 条边，不能直接用映射网格划分，但可以是某些线合并或者连接使总线数减少到 4 条之后再用映射网格划分，如图 4-18 所示，方法如下。

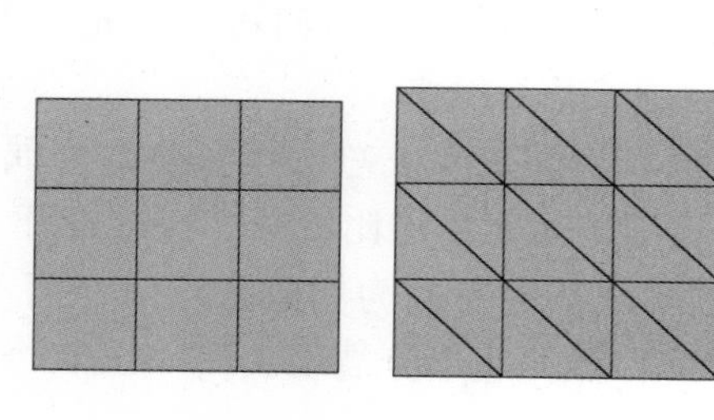

图 4-17　面映射网格

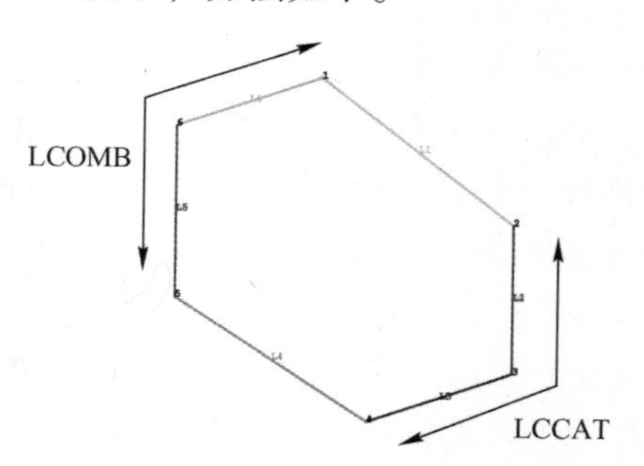

图 4-18　合并和连接线进行映射网格划分

1）连接线。

命令：LCCAT。
GUI：Main Menu > Preprocessor > Meshing > Mesh > Areas > Mapped > Concatenate > Lines。

2）合并线。

命令：LCOMB。
GUI：Main Menu > Preprocessor > Modeling > Operate > Booleans > Add > Lines。

须指出的是，线、面或体上的关键点将生成节点，因此，一条连接线至少有线上已定义的关键点数同样多的分割数，而且，指定的总体单元尺寸（ESIZE）是针对原始线，而不是针对连接线，如图 4-19 所示。不能直接给连接线指定线分割数，但可以对合并线（LCOMB）指定分割数，所以通常来说，合并线比连接线有一些优势。

命令 AMAP（GUI：Main Menu > Preprocessor > Meshing > Mesh > Areas > Mapped > By Corners）提供了获得映射网格划分的最便捷途径，它使用所指定的关键点作为角点并连接关键点之间的所有线，面自动地全部用三角形或四边形单元进行网格划分。

考察前面连接的例子，现利用 AMAP 命令进行网格划分。注意到在已选定的几个关键点之间有多条线，在选定面之后，已按任意顺序拾取关键点 1、3、4 和 6，得到映射网格如图 4-20 所示。

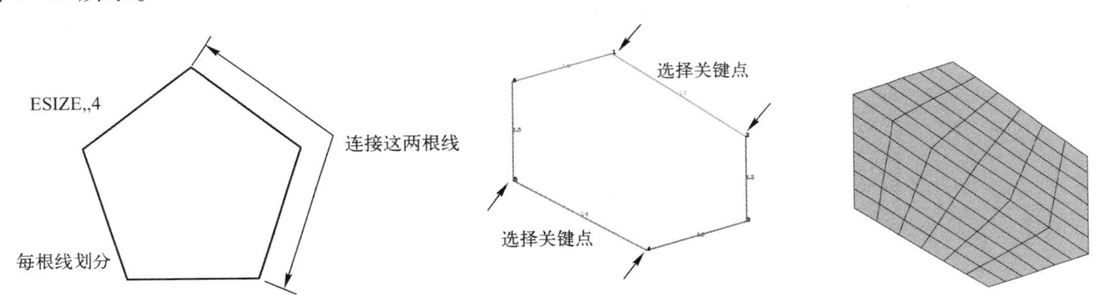

图 4-19　ESIZE 针对原始线而不是连接线示意图　　图 4-20　AMAP 方法得到映射网格

另一种生成映射面网格的途径是指定面的对边的分割数，以生成过渡映射四边形网格，如图 4-21 所示。须指出的是，指定的线分割数必须与图 4-22 和图 4-23 所示的模型相对应。

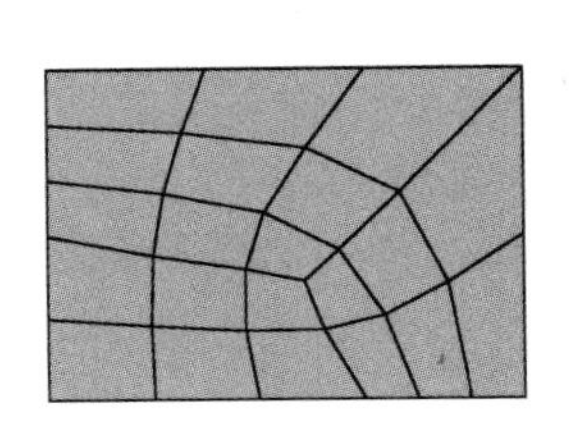

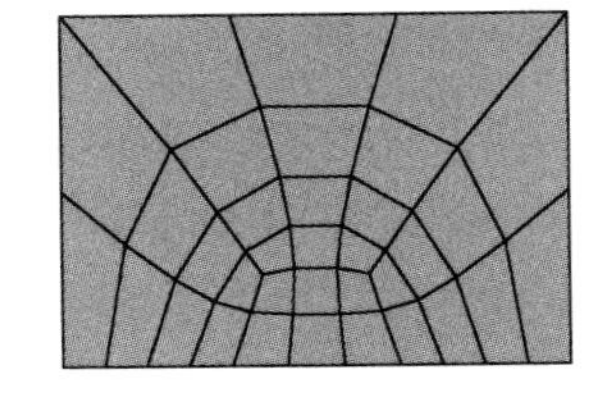

图 4-21　过渡映射网格

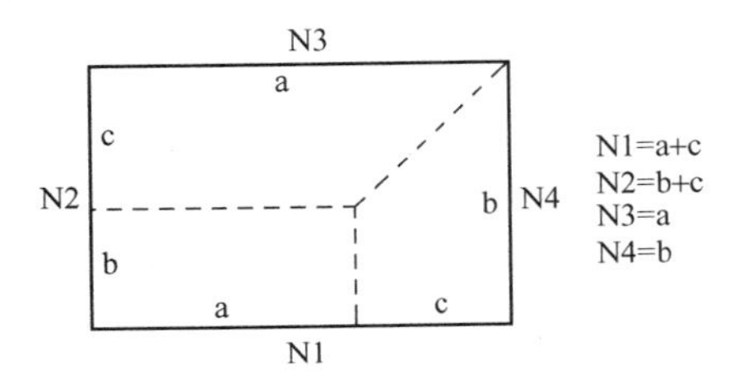

图 4-22　过渡四边形映射网格线分割模型（1）

除了过渡映射四边形网格之外，还可以生成过渡映射三角形网格。为生成过渡映射三角形网格，必须使用支持三角形的单元类型，且须设定为映射划分（MSHKEY，1），并指定形状为容许三角形（MSHAPE，1，2D）。实际上，过渡映射三角形网格的划分是在过渡映射四边形网格划分的基础上自动将四边形网格分割成三角形，如图 4-24 所示，所以，各边的线分割数目依然必须满足图 4-22 和图 4-23 所示的模型。

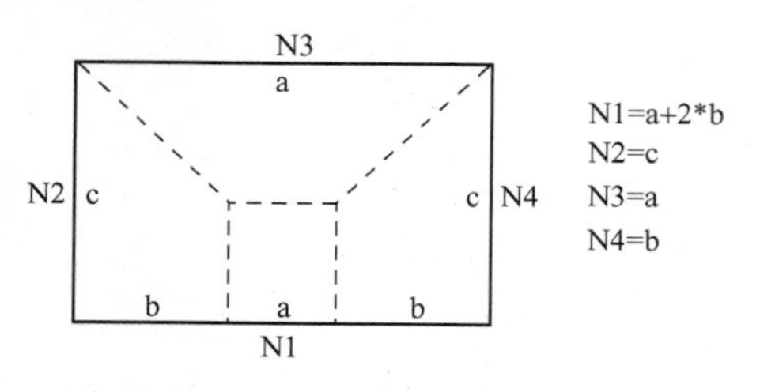

图 4-23　过渡四边形映射网格线分割模型（2）

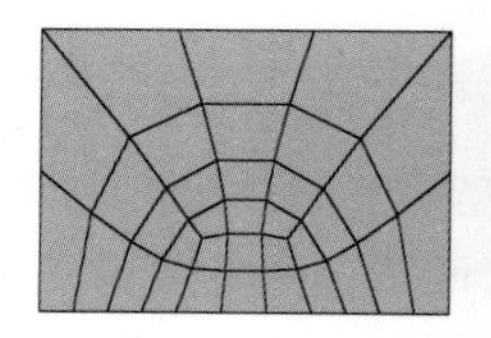
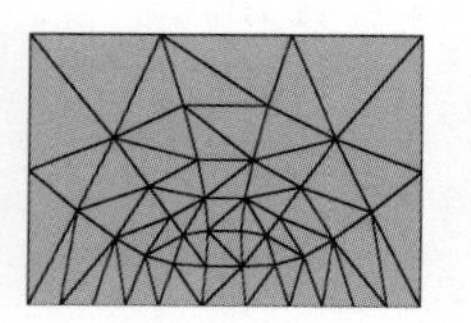

图 4-24　过渡映射三角形网格示意图

2. 体映射网格划分

要将体全部划分为六面体单元，必须满足以下条件。

- 该体的外形应为块状（6 个面）、楔形或棱柱（5 个面）、四面体（4 个面）。
- 对边上必须划分相同的单元数，或分割符合过渡网格形式适合六面体网格划分。
- 如果是棱柱或者四面体，三角形面上的单元分割数必须是偶数。

图 4-25 所示为映射体网格划分示例。

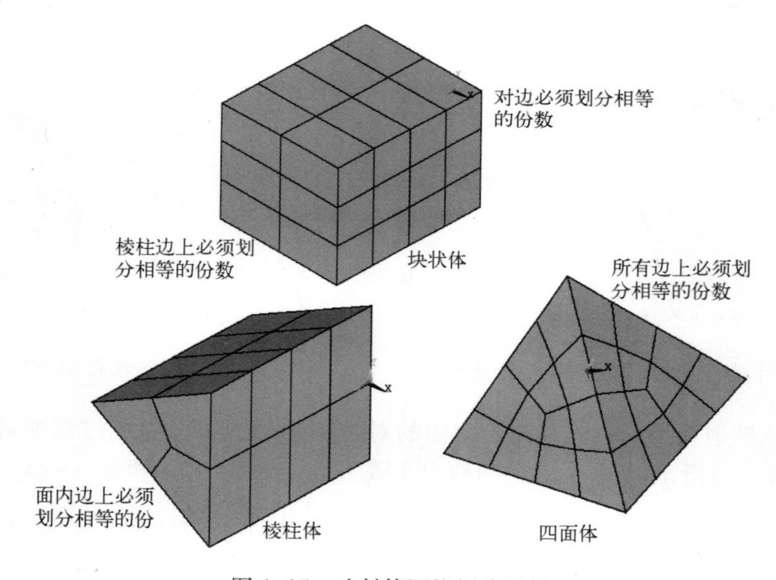

图 4-25　映射体网格划分示例

与面网格划分的连接线一样，当需要减少围成体的面数以进行映射网格划分时，可以对面进行加（AADD）或者连接（ACCAT）。如果连接面有边界线，线也必须连接在一起，必须线连接面，再连接线，举例如下（命令流格式）。

```
! first, concatenate areas for mapped volume meshing:
ACCAT,...
! next, concatenate lines for mapped meshing of bounding areas:
LCCAT,...
LCCAT,...
VMESH,...
```

说明：一般来说，AADD（面为平面或者共面时）的连接效果优于ACCAT。

如上所述，在连接面（ACCAT）之后一般需要连接线（LCCAT），但是，如果相连接的两个面都是由4条线组成（无连接线），则连接线操作会自动进行，如果4-26所示。另外须注意，删除连接面并不会自动删除相关的连接线。

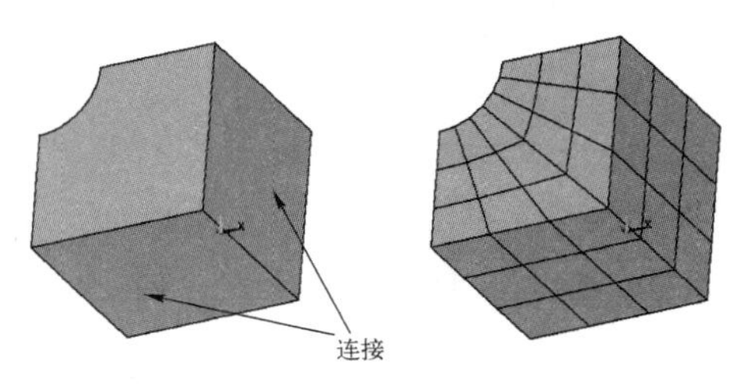

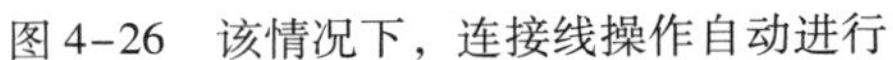

图4-26 该情况下，连接线操作自动进行

连接面的方法：

命令：ACCAT。
GUI：Main Menu > Preprocessor > Meshing > Concatenate > Areas。
Main Menu > Preprocessor > Meshing > Mesh > Areas > Mapped。

将面相加的方法：

命令：AADD。
GUI：Main Menu > Preprocessor > Modeling > Operate > Booleans > Add > Areas。

ACCAT命令不支持用IGES功能输入的模型，但是，可用ARMERGE命令合并由CAD文件输入模型的两个或更多面。而且，当以此方法使用ARMERGE命令时，在合并线之间删除了关键点的位置而不会有节点。

与生成过渡映射面网格类似，ANSYS程序允许生成过渡映射体网格。过渡映射体网格的划分只适合于6个面的体（有无连接面均可），如图4-27所示。

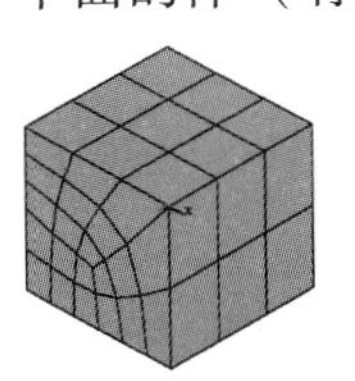
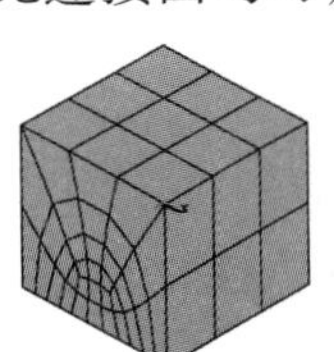
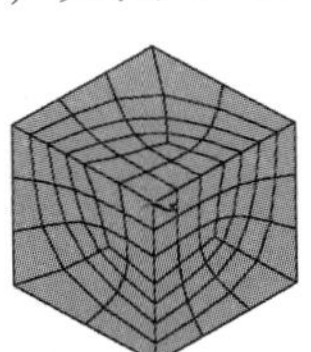
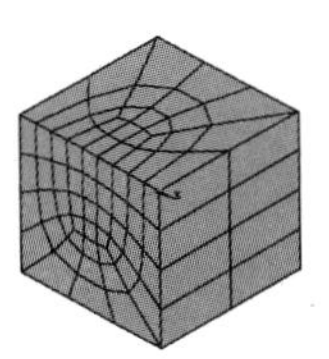

图4-27 过渡映射体网格示例

4.5 实例——框架结构的网格划分

本节在第2章中建立的框架结构的实体模型的基础上对框架结构进行网格划分。

4.5.1 GUI方式

打开框架结构的几何模型“Frame.db”文件。

1. 定义单元属性

GUI：Main Menu > Preprocessor > Meshing > Mesh Attributes > Default Attribs，在Meshing Attributes对话框中，TYPE项选择为1 SOLID185，MAT项选择为1，如图4-28所示，单击OK按钮。

2. 控制网格大小

GUI：Main Menu > Preprocessor > Meshing > Size Cntrls > ManualSize > Lines > All Lines，在

控制单元尺寸的对话框中的 SIZE 项中输入 1，代表每条线都被按 1 m 长分段。单击 OK 按钮。

3. 划分单元

GUI：Main Menu > Preprocessor > Meshing > Mesh > Volumes > Free，单击 Pick All 按钮。开始划分单元，划分好后如图 4-29 所示。

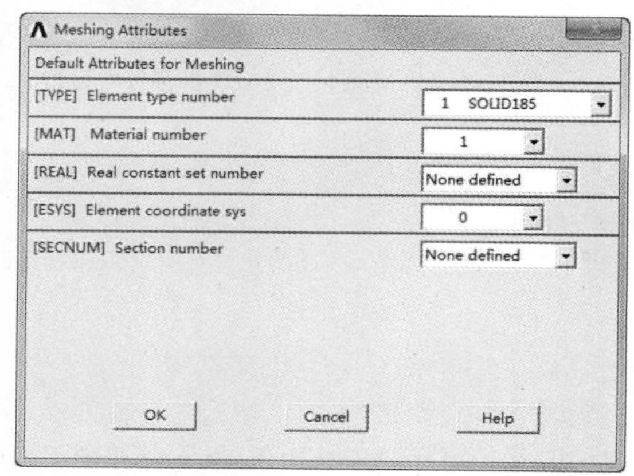

图 4-28 选择单元属性

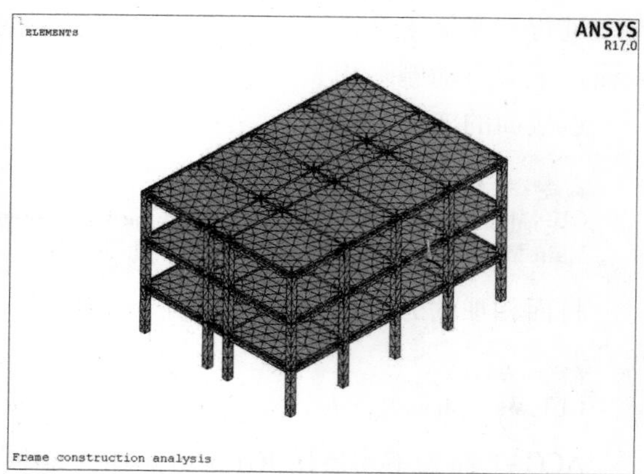

图 4-29 框架结构有限元模型

4.5.2 命令方式

```
LESIZE,ALL,1, , , ,1, , ,1,          ! 控制单元大小
TYPE,1                               ! 选择单元类型
MAT,1                                ! 选择材料属性
ESYS,0                               ! 单元坐标系
MSHAPE,1,3d                          ! 定义实体单元形状
MSHKEY,0                             ! 划分方式
vMESH,all                            ! 体划分单元
SAVE
```

4.6 延伸和扫掠

下面介绍一些相对上述方法而言更为简便的划分网格模式——延伸、旋转和扫掠生成有限元网格模型。其中延伸方法主要用于利用二维模型和二维单元生成三维模型和三维单元，如果不指定单元，那么就只会生成三维几何模型，有时候它可以成为布尔操作的替代方法，而且通常更简便。扫掠方法是利用二维单元在已有的三维几何模型上生成三维单元，该方法对于从 CAD 中输入的实体模型通常特别有用。显然，延伸方法与扫掠方法最大的区别在于：前者能在二维几何模型的基础上生成新的三维模型同时划分好网格，而后者必须是在完整的几何模型基础上来划分网格。

4.6.1 延伸（Extrude）生成网格

先用下面方法指定延伸（Extrude）的单元属性，如果不指定的话，后面的延伸操作都只会产生相应的几何模型而不会划分网格，另外值得注意的是：如果想生成网格模型，则在源面（或者线）上必须划分相应的面网格（或者线网格）。

命令：EXTOPT。
GUI：Main Menu > Preprocessor > Modeling > Operate > Extrude > Elem Ext Opts。

弹出 Element Extrusion Options 对话框，如图 4-30 所示，指定想要生成的 TYPE（单元类型）、MAT（材料号）、REAL（实常数）、ESYS（单元坐标系）、VAL1（单元数）、VAL2（单元比率），以及指定是否要 ACLEAR（删除源面）。

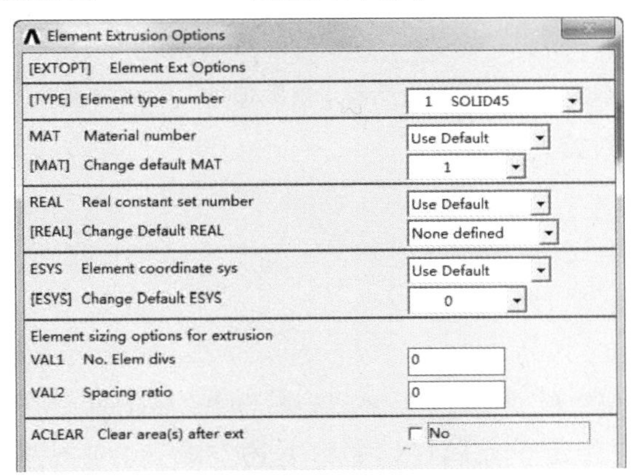

图 4-30 Element Extrusion Options 对话框

用以下命令可以执行具体的延伸操作。

1）面沿指定轴线旋转生成体。

命令：VROTATE。
GUI：Main Menu > Preprocessor > Modeling > Operate > Extrude > Areas > About Axis。

2）面沿指定方向延伸生成体。

命令：VEXT。
GUI：Main Menu > Preprocessor > Modeling > Operate > Extrude > Areas > By XYZ Offset。

3）面沿其法线生成体。

命令：VOFFST。
GUI：Main Menu > Preprocessor > Modeling > Operate > Extrude > Areas > Along Normal。

另外须提醒，当使用 VEXT 或者相应 GUI 的时候，弹出 Extrude Areas by XYZ Offset 对话框，如图 4-31 所示，其中 DX，DY，DZ 表示延伸的方向和长度，而 RX，RY，RZ 表示延伸时的放大倍数，结果如图 4-32 所示。

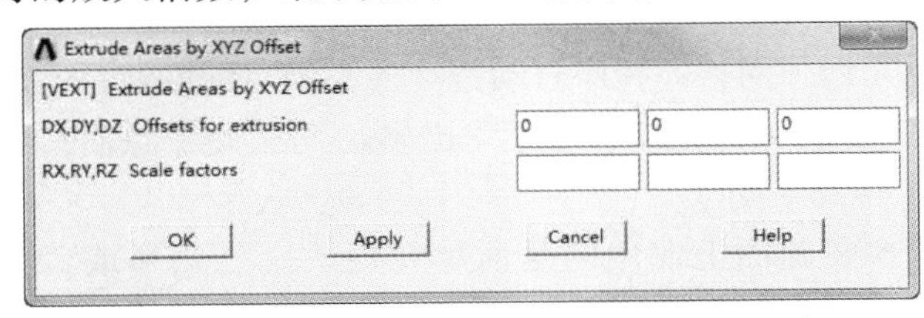

图 4-31 Extrude Areas by XYZ Offset 对话框

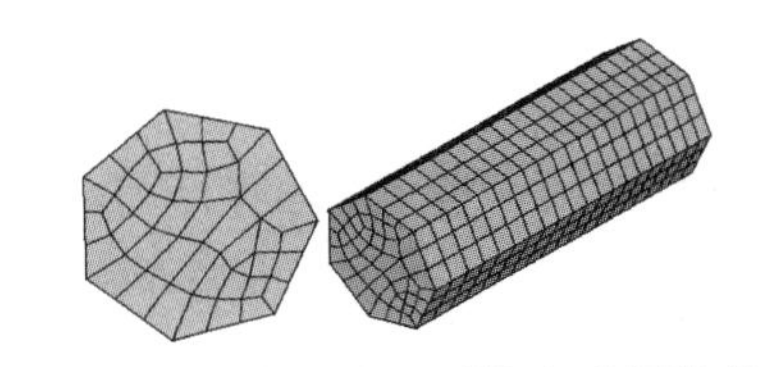

图 4-32 将网格面延伸生成网格体

4）面沿指定路径延伸生成体。

命令：VDRAG。
GUI：Main Menu > Preprocessor > Modeling > Operate > Extrude > Areas > Along Lines。

5）线沿指定轴线旋转生成面。

命令：AROTATE。
GUI：Main Menu > Preprocessor > Modeling > Operate > Extrude > Lines > About Axis。

6）线沿指定路径延伸生成面。

命令：ADRAG。
GUI：Main Menu > Preprocessor > Modeling > Operate > Extrude > Lines > Along Lines。

7）关键点沿指定轴线旋转生成线。

命令：LROTATE。
GUI：Main Menu > Preprocessor > Modeling > Operate > Extrude > Keypoints > About Axis。

8）关键点沿指定路径延伸生成线。

命令：LDRAG。
GUI：Main Menu > Preprocessor > Modeling > Operate > Extrude > Keypoints > Along Lines。

如果不在 EXTOPT 中指定单元属性，那么上述方法只会生成相应的几何模型，有时候可以将它们作为布尔操作的替代方法，如图 4-33 所示，可以将空心球截面绕直径旋转一定角度直接生成。

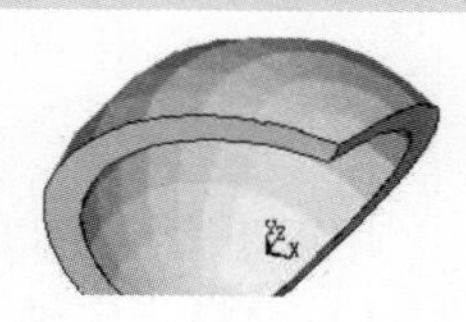

图 4-33　用延伸方法生成空心圆球

4.6.2 扫掠（VSWEEP）生成网格

（1）确定体的拓扑模型能够进行扫掠，如果是下列情况之一则不能扫掠。

1）体的一个或多个侧面包含多于一个环；体包含多于一个壳；体的拓扑源面与目标面不是相对的。

2）确定已定义合适的二维和三维单元类型。例如，如果对源面进行预网格划分，并想扫掠成包含二次六面体的单元，应当先用二次二维面单元对源面划分网格。

3）确定在扫掠操作中如何控制生成单元层数，即沿扫掠方向生成的单元数。可用如下方法控制。

命令：EXTOPT，ESIZE，Val1，Val2。
GUI：Main Menu > Preprocessor > Meshing > Mesh > Volume Sweep > Sweep Opts。

弹出 Sweep Options 对话框，如图 4-34 所示。框中各项的意义依次为：是否清除源面的面网格；在无法扫掠处是否用四面体单元划分网格；程序自动选择源面和目标面还是手动选择；在扫掠方向生成多少单元数；在扫掠方向生成的单元尺寸比率。其中关于源面，目标面，扫掠方向和生成单元数的含义如图 4-35 所示。

4）确定体的源面和目标面。ANSYS 在源面上使用的是面单元模式（三角形或者四边形），用六面体或者楔形单元填充体。目标面是仅与源面相对的面。

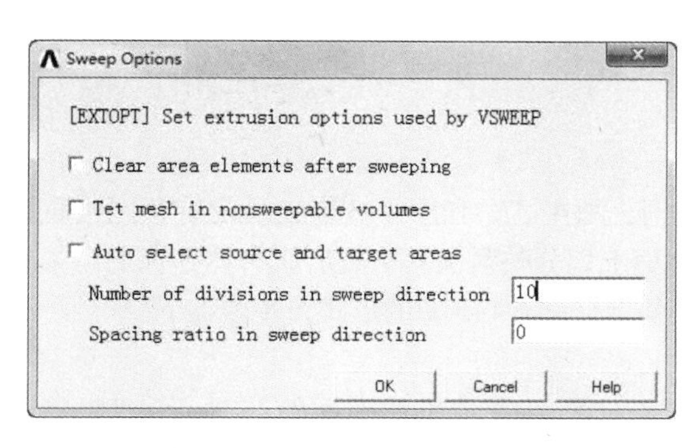

图 4-34 Sweep Options 对话框

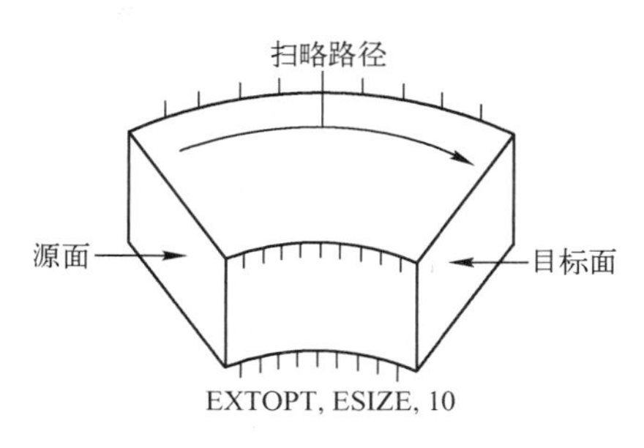

图 4-35 扫掠的示意图

5）有选择地对源面、目标面和边界面划分网格。

体扫掠操作的结果会因在扫掠前是否对模型的任何面（源面、目标面和边界面）划分网格而不同。典型情况是在扫掠之前对源面划分网格，如果不划分，则 ANSYS 程序会自动生成临时面单元，在确定了体扫掠模式之后就会自动清除。

（2）在扫掠前确定是否预划分网格应当考虑以下因素。

1）如果想让源面用四边形或者三角形映射网格划分，那么应当预划分网格。

2）如果想让源面用初始单元尺寸划分网格，那么应当预划分。

3）如果不预划分网格，ANSYS 通常用自由网格划分。

4）如果不预划分网格，ANSYS 会使用有 MSHAPE 设置的单元形状来确定对源面的网格划分。MSHAPE，0，2D 表示生成四边形单元，MSHAPE，1，2D 表示生成三角形单元。

5）如果与体关联的面或者线上出现硬点则扫掠操作失败，除非对包含硬点的面或者线预划分网格。

6）如果源面和目标面都进行预划分网格，那么面网格必须相匹配。不过，源面和目标面并不要求一定都划分成映射网格。

7）在扫掠之前，体的所有侧面（可以有连接线）必须是映射网格划分或者四边形网格划分，如果侧面为划分网格，则必须有一条线在源面上，还有一条线在目标面上。

8）有时候，尽管源面和目标面的拓扑结构不同，但扫掠操作依然可以成功，只需采用适当的方法即可。如图 4-36 所示，将模型分解成两个模型，分别从不同方向扫掠就可生成合适的网格。

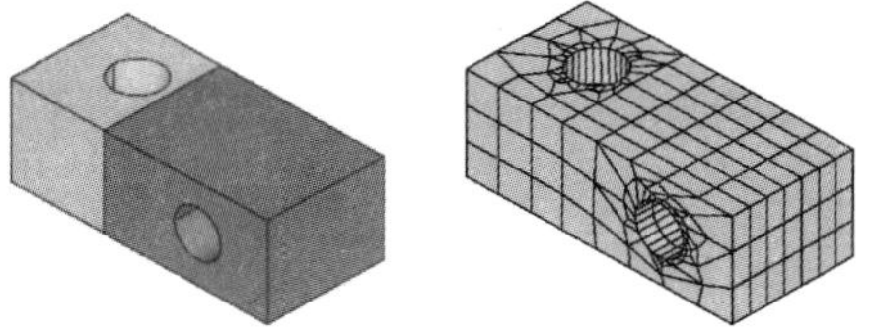

图 4-36 扫掠相邻体

可用如下方法激活体扫掠。

命令：VSWEEP，VNUM，SRCA，TRGA，LSMO。
GUI：Main Menu > Preprocessor > Meshing > Mesh > Volume Sweep > Sweep。

（3）如果用 VSWEEP 命令扫掠体，须指定下列变量值：VNUM（待扫掠体）、SRCA（源面）、TRGA（目标面），另外可选用 LSMO 变量指定 ANSYS 在扫掠体操作中是否执行线的光滑处理。如果采用 GUI 途径，则按下列步骤。

1）选择菜单途径：Main Menu > Preprocessor > Meshing > Mesh > Volume Sweep > Sweep，弹出体扫掠选择框。

2）选择待扫掠的体并单击 Apply 按钮。

3）选择源面并单击 Apply 按钮。

4）选择目标面，单击 OK 按钮。

（4）图 4-37 所示是一个体扫掠网格的实例，图 4-37a 和图 4-37c 表示没有预网格直接执行体扫掠的结果，图 4-37b 和图 4-37d 表示在源面上划分映射预网格然后执行体扫掠的结果，如果觉得这两种网格结果都不满意，则可以考虑图 4-37e ~ 图 4-37g 的形式，步骤如下。

1）清除网格（VCLEAR）。

2）通过在想要分割的位置创建关键点来对源面的线和目标面的线进行分割（LDIV），如图 4-37e 所示。

3）按图 4-37e 将源面上增线的线分割复制到目标面的相应新增线上（新增线是步骤 2 产生的）。该步骤可以通过网格划分工具实现，菜单途径：Main Menu > Preprocessor > Meshing > MeshTool。

4）手工对步骤 2）修改过的边界面划分映射网格，如图 4-37f 所示。

5）重新激活和执行体扫掠，结果如图 4-37g 所示。

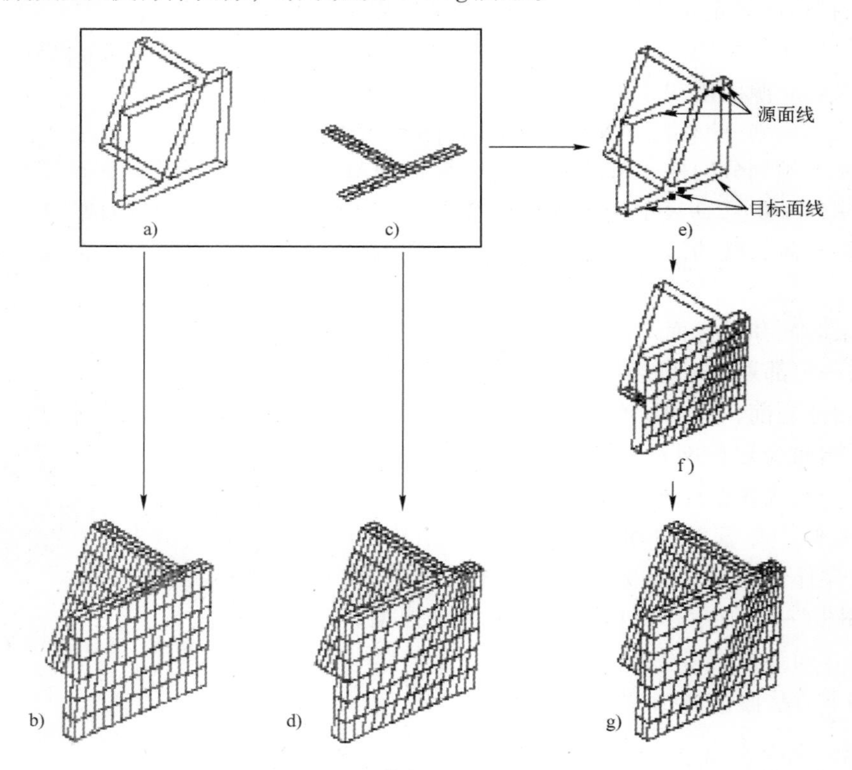

图 4-37　体扫掠网格示意图

4.7　直接生成网格模型

如前所述，ANSYS 程序已经提供了许多方便的命令用于通过几何模型生成有限元网格模型，以及对节点和单元的复制、移动等操作，但同时，ANSYS 还提供了直接通过节点和单元生成有限元模型的方法，有时候，这种直接方法更便捷更有效。由直接生成法生成的模型严格按节点和单元的顺序定义，单元必须在相应节点全部生成之后才能定义。

4.7.1 节点

1）定义节点。
2）从已有节点生成另外的节点。
3）查看节点。
4）删除节点。
5）移动节点。
6）读写包含节点数据的文本文件。
7）旋转节点的坐标系。

可以按表 4-3 ~ 表 4-8 提供的方法执行上述操作。

表 4-3 旋转节点的坐标系

用　法	命　令	GUI 菜单路径
旋转到当前激活的坐标系	NROTAT	Main Menu > Preprocessor > Modeling > Create > Nodes > Rotate Node CS > To Active CS Main Menu > Preprocessor > Modeling > Move/Modify > Rotate Node CS > To Active CS
通过方向余弦旋转节点坐标系	NANG	Main Menu > Preprocessor > Modeling > Create > Nodes > Rotate Node CS > By Vectors Main Menu > Preprocessor > Modeling > Move/Modify > Rotate Node CS > By Vectors
通过角度来旋转节点坐标系	N；NMODIF	Main Menu > Preprocessor > Modeling > Create > Nodes > In Active CS or > On Working Plane Main Menu > Modeling > Preprocessor > Create > Nodes > Rotate Node CS > By Angles Main Menu > Preprocessor > Modeling > Move/Modify > Rotate Node CS > By Angles or > Set of Nodes or > Single Node

表 4-4 定义节点

用　法	命　令	GUI 菜单路径
在激活的坐标系里定义单个节点	N	Main Menu > Preprocessor > Modeling > Create > Nodes > In Active CS or > On Working Plane
在关键点上生成节点	NKPT	Main Menu > Preprocessor > Modeling > Create > Nodes > OnKeypoint

表 4-5 从已有节点生成另外的节点

用　法	命　令	GUI 菜单路径
在两节点连线上生成节点	FILL	Main Menu > Preprocessor > Modeling > Create > Nodes > Fill between Nds
由一种模式节点生成另外节点	NGEN	Main Menu > Preprocessor > Modeling > Copy > Nodes > Copy
由一种模式节点生成缩放节点	NSCALE	Main Menu > Preprocessor > Modeling > Copy > Nodes > Scale & Copy or > Scale & Move Main Menu > Preprocessor > Modeling > Operate > Scale > Nodes > Scale & Copy or > Scale Move

（续）

用　　法	命　　令	GUI 菜单路径
在三节点的二次线上生成节点	QUAD	Main Menu > Preprocessor > Modeling > Create > Nodes > Quadratic Fill
生成镜像映射节点	NSYM	Main Menu > Preprocessor > Modeling > Reflect > Nodes
将一种模式的节点转换坐标系	TRANSFER	Main Menu > Preprocessor > Modeling > Move/Modify > Transfer-Coord > Nodes
在曲线的曲率中心定义节点	CENTER	Main Menu > Preprocessor > Modeling > Create > Nodes > At CurvatureCtr

表 4–6　查看和删除节点

用　　法	命　　令	GUI 菜单路径
列表显示节点	NLIST	Utility Menu > List > Nodes Utility Menu > List > Picked Entities > Nodes
屏幕显示节点	NPLOT	Utility Menu > Plot > Nodes
删除节点	NDELE	Main Menu > Preprocessor > Modeling > Delete > Nodes

表 4–7　移动节点

用　　法	命　　令	GUI 菜单路径
通过编辑节点坐标来移动节点	NMODIF	Main Menu > Modeling > Preprocessor > Create > Nodes > Rotate NodeCS > By Angles Main Menu > Preprocessor > Modeling > Move/Modify > Rotate Node CS > By Angles or > Set of Nodes or > Single Node
移动节点到作表面的交点	MOVE	Main Menu > Preprocessor > Modeling > Move/Modify > Nodes > To Intersect

表 4–8　读写包含节点数据的文本文件

用　　法	命　　令	GUI 菜单路径
从文件中读取一部分节点	NRRANG	Main Menu > Preprocessor > Modeling > Create > Nodes > Read Node File
从文件中读取节点	NREAD	Main Menu > Preprocessor > Modeling > Create > Nodes > Read Node File
将节点写入文件	NWRITE	Main Menu > Preprocessor > Modeling > Create > Nodes > Write Node File

4.7.2 单元

1）组集单元表。
2）指向单元表中的项。
3）查看单元列表。
4）定义单元。
5）查看和删除单元。
6）从已有单元生成另外的单元。
7）利用特殊方法生成单元。
8）读写包含单元数据的文本文件。

定义单元的前提条件是：已经定义了该单元所需的最少节点并且已指定合适的单元属性。可以按照表 4–9 ~ 表 4–16 提供的方法来执行上述操作。

表 4-9 组集单元表

用 法	命 令	GUI 菜单路径
定义单元类型	ET	Main Menu > Preprocessor > Element Type > Add/Edit/Delete
定义实常数	R	Main Menu > Preprocessor > Real Constants
定义线性材料属性	MP；MPDATA；MPTEMP	Main Menu > Preprocessor > Material Props > Material Models > analysis type

表 4-10 指向单元表中的项

用 法	命 令	GUI 菜单路径
指定单元类型	TYPE	Main Menu > Preprocessor > Modeling > Create > Elements > Elem Attributes
指定实常数	REAL	Main Menu > Preprocessor > Modeling > Create > Elements > Elem Attributes
指定材料号	MAT	Main Menu > Preprocessor > Modeling > Create > Elements > Elem Attributes
指定单元坐标系	ESYS	Main Menu > Preprocessor > Modeling > Create > Elements > Elem Attributes

表 4-11 定义单元

用 法	命 令	GUI 菜单路径
定义单元	E	Main Menu > Preprocessor > Modeling > Create > Elements > Auto Numbered > Thru Nodes Main Menu > Preprocessor > Modeling > Create > Elements > User Numbered > Thru Nodes

表 4-12 查看单元列表

用 法	命 令	GUI 菜单路径
显示单元类型	ETLIST	Utility Menu > List > Properties > Element Types
显示实常数的设置	RLIST	Utility Menu > List > Properties > All Real Constants or > Specified Real Constants
显示线性材料属性	MPLIST	Utility Menu > List > Properties > All Materialsor > All Matls，All Temps or > All Matls，Specified Temp or > Specified Matl，All Temps
显示数据表	TBLIST	Main Menu > Preprocessor > Material Props > Material Models Utility Menu > List > Properties > Data Tables
显示坐标系	CSLIST	Utility Menu > List > Other > Local Coord Sys

表 4-13 查看和删除单元

用 法	命 令	GUI 菜单路径
列表显示单元	ELIST	Utility Menu > List > Elements Utility Menu > List > Picked Entities > Elements
屏幕显示单元	EPLOT	Utility Menu > Plot > Elements
删除单元	EDELE	Main Menu > Preprocessor > Modeling > Delete > Elements

表 4-14 从已有单元生成另外的单元

用 法	命 令	GUI 菜单路径
从已有模式的单元生成另外的单元	EGEN	Main Menu > Preprocessor > Modeling > Copy > Elements > Auto Numbered
手工控制编号从已有模式的单元生成另外的单元	ENGEN	Main Menu > Preprocessor > Modeling > Copy > Elements > User Numbered
镜像映射生成单元	ESYM	Main Menu > Preprocessor > Modeling > Reflect > Elements > Auto Numbered

（续）

用　　法	命　　令	GUI 菜单路径
手工控制编号镜像映射生成单元	ENSYM	Main Menu > Preprocessor > Modeling > Reflect > Elements > User Numbered Main Menu > Preprocessor > Modeling > Move/Modify > Reverse Normals > of Shell Elements

表 4-15　读写包含单元数据的文本文件

用　　法	命　　令	GUI 菜单路径
从单元文件中读取部分单元	ERRANG	Main Menu > Preprocessor > Modeling > Create > Elements > ReadElem File
从文件中读取单元	EREAD	Main Menu > Preprocessor > Modeling > Create > Elements > ReadElem File
将单元写入文件	EWRITE	Main Menu > Preprocessor > Modeling > Create > Elements > WriteElem File

表 4-16　利用特殊方法生成单元

用　　法	命　　令	GUI 菜单路径
在已有单元的外表面生成表面单元（SURF151 和 SURF152）	ESURF	Main Menu > Preprocessor > Modeling > Create > Elements > Surf/Contact > option
用表面单元覆盖于平面单元的边界上并分配额外节点作为最近的流体单元节点（SURF151）	LFSURF	Main Menu > Preprocessor > Modeling > Create > Elements > Surf/Contact > Surface Effect > Attach to Fluid > Line to Fluid
用表面单元覆盖于实体单元的表面上并分配额外的节点作为最近的流体单元的节点（SURF152）	AFSURF	Main Menu > Preprocessor > Modeling > Create > Elements > Surf/Contact > Surf Effect > Attach to Fluid > Area to Fluid
用表面单元覆盖于已有单元的表面并指定额外的节点作为最近的流体单元的节点（SURF151 和 SURF152）	NDSURF	Main Menu > Preprocessor > Modeling > Create > Elements > Surf/Contact > Surf Effect > Attach to Fluid > Node to Fluid
在重合位置处产生两节点单元	EINTF	Main Menu > Preprocessor > Modeling > Create > Elements > Auto Numbered > At Coincid Nd
产生接触单元	GCGEN	Main Menu > Preprocessor > Modeling > Create > Elements > Surf/Contact > Node to Surf

4.8　实例——轴承座的网格划分

本节将继续对第 3 章中建立的轴承座进行网格划分，生成有限元模型。

4.8.1 GUI 方式

1. 打开模型

打开轴承座几何模型“BearingBlock. db”文件。

2. 选择单元类型

执行主菜单中的 Main Menu > Preprocessor > Element Type > Add/Edit/Delete 命令，弹出如图 4-38 所示的 Element Types 对话框，单击 Add 按钮，弹出如图 4-39 所示的 Library of

Element Types 对话框，在左边的列表框中选择 Solid 选项，然后在右边的列表框中选择 Brick 8 node 185 选项，即选择实体 185 号单元。单击 OK 按钮，在 Element Types 对话框中会相应出现所选单元信息。

3. 定义单元选项

在图 4-38 所示的 Element Types 对话框中单击 Options 按钮，弹出 SOLID185 element type options 对话框，在 Element technology K2 下拉列表中选择 Simple Enhanced Strn 选项，如图 4-40 所示，然后单击 OK 按钮，回到图 4-38 所示的 Element Types 对话框。单击 Close 按钮关闭该对话框。

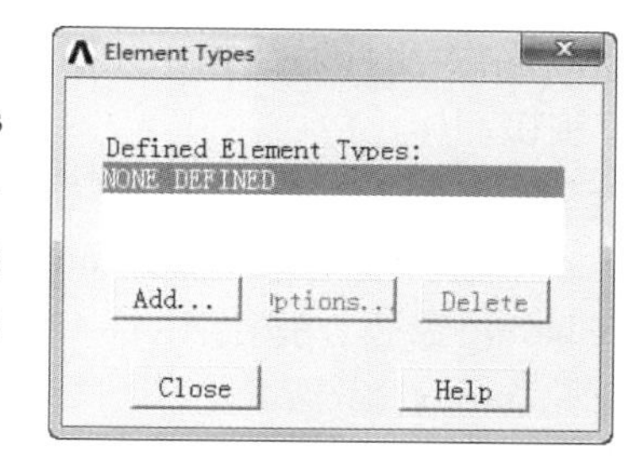

图 4-38　Element Types 对话框

4. 定义材料属性

执行主菜单中的 Main Menu > Preprocessor > Material Props > Material Models 命令，弹出如图 4-41 所示的 Define Material Model Behavior 对话框，在右面的 Material Model Available 列表框中依次单击 Struvtural→Liner→Elastic→Isotropic 选项，弹出如图 4-41 所示的 Liner Isotropic Proporties for Material Number 对话框，在 EX 文本框中输入 1.7E11（弹性模量），在 PRXY 文本框中输入 0.3（泊松比），然后单击 OK 按钮，单击 Define Material Model Behavior 对话框左上角的“Material > Exit”，退出 Define Material Model Behavior对话框，材料属性定义完毕。

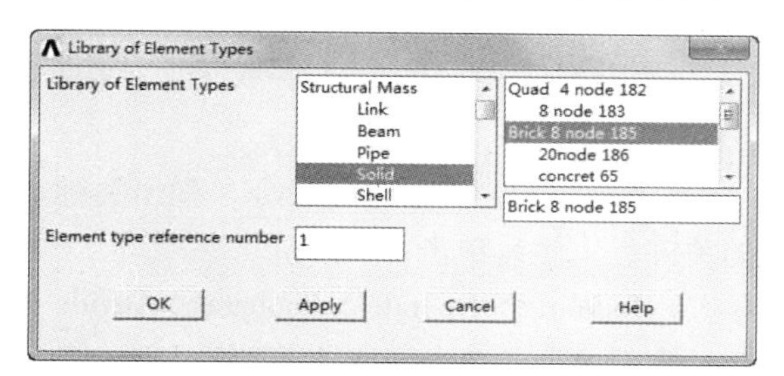

图 4-39　Library of Element Types 对话框

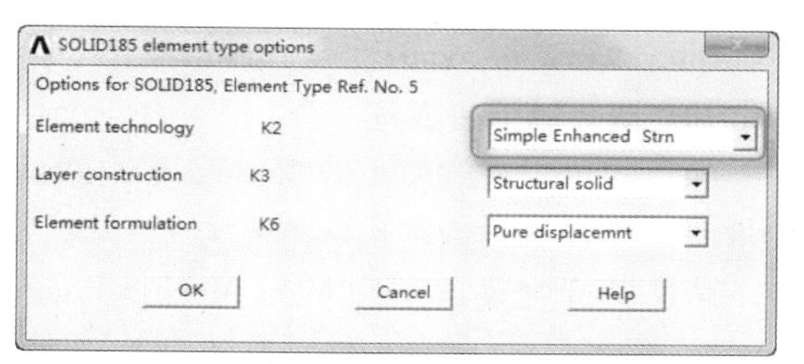

图 4-40　SOLID185 element type options 对话框

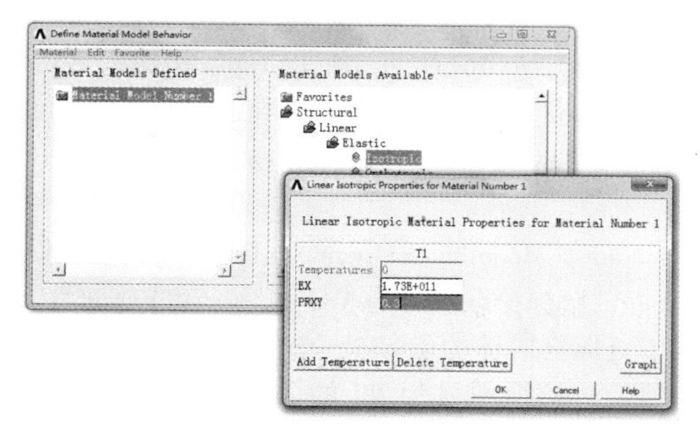

图 4-41　Define Material Model Behavior 对话框和 Linear Isotropic Properties for Material Mumber1

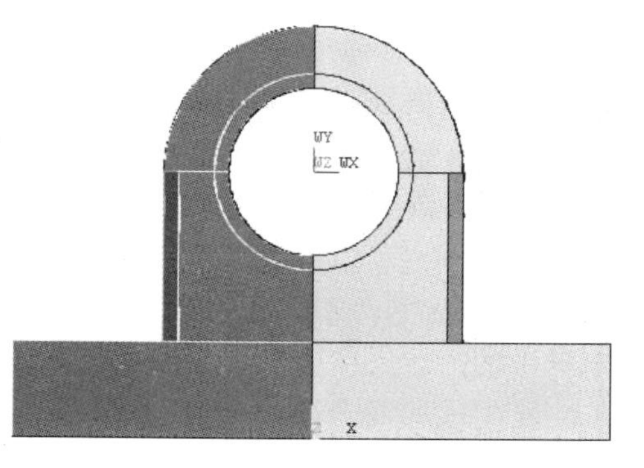

图 4-42　选择要删除的体

5. 转换视图

执行菜单栏中的 Unitity Menu > PlotCtrls > Pan Zoom Rotate 命令，弹出平移缩放选项对话

框，单击其中的 Front 按钮，然后单击 Close 按钮关闭。

6. 根据对称性删除一半体

执行主菜单中的 Main Menu > Preprocessor > Modeling > Delete > Volume and Below 命令，弹出删除体及其附属拾取对话框，鼠标拾取对称面左边的体，如图 4-42 所示，然后单击 OK 按钮。

7. 打开点、线、面、体编号控制器

依次执行菜单栏中的 Unitity Menu > PlotCtrls > Numbering 命令，弹出图 4-43 所示的 Plot Numbering Controls 对话框，勾选 KP、LINE、AREA、VOLU 复选框，把 Off 改成 On，然后单击 OK 按钮。

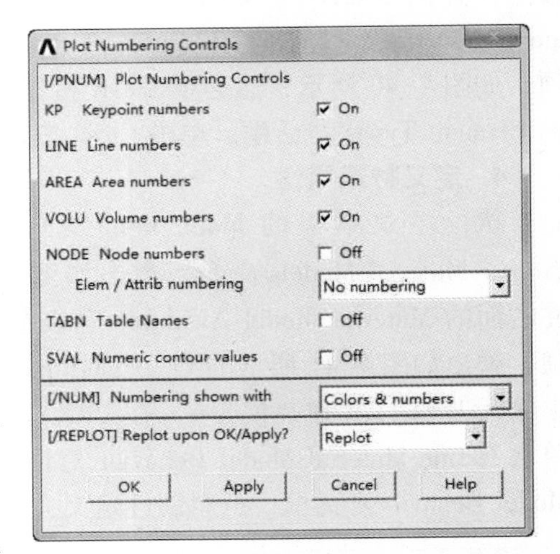

图 4-43 “Plot Numbering Controls” 对话框

8. 转换视图

依次执行菜单栏中的 Unitity Menu > PlotCtrls > Pan Zoom Rotate 命令，弹出平移缩放旋转对话框，单击对话框中的 Obliq 按钮，然后单击 Close 按钮关闭。

9. 显示工作平面

依次执行菜单栏中的 Utility Menu > WorkPlane > Display Working Plane 命令，显示工作平面。

10. 切分轴承座底座

执行菜单栏中的 Unitity Menu > WorkPlane > Align WP with > Keypoints 命令，弹出关键点拾取对话框，鼠标依次拾取编号为 12、14、11 的关键点，然后单击 OK 按钮。

依次执行主菜单中的 Main Menu > Preprocessor > Modeling > Operate > Booleans > Divide > Volu by WorkPlane 命令，弹出通过工作平面切分体拾取对话框，单击 Pick All 按钮，划分体。

11. 对轴承孔生成圆孔面

依次执行主菜单中的 Main Menu > Preprocessor > Modeling > Operate > Extrude > Lines > Along lines 命令，弹出沿线扫掠线拾取框，拾取编号为 L46 的线，单击 Apply 按钮，然后拾取编号为 L78 的线，单击 Apply 按钮，可以看到生成的曲面 A20。再拾取编号为 L49 的线，单击 Apply 按钮，然后拾取编号为 L47 的线，单击 OK 按钮，可以看到生成的曲面 A29。

12. 利用新生成的面分割体

依次执行主菜单中的 Main Menu > Preprocessor > Modeling > Operate > Booleans > Divide > Volu by Area 命令，弹出通过平面切分体拾取框，鼠标拾取编号为 V11 的体（可以随时关注拾取框中的拾取反馈，例如 Volu NO 就显示了鼠标拾取体的编号），单击 Apply 按钮，然后拾取刚刚生成的面 A20，单击 Apply 按钮。然后再拾取编号为 V9 的体，单击 Apply 按钮，拾取刚刚生成的面 A29，单击 OK 按钮。

13. 平移工作平面、对体进行分割

依次执行菜单栏中的 Unitity Menu > WorkPlane > Offset WP to > Keypoints 命令，弹出通过关键点偏移工作平面拾取框，鼠标拾取编号为 18 的点，单击 OK 按钮。

然后依次执行主菜单中的 Main Menu > Preprocessor > Modeling > Operate > Booleans >

Divide > Volu by WorkPlane 命令，弹出通过工作平面切分体拾取框，拾取编号为 V5 的体，然后单击 OK 按钮。

14. 关闭点、线、面、体编号控制器

依次执行菜单栏中的 Unitity Menu > PlotCtrls > Numbering 命令，弹出 Plot Numbering Controls 对话框，如图 4-43 所示，勾选择“KP、LINE、AREA、VOLU”复选框，把 On 改成 Off，单击 OK 按钮。

15. 进行划分网格设置

依次执行主菜单中的 Main Menu > Preprocessor > Meshing > MeshTool 命令，弹出 MeshTool 对话框，如图 4-44 所示，勾选 Smart Size 复选框，将下面的划块向左滑动，使下面的数值变为 4，然后单击 Global 右侧的“Set”按钮，弹出 Global Element Sizes 对话框，在 Size Element edge length 文本框输入 0.125，然后单击 OK 按钮。在 MeshTool 对话框下面 Shape 中选择 Hex/Wedge 和 Sweep 单选按钮，其他项保留默认值，然后单击 Sweep 按钮，弹出体扫掠对话框，单击 Pick All 按钮，网格划分完毕后，单击 OK 按钮。

16. 隐藏工作平面

依次执行 Unitity Menu > WorkPlane > Display Working Plane 命令。生成的结果如图 4-45 所示。

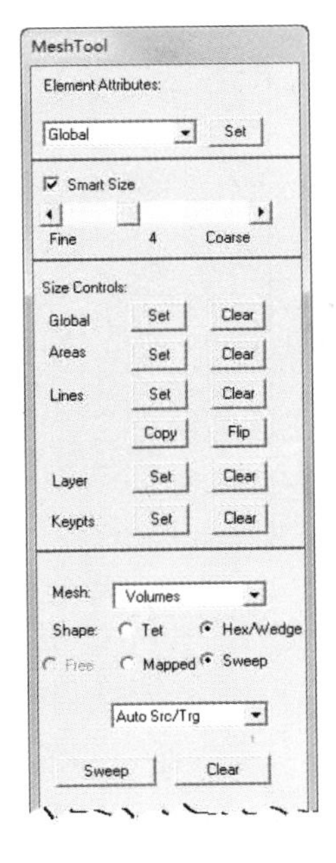

图 4-44 MeshTool 对话框

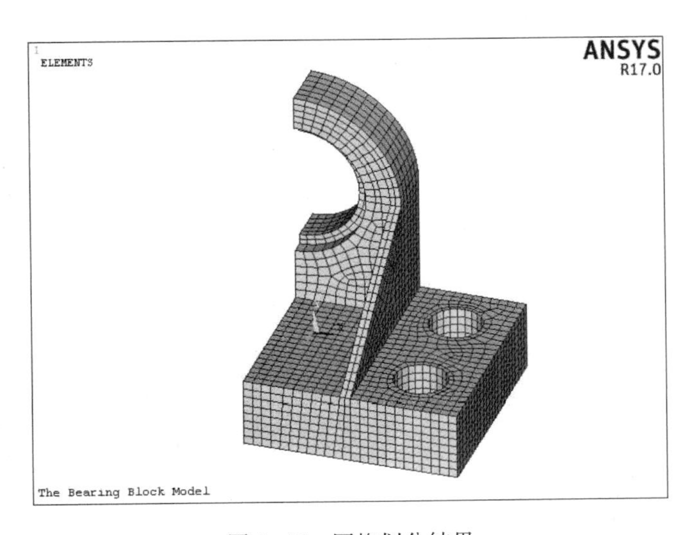

图 4-45 网格划分结果

17. 镜像生成另一半模型

依次执行主菜单中的 Main Menu > Preprocessor > Modeling > Reflect > Volumes 命令，弹出 Reflect Volumes 拾取框，单击 Pick All 按钮，出现 Reflect Volumes 对话框，如图 4-46 所示，单击 OK 按钮。

18. 合并重合面上的关键点和节点

依次执行主菜单中的 Main Menu > Preprocessor > Numbering Ctrls > Merge Items 命令，如图 4-47所示，在 Label 下拉菜单中选择 All 选项，单击 OK 按钮。

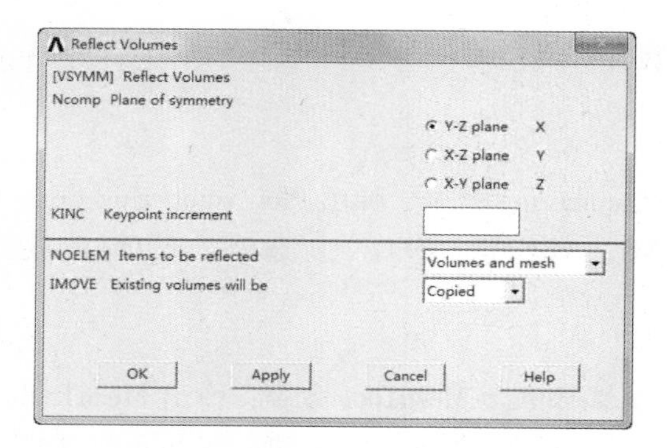

图 4-46 Reflect Volumes 对话框

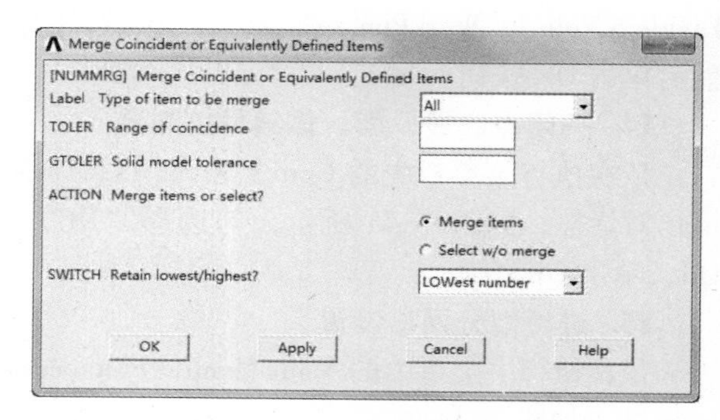

图 4-47 Merge Coincident or Equivalently Defined Items 对话框

19. 显示有限元网格

依次执行 Unitity Menu > Plot > Elements 命令，最后的结果如图 4-48 所示。

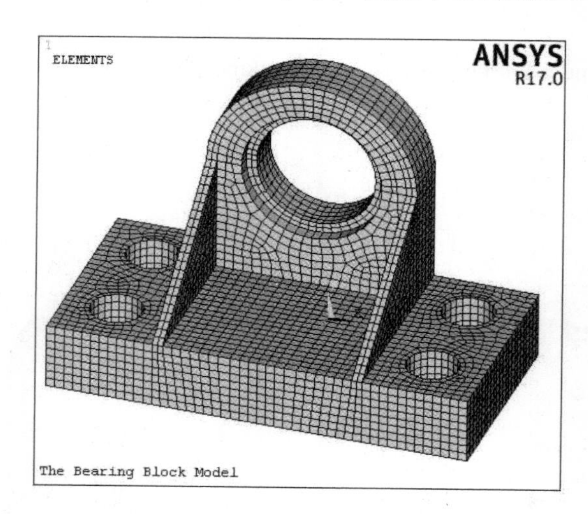

图 4-48 轴承座有限元模型

20. 保存有限元模型

单击 ANSYS Toolbar 窗口中的快捷按钮 SAVE_DB。

4.8.2 命令方式

```
RESUME,BearingBlock,db,
/PREP7
ET,1,SOLID185
KEYOPT,1,2,3
MPTEMP,,,,,,,,
MPTEMP,1,0
MPDATA,EX,1,,1.7E11
MPDATA,PRXY,1,,0.3
FLST,2,4,6,ORDE,4
```

```
FITEM,2,7
FITEM,2,10
FITEM,2,12
FITEM,2,14
VDELE,P51X,,,1
/PNUM,ELEM,0
/VIEW,1 ,1,2,3
WPSTYLE,,,,,,,,1
KWPLAN,-1,      12,      14,      11
FLST,2,4,6,ORDE,4
FITEM,2,3
FITEM,2,9
FITEM,2,11
FITEM,2,13
VSBW,P51X
ADRAG,      46,,,,,,      78
ADRAG,      49,,,,,,      47
VSBA,       11,           20
VSBA,       9,            8
VSBA,       9,            29
KWPAVE,     18
VSBW,       5
SMRT,6
SMRT,4
ESIZE,0.125,0,
FLST,5,8,6,ORDE,4
FITEM,5,1
FITEM,5,-4
FITEM,5,6
FITEM,5,-9
CM,_Y,VOLU
VSEL,,,,P51X
CM,_Y1,VOLU
CHKMSH,'VOLU'
CMSEL,S,_Y
VSWEEP,_Y1
CMDELE,_Y
CMDELE,_Y1
CMDELE,_Y2
WPSTYLE,,,,,,,,0
FLST,3,8,6,ORDE,4
FITEM,3,1
FITEM,3,-4
FITEM,3,6
FITEM,3,-9
VSYMM,X,P51X,,,,0,0
NUMMRG,ALL,,,,LOW
EPLOT
SAVE
```

第5章 载荷施加及载荷步

知识导引

建立完有限元分析模型之后，就需要在模型上施加载荷，以此来检查结构或构件对一定载荷条件的响应。

本章将讲述 ANSYS 施加载荷的各种方法和应注意的相关事项。

内容要点

- 载荷概念
- 施加载荷
- 实例——轴承座的载荷和约束施加
- 载荷步选项
- 实例——框架结构的载荷和约束施加

5.1 载荷概念

有限元分析的主要目的是检查结构或构件对一定载荷条件的响应。因此，在分析中指定合适的载荷条件是关键的一步。在 ANSYS 程序中，可以用各种方式对模型施加载荷，而且借助于载荷步选项，可以控制在求解中载荷如何使用。

5.1.1 什么是载荷

在 ANSYS 术语中，载荷包括边界条件和外部或内部作用力函数，如图 5-1 所示。不同学科中的载荷实例为：

- 结构分析：位移、力、压力、温度（热应力）和重力。
- 热力分析：温度、热流速率、对流、内部热生成、无限表面。
- 磁场分析：磁势、磁通量、磁场段、源流密度、无限表面。
- 电场分析：电势（电压）、电流、电荷、电荷密度、无限表面。
- 流体分析：速度、压力。

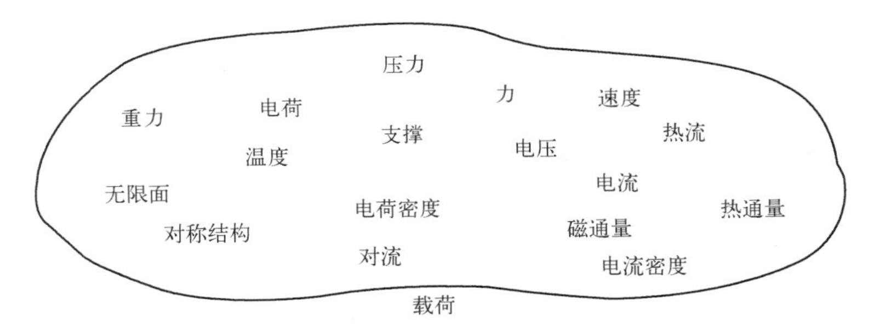

图 5-1 “载荷”包括边界条件以及其他类型的载荷

载荷分为以下 6 类。

- DOF（约束自由度）：某些自由度为给定的已知值。例如，结构分析中指定结点位移或者对称边界条件等；热分析中指定结点温度等。
- 力（集中载荷）：施加于模型结点上的集中载荷。例如，结构分析中的力和力矩；热分析中的热流率；磁场分析中的电流。
- 表面载荷：施加于某个表面上的分布载荷。例如，结构分析中的压力；热力分析中的对流量和热通量。
- 体积载荷：施加在体积上的载荷或者场载荷。例如，结构分析中的温度；热力分析中的内部热源密度；磁场分析中为磁场通量。
- 惯性载荷：由物体惯性引起的载荷。例如重力加速度引起的重力；角速度引起的离心力等。主要在结构分析中使用。
- 耦合场载荷：可以认为是以上载荷的一种特殊情况，从一种分析中得到的结果作为另一种分析的载荷。例如，可施加磁场分析中计算所得的磁力作为结构分析中的载荷；也可以将热分析中的温度结果作为结构分析的载荷。

5.1.2 载荷步、子步和平衡迭代

载荷步仅仅是为了获得解答的载荷配置。在线性静态或稳态分析中，可以使用不同的载荷步施加不同的载荷组合：在第一个载荷步中施加风载荷，在第二个载荷步中施加重力载荷，在第三个载荷步中施加风和重力载荷以及一个不同的支承条件等。在瞬态分析中，多个载荷步加到载荷历程曲线的不同区段。

ANSYS 程序将为第一个载荷步选择的单元组用于随后的载荷步，而不论用户为随后的载荷步指定哪个单元组。要选择一个单元组，可使用下列两种方法之一。

GUI：Utility Menu > Select > Entities。
命令：ESEL。

图 5-2 显示了一个需要 3 个载荷步的载荷历程曲线：第一个载荷步用于线性载荷，第二个载荷步用于不变载荷部分，第三个载荷步用于卸载。

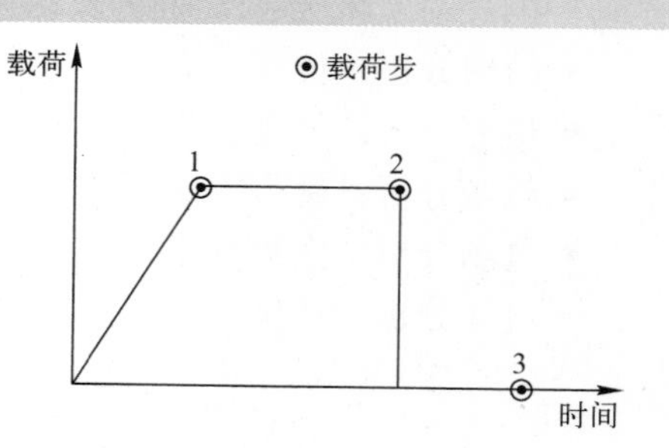

图 5-2　使用多个载荷步表示瞬态载荷历程

子步为执行求解载荷步中的点。由于不同的原因，要使用子步。

在非线性静态或稳态分析中，使用子步逐渐施加载荷以便能获得精确解。

在线性或非线性瞬态分析中，使用子步满足瞬态时间累积法则（为获得精确解通常规定一个最小累积时间步长）。

在谐波分析中，使用子步获得谐波频率范围内多个频率处的解。

平衡迭代是在给定子步下为了收敛而计算的附加解。仅用于收敛起着很重要作用的非线性分析中的迭代修正。例如，对二维非线性静态磁场分析，为获得精确解，通常使用两个载荷步（见图 5-3）。

第一个载荷步，将载荷逐渐加到 5 ~ 10 个子步以上，每个子步仅用一个平衡迭代。

第二个载荷步，得到最终收敛解，且仅有一个使用 15 ~ 25 次平衡迭代的子步。

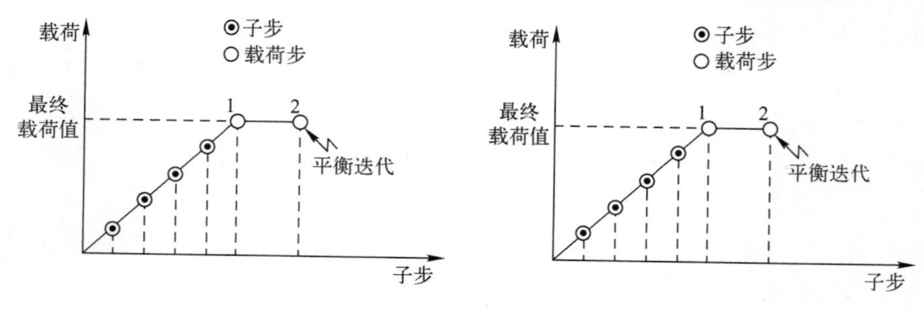

图 5-3　载荷步、子步和平衡迭代

5.1.3 时间参数

在所有静态和瞬态分析中，ANSYS 使用时间作为跟踪参数，而不论分析是否依赖于时

间。其好处是：在所有情况下可以使用一个不变的“计数器”或“跟踪器”，不需要依赖于分析的术语。此外，时间总是单调增加的，且自然界中大多数事情的发生都经历一段时间，而不论该时间多么短暂。

显然，在瞬态分析或与速率有关的静态分析（蠕变或者粘塑性）中，时间代表实际的，按年月顺序的时间，用秒、分钟或小时表示。在指定载荷历程曲线的同时（使用 TIME 命令），在每个载荷步的结束点赋予时间值。使用如下方法之一赋予时间值。

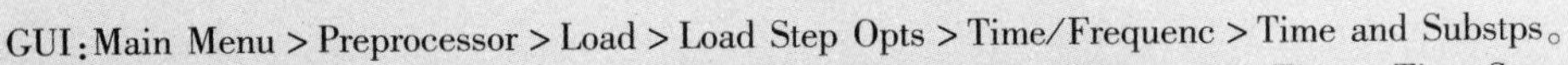

GUI:Main Menu > Preprocessor > Load > Load Step Opts > Time/Frequenc > Time and Substps。
GUI:Main Menu > Preprocessor > Loads > Load Step Opts > Time/Frequenc > Time – Time Step。
GUI:Main Menu > Solution > Load Step Opts > Time/Frequenc > Time and Substps。
GUI:Main Menu > Solution > Load Step Opts > Time/Frequenc > Time – Time Step。
命令:TIME。

然而，在不依赖于速率的分析中，时间仅仅成为一个识别载荷步和子步的计数器。默认情况下，程序自动对 time 赋值，在载荷步 1 结束时，赋 time = 1；在载荷步 2 结束时，赋 time = 2；依次类推。载荷步中的任何子步将被赋给合适的、用线性插值得到的时间值。在这样的分析中，通过赋给自定义的时间值，就可建立自己的跟踪参数。例如，若要将 1000 个单位的载荷增加到一载荷步上，可以在该载荷步结束时将时间指定为 1000，以使载荷和时间值完全同步。

那么，在后处理器中，如果得到一个变形 – 时间关系图，其含义与变形 – 载荷关系相同。这种技术非常有用，例如，在大变形分析以及屈曲分析中，其任务是跟踪结构载荷增加时结构的变形。

当求解中使用弧长方法时，时间还表示另一含义。在这种情况下，时间等于载荷步开始时的时间值加上弧长载荷系数（当前所施加载荷的放大系数）的数值。ALLF 不必单调增加（即它可以增加、减少或为负），且在每个载荷步的开始时被重新设置为 0。因此，在弧长求解中，时间不作为“计数器”。

载荷步为作用在给定时间间隔内的一系列载荷。子步为载荷步中的时间点，在这些时间点，求得中间解。两个连续的子步之间的时间差称为时间步长或时间增量。平衡迭代是为了收敛而在给定时间点进行计算的迭代求解。

5.1.4 阶跃载荷与坡道载荷

当在一个载荷步中指定一个以上的子步时，就出现了载荷应为阶跃载荷或是坡道载荷的问题。

如果载荷是阶跃的，那么，全部载荷施加于第一个载荷子步，且在载荷步的其余部分，载荷保持不变，如图 5-4a 图所示。

如果载荷是逐渐递增的，那么，在每个载荷子步，载荷值逐渐增加，且全部载荷出现在载荷步结束时，如图 5-4b 图所示。

可以通过如下方法表示载荷为坡道载荷还是阶跃载荷。

GUI:Main Menu > Solution > Load Step Opts > Time/Frequenc > Freq & Substeps。
GUI:Main Menu > Solution > Load Step Opts > Time/Frequenc > Time and Substps。
GUI:Main Menu > Solution > Load Step Opts > Time/Frequenc > Time & Time Step。
命令:KBC。

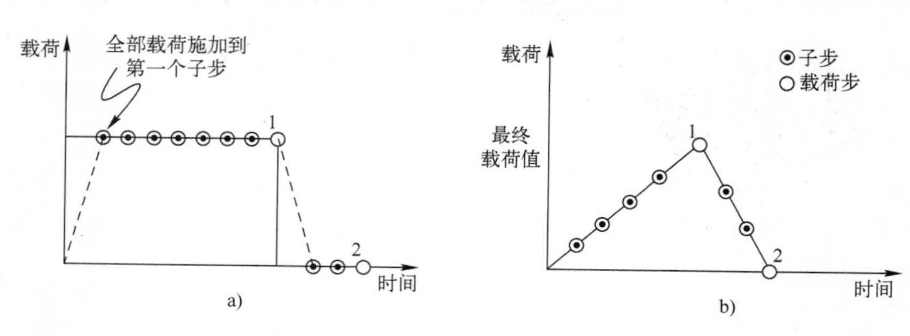

图 5-4　阶跃载荷与坡道载荷

KBC，0 表示载荷为坡道载荷；KBC，1 表示载荷为阶跃载荷。默认值取决于学科和分析类型以及 SOLCONTROL 处于 ON 或 OFF 状态。

载荷步选项是用于表示控制载荷应用的各选项（如时间、子步数、时间步、载荷为阶跃或逐渐递增）的总称。其他类型的载荷步选项包括收敛公差（用于非线性分析），结构分析中的阻尼规范以及输出控制。

5.2　施加载荷

可以将大多数载荷施加于实体模型（如关键点、线和面）上或有限元模型（节点和单元）上。例如，可在关键点或节点施加指定集中力。同样地，可以在线和面或在节点和单元面上指定对流（和其他表面载荷）。无论怎样指定载荷，求解器期望所有载荷应依据有限元模型。因此，如果将载荷施加于实体模型，在开始求解时，程序会自动将这些载荷转换到节点和单元上。

5.2.1 实体模型载荷与有限单元载荷

施加于实体模型上的载荷称为实体模型载荷，而直接施加于有限元模型上的载荷称为有限单元载荷。实体模型载荷有如下优缺点。

（1）优点

- 实体模型载荷独立于有限元网格。可以改变单元网格而不影响施加的载荷。这就允许更改网格并进行网格敏感性研究而不必每次重新施加载荷。
- 与有限元模型相比，实体模型通常包括较少的实体。因此，选择实体模型的实体并在这些实体上施加载荷要容易得多，尤其是通过图形拾取时。

（2）缺点

- ANSYS 网格划分命令生成的单元处于当前激活的单元坐标系中。网格划分命令生成的节点使用整体笛卡儿坐标系。因此，实体模型和有限元模型可能具有不同的坐标系和加载方向。
- 在简化分析中，实体模型很不方便。此时，载荷施加于主自由度（仅能在节点而不能在关键点定义主自由度）。
- 施加关键点约束很棘手，尤其是当约束扩展选项被使用时（扩展选项允许将一约束特性扩展到通过一条直线连接的两关键点之间的所有节点上）。
- 不能显示所有实体模型载荷。

如前所述，在开始求解时，实体模型载荷将自动转换到有限元模型。ANSYS 程序改写任何已存在于对应的有限单元实体上的载荷。删除实体模型载荷将删除所有对应的有限元载荷。有限单元载荷有如下优缺点。

（1）优点

- 在简化分析中不会产生问题，因为可将载荷直接施加在主节点。
- 不必担心约束扩展，可简单地选择所有所需节点，并指定适当的约束。

（2）缺点

- 任何有限元网格的修改都使载荷无效，需要删除先前的载荷并在新网格上重新施加载荷。
- 不方便使用图形拾取施加载荷。除非仅包含几个节点或单元。

5.2.2 施加载荷

本节主要讨论如何施加 DOF 约束、集中力、表面载荷、体积载荷、惯性载荷和耦合场载荷。

1. DOF 约束

表 5-1 显示了每个学科中可被约束的自由度和相应的 ANSYS 标识符。标识符（如 UX、ROTZ、AY 等）所包含的任何方向都在节点坐标系中。

表 5-2 显示了施加、列表显示和删除 DOF 约束的命令。需要注意的是，可以将约束施加于节点、关键点、线和面上。

下面是一些可用于施加 DOF 约束的 GUI 路径的例子。

GUI:Main Menu > Preprocessor > Loads > Define Loads > Apply > load type > On Nodes。
GUI:Utility Menu > List > Loads > DOF Constraints > On All Keypoints。
GUI:Main Menu > Solution > Define Loads > Apply > load type > On Lines。

表 5-1 每个学科中可用的 DOF 约束

学 科	自 由 度	ANSYS 标识符
结构分析	平移 旋转	UX、UY、UZ ROTX、ROTY、ROTZ
学科	自由度	ANSYS 标识符
热力分析	温度	TEMP
磁场分析	矢量势 标量势	AX、AY、AZ MAG
电场分析	电压	VOLT
流体分析	速度 压力 紊流动能 紊流扩散速率	VX、VY、VZ PRES ENKE ENDS

表 5-2 DOF 约束的命令

位 置	基 本 命 令	附 加 命 令
节点	D，DLIST，DDELE	DSYM，DSCALE，DCUM
关键点	DK，DKLIST，DKDELE	
线	DL，DLLIST，DLDELE	

（续）

位　　置	基本命令	附加命令
面	DA，DALIST，DADELE	
转换	SBCTRAN	DTRAN

2. 集中力

表 5-3 显示了每个学科中可用的集中载荷和相应的 ANSYS 标识符。标识符（如 FX、MZ、CSGY 等）所包含的任何方向都在节点坐标系中。

表 5-3　每个学科中的集中力

学　　科	力	ANSYS 标识符
结构分析	力 力矩	FX、FY、FZ MX、MY、MZ
热力分析	热流速率	HEAT
磁场分析	Current Segments 磁通量	CSGX、CSGY、CSGZ FLUX
电场分析	电流 电荷	AMPS CHRG
流体分析	流体流动速率	FLOW

表 5-4 显示了施加、列表显示和删除集中载荷的命令。需要注意的是，可以将集中载荷施加于节点和关键点上。

下面是一些用于施加集中力载荷的 GUI 路径的例子。

GUI：Main Menu > Preprocessor > Loads > Define Loads > Apply > load type > On Nodes。
GUI：Utility Menu > List > Loads > Forces > On Keypoints。
GUI：Main Menu > Solution > Define Loads > Apply > load type > On Lines。

表 5-4　用于施加集中力载荷的命令

位　　置	基本命令	附加命令
节点	F，FLIST，FDELE	FSCALE，FCUM
关键点	FK，FKLIST，FKDELE	
转换	SBCTRAN	FTRAN

3. 面载荷

表 5-5 显示了每个学科中可用的表面载荷和相应的 ANSYS 标识符。

表 5-5　每个学科中可用的表面载荷

学　　科	表面载荷	ANSYS 标识符
结构分析	压力	PRES
热力分析	对流 热流量 无限表面	CONV HFLUX INF
磁场分析	麦克斯韦表面 无限表面	MXWF INF

（续）

学　　科	表面载荷	ANSYS 标识符
电场分析	麦克斯韦表面 表面电荷密度 无限表面	A MXWF CHRGS INF
流体分析	流体结构界面 阻抗	FSI IMPD
所有学科	超级单元载荷矢	SELV

表 5-6 显示了施加、列表显示和删除表面载荷的命令。需要注意的是，不仅可以将表面载荷施加在线和面上，还可以施加于节点和单元上。

表 5-6　用于施加表面载荷的命令

位　　置	基本命令	附加命令
节点	SF，SFLIST，SFDELE	SFSCALE，SFCUM，SFFUN
单元	SFE，SFELIST，SFEDELE	SEBEAM，SFFUN，SFGRAD
线	SFL，SFLLIST，SFLDELE	SFGRAD
面	SFA，SFALIST，SFADELE	SFGRAD
转换	SFTRAN	

下面是一些用于施加表面载荷的 GUI 路径的例子。

GUI：Main Menu > Preprocessor > Loads > Define Loads > Apply > load type > On Nodes。
GUI：Utility Menu > List > Loads > Surface Loads > On Elements。
GUI：Main Menu > Solution > Loads > Define Loads > Apply > load type > On Lines。

ANSYS 程序根据单元和单元面存储在节点上指定的面载荷。因此，如果对同一表面使用节点面载荷命令和单元面载荷命令，则使用最后的规定。

4. 体积载荷

表 5-7 显示了每个学科中可用的体积载荷和相应的 ANSYS 标识符。

表 5-7　每个学科中可用的体积载荷

学　　科	体积载荷	ANSYS 标识符
结构分析	温度 热流量	TEMP FLUE
热力分析	热生成速率	HGEN
磁场分析	温度 磁场密度 虚位移 电压降	TEMP JS MVDI VLTG
电场分析	温度 体积电荷密度	TEMP CHRGD
流体分析	热生成速率 力速率	HGEN FORC

表 5-8 显示了施加、列表显示和删除表面载荷的命令。需要注意的是，可以将体积载荷施加在节点、单元、关键点、线、面和体上。

表 5-8　用于施加体积载荷的命令

位　　置	基 本 命 令	附 加 命 令
节点	BF，BFLIST，BFDELE	BFSCALE，BFCUM，BFUNIF
单元	BFE，BFELIST，BFEDELE	BEESCAL，BFECUM
关键点	BFK，BFKLIST，BFKDELE	
线	BFL，BFLLIST，BFLDELE	
面	BFA，BFALIST，BFADELE	
体	BFV，BFVLIST，BFVDELE	
转换	BFTRAN	

下面是一些用于施加体积载荷的 GUI 路径的例子。

GUI：Main Menu > Preprocessor > Loads > Define Loads > Apply > load type > On Nodes。
GUI：Utility Menu > List > Loads > Body Loads > On Picked Elems。
GUI：Main Menu > Solution > Loads > Define Loads > Apply > load type > On Keypoints。
GUI：Utility Menu > List > Load > Body Loads > On Picked Lines。
GUI：Main Menu > Solution > Load > Apply > load type > On Volumes。

在节点指定的体积载荷独立于单元上的载荷。对于一个给定的单元，ANSYS 程序按下列方法决定使用哪一载荷。

1）ANSYS 程序检查是否对单元指定体积载荷。

2）如果不是，则使用指定给节点的体积载荷。

3）如果单元或节点上没有体积载荷，则通过 BFUNIF 命令指定的体积载荷生效。

5. 惯性载荷

施加惯性载荷的命令见表 5-9。

表 5-9　惯性载荷命令

命　　令	GUI 菜单路径
ACEL	Main Menu > Preprocessor > FLOTRAN Set Up > Flow Environment > Gravity Main Menu > Preprocessor > Loads > Define Loads > Define Loads > Apply > Structural > Inertia > Gravity Main Menu > Preprocessor > Loads > Define Loads > Delete > Structural > Inertia > Gravity Main Menu > Solution > Define Loads > Define Loads > Apply > Structural > Inertia > Gravity Main Menu > Solution > Define Loads > Delete > Structural > Inertia > Gravity
CGLOC	Main Menu > Preprocessor > FLOTRAN Set Up > Flow Environment > Rotating Coords Main Menu > Preprocessor > Loads > Define Loads > Define Loads > Apply > Structural > Inertia > Coriolis Effects Main Menu > Preprocessor > Loads > Define Loads > Delete > Structural > Inertia > Coriolis Effects MainMenu > Preprocessor > LS – DYNAOptions > LoadingOptions > AccelerationCS > Delete Accel CS Main Menu > Preprocessor > LS – DYNA Options > Loading Options > AccelerationCS > Set Accel CS Main Menu > Solution > Define Loads > Define Loads > Apply > Structural > Inertia > Coriolis Effects Main Menu > Solution > Define Loads > Delete > Structural > Inertia > Coriolis Effects Main Menu > Solution > Loading Options > Acceleration CS > DeleteAccel CS Main Menu > Solution > Loading Options > Acceleration CS > SetAccel CS
CGOMGA	Main Menu > Preprocessor > FLOTRAN Set Up > Flow Environment > RotatingCoords Main Menu > Preprocessor > Loads > Define Loads > Define Loads > Apply > Structural > Inertia > Coriolis Effects Main Menu > Preprocessor > Loads > Define Loads > Delete > Structural > Inertia > Coriolis Effects Main Menu > Solution > Define Loads > Define Loads > Apply > Structural > Inertia > Coriolis Effects Main Menu > Solution > Define Loads > Delete > Structural > Inertia > Coriolis Effects

（续）

命　令	GUI 菜单路径
DCGOMG	Main Menu > Preprocessor > Loads > Define Loads > Define Loads > Apply > Structural > Inertia > Coriolis Effects Main Menu > Preprocessor > Loads > Define Loads > Delete > Structural > Inertia > Coriolis Effects Main Menu > Solution > Define Loads > Define Loads > Apply > Structural > Inertia > Coriolis Effects Main Menu > Solution > Define Loads > Delete > Structural > Inertia > Coriolis Effects
DOMEGA	MainMenu > Preprocessor > Loads > DefineLoads > Define Loads > Apply > Structural > Inertia > AngularAccel > Global MainMenu > Preprocessor > Loads > DefineLoads > Delete > Structural > Inertia > AngularAccel > Global Main Menu > Solution > Define Loads > Define Loads > Apply > Structural > Inertia > Angular Accel > Global Main Menu > Solution > Define Loads > Delete > Structural > Inertia > AngularAccel > Global
IRLF	Main Menu > Preprocessor > Loads > Define Loads > Define Loads > Apply > Structural > Inertia > Inertia Relief Main Menu > Preprocessor > Loads > Load Step Opts > OutputCtrls > Incl Mass Summry Main Menu > Solution > Define Loads > Define Loads > Apply > Structural > Inertia > Inertia Relief Main Menu > Solution > Load Step Opts > OutputCtrls > Incl Mass Summry
OMEGA	MainMenu > Preprocessor > Loads > DefineLoads > Define Loads > Apply > Structural > Inertia > AngularVelocity > Global MainMenu > Preprocessor > Loads > DefineLoads > Delete > Structural > Inertia > AngularVeloc > Global Main Menu > Solution > Define Loads > Define Loads > Apply > Structural > Inertia > Angular Velocity > Global Main Menu > Solution > Define Loads > Delete > Structural > Inertia > Angular Veloc > Global

没有用于列表显示或删除惯性载荷的专门命令。要列表显示惯性载荷，则执行 STAT，INRTIA（Utility Menu > List > Status > Soluion > Inerti Loads）命令。要去除惯性载荷，只要将载荷值设置为 0 即可。可以将惯性载荷设置为 0，但是不能删除惯性载荷。对逐步上升的载荷步，惯性载荷的斜率为 0。

ACEL、OMEGA 和 DOMEGA 命令分别用于指定在整体笛卡儿坐标系中的加速度，角速度和角加速度。

ACEL 命令用于对物体施加一加速场（非重力场）。因此，要施加作用于负 Y 方向的重力，则应指定一个正 Y 方向的加速度。

使用 CGOMGA 和 DCGOMG 命令指定一旋转物体的角速度和角加速度，该物体本身正相对于另一个参考坐标系旋转。CGLOC 命令用于指定参照系相对于整体笛卡儿坐标系的位置。例如，在静态分析中，为了考虑 Coriolis 效果，可以使用这些命令。

当模型具有质量时惯性载荷有效。惯性载荷通常是通过指定密度来施加的（还可以通过使用质量单元，如 MASS21，对模型施加质量，但通过密度的方法施加惯性载荷更常用、更有效）。对所有的其他数据，ANSYS 程序要求质量为恒定单位。如果习惯于英制单位，为了方便起见，有时希望使用重量密度（lb/in^3）来代替质量密度（$lb-sec^2/in/in^3$）。

只有在下列情况下可以使用重量密度来代替质量密度。

1）模型仅用于静态分析。

2）没有施加角速度或角加速度。

3）重力加速度为单位值（$g=1.0$）。

为了能够以“方便的”重力密度形式或以“一致的”质量密度形式使用密度，指定密度的一种简便的方法是将重力加速度 g 定义为参数，见表 5-10。

表 5-10　指定密度的方式

方便形式	一致形式	说　明
g = 1.0	g = 386.0	参数定义
MP，DENS，1，0.283/g	MP，DENS，1，0.283/g	钢的密度
ACEL，，g	ACEL，，g	重力载荷

6. 耦合场载荷

在耦合场分析中，通常包含将一个分析中的结果数据施加于第二个分析作为第二个分析的载荷。例如，可以将热力分析中计算的节点温度施加于结构分析（热应力分析）中，作为体积载荷。同样的，可以将磁场分析中计算出的磁力施加于结构分析中，作为节点力。要施加这样的耦合场载荷，用下列方法之一。

GUI：Main Menu > Preprocessor > Loads > Define Loads > Define Loads > Apply > load type > From source。
GUI：Main Menu > Solution > Define Loads > Define Loads > Apply > load type > From source。
命令：LDREAD。

5.2.3 利用表格来施加载荷

通过一定的命令和菜单路径，能够利用表格参数来施加载荷，即通过指定列表参数名来代替指定特殊载荷的实际值。然而，并不是所有的边界条件都支持这种制表载荷，因此，在使用表格来施加载荷时一般先参考一定的文件来确定指定的载荷是否支持表格参数。

当经由命令来定义载荷时，必须使用符号%：%表格名%。例如，当确定一描述对流值表格时，有如下命令表达式：

```
SF,all,conv,%sycnv%,tbulk
```

在施加载荷的同时，可以定义新的表格通过选择 new table 选项。同样，在施加载荷之前还可以通过如下方式之一来定义表格。

GUI：Utility Menu > Parameters > Array Parameters > Define/Edit。
命令：*DIM。

1. 定义初始变量

当定义一个列表参数表格时，根据不同的分析类型，可以定义各种各样的初始参数。表 5-11显示了不同分析类型的边界条件、初始变量及对应的命令。

表 5-11　边界条件类型及其相应的初始变量

边界条件	初始变量	命　令
热　分　析		
固定温度	TIME，X，Y，Z	D，，（TEMP，TBOT，TE2，TE3，...，TTOP）
热流	TIME，X，Y，Z，TEMP	F，，（HEAT，HBOT，HE2，HE3，...，HTOP）
对流	TIME，X，Y，Z，TEMP，VELOCITY	SF，，CONV
体积温度	TIME，X，Y，Z	SF，，，TBULK

（续）

边界条件	初始变量	命　　令
热分析		
热通量	TIME, X, Y, Z, TEMP	SF,, HFLU
热源	TIME, X, Y, Z, TEMP	BFE,, HGEN
结构分析		
位移	TIME, X, Y, Z, TEMP	D, (UX, UY, UZ, ROTX, ROTY, ROTZ)
力和力矩	TIME, X, Y, Z, TEMP, SECTOR	F, (FX, FY, FZ, MX, MY, MZ)
压力	TIME, X, Y, Z, TEMP, SECTOR	SF,, PRES
温度	TIME	BF,, TEMP
电场分析		
电压	TIME, X, Y, Z	D,, VOLT
电流	TIME, X, Y, Z	F,, AMPS
流体分析		
压力	TIME, X, Y, Z	D,, PRES
流速	TIME, X, Y, Z	F,, FLOW

单元 SURF151、SURF152 和单元 FLUID116 的实常数与初始变量相关联，见表5-12。

表5-12　实常数与相应的初始变量

实　常　数	初始变量
SURF151、SURF152	
旋转速率	TIME, X, Y, Z
FLUID116	
旋转速率	TIME, X, Y, Z
滑动因子	TIME, X, Y, Z

2. 定义独立变量

当需要指定不同于列表显示的初始变量时，可以定义一个独立的参数变量。当指定独立参数变量时，定义了一个附加表格来表示独立参数。这一表格必须与独立参数变量同名，并且同时是一个初始变量或者另外一个独立参数变量的函数。能够定义许多必须的独立参数，但是所有的独立参数必须与初始变量有一定的关系。

例如，考虑一对流系数（HF），其变化为旋转速率（RPM）和温度（TEMP）的函数。此时，初始变量为TEMP，独立参数变量为RPM，而RPM是随着时间的变化而变化的。因此，需要两个表格：一个关联RPM与TIME，另一个关联HF、RPM、TEMP，其命令流如下。

```
*DIM,SYCNV,TABLE,3,3,,RPM,TEMP
SYCNV(1,0) =0.0,20.0,40.0
SYCNV(0,1) =0.0,10.0,20.0,40.0
SYCNV(0,2) =0.5,15.0,30.0,60.0
```

```
SYCNV(0,3) =1.0,20.0,40.0,80.0
*DIM,RPM,TABLE,4,1,1,TIME
RPM(1,0) =0.0,10.0,40.0,60.0
RPM(1,1) =0.0,5.0,20.0,30.0
SF,ALL,CONV,%SYCNV%
```

3. 表格参数操作

可以通过如下方式对表格进行一定的数学运算，如加法、减法与乘法。

> GUI：Utility Menu > Parameters > Array Operations > Table Operations。
> 命令：*TOPER

两个参与运算的表格必须具有相同的尺寸，每行、每列的变量名必须相同等。

4. 确定边界条件

当利用列表参数来定义边界条件时，可以通过如下5种方式检验其是否正确。

1）检查输出窗口。当使用制表边界条件于有限单元或实体模型时，输出窗口显示的是表格名称而不是一定的数值。

2）列表显示边界条件。当在前处理过程中列表显示边界条件时，列表显示表格名称；而当在求解或后处理过程中列表显示边界条件时，显示的却是位置或时间。

3）检查图形显示。在制表边界条件运用的地方，可以通过标准的ANSYS图形显示功能（/PBC，/PSF等）显示出表格名称和一些符号（箭头），当然前提是表格编号显示处于工作状态（/PNUM，TABNAM，ON）。

4）在通用后处理中检查表格的代替数值。

5）通过命令*STATUS或者GUI菜单路径（Utility Menu > List > Other > Parameters）可以重新获得任意变量结合的表格参数值。

5.2.4 轴对称载荷与反作用力

对约束、表面载荷、体积载荷和Y方向加速度，可以像对任何非轴对称模型上定义这些载荷一样来精确地定义这些载荷。然而，对集中载荷的定义，过程有所不同。因为这些载荷大小、输入的力、力矩等数值是在360°范围内进行的，即根据沿周边的总载荷输入载荷值。例如，如果1500lb/in沿周的轴对称轴向载荷被施加到直径为10in的管上（见图5-5），47124lb（$1500\times2\pi\times5=47124$）的总载荷将按下列方法被施加到节点N上：

```
F,N,FY,47124
```

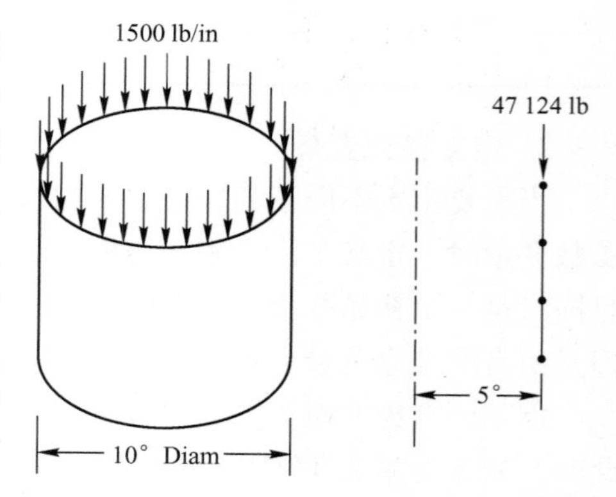

图5-5 在360°范围内定义集中轴对称载荷

轴对称结果也按对应的输入载荷相同的方式解释，即输出的反作用力、力矩等按总载荷（360°）计。轴对称协调单元要求其载荷表示成傅里叶级数形式来施加。对这些单元，要求用MODE命令（Main Menu > Preprocessor > Loads > Load Step Opts > Other > For Harmonic Ele或Main Menu > Solution > Load Step Opts > Other > For Harmonic Ele），以及其他载荷命令

(D，F，SF 等)。一定要指定足够数量的约束防止产生不期望的刚体运动、不连续或奇异性。例如，对实心杆这样的实体结构的轴对称模型，缺少沿对称轴的 UX 约束，在结构分析中就可能形成虚位移（不真实的位移），如图 5-6 所示。

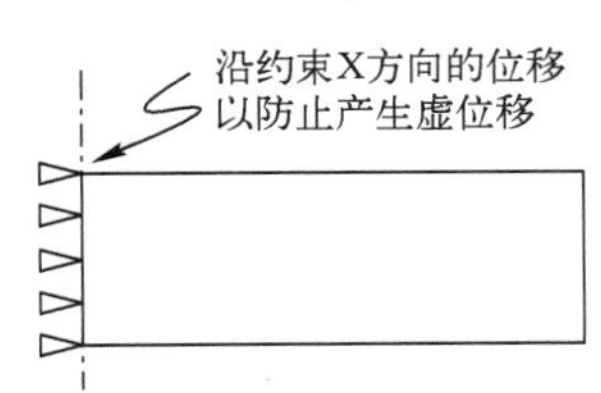

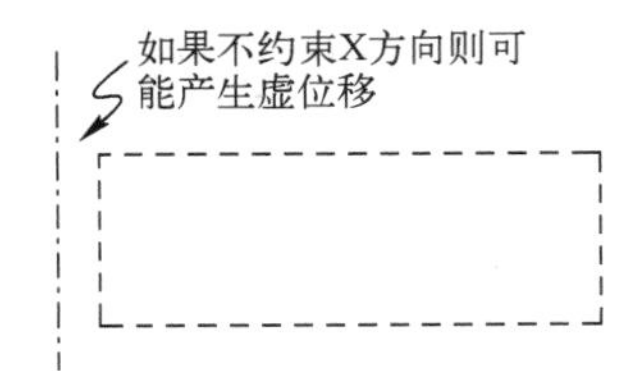

图 5-6　实体轴对称结构的中心约束

5.3　实例——轴承座的载荷和约束施加

第 4 章中介绍了对轴承座模型进行网格划分，生成了可用于计算分析的有限元模型。接下来需要对有限元模型施加载荷和约束，以考察其对于载荷作用的响应。

5.3.1 GUI 方式

1. 打开模型

打开上次保存的轴承座的“BearingBlock. db”文件。

2. 设定分析类型

依次执行主菜单中的 Main Menu > Preprocessor > Loads > Analysis Type > New Analysis 命令，弹出 New Analysis 对话框，如图 5-7 所示，系统默认是稳态分析，单击 OK 按钮。

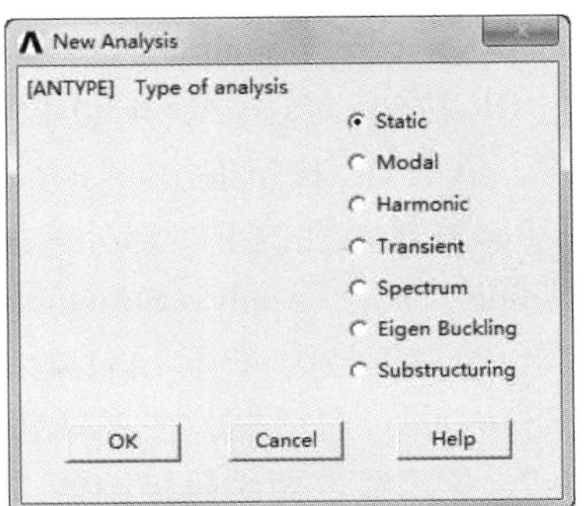

图 5-7　New Analysis 对话框

3. 打开线、面编号控制器

依次执行菜单栏中的 Utility Menu > PlotCtrls > Numbering 命令，弹出编号显示控制对话框，勾选 LINE、AREA 复选框，使 Off 变成 On。

4. 显示面

依次执行菜单栏中的 Utility Menu > Plot > Areas 命令，将模型调整为显示面。

5. 施加约束条件

1）约束 4 个安装孔。依次执行主菜单中的 Main Menu > Solution > Define Loads > Apply > Structural > Displacement > Symmetry B. C. > On Areas 命令，弹出对面施加固定约束对话框，拾取 4 个安装孔的 8 个柱面，即编号为 A56、A57、A52、A54、A15、A16、A17、A18 的面，然后单击 OK 按钮。

2）整个底座底部施加位移约束。依次执行主菜单中的 Main Menu > Solution > Define Loads > Apply > Structural > Displacement > on Lines 命令，弹出“对线施加位移约束”对话框，拾取底座底面的所有外边界线，即编号为 L105、L89、L12、L60、L10、L59、L2、

L87、L103、L104 的线，单击 OK 按钮，弹出 Apply U ROT on Lines 对话框，如图 5-8 所示，在 Lab2 后面的选择栏中选择 UY 选项，即约束 Y 方向的位移，单击 OK 按钮。施加完约束的结果如图 5-9 所示。

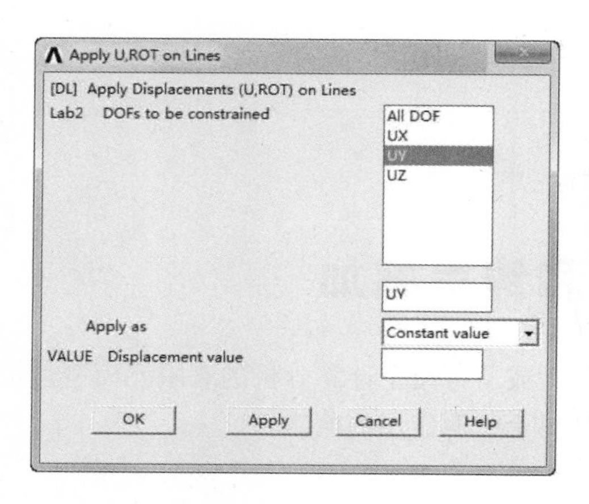

图 5-8 Apply U ROT on Lines 对话框

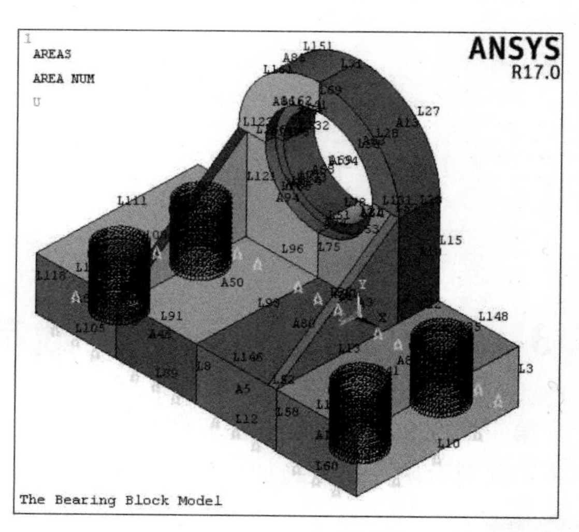

图 5-9 施加完约束的模型

6. 施加载荷

1）在轴承孔圆周上施加推力载荷。依次执行主菜单中的 Main Menu > Solution > Define Loads > Apply > Structural > Pressure > On Areas 命令，拾取编号为 A22、A68、A76、A9 的面，单击 OK 按钮，弹出 Apply PRES on areas 对话框，如图 5-10 所示在 VALUE 文本框中输入 1000，单击 OK 按钮退出。

2）在轴承孔的下半部分施加径向压力载荷。依次执行主菜单中的 Main Menu > Solution > Define Loads > Apply > Structural > Pressure > On Areas 命令，弹出“对面施加压力约束”对话框，拾取编号为 A36、A91 的面，然后单击 OK 按钮，系统再次弹出图 5-10 所示的 Apply PRES on areas 对话框，在 VALUE 文本框中输入 5000，然后单击 OK 按钮退出即可。

7. 关闭线、面编号控制器

依次执行菜单栏中的 Utility Menu > PlotCtrls > Numbering 命令，弹出编号显示控制对话框，勾选 LINE、AREA 复选框，使 On 变成 Off。

8. 用箭头显示压力值

依次执行菜单栏中的 Utility Menu > PlotCtrls > Symbols 命令，弹出 Symbols 对话框，如图 5-11 所示，在 Show pres and convect as 下拉列表中选择 Arrows 选项，然后单击 OK 按钮。至此，约束和载荷施加完毕，其结果如图 5-12 所示。

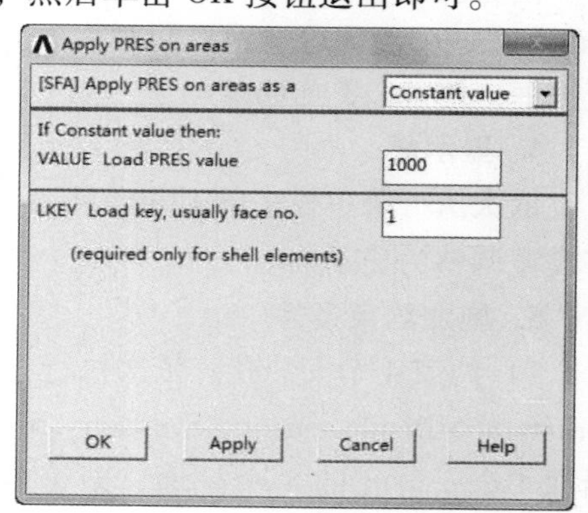

图 5-10 Apply PRES on areas 对话框

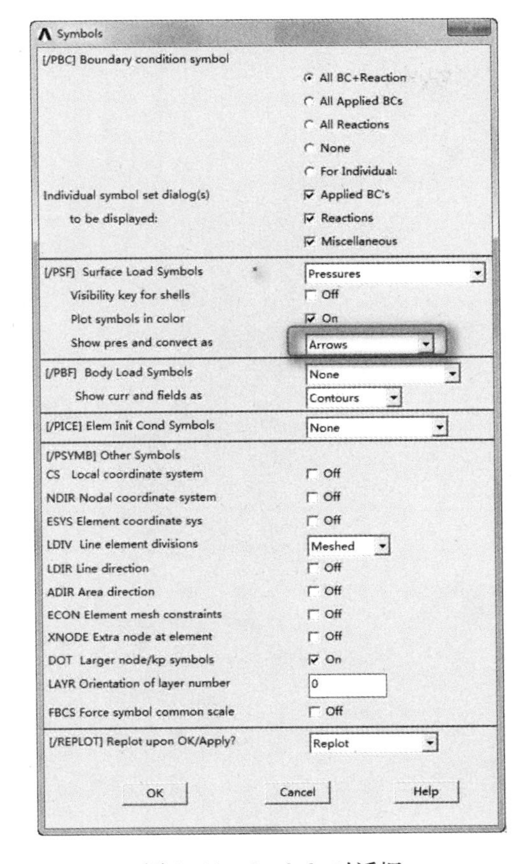

图 5-11 Symbols 对话框

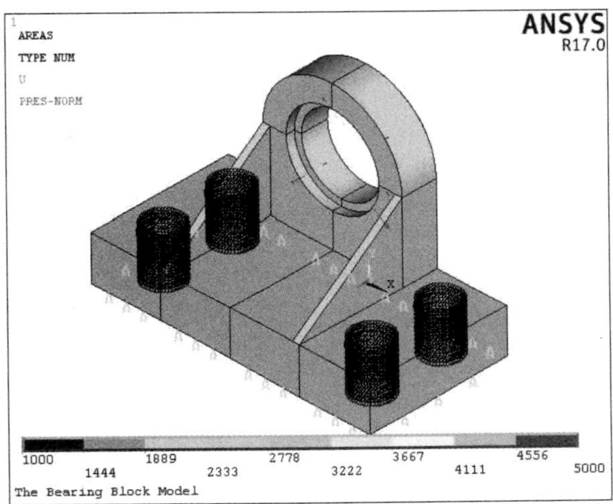

图 5-12 施加完约束和载荷的模型

9. 保存模型

单击 ANSYS Toolbar 窗口中的 SAVE_DB 按钮。

5.3.2 命令方式

```
RESUME,BearingBlock,db,
/PREP7
ANTYPE,0
/PNUM,LINE,1
/PNUM,AREA,1
APLOT
FINISH
/SOL
FLST,2,8,5,ORDE,6
FITEM,2,15
FITEM,2,-18
FITEM,2,52
FITEM,2,54
FITEM,2,56
FITEM,2,-57
```

```
DA,P51X,SYMM
FLST,2,10,4,ORDE,9
FITEM,2,2
FITEM,2,10
FITEM,2,12
FITEM,2,59
FITEM,2,-60
FITEM,2,87
FITEM,2,89
FITEM,2,103
FITEM,2,-105
DL,P51X,,UY,
FLST,2,4,5,ORDE,4
FITEM,2,22
FITEM,2,9
FITEM,2,68
FITEM,2,76
SFA,P51X,1,PRES,1000
FLST,2,2,5,ORDE,2
FITEM,2,36
FITEM,2,91
SFA,P51X,1,PRES,5000
/PNUM,LINE,0
/PNUM,AREA,0
/PSF,PRES,NORM,2,0,1
SAVE
```

5.4 载荷步选项

载荷步选项（Load step options）是各选项的总称，这些选项用于在求解选项中及其他选项（如输出控制、阻尼特性和响应频谱数据）中控制如何使用载荷。载荷步选项随载荷步的不同而不同。有以下 6 种类型的载荷步选项。

1）通用选项。

2）动态选项。

3）非线性选项。

4）输出控制。

5）Biot - Savart 选项。

6）谱选项。

5.4.1 通用选项

通用选项包括瞬态或静态分析中载荷步结束的时间，子步数或时间步大小，载荷阶跃或递增，以及热应力计算的参考温度。以下是对每个选项的简要说明。

1. 时间选项

TIME 命令用于指定在瞬态或静态分析中载荷步结束的时间。在瞬态或其他与速率有关的分析中，TIME 命令指定实际的、按年月顺序的时间，且要求指定时间值。在与非速率无关的分析中，时间作为一跟踪参数。

在 ANSYS 分析中，决不能将时间设置为 0。如果执行 TIME，0 或 TIME，<空>命令，或者根本就没有发出 TIME 命令，ANSYS 使用默认时间值；第一个载荷步为 1.0，其他载荷步为 1.0 + 前一个时间。要在 0 时间开始分析，如在瞬态分析中，应指定一个非常小的值，如 TIME，1E-6。

2. 子步数与时间步大小

对于非线性或瞬态分析，要指定一个载荷步中需要的子步数。指定子步的方法如下。

GUI：Main Menu > Preprocessor > Loads > Load Step Opts > Time/Frequenc > Time & Time Step。
GUI：Main Menu > Solution > Load Step Opts > Sol 'n Control。
GUI：Main Menu > Solution > Load Step Opts > Time/Frequenc > Time & Time Step。
GUI：Main Menu > Solution > Load Step Opts > Time/Frequenc > Time & Time Step。
命令：DELTIM。
GUI：Main Menu > Preprocessor > Loads > Load Step Opts > Time/Frequenc > Freq & Substeps。
GUI：Main Menu > Solution > Load Step Opts > Sol 'n Control。
GUI：Main Menu > Solution > Load Step Opts > Time/Frequenc > Freq & Substeps。
GUI：Main Menu > Solution > Unabridged Menu > Time/Frequenc > Freq & Substeps。
命令：NSUBST。

NSUBST 命令指定子步数，DELTIM 命令指定时间步的大小。在默认情况下，ANSYS 程序在每个载荷步中使用一个子步。

3. 时间步自动阶跃

AUTOTS 命令激活时间步自动阶跃。等价的 GUI 路径为。

GUI：Main Menu > Preprocessor > Loads > Load Step Opts > Time/Frequenc > Time & Time Step。
GUI：Main Menu > Solution > Load Step Opts > Sol 'n Control。
GUI：Main Menu > Solution > Load Step Opts > Time/Frequenc > Time & Time Step。
GUI：Main Menu > Solution > Load Step Opts > Time/Frequenc > Time & Time Step。

在时间步自动阶跃时，根据结构或构件对施加载荷的响应，程序计算每个子步结束时最优的时间步。在非线性静态或稳态分析中使用时，AUTOTS 命令确定了子步之间载荷增量的大小。

4. 阶跃或递增载荷

在一个载荷步中指定多个子步时，需要指明载荷是逐渐递增还是阶跃形式。KBC 命令用于此目的：KBC，0 指明载荷是逐渐递增；KBC，1 指明载荷是阶跃载荷。默认值取决于分析的学科和分析类型（与 KBC 命令等价的 GUI 路径和与 DELTIM 和 NSUBST 命令等价的 GUI 路径相同）。

关于阶跃载荷和逐渐递增载荷的几点说明：

1）如果指定阶跃载荷，程序按相同的方式处理所有载荷（约束、集中载荷、表面载荷、体积载荷和惯性载荷）。根据情况，阶跃施加、阶跃改变或阶跃移去这些载荷。

2）如果指定逐渐递增载荷，那么：

在第一个载荷步施加的所有载荷，除了薄膜系数外，都是逐渐递增的（根据载荷的类型，从 0 或从 BFUNIF 命令或其等价的 GUI 路径所指定的值逐渐变化，参见表 5-13）。薄膜系数是阶跃施加的。

阶跃与线性加载不适用于温度相关的薄膜系数（在对流命令中，作为 N 输入），总是以温度函数所确定的值大小施加温度相关的薄膜系数。

在随后的载荷步中，所有载荷的变化都是从先前的值开始逐渐变化。

在全谐波（ANTYPE、HARM、HROPT 和 FULL）分析中，表面载荷和体积载荷的逐渐变化与在第一个载荷步中的变化相同，且不是从先前的值开始逐渐变化。除了 PLANE2、SOLID45、SOLID92 和 SOLID95，是从先前的值开始逐渐变化外。

在随后的载荷步中新引入的所有载荷是逐渐变化的（根据载荷的类型，从 0 或从 BFUNIF 命令所指定的值递增，参见表 5-13）。

表 5-13　不同条件下逐渐变化载荷（KBC=0）的处理

载荷类型	施加于第一个载荷步	输入随后的载荷步
DOF（约束自由度）		
温度	从 TUNIF2 逐渐变化	从 TUNIF3 逐渐变化
其他	从 0 逐渐变化	从 0 逐渐变化
力	从 0 逐渐变化	从 0 逐渐变化
表面载荷		
TBULK	从 TUNIF2 逐渐变化	从 TUNIF 逐渐变化
HCOEF	跳跃变化	从 0 逐渐变化 4
其他	从 0 逐渐变化	从 0 逐渐变化
体积载荷		
温度	从 TUNIF2 逐渐变化	从 TUNIF3 逐渐变化
其他	从 BFUNIF3 逐渐变化	从 BFUNIF3 逐渐变化
惯性载荷 1	从 0 逐渐变化	从 0 逐渐变化

在随后的载荷步中被删除的所有载荷，除了体积载荷和惯性载荷外，都是阶跃移去的。体积载荷逐渐递增到 BFUNIF，不能被删除而只能被设置为 0 的惯性载荷，则逐渐变化到 0。

在相同的载荷步中，不应删除或重新指定载荷。在这种情况下，逐渐变化不会按所期望的方式作用。

1）对惯性载荷，其本身为线性变化的，因此，产生的力在该载荷步上是二次变化。TUNIF 命令在所有节点指定一均布温度。

2）在这种情况下，使用的 TUNIF 或 BFUNIF 值是先前载荷步的，而不是当前值。

3）总是以温度函数所确定的值的大小施加温度相关的膜层散热系数，而不论 KBC 的设置如何。

4）BFUNIF 命令仅是 TUNIF 命令的一个同类形式，用于在所有节点指定一均布体积载荷。

5. 其他通用选项

1）热应力计算的参考温度，其默认值为 0。指定该温度的方法如下。

GUI：Main Menu > Preprocessor > Loads > Load Step Opts > Other > Reference Temp。
GUI：Main Menu > Preprocessor > Loads > Define Loads > Settings > Reference Temp。
GUI：Main Menu > Solution > Load Step Opts > Other > Reference Temp。
GUI：Main Menu > Solution > Define Loads > Settings > Reference Temp。
命令：TREF。

2）对每个解（即每个平衡迭代）是否需要一个新的三角矩阵。仅在静态（稳态）分析或瞬态分析中，使用下列方法之一，可用一个新的三角矩阵。

GUI:Main Menu > Preprocessor > Loads > Load Step Opts > Other > Reuse Tri Matrix。
GUI:Main Menu > Solution > Load Step Opts > Other > Reuse Tri Matrix。
命令:KUSE。

默认情况下，程序根据 DOF 约束的变化，温度相关材料的特性，以及 New - Raphson 选项确定是否需要一个新的三角矩阵。如果 KUSE 设置为 1，程序再次使用先前的三角矩阵。

在重新开始过程中，该设置非常有用：对附加的载荷步，如果要重新进行分析，而且知道所存在的三角矩阵（在文件 Jobname. TRI 中）可再次使用，通过将 KUSE 设置为 1，可节省大量的计算时机。“KUSE，-1”命令迫使在每个平衡迭代中三角矩阵再次用公式表示。在分析中很少使用它，主要用于调试中。

3）模式数（沿周边谐波数）和谐波分量是关于全局 X 坐标轴对称还是反对称。当使用反对称协调单元（反对称单元采用非反对称加载）时，载荷被指定为一系列谐波分量（傅里叶级数）。

要指定模式数，使用下列方法之一。

GUI:Main Menu > Preprocessor > Loads > Load Step Opts > Other > For Harmonic Ele。
GUI:Main Menu > Solution > Load Step Opts > Other > For Harmonic Ele Main Menu > Solution > Load Step Opts > Other > For Harmonic Ele。
命令:MODE。

4）在 3 - D 磁场分析中所使用的标量磁势公式的类型，通过下列方法之一指定。

GUI:Main Menu > Preprocessor > Loads > Load Step Opts > Magnetics > potential formulation method。
GUI:Main Menu > Solution > Load Step Opts > Magnetics > potential formulation method。
命令:MAGOPT。

5）在缩减分析的扩展过程中，扩展的求解类型，通过下列方法之一指定。

GUI:Main Menu > Preprocessor > Loads > Load Step Opts > ExpansionPass > Single Expand > Range of Solu 's。
GUI:Main Menu > Solution > Load Step Opts > ExpansionPass > Single Expand > Range of Solu 's。
GUI:Main Menu > Preprocessor > Loads > Load Step Opts > ExpansionPass > Single Expand > By Load Step。
GUI:Main Menu > Preprocessor > Loads > Load Step Opts > ExpansionPass > Single Expand > By Time/Freq。
GUI:Main Menu > Solution > Load Step Opts > ExpansionPass > Single Expand > By Load Step。
GUI:Main Menu > Solution > Load Step Opts > ExpansionPass > Single Expand > By Time/Freq。
命令:NUMEXP,EXPSOL。

5.4.2 非线性选项

用于非线性分析的选项见表 5-14。

表 5-14 非线性分析选项

命　令	GUI 菜单路径	用　途
NEQIT	Main Menu > Preprocessor > Loads > Load Step Opts > Nonlinear > Equilibrium Iter Main Menu > Solution > Load Step Opts > Sol' n Control Main Menu > Solution > Load Step Opts > Nonlinear > Equilibrium Iter Main Menu > Solution > Unabridged Menu > Nonlinear > Equilibrium Iter	指定每个子步最大平衡迭代的次数（默认 =25）

（续）

命　　令	GUI 菜单路径	用　　途
CNVTOL	Main Menu > Preprocessor > Loads > Load Step Opts > Nonlinear > ConvergenceCrit Main Menu > Solution > Load Step Opts > Sol 'n Control Main Menu > Solution > Load Step Opts > Nonlinear > Convergence Crit Main Menu > Solution > Unabridged Menu > Nonlinear > Convergence Crit	指定收敛公差
NCNV	Main Menu > Preprocessor > Loads > Load StepOpts > Nonlinear > Criteria to Stop Main Menu > Solution > Sol 'n Control Main Menu > Solution > Load Step Opts > Nonlinear > Criteria to Stop Main Menu > Solution > Unabridged Menu > Nonlinear > Criteria to Stop	为终止分析提供选项

5.4.3 动力学分析选项

动态和其他瞬态分析的选项见表 5-15。

表 5-15　动态和其他瞬态分析选项

命　　令	GUI 菜单路径	用　　途
TIMINT	MainMenu > Preprocessor > Loads > LoadStepOpts > Time/Frequenc > Time Integration Main Menu > Solution > Load Step Opts > Sol 'n Control MainMenu > Solution > LoadStepOpts > Time/Frequenc > Time Integration MainMenu > Solution > UnabridgedMenu > Time/Frequenc > Time Integration	激活或取消时间积分
HARFRQ	Main Menu > Preprocessor > Loads > Load Step Opts > Time/Frequenc > Freq &Substeps Main Menu > Solution > Load Step Opts > Time/Frequenc > Freq &Substeps	谐波响应分析中指定载荷频率范围
ALPHAD	Main Menu > Preprocessor > Loads > Load Step Opts > Time/Frequenc > Damping Main Menu > Solution > Load Step Opts > Sol 'n Control 。 Main Menu > Solution > Load Step Opts > Time/Frequenc > Damping Main Menu > Solution > Unabridged Menu > Time/Frequenc > Damping	指定结构动态分析的阻尼
BETAD	Main Menu > Preprocessor > Loads > Load Step Opts > Time/Frequenc > Damping Main Menu > Solution > Load Step Opts > Sol 'n Control。 Main Menu > Solution > Load Step Opts > Time/Frequenc > Damping Main Menu > Solution > Unabridged Menu > Time/Frequenc > Damping	指定结构动态分析的阻尼
DMPRAT	Main Menu > Preprocessor > Loads > Load Step Opts > Time/Frequenc > Damping Main Menu > Solution > Time/Frequenc > Damping	指定结构动态分析阻尼
MDAMP	Main Menu > Preprocessor > Loads > Load Step Opts > Time/Frequenc > Damping Main Menu > Solution > Load Step Opts > Time/Frequenc > Damping	指定结构动态分析的阻尼

5.4.4 输出控制

输出控制用于控制分析输出的数量和特性。表 5-16 所列为两个基本输出控制命令。

表 5-16 输出控制命令

命 令	GUI 菜单路径	用 途
OUTRES	Main Menu > Preprocessor > Loads > Load Step Opts > Output Ctrls > DB/Results File Main Menu > Solution > Load Step Opts > Sol 'n Control。 Main Menu > Solution > Load Step Opts > OutputCtrls > DB/Results File	控制 ANSYS 写入数据库和结果文件的内容以及写入的频率
OUTPR	Main Menu > Preprocessor > Loads > Load Step Opts > OutputCtrls > Solu Printout Main Menu > Solution > Load Step Opts > OutputCtrls > Solu Printout Main Menu > Solution > Load Step Opts > OutputCtrls > Solu Printout	控制打印（写入解输出文件 Jobname. OUT）的内容以及写入的频率

下例说明了 OUTERS 和 OUTPR 命令的使用方法。

```
OUTRES,ALL,5!            写入所有数据:每到第 5 子步写入数据
OUTPR,NSOL,LAST!         仅打印最后子步的节点解
```

可以发出一系列 OUTER 和 OUTERS 命令（达 50 个命令组合）以精确控制解的输出。但必须注意：命令发出的顺序很重要。例如，下列所示的命令把每到第 10 子步的所有数据和第 5 子步的节点解数据写入数据库和结果文件。

```
OUTRES,ALL,10
OUTRES,NSOL,5
```

然而，如果颠倒命令的顺序，那么第二个命令优先于第一个命令，使每到第 10 子步的所有数据被写入数据库和结果文件，而每到第 5 子步的节点解数据则未被写入数据库和结果文件中。

```
OUTRES,NSOL,5
OUTRES,ALL,10
```

程序在默认情况下输出的单元解数据取决于分析类型。要限制输出的解数据，使用 OUTRES 有选择地抑制（FREQ = NONE）解数据的输出，或首先抑制所有解数据（OUTRES，ALL，NONE）的输出，然后通过随后的 OUTRES 命令有选择地打开数据的输出。

第三个输出控制命令 ERESX 允许在后处理中观察单元积分点的值。

```
GUI:Main Menu > Preprocessor > Loads > Load Step Opts > Output Ctrls > Integration Pt。
GUI:Main Menu > Solution > Load Step Opts > Output Ctrls > Integration Pt。
命令:ERESX。
```

默认情况下，对材料非线性（例如，非 0 塑性变形）以外的所有单元，ANSYS 程序使用外推法并根据积分点的数值计算在后处理中观察的节点结果。通过执行 ERESX，NO 命令，可以关闭外推法，相反，将积分点的值复制到节点，使这些值在后处理中可用。另一个选项 ERESX，YES 迫使所有单元都使用外推法，而不论单元是否具有材料非线性。

5.4.5 创建多载荷步文件

所有载荷和载荷步选项一起构成了一个载荷步，程序用其计算该载荷步的解。如果有多个载荷步，可将每个载荷步存入一个文件，调入该载荷步文件，并从文件中读取数据求解。

LSWRITE 命令写载荷步文件（每个载荷步一个文件，以 Jobname. S01，Jobname. S02，Jobname. S03 等识别）。使用以下方法之一。

GUI:Main Menu > Preprocessor > Loads > Load Step Opts > Write LS File。
GUI:Main Menu > Solution > Load Step Opts > Write LS File。
命令:LSWRITE。

所有载荷步文件写入后，可以使用命令在文件中顺序读取数据，并求得每个载荷步的解。下例为定义多个载荷步的命令组。

```
/SOLU                    ! 输入 Solution
0
! 载荷步 1:
D,...                    ! 载荷
SF,...
...
NSUBST,...               ! 载荷步选项
KBC,...
OUTRES,...
OUTPR,...
...
LSWRITE                  ! 写入载荷步文件:Jobname. S01
!
! 载荷步 2:
D,...                    ! 载荷
SF,...
...
NSUBST,...               ! 载荷步选项
KBC,...
OUTRES,...
OUTPR,...
...
LSWRITE                  ! 写入载荷步文件:Jobname. S02
...
```

关于载荷步文件的几点说明:

1）载荷步数据根据 ANSYS 命令被写入文件。

2）LSWRITE 命令不捕捉实常数（R）或材料特性（MP）的变化。

3）LSWRITE 命令自动地将实体模型载荷转换到有限元模型，因此所有载荷按有限元载荷命令的形式被写入文件。特别地，表面载荷总是按 SFE（或 SFBEAM）命令的形式被写入文件，而不论载荷是如何施加的。

4）要修改载荷步文件序号为 N 的数据，执行命令 LSREAD，n，在文件中读取数据，作所需的改动，然后执行 LSWRITE，n 命令（将覆盖序号为 N 的旧文件）。还可以使用系统编辑器直接编辑载荷步文件，但这种方法一般不推荐使用。与 LSREAD 命令等价的 GUI 菜单路径为。

GUI:Main Menu > Preprocessor > Loads > Load Step Opts > Read LS File。
GUI:Main Menu > Solution > Load Step Opts > Read LS File。

5）LSDELE 命令允许从 ANSYS 程序中删除载荷步文件。与 LSDELE 命令等价的 GUI 菜单路径为。

GUI:Main Menu > Preprocessor > Loads > Define Loads > Operate > Delete LS Files。
GUI:Main Menu > Solution > Define Loads > Operate > Delete LS Files。

6）与载荷步相关的另一个有用的命令是 LSCLEAR，该命令允许删除所有载荷，并将所有载荷步选项重新设置为默认值。例如，在读取载荷步文件进行修改前，可以使用它“清除”所有载荷步数据。与 LSCLEAR 命令等价的 GUI 菜单路径为。

GUI：Main Menu > Preprocessor > Loads > Define Loads > Delete > All Load Data > data type。
GUI：Main Menu > Preprocessor > Loads > Reset Options。
GUI：Main Menu > Preprocessor > Loads > Define Loads > Settings > Replace vs Add。
GUI：Main Menu > Solution > Reset Options。
GUI：Main Menu > Solution > Define Loads > Settings > Replace vs Add > Reset Factors。

5.5 实例——框架结构的载荷和约束施加

前面章节对轴承座和框架结构模型进行了网格划分，生成了可用于计算分析的有限元模型。接下来我们需要对有限元模型施加载荷和约束，以考察其对于载荷作用的响应。

5.5.1 GUI 方式

1. 打开模型

打开上次保存的框架结构的“Frame. db”文件。

2. 位移约束

GUI：Utility Menu > Select > Entities，弹出 Select Entities 对话框，如图 5-13 所示，单击 OK 按钮。

GUI：Main Menu > Solution > Define Losads > Apply > Structual > Displacement > On Areas，单击 Pick All 按钮，弹出 Apply U，ROT on Areas 对话框，选择 All DOF，单击 OK 按钮，给选择的柱脚处面施加零位移约束。

GUI：Utility Menu > Select > Everything，选择所有实体。

3. 施加重力

GUI：Main Menu > Solution > Define Losads > Apply > Structual > Inertia > Gravity > Global，在对话框中的 ACELY 项输入 10，单击 OK 按钮。

4. 保存模型

单击 ANSYS Toolbar 窗口中的 SAVE_DB 按钮。

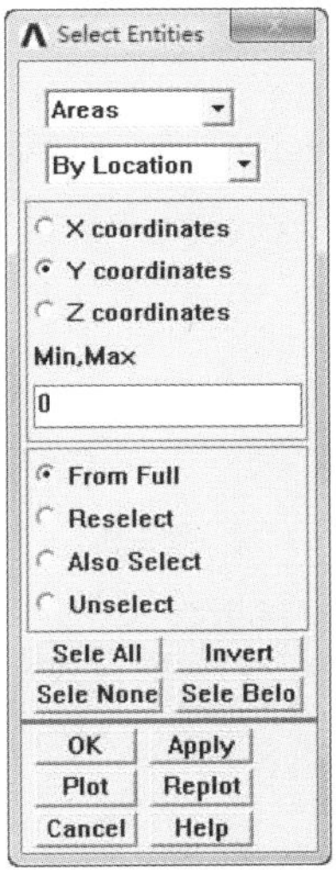

图 5-13 Select Entities 对话框

5.5.2 命令方式

```
ASEL,S,LOC,Y,0                    ! 选择面
DA,all,ALL,                       ! 约束所有自由度
ALLSEL,ALL                        ! 选择所有实体
ACEL,0,10,0,                      ! 施加重力荷载
FINISH                            ! 结束前处理器
SAVE
```

有限元模型求解

知识导引

建立完有限元分析模型之后，就需要在模型上施加载荷来检查结构或构件对一定载荷条件的响应。

本章将讲述 ANSYS 求解的基本设置方法和相关技巧。

- 求解概论
- 指定求解类型
- 多载荷步求解
- 重新启动分析
- 求解前预估
- 实例——轴承座和框架结构模型求解

6.1 求解概论

ANSYS 能够求解由有限元方法建立的联立方程，求解的结果为：

1）节点的自由度值，为基本解。

2）原始解的导出值，为单元解。

单元解通常是在单元的公共点上计算出来的，ANSYS 程序将结果写入数据库和结果文件（Jobname. RST，RTH，RMG，RFL）。

ANSYS 程序中有几种解联立方程的方法：直接求解法、稀疏矩阵直接解法、雅可比共轭梯度法（JCG）、不完全分解共轭梯度法（ICCG）、预条件共轭梯度法（PCG）、自动迭代法（ITER）以及分块解法（DDS）。默认为直接解法，可用以下方法选择求解器。

GUI：Main Menu > Preprocessor > Loads > Analysis Type > Analysis Options。
GUI：Main Menu > Solution > Load Step Options > Sol 'n Control。
GUI：Main Menu > Solution > Analysis Options。
命令：EQSLV。

如果没有 Analysis Options 选项，则需要完整的菜单选项，调出完整的菜单选项方法为 GUI：Main Menu > Solution > Unabridged Menu。

表 6-1 提供了一般的准则，有助于针对给定的问题选择合适的求解器。

表 6-1 求解器选择准则

解　法	典型应用场合	模型尺寸	内存使用	硬盘使用
直接求解法	要求稳定性（非线性分析）或内存受限制时	低于 50000 自由度	低	高
稀疏矩阵直接求解法	要求稳定性和求解速度（非线性分析）；线性分析迭代收敛很慢时（尤其对病态矩阵，如形状不好的单元）	自由度为 10000 ~ 500000	中	高
雅可比共轭梯度法	在单场问题（如热、磁、声，多物理问题）中求解速度很重要时	自由度为 50000 ~ 1000000	中	低
不完全分解共轭梯度法	在多物理模型应用中求解速度很重要时，处理其他迭代法很难收敛的模型（几乎是无穷矩阵）	自由度为 50000 ~ 1000000	高	低
预条件共轭梯度法	当求解速度很重要时（大型模型的线性分析）尤其适合实体单元的大型模型	自由度为 50000 ~ 1000000	高	低
自动迭代法	类似于预条件共轭梯度法（PCG），不同的是，它支持 8 台处理器并行计算	自由度为 50000 ~ 1000000	高	低
分块解法	该解法支持数 10 台处理器通过网络连接来完成并行计算	自由度为 100000 ~ 10000000	高	低

6.1.1 直接求解法

ANSYS 直接求解法不组集整个矩阵，而是在求解器处理每个单元时，同时进行整体矩阵的组集和求解，其方法如下。

1）每个单元矩阵计算出后，求解器读入第一个单元的自由度信息。

2）程序通过写入一个方程到 TRI 文件，消去任何可以由其他自由度表达的自由度，该过程对所有单元重复进行，直到所有的自由度都被消去，只剩下一个三角矩阵在 TRIN 文件中。

3）程序通过迭代法计算节点的自由度解，用单元矩阵计算单元解。

在直接求解法中经常提到“波前”这一术语，它是在三角化过程中因不能从求解器消去而保留的自由度数。随着求解器处理每个单元及其自由度时，波前就会膨胀和收缩，最后，当所有的自由度都处理过以后波前变为零。波前的最高值称为最大波前，而平均的、均方根值称为 RMS 波前。

一个模型的 RMS 波前值直接影响求解时间：其值越小，CPU 所用的时间越少，因此在求解前可能希望能重新排列单元号以获得最小的波前值。ANSYS 程序在开始求解时会自动进行单元排序，除非已对模型重新排列过或者已经选择了不需要重新排列。最大波前值直接影响内存的需求量，尤其是临时数据申请的内存量。

6.1.2 稀疏矩阵法

稀疏矩阵直接求解法是建立在与迭代法相对应的直接消元法基础上的。迭代法通过间接的方法（也就是通过迭代法）获得方程的解。稀疏矩阵直接求解法是以直接消元为基础的，不良矩阵不会构成求解困难。

稀疏矩阵直接求解法不适用于 PSD 光谱分析。

6.1.3 雅可比共轭梯度法

雅可比共轭梯度法求解器也是从单元矩阵公式出发，但是接下来的步骤就不同了，雅可比共轭梯度法不是将整体矩阵三角化而是对整体矩阵进行组集，求解器通过迭代收敛法计算自由度的解（开始时假设所有的自由度值全为 0）。雅可比共轭梯度法求解器最适用于包含大型的稀疏矩阵三维标量场的分析，如三维磁场分析。

对有些场合来说，1.0E－8 的公差默认值（通过命令 EQSLV，JCG 设置）可能太严格，会增加不必要的运算时间，大多数场合 1.0E－5 的值就可满足要求。

雅可比共轭梯度法求解器只适用于静态分析、全谐波分析或全瞬态分析（可分别使用 ANTYPE，STATIC；HROPT，FULL；TRNOPT，FULL 命令指定分析类型）。

对所有的共轭梯度法，必须非常仔细地检查模型的约束是否恰当，如果存在任何刚体运动的话，将计算不出最小主元，求解器会不断迭代。

6.1.4 不完全分解共轭梯度法

不完全分解共轭梯度法与雅可比共轭梯度法在操作上相似，除了以下几方面不同。

1）不完全分解共轭梯度法比雅可比共轭梯度对病态矩阵更具有稳固性，其性能因矩阵调整状况而不同，但总的来说不完全分解共轭梯度法的性能比得上雅可比共轭梯度法的性能。

2）不完全分解共轭梯度法比雅可比共轭梯度法使用更复杂的先决条件，使用不完全分解共轭梯度法需要大约两倍于雅可比共轭梯度法的内存。

不完全分解共轭梯度法只适用于静态分析，全谐波分析或全瞬态分析（可分别使用 ANTYPE，STATIC；HROPT，FULL；TRNOPT，FULL 命令指定分析类型），不完全分解共轭梯度法对具有稀疏矩阵的模型很适用，对对称矩阵及非对称矩阵同样有效。不完全分解共轭梯度法比直接解法速度更快。

6.1.5 预条件共轭梯度法

预条件共轭梯度法与雅可比共轭梯度法在操作上相似，除了以下几方面不同。

1）预条件共轭梯度法解实体单元模型比雅可比共轭梯度法大约快 4 ~ 10 倍，对壳体构件模型大约快 10 倍，存储量随着问题规模的增大而增大。

2）预条件共轭梯度法使用 EMAT 文件，而不是 FULL 文件。

3）雅可比共轭梯度法使用整体装配矩阵的对角线作为预条件矩阵，预条件共轭梯度法使用更复杂的预条件矩阵。

4）预条件共轭梯度法通常需要大约两倍于雅可比共轭梯度法的内存，因为在内存中保留了两个矩阵（预条件矩阵，它几乎与刚度矩阵大小相同；对称的、刚度矩阵的非零部分）。

可以使用 RUNST 命令或 GUI 菜单路径（Main Menu > Run – Time Stas）来决定所需要的空间或波前的大小，需分配专门的内存。

预条件共轭梯度法所需的空间通常少于直接求解法的四分之一，存储量随着问题规模大小而增减。

预条件共轭梯度法通常解大型模型（波前值大于 1000）时比直接解法要快。

预条件共轭梯度法最适用于结构分析。它对具有对称、稀疏、有界和无界矩阵的单元有效，适用于静态或稳态分析和瞬态分析或子空间特征值分析（振动力学）。

预条件共轭梯度法主要解决位移/转动（在结构分析中）、温度（在热分析中）等问题，其他导出变量的准确度（如应力、压力、磁通量等）取决于原变量的预测精度。

直接求解的方法（如直接求解法，稀疏直接求解法）可获得非常精确的矢量解，而间接求解的方法（如预条件共轭梯度法）主要依赖于指定的收敛准则，因此放松默认公差将对精度产生重要影响，尤其对导出量的精度。

对具有大量的约束方程的问题或具有 SHELL150 单元的模型，建议不要采用预条件共轭梯度法，对这些类型的模型可以采用直接求解法。同样，预条件共轭梯度法不支持 SOLID63 和 MATRIX50 单元。

所有的共轭梯度法，必须非常仔细地检查模型的约束是否合理，如果有任何刚体运动，将计算不出最小主元，求解器会不断迭代。

当预条件共轭梯度法遇到一个无限矩阵时，求解器会调用一种处理无限矩阵的算法，如果预条件共轭梯度法的无限矩阵算法也失败的话（这种情况出现在当方程系统是病态的情况，如子步失去联系或塑性链的发展），将会触发一个外部的 Newton – Raphson 循环，执行一个二等分操作，通常，刚度矩阵在二等分后将会变成良性矩阵，而且预条件共轭梯度法能够最终求解所有的非线性步。

6.1.6 自动迭代解法选项

自动迭代解法选项（通过命令 EQSLV，ITER）将选择一种合适的迭代法（PCG，JCG 等），它基于正在求解的问题的物理特性。使用自动迭代法时，必须输入精度水平，该精度必须是 1 ~5 之间的整数，用于选择迭代法的公差供检验收敛情况。精度水平 1 对应最快的设置（迭代次数少），而精度水平 5 对应最慢的设置（精度高，迭代次数多），ANSYS 选择公差是以选择精度水平为基础的。例如：

线性静态或线性全瞬态结构分析时，精度水平为 1，相当于公差为 1.0E –4，精度水平为 5，相当于公差为 1.0E –8。

稳态线性或非线性热分析时，精度水平为 1，相当于公差为 1.0E –5，精度水平为 5，相当于公差为 1.0E –9。

瞬态线性或非线性热分析时，精度水平为 1，相当于公差为 1.0E –6，精度水平为 5，相当于公差为 1.0E –10。

该求解器选项只适用于线性静态或线性全瞬态的瞬态结构分析和稳态/瞬态线性或非线性热分析。

因解法和公差以待求解问题的物理特性和条件为基础进行选择，建议在求解前执行该命令。

当选择了自动迭代选项，且满足适当条件时，在结构分析和热分析过程中将不会产生 Jobname. EMAT 文件和 Jobname. EROT 文件，对包含相变的热分析不建议使用该选项。当选择了该选项，但不满足恰当的条件时，ANSYS 将会使用直接求解的方法，并产生一个注释信息告知求解时所用的求解器和公差。

6.1.7 获得解答

开始求解，进行以下操作。

GUI：Main Menu > Solution > Current LS or Run FLOTRAN。
命令：SOLVE。

因为求解阶段与其他阶段相比，一般需要更多的计算机资源，所以批处理（后台）模式要比交互式模式更适宜。

求解器将输出写入输出文件（Jobname. OUT）和结果文件中，如果以交互模式运行求解的话，输出文件就是屏幕。当执行 SOLVE 命令前使用下述操作，可以将输出送入一个文件而不是屏幕。

GUI：Utility Menu > File > Switch Output to > File or Output Window。
命令：/OUTPUT。

写入输出文件的数据由如下内容组成。

- 载荷概要信息。
- 模型的质量及惯性矩。
- 求解概要信息。
- 最后的结束标题，给出总的 CPU 时间和各过程所用的时间。

● 由 OUTPR 命令指定的输出内容以及绘制云纹图所需的数据。

在交互模式中，大多数输出是被压缩的，结果文件（RST，RTH，RMG 或 RFL）包含所有的二进制方式的文件，可在后处理程序中进行浏览。

在求解过程中产生的另一有用文件是 Jobname. STAT，它给出了解答情况。程序运行时可用该文件来监视分析过程，对非线性和瞬态分析的迭代分析尤其有用。

SOLVE 命令还能对当前数据库中的载荷步数据进行计算求解。

6.2 指定求解类型

当在求解某些结构分析类型时，可以利用如下两种特定的求解工具。

● Abridged Solution 菜单选项：只适用于静态、全瞬态、模态和屈曲分析类型。

● 求解控制对话框：只适用于静态和全瞬态分析类型。

6.2.1 Abridged Solution 菜单选项

当使用图形界面方式对一结构进行静态、瞬态、模态或者屈曲分析时，将选择是否使用“Abridged Solution”或者 Unabridged Solution 菜单选项。

（1）Unabridged Solution 菜单选项列出了在当前分析中可能使用的所有求解选项，无论其是被推荐的还是可能的（如果在当前分析中不可能使用的选项，那么其将呈现灰色）。

（2）Abridged Solution 菜单选项较为简易，仅仅列出了分析类型所必需的求解选项。例如，当进行一静态分析时，选项 Modal Cyclic Sym 将不会出现在“Abridged Solution”菜单选项中，只有那些有效且被推荐的求解选项才出现。

在一结构分析中，当进入 SOLUTION 模块（GUI 菜单路径：Main Menu > Solution）时，Abridged Solution 菜单选项为默认值。

当进行的分析类型是静态或全瞬态时，可以通过这种菜单完成求解选项的设置。然而，如果选择了不同的一个分析类型，Abridged Solution 菜单选项的默认值将被一个不同的 Solution 菜单选项所代替，而新的菜单选项将符合新选择的分析类型。

当进行分析后又选择一个新的分析类型，那么将（默认地）得到和第一次分析相同的 Solution 菜单选项类型。例如，当选择使用 Unabridged Solution 菜单选项来进行一个静态分析后，又选择进行一个新的屈曲分析，此时将得到（默认）适用于屈曲分析 Unabridged Solution 菜单选项。但是，在分析求解阶段的任何时候，通过选择合适的菜单选项，都可以在 Unabridged 和 Abridged Solution 菜单选项之间切换（GUI 菜单路径：Main Menu > Solution > Unabridged Menu 或 Main Menu > Solution > Abridged Menu）。

6.2.2 求解控制对话框

当进行一结构静态或全瞬态分析时，可以使用求解控制对话框来设置分析选项。求解控制对话框包括 5 个选项，每个选项包含一系列的求解控制。对于指定多载荷步分析中每个载荷步的设置，求解控制对话框是非常有用的。

只要进行结构静态或全瞬态分析，那求解菜单必然包含求解控制对话框选项。当单击

"Solution Controls 菜单项时，将弹出如图 6-1 所示的 Solution Controls 对话框。这一对话框提供了简单的图形界面来设置分析和载荷步选项。

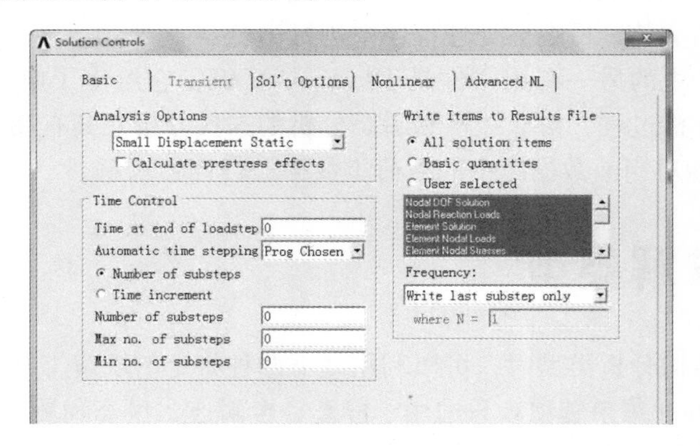

图 6-1　Solution Controls 对话框

一旦打开 Solution Controls 对话框，Basic 标签页被激活，如图 6-1 所示。完整的标签页按顺序从左到右依次是：Basic、Transient、Sol'n Options、Nonlinear、Advanced NL。

每套控制逻辑上分在一个标签页里，最基本的控制出现在第一个标签页里，而后续的标签页里提供了更高级的求解控制选项。Transient 标签页包含瞬态分析求解控制，仅当分析类型为瞬态分析时才可用，否则呈现灰色。

每个求解控制对话框中的选项对应一个 ANSYS 命令，见表 6-2。

表 6-2　求解控制对话框选项对应的命令

求解控制对话框标签页	用　　途	对应的命令
Basic	指定分析类型 控制时间设置 指定写入 ANSYS 数据库中结果数据	ANTYPE, NLGEOM, TIME, AUTOTS, NSUBST, DELTIM, OUTRES
Transient	指定瞬态选项 指定阻尼选项 定义积分参数	TIMINT, KBC, ALPHAD, BETAD, TINTP
Sol'n Options	指定方程求解类型 指定重新多个分析的参数	EQSLV, RESCONTROL
Nonlinear	控制非线性选项 指定每个子步迭代的最大次数 指明是否在分析中进行蠕变计算 控制二分法 设置收敛准则	LNSRCH, PRED, NEQIT, RATE, CUTCONTROL, CNVTOL
Advanced NL	指定分析终止准则 控制弧长法的激活与中止	NCNV, ARCLEN, ARCTRM

一旦对 Basic 标签页的设置满意，那么就不需要对其余的标签页选项进行处理，除非想要改变某些高级设置。

无论对一个或多个标签页进行更改，仅当单击 OK 按钮关闭对话框后，这些改变才被写入 ANSYS 数据库。

6.3 多载荷步求解

6.3.1 多重求解法

多重求解法是最直接的，它包括在每个载荷步定义好后执行 SOLVE 命令。主要的缺点是，在交互使用时必须等到每一步求解结束后才能定义下一个载荷步，典型的多重求解法命令流如下。

```
/SOLU                    ! 进入 SOLUTION 模块
...
! Load step 1:           ! 载荷步 1
D,...
SF,...
0
SOLVE                    ! 求解载荷步 1
! Load step 2            ! 载荷步 2
F,...
SF,...
...
SOLVE                    ! 求解载荷步 2
Etc.
```

6.3.2 使用载荷步文件法

当想求解问题而又远离终端或 PC 时（如整个晚上），可以很方便地使用载荷步文件法。该方法包括写入每一载荷步到载荷步文件中（通过 LSWRITE 命令或相应的 GUI 方式），通过一条命令就可以读入每个文件并获得解答。

要求解多载荷步，有如下两种方式。

```
GUI:Main Menu > Solution > From Ls Files。
命令:LSSOLVE。
```

LSSOLVE 命令其实是一条宏指令，它按顺序读取载荷步文件，并开始每一载荷步的求解。载荷步文件法的示例命令输入如下。

```
/SOLU                 ! 进入求解模块
...
! Load Step 1:        ! 载荷步 1
D,...                 ! 施加载荷
SF,...
...
NSUBST,...            ! 载荷步选项
KBC,...
OUTRES,...
OUTPR,...
...
```

```
LSWRITE                        ! 写载荷步文件:Jobname. S01
! Load Step 2:
D,...
SF,...
...
NSUBST,...                     ! 载荷步选项
KBC,...
OUTRES,...
OUTPR,...
...
LSWRITE                        ! 写载荷步文件:Jobname. S02
...
0
LSSOLVE,1,2                    ! 开始求解载荷步文件 1 和 2
```

6.3.3 数组参数法（矩阵参数法）

数组参数法主要用于瞬态或非线性静态（稳态）分析，需要了解有关数组参数和 DO 循环的知识，这是 APDL（ANSYS 参数设计语言）中的部分内容，详细内容可以参考 ANSYS 帮助文件中的 APDL PROGRAMMER'S GUIDE。数组参数法包括用数组参数法建立载荷—时间关系表，下面给出了最好的解释。

假定有一组随时间变化的载荷，如图 6-2 所示。有 3 个载荷函数，所以需要定义 3 个数组参数，所有的 3 个数组参数必须是表格形式，力函数有 5 个点，所以需要一个 5×1 的数组，压力函数需要一个 6×1 的数组，而温度函数需要一个 2×1 的数组，注意到 3 个数组都是一维的，载荷值放在第一列，时间值放在第 0 列（第 0 列、0 行，一般包含索引号，如果把数组参数定义为一张表格的话，第 0 列、0 行必须改变，且填上单调递增的编号组）。

力

时间	值
0.0	100
21.5	2000
62.5	2000
125.0	800
145.0	100

压力

时间	值
0.0	1000
35.0	1000
35.8	500
82.5	500
82.6	1000
150.0	1000

温度

时间	值
0.0	1500
145.0	75

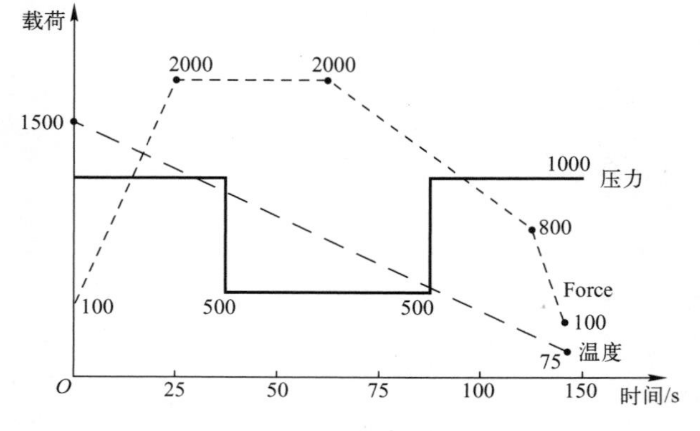

图 6-2　随时间变化的载荷示例

要定义3个数组参数，必须申明其类型和维数，要做到这一点，可以使用以下两种方式。

GUI:Utility Menu > Parameters > Array Parameters > Define/Edit。
命令: * DIM。

例如:

```
* DIM,FORCE,TABLE,5,1
* DIM,PRESSURE,TABLE,6,1
* DIM,TEMP,TABLE,2,1
```

可用数组参数编辑器（GUI：Utility Menu > Parameters > Array Parameters > Define/Edit）或者一系列“=”命令填充这些数组，后一种方法如下。

```
FORCE(1,1) =100,2000,2000,800,100              ! 第1列力的数值
FORCE(1,0) =0,21.5,50.9,98.7,112               ! 第0列对应的时间
FORCE(0,1) =1                                  ! 第0行
PRESSURE(1,1) =1000,1000,500,500,1000,1000
PRESSURE(1,0) =0,35,35.8,74.4,76,112
PRESSURE(0,1) =1
TEMP(1,1) =800,75
TEMP(1,0) =0,112
TEMP(0,1) =1
```

现在已经定义了载荷历程，要加载并获得解答，需要构造一个如下所示的DO循环（通过使用命令 * DO 和 * ENDDO）。

```
TM_START =1E -6                        ! 开始时间(必须大于0)
TM_END =112                            ! 瞬态结束时间
TM_INCR =1.5                           ! 时间增量
! 从 TM_START 开始到 TM_END 结束,步长 TM_INCR
 * DO,TM,TM_START,TM_END,TM_INCR
TIME,TM                                ! 时间值
F,272,FY,FORCE(TM)                     ! 随时间变化的力(节点272处,方向FY)
NSEL,...                               ! 在压力表面上选择节点
SF,ALL,PRES,PRESSURE(TM)               ! 随时间变化的压力
NSEL,ALL                               ! 激活全部节点
NSEL,...                               ! 选择有温度指定的节点
BF,ALL,TEMP,TEMP(TM)                   ! 随时间变化的温度
NSEL,ALL                               ! 激活全部节点
SOLVE                                  ! 开始求解
 * ENDDO
```

用这种方法，可以非常容易地改变时间增量（TM_INCR 参数），用其他方法改变如此复杂的载荷历程的时间增量将是很麻烦的。

6.4 重新启动分析

有时，在第一次运行完成后也许要重新启动分析过程，例如，想将更多的载荷步加到分析中来，在线性分析中也许要加入别的加载条件，或在瞬态分析中加入另外的时间历程加载曲线，或者在非线性分析收敛失败时需要恢复。

在了解重新开始求解之前，有必要知道如何中断正在运行的作业。通过系统的帮助函数，如系统中断，发出一个删除信号，或在批处理文件队列中删除项目。然而，对于非线性分析，这不是好的方法。因为以这种方式中断的作业将不能重新启动。

在一个多任务操作系统中完全中断一个非线性分析时，会产生一个放弃文件，命名为 Jobname. ABT（在一些区分大小的系统上，文件名为 Jobname. abt）。第一行的第一列开始含有单词“非线性”。在平衡方程迭代的开始，如果 ANSYS 程序发现在工作目录中有这样一个文件，分析过程将会停止，并能在以后重新启动。

若通过指定的文件来读取命令（/INPUT）（GUI 路径：Main Menu > Preprocessor > Material Props > Material Library，或 Utility Menu > File > Read Input from），那么放弃文件将会中断求解，但程序依然继续从这个指定的输入文件中读取命令。于是，任何包含在这个输入文件中的后处理命令将会被执行。

要重新启动分析，模型必须满足如下条件。

1）分析类型必须是静态（稳态）、谐波（二维磁场）或瞬态（只能是全瞬态），其他的分析不能被重新启动。

2）在初始运算中，至少已完成了一次迭代。

3）初始运算不能因“删除”作业、系统中断或系统崩溃被中断。

4）初始运算和重启动必须在相同的 ANSYS 版本下进行。

6.4.1 重启动分析

通常一个分析的重新启动要求初始运行作业的某些文件，并要求在 SOLVE 命令前没有任何改变。

1. 重启动分析的要求

在初始运算时必须得到以下文件。

1）Jobname. DB 文件：在求解后，POST1 后处理之前保存的数据库文件，必须在求解以后保存这个文件，因为许多求解变量是在求解程序开始以后设置的，在进入 POST1 前保存该文件，因为在后处理过程中，SET 命令（或功能相同的 GUI 菜单路径）将用这些结果文件中的边界条件改写存储器中的已经存在的边界条件。接下来的 SAVE 命令将会存储这些边界条件（对于非收敛解，数据库文件是自动保存的）。

2）Jobname. EMAT 文件：单元矩阵。

3）Jobname. ESAV 或 Jobname. OSAV 文件：Jobname. ESAV 文件保存单元数据，Jobname. OSAV 文件保存旧的单元数据。Jobname. OSAV 文件只有当 Jobname. ESAV 文件丢失、不完整或由于解答发散、因位移超出了极限、因主元为负引起 Jobname. ESAV 文件不完整或出错时才用到。在 NCNV 命令中，如果 KSTOP 被设为 1（默认值）或 2、或自动时间步长被激活，数据将写入 Jobname. OSAV 文件中。如果需要 Jobname. OSAV 文件，必须在重新启动时把它改名为 Jobname. ESAV 文件。

4）结果文件：不是必需的，但如果有，重新启动运行得出的结果将通过适当的有序的载荷步和子步号追加到这个文件中去。如果因初始运算结果文件的结果设置数超出而导致中断的话，需在重新启动前将初始结果文件名改为另一个不同文件名。这可以通过执行 ASSIGN命令（或 GUI 菜单路径：Utility Menu > File > ANSYS File Options）实现。

如果由于不收敛、时间限制、中止执行文件（Jobname. ABT）或其他程序诊断错误引起程序中断的话，数据库会自动保存，求解输出文件（Jobname. OUT 文件）会列出这些文件和其他一些在重新启动时所需的信息。中断原因和重新启动所需的保存的单元数据文件见表6-3。

如果在先前运算中产生 . RDB、. LDHI 或 . Rnnn 文件，那么必须在重新启动前删除它们。

在交互模式中，已存在的数据库文件会首先写入到备份文件（Jobname. DBB）中。在批处理模式中，已存在的数据库文件会被当前的数据库信息所替代，不进行备份。

表 6-3　非线性分析重新启动信息

中断原因	保存的单元数据库文件	所需的正确操作
正常	Jobname. ESAV	在作业的末尾添加更多载荷步
不收敛	Jobname. OSAV	定义较小的时间步长，改变自适应衰减选项或采取其他措施加强收敛，在重新启动前把 Jobname. OSAV 文件名改为 Jobname. ESAV 文件
因平衡迭代次数不够引起的不收敛	Jobname. ESAV	如果解正在收敛，允许更多的平衡方程式（ENQIT 命令）
超出累积迭代极限（NCNV 命令）	Jobname. ESAV	在 NCNV 命令中增加 ITLIM
超出时间限制（NCNV 命令）	Jobname. ESAV	无（仅需要重新启动分析）
超出位移限制（NCNV 命令）	Jobname. OSAV	与不收敛情况相同
主元为负	Jobname. OSAV	与不收敛情况相同
Jobname. ABT 文件 解是收敛的 解是分散的	Jobname. EMAV，Jobname. OSAV	做任何必要的改变，以便能访问引起主动中断分析的行为
中断原因	保存的单元数据库文件	所需的正确操作
结果文件“满”（超过 1000 子步），时间步长输出	Jobname. ESAV	检查 CNVTOL、DELTIM、NSUBST 或 KEYOPT（7）中的接触单元的设置，或在求解前在结果文件（/CONFIG，NRES）中指定允许的较大的结果数，或减少输出的结果数，还要为结果文件改名（/ASSIGN）
“删除”操作（系统中断），系统崩溃，或系统超时	不可用	不能重新启动

2. 重启动分析的过程

1）进入 ANSYS 程序，给定与第一次运行时相同的文件名（执行/FILNAME 命令或 GUI 菜单路径：Utility Menu > File > Change Jobname）。

2）进入求解模块（执行/SOLU 命令或 GUI 菜单路径：Main Menu > Solution），然后恢复数据库文件（执行命令 RESUME 或 GUI 菜单路径：Utility Menu > File > Resume Jobname. db）。

3）说明这是重新启动分析（执行命令 ANTYPE,, REST 或 GUI 菜单路径：Main Menu > Solution > Restart）。

4）按需要规定修正载荷或附加载荷，从前面的载荷值调整坡道载荷的起始点，新加的坡道载荷从零开始增加，新施加的体积载荷从初始值开始。删除的重新加上的载荷可视为新施加的负载，而不用调整。待删除的表面载荷和体积载荷，必须减小至零或到初始值，以保持 Jobname. ESAV 文件和 Jobname. OSAV 文件的数据库一样。

如果是从收敛失败重新启动的话，务必采取所需的正确操作。

5）指定是否要重新使用三角化矩阵（Jobname. TRI 文件），可用以下操作。

```
GUI:Main Menu > Preprocessor > Loads > Other > Reuse Tri Matrix。
GUI:Main Menu > Solution > Other > Reuse Tri Matrix。
命令:KUSE
```

默认时，ANSYS 为重启动第一载荷步计算新的三角化矩阵，通过执行 KUSE，1 命令，可以迫使允许再使用已有的矩阵，这样可节省大量的计算时间。然而，仅在某些条件下才能使用 Jobname. TRI 文件，尤其当规定的自由度约束没有发生改变，且为线性分析时。

通过执行“KUSE，-1”，可以使 ANSYS 重新形成单元矩阵，这样对调试和处理错误是有用的。

有时，可能需根据不同的约束条件来分析同一模型，如一个四分之一对称的模型（具有对称-对称（SS），对称-反对称（SA），反对称-对称（AS）和反对称-反对称（AA）条件）。在这种情况下，必须牢记以下几点。

- 4 种情况（SS，SA，AS，AA）都需要新的三角形矩阵。
- 可以保留 Jobname. TRI 文件的副本用于各种不同工况，在适当时候使用。
- 可以使用子结构（将约束节点作为主自由度）以减少计算时间。

6）发出 SOLVE 命令初始化重新启动求解。

7）对附加的载荷步（若有的话）重复步骤 4）、5）和 6），或使用载荷步文件法产生和求解多载荷步，使用下述命令。

```
GUI:Main Menu > Preprocessor > Loads > Write LS File。
GUI:Main Menu > Solution > Write LS File。
命令:LSWRITE
GUI:Main Menu > Solution > From LS Files。
命令:LSSOLVE
```

8）按需要进行后处理，然后退出 ANSYS。

重新启动输入列表示例如下。

```
!    Restart run:
/FILNAME,...                    ! 工作名
RESUME
/SOLU
ANTYPE,,REST                    ! 指定为前述分析的重新启动
!
! 指定新载荷、新载荷步选项等
! 对非线性分析,采用适当的正确操作
!
SOLVE                           ! 开始重新求解
SAVE                            ! SAVE 选项供后续可能进行的重新启动使用
FINISH
! 按需要进行后处理
/EXIT,NOSAV
```

3. 从不兼容的数据库重新启动非线性分析

有时，后处理过程先于重新启动，如果在后处理期间执行 SET 命令或 SAVE 命令的话，数据库中的边界条件会发生改变，变成与重新启动分析所需的边界条件不一致。默认条件

下，程序在退出前会自动保存文件。在求解结束时，数据库存储器中存储的是最后的载荷步的边界条件（数据库只包含一组边界条件）。

POST1 中的 SET 命令（不同于 SET，LAST）为指定的结果将边界条件读入数据库，并改写存储器中的数据库。如果接下来保存或退出文件，ANSYS 会从当前的结果文件开始，通过 D’S 和 F’S 改写数据库中的边界条件。然而，要从上一求解子步开始执行边界条件变化的重启动分析，需有求解成功的上一求解子步边界条件。

要为重新启动重建正确的边界条件，首先要运行“虚拟”载荷步，过程如下。

1）将 Jobname. OSAV 文件改名为 Jobname. ESAV 文件。

2）进入 ANSYS 程序，指定使用与初始运行相同的文件名（可执行命令/FILNAME 或 GUI 菜单路径：Utility Menu > File > Change Jobname）。

3）进入求解模块（执行命令/SOLU 或 GUI 菜单路径：Main Menu > Solution），然后恢复数据库文件（执行命令 RESUME 或 GIU 菜单路径：Utility Menu > File > Resume Jobname. db）。

4）说明这是重新启动分析（执行命令 ANTYPE,,REST 或 GUI 菜单路径：Main Menu > Solution > Restart）。

5）从上一次已成功求解过的子步开始重新规定边界条件，因解答能够立即收敛，故一个子步就够了。

6）执行 SOLVE 命令。GUI 菜单路径：Main Menu > Solution > Current LS 或 Main Menu > Solution > Run FLOTRAN。

7）按需要施加最终载荷及加载步选项。如加载步为前面（在虚拟前）加载步的延续，需调整子步的数量（或时间步步长），时间步长编号可能会发生变化，与初始意图不同。如需要保持时间步长编号（如瞬态分析），可在步骤 6）中使用一个小的时间增量。

8）重新开始一个分析的过程。

6.4.2 多载荷步文件的重启动分析

当进行一个非线性静态或全瞬态结构分析时，ANSYS 程序在默认情况下为多载荷步文件的重启动分析建立参数。多载荷步文件的重启动分析允许在计算过程中的任一子步保存分析信息，然后在这些子步中的任一处重新启动。在初始分析之前，应该执行命令 RESCONTROL 来指定在每个运行载荷子步中重新启动文件的保存频率。

当需要重启动一个作业时，使用 ANTYPE 命令来指定重新启动分析的点及其分析类型。可以继续作业从重启动点（进行一些必要的纠正）或者在重启动点终止一个载荷步（重新施加这个载荷步的所有载荷）然后继续下一个载荷步。

如果想要终止这种多载荷步文件的重新启动分析特性而改用一个文件的重新启动分析，执行“RESCONTROL，DEFINE，NONE”命令，接着如上所述进行单个文件重新启动分析（执行命令“ANTYPE,,REST”），当然保证 . LDHI、. RDB 和 . Rnnn 文件已经从当前目录中删除。

如果使用求解控制对话框进行静态或全瞬态分析，那么就能够在求解对话框选项标签页中指定基本的多载荷重新启动分析选项。

1. 多载荷步文件重启动分析的要求

1）Jobname. RDB：ANSYS 程序数据库文件，在第一载荷步，第一工作子步的第一次迭代中被保存。此文件提供了对于给定初始条件的完全求解描述，无论对作业重新启动分析多少次，其都不会改变。当运行一作业时，在执行 SOLVE 命令前应该输入所有需要求解的信息，包括参数语言设计（APDL）、组分、求解设置信息。在执行第一个 SOLVE 命令前，如果没有指定参数，那么参数将被保存在 .RDB 文件中。这种情况下，必须在开始求解前执行 PARSAV 命令并且在重新启动分析时执行 PARRES 命令来保存并恢复参数。

2）Jobname. LDHI：此文件是指定作业的载荷历程文件。此文件是一个 ASCII 文件，类似于用命令 LSWRITE 创建的文件，并存储每个载荷步所有的载荷和边界条件。载荷和边界条件以有限单元载荷的形式被存储。如果载荷和边界条件是施加在实体模型上的，将先被转化为有限单元载荷，然后存入 Jobname. LDHI 文件。当进行多载荷重启动分析时，ANSYS 程序从此文件读取载荷和边界条件（类似于 LSREAD 命令）。此文件在每个载荷步结束时或当遇到“ANTYPE,，REST，LDSTEP，SUBSTEP，ENDSTEP”这些命令时被修正。

3）Jobname. Rnnn：与 . ESAV 或 . OSAV 文件类似，也是保存单元矩阵的信息。这一文件包含了载荷步中特定子步的所有求解命令及状态。所有的 . Rnnn 文件都在子步运算收敛时被保存，因此所有的单元信息记录都是有效的。如果一个子步运算不收敛，那么对应于这个子步，没有 . Rnnn 文件被保存，代替的是先前一子步运算的 . Rnnn 文件。

2. 多载荷步文件重启动分析的限制

1）不支持 KUSE 命令。一个新的刚度矩阵和相关 . TRI 文件产生。

2）在 . Rnnn 文件中没有保存 EKILL 和 EALIVE 命令，如果 EKILL 或 EALIVE 命令在重启动过程中需要执行，那么必须自己执行这些命令。

3）. RDB 文件仅仅保存在第一载荷步的第一个子步中可用的数据库信息。

4）不能在求解水平下重启作业（例如，PCG 迭代水平）。作业能被重启动分析在更低的水平（例如，瞬时或 Newton – Raphson 循环）。

5）当使用弧长法时，多载荷文件重新启动分析不支持 ANTYPE 命令的 ENDSTEP 选项。

6）所有的载荷和边界条件存储在 Jobname. LDHI 文件中，因此，删除实体模型的载荷和边界条件不会影响从有限单元中删除这些载荷和边界条件。必须直接从单元或节点中删除这些条件。

3. 多载荷步文件重启动分析的过程

1）进入 ANSYS 程序，指定与初始运行相同的工作名（执行/FILNAME 命令或 GUI 菜单路径：Utility Menu > File > Change Jobname）。进入求解模块（执行/SOLU 命令或 GUI 菜单路径：Main Menu > Solution）。

2）通过执行“RESCONTROL，FILE_SUMMARY”命令决定从哪个载荷步和子步重新启动分析。这一命令将在 . Rnnn 文件中记录载荷步和子步的信息。

3）恢复数据库文件并表明这是重新启动分析（执行“ANTYPE,，REST，LDSTEP，SUBSTEP，Action”命令或 GUI 菜单路径 Main Menu > Solution > Restart）。

4）指定修正或附加的载荷。

5）开始重新求解分析（执行 SOLVE 命令）。必须执行 SOLVE 命令，当进行任一重新启动行为时，包括 ENDSTEP 或 RSTCREATE 命令。

6）进行需要的后处理，然后退出 ANSYS 程序。

在分析中对特定的子步创建结果文件示例如下。

```
! Restart run:
/solu
antype,,rest,1,3,rstcreate                    ! 创建.RST 文件
! step 1, substep 3
outres,all,all                                ! 存储所有的信息到.RST 文件中
outpr,all,all                                 ! 选择打印输出
solve                                         ! 执行.RST 文件生成
finish
/post1
set,,1,3                                      ! 从载荷步 1 获得结果
! substep 3
prnsol
finish
```

6.5 求解前预估

对不太复杂的、小规模到中等规模的 ANSYS 分析，大多数会按本章前面所述简单地开始求解。然而，对大模型或有复杂的非线性选项，应该了解在开始求解前需要些什么。

例如，分析求解需要多长时间？在运行之前需要多少磁盘空间？该分析需要多少内存？尽管没有准确的方法预计这些量，但 ANSYS 程序可在 RUNSTAT 模块中进行估算。RUNSTAT 模块根据数据库中的信息估计运行时间和其他统计量。因此，必须在执行入/RUNSTAT 命令前定义模型几何量（节点、单元等）、载荷以及载荷选项、分析选项。在开始求解前使用 RUNSTAT 命令。

6.5.1 估计运算时间

要估算运行时间，ANSYS 程序需要计算机的性能信息：MIPS（每秒钟执行的指令数，以百万计），MELOPS（每秒钟进行的浮点运算，以百万计）等。可执行 RSPEED 命令（或 GUI 菜单路径：Main Menu > Run - Time Stats > System Settings）获得该信息。

如果不清楚计算机这些细节，可用宏操作 SETSPEED，它会代替执行 RSPEED 命令。

估算分析过程总运行时间所需的其他信息有迭代次数（或线性、静态分析中的载荷步数），要获得这些信息，可用下述两种方法中任一种。

> GUI:Main Menu > Run - Time Stats > Iter Setting。
> 命令:RITER。

要获得运行时间估计，可用下述两种方法中的任一种。

> GUI:Main Menu > Run - Time Stats > Individual Stats。
> 命令:RTIMST。

根据由 RSPEED 和 RITER 命令所提供的信息和数据库中的模型信息，RTIMST 命令会提供运行时间估计值。

6.5.2 估计文件的大小

RFILSZ 命令可以估计以下文件的大小：ESAV、EMAT、EROT、TRI、FULL、RST、

RTH、RMG 和 RFL 文件。与 RFILSZ 命令相同的图形界面方式与 RTIMST 命令的图形界面方式相同。结果文件估计值基于一组结果（一个子步），要将其乘以实际结果文件规模总数。

6.5.3 估计内存需求

执行 RWFRNT 命令（或通过 GUI 菜单路径：Main Menu > Run – Time Stats > Individual Stats）可以估计求解所需的内存，可通过 ANSYS 工作空间的入口选项申请内存量。如果以前没有重新排列过单元，执行 RWFRNT 命令可以自动重新排列单元。RSTAT 命令将给出模型节点和单元信息的统计量，RMEMRY 命令将给出内存统计量。

RALL 命令是同时执行 RSTAT、RWFRNT、RTIMST 和 RMEMRY 4 条命令的一条简便命令（GUI 菜单路径：Main Menu > Run – Time Stats > All Statistics）。除了 RALL 命令，其他几条命令的 GUI 菜单路径都为：Main Menu > Run – Time Stats > Individual Stats。

6.6 实例——轴承座和框架结构模型求解

在对轴承座和框架结构模型施加完约束和载荷后，就可以进行求解计算。本节主要对求解选项进行相关设定。

静力求解

1. 选择分析类型

GUI：Main Menu > Solution > Analysis Type > New Analysis，在弹出的 New Analysis 对话框中选择 Static 选项，单击 OK 按钮关闭对话框。

2. 开始求解

执行主菜单中的 Main Menu > Solution > Solve > Current LS 命令，弹出两个对话框，如图 6-3 和图 6-4 所示，先执行图 6-3/STATUS Command 窗口中的 File > Close 命令，然后单击图 6-4 “Solvo Current Load Step” 对话框中的 OK 按钮开始求解。求解结束后会出现如图 6-5 所示的提示。

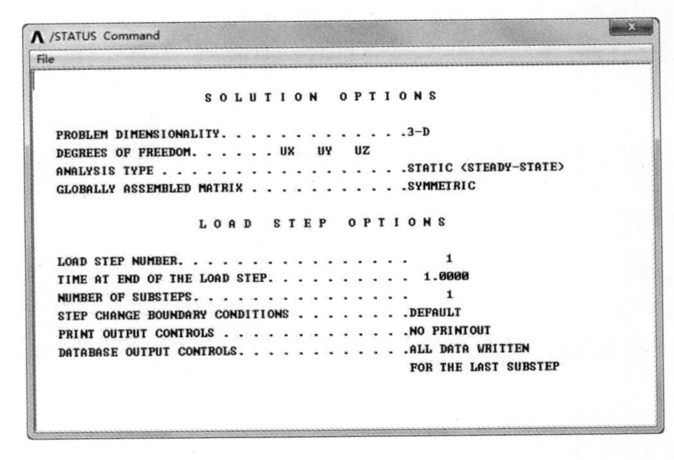

图 6-3 /STATUS Command 窗口

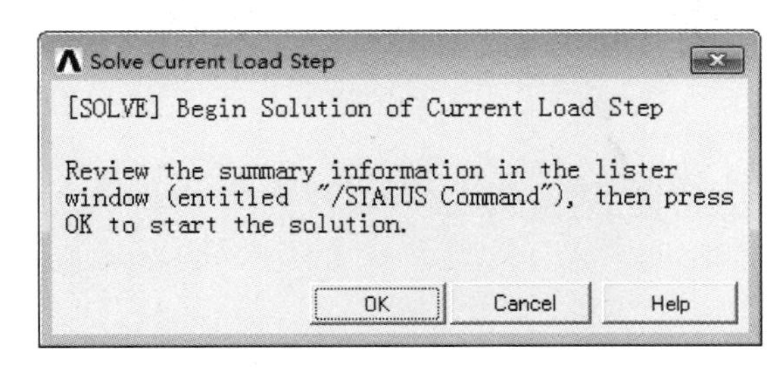

图 6-4　Solve Current Load Step 对话框

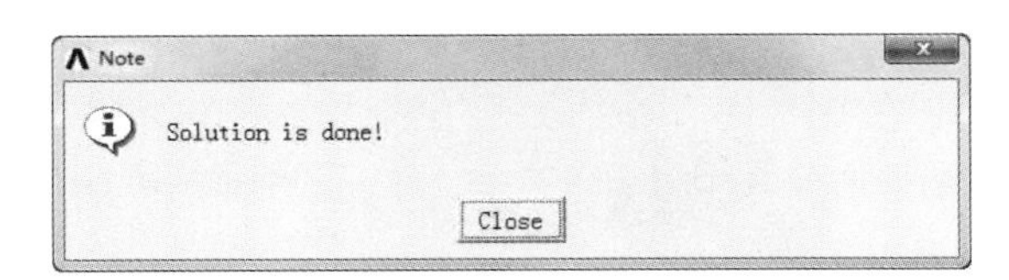

图 6-5　Note 提示框

3. 命令方式：SOLVE

求解完成后保存。依次执行菜单栏中的 File > Save as 命令，弹出保存数据库对话框，在 Sav Data base to 文本框中分别输入 Result_Frame. db 和 Result_Tank. db，单击 OK 按钮即可。

第7章 通用及时间历程后处理

知识导引

后处理是指检查 ANSYS 分析的结果，这是 ANSYS 分析中的一个重要模块。通过后处理的相关操作，可以有针对性地得到分析过程所感兴趣的参数和结果，更好地为实际服务。

内容要点

- 后处理概述
- 通用后处理器（POST1）
- 实例——轴承座计算结果后处理
- 时间历程后处理（POST26）
- 实例——框架结构计算结果后处理

7.1 后处理概述

后处理是指检查分析的结果。这可能是分析中最重要的一环，因为用户总是试图搞清楚作用载荷如何影响设计和单元划分好坏等。

检查分析结果可使用两个后处理器：通用后处理器 POST1 和时间历程后处理器 POST26。POST1 允许检查整个模型在某一载荷步和子步（或对某一特定时间点或频率）的结果。例如，在静态结构分析中，可显示载荷步 3 的应力分布；在热力分析中，可显示 time =100 s 时的温度分布。图 7-1 的等值线图是一种典型的 POST1 图。

POST26 可以检查模型指定点的特定结果相对于时间、频率或其他结果项的变化。例如，在瞬态磁场分析中，可以用图形表示某一特定单元的涡流与时间的关系；或在非线性结构分析中，可以用图形表示某一特定节点的受力与其变形的关系。图 7-2 中的曲线图是一典型的 POST26 图。

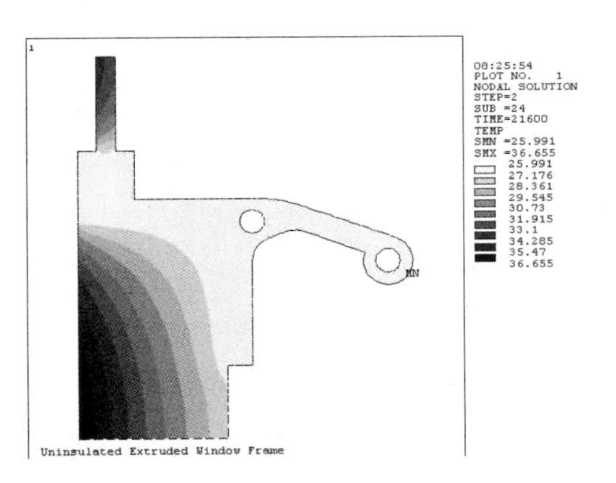

图 7-1 一个典型的 POST1 等值线显示

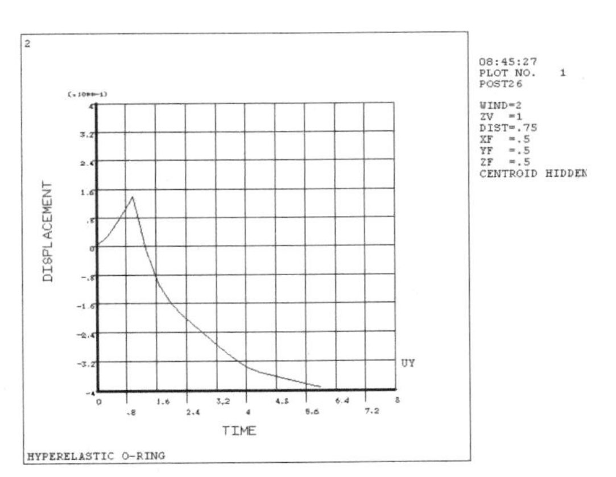

图 7-2 一个典型的 POST26 图

注意：

ANSYS 的后处理器仅是用于检查分析结果的工具。仍然需要使用用户的工程判断能力来分析解释结果。例如，一等值线显示可能表明：模型的最高应力为 37800 Pa，必须由用户确定这一应力水平对设计是否允许。

7.1.1 结果文件类型

在求解中，ANSYS 运算器将分析的结果写入结果文件中，结果文件的名称取决于分析类型。

1）Jobname. RST：结果分析。

2）Jobname. RTH：热力分析。

3）Jobname. EMG：电磁场分析。

4）Jobname. RFL：FLOTRAN 分析。

对于 FLOTRAN 分析，文件的扩展名为 . RFL；对于其他流体分析，文件扩展名为 . RST

或.RTH，取决于是否给出结构自由度。对不同的分析使用不同的文件标识有助于在耦合场分析中使用一个分析的结果作为另一分析的载荷。

7.1.2 后处理可用的数据类型

求解阶段计算两种类型结果数据。

1）基本数据包含每个节点计算自由度解：结构分析的位移、热力分析的温度、磁场分析的磁势等（见表7-1）。这些被称为节点解数据。

表7-1 不同分析的基本数据和派生数据

学　科	基本数据	派生数据
结果分析	位移	应力、应变、反作用力
热力分析	温度	热流量、热梯度等
磁场分析	磁势	磁通量、磁流密度等
电场分析	标量电势	电场、电流密度等
流体分析	速度、压力	压力梯度、热流量等

2）派生数据为由基本数据计算得到的数据，如结构分析中的应力和应变，热力分析中的热梯度和热流量，磁场分析中的磁通量等。派生数据又称为单元数据，它通常出现在单元节点、单元积分点以及单元质心等位置。

7.2 通用后处理器（POST1）

使用POST1通用后处理器可观察整个模型或模型的一部分在某一个时间（或频率）上针对特定载荷组合时的结果。POST1有许多功能，包括从简单的图像显示到针对更为复杂数据操作的列表，如载荷工况的组合。

要进入ANSYS通用后处理器，可执行/POST1命令或GUI：Main Menu > General Post-proc。

7.2.1 将数据结果读入数据库

POST1中第一步是将数据从结果文件读入数据库。要这样做，数据库中首先要有模型数据（节点，单元等）。若数据库中没有模型数据，执行RESUME命令（或GUI：Utility Menu > File > Resume Jobname.db）读入数据文件Jobname.db。数据库包含的模型数据应该与计算模型相同，包括单元类型、节点、单元、单元实常数、材料特性和节点坐标系。

注意：

数据库中被选来进行计算的节点和单元应属同一组，否则会出现数据不匹配的情况。

1. 读入结果数据

执行SET命令（Main Menu > General PostProc > Read Results），可在一特定的载荷条件下将整个模型的结果数据从结果文件中读入数据库，覆盖数据库中以前存在的数据。边界条件信息（约束和集中力）也被读入，但这仅在存在单元节点载荷和反作用力的情况下。详情请见 OUTERS 命令。若不存在边界条件信息，则不列出或显示边界条件。加载条件靠载荷步和子步或靠时间（或频率）来识别。命令或路径方式指定的变元可以识别读入数据库的数据。

例如，“SET,2,5”读入结果，表示载荷步为2，子步为5。同理，“SET,3.89”表示时间为3.89时的结果（或频率为3.89，取决于所进行的分析类型）。若指定了尚无结果的时刻，程序将使用线性插值计算出该时刻的结果。

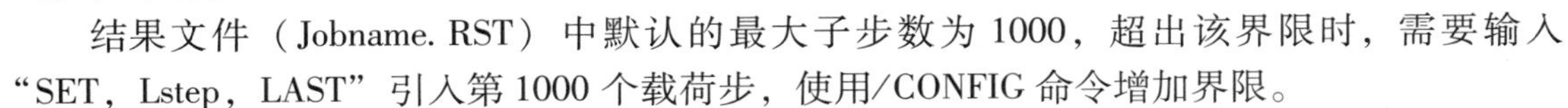

结果文件（Jobname.RST）中默认的最大子步数为1000，超出该界限时，需要输入“SET，Lstep，LAST”引入第1000个载荷步，使用/CONFIG命令增加界限。

注意：

对于非线性分析，在时间点间进行插值常常会降低精度。因此，要使解答可用，务必在可求时间值处进行后处理。

对于 SET 命令有一些便捷标号。

- “SET，FIRST”表示读入第一子步，等价的 GUI 方式为 First Set。
- “SET，NEXT”表示读入第二子步，等价的 GUI 方式为 NextSet。
- “SET，LAST”表示读入最后一子步，等价的 GUI 方式为 LastSet。

SET 命令中的 NSET 字段（等价的 GUI 方式为 SetNumber）可恢复对应于特定数据组号的数据，而不是载荷步号和子步号。当有载荷步和子步号相同的多组结果数据时，这对 FLOTRAN 的结果非常有用。因此，可用其特定的数据组号来恢复 FLOTRAN 的计算结果。

SET 命令的 LIST（或 GUI 中的 List Results）选项列出了其对应的载荷步和子步数，可在接下来的 SET 命令的 NSET 字段输入该数据组号，以申请处理正确的一组结果。

SET 命令中的 ANGLE 字段规定了谐调元的周边位置（结构分析—PLANE25，PLANE83 和 SHELL61；温度场分析—PLANE75 和 PLANE78）。

2. 其他恢复数据的选项

其他 GUI 菜单路径和命令也可以恢复结果数据。

（1）定义待恢复的数据

POST1 处理器中命令 INRES（Main Menu > General Postproc > Data & File Opts）与 PREP7 和 SOLUTION 处理器中的 OUTRES 命令是姐妹命令，OUTRES 命令控制写入数据库和结果文件的数据，而 INRES 命令定义要从结果文件中恢复的数据类型，通过执行“SET，SUBSET”和 APPEND 等命令写入数据库。尽管不需对数据进行后处理，但 INRES 命令限制了恢复写入数据库的数据量。因此，对数据进行后处理也许占用的时间更少。

（2）读入所选择的结果信息

为了只将所选模型部分的一组数据从结果文件读入数据库，可用 SUBSET 命令（或 GUI：Main Menu > General Postproc > By characteristic）。结果文件中未用 INRES 命令指定恢复的数据，将以零值列出。

SUBSET 命令与 SET 命令大致相同，除了差别在于 SUBSET 只恢复所选模型部分的数据。用 SUBSET 命令可方便地看到模型的一部分的结果数据。例如，若只对表层的结果感兴趣，可以轻易地选择外部节点和单元，然后用 SUBSET 命令恢复所选部分的结果数据。

（3）向数据库追加数据

每次使用 SET、SUBSET 命令或等价的 GUI 方式时，ANSYS 就会在数据库中写入一组新数据并覆盖当前的数据。APPEND 命令（Main Menu > General Postproc > By characteristic）从结果文件中读入数据组并将与数据库中已有的数据合并（这只针对所选的模型而言）。当已有的数据库非零（或全部被重写时），允许将被查询的结果数据并入数据库。

可用 SET、SUBSET、APPEND 命令中的任一命令从结果文件将数据读入数据库。命令方式之间或路径方式之间的唯一区别是所要恢复的数据的数量及类型。追加数据时，务必不要造成数据不匹配。请看下一组命令。

```
/POST1
INRES,NSOL                    ! 节点 DOF 求解的标志数据
NSEL,S,NODE,,1,5              ! 选节点 1～5
SUBSET,1                      ! 从载荷步 1 开始将数据写入数据库
! 此时载荷步 1 内节点 1～5 的数据就存在于数据库中了
NSEL,S,NODE,,6,10             ! 选节点 6～10
APPEND,2                      ! 将载荷步 2 的数据并入数据库中
NSEL,S,NODE,,1,10             ! 选节点 1～10
PRNSOL,DOF                    ! 打印节点 DOF 求解结果
```

数据库当前就包含有载荷步 1 和载荷步 2 的数据。这样数据就不匹配。使用 PRNSOL 命令（或 GUI：Main Menu > General Postproc > List Results > Nodal Solution）时，程序将从第二个载荷步中取出数据，而实际上数据是从现存于数据库中的两不同的载荷步中取得的。程序列出的是与最近一次存入的载荷步相对应的数据。当然，若希望将不同载荷步的结果进行对比，将数据加入数据库中是很有用的。但若有目的地混合数据，要极其注意跟踪追加数据的来源。

在求解曾用不同单元组计算过的模型子集时，为避免出现数据不匹配的情况，按下列方法进行。

不要重选解答在后处理中未被选中的单元。

从 ANSYS 数据库中删除以前的解答，可从求解中间退出 ANSYS 或在求解中间存储数据库。

若想清空数据库中所有以前的数据，使用下列任一方式。

```
命令:LCZERO。
GUI:Main Menu > General PostProc > Load Case > Zero Load Case。
```

上述两种方法均会将数据库中所有以前的数据置零，因而可重新进行数据存储。若在向数据库追加数据之前将数据库置零，其结果与使用 SUBSET 命令或等价的 GUI 路径也是一样的（该处假如 SUBSET 和 APPEND 命令中的变元一致）。

注意：

SET 命令可用的全部选项，对 SUBSET 命令和 APPEND 命令完全可用。

默认情况下，SET、SUBSET 和 APPEND 命令将寻找这些文件中的一个：Jobname. RST，Jobname. RTH，Jobname. RMG，Jobname. RFL。在使用 SET、SLIBSET 和 APPEND 命令之前用 FILE 命令可指定其他文件名（GUI：Main Menu > General Postproc > Data &File Opts）。

3. 创建单元表

ANSYS 程序中单元表有两个功能：第一，它是在结果数据中进行数学运算的工具。第二，它能够访问其他方法无法直接访问的单元结果。例如，从结构一维单元派生的数据（尽管 SET、SUBSET 和 APPEND 命令将所有申请的结果项读入数据库中，但并非所有的数

据均可直接用 PRNSOL 命令和 PLESON 等命令访问）。

将单元表作为扩展表，每行代表一单元，每列则代表单元的特定数据项。例如，一列可能包含单元的平均应力 SX，而另一列则代表单元的体积，第三列则包含各单元质心的 Y 坐标。

使用下列任一命令创建或删除单元表。

命令：ETABLE。
GUI：Main Menu > General Postproc > Element Table > Define Table or Erase Table。

（1）填上按名字来识别变量的单元表

为识别单元表的每列，在 GUI 方式下使用 Lab 字段或在 ETABLE 命令中使用 Lab 变元给每列分配一个标识，该标识将作为所有的以后的包括该变量的 POST1 命令的识别器。进入列中的数据靠 Item 名和 Comp 名以及 ETABLE 命令中的其他两个变元来识别。例如，对上面提及的 SX 应力，SX 是标识，S 将是 Item 变元，X 将是 Comp 变元。

有些项，如单元的体积，不需 Comp 变元。这种情况下，Item 为 VOLU，而 Comp 为空白。按 Item 和 Comp（必要时）识别数据项的方法称为填写单元表的“元件名”法。对于大多数单元类型而言，使用“元件名”法访问的数据通常是那些单元节点的结果数据。

ETABLE 命令的文档通常列出了所有的 Item 和 Comp 的组合情况。要清楚何种组合有效，见 ANSYS 单元参考手册中每种单元描述中的“单元输出定义”。

表 7-2 是一个关于 BEAM4 的列表示例，可在表中“名称”列中的冒号后面使用任意名字，通过“元件名”法填写单元表。冒号前面的名字部分应输入作为 ETABLE 命令的 Item 变元，冒号后的部分（如果有的话）应输入作为 ETABLE 命令的 Comp 变元，O 列与 R 列表示在 Jobname. OUT 文件（O）中或结果文件（R）中该项是否可用：“Y”表示该项总可用，数字（比如 1，2）则表示有条件的可用（具体条件详见表后注释），而“-”则表示该项不可用。

表 7-2　三维 BEAM4 单元输出定义

名　称	定　义	O	R
EL	单元号	Y	Y
NODES	单元节点号	Y	Y
MAT	单元的材料号	Y	Y
VOLU：	单元体积	-	Y
CENT：X，Y，Z	单元质心在整体坐标中的位置	-	Y
TEMP	积分点处的温度 T1，T2，T3，T4，T5，T6，T7，T8	Y	Y
PRES	节点（1，J）处的压力 P1，OFFST1，P2，OFFST2，P3，OFFST3，I 处的压力 P4，J 处的压力 P5	Y	Y
SDIR	轴向应力	1	1
SBYT	梁单元的 +Y 侧的弯曲应力	1	1
SBYB	梁上单元 -Y 侧弯曲应力	1	1
SBZT	梁上单元 +Z 侧弯曲应力	1	1
SBZB	梁上单元 -Z 侧弯曲应力	1	1
SMAX	最大应力（正应力 + 弯曲应力）	1	1
SMIN	最小应力（正应力 - 弯曲应力）	1	1
EPELDIR	端部轴向弹性应变	1	1

（续）

名　称	定　义	O	R
EPTHDIR	端部轴向热应变	1	1
EPINAXL	单元初始轴向应变	1	1
MFOR：（X，Y，Z）	单元坐标系 X，Y，Z 方向的力	2	Y
MMOM：（X，Y，Z）	单元坐标系 X，Y，Z 方向的力矩	2	Y

注意：

1）若单元表项目经单元 I 节点、中间节点及 J 节点重复进行。

2）若 KEYOPT(6) =1。

（2）填充按序号识别变量的单元表

可对每个单元加上不平均的或非单值载荷，将其填入单元表中。该数据类型包括积分点的数据、从结构一维单元（如杆，梁，管单元等）和接触单元派生的数据、从一维温度单元派生的数据、从层状单元中派生的数据等。这些数据将列在“单元对于 ETABLE 和 ESOL 命令的项目和序号”表中，而 ANSYS 帮助文件中，对于每一单元类型都有详细的描述。表 7-3 是 BEAM4 单元的示例。

表中的数据分成项目组（如 LS、LEPEL、SMISC 等），项目组中每一项都有用于识别的序列号（E、I、J 对应的数字）。将项目组（如 LS、LEPEL、SMISC 等）作为 ETABLE 命令的 Item 变元，将序列号（如 1，2，3 等）作为 Comp 变元，将数据填入单元表中，称之为填写单元表的“序列号”法。

例如，BEAM4 单元的 J 点处的最大应力为 Item = NMISC 及 Comp = 3。而单元（E）的初始轴向应变（EPINAXL）为 Item = LEPYH，Comp = 11。

表 7-3　梁单元关于 ETABLE 和 ESOL 命令的项目和序号

KEYOPT(9) =0				
名称	项目	E	I	J
SDIR	LS	–	1	6
SBYT	LS	–	2	7
SBYB	LS	–	3	8
SBZT	LS	–	4	9
SBZB	LS	–	5	10
EPELDIR	LEPEL	–	1	6
SMAX	NMISC	–	1	3
SMIN	NMISC	–	2	4
EPTHDIR	LEPTH	–	1	6
EPTHBYT	LEPTH	–	2	7
EPTHBYB	LEPTH	–	3	8
EPTHBZT	LEPTH	–	4	9
EPTHBZB	LEPTH	–	5	10
EPINAXL	LEPTH	11	–	–
MFORX	SMISC	–	1	7
MMOMX	SMISC	–	4	10

（续）

KEYOPT(9) =0				
MMOMY	SMISC	–	5	11
MMOMZ	SMISC	–	6	12
P1	SMISC	–	13	14
OFFST1	SMISC	–	15	16
P2	SMISC	–	17	18
OFFST 2	SMISC	–	19	20
P3	SMISC	–	21	22
OFFST32	SMISC	–	23	24

对于某些一维单元，如 BEAM4 单元，KEYOPT 设置控制了计算数据的量，这些设置可能改变单元表项目对应的序号，因此针对不同的 KEYOPT 设置，存在不同的“单元项目和序号表格”。表 7–4 和 7–3 一样显示了关于 BEAM4 的相同信息，但列出的为 KEYOPT(9) = 3 时的序号（3 个中间计算点），而表 7–3 列出的是对应于 KEYOPT(9) =0 时的序号。

例如，当 KEYOPT(9) =0 时，单元 J 端 Y 向的力矩（MMOMY）在表 7–3 中是序号 11（SMISC 项），而当 KEYOPT(9) =3 时，其序号（表 7–4）为 29。

（3）定义单元表的注释

ETABLE 命令仅对选中的单元起作用，即只将所选单元的数据送入单元表中，在 ETABLE 命令中改变所选单元，可以有选择地填写单元表的行。

相同序号的组合表示对不同单元类型有不同数据。例如，组合“SMISC，1”对梁单元表示 MFOR（X）（单元 X 向的力），对 SOLID45 单元表示 P1（面 1 上的压力），对 CONTACT48 单元表示 FNTOT（总的法向力）。因此，若模型中有几种单元类型的组合，务必要在使用 ETABLE 命令前选择一种类型的单元（用 ESEL 命令或 GUI：Utility Menu > Select > Entities）。

ANSYS 程序在读入不同组的结果（如对不同的载荷步）或在修改数据库中的结果（如在组合载荷工况）时，不能自动刷新单元表，例如，假定模型由提供的样本单元组成，在 POST1 中发出下列命令。

```
SET,1                ！读入载荷步 1 结果
ETABLE,ABC,1S,6 ！在以 ABC 开头的列下将 J 端 KEYOPT(9) =0 的 SDIR
！移入单元表中
SET,2                ！读入载荷步 2 中结果
```

表 7–4　ETABLE 命令和 ESOL 命令的 BEAM4 的项目名和序号

KEYOPT(9) =3							
标　号	项　目	E	I	IL1	IL2	IL3	J
SDIR	LS	–	1	6	11	16	21
SBYT	LS	–	2	7	12	17	22
SBYB	LS	–	3	8	13	18	23
SBZT	LS	–	4	9	14	19	24
SBZB	LS	–	5	10	15	20	25
EPELDIR	LEPEL	–	1	6	11	16	21
EPELBYT	LEPEL	–	2	7	12	17	22
EPELBYB	LEPEL	–	3	8	13	18	23

（续）

KEYOPT(9) = 3							
标　号	项　目	E	I	IL1	IL2	IL3	J
EPELBZT	LEPEL	–	4	9	14	19	24
EPELBZB	LEPEL	–	5	10	15	20	25
EPINAXL	LEPTH	26	–	–	–	–	–
SMAX	NMISC	–	1	3	5	7	9
SMIN	NMISC	–	2	4	6	8	10
EPTHDIR	LEPTH	–	1	6	11	16	21
MFORX	SMISC	–	1	7	13	19	25
MMOMX	SMISC	–	4	10	16	22	28
MMOMY	SMISC	–	5	11	17	23	29
P1	SMISC	–	31	–	–	–	32
OFFST1	SMISC	–	33	–	–	–	34
P2	SMISC	–	35	–	–	–	36
OFFST2	SMISC	–	37	–	–	–	38
P3	SMISC	–	39	–	–	–	40
OFFST3	SMISC	–	41	–	–	–	42

此时，单元表 ABC 列下仍含有载荷步 1 的数据。用载荷步 2 中的数据更新该列数据时，应用命令“ETABLE，KEFL”或通过 GUI 方式指定更新项。

可将单元表当作一“工作表”，对结果数据进行计算。

使用 POST1 中的“SAVE，FNAME，EXT”命令或者“/EXIT，ALL”命令，那么在退出 ANSYS 程序时，可以对单元表进行存盘（若使用 GUI 方式，选择 Utility Menu > File > Save as 或 Utility > File > Exit 后按照对话框内的提示进行）。这样可将单元表及其余数据存到数据库文件中。

为从内存中删除整个单元表，用“ETABLE，ERASE”命令（或 GUI：Main Menu > General Postproc > Element Table > Erase Table），或用“ETABLE，LAB，ERASE”命令删去单元表中的 Lab 列。用 RESET 命令（或 GUI：Main Menu > General Postproc > Reset）可自动删除 ANSYS 数据库中的单元表。

4. 对主应力的专门研究

在 POST1 中，SHELL61 单元的主应力不能直接得到，默认情况下，可得到其他单元的主应力，除以下两种情况之外。

1）在 SET 命令中要求进行时间插值或定义了某一角度。

2）执行了载荷工况操作。

在上述任意一种情况下，必须用 GUI：Main Menu > General Postproc > Load Case > Line Elem Stress 或执行“LCOPER，LPRIN”命令以计算主应力。然后通过 ETABLE 命令或用其他适当的打印或绘图命令访问该数据。

5. 读入 FLOTRAN 的计算结果

使用 FLREAD 命令（GUI：Main Menu > General Postproc > Read Results > FLOTRAN2.1A）可以将结果从 FLOTRAN 的剩余文件读入数据库。FLOTRAN 的计算结果（Jobname.RFL）可

以用普通的后处理函数或命令（例如，SET 命令，相应的 GUI 路径：Utility Menu > List > Results > Load Step Summary）读入。

6. 数据库复位

RESET 命令（或 GUI：Main Menu > General Postproc > Reset）可在不脱离 POST1 的情况下初始化 POST1 命令的数据库默认部分，该命令在离开或重新进入 ANSYS 程序时的效果相同。

7.2.2 图像显示结果

一旦所需结果存入数据库，可通过图像显示和表格方式观察。另外，可映射沿某一路径的结果数据。图像显示可能是观察结果的最有效方法。POST1 可显示下列类型图像。

1）梯度线显示。

2）变形后的形状显示。

3）矢量图显示。

4）路径绘图。

5）反作用力显示。

6）粒子流轨迹。

1. 梯度线显示

梯度线显示表现了结果项（如应力、温度、磁场磁通密度等）在模型上的变化。梯度线显示中有以下 4 个可用命令。

命令：PLNSOL。
GUI：Main Menu > General Postproc > Plot Results > Nodal Solu。
命令：PLESOL。
GUI：Main Menu > General Postproc > Plot Results > Element Solu。
命令：PLETAB。
GUI：Main Menu > General Postproc > Plot Results > Elem Table。
命令：PLLS。
GUI：Main Menu > General Postproc > Plot Results > Line Elem Res。

PLNSOL 命令生成连续的整个模型的梯度线。该命令或 GUI 方式可用于原始解或派生解。对典型的单元间不连续的派生解，在节点处进行求平均值处理，以便可显示连续的梯度线。下面将举出原始解（TEMP）（见图 7-3）和派生解（TGX）（见图 7-4）梯度显示的示例。

```
PLNSOL,TEMP! 原始解:自由度 TEMP
```

若有 PowerGraphics（性能优化的增强型 RISC 体系图形），可用下面任一方法来对派生数据求平均值。

命令：AVRES。
GUI：Main Menu > General Postproc > Options for Outp。
GUI：Utility Menu > List > Results > Options。

上述任一方法均可确定在材料及（或）实常数不连续的单元边界上是否对结果进行求平均值处理。

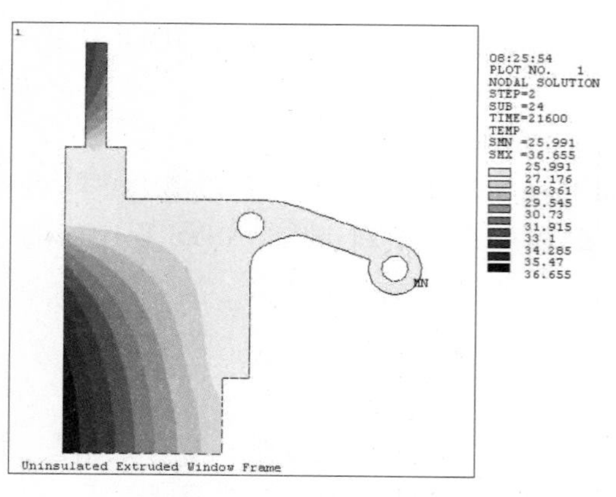

图 7-3 使用 PLNSOL 得到的原始解的梯度线

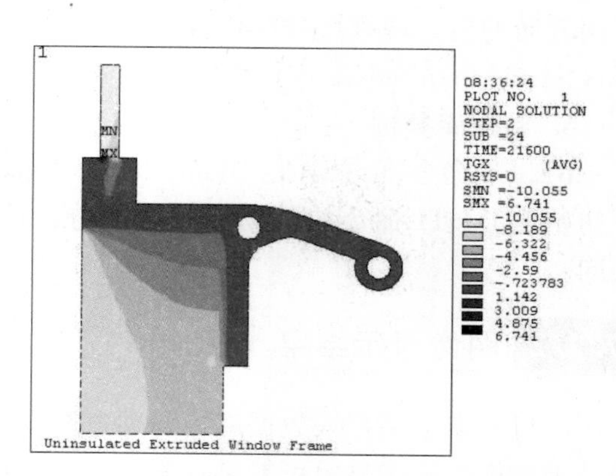

图 7-4 PLNSOL 命令对派生数据进行梯度显示

注意：

若 PowerGraphics 无效（对大多数单元类型而言，这是默认值），不能用 AVRES 命令去控制平均计算。平均算法则不管连接单元的节点属性如何，均会在所选单元上的所有节点处进行平均操作。这对材料和几何形状不连续处是不合适的。当对派生数据进行梯度线显示时（这些数据在节点处已做过平均），务必选择相同材料、相同厚度（对板单元）、相同坐标系等的单元。

PLESOL 命令在单元边界上生成不连续的梯度线（见图 7-5 所示），该命令用于派生的解数据。命令示例如下。

```
PLESOL,TG,X
```

PLETAB 命令可以显示单元表中数据的梯度线图（也可称云纹图或者云图）。在 PLETAB 命令中的 AVGLAB 字段，提供了是否对节点处数据进行平均的选择项（默认状态下，对连续梯度线作平均，对不连续梯度线不作平均）。下例假设采用 SHELL99 单元（层状壳）模型，分别对结果进行平均和不平均处理，如图 7-6 和图 7-7 所示，相应的命令如下。

```
ETABLE,SHEARXZ,SMISC,9！在第二层底部存在层内剪切（ILSXZ）
PLETAB,SHEARXZ,AVG！SHEARXZ 的平均梯度线图
PLETAB,SHEARXZ,NOAVG ！SHEARXZ 的未平均(默认值)的梯度线
```

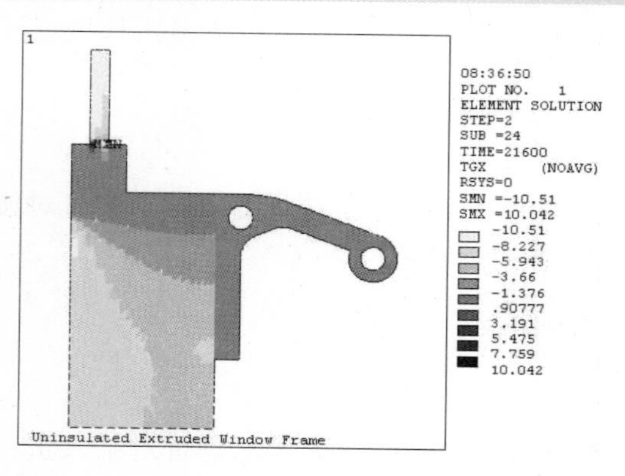

图 7-5 显示不连续梯度线的 PLESOL 图样

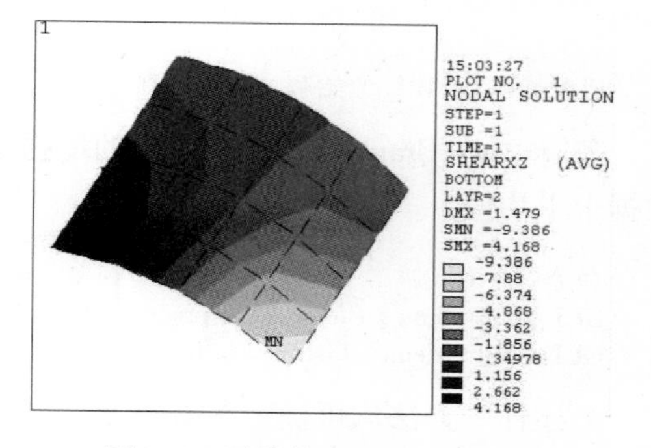

图 7-6 平均的 PLETAB 梯度线

PLLS 命令用梯度线的形式显示一维单元的结果，该命令也要求数据存储在单元表中，该命令常用于梁分析中显示剪力图和力矩图。下面给出一个梁模型（BEAM3 单元，KEYOPT(9)=1）的示例，结果显示如图 7-8 所示，命令如下。

```
ETABLE,IMOMENT,SMISC,6      ! I端的弯矩,命名为 IMOMENT
ETABLE,JMOMENT,SMISC,18     ! J端的弯矩,命名为 JMOMENT
PLLS,IMOMENT,JMOMENT        ! 显示 IMOMENT,JMOMENT 结果
```

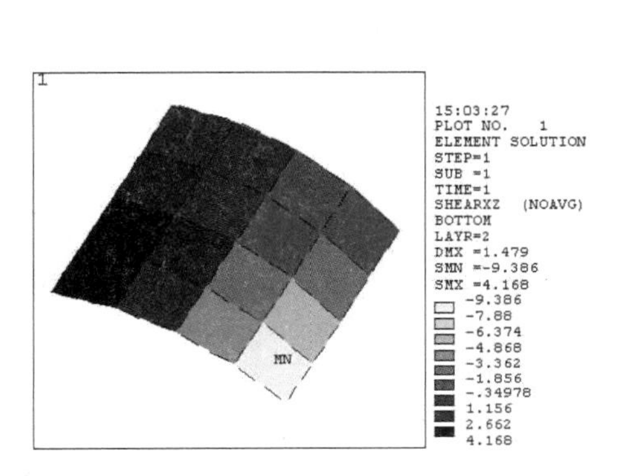

图 7-7 未平均的 PLETAB 梯度线

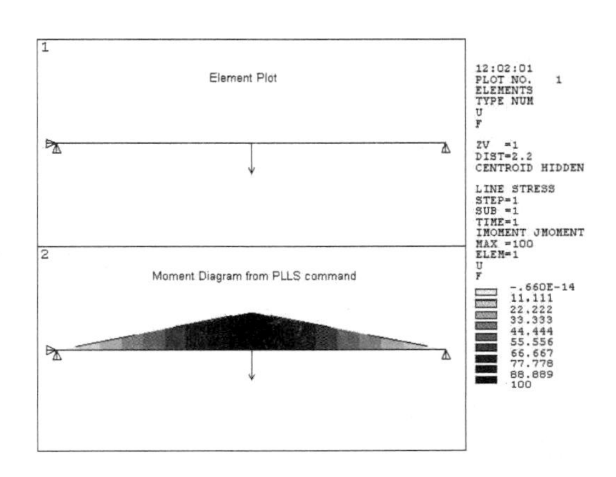

图 7-8 用 PLLS 命令显示的弯矩图

PLLS 命令将线性显示单元的结果，即用直线将单元 I 节点和 J 节点的结果数值连起来，而不管结果沿单元长度是否是线性变化，另外，可用负的比例因子将图形倒过来。

用户需要注意如下几个方面。

1）可用/CTYPE 命令（GUI：Utility Menu > Plot Ctrls > Style > Contours > Contour Style）首先设置 KEY 为 1 来生成等轴测的梯度线显示。

2）平均主应力：默认情况下，各节点处的主应力根据平均分应力计算。也可反过来做，首先计算每个单元的主应力，然后在各节点处平均。

其命令和 GUI 路径如下。

```
命令:AVPRIN。
GUI:Main Menu > General Postproc > Options for Outp。
GUI:Utility Menu > List > Results > Options。
```

该法不常用，但在特定情况下很有用。需注意的是，在不同材料的结合面处不应采用平均算法。

3）矢量求和：与主应力的做法相同。默认情况下，在每个节点处的矢量和的模（平方和的开方）是按平均后的分量来求的。用 AVPRIN 命令可反过来计算，先计算每单元矢量和的模，然后在节点处进行平均。

4）壳单元或分层壳单元：默认情况下，壳单元和分层壳单元得到的计算结果是单元上表面的结果。

要显示上表面、中部或下表面的结果，用 SHELL 命令（GUI：Main Menu > General Postproc > Options for Outp）。对于分层单元，使用 LAYER 命令（GUI：Main Menu > General Posrproc > Options for Outp）指明需显示的层号。

5）Von Mises 当量应力（EQV）：使用命令 AVPRIN 可以改变用来计算当量应力的有效泊松比。

```
命令:AVPRIN。
GUI:Main Menu > General Postproc > Plot Results > - Contour Plot - Nodal Solu。
GUI:Main Menu > General Postproc > Plot Results > - Contour Plot - Element Solu。
GUI:Utility Menu > Plot > Results > Contour Plot > Elem Solution。
```

典型情况下，对弹性当量应变（EPEL，EQV），可将有效泊松比设为输入泊松比，对非弹性应变（EPPL，EQV 或 EPCR，EQV），设为 0.5。对于整个当量应变（EPTOT，EQV），应在输入的泊松比和 0.5 之间选用一有效泊松比。另一种方法是，用命令 ETABLE 存储当量弹性应变，使有效泊松比等于输入泊松比，在另一张表中用 0.5 作为有效泊松比存储当量塑性应变，然后用 SADD 命令将两张表合并，得到整个当量应变。

2. 变形后的形状显示

在结构分析中可用这些显示命令观察结构在施加载荷后的变形情况。其命令及相应的 GUI 路径如下。

```
命令:PLDISP。
GUI:Utitity Menu > Plot > Results > Deformed Shape。
GUI:Main Menu > General Postproc > Plot Results > Deformed Shape。
```

例如，输入如下命令，界面显示如图 7-9 所示。

```
PLDISP,1                    ! 变形后的形状与原始形状叠加在一起
```

另外，可用/DSCALE 命令来改变位移比例因子，对变形图进行缩小或放大显示。

需提醒的一点是，在用户进入 POST1 时，通常所有载荷符号被自动关闭，以后再次进入 PREP7 或 SLUTION 处理器时仍不会见到这些载荷符号。若在 POST1 中打开所有载荷符号，那么将会在变形图上显示载荷。

3. 矢量显示

矢量显示是指用箭头显示模型中某个矢量大小和方向的变化，通常所说的矢量包括：平移（U）、转动（ROT）、磁力矢量势（A）、磁通密度（B）、热通量（TF）、温度梯度（TG）、液流速度（V）、主应力（S）等。

用下列方法可产生矢量显示。

```
命令:PLVECT。
GUI:Main Menu > General Postproc > Plot Results > Vector Plot > Predefined Or User - Defined。
```

可用下列方法改变矢量箭头长度比例。

```
命令:/VSCALE。
GUI:Utility Menu > PlotCtrls > Style > Vector Arrow Scaling。
```

例如，输入下列命令，图形界面将显示如图 7-10 所示。

```
PLVECT,B! 磁通密度(B)的矢量显示
```

说明：在 PLVECT 命令中定义两个或两个以上分量，用户可生成自己所需的矢量值。

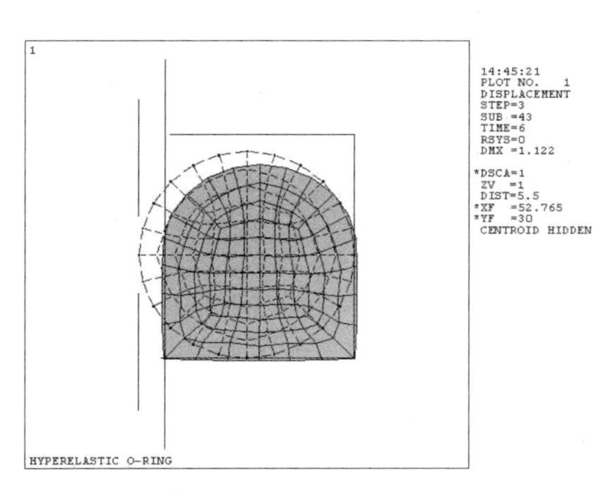

图 7-9 变形后的形状与原始形状一起显示

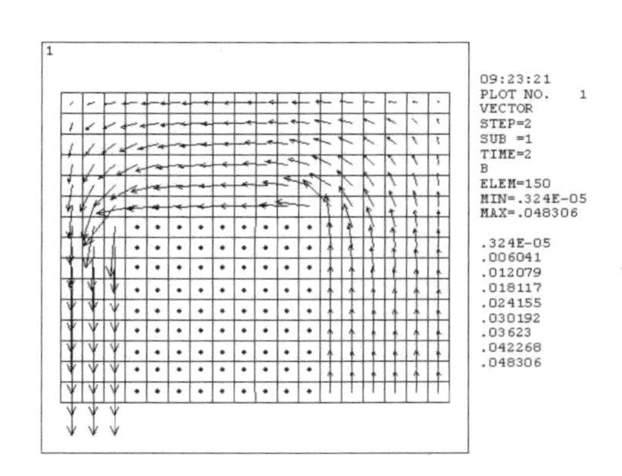

图 7-10 磁场强度的 PLVECT 矢量图

4. 路径图

路径图是显示某个变量（如位移、应力，温度等）沿模型上指定路径的变化图。要产生路径图，执行下述步骤。

1）执行命令 PATH 定义路径属性（GUI：Main Menu > General Postproc > Path Operations > Define Path > Path Status > Defined Paths）。

2）执行命令 PPATH 定义路径点（GUI：Main Menu > General Postproc > Path Operations > Define Path）。

3）执行命令 PDEF 将所需的量映射到路径上（GUI：Main Menu > General Postproc > Path Operations > Map Onto Path）。

4）执行命令 PLPATH 和 PLPAGM 显示结果（GUI：Main Menu > General Postproc > Path Operations > Plot Path Items）。

5. 反作用力显示

用命令/PBC 下的 RFOR 或 RMOM 来激活反作用力显示。以后的任何显示（由 NPLOT、EPLOT 或 PLDISP 命令生成）将在定义了 DOF 约束的点处显示反作用力。约束方程中某一自由度节点力之和不应包含该节点的外力。

如反作用力一样，也可用命令/PBC（GUI：Utility Menu > PlotCtrls > Symbols）中的 NFOR 或 NMOM 项显示节点力，这是单元在其节点上施加的外力。每一节点处这些力之和通常为 0，约束点处或加载点除外。

默认情况下，打印出的或显示出的力（或力矩的）的数值代表合力（静力、阻尼力和惯性力的总和）。FORCE 命令（GUI：Main Menu > General Postproc > Options For Outp）可将合力分解成各分力。

6. 粒子流和带电粒子轨迹

粒子流轨迹是一种特殊的图像显示形式，用于描述流动流体中粒子的运动情况。带电粒子轨迹是显示带电粒子在电、磁场中如何运动的图像。

粒子流或带电粒子轨迹显示常用的有以下两组命令及相应的 GUI 路径。

1）TRPOIN 命令（GUI：Main Menu > General Postproc > Plot Results > Defi Trace Pt）。在路径轨迹上定义一个点（起点、终点或者两点中间的任意一点）。

2）PLTRAC 命令（GUI：Main Menu > General Postproc > Plot Results > Plot Flow Tra）。在单元上显示流动轨迹，能同时定义和显示多达 50 点。

PLTRAC 图样如图 7-11 所示。

PLTRAC 命令中的 Item 字段和 Comp 字段能使用户看到某一特定项的变化情况（如对于粒子流动而言，其轨迹为速度、压力和温度；对于带电粒子而言，其轨迹为电荷）。项目的变化情况沿路径用彩色的梯度线显示出来。

另外，与粒子流或带电粒子轨迹相关的还有如下命令。

- TRPLIS 命令（GUI：Main Menu > General Postproc > Plot Results > List Trace Pt），列出轨迹点。
- TRPDEL 命令（GUI：Main Menu > General Postproc > Plot Results > Dele Trace Pt），删除轨迹点。
- TRTIME 命令（GUI：Main Menu > General Postproc > Plot Results > Time Interval），定义流动轨迹时间间隔。
- ANFLOW 命令（GUI：Main Menu > General Postproc > Plot Results > Paticle Flow），生成粒子流的动画序列。

7. 破碎图

若在模型中有 SOLID65 单元，可用 PLCRACK 命令（GUI：Main Menu > General Postproc > Plot Results > Crack/Crash）确定哪些单元已断裂或碎开。以小圆圈标出已断裂，以八边形表示混凝土已碎开（见图 7-12）。在使用不隐藏矢量显示的模式下，可见断裂和压碎的符号，为指定这一设备，用命令“/DEVICE，VECTOR，ON”（GUI：Utility Menu > Plotctrls > Device Options）即可。

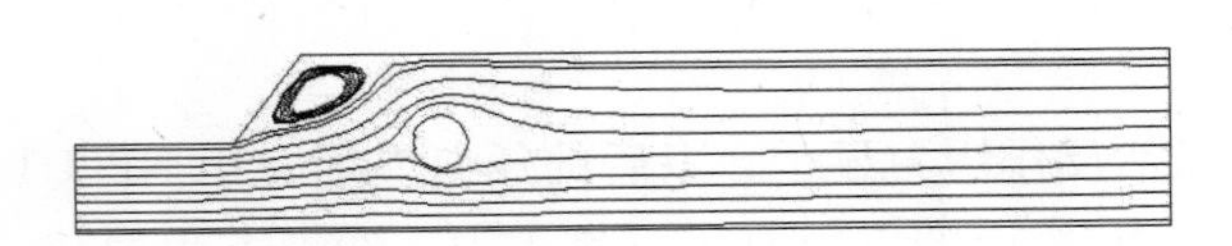

图 7-11　粒子流轨迹示例

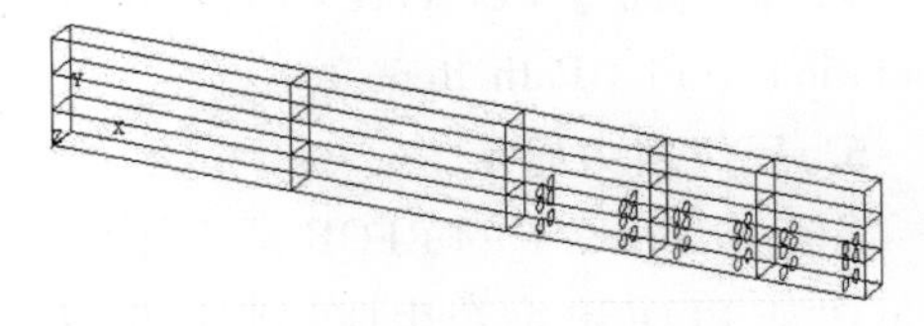

图 7-12　具有裂缝的混凝土梁

7.2.3 列表显示结果

将结果存档的有效方法（如报告、呈文等）是在 PosT1 中制表。列表选项对节点、单元、反作用力等求解数据可用。

1. 列出节点、单元求解数据

用下列方式可以列出指定的节点求解数据（原始解及派生解）。

命令：PRNSOL。
GUI：Main Menu > General Postproc > List Results > Nodal Solution。

用下列方式可以列出所选单元的指定结果。

命令：PRNSEL。
GUI：Main Menu > General Postproc > List Results > Element Solution。

要获得一维单元的求解输出，在 PRNSOL 命令中指定 ELEM 选项，程序将列出所选单元的所有可行的单元结果。

2. 列出反作用载荷及作用载荷

在 POST1 中有几个选项用于列出反作用载荷（反作用力）及作用载荷（外力）。PRRSOL 命令（GUI：Menu > General Postproc > List Results > Reaction Solu）列出了所选节点的反作用力。FORCE 命令可以指定哪一种反作用载荷（包括合力（默认值）、静力、阻尼力或惯性力）数据被列出。PRNLD 命令（GUI：Main Menu > General Postproc > List > Nodal Loads）列出所选节点处的合力，值为零的除外。

另外几个常用的命令是 FSUM、NFORCE 和 SPOINT，下面分别说明。

FSUM 命令对所选的节点进行力、力矩求和运算和列表显示。

```
命令:FSUM。
GUI:Main Menu > General Postproc > Nodal Calcs > Total Force Sum。
```

下面给出一个关于 FSUM 命令的输出样本。

```
*** NOTE ***
Summations based on final geometry and will not agree with solution reactions.
*****SUMMATION OF TOTAL FORCES AND MOMENTS IN GLOBAL COORDINATES *****
FX =    .1147202
FY =    .7857315
FZ =    .0000000E+00
MX =    .0000000E+00
MY =    .0000000E+00
MZ =    39.82639
SUMMATION POINT =   .00000E+00   .00000E+00   .00000E+00
```

NFORCE 命令除了总体求和外，还对每一个所选的节点进行力、力矩求和。

```
命令:NFORCE
GUI:Main Menu > General Postproc > Nodal Calcs > Sum @ Each Node。
```

SPOINT 命令定义在哪些点（除原点外）求力矩和。

```
GUI:Main Menu > General Postproc > Nodal Calcs > Summation Pt > At Node。
GUI:Main Menu > General Postproc > Nodal Calcs > Summation Pt > At XYZ Loc。
```

3. 列出单元表数据

用下列命令可列出存储在单元表中的指定数据。

```
命令:PRETAB。
GUI:Main Menu > General Postproc > Element Table > List Elem Table。
GUI:Main Menu > General Postproc > List Results > Elem Table Data。
```

为列出单元表中每一列的和，可用 SSUM 命令（GUI：Main Menu > General Postproc > Element Table > Sum of Each Item）。

4. 其他列表

用下列命令可列出其他类型的结果。

1）PREVECT 命令（GUI：Main Menu > General Postproc > List Results > Vector Data）列出所有被选单元指定的矢量大小及其方向余弦。

2）PRPATH 命令（GUI：Main Menu > General Postproc > List Results > Path Items）计算并列出在模型中沿预先定义的几何路径的数据。注意：必须事先定义一路径并将数据映射到该路径上。

3）PRSECT 命令（GUI：Main Menu > General Postproc > List Results > Linearized Strs）计算并列出沿预定的路径线性变化的应力。

4）PRERR 命令（GUI：Main Menu > General Postproc > List Results > Percent Error）列出所选单元的能量级的百分比误差。

5）PRITER 命令（GUI：Main Menu > General Postproc > List Results > Iteration Summry）列出迭代次数概要数据。

5. 对单元、节点排序

默认情况下，所有列表通常按节点号或单元号的升序来进行排序。可根据指定的结果项先对节点、单元进行排序来改变它。NSORT 命令（GUI：Main Menu > General Postproc > List Results > Sorted Listing > Sort Nodes）基于指定的节点求解项进行节点排序；ESORT 命令（GUI：Main Menu > General Postproc > List Results > Sorted Listing > Sort Elems）基于单元表内存入的指定项进行单元排序。例如：

```
NSEL,…                    ! 选节点
NSORT,S,X                 ! 基于 SX 进行节点排序
PRNSOL,S,COMP             ! 列出排序后的应力分量
```

使用下述命令恢复到原来的节点或单元顺序。

```
命令:NUSORT。
GUI:Main Menu > General Postproc > List Results > Sorted Listing > Unsort Nodes。
命令方式:EUSORT。
GUI:Main Menu > General Postproc > List Results > Sorted Listing > Unsort Elems。
```

6. 用户化列表

有些场合，需要根据要求来定制结果列表。/STITLE 命令（无对应的 GUI 方式）可定义多达 4 个子标题，与主标题一起在输出列表中显示。输出用户可用的其他命令为：/FORMAT、/HEADER 和/PAGA（同样无对应的 GUI 方式）。

这些命令控制下述事情：重要数字的编号；列表顶部的表头输出；打印页中的行数等。这些控制仅适用于 PRRSOL、PRNSOL、PRESOL、PRETAB、PRPATH 命令。

7.2.4 将结果旋转到不同坐标系中显示

在求解计算中，计算结果数据包括位移（UX，UY，ROTX 等）、梯度（TGX，TGY 等）、应力（SX，SY，SZ 等）、应变（EPPLX，EPPLXY 等）等。这些数据以节点坐标系（基本数据或节点数据）或任意单元坐标系（派生数据或单元数据）的分量形式存入数据库和结果文件中。然而，结果数据通常需要转换到激活的结果坐标系（默认情况下为整体直角坐标系中）来显示、列表或进行单元表格数据存储操作，本小节将介绍这方面的内容。

使用 RSYS 命令（GUI：Main Menu > General Postproc > Options For Outp），可以将激活的结果坐标系转换成整体柱坐标系（RSYS，1），整体球坐标系（RSYS，2），任何存在的局部坐标系（RSYS，N，这里 N 是局部坐标系序号）或求解中所使用的节点坐标系和单元坐

标系（RSYS，SOLU）。若对结果数据进行列表、显示或操作，首先将它们变换到结果坐标系。当然，也可将这些结果坐标系设置回整体坐标系（RSYS，0）。

图 7-13 显示了在几种不同的坐标系设置下，位移是如何被输出的。位移通常是根据节点坐标系（一般总是笛卡儿坐标系）给出，但用 RSYS 命令可使这些节点坐标系变换为指定的坐标系。例如，“RSYS，1”可使结果变换到与整体柱坐标系平行的坐标系，使 UX 代表径向位移，UY 代表切向位移。类似地，在磁场分析中 AX 和 AY，及在流场分析中 VX 和 VY 也用“RSYS，1”变换的整体柱坐标系径向、切向值输出。

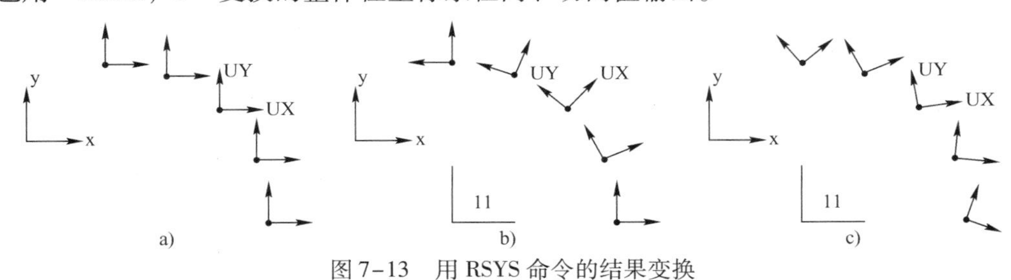

图 7-13 用 RSYS 命令的结果变换

a）笛卡儿坐标系（C. S. 0） b）局部柱坐标（RSYS，11） c）整体柱坐标（RSYS，1）

注意：

某些单元结果数据总是以单元坐标系输出，而不论激活的结果坐标系为何种坐标系。这些仅用单元坐标系表述的结果项包括：力、力矩、应力、梁、管和杆单元的应变，及一些壳单元的分布力和分布力矩。

下面用圆柱壳模型来说明如何改变结果坐标系。在此模型中，用户可能会对切向应力结果感兴趣，所以需转换结果坐标系，命令如下。

```
PLNSOL,S,Y            ! 显示图 7-14,SY 是在整体笛卡儿坐标系下(默认值)
RSYS,1
PLNSOL,S,Y            ! 显示图 7-15,SY 是在整体柱坐标系下
```

在大变形分析中（用命令“NLGEOM，ON”打开大变形选项，且单元支持大变形），单元坐标系首先按单元刚体转动量旋转，因此各应力、应变分量及其他派生出的单元数据包含有刚体旋转的效果。用于显示这些结果的坐标系是按刚体转动量旋转的特定结果坐标系。但 HYPER56、HYPER58、HYPER74、HYPER84、HYPER86 和 HYPER158 单元例外，这些单元总是在指定的结果坐标系中生成应力、应变，没有附加刚体转动。另外，在大变形分析中的原始解（如位移），是不包括刚体转动效果的，因为节点坐标系不会按刚体转动量旋转。

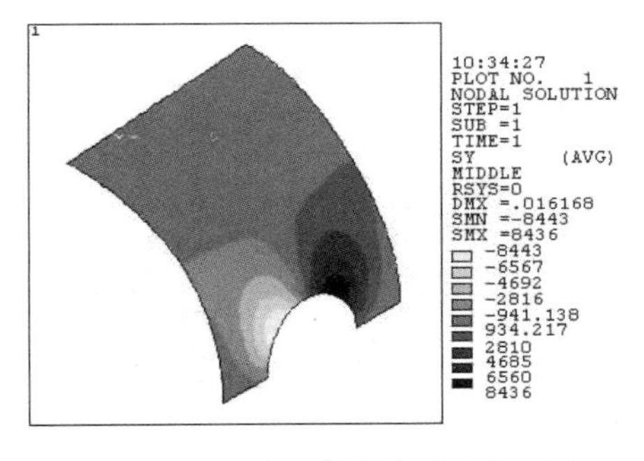

图 7-14 SY 在整体笛卡儿坐标系中

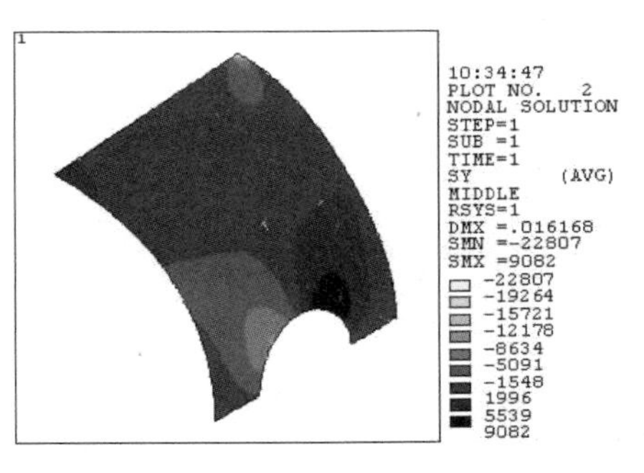

图 7-15 SY 在整体柱坐标系中

7.3 实例——轴承座计算结果后处理

为了使读者对 ANSYS 的后处理操作有个比较清楚的认识和掌握，以下实例将对第 5 章的有限元计算结果进行后处理，以此分析轴承座在载荷作用下的受力情况，从而分析研究其危险部位进行应力校核和评定。

7.3.1 GUI 方式

首先打开轴承座计算结果文件 Result_BearingBock. db 文件。

1. 查看轴承座变形情况

执行主菜单中的 Main Menu > General Postproc > Plot Results > Deformed Shape 命令，弹出 Plot Deformed Shape 对话框，如图 7-16 所示，选择 Def + undef edge 单选按钮，然后单击 OK 按钮。即输出变形图，如图 7-17 所示。

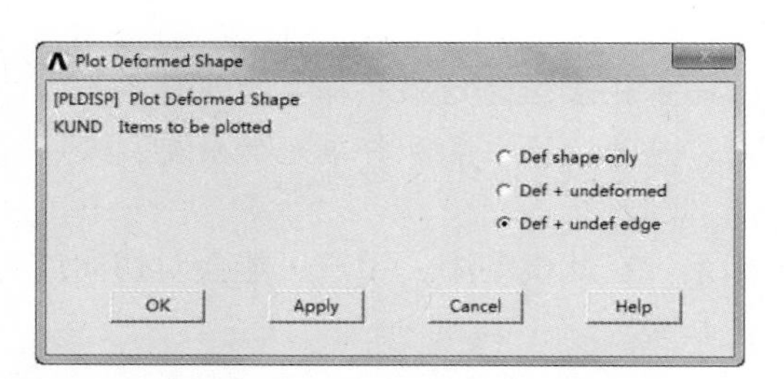

图 7-16 Plot Deformed Shape 对话框

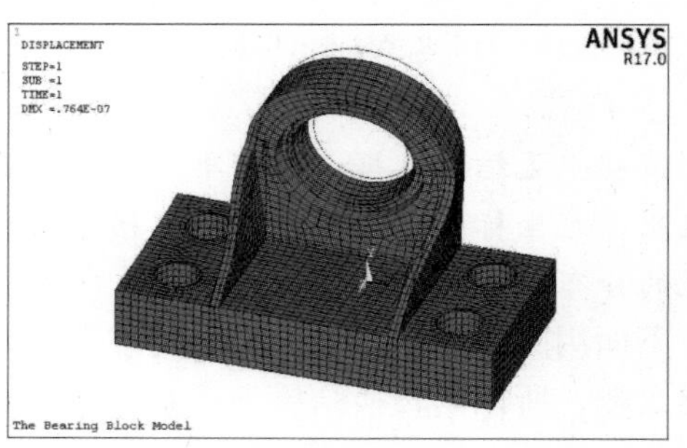

图 7-17 变形图

2. 输出等比例（1：1）变形图

执行菜单栏中的 Utility Menu > PlotCtrls > Style > Displacement Scaling 命令，弹出 Displacement Display Scaling 对话框，如图 7-18 所示，在 Displacement scale factor 后面选择 1. 0 (true scale) 单选按钮，然后单击 OK 按钮。生成的结果即真实的变形图如图 7-19 所示。除此之外，用户还可以自己设定显示的比例因子，如图 7-18 所示，先选择 Displacement scale factor 后面的 User specified 单选按钮，然后在下面的输入框中输入想要放大或缩小的比例系数，单击 OK 按钮就可以了。

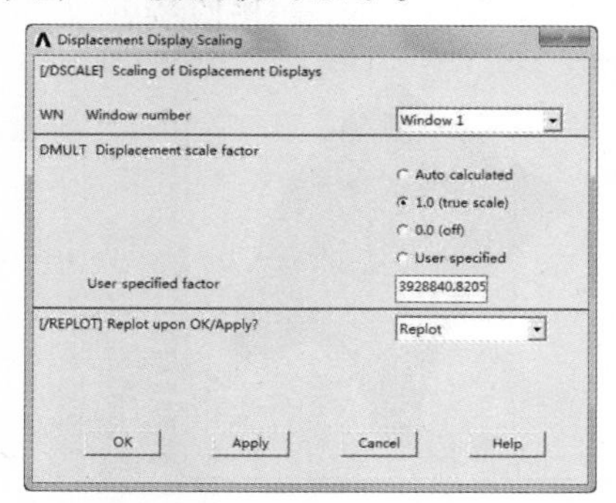

图 7-18 Displacement Display Scaling 对话框

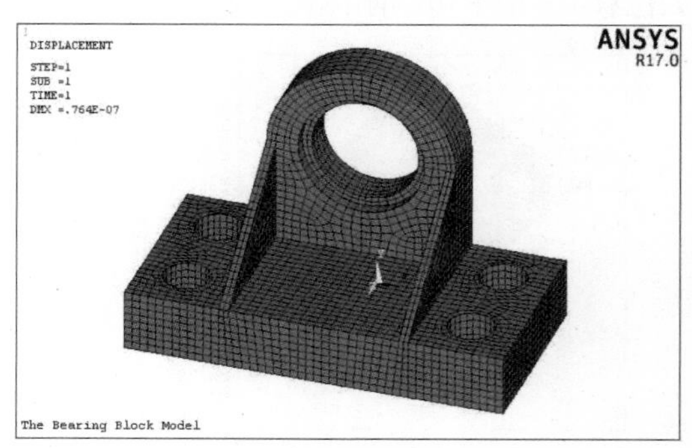

图 7-19 等比例变形图

3. 查看轴承座 Mises 应力

执行主菜单中的 Main Menu > General Postproc > Plot Results > Contour Plot > Nodal Solu 命令，弹出 Contour Nodal Solution Data 对话框，在列表框中依次选择 Nodal Solution > Stress > von Mises stress 选项，如图 7-20 所示，然后单击 OK 按钮。结果如图 7-21 所示。

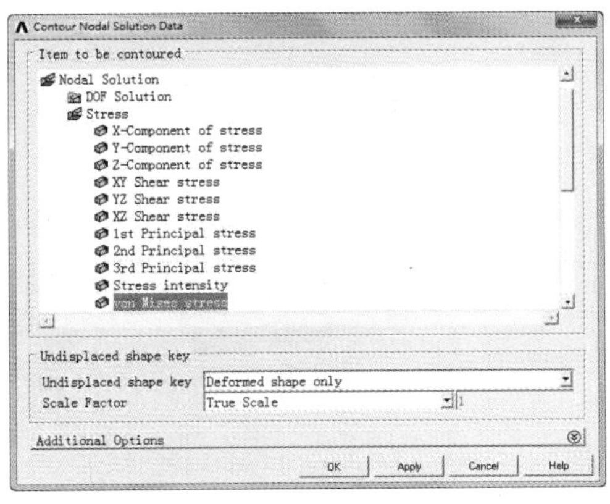

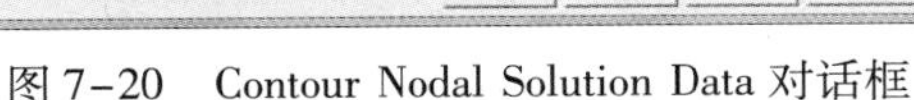
图 7-20　Contour Nodal Solution Data 对话框

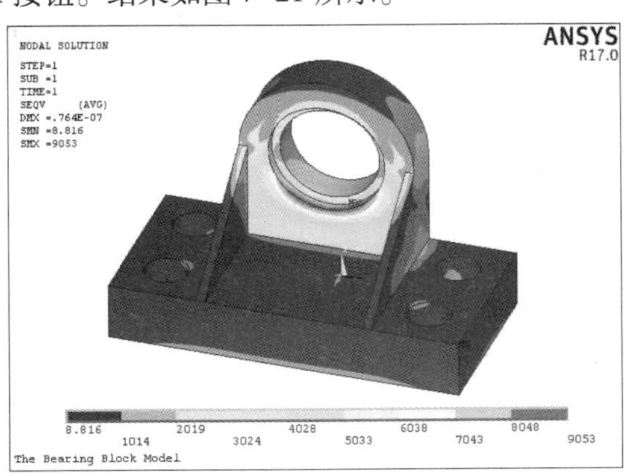

图 7-21　轴承座 Mises 应力云图

从上面的 Mises 应力云图上，可以大致看出轴承座在承受此种载荷作用下，其应力分布状况。要想获得更为详尽的信息，可以通过列表或者通过 Subgrid Solu 工具来得到各个节点的应力值。

4. 列表输出应力值

执行菜单栏中的 Utility Menu > List > Results > Nodal Solution 命令，同样弹出图 7-20 所示的对话框，同上选取，单击 OK 按钮，ANSYS 就会把各个节点的应力值以列表的形式输出，如图 7-22 所示。

5. 使用 Subgrid Solu 工具在模型上直接得到各个节点的应力值

列表输出可以很方便地得到各个节点的应力值大小，但是有的时候往往需要关注的是某些局部部位的应力值的大小，这时候就可以使用 Subgrid Solu 工具了。

执行主菜单中的 Main Menu > General Postproc > Query Results > Subgrid Solu 命令，弹出如图 7-23 所示的 Query Subgrid Solution Data 对话框，按图所示进行选择，然后单击 OK 按钮。

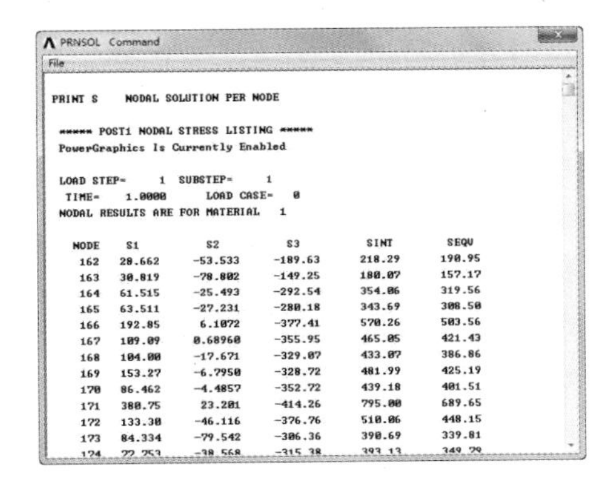

PRNSOL Command

File

PRINT S　NODAL SOLUTION PER NODE

***** POST1 NODAL STRESS LISTING *****
PowerGraphics Is Currently Enabled

LOAD STEP=　1　SUBSTEP=　1
TIME=　1.0000　LOAD CASE=　0
NODAL RESULTS ARE FOR MATERIAL　1

NODE	S1	S2	S3	SINT	SEQV
162	20.662	-53.533	-189.63	210.29	190.95
163	30.819	-70.802	-149.25	180.07	157.17
164	61.515	-25.493	-292.54	354.06	319.56
165	63.511	-27.231	-280.18	343.69	308.50
166	192.85	6.1072	-377.41	570.26	503.56
167	109.09	0.68960	-355.95	465.05	421.43
168	104.00	-17.671	-329.07	433.07	386.86
169	153.27	-6.7950	-328.72	481.99	425.19
170	86.462	-4.4857	-352.72	439.18	401.51
171	380.75	23.201	-414.26	795.00	689.65
172	133.30	-46.116	-376.76	510.06	448.15
173	84.334	-79.542	-306.36	390.69	339.81
174	22.253	-38.568	-315.38	393.13	349.79

图 7-22　列表输出应力值

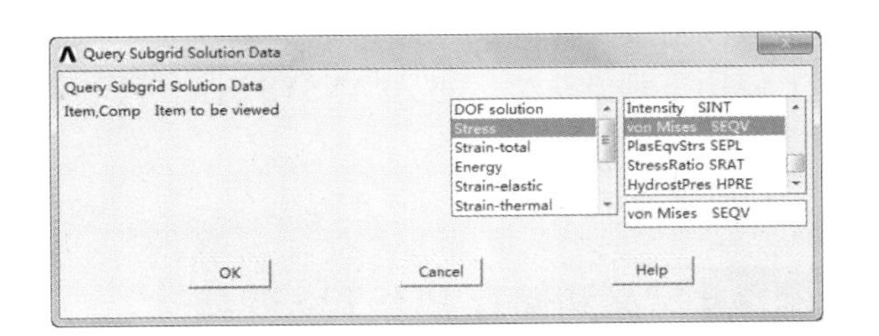

图 7-23　Query Subgrid Solution Data 对话框

接着弹出 Query Subgrid Results 对话框，如图 7-24 所示，鼠标在模型上拾取感兴趣的节点，在模型上就会出现相应应力值大小，在 Query Subgrid Results 对话框中会出现该节点的相应坐标。输出结果如图 7-25 所示。

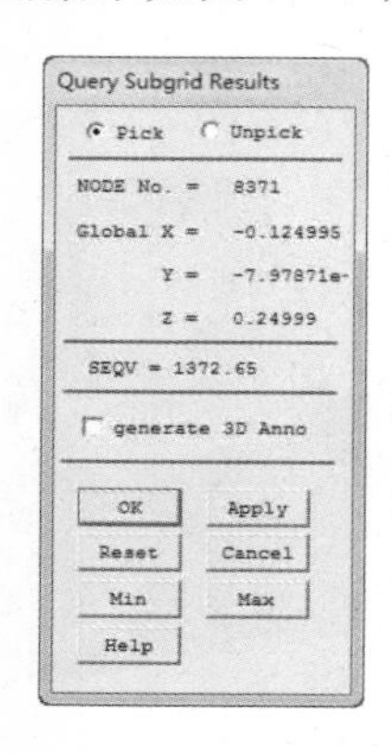

图 7-24　Query Subgrid Results 对话框

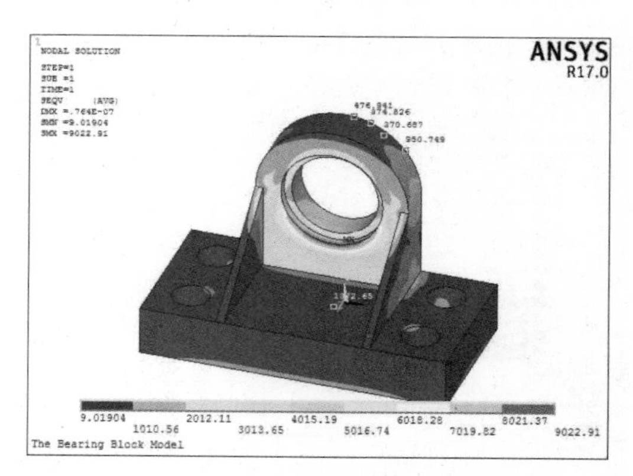

图 7-25　Query Subgrid Results 输出结果

后处理中还有一些其他的功能（如路径操作、等值线显示等）在此就不一一介绍了，相信读者随着运用的熟练程度的增加，会逐步掌握这些功能。

6. 保存结果文件

选择 ANSYS Toolbar 窗口中的 SAVE_DB 命令。

7.3.2 命令方式

```
/POST1
PLDISP,2
/DSCALE,1,1.0
/EFACET,1
PLNSOL,S,EQV,0,1.0
PRNSOL,S,PRIN
```

7.4　时间历程后处理（POST26）

时间历程后处理器 POST26 可用于检查模型中指定点的分析结果与时间、频率等的函数关系。它有许多分析能力：从简单的图形显示和列表到诸如微分和响应频谱生成的复杂操作。POST26 的一个典型用途是在瞬态分析中以图形表示结果项与时间的关系或在非线性分析中以图形表示作用力与变形的关系。

使用下列方法之一进入 ANSYS 时间历程后处理器。

命令：POST26。
GUI：Main Menu > Time Hist Postpro。

7.4.1 定义和储存 POST26 变量

POST26 的所有操作都是对变量而言的，是结果项与时间（或频率）的简表。结果项可以是节点处的位移、单元的热流量、节点处产生的力、单元的应力、单元的磁通量等。用户对每个 POST26 变量任意指定大于或等于 2 的参考号，参考号 1 用于时间（或频率）。因此，POST26 的第一步是定义所需的变量，第二步是存储变量，这些内容在下面描述。

1. 定义变量

可以使用下列命令定义 POST26 变量。所有这些命令与下列 GUI 路径等价。

```
GUI:Main Menu > Time Hist Postproc > Define Variables。
GUI:Main Menu > Time Hist Postproc > Elec&Mag > Circuit > Define Variables。
```

- FORCE 命令指定节点力（合力、分力、阻尼力或惯性力）。
- SHELL 命令指定壳单元（分层壳）中的位置（TOP、MID、BOT），“ESOL”命令将定义该位置的结果输出（节点应力、应变等）。
- LAYERP26L 指定结果待储存的分层壳单元的层号，然后，SHELL 命令对该指定层操作。
- NSOL 命令定义节点解数据（仅对自由度结果）。
- ESOI 命令定义单元解数据（派生的单元结果）。
- RFORCER 命令定义节点反作用数据。
- GAPF 命令用于定义简化的瞬态分析中间隙条件中的间隙力。
- SOLU 命令定义解的总体数据（如时间步长、平衡迭代数和收敛值）。

例如，下列命令定义两个 POST26 变量。

```
NSOL,2,358,U,X
ESOL,3,219,47,EPEL,X
```

变量 2 为节点 358 的 UX 位移（针对第一条命令），变量 3 为 219 单元的 47 节点的弹性约束的 X 分力（针对第二条命令）。然后，对于这些结果项，系统将给它们分配参考号，如果用相同的参考号定义一个新的变量，则原有的变量将被替换。

2. 存储变量

当定义了 POST26 变量和参数，就相当于在结果文件的相应数据建立了指针。存储变量就是将结果文件中的数据读入数据库。当发出显示命令或 POST26 数据操作命令（包括表 7-5 所列命令）或选择与这些命令等价的 GUI 路径时，程序自动存储数据。

在某些场合，需要使用 STORE 命令（GUI：Main Menu > Time Hist Postproc > Store Data）直接请求变量存储。这些情况将在下面的命令描述中解释。如果在发出 TIMERANGE 命令或 NSTORE 命令（这两个命令等价的 GUI 路径为 Main Menu > Time Hist Postpro > Settings > Data）之后使用 STORE 命令，那么默认情况为“STORE，NEW”。由于 TIMERANGE 命令 和 NSTORE 命令为存储数据重新定义了时间或频率点或时间增量，因而需要改变命令的默认值。

表 7-5 存储变量的命令

命　令	GUI 菜单路径
PLVAR	Main Menu > Time Hist Postproc > Graph Variables
PRVAR	Main Menu > Time HistPostproc > List Variable
ADD	Main Menu > Time HistPostproc > Math Operations > Add
DERIV	Main Menu > Time HistPostproc > Math Operations > Derivate
QUOT	Main Menu > Time HistPostproc > Math Operations > Divde

（续）

命　　令	GUI 菜单路径
VGET	Main Menu > Time HistPostproc > Table Operations > Variable to Par
VPUT	Main Menu > Time HistPostproc > Table Operations > Parameter to Var

可以使用下列命令操作存储数据。

```
MERGE
```

将新定义的变量增加到先前的时间点变量中，即更多的数据列被加入数据库。在某些变量已经存储（默认）后，如果希望定义和存储新变量，这是十分有用的。

NEW

替代先前存储的变量，删除先前计算的变量，并存储新定义的变量及其当前的参数。

```
APPEND
```

添加数据到先前定义的变量中，即如果将每个变量看成一数据列，APPEND 操作就为每一列增加行数。当要将两个文件（如瞬态分析中两个独立的结果文件）中相同变量集中在一起时，这是很有用的。使用 FILE 命令（GUI：Main Menu > Time Hist Postpro > Settings > File）指定结果文件名。

```
ALLOC,N
```

为顺序存储操作分配 N 个点（N 行）空间，此时如果存在先前定义的变量，那么将被自动清零。由于程序会根据结果文件自动确定所需的点数，所以正常情况下不需用该选项。

使用 STORE 命令的一个实例如下。

```
/POST26
NSOL,2,23,U,Y                    ! 变量 2 = 节点 23 处的 UY 值
SHELL,TOP                        ! 指定壳的顶面结果
ESOL,3,20,23,S,X                 ! 变量 3 = 单元 20 的节点 23 的顶部 SX
PRVAR,2,3                        ! 存储并打印变量 2 和 3
SHELL,BOT                        ! 指定壳的底面为结果
ESOL,4,20,23,S,X                 ! 变量 4 = 单元 20 的节点 23 的底部 SX
STORE                            ! 使用命令默认,将变量 4 和变量 2、3 置于内存
PLESOL,2,3,4                     ! 打印变量 2,3,4
```

用户应该注意以下几个方面。

1）默认情况下，可以定义的变量数为 10 个。使用 NUMVAR 命令（GUI：Main Menu > Time Hist Postpro > Settings > File）可增加该限值（最大值为 200）。

2）默认情况下，POST26 在结果文件寻找其中的一个文件。可使用 FILE 命令（GUI：Main Menu > Time Hist Postpro > Settings > File）指定不同的文件名（RST、RTH、RDSP 等）。

3）默认情况下，力（或力矩）值表示合力（静态力、阻尼力和惯性力的合力）。FORCE 命令允许对各个分力操作。

壳单元和分层壳单元的结果数据假定为壳或层的顶面。SHELL 命令允许指定是顶面、中面或底面。对于分层单元可通过 LAYERP26 命令指定层号。

4）定义变量的其他有用命令。

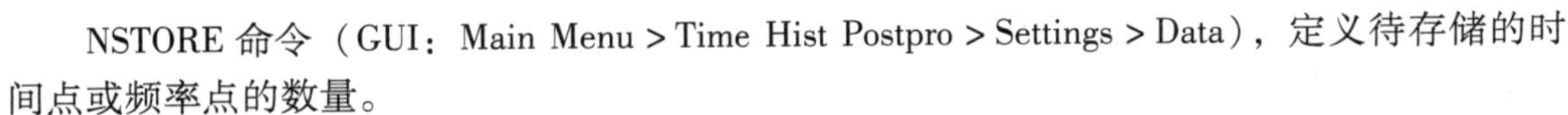

NSTORE 命令（GUI：Main Menu > Time Hist Postpro > Settings > Data），定义待存储的时间点或频率点的数量。

TIMERANGE 命令（GUI：Main Menu > Time Hist Postpro > Settings > Data），定义待读取数据的时间或频率范围。

TVAR 命令（GUI：Main Menu > Time Hist Postpro > Settings > Data），将变量 1（默认是表示时间）改变为表示累积迭代号。

VARNAM 命令（GUI：Main Menu > Time Hist Postpro > Settings > Graph 或 Main Menu > Time Hist Postpro > List），给变量赋名称。

RESET 命令（GUI：Main Menu > Time Hist Postpro > Reset Postproc），所有变量清零，并将所有参数重新设置为默认值。

5）使用 FINISH 命令（GUI：Main Menu > Finish）退出 POST26，删除 POST26 变量和参数。如 FILE、PRTIME、NPRINT 等，由于它们不是数据库的内容，故不能存储，但这些命令均存储在 LOG 文件中。

7.4.2 检查变量

一旦定义了变量，可通过图形或列表的方式检查这些变量。

1. 产生图形输出

PLVAR 命令（GUI：Main Menu > Time Hist Postpro > Graph Variables）可在一个图框中显示多达 9 个变量的图形。默认的横坐标（X 轴）为变量 1（静态或瞬态分析时表示时间，谐波分析时表示频率）。使用 XVAR 命令（GUI：Main Menu > Time Hist Postpro > Setting > Graph）可指定不同的变量号（如应力、变形等）作为横坐标。图 7-26 和图 7-27 是图形输出的两个实例。

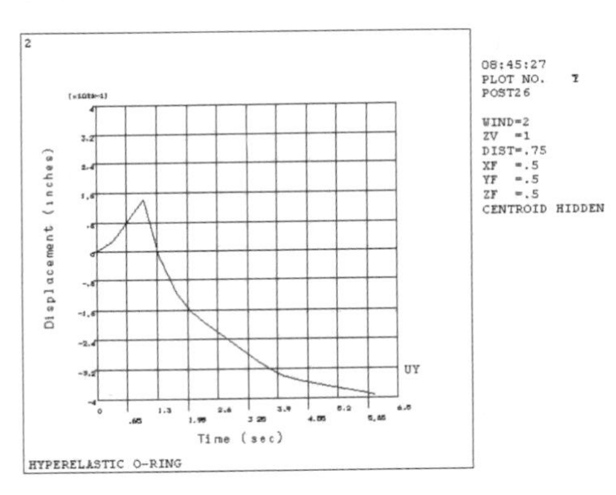

图 7-26　使用 XVAR = 1（时间）作为横坐标的 POST26 输出

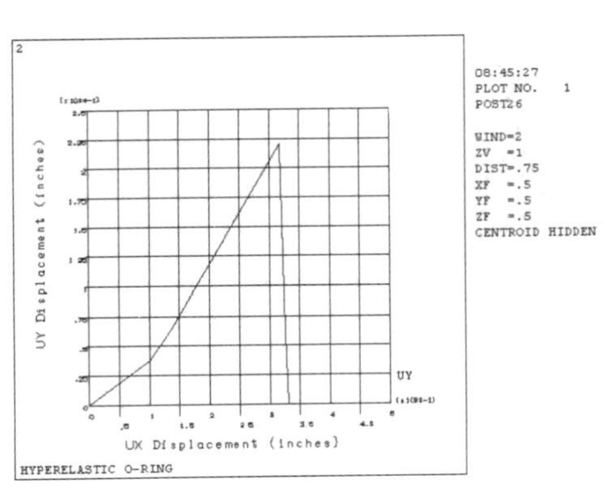

图 7-27　使用 XVAR = 0，1 指定不同的变量号作为横坐标的 POST26 输出

如果横坐标不是时间，可显示三维图形（用时间或频率作为 Z 坐标），使用下列方法之一改变默认的 X - Y 视图。

> 命令：/VIEW。
> GUI：Utility Menu > PlotCtrs > Pan，Zoom，Rotate。
> GUI：Utility Menu > PlotCtrs > View Setting > Viewing Direction。

在非线性静态分析或稳态热力分析中，子步为时间，也可采用这种图形显示。

当变量包含由实部和虚部组成的复数数据时，默认情况下，PLVAR 命令显示的为幅值。使用 PLCPLX 命令（GUI：Main Menu > Time Hist Postpro > Setting > Graph）切换到显示相位、实部和虚部。

图形输出可使用许多图形格式参数。通过选择 GUI：Utility Menu > PlotCtrs > Style > Graphs 或下列命令实现该功能。

1）激活背景网格（/GRID 命令）。

2）曲线下面区域的填充颜色（/GROPT 命令）。

3）限定 X、Y 轴的范围（/XRANGE 及/YRANGE 命令）。

4）定义坐标轴标签（/AXLAB 命令）。

5）使用多个 Y 轴的刻度比例（/GRTYP 命令）

2. 计算结果列表

用户可以通过 PRVAR 命令（GUI：Main Menu > Time Hist Postpro > List Variables）在表格中列出多达 6 个变量，同时还可以获得某一时刻或频率处的结果项的值，也可以控制打印输出的时间或频率段。操作如下。

```
命令:NPRINT,PRTIME。
GUI:Main Menu > TimeHist Postpro > Settings > List。
```

通过 LINES 命令（GUI：Main Menu > TimeHist Postpro > Settings > List）可对列表输出的格式做微量调整。下面是 PRVAR 的一个输出示例。

```
***** ANSYS time - history VARIABLE LISTING *****
    TIME            51 UX          30 UY
                      UX              UY
  .10000E-09      .000000E+00    .000000E+00
  .32000          .106832        .371753E-01
  .42667          .146785        .620728E-01
  .74667          .263833        .144850
  .87333          .310339        .178505
  1.0000          .356938        .212601
  1.3493          .352122        .473230E-01
  1.6847          .349681        -.608717E-01
time - history SUMMARY OF VARIABLE EXTREME VALUES
VARI TYPE   IDENTIFIERS NAME   MINIMUM     AT TIME      MAXIMUM    AT TIME
1 TIME       1 TIME      TIME   .1000E-09   .1000E-09    6.000      6.000
2 NSOL      51 UX        UX     .0000E+00   .1000E-09    .3569      1.000
3 NSOL      30 UY        UY     -.361       6.000        .2126      1.000
```

对于由实部和虚部组成的复变量，PRVAR 命令的默认列表是实部和虚部。可通过 PRCPLX 命令选择实部、虚部、幅值、相位中的任何一个。

另一个有用的列表命令是 EXTREM（GUI：Main Menu > TimeHist Postpro > List Extremes），可用于打印设定的 X 和 Y 范围内 Y 变量的最大和最小值。也可通过命令 * GET（GUI：Utility Menu > Parameters > Get Scalar Data）将极限值指定给参数。下面是 EXTREM 命令的一个输出示例。

```
Time - History SUMMARY OF VARIABLE EXTREME VALUES
VARI TYPE IDENTIFIERS   NAME    MINIMUM     AT TIME     MAXIMUM    AT TIME
1 TIME      1 TIME      TIME    .1000E-09   .1000E-09   6.000      6.000
2 NSOL      50 UX       UX      .0000E+00   .1000E-09   .416       6.000
3 NSOL      30 UY       UY      -.3930  6.000       .2146      1.000
```

7.4.3 POST26 后处理器的其他功能

1. 进行变量运算

POST26 可对原先定义的变量进行数学运算，下面给出两个应用实例。

实例 1：在瞬态分析时定义了位移变量，可让该位移变量对时间求导，得到速度和加速度。

命令如下。

```
NSOL,2,441,U,Y,UY441          ! 定义变量 2 为节点 441 的 UY,名称 = UY441
DERIV,3,2,1,,BEL441           ! 变量 3 为变量 2 对变量 1(时间)的一阶导数,名称为 BEL441
DERIV,4,3,1,,ACCL441          ! 变量 4 为变量 3 对变量 1(时间)的一阶导数,名称为 ACCL441
```

实例 2：将谐响应分析中的复变量（$a+ib$）分成实部和虚部，再计算它的幅值（$\sqrt{a^2+b^2}$）和相位角。

命令如下。

```
REALVAR,3,2,,,REAL2           ! 变量 3 为变量 2 的实部,名称为 REAL2
IMAGIN,4,2,,IMAG2             ! 变量 4 为变量 2 的虚部,名称为 IMAG2
PROD,5,3,3                    ! 变量 5 为变量 3 的平方
PROD,6,4,4                    ! 变量 6 为变量 4 的平方
ADD,5,5,6                     ! 变量 5(重新使用)为变量 5 和变量 6 的和
SQRT,6,5,,,AMPL2              ! 变量 6(重新使用)为幅值
QUOT,5,3,4                    ! 变量 5(重新使用)为(b/a)
ATAN,7,5,,,PHASE2             ! 变量 7 为相位角
```

可通过下列方法之一创建自己的 POST26 变量。

FILLDATA 命令（GUI：Main Menu > TimeHist Postpro > Table Operations > Fill Data），用多项式函数将数据填入变量。

DATA 命令将数据从文件中读出。该命令无对应的 GUI，被读文件必须在第一行中含有 DATA 命令，第二行括号内是格式说明，数据从接下去的几行读取。然后通过/INPUT 命令（GUI：Urility Menu > File > Read lnput from）读入。

另一个创建 POST26 变量的方法是使用 VPUT 命令，它允许将数组参数移入一变量。逆操作命令为 VGET，它将 POST26 变量移入数组参数。

2. 产生响应谱

该方法允许在给定的时间历程中生成位移、速度、加速度响应谱，频谱分析中的响应谱可用于计算结构的整个响应。

POST26 的 RESP 命令用来产生响应谱。

```
命令:RESP。
GUI:Main Menu > TimeHist Postpro > Generate Spectrm。
```

RESP 命令需要先定义两个变量：一个含有响应谱的频率值（LFTAB 字段）；另一个含有位移的时间历程（LDTAB 字段）。LFTAB 的频率值不仅代表响应谱曲线的横坐标，而且也是用于产生响应谱的单自由度激励的频率。可通过 FILLDATA 或 DATA 命令产生 LFTAB 变量。

LDTAB 中的位移时间历程值常产生于单自由度系统的瞬态动力学分析。通过 DATA 命令（位移时间历程在文件中时）和 NSOL 命令（GUI：Main Menu > TimeHist Postpro > Define Variables）创建 LDTAB 变量。系统采用数据时间积分法计算响应谱。

7.5 实例——框架结构计算结果后处理

为了使读者对 ANSYS 的后处理操作有个比较清楚的认识和掌握，以下实例将对第 4 章的有限元计算结果进行后处理，以分析轴承座和框架结构在载荷作用下的受力情况，从而对其危险部位进行应力校核和评定。

7.5.1 GUI 方式

1）首先打开轴承座计算结果文件 Result_Frame. db 文件

2）显示位移云图。GUI：Main Menu > General Postproc > Plot Results > Contour Plot > Nodal Solu，选择“Nodal Solution > DOF Solution > Displacement vector sum”，单击“OK”按钮，可以显示结构变形图，如图 7-28 所示。

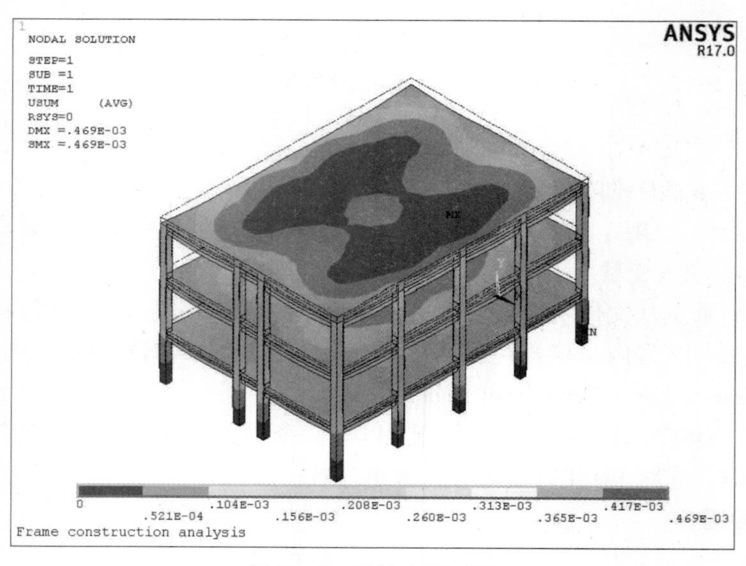

图 7-28　结构变形云图

3）显示主应力云图。GUI：Main Menu > General Postproc > Plot Results > Contour Plot > Nodal Solu，选择“Nodal Solution > Stress > 3rd Principal stress”，单击“OK”按钮，可以显示第三主应力云图，如图 7-29 所示。

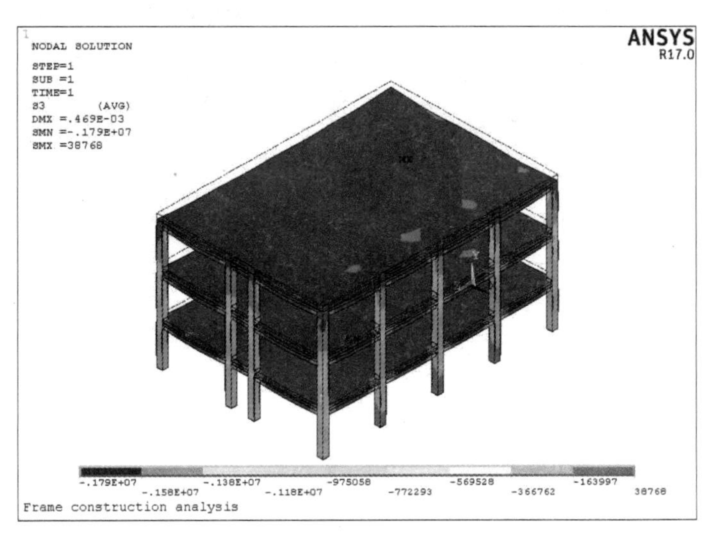

图 7-29 结构第三主应力云图

可以根据需要在后处理其中显示或者列表其他结果，这里不再一一介绍。

4）单击 ANSYS Toolbar 窗口中的 SAVE_DB 命令保存结果文件。

7.5.2 命令方式

```
/SOLU                          ! 进入求解器
ANTYPE,0                       ! 选择分析类型
SOLVE                          ! 求解
FINISH                         ! 结束求解器
/POST1                         ! 进入后处理器
PLDISP,2                       ! 显示结构变形图
PLNSOL, U,SUM, 0,1.0           ! 显示总位移云图
PLNSOL, S,1, 2,1.0             ! 显示第一主应力图
PLNSOL, S,3, 2,1.0             ! 显示第一主应力图
PRRSOL,F                       ! 显示反力结果
FINISH                         ! 结束后处理
! /EXIT, ALL                   ! 退出 AVSYS 并保存所有信息
SAVE
```

专题实例篇

结构静力分析

知识导引

本章的结构分析是有限元分析方法最常用的一个应用领域。结构这个术语是一个广义的概念，它包括土木工程结构，如桥梁和建筑物；汽车结构，如车身骨架；航空结构，如飞机机身；船舶结构等；同时还包括机械零部件，如活塞，传动轴等。

- 静力分析介绍
- 实例——内六角扳手的静态分析

8.1 静力分析介绍

静力分析计算在固定不变的载荷作用下结构的响应，它不考虑惯性和阻尼的影响，也不考虑载荷随时间的变化。静力分析可以计算那些固定不变的惯性载荷对结构的影响（如重力和离心力），以及那些可以近似为等价静力作用的随时间变化的载荷（如通常在许多建筑规范中所定义的等价静力风载和地震载荷）。

固定不变的载荷和响应是一种假定，即假定载荷和结构的响应随时间的变化非常缓慢。静力分析所施加的载荷包括：

- 外部施加的作用力和压力。
- 稳态的惯性力（如重力和离心力）。
- 位移载荷。
- 温度载荷。
- 核膨胀中的流通量。

静力分析既可以是线性的也可以是非线性的。非线性静力分析包括所有的非线性类型，即大变形、塑性、蠕变、应力刚化、接触（间隙）单元、超弹性单元等。本章主要讨论线性静力分析。

注意：

要做好有限元的静力分析，必须要记住以下几点。

1）单元类型必须指定为线性或非线性结构单元类型。

2）材料属性可以是线性或非线性、各向同性或正交各向异性、常量或与温度相关的量等，但是用户必须定义杨氏模量和泊松比；对于像重力一样的惯性载荷，必须要定义能计算出质量的参数，如密度等；对热载荷，必须要定义热膨胀系数。

3）对应力、应变感兴趣的区域，网格划分比仅对位移感兴趣的区域要密。

4）如果分析中包含非线性因素，网格应划分到能捕捉非线性因素影响的程度。

8.2 实例——内六角扳手的静态分析

8.2.1 问题的描述

本实例为一个内六角扳手的静态分析。它通过扭矩施加对螺钉的作用力，大大降低了使用者的用力强度，是工业制造业中不可或缺的得力工具。本例要分析的样本规格为公制10 mm。如图8-1所示，内六角扳手短端为7.5 cm长，长端为20 cm长，弯曲半径为1 cm，在长端端部施加100 N的扭曲力，端部顶面施加20 N向下的压力。确定扳手在这两种加载条件

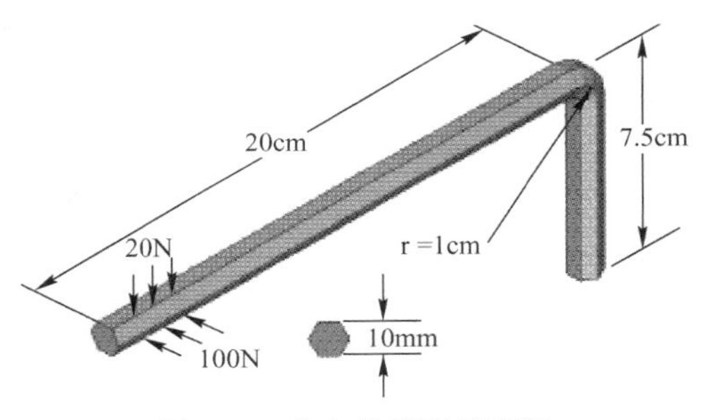

图8-1 内六角扳手示意图

下应力的强度。

扳手的主要尺寸及材料特性如下。

- 扳手规格 = 10 mm
- 配置 = 六角
- 柄脚长度 = 7. 5 cm
- 手柄长度 = 20 cm
- 弯曲半径 = 1 cm
- 弹性模量 = 2. 07 × 1011 Pa
- 施加扭转力 = 100 N
- 施加向下的力 = 20 N

8. 2. 2 GUI 路径模式

1. 设置分析标题

1）定义工作文件名：执行 Utility Menu > File > Change Jobname 命令，弹出如图 8-2 所示的 Change Jobname 对话框，在 Enter new jobname 文本框中输入 Allen wrench，并将 New Log and error files 复选框勾选为 Yes，单击 OK 按钮。

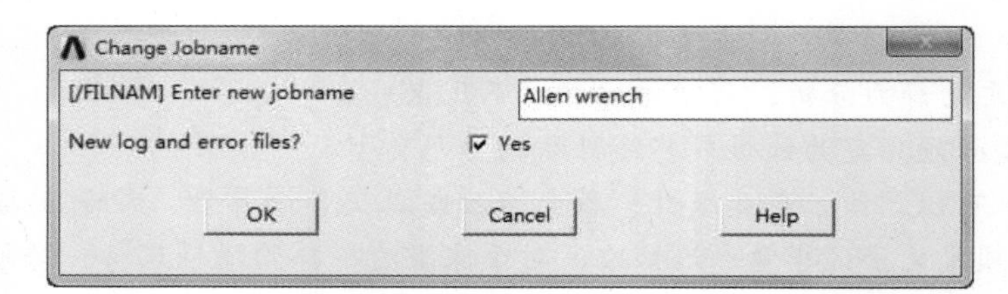

图 8-2　Change Jobname 对话框

2）定义工作标题：执行 Utility Menu > File > Change Title 命令，在 Change Title 对话框的 Enter newtitle 文本框中输入 Static Analysis of an Allen Wrench，如图 8-3 所示，单击 OK 按钮。

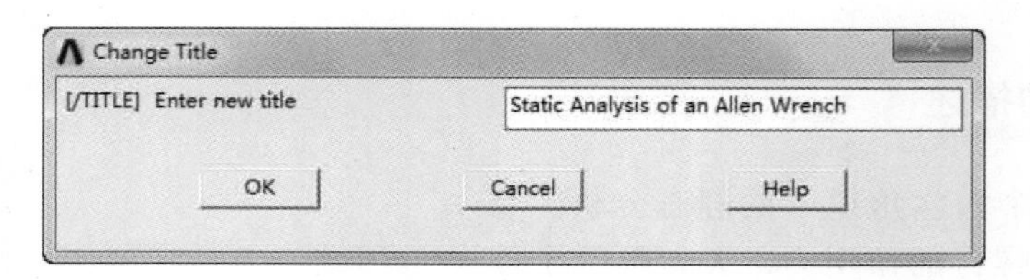

图 8-3　Change Title 对话框

2. 设置单位系统

1）在输入窗口命令行中单击，激活命令行文字输入。

2）输入" /UNITS，SI "命令，然后按〈Enter〉键。在此输入的命令会存储在历史缓冲区中，可通过单击输入窗口右侧的向下箭头访问。

3）选择菜单栏中的 Parameters > Angular Units 命令，出现如图 8-4 所示的 Angular Units for Parametric Functions 对话框。

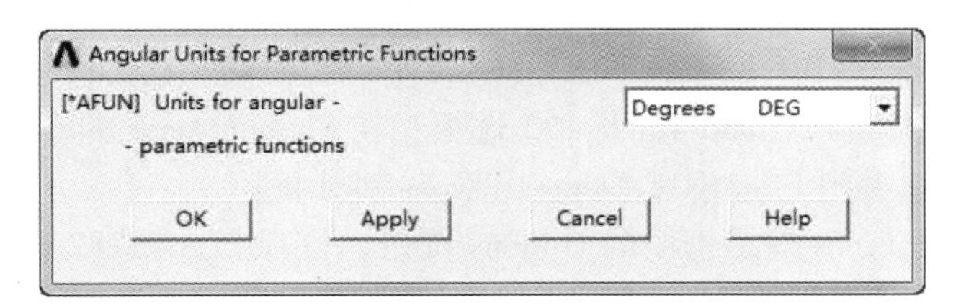

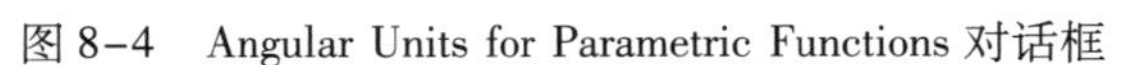
图 8-4 Angular Units for Parametric Functions 对话框

4）在 Parametric functions 下拉列表中选择单位为 Degrees DEG，然后单击 OK 按钮。

3. 定义参数

1）选择菜单栏中 Parameters > Scalar Parameters 命令，打开 Scalar Parameters 对话框，如图 8-5 所示。在 Select 文本框中依次输入以下参数。

```
EXX = 2.07E11
W_HEX = 0.01
W_FLAT = 0.0058
L_SHANK = 0.075
L_HANDLE = 0.2
BENDRAD = 0.01
L_ELEM = 0.0075
NO_D_HEX = 2
TOL = 25E - 6
```

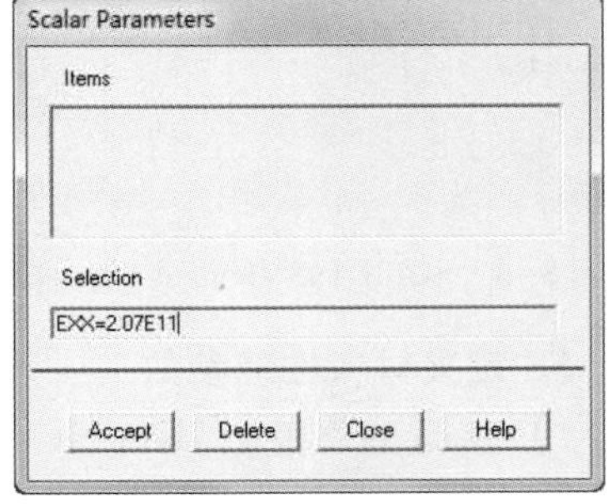

图 8-5 Scalar Parameters 对话框

2）单击 Close 按钮，关闭 Scalar Parameters 对话框。

3）单击工具栏中的 SAVE_DB 按钮，保存数据文件。

4. 定义单元类型

1）执行主菜单中 Main Menu > Preprocessor > Element Type > Add/Edit/Delete 命令，打开 Element Types 对话框，如图 8-6 所示。

2）单击 Add 按钮，打开 Library of Element Types 对话框，如图 8-7 所示。在 Library of Element Types 列表框中选择 Structural Solid > Brick 8 node 185 选项，在 Element type reference number 文本框中输入 1，单击 OK 按钮关闭 Library of Element Types 对话框。

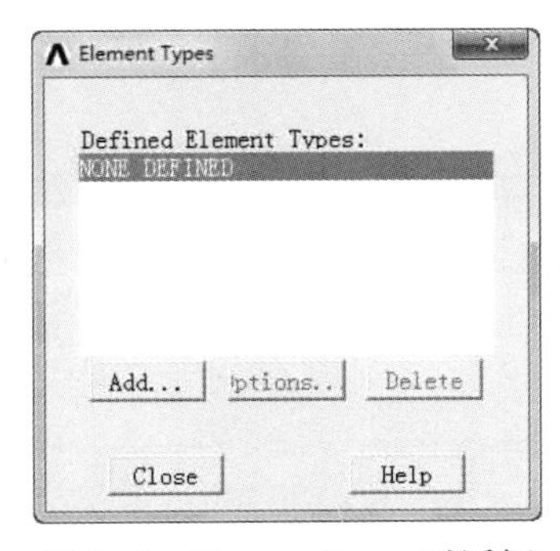

图 8-6 Element Types 对话框

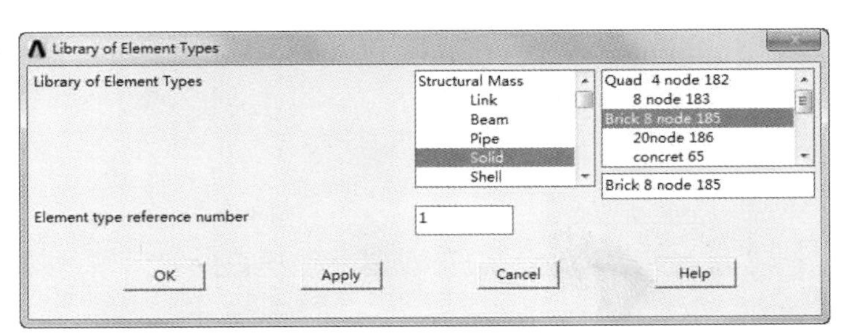

图 8-7 Library of Element Types 对话框

3）单击 Element Types 对话框中的 Options 按钮，打开 SOLID185 element type options 对话框，如图 8-8 所示。在 Element technology K2 下拉列表框中选择 Simple Enhanced Str 选项，其余选项采用系统默认设置，单击 OK 按钮关闭该对话框。

4）单击 Add 按钮，打开 Library of Element Types 对话框。在 Library of Element Types 列表框中选择 Structural Solid > Quad 4node 182 选项，在 Element type reference number 文本框中输入 2，单击 OK 按钮关闭 Library of Element Types 对话框。

5）单击 Element Types 对话框中的 Options 按钮，打开 PLANE182 element type options 对话框，如图 8-9 所示。在 Element technology K1 下拉列表框中选择 Simple Enhanced Str 选项，其余选项采用系统默认设置，单击 OK 按钮关闭该对话框。

6）单击 Close 按钮关闭 Element Types 对话框。

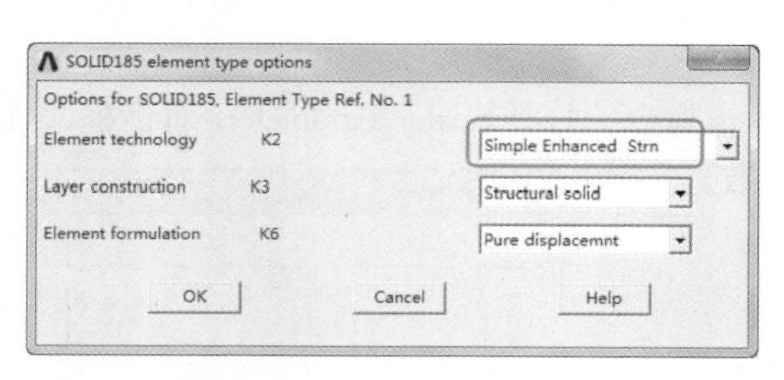

图 8-8　SOLID185 element type options 对话框

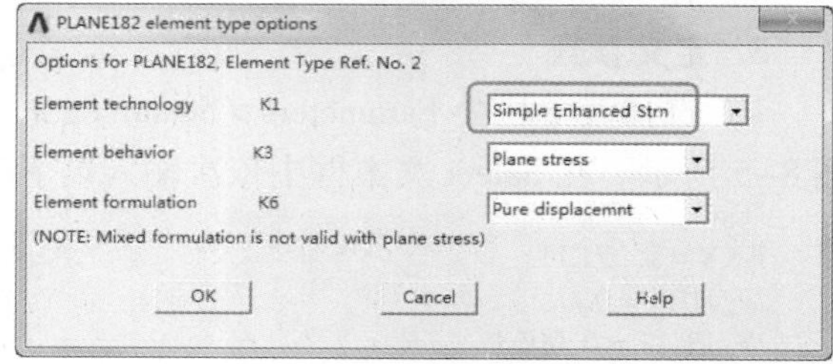

图 8-9　PLANE182 element type options 对话框

5. 定义材料性能参数

1）执行主菜单中 Main Menu > Preprocessor > Material Props > Material Models 命令，打开 Define Material Model Behaviar 对话框。

2）在 Material Models Available 列表框中依次选择 Structural > Linear > Elastic > Isotropic 选项，打开 Linear Isotropic Properties for Material Number 1 对话框，如图 8-10 所示。在 EX 文本框输入 EXX，在 PRXY 文本框输入 0.3，单击 OK 按钮关闭该对话框。

3）在 Define Material Model Behaviar 对话框中选择 Material > Exit 命令，关闭该对话框。

6. 创建模型

1）执行主菜单中 Main Menu > Preprocessor > Modeling > Create > Areas > Polygon > By Side Length 命令，打开 Polygon by Side Length 对话框，如图 8-11 所示。在 Number of sides 文本框中输入 6，在 Length of each side 文本框中输入 W_FLAT，单击 OK 按钮关闭该对话框。

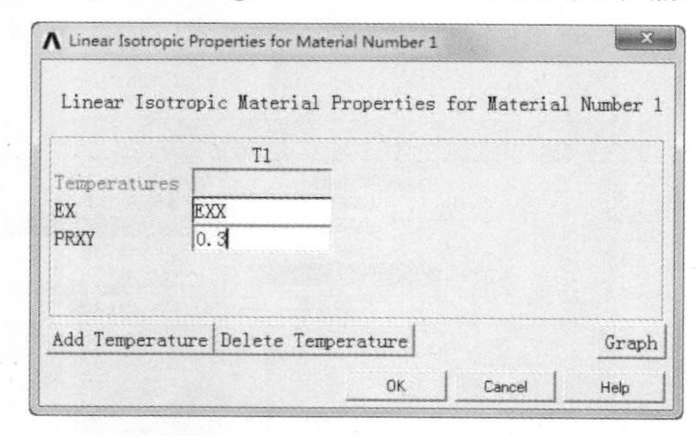

图 8-10　Linear Isotropic Properties for Material Number 1 对话框

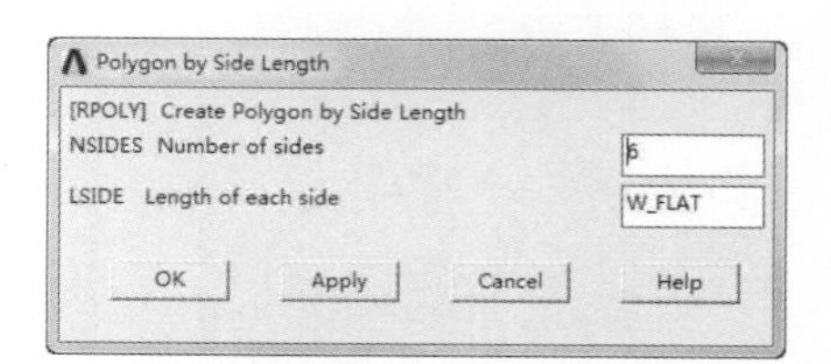

图 8-11　Polygon by Side Length 对话框

2）执行主菜单中 Main Menu > Preprocessor > Modeling > Create > Keypoints > In Active CS 命令，弹出 Create Keypoints in Active Coordinate System 对话框，如图 8-12 所示。

3）在 Create Keypoints in Active Coordinate System 对话框中的 NPT　Keypoint number 文本框输入 7，在 X，Y，Z　Location in active CS 文本框依次输入 0，0，0。

4）单击 Apply 按钮会再次弹出 Create Keypoints in Active Coordinate System 对话框，在 NPT　Keypoint number 文本框输入 8，在 X，Y，Z　Location in active CS 文本框依次输入 0，0，－L_SHANK。

5）单击 Apply 按钮会再次弹出 Create Keypoints in Active Coordinate System 对话框，在 NPT　Keypoint number 文本框输入 9，在 X，Y，Z　Location in active CS 文本框依次输入 0，L_HANDLE，－L_SHANK。单击 OK 按钮关闭该对话框。

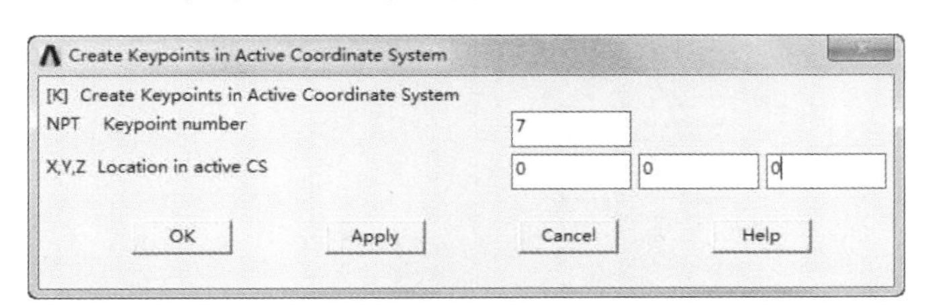

图 8-12　Create Keypoints in Active Coordinate System 对话框

6）选择菜单栏中的 PlotCtrls > Window Controls > Window Options 命令，打开 Window Options 对话框，如图 8-13 所示。

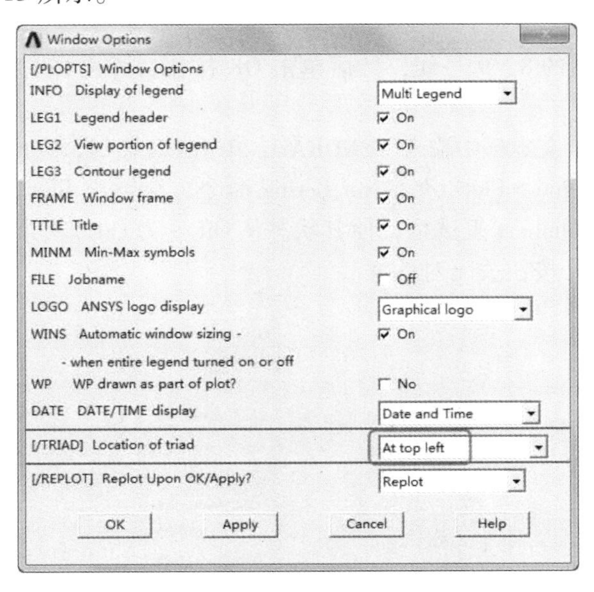

图 8-13　Window Options 对话框

7）在［/TRIAD］Location of triad 下拉列表框中选择 At top left 选项，即在 ANSYS 窗口中左上显示整体坐标系，单击 OK 按钮关闭该对话框。

8）从菜单中选择 Utility Menu > PlotCtrls > Pan，Zoom，Rotate 命令，弹出移动、缩放和旋转对话框，单击视角方向为 iso，可以在（1，1，1）方向观察模型，单击 Close 按钮关闭对话框。

9）选择菜单栏中 PlotCtrls > View Settings > Angle of Rotation 命令，打开 Angle of Rotation 对话框，如图 8-14 所示。在 Angle in degrees 文本框中输入 90，在 Axis of rotation 下拉列表中选择 Global Cartes X 选项，其余选项采用系统默认设置，单击 OK 按钮关闭该对话框。

10）执行主菜单中 Main Menu > Preprocessor > Modeling > Create > Lines > Lines > Strainght lines。

11）连接点 4 和点 1，点 7 和点 8，点 8 和点 9，使它们成为 3 条直线，单击 OK 按钮，如图 8-15 所示。

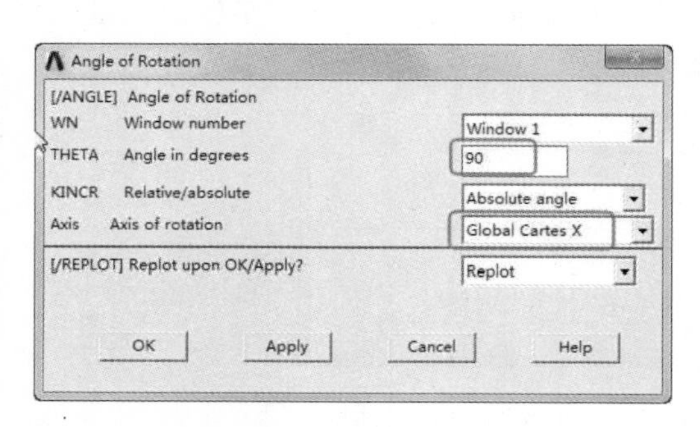

图 8-14 Angle of Rotation 对话框

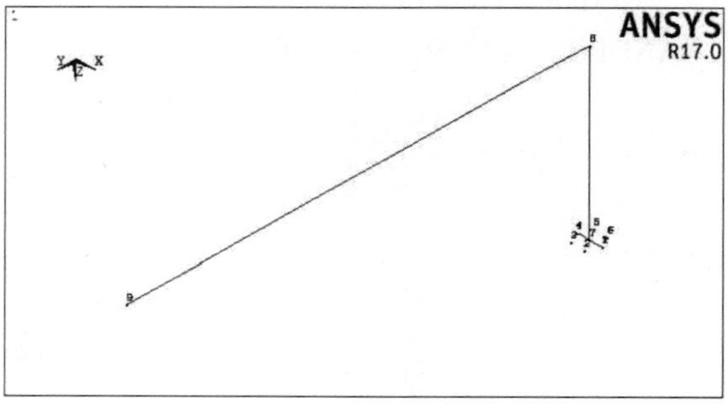

图 8-15 创建 3 条直线

12）从主菜单中选择 Main Menu > Preprocessor > Modeling > Create > Lines > Line Fillet 命令，弹出线拾取对话框。

13）拾取刚刚建立的 8、9 号线，然后单击 OK 按钮，弹出如图 8-16 所示的 Line Fillet 对话框。

14）在 Fillet radius 文本框中输入 BENDRAD，单击 OK 按钮，完成倒角的操作。

15）选择 Utility Menu > PlotCtrls > Numbering 命令，会弹出 Plot Numbering Controls 对话框，勾选 LINE Line numbers 复选框，使其状态从 Off 变为 On，其余选项采用默认设置，如图 8-17 所示，单击 OK 按钮关闭对话框。

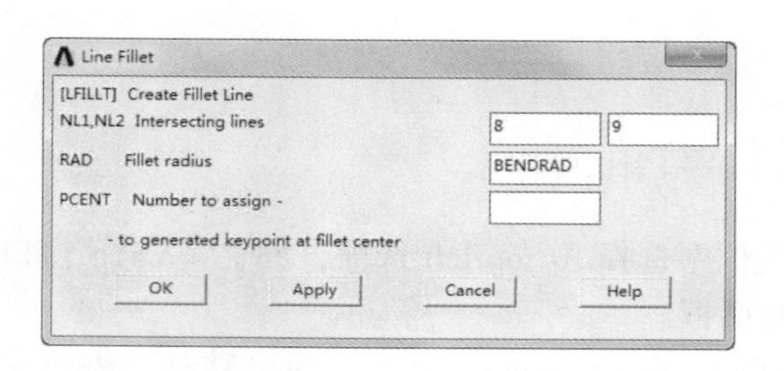

图 8-16 Line Fillet 对话框

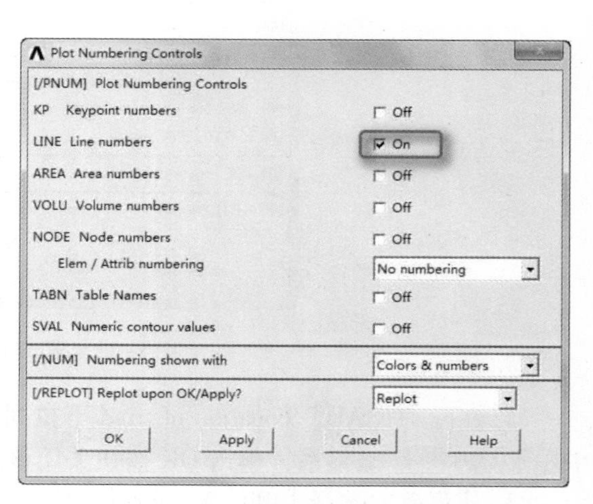

图 8-17 Plot Numbering Controls 对话框

16）执行菜单中 Utility Menu > Plot > Areas 命令。

17）执行主菜单中 Main Menu > Preprocessor > Modeling > Operate > Booleans > Divide > With Options > Area by Line 命令，弹出 Divide Area by Line with Options 对话框，拾取六边形面。单击 OK 按钮。

18）执行菜单中 Utility Menu > Plot > Lines。拾取 7 号线，单击 OK 按钮，弹出如图 8-18 所示的 Divide Area by Line with Options 对话框。

19）在 Subtracted lines will be 下拉列表中选择 Kept 选项，其余选项采用系统默认设置，单击 OK 按钮关闭该对话框。得到的结果如图 8-19 所示。

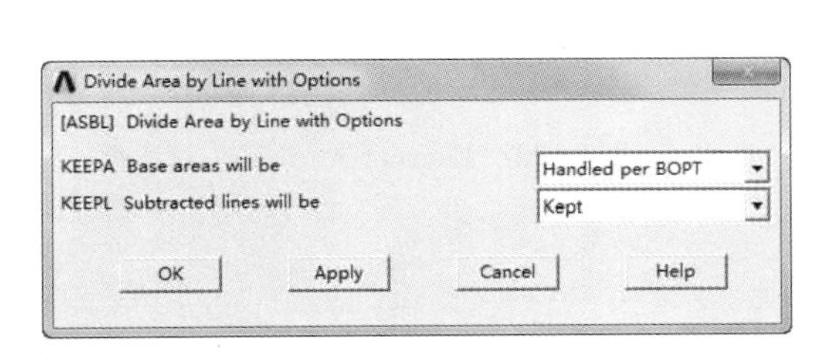

图 8-18 Divide Area by Line with Options 对话框

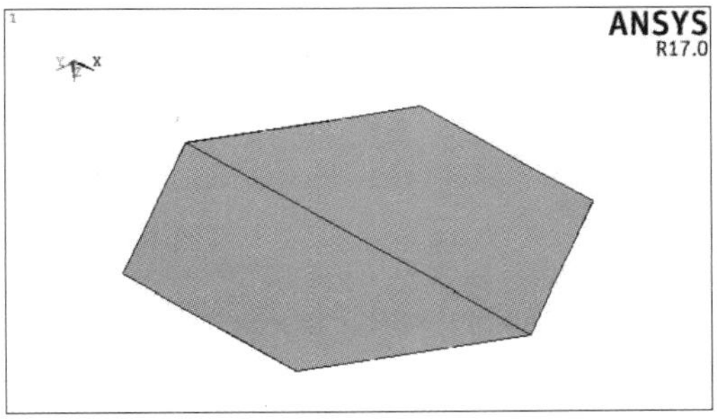

图 8-19 利用线划分面结果

20）执行菜单中 Utility Menu > Select > Comp/Assembly > Create Component 命令，弹出如图 8-20 所示 Create Component 对话框。在对话框中的 Component name 文本框中输入 BOTAREA，在 Componentis made of 下拉列表中选中 Areas 选项，单击 OK 按钮就完成了组件的创建。

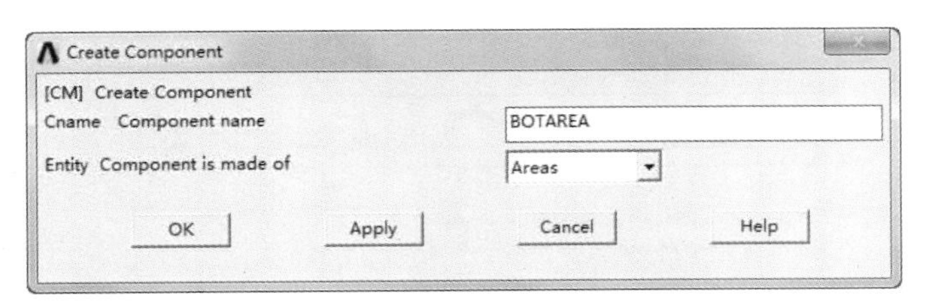

图 8-20 Create Component 对话框

7. 设置网格

1）执行主菜单中 Main Menu > Preprocessor > Meshing > Size Cntrls > Manual Size > Lines > Picked Lines 命令，弹出线拾取对话框，在文本框中输入“1，2，6”，然后单击 OK 按钮，弹出如图 8-21 所示的 Element Sizes on Picked Lines 对话框。

2）在 No. of element divisions 文本框中输入 NO_D_HEX，然后单击 OK 按钮，完成 3 条线的网格划分。

3）执行主菜单中 Main Menu > Preprocessor > Modeling > Create > Elements > Elem Attributes 命令，弹出如图 8-22 所示的 Element Attributes 对话框。在 Element type number 下拉列表中选择 2 PLANE182 选项，其余采取默认设置，单击 OK 按钮。

4）执行主菜单中 Main Menu > Preprocessor > Meshing > Mesher Opts 命令，弹出如图 8-23

所示的 Mesher Options 对话框。在 Mesher Type 区域，选择划分类型为 Mapped，然后单击 OK 按钮。

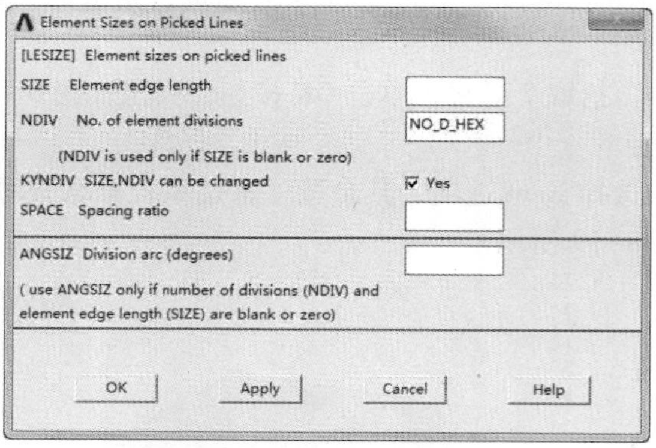

图 8-21　Element Sizes on Picked Lines 对话框

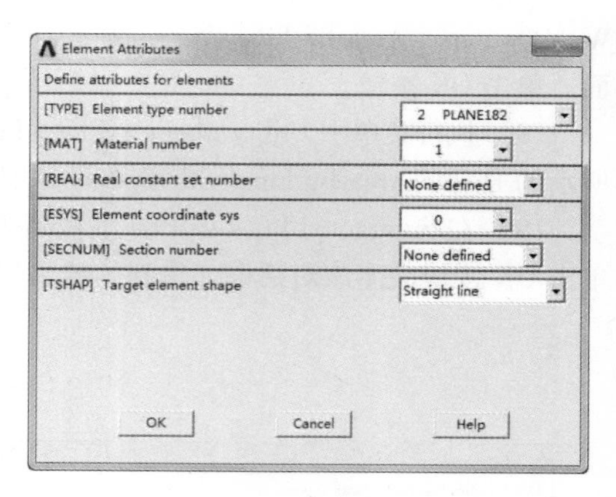

图 8-22　Element Attributes 对话框

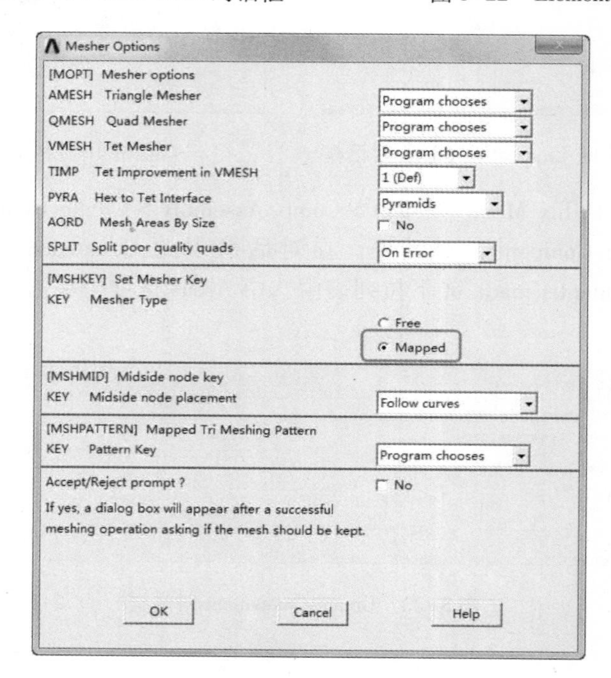

图 8-23　Mesher Options 对话框

5）系统弹出如图 8-24 所示的 Set Element Shape 对话框，采取默认的 Quad 网格形状，单击 OK 按钮。

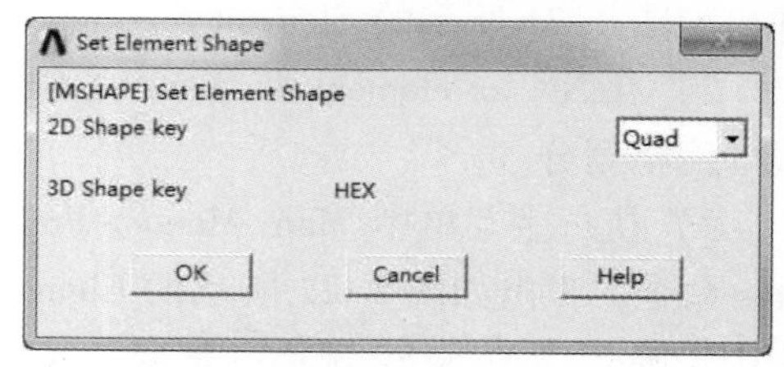

图 8-24　Set Element Shape 对话框

6）执行主菜单中 Main Menu > Preprocessor > Meshing > Mesh > Areas > Mapped > 3 or 4 sided 命令，弹出面拾取对话框，单击 Pick All 按钮，完成面网格的划分。

7）执行主菜单中 Main Menu > Preprocessor > Modeling > Create > Elements > Elem Attributes 命令，

弹出 Element Attributes 对话框。在 Element type number 下拉列表中选择 1 SOLID185 选项，其余采取默认设置，单击 OK 按钮。

8）执行主菜单中 Main Menu > Preprocessor > Meshing > Manual Size > Size Cntrls > Global > Size 命令，弹出如图 8-25 所示的 Global Element Sizes 对话框。

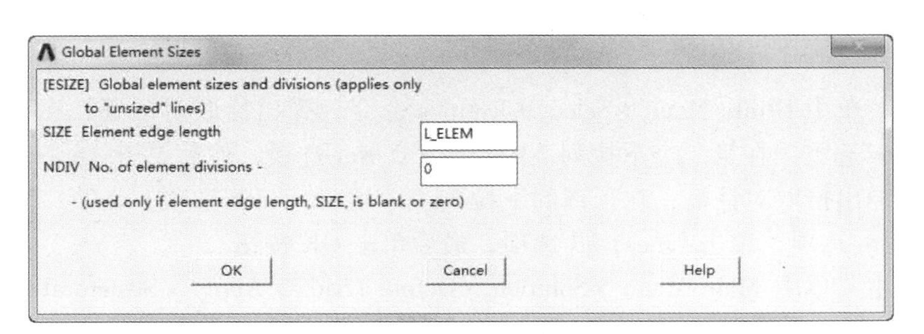

图 8-25　Global Element Sizes 对话框

9）在 Element edge length 文本框中输入 L_ELEM，然后单击 OK 按钮。

10）选择 Utility Menu > PlotCtrls > Numbering 命令，会弹出 Plot Numbering Controls 对话框，勾选 LINE　Line numbers 复选框，使其状态从 Off 变为 On，其余选项采用默认设置，如图 8-26 所示，单击 OK 按钮关闭对话框。

11）单击菜单栏中 Plot > Lines 命令，窗口会重新显示整体几何模型。

12）执行主菜单中 Main Menu > Preprocessor > Modeling > Operate > Extrude > Areas > Along Lines 命令，弹出线拾取对话框，单击 Pick All 按钮。然后依次拾取 8、10 和 9 号线，单击 OK 按钮。完成的模型如图 8-27 所示。

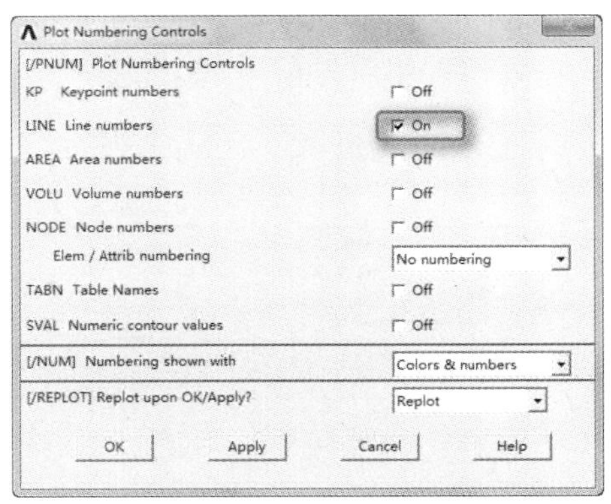

图 8-26　Plot Numbering Controls 对话框

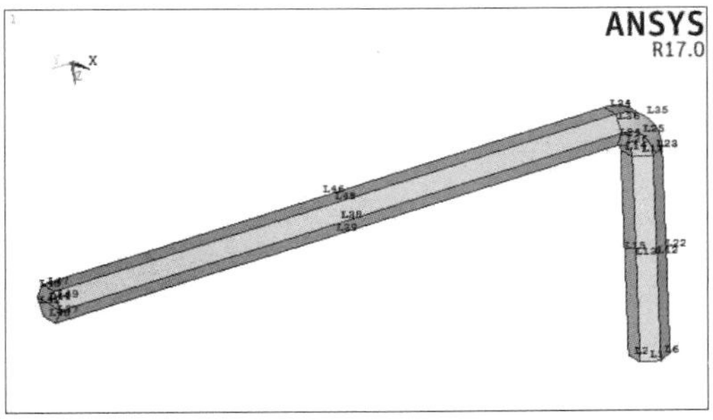

图 8-27　拉伸模型

13）执行菜单中 Utility Menu > Plot > Elements。

14）单击工具栏中的 SAVE_DB 按钮，保存数据文件。

15）执行菜单中 Utility Menu > Select > Comp/Assembly > Select Comp/Assembly 命令，会弹出 Select Component or Assembly 对话框，连续单击 OK 按钮，接受默认的 BOTAREA 组件。

16）执行主菜单中 Main Menu > Preprocessor > Meshing > Clear > Areas 命令，弹出面拾取对话框，单击 Pick All 按钮。

17）执行菜单中 Utility Menu > Select > Everything 命令。

18）执行菜单中 Utility Menu > Plot > Elements 命令。

8. 施加载荷

1）执行菜单中 Utility Menu > Select > Comp/Assembly > Select Comp/Assembly 命令，会弹出 Select Component or Assembly 对话框，连续单击 OK 按钮，接受默认的 BOTAREA 组件。

2）执行菜单中 Utility Menu > Select > Entities 命令，弹出拾取对话框，在顶部的下拉列表中选择 Lines 选项，在第二个下拉列表中选择 Exterior 选项，然后单击 Apply 按钮。

3）再次弹出拾取对话框，在顶部的下拉列表中选择 Nodes 选项，在第二个下拉列表中选择 Attached to 选项，单击 Lines，all 选项，最后单击 OK 按钮。

4）执行主菜单中 Main Menu > Solution > Define Loads > Apply > Structural > Displacement > On Nodes 命令，弹出节点拾取对话框，单击 Pick All 按钮，系统弹出如图 8-28 所示的 Apply U，ROT on Nodes 对话框。

5）在 DOFs to be constrained 下拉列表中选择 ALL DOF 选项然后单击 OK 按钮。

6）执行菜单中 Utility Menu > Select > Entities 命令，弹出拾取对话框，在顶部的下拉列表中选择 Lines 选项，单击 Select All 按钮，然后单击 Cancel 按钮。

执行菜单中 Utility Menu > Select > Entities 命令。

7）执行菜单中 Utility Menu > PlotCtrls > Symbols 命令，会弹出如图 8-29 所示的 Symbols 对话框。单击 Boundary condition symbol 栏中的 All Applied BCs 单选按钮，在 Surface Load Symbols 下拉列表中选择 Pressures 选项，在 Show pres and convect as 下拉列表中选择 Arrows 选项，然后单击 OK 按钮。

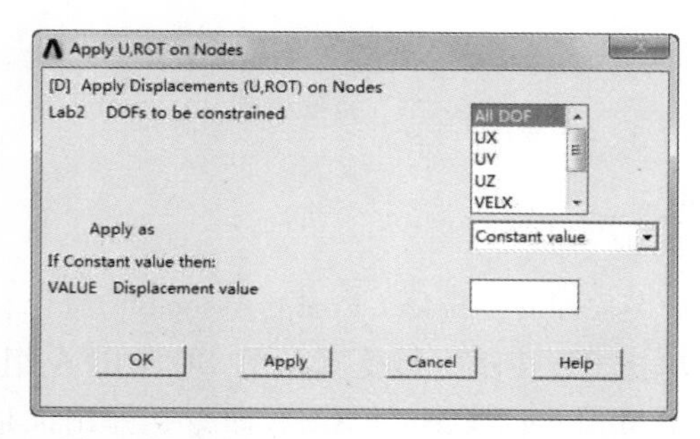

图 8-28 Apply U，ROT on Nodes 对话框

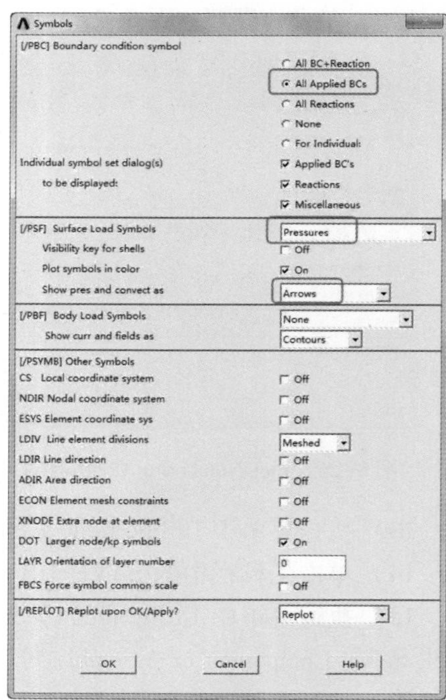

图 8-29 Symbols 对话框

9. 在手柄上施加压力

1）执行菜单中 Utility Menu > Select > Entities 命令，弹出拾取对话框，在顶部的下拉列表中选择 Areas 选项，在第二个下拉列表中选择 By Location 选项，单击 Y coordinates 选项，在“Min, Max”栏中输入“BENDRAD, L_HANDLE”，单击 Apply 按钮。

2）然后单击 X coordinates 选项和 Reselect 选项，在“Min, Max”栏中输入“W_FLAT/2, W_FLAT”，单击 Apply 按钮。

3）在顶部的下拉列表中选择 Nodes 选项，在第二个下拉列表中选择 Attached to 选项，单击 Areas, all 选项和 From Full 选项，再单击 Apply 按钮。

4）在第二个下拉列表中选择 By Location 选项，单击 Y coordinates 选项和 Reselect 选项，在“Min, Max”栏中输入“L_HANDLE + TOL, L_HANDLE - (3.0 * L_ELEM) - TOL”，单击 OK 按钮。

5）执行菜单中 Utility Menu > Parameters > Get Scalar Data 命令，会弹出如图 8-30 所示的 Get Scalar Data 对话框。

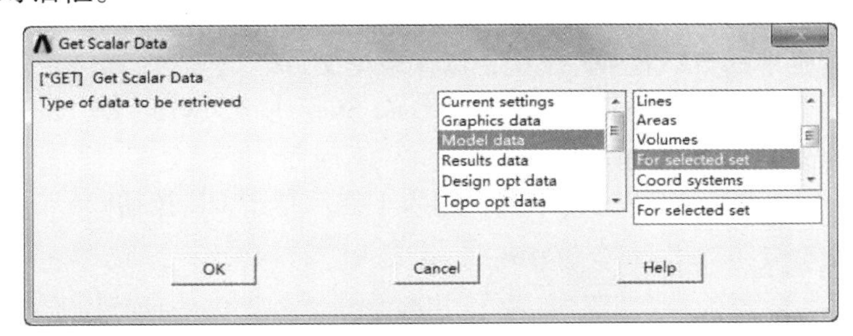

图 8-30 Get Scalar Data 对话框

6）在 Type of data to be retrieved 下拉表框中选择 Model Data 选项，在右侧下拉列表框中选择 For selected set 选项，单击 OK 按钮。

7）在打开的 Get Data for Selected Entity Set 对话框中的 Name of parameter to be defined 文本框中输入 minyval，在 Data to be retrieved 下拉列表框中依次选择 Current node set > Min Y coordinate 选项，单击 Apply 按钮，如图 8-31 所示。

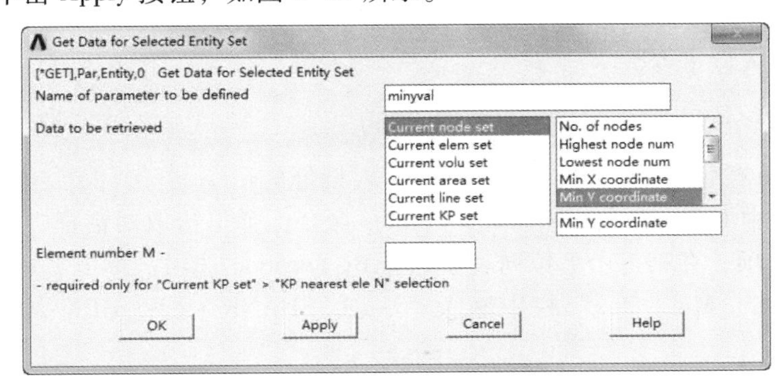

图 8-31 Get Data for Selected Entity Set 对话框

弹出 Get Scalar Data 对话框，在 Type of data to be retrieved 下拉表框中选择 Model Data 选项，在框中选择 For selected set 选项，单击 OK 按钮。

8）在打开的 Get Nodal Results 对话框中的 Name of parameter to be defined 文本框中输入 maxyval，在 Data to be retrieved 下拉列表框中选择 Current node set > Max Y coordinate，单击 OK 按钮。

9）选择菜单栏中 Parameters > Scalar Parameters 命令，打开 Scalar Parameters 对话框。在 Select 文本框中输入以下参数。

```
PTORQ = 100/(W_HEX * (MAXYVAL - MINYVAL))
```

10）单击 Close 按钮，关闭 Scalar Parameters 对话框。

11）执行主菜单中 Main Menu > Solution > Define Loads > Apply > Structural > Pressure > On Nodes 命令，弹出拾取对话框，单击 Pick All 按钮，系统弹出如图 8-32 所示的 Apply PRES on nodes 对话框。

12）在 Load PRES value 文本框中输入 PTORQ 然后单击 OK 按钮。

13）执行菜单中 Utility Menu > Select > Everything 命令。

14）执行菜单中 Utility Menu > Plot > Nodes 命令，显示模型的节点。

15）单击工具栏中的 SAVE_DB 按钮，保存数据文件。

16）执行主菜单中 Main Menu > Solution > Load Step Opts > Write LS File 命令，系统弹出如图 8-33 所示的 Write Load Step File 对话框。

17）在 Load step file number n 文本框中输入 1 然后单击 OK 按钮。

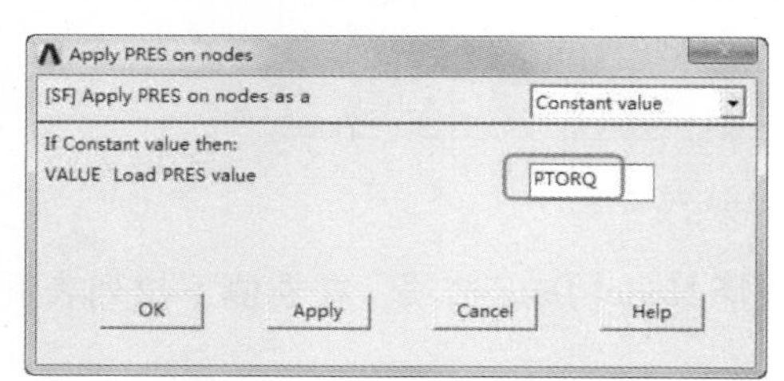

图 8-32　Apply PRES on nodes 对话框

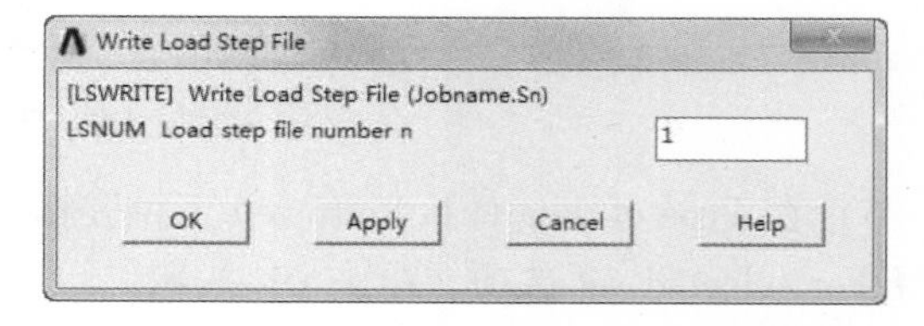

图 8-33　Write Load Step File 对话框

10. 定义向下的压力

1）选择菜单栏中 Parameters > Scalar Parameters 命令，打开 Scalar Parameters 对话框。在 Select 文本框中输入以下参数。

```
PDOWN = 20/(W_FLAT * (MAXYVAL - MINYVAL))
```

2）单击 Close 按钮，关闭 Scalar Parameters 对话框。

3）执行菜单中 Utility Menu > Select > Entities 命令，弹出拾取对话框，在顶部的下拉列表中选择 Areas 选项，在第二个下拉列表中选择 By Location 选项，单击 Z coordinates 选项和 From Full 选项，在“Min，Max”栏中输入“-(L_SHANK + (W_HEX/2))”，单击 Apply 按钮。

4）在顶部的下拉列表中选择 Nodes 选项，在第二个下拉列表中选择 Attached to 选项，单击“Areas，all”选项，再单击 Apply 按钮。

5）单击 X coordinates 选项和 From Full 选项，在“Min，Max”栏中输入“W_FLAT/2，W_FLAT”，单击 Apply 按钮。

6）在第二个下拉列表中选择 By Location 选项，单击 Y coordinates 选项和 Reselect 选项，在“Min，Max”栏中输入“L_HANDLE + TOL,L_HANDLE -（3.0 * L_ELEM）- TOL”，单击 OK 按钮。

7）从主菜单中 Main Menu > Solution > Define Loads > Apply > Structural > Pressure > On Nodes 命令，弹出拾取对话框，单击 Pick All 按钮，系统弹出 Apply PRES on Nodes 对话框。

8）在 Load PRES value 文本框中输入 PDOWN，然后单击 OK 按钮。

9）执行菜单中 Utility Menu > Select > Everything 命令。

10）执行菜单中 Utility Menu > Plot > Nodes 命令，显示模型的节点，结果如图 8-34 所示。

11）单击工具栏中的 SAVE_DB 按钮，保存数据文件。

12）执行主菜单中 Main Menu > Solution > Load Step Opts > Write LS File 命令，系统弹出 Write Load Step File 对话框。

13）在 Load step file number n 文本框中输入 2，然后单击 OK 按钮。

14）单击工具栏中的“ SAVE_DB”按钮，保存数据文件。

11. 求解

1）执行主菜单中 Main Menu > Solution > Solve > From LS Files 命令，系统弹出如图 8-35 所示的 Solve Load Step Files 对话框。

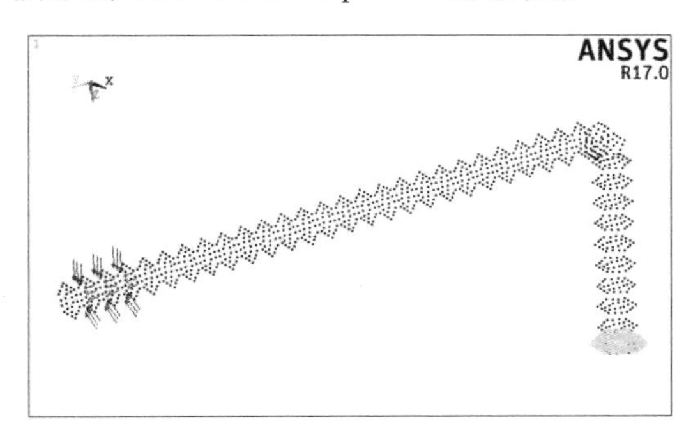

图 8-34 施加载荷

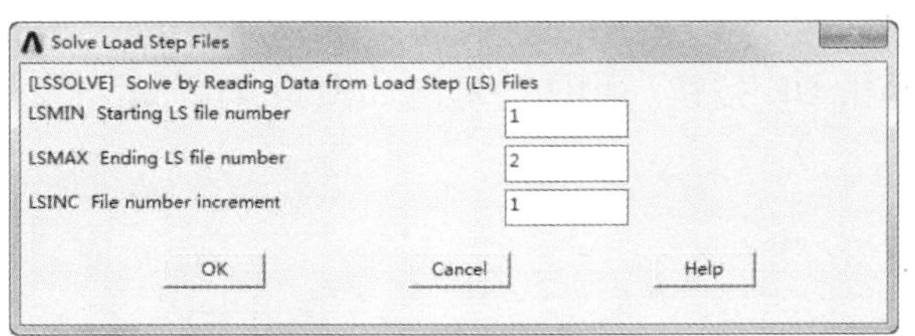

图 8-35 Solve Load Step Files 对话框

2）在 Starting LS file number 文本框中输入 1，在 Ending LS file number 文本框中输入 2，然后单击 OK 按钮，开始求解。

3）求解完成后打开如图 8-36 所示的提示求解完成对话框。

4）单击 Close 按钮，关闭提示求解完成对话框。

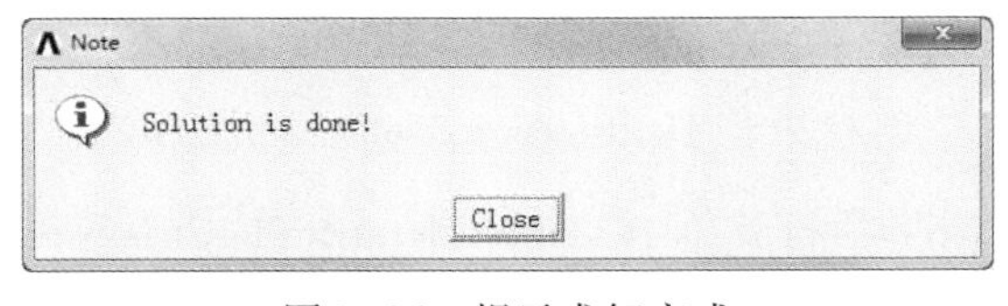

图 8-36 提示求解完成

12. 读取第一个载荷步计算结果

1）执行主菜单中 Main Menu > General Postproc > Read Results > First Set 命令，读取第一个载荷步计算结果。

2）执行主菜单中 Main Menu > General Postproc > List Results > Reaction Solu 命令，系统弹出图 8-37 所示的 List Reaction Solution 对话框。单击 OK 按钮接受默认的显示所有选项。列表显示的计算结果如图 8-38 所示。

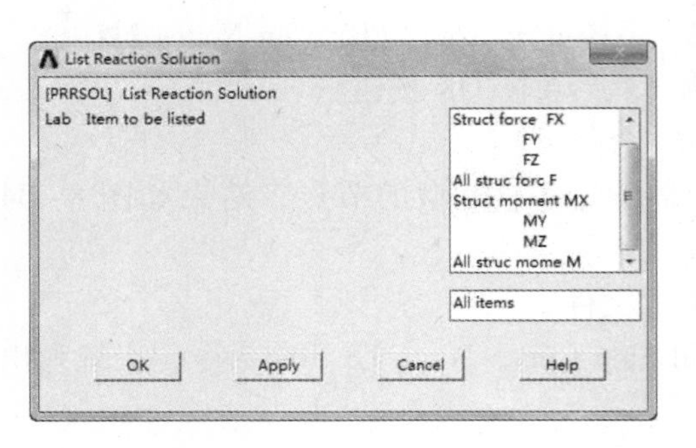

图 8-37 “List Reaction Solution” 对话框

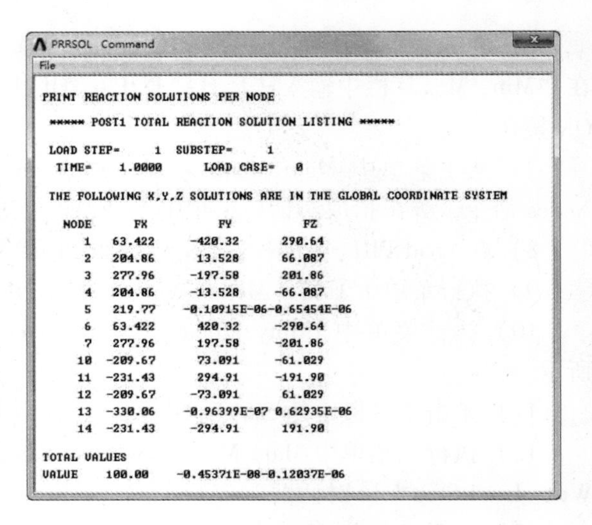

PRINT REACTION SOLUTIONS PER NODE

***** POST1 TOTAL REACTION SOLUTION LISTING *****

LOAD STEP= 1 SUBSTEP= 1
TIME= 1.0000 LOAD CASE= 0

THE FOLLOWING X,Y,Z SOLUTIONS ARE IN THE GLOBAL COORDINATE SYSTEM

NODE	FX	FY	FZ
1	63.422	-420.32	290.64
2	204.86	13.528	66.087
3	277.96	-197.58	201.86
4	204.86	-13.528	-66.087
5	219.77	-0.10915E-06	-0.65454E-06
6	63.422	420.32	-290.64
7	277.96	197.58	-201.86
10	-209.67	73.091	-61.029
11	-231.43	294.91	-191.90
12	-209.67	-73.091	61.029
13	-330.06	-0.96399E-07	0.62935E-06
14	-231.43	-294.91	191.90

TOTAL VALUES
VALUE 100.00 -0.45371E-08-0.12037E-06

图 8-38 节点结果

3）执行菜单中 Utility Menu > PlotCtrls > Symbols 命令，会弹出 Symbols 对话框。单击 Boundary condition symbol 栏中的 None 选项，然后单击 OK 按钮。

4）执行菜单中 Utility Menu > PlotCtrls > Style > Edge Options 命令，会弹出如图 8-39 所示的 Edge Options 对话框。选择 Element outlines for non - contour/contour plots 下拉列表中的 Edge Only/All 选项，然后单击 OK 按钮。

5）执行主菜单中 Main Menu > General Postproc > Plot Results > Deformed Shape 命令，弹出如图 8-40 所示的对话框，在 KUND Items to be plotted 中选择 Def + undeformed 单选按钮，单击 OK 按钮。物体变形图如图 8-41 所示。

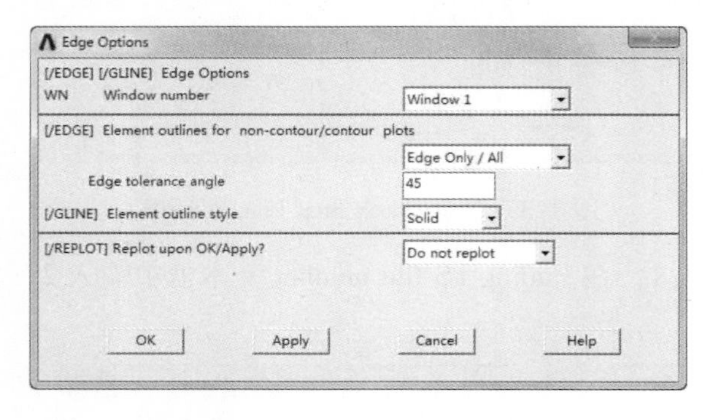

图 8-39 “List Reaction Solution” 对话框

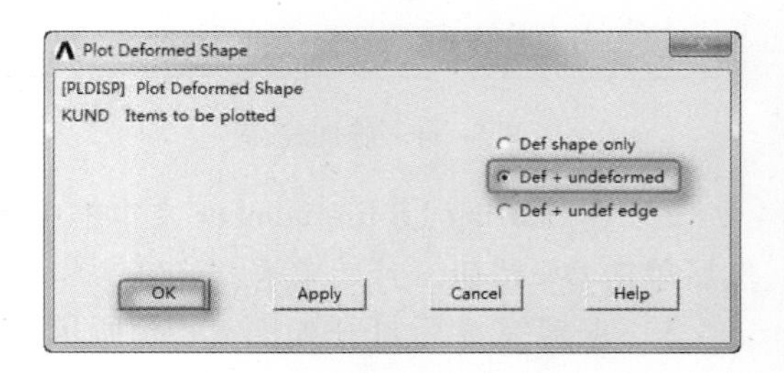

图 8-40 Plot Deformed Shape 对话框

6）执行菜单中 Utility Menu > PlotCtrls > Save Plot Ctrls 命令，会弹出如图 8-42 所示的 Save Plot Controls 对话框。在 Save plot ctrls on file 文本框中输入 pldisp. gsa，然后单击 OK 按钮。

7）选择菜单栏中 PlotCtrls > View Settings > Angle of Rotation 命令，打开 Angle of Rotation 对话框。在 Angle in degrees 文本框中输入 120，在 Relative/absolute 下拉列表中选择 Relative angle 选项，在 Axis of rotation 下拉列表框中选择 Global Cartes Y 选项，其余选项采用系统默认设置，单击 OK 按钮关闭该对话框。

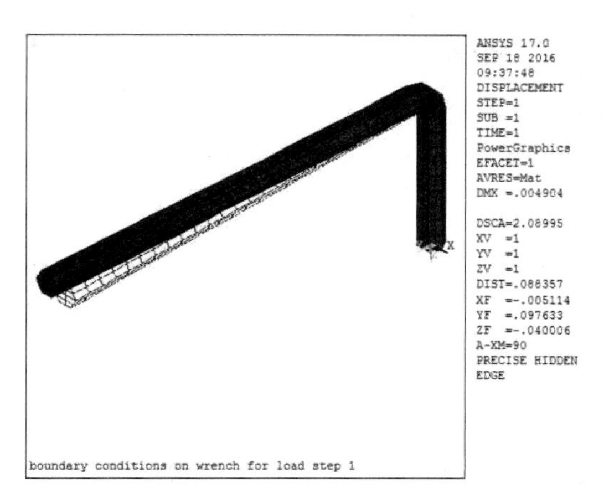

图 8-41　物体变形图

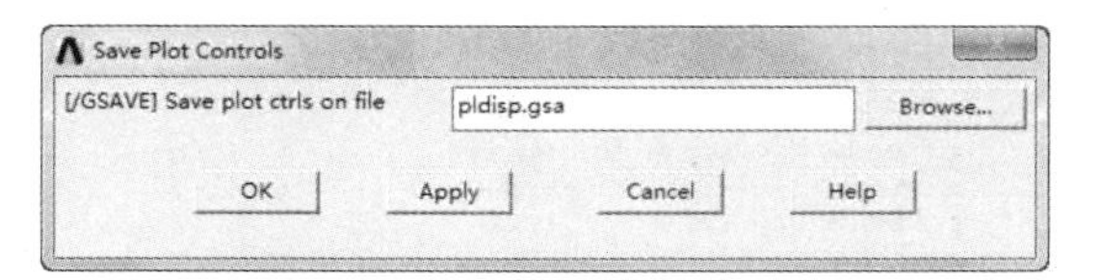

图 8-42　Save Plot Controls 对话框

8）执行主菜单中 Main Menu > General Postproc > Plot Results > Contour Plot > Nodal Solu 命令，打开如图 8-43 所示的 Contour Nodal Solution Data 对话框。选择 Stress 和 Stress intensity 选项，单击 OK 按钮。得到的应力强度如图 8-44 所示。

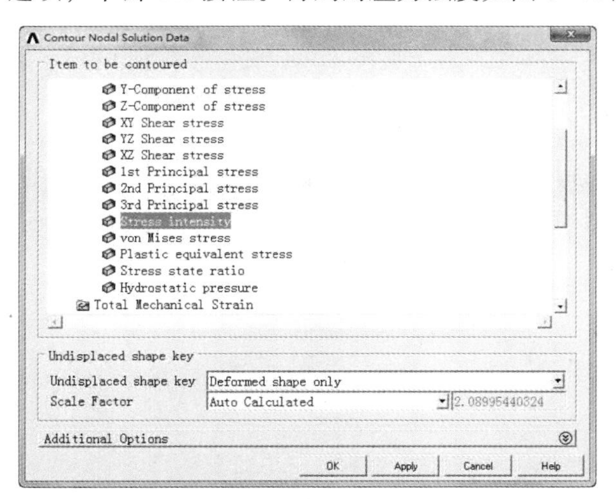

图 8-43　Contour Nodal Solution Data 对话框

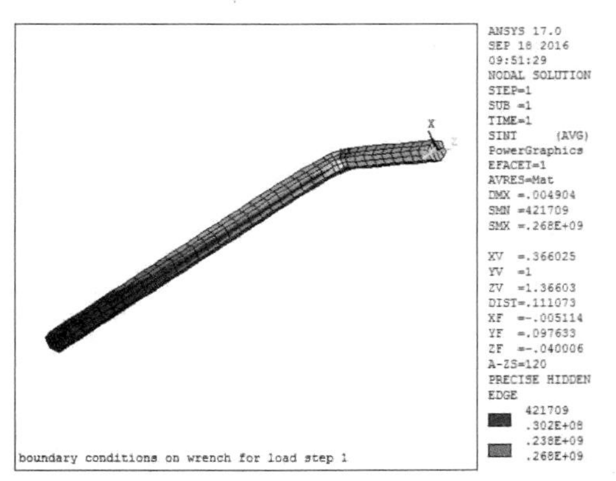

图 8-44　应力强度分布云图

9）执行菜单中 Utility Menu > PlotCtrls > Save Plot Ctrls 命令，会弹出 Save Plot Controls 对话框。在 Selection box 文本框中输入 plnsol. gsa，然后单击 OK 按钮。

13. 读取第二载荷步计算结果

1）执行主菜单中 Main Menu > General Postproc > Read Results > Next Set 命令，读取第二个载荷步计算结果。

2）执行主菜单中 Main Menu > General Postproc > List Results > Reaction Solu 命令，系统弹出 List Reaction Solution 对话框。单击 OK 按钮接受默认的显示所有选项。列表显示的计算结果如图 8-45 所示。

3）执行菜单中 Utility Menu > PlotCtrls > Restore Plot Ctrls 命令，会弹出 Restore Plot Controls 对话框。在 Selection box 文本框中输入 plnsol. gsa，然后单击 OK 按钮。得到结果如图 8-46 所示。

4）执行主菜单中 Main Menu > General Postproc > Plot Results > Contour Plot > Nodal Solu 命

令，打开 Contour Nodal Solution Data 对话框。选择 Stress 和 Stress intensity 选项，单击 OK 按钮。得到的应力强度如图 8-47 所示。

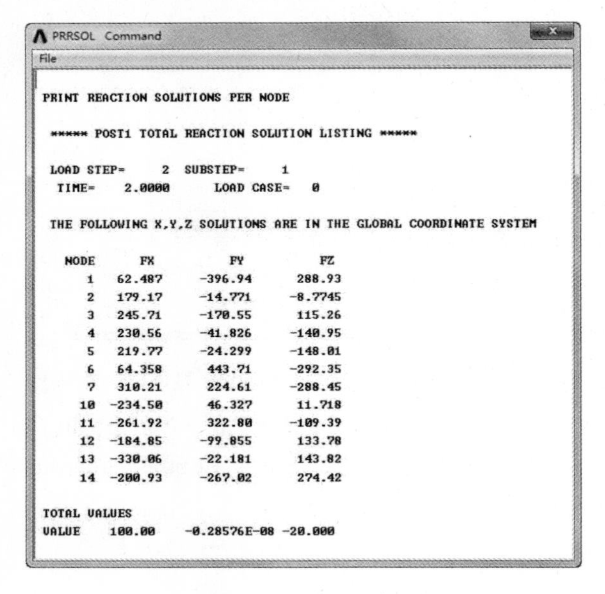

PRRSOL Command

File

PRINT REACTION SOLUTIONS PER NODE

***** POST1 TOTAL REACTION SOLUTION LISTING *****

LOAD STEP= 2 SUBSTEP= 1
TIME= 2.0000 LOAD CASE= 0

THE FOLLOWING X,Y,Z SOLUTIONS ARE IN THE GLOBAL COORDINATE SYSTEM

NODE	FX	FY	FZ
1	62.487	-396.94	288.93
2	179.17	-14.771	-8.7745
3	245.71	-170.55	115.26
4	230.56	-41.826	-140.95
5	219.77	-24.299	-148.01
6	64.358	443.71	-292.35
7	310.21	224.61	-288.45
10	-234.50	46.327	11.718
11	-261.92	322.80	-109.39
12	-184.85	-99.855	133.78
13	-330.06	-22.181	143.82
14	-200.93	-267.02	274.42

TOTAL VALUES
VALUE 100.00 -0.28576E-08 -20.000

图 8-45 节点结果

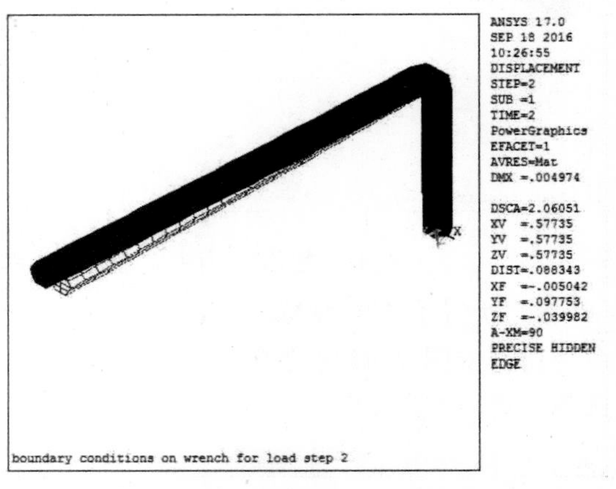

图 8-46 物体变形图

14. 放大横截面

1）执行菜单中 Utility Menu > WorkPlane > Offset WP by Increments 命令，打开如图 8-48 所示的 Offset WP 对话框。

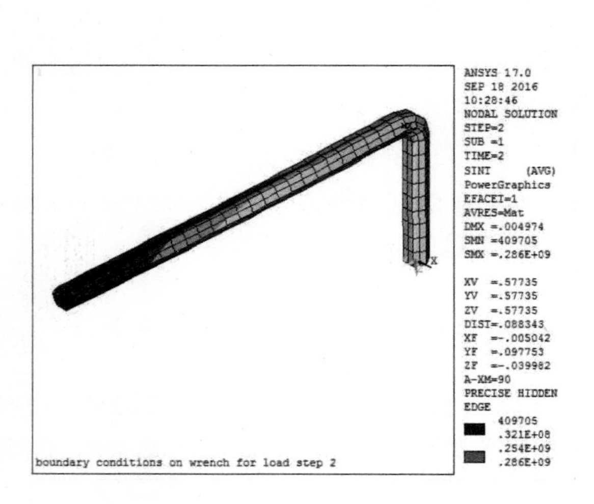

图 8-47 应力强度分布云图

图 8-48 Offset WP 对话框

2）在移动栏中，在“X，Y，Z”文本框中输入“0，0，-0.067”，单击 OK 按钮。

3）执行菜单中 Utility Menu > PlotCtrls > Style > Hidden Line Options 命令，打开如

图 8-49 所示的 Hidden - Line Options 对话框。在 Type of Plot 下拉列表中选择 Capped hidden 选项，在 Cutting plane is 下拉列表中选择 Working plane，然后单击 OK 按钮。

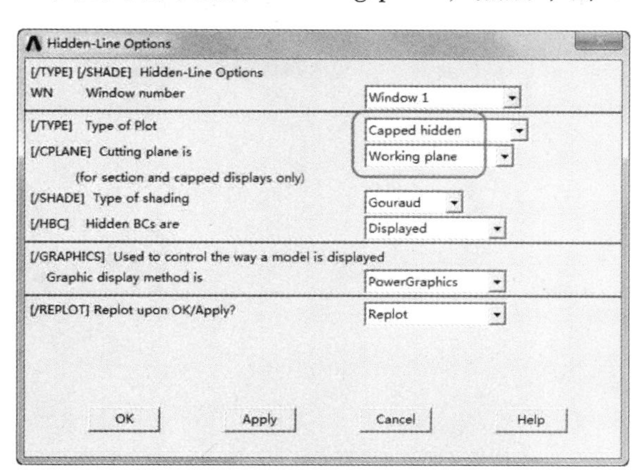

图 8-49　Hidden - Line Options 对话框

4）执行菜单中 Utility Menu > PlotCtrls > Pan - Zoom - Rotate 命令，打开如图 8-50 所示的 Pan - Zoom - Rotate 工具对话框。

5）单击 WP 按钮，拖动 Rate 滑动条到 10，然后多次单击●按钮，直到截面清晰显示。得到的结果如图 8-51 所示。

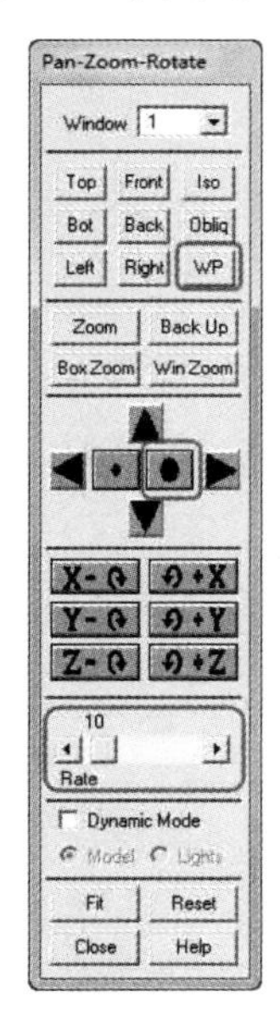

图 8-50　"Pan - Zoom - Rotate" 工具对话框

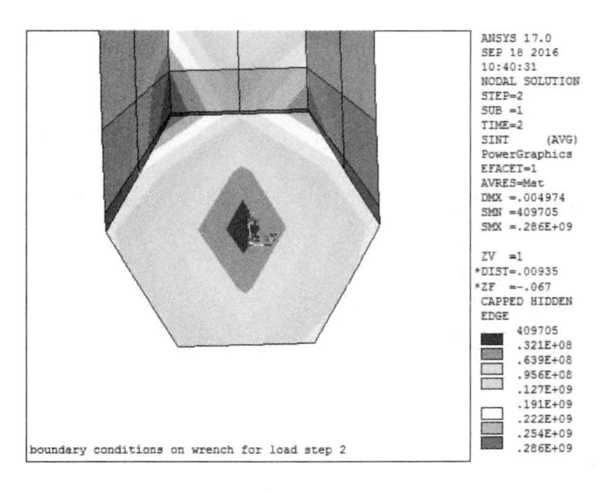

图 8-51　放大截面云图

8.2.3 命令流方式

略，见随书网盘资源电子文档。

第 9 章

模 态 分 析

知识导引

模态分析是所有动力学分析类型的最基础内容。本章介绍了 ANSYS 模态分析的全流程步骤，详细讲解了其中各种参数的设置方法与功能，最后通过齿轮模态分析实例对 ANSYS 模态分析功能进行了具体演示。

通过本章的学习，读者可以完整深入地掌握 ANSYS 模态分析的各种功能和应用方法。

内容要点

- 模态分析概论
- 实例——小发电机转子模态分析

9.1 模态分析概论

模态分析是用来确定结构振动特性的一种技术，通过它可以确定自然频率、振型和振型参与系数（即在特定方向上某个振型在多大程度上参与了振动）。

进行模态分析有许多好处：可以使结构设计避免共振或以特定频率进行振动（如扬声器）；使工程师认识到结构对于不同类型的动力载荷是如何响应的；有助于在其他动力分析中估算求解控制参数（如时间步长）。由于结构的振动特性决定结构对于各种动力载荷的响应情况，所以在准备进行其他动力分析之前首先要进行模态分析。

使用 ANSYS 的模态分析来决定一个结构或者机器部件的振动频率（固有频率和振形）。模态分析也可以是另一个动力学分析的出发点，例如，瞬态动力学分析、谐响应分析或者谱分析等。

用模态分析可以确定一个结构的固有频率和振型。固有频率和振型是承受动态载荷结构设计中的重要参数。如果要进行模态叠加法谐响应分析或瞬态动力学分析，固有频率和振型也是必要的。

可以对有预应力的结构进行模态分析，例如，旋转的涡轮叶片。另一个有用的分析功能是循环对称结构模态分析，该功能允许通过只对循环对称结构的一部分进行建模而分析产生整个结构的振型。

9.2 实例——小发电机转子模态分析

本节通过对小发电机转子进行模态分析来介绍 ANSYS 的模态分析过程。

9.2.1 分析问题

小发电机驱动主机质量为 m，通过直径为 d 的钢轴驱动。发电机转子的极惯性矩为 J，假设发电机轴固定，质量忽略。几何尺寸及模型如图 9-1 所示。其中材料属性及几何参数见表 9-1。

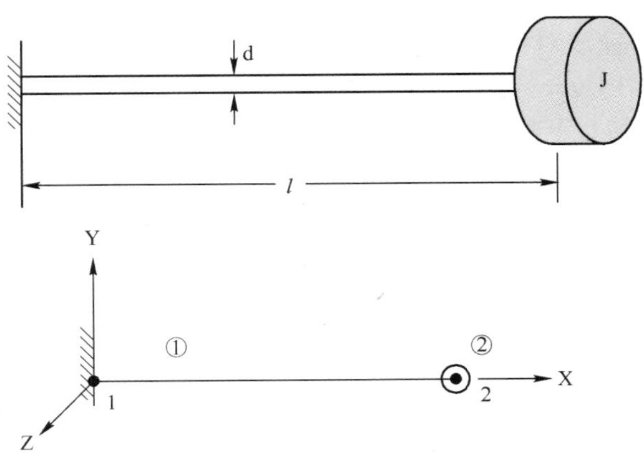

图 9-1　小发电机驱动主机模型

表 9-1 材料属性及几何参数

材料属性	几何参数
E = 31.2x106 psi	d = 0.375 in
m = 1 lb - sec^2/in	e = 9.00 in
	J = 0.031 lb - in - sec^2

9.2.2 建立模型

建立模型包括设定分析作业名和标题、定义单元类型和实常数、定义材料属性、建立几何模型、划分有限元网格。

1. 设定分析作业名和标题

在进行一个新的有限元分析时，通常需要修改数据库名，并在图形输出窗口中定义一个标题来说明当前进行的工作内容。另外，对于不同的分析范畴（结构分析、热分析、流体分析、电磁场分析等），ANSYS 所用的主菜单的内容不尽相同，为此，需要在分析开始时选定分析内容的范畴，以便 ANSYS 显示出与其相对应的菜单选项。

1）执行实用菜单中 Utility Menu > File > Change Jobname 命令，将打开 Change Jobname 对话框，如图 9-2 所示。

2）在 Enter new jobname 文本框中输入文字 Motor Generator，为本分析实例的数据库文件名。

3）单击 OK 按钮，完成文件名的修改。

4）执行实用菜单中 Utility Menu > File > Change Title 命令，将打开 Change Title 对话框，如图 9-3 所示。

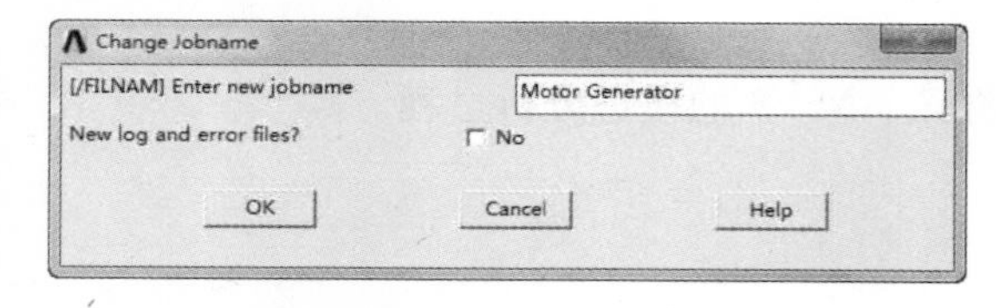

图 9-2 Change Jobname 对话框

图 9-3 Change Title 对话框

5）在 Enter new title 文本框中输入文字 natural frequency of a motor - generator，为本分析实例的标题名。

6）单击 OK 按钮，完成对标题名的指定。

7）执行实用菜单中 Utility Menu > Plot > Replot 命令，指定的标题 dynamic analysis of a gear 将显示在图形窗口的左下角。

8）执行主菜单中 Main Menu > Preference 命令，将打开 Preference of GUI Filtering 对话框，勾选 Structural 复选框，单击 OK 按钮确定。

2. 定义单元类型

在进行有限元分析时，首先应根据分析问题的几何结构、分析类型和所分析的问题精度要求等，选定适合具体分析的单元类型。本例中选用梁单元 SOLID188。

1）执行主菜单中 Main Menu > Preprocessor > Element Types > Add/Edit/Delete 命令，将打开 Element Type 对话框。

2）单击 Add 按钮，将打开 Library of Element Types 对话框，如图 9-4 所示。

3）在左边的列表框中选择 Beam 选项，选择梁单元类型。

4）在右边的列表框中选择 2node 188 选项，选择二节点梁单元 BEAM 188。

5）单击 Apply 按钮，将 SOLID 186 单元添加，并返回单元类型对话框。

6）在左边的列表框中选择 Structural Mass 选项。

7）在右边的列表框中选择 3D mass 21 选项。

8）单击 OK 按钮，将 MASS 21 单元添加，并关闭单元类型对话框，同时返回到第 1）步打开的单元类型对话框，如图 9-5 所示。

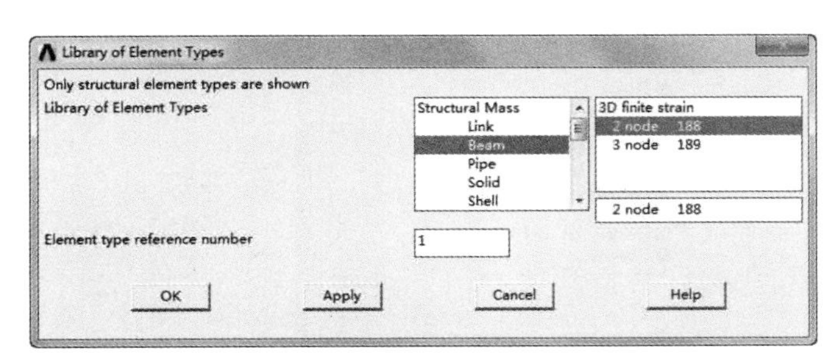

图 9-4　Library of Element Types 对话框

图 9-5　Element Types 对话框

9）单击 Close 按钮，关闭单元类型对话框，结束单元类型的添加。

3. 定义截面类型

定义杆件材料性质：Main Menu > Preprocessor > Sections > Beam > Common Section，弹出如图 9-6 所示的 Beam Tool 对话框，在 Sub - Type 下拉列表中选择实心圆管，在 R 中输入半径 0. 1875，在 N 中输入划分段数为 20，单击 OK 按钮。

4. 定义实常数

1）执行主菜单中 Main Menu > Preprocessor > Real Constants > Add/Edit/Delete 命令，弹出一个 Real Constants 实常数对话框，

2）单击 Add 按钮，弹出一个 Element Type…定义实常数单元类型对话框，选择 Type 2 MASS21 选项，单击 OK 按钮，弹出 Real Constant Set Number 2，for MASS 21 为 MASS 21 单元定义实常数对话框，如图 9-7 所示。

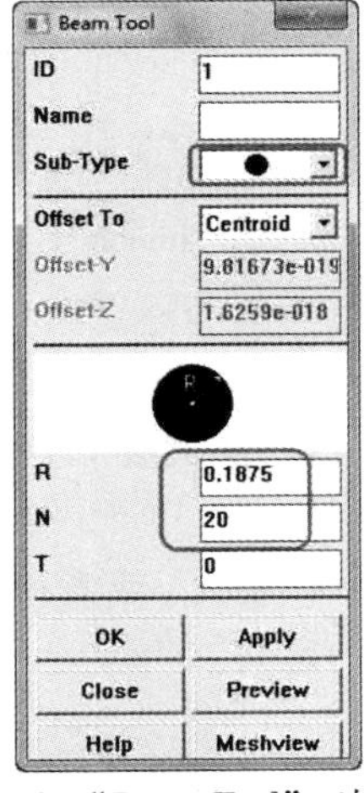

图 9-6　“Beam Tool”对话框

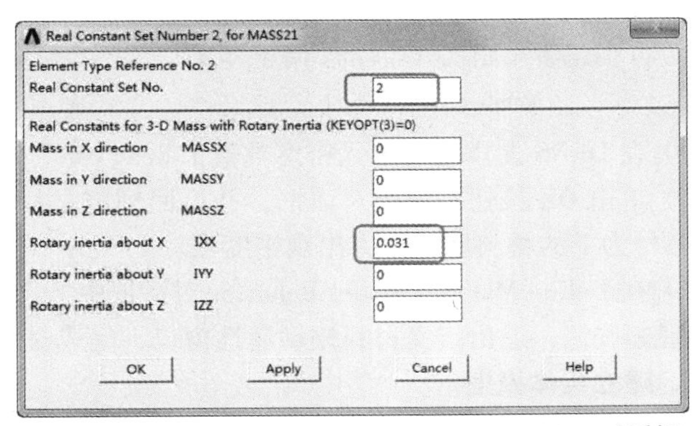

图 9-7　Real Constant Set Number 2，for MASS21 对话框

3）在 Real Constant Set No. 后面的文本框输入 2，在 IXX 后面的文本框中输入 0.031，单击 OK 按钮，回到 Real Constants 实常数对话框。然后单击 Close 按钮关闭对话框。

5. 定义材料属性

考虑惯性力的静力分析中必须定义材料的弹性模量和密度。具体步骤如下。

1）执行主菜单中 Main Menu > Preprocessor > Material Props > Materia Model 命令，将打开 Define Material Model Behavior 对框框，如图 9-8 所示。

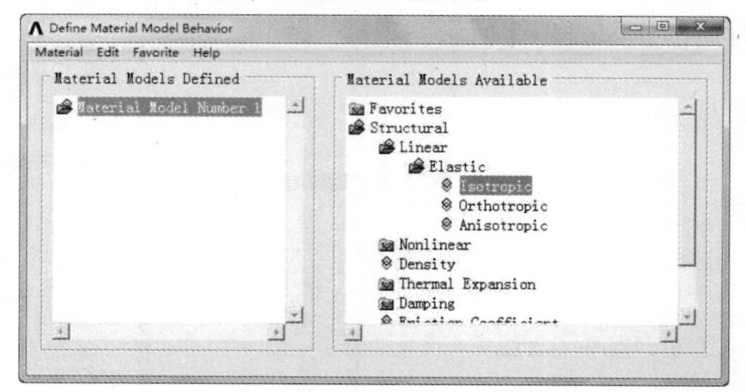

图 9-8　Define Material Model Behavior 对话框

2）依次选择 Structural > Linear > Elastic > Isotropic 选项，展开材料属性的树形结构。将打开 1 号材料的弹性模量 EX 和泊松比 PRXY 的定义对话框，如图 9-9 所示。

3）在对话框的 EX 文本框中输入弹性模量 3.12E + 007，在 PRXY 文本框中输入泊松比 0.3。

4）单击 OK 按钮，关闭对话框，并返回到定义材料模型属性窗口，在此窗口的左边一栏出现刚刚定义的参考号为 1 的材料属性。

5）依次单击 Structural > Density，打开 Density for Material Number 1 对话框，如图 9-10 所示。

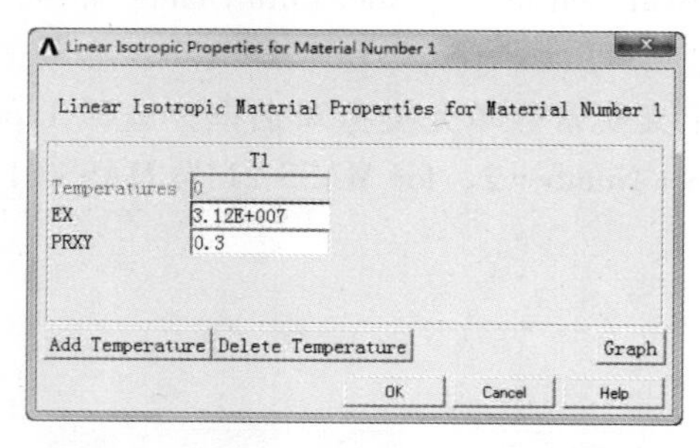

图 9-9　Linear Isotropic Properties for Material Number 1 对话框

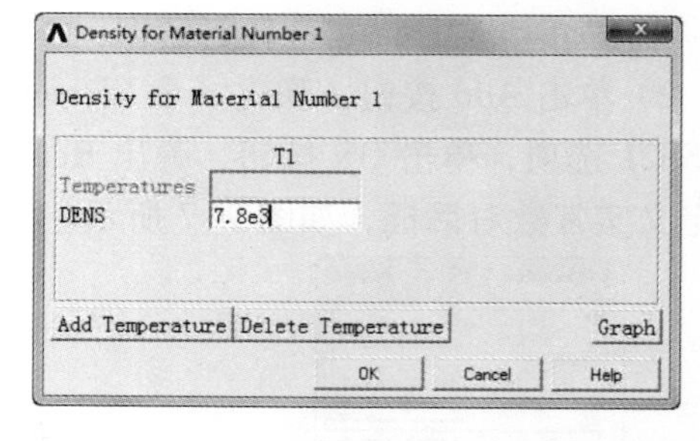

图 9-10　Density for Material Number 1 对话框

6）在 DENS 文本框中输入密度数值 7.8e3。

7）单击 OK 按钮，关闭对话框，并返回到定义材料模型属性窗口，在此窗口的左边一栏参考号为 1 的材料属性下方出现密度项。

8）在 Define Material Model Behavior 对话框中，选择 Material > Exit 命令，或者单击右上角的 x 按钮，退出定义材料模型属性窗口，完成对材料模型属性的定义。

6. 建立实体模型

1）选择 ANSYS Main Menu > Preprocessor > Modeling > Create > Nodes > In Active CS 命令，

打开 Create Nodes in Active Coordinate System 对话框，如图 9-11 所示。在 NODE Node number 文本框输入 1，在“X，Y，Z Location in active CS”文本框中输入“0，0”。

2）单击 Apply 按钮会再次打开 Create Nodes in Active Coordinate System 对话框，如图 9-11 所示。在 NODE Node number 文本框输入 2，在“X，Y，Z Location in active CS”文本框中依次输入“8，0”，单击 OK 按钮关闭该对话框。

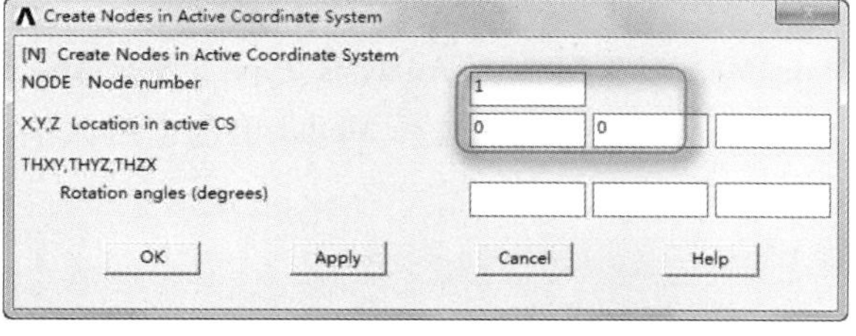

图 9-11 Create Nodes in Active Coordinate System 对话框

3）选择 ANSYS Main Menu > Preprocessor > Modeling > Create > Elements > Auto Numbered > Thru Nodes 命令，打开 Elements from Nodes 对话框，在文本框输入“1，2”，单击 OK 按钮关闭该对话框。

4）选择菜单栏中的 PlotCtrls > Style > Colors > Reverse Video 命令，ANSYS 窗口将变成白色。选择菜单栏中的 Plot > Elements 命令，ANSYS 窗口会显示模型，如图 9-12 所示。

5）选择 ANSYS Main Menu > Preprocessor > Modeling > Create > Elements > Elem Attributes 命令，打开 Element Attributes 对话框，如图 9-13 所示。在［TYPE］Element type number 下拉列表框中选择 2 MASS21，在［REAL］Real constant set number 下拉列表框中选择 2，其余选项采用系统默认设置，单击 OK 按钮关闭该对话框。

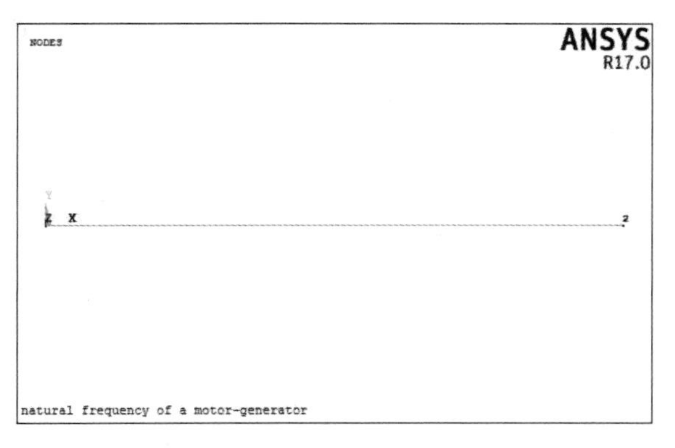

图 9-12 模型

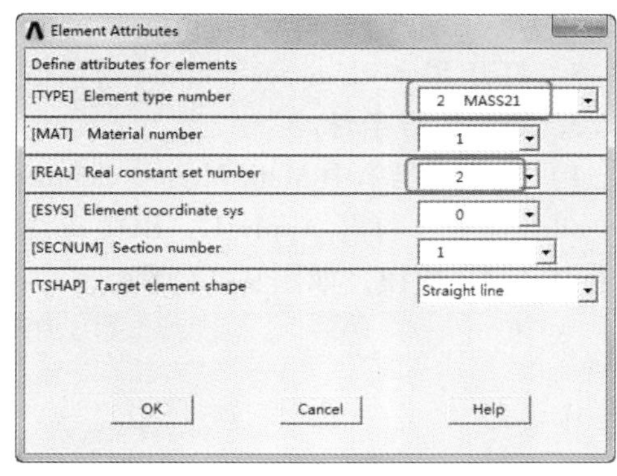

图 9-13 Element Attributes 对话框

6）选择 ANSYS Main Menu > Preprocessor > Modeling > Create > Elements > Auto Numbered > Thru Nodes 命令，打开 Elements from Nodes 对话框，在文本框输入 2，单击 OK 按钮关闭该对话框。

7）存储数据库 ANSYS。单击 SAVE_DB 按钮保存文件。

9.2.3 进行模态设置、定义边界条件并求解

在进行模态分析中，建立有限元模型后，就需要进行模态设置、施加边界条件、进行模

态扩展设置、进行扩展求解等操作。

1. 设置求解选项

选择 Main Menu > Solution > Load Step Opts > Output Ctrls > Solu Printout 选项，弹出如图 9-14 所示的对话框，在 Item for printout control 下拉列表中选择 Basic quantities 选项，单击 OK 按钮。

2. 进行模态分析设置。

1）执行主菜单中 Main Menu > Solution > Analysis Type > New Analysis 命令，打开 New Analysis 设置对话框，要求选择分析的种类，选择 Modal 单选按钮，单击 OK 按钮，如图 9-15 所示。

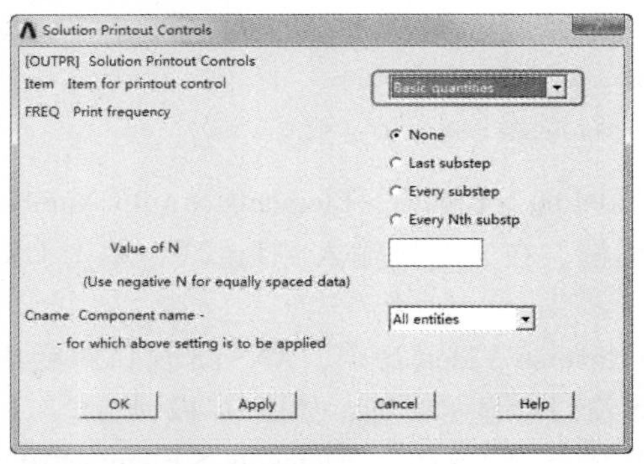

图 9-14 Solution Printout Controls 对话框

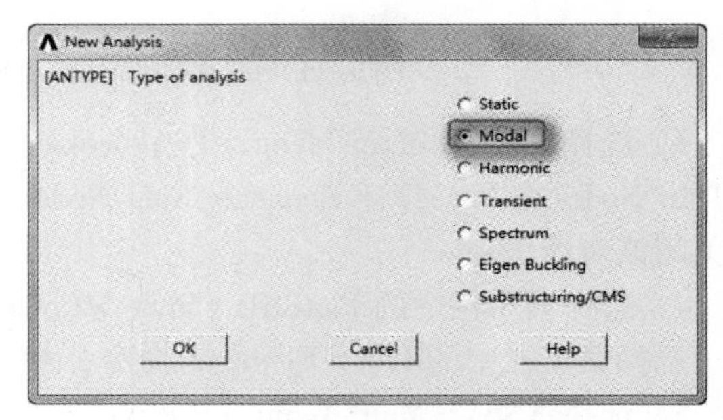

图 9-15 New Analysis 对话框

2）执行主菜单中 Main Menu > Solution > Analysis Type > Analysis Options 命令，打开 Modal Analysis 设置对话框，要求进行模态分析设置，选择 Block Lanczos 单选按钮，在 No. of Nodes to extract 文本框中输入 1，将 Expand mode shaps 设置为 Yes，单击 OK 按钮，如图 9-16 所示。

3）打开 Block Lanczos Method 对话框，采取默认设置，单击 OK 按钮。

3. 施加边界条件

1）执行主菜单中 Main Menu > Solution > Define Loads > Apply > Structural > Displacement > on Nodes 命令，打开 Apply U，ROT on Nodes 对话框，要求选择欲施加位移约束的关键点，单击 Pick All 按钮，如图 9-17 所示。

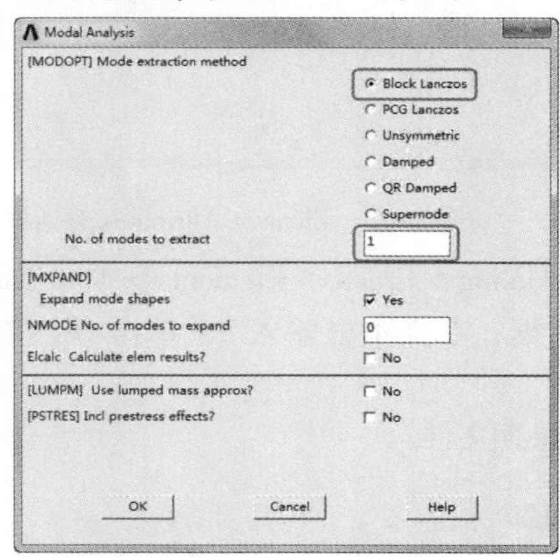

图 9-16 Modal Analysis 对话框

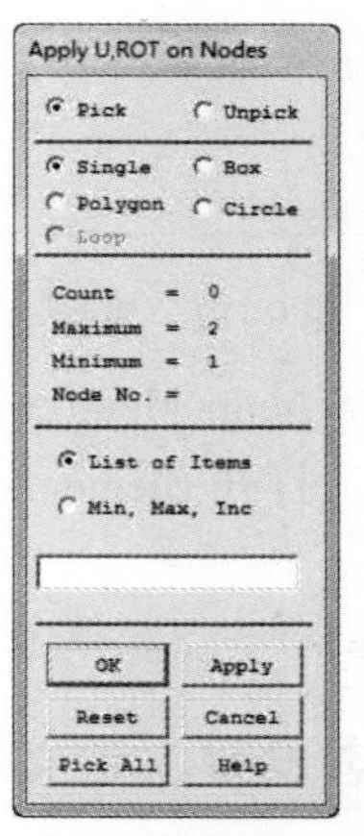

图 9-17 Apply U，ROT on Nodes 对话框

2）在约束种类的对话框的列表框中选择 All DOF 选项，单击 OK 按钮，如图 9-18 所示。

3）执行主菜单中 Main Menu > Solution > Define Loads > Delete > Structural > Displacement > on Nodes 命令，打开节点选择对话框，要求选择欲删除位移约束的关键点，选择节点 2，单击 OK 按钮。

4）打开 Delete Node Constraints 对话框，在下拉列表框中选择 ROTX 选项，单击 OK 按钮，如图 9-19 所示。

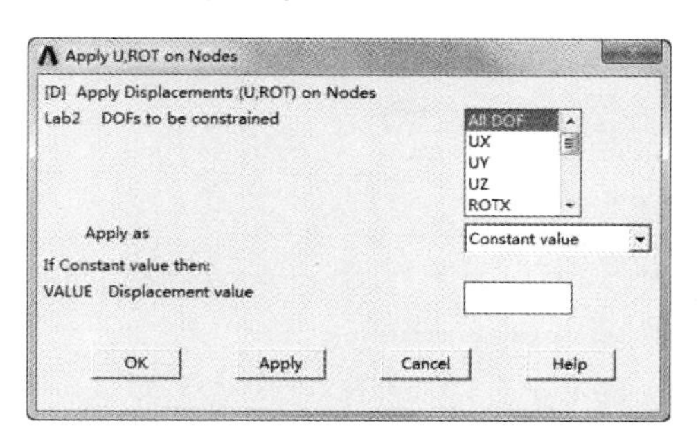

图 9-18 Apply U，ROT on Nodes 对话框

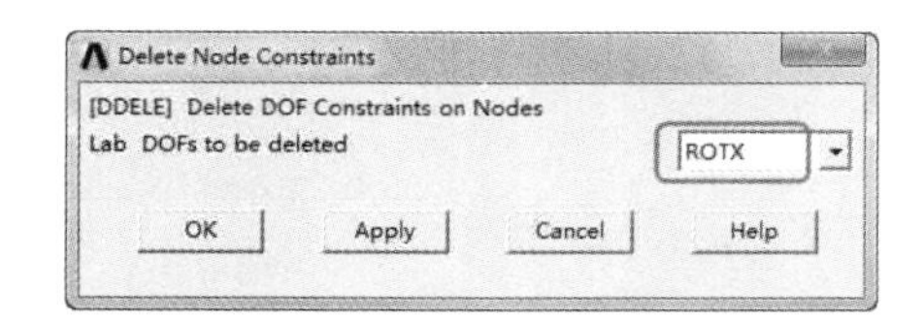

图 9-19 Delete Node Constraints 对话框

4. 进行求解

1）执行主菜单中 Main Menu > Solution > Solve > Current LS 命令，打开一个确认对话框和状态列表，如图 9-20 所示，要求查看列出的求解选项。

2）查看列表中的信息确认无误后，单击 OK 按钮，开始求解。

3）ANSYS 会显示求解状态，如图 9-21 所示。

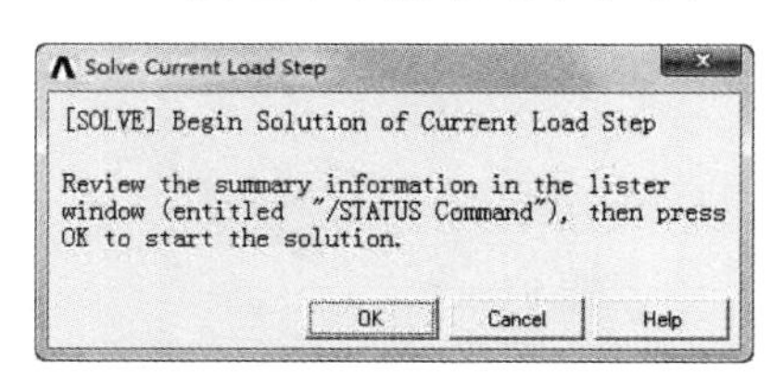

图 9-20 Solve Current Load Step 对话框

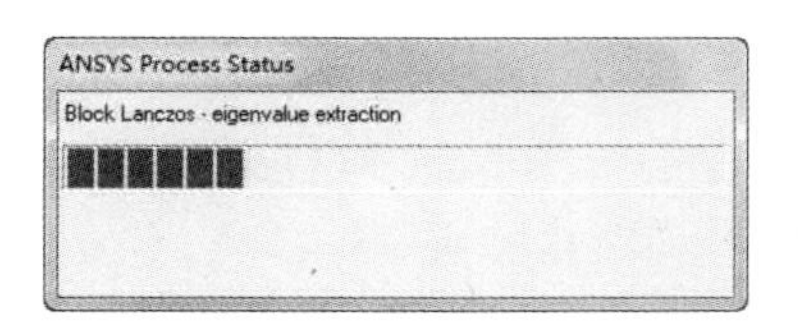

图 9-21 ANSYS Process Status 对话框

4）求解完成后打开如图 9-22 所示的提示求解结束对话框。

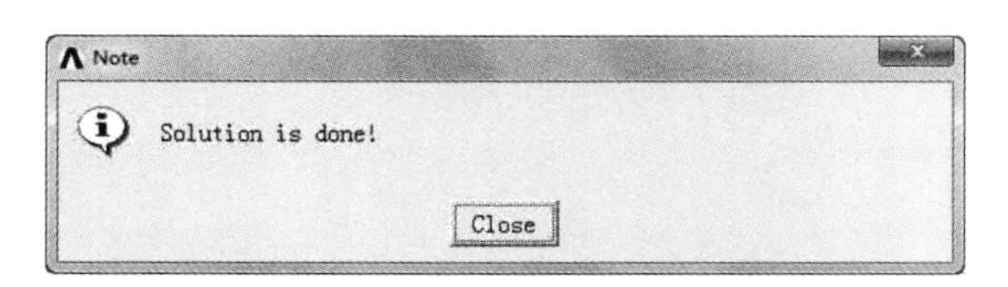

图 9-22 提示求解完成

5）单击 Close 按钮，关闭提示求解结束对话框。

6）从主菜单中执行 Main Menu > Finish 命令。

9.2.4 查看结果

求解完成后，就可以利用 ANSYS 软件生成的结果文件（对于静力分析，就是

Jobname. RST）进行后处理。静力分析中通常通过 POST1 后处理器就可以处理和显示大多数感兴趣的结果数据。

列表显示分析的结果。

1）读取一个载荷步的结果，执行主菜单中 Main Menu > General Postproc > Read Results > Last Set 命令。

2）从主菜单中执行 Main Menu > General Postproc > Results Summary 命令，打开 SET，LIST Command 列表显示结果，如图 9-23 所示。

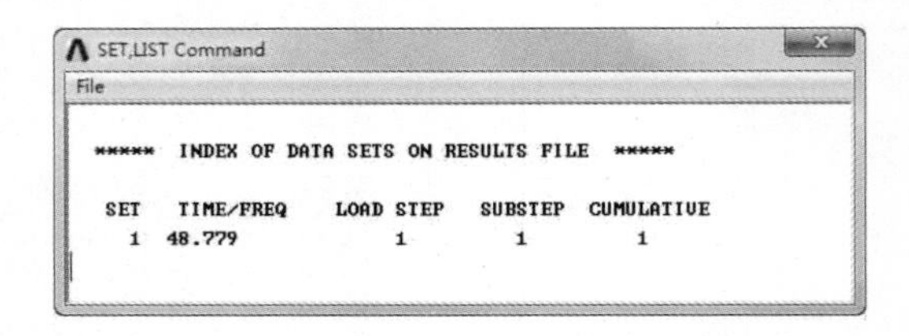
SET,LIST Command
File

***** INDEX OF DATA SETS ON RESULTS FILE *****

SET	TIME/FREQ	LOAD STEP	SUBSTEP	CUMULATIVE
1	48.779	1	1	1

图 9-23　分析结果的列表显示

9.2.5 命令流方式

略，见随书网盘资源电子文档。

第10章 谱分析

知识导引

谱分析是模态分析的扩展，用于计算结构对地震及其他随机激励的响应。本章介绍了 ANSYS 谱分析的全流程，讲解了其中各种参数的设置方法与功能，最后通过支撑平板的动力效果分析实例对 ANSYS 谱分析功能进行了具体演示。

通过本章的学习，读者可以完整深入地掌握 ANSYS 谱分析的各种功能和应用方法。

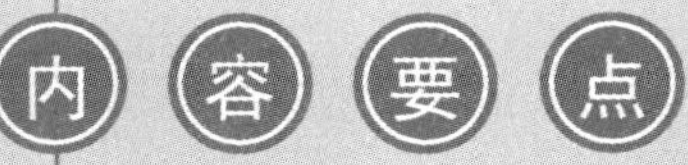

内容要点

- 谱分析概论
- 实例——简单梁结构响应谱分析

10.1　谱分析概论

谱是指频率与谱值的曲线，它表征时间历程载荷的频率和强度特征。谱分析包括：

1）响应谱：单点响应谱（SPRS）和多点响应谱（MPRS）。

2）动力设计分析方法（DDAM）。

3）功率谱密度（PSD）。

10.1.1 响应谱

响应谱表示单自由度系统对时间历程载荷的响应，它是响应与频率的曲线，这里的响应可以是位移、速度、加速度或者力。响应谱包括以下两种。

1. 单点响应谱（SPRS）

在单点响应谱分析（SPRS）中，只可以给节点指定一种谱曲线（或者一族谱曲线），例如，在支撑处指定一种谱曲线，如图 10-1a 所示。

2. 多点响应谱（MPRS）

在多点响应谱分析（MPRS）中可在不同节点处指定不同的谱曲线，如图 10-1b 所示。

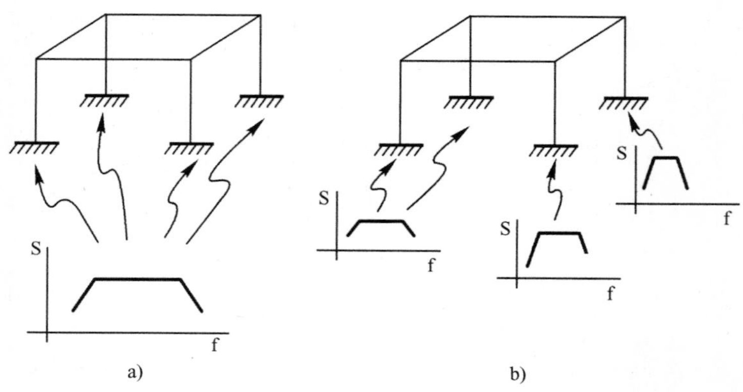

图 10-1　响应谱分析示意图

S—谱值　f—频率

10.1.2 动力设计分析方法（DDAM）

动力设计分析方法是一种用于分析船装备抗振性的技术，它本质上来说也是一种响应谱分析，该方法中用到的谱曲线是根据一系列经验公式和美国海军研究实验报告（NRL-1396）所提供的抗振设计表格得到的。

10.1.3 功率谱密度（PSD）

功率谱密度（PSD）针对随机变量在均方意义上的统计方法，用于随机振动分析，此时，响应的瞬态数值只能用概率函数来表示，其数值的概率对应一个精确值。

功率密度函数表示功率谱密度值与频率的曲线，这里的功率谱可以是位移功率谱、速度功率谱、加速度功率谱或者力功率谱。从数学意义上来说，功率谱密度与频率所围成的面积就等于方差。跟响应谱分析类似，随机振动分析也可以是单点或者多点。对于单点随机振动分析，在模型的一组节点处指定一种功率谱密度；对于多点随机振动分析，可以在模型不同节点处指定不同的功率谱密度。

10.2 实例——简单梁结构响应谱分析

本节对一简单的梁结构进行响应分析，分别采用 GUI 方式和命令流方式。

10.2.1 问题描述

某梁结构，计算在 Y 方向的地震位移响应谱作用下整个结构的响应情况，梁结构的基本尺寸如图 10-2 所示，地震谱见表 10-1，具体数据如下。

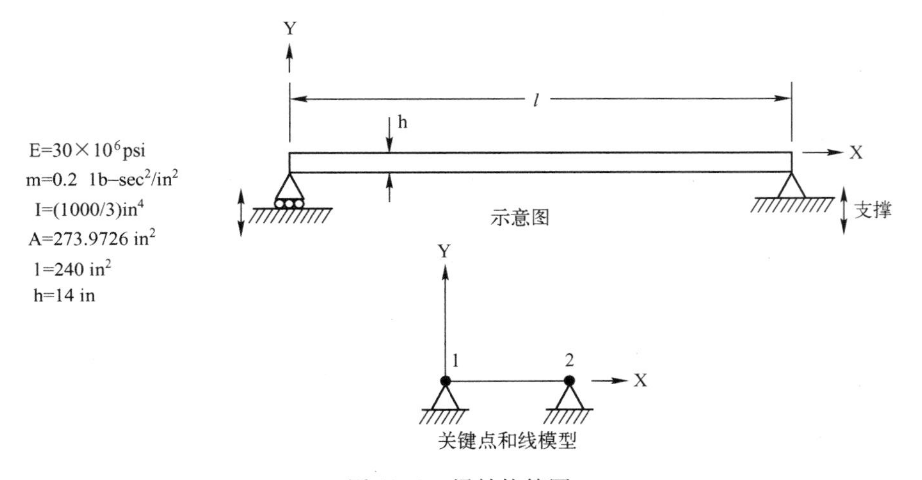

图 10-2 梁结构简图

表 10-1 频率 - 谱值表

响 应 谱	
频率/Hz	位移/10³ m
0. 1	0. 44
10. 0	0. 44

10.2.2 GUI 操作方法

1. 创建物理环境

（1）过滤图形界面

执行主菜单中 Main Menu > Preferences 命令，弹出 Preferences for GUI Filtering 对话框，选中 Structural 来对后面的分析进行菜单及相应的图形界面过滤。

（2）定义工作标题

选择菜单栏中的 File > Change Title 选项，在弹出的对话框中输入 Seismic Response of a Beam Structure，单击 OK 按钮。如图 10-3 所示。

（3）定义单元类型

从主菜单中执行 Main Menu > Preprocessor > Element Type > Add/Edit/Delete 命令，弹出 Element Types 单元类型对话框，单击 Add 按钮，弹出 Library of Element Types 对话框，如图 10-4 所示。

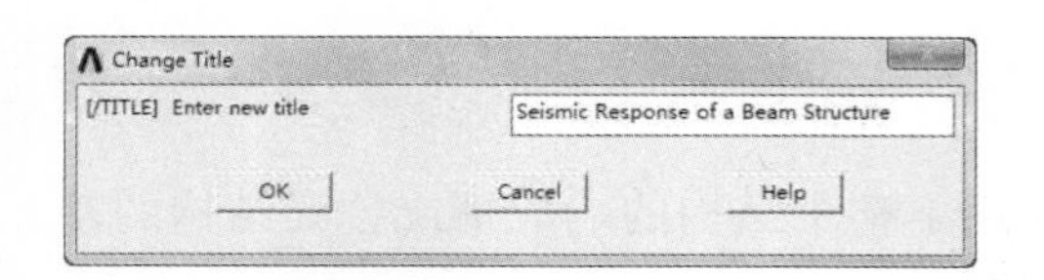

图 10-3　定义工作标题

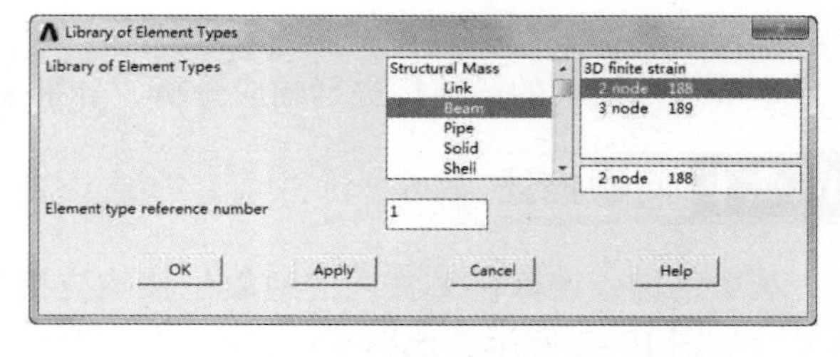

图 10-4　Library of Element Types 对话框

在该对话框左面下拉列表中选择 Structural Beam 选项，在右边的下拉列表中选择 3D 2 node 188 选项，定义了 BEAM 188 单元。

在 Element Types 单元类型对话框中选择 BEAM 188 单元，单击 Options 按钮打开如图 10-5 所示的 BEAM 188 element type options 对话框，将其中的 K3 设置为 Cubic Form，单击 OK 按钮。

最后单击 Close 按钮，关闭单元类型对话框。

（4）指定材料属性

执行主菜单中 Main Menu > Preprocessor > Material Props > Material Models 命令，弹出 Define Material Model Behavior 对话框，在右边的栏中连续单击 Structural > Linear > Elastic > Isotropic 后，弹出 Linear Isotropic Properties for Material Number 1 对话框，如图 10-6 所示，在该对话框中 EX 文本框输入 2e11，在 PRXY 文本框输入 0.3，单击 OK 按钮。

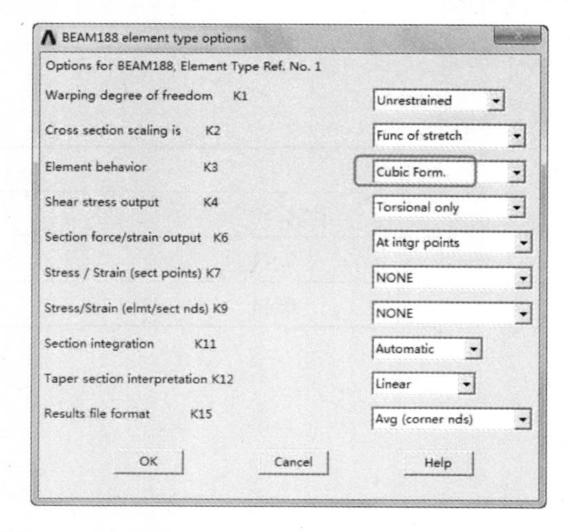

图 10-5　“BEAM 188 element type options”对话框

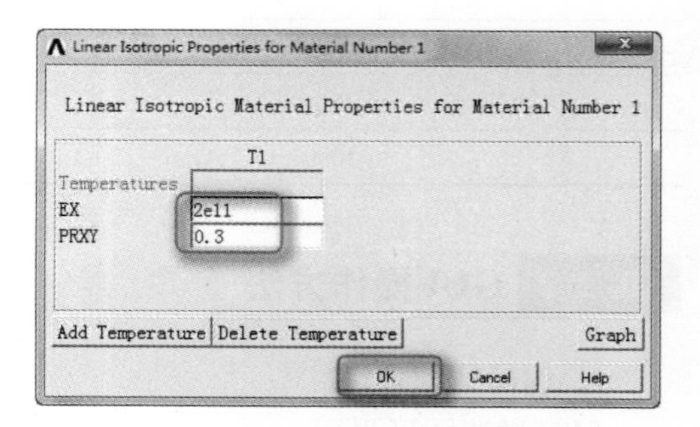

图 10-6　Linear Isotropic Properties for Material Number 1 对话框

继续在 Define Material Model Behavior 对话框，在右边的栏中连续单击 Structural > Density，弹出 Density for Material Number 1 对话框，如图 10-7 所示，在该对话框中 DENS 文本框输入 73E－5，单击 OK 按钮。结果如图 10-8 所示。最后关闭 Define Material Model Behavior 对话框。

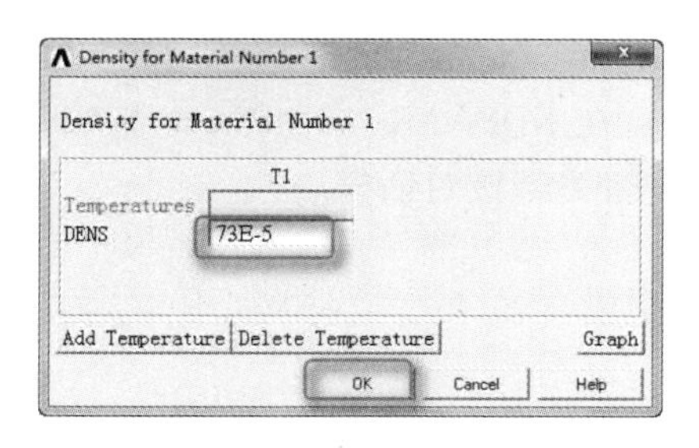

图 10-7　Density for Material Number 1 对话框

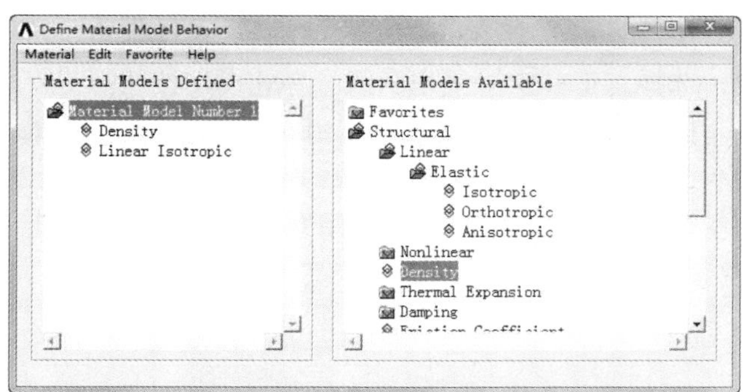

图 10-8　定义材料属性

（5）定义梁单元截面

执行主菜单中 Main Menu > Preprocessor > Sections > Beam > Common Sections 命令，弹出 Beam Tool 对话框，按照图 10-9 所示填写，然后单击 Apply 按钮，最后单击 OK 按钮。

定义好截面之后，单击 Preview 按钮可以观察截面特性。在本模型中截面特性如图 10-10 所示。

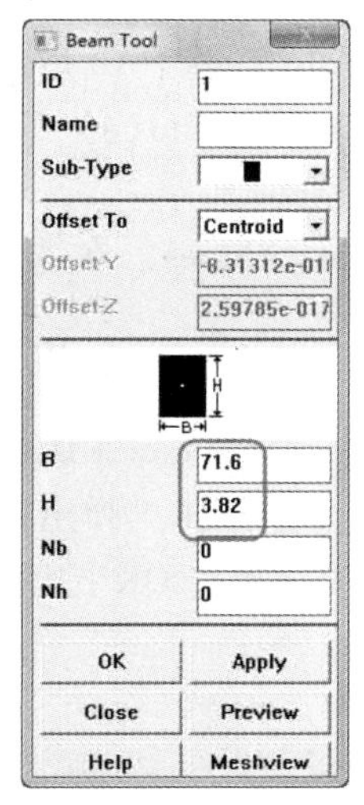

图 10-9　Beam Tool 对话框

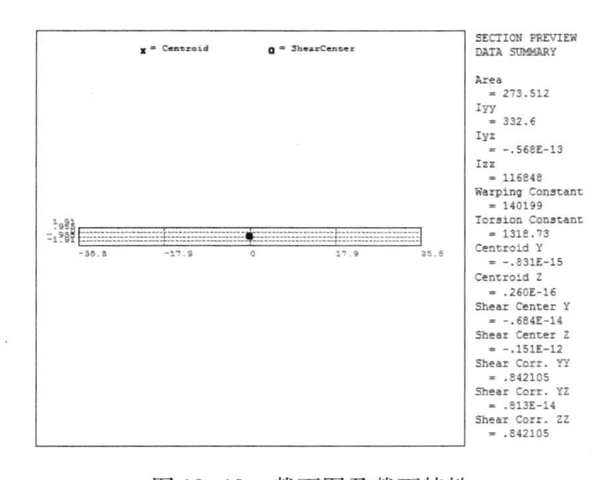

图 10-10　截面图及截面特性

2. 建立有限元模型

（1）建立框架柱

执行主菜单中 Main Menu > Preprocessor > Modeling > Create > Keypoits > In Active CS 命令，弹出 Create Keypoits in Active CS 对话框，在 NPT 文本框中输入 1，在“X，Y，Z”文本框输入“0、0、0”，单击 Apply 按钮，在 NPT 文本框中输入 2，在“X，Y，Z”输入“240、0、0”，单击 Apply 按钮，再输入“0，1，0”，单击 OK 按钮。

（2）设置参数

选择 Utility Menu > PlotCtrls > Numbering 命令，会弹出 Plot Numbering Controls 对话框，勾选 KP Keypoint numbers 复选框，使其状态从 Off 变为 On，其余选项采用默认设置，如图 10-11 所示，单击 OK 按钮关闭对话框。

执行主菜单中 Main Menu > Preprocessor > Modeling > Create > lines > lines > Straight Line 命令，选择点 1 和点 2 画出直线，单击 OK 按钮。

执行主菜单中 Main Menu > Preprocessor > Meshing > Size Cntrls > ManualSize > Global > Size 命令，弹出 Global Element Sizes 对话框，如图 10-12 所示。在 NDIV No. of element divisions 文本框中输入 8，其余选项采用系统默认设置，单击 OK 按钮关闭该对话框。

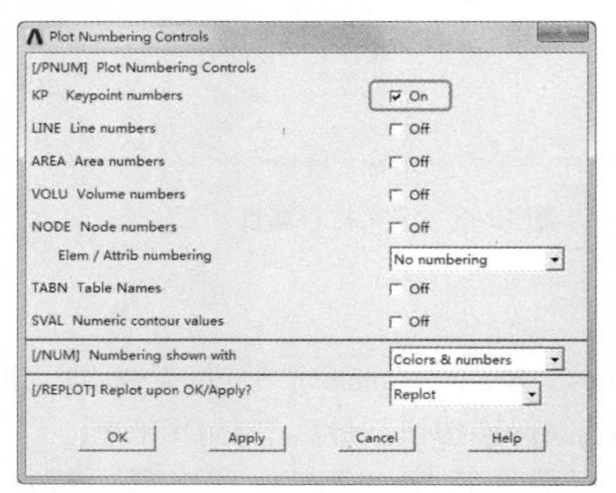

图 10-11 Plot Numbering Controls 对话框

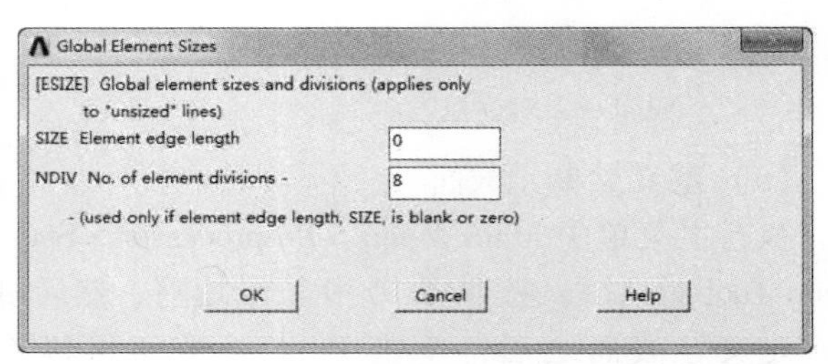

图 10-12 Global Element Sizes 对话框

执行主菜单中 Main Menu > Preprocessor > Meshing > Mesh Attributes > All Lines 命令，弹出 Line Attributes 对话框，如图 10-13 所示，勾选 Pick Orientation Keypoint(s) Yes 复选框，单击 OK 按钮，弹出拾取对话框，拾取 3 号点，然后单击 OK 按钮。

从主菜单中执行 Main Menu > Preprocessor > Meshing > Mesh > Lines，在选择对话框中单击 Pick All 按钮。

（3）施加位移约束

执行主菜单中 Main Menu > Solution > Define Losads > Apply > Structual > Displacement > On Nodes 命令，弹出节点选取对话框，拾取梁左端的节点，单击 OK 按钮。弹出 Apply U，ROT Nodes 对话框，在 DOFs to be constrained 下拉列表选择 UY 选项，单击 OK 按钮关闭窗口，如图 10-14 所示。加约束之后的模型如图 10-15 所示。

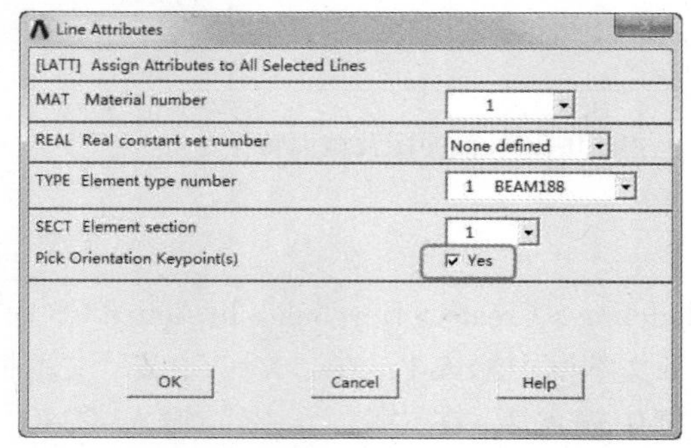

图 10-13 Line Attributes 对话框

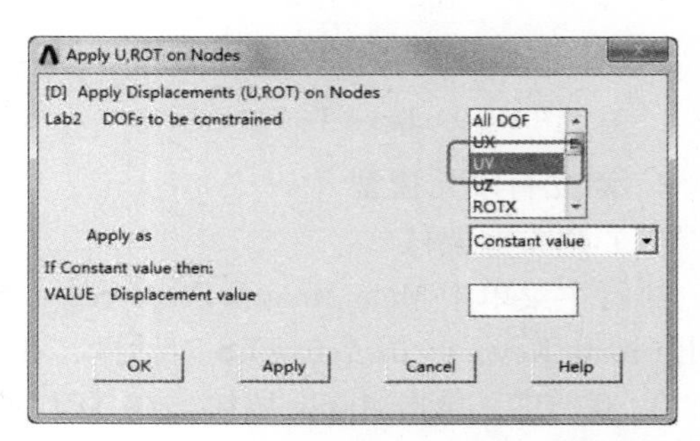

图 10-14 Apply U，ROT on Nodes 对话框

执行主菜单中 Main Menu > Solution > Define Losads > Apply > Structual > Displacement > On Nodes 命令，弹出节点选取对话框，拾取梁右端的节点，单击 OK 按钮。弹出 Apply U，ROT Nodes 对话框，在 DOFs to be constrained 下拉列表中选择“UX、UY”选项，单击 OK 按钮关闭窗口。加约束之后的模型如图 10-15 所示。

执行 Main Menu > Solution > Define Loads > Apply > Structural > Displacement > Symmetry B. C. > On Nodes 命令，弹出如图 10-16 所示的对话框，在 Norml Symm surface is mormal to 下拉列表选择 Z - axis 选项，单击 OK 按钮。

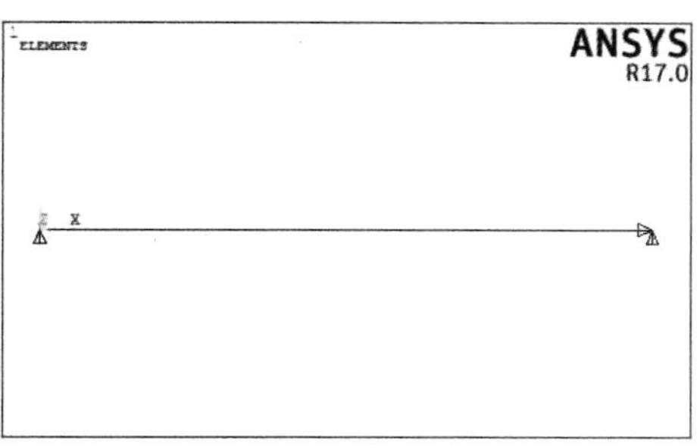

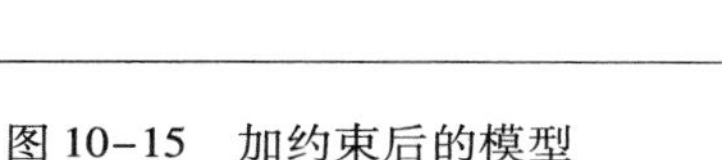

图 10-15　加约束后的模型

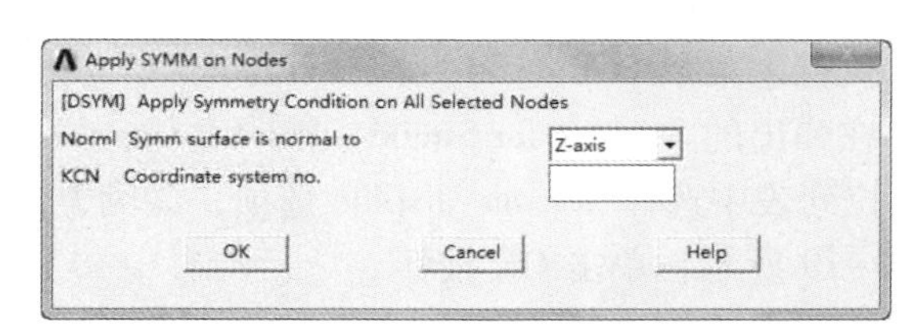

图 10-16　Apply SYMM on Nodes 对话框

3. 模态求解

（1）选择分析类型

执行主菜单中 Main Menu > Solution > Analysis Type > New Analysis 命令，在弹出的 New Analysis 对话框中选择 Modal 选项，单击 OK 按钮关闭对话框。

（2）选择模态分析类型

执行主菜单中 Main Menu > Solution > Analysis Type > Analysis Options 命令，在弹出的 Modal Analysis 对话框的 MODOPT 项选择 Block Lanczos 单选按钮，在 No. of modes to extract 文本框输入 3，在 No. of modes to expand 文本框中输入 1。如图 10-17 所示。单击 OK 按钮关闭对话框。接着弹出 Block Lanczos Method 对话框，采取默认设置，单击 OK 按钮关闭对话框，如图 10-18 所示。

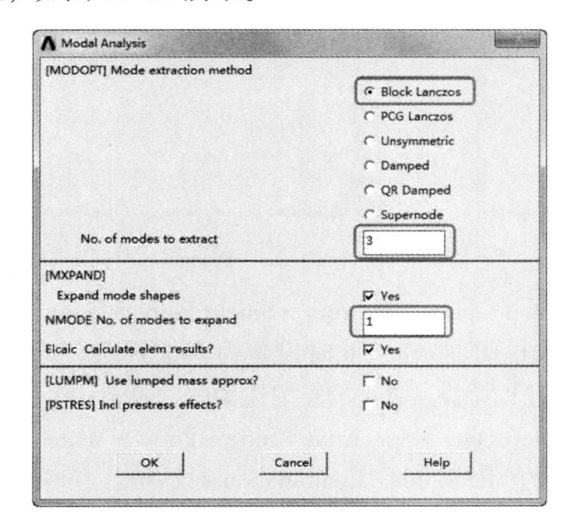

图 10-17　Modal Analysis 对话框

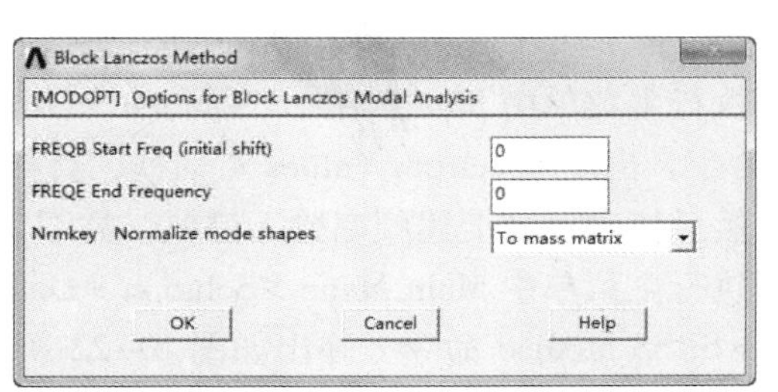

图 10-18　Block Lanczos Method 对话框

（3）开始求解

执行主菜单中 Main Menu > Solution > Solve > Current LS 命令，弹出一个名为/STATUS Command 的对话框，检查无误后，单击 Close 按钮。在弹出的另一个 Solve Current Load Step 对话框中单击 OK 按钮开始求解。求解结束后，关闭 Solution is done 对话框。

4. 获得谱解

（1）选择分析类型

关闭主菜单中求解器菜单，再重新打开。从主菜单中执行 Main Menu > Solution > Analysis Type > New Analysis 命令，在弹出的 New Analysis 对话框中选择 Spectrum 选项，单击 OK 按钮关闭对话框。

（2）设置反应谱

执行主菜单中 Main Menu > Solution > Load Step Opts > Spectrum > Single Point > Setting 命令，在弹出的 Settings for Single – Point Response Spectrum 对话框中，在 Type of response Spectr 下拉列表中选择 Seismic displac 选项，激励方向 Coordinates of point 项填写“0、1、0”，如图 10–19 所示，单击 OK 按钮。

执行主菜单中 Main Menu > Solution > Load Step Opts > Spectrum > Single Point > Freq Table 命令，弹出 Frequency Table 对话框，按照频率 – 谱值表依次输入频率值，如图 10–20 所示，单击 OK 按钮。

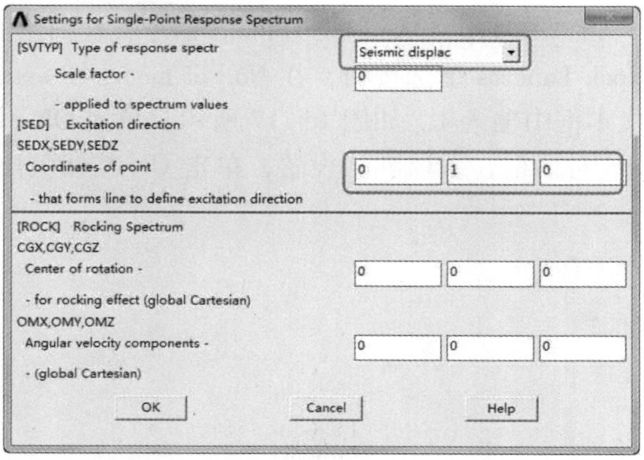

图 10–19　Settings for Single – Point Response Spectrum 对话框

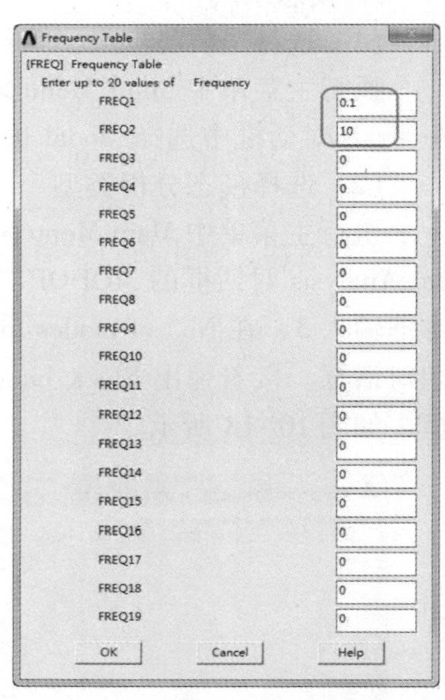

图 10–20　Frequency Table 对话框

执行主菜单中 Main Menu > Solution > Load Step Opts > Spectrum > Single Point > Spectr Values 命令，出现 Spectrum Values 对话框，直接单击 OK 按钮，此时设置为默认状态，既无阻尼。然后依次对应上述频率输入谱值，如图 10–21 所示。单击 OK 按钮关闭对话框。

执行主菜单中 Main Menu > Solution > Load Step Opts > Spectrum > Single Point > Mode Combine > SRSS Method 命令，弹出如图 10–22 所示的 SRSS Mode Combination 对话框，在 Significant threshold 文本框填写 0. 15，单击 OK 按钮关闭对话框。

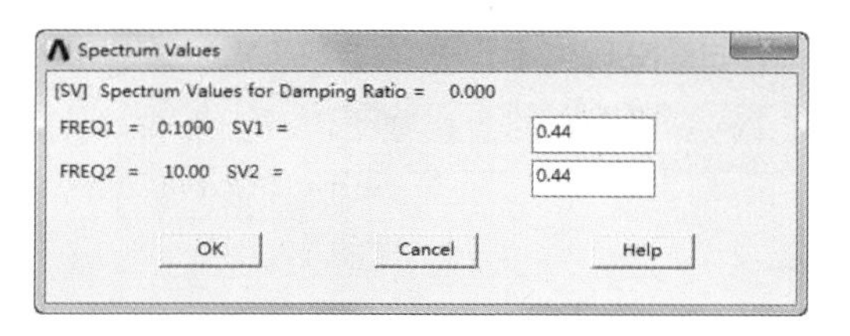

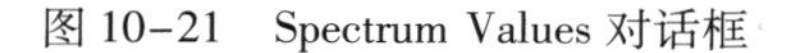

图 10-21 Spectrum Values 对话框

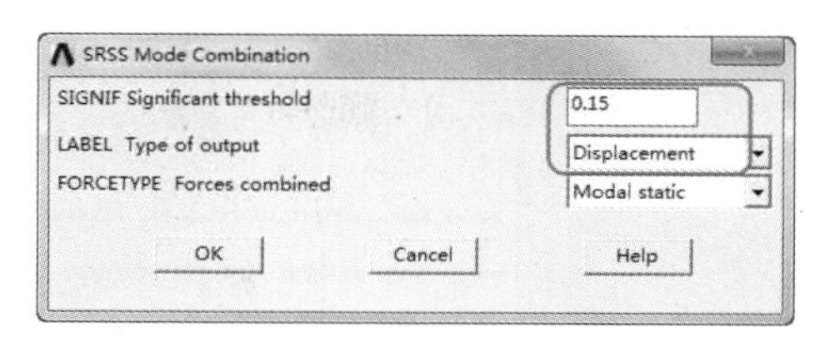

图 10-22 SRSS Mode Combination 对话框

（3）开始求解

执行主菜单中 Main Menu > Solution > Solve > Current LS 命令，弹出一个名为/STATUS Command 的对话框，检查无误后，单击 Close 按钮。在弹出的另一个 Solve Current Load Step 对话框中单击 OK 按钮开始求解。求解结束后，关闭 Solution is done 对话框。

5. 查看结果

（1）查看 SET 列表

列表显示各阶临界载荷，执行 Main Menu > General Postproc > Results Summary 命令，弹出 SET，LIST Command 窗口，如图 10-23 所示。

（2）读取结果文件

执行菜单栏中的 File > Read Input from 命令，在 Read File 对话框右侧的下拉列表中，选择包含结果文件的路径；在左侧的下拉列表中，选择 Jobname. mcom 文件。单击 OK 按钮关闭对话框。

（3）列表显示节点结果

执行主菜单中 Main Menu > General Postproc > List Results > Nodal Solution 命令，在 List Nodal Solution 对话框中，选择 Nodal Solution > DOF Solution > Displacement vector sum 选项，单击 OK 按钮。弹出节点位移列表，如图 10-24 所示，浏览后关闭窗口。

SET,LIST Command

File

***** INDEX OF DATA SETS ON RESULTS FILE *****

SET	TIME/FREQ	LOAD STEP	SUBSTEP	CUMULATIVE
1	6.0937	1	1	1

图 10-23 SET，LIST Command 窗口

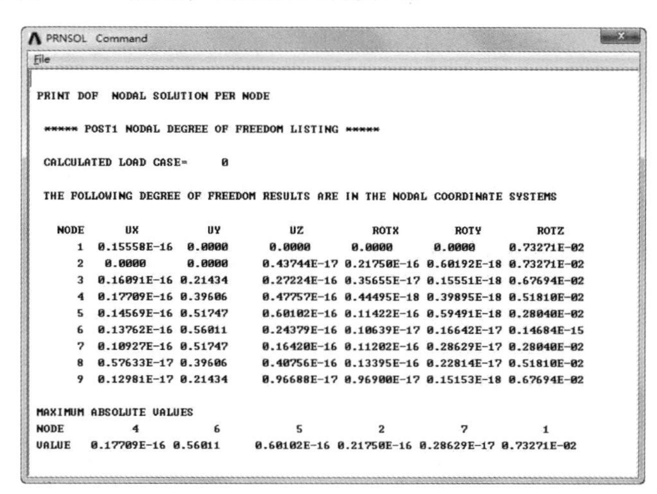

PRNSOL Command

File

PRINT DOF NODAL SOLUTION PER NODE

***** POST1 NODAL DEGREE OF FREEDOM LISTING *****

CALCULATED LOAD CASE= 0

THE FOLLOWING DEGREE OF FREEDOM RESULTS ARE IN THE NODAL COORDINATE SYSTEMS

NODE	UX	UY	UZ	ROTX	ROTY	ROTZ
1	0.15558E-16	0.0000	0.0000	0.0000	0.0000	0.73271E-02
2	0.0000	0.0000	0.43744E-17	0.21750E-16	0.60192E-18	0.73271E-02
3	0.16091E-16	0.21434	0.27224E-16	0.35655E-17	0.15551E-18	0.67694E-02
4	0.17709E-16	0.39606	0.47757E-16	0.44495E-18	0.39895E-18	0.51810E-02
5	0.14569E-16	0.51747	0.60102E-16	0.11422E-16	0.59491E-18	0.28040E-02
6	0.13762E-16	0.56011	0.24379E-16	0.10639E-17	0.16642E-17	0.14684E-15
7	0.10927E-16	0.51747	0.16420E-16	0.11202E-16	0.28629E-17	0.28040E-02
8	0.57633E-17	0.39606	0.40756E-16	0.13395E-16	0.22814E-17	0.51810E-02
9	0.12981E-17	0.21434	0.96688E-17	0.96900E-17	0.15153E-18	0.67694E-02

MAXIMUM ABSOLUTE VALUES

NODE	4	6	5	2	7	1
VALUE	0.17709E-16	0.56011	0.60102E-16	0.21750E-16	0.28629E-17	0.73271E-02

图 10-24 节点位移列表

（4）列表显示单元结果

执行主菜单中 Main Menu > General Postproc > List Results > Element Solution 命令，在 List Element Solution 对话框中，选择 Element Solution > All Available force items 选项，单击 OK 按

钮。弹出单元结果列表，如图 10-25 所示，浏览后关闭窗口。

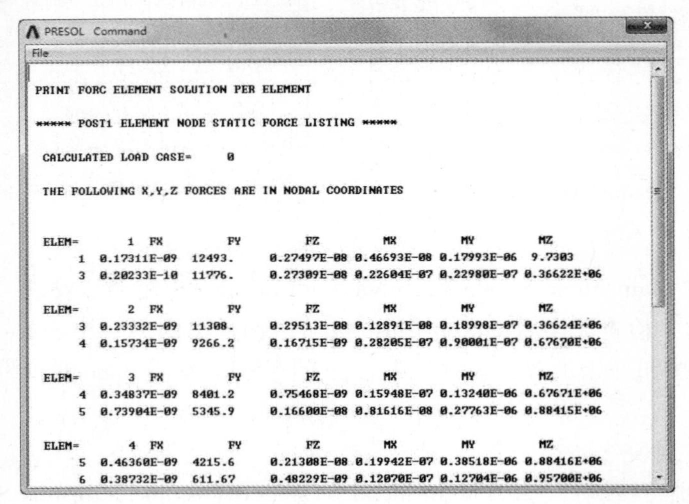

```
PRESOL Command
File

PRINT FORC ELEMENT SOLUTION PER ELEMENT

***** POST1 ELEMENT NODE STATIC FORCE LISTING *****

 CALCULATED LOAD CASE=     0

 THE FOLLOWING X,Y,Z FORCES ARE IN NODAL COORDINATES


 ELEM=       1  FX           FY           FZ           MX           MY           MZ
     1  0.17311E-09  12493.      0.27497E-08 0.46693E-08 0.17993E-06  9.7303
     3  0.20233E-10  11776.      0.27309E-08 0.22604E-07 0.22980E-07 0.36622E+06

 ELEM=       2  FX           FY           FZ           MX           MY           MZ
     3  0.23332E-09  11308.      0.29513E-08 0.12891E-08 0.18998E-07 0.36624E+06
     4  0.15734E-09  9266.2      0.16715E-09 0.28205E-07 0.90001E-07 0.67670E+06

 ELEM=       3  FX           FY           FZ           MX           MY           MZ
     4  0.34837E-09  8401.2      0.75468E-09 0.15948E-07 0.13240E-06 0.67671E+06
     5  0.73904E-09  5345.9      0.16600E-08 0.81616E-08 0.27763E-06 0.88415E+06

 ELEM=       4  FX           FY           FZ           MX           MY           MZ
     5  0.46360E-09  4215.6      0.21308E-08 0.19942E-07 0.38518E-06 0.88416E+06
     6  0.38732E-09  611.67      0.48229E-09 0.12070E-07 0.12704E-06 0.95700E+06
```

图 10-25　单元结果列表

（5）列表显示反力

执行主菜单中 Main Menu > General Postproc > List Results > Reaction Solu 命令，在 List Reaction Solution 对话框中，选择 All items 选项，单击 OK 按钮。弹出被约束的节点反力列表，如图 10-26 所示，浏览后关闭窗口。

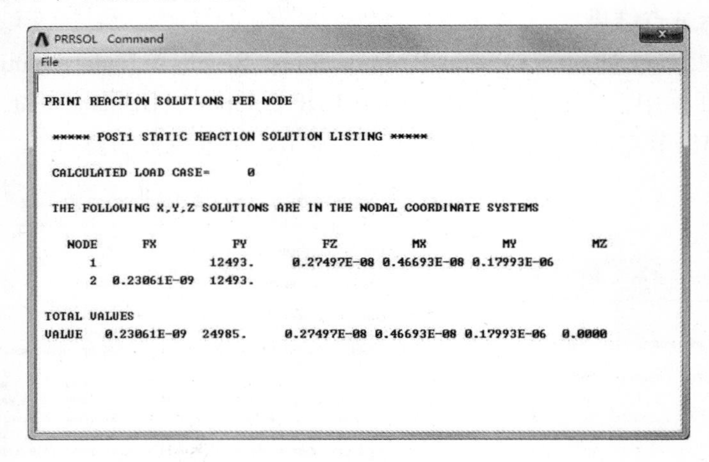

```
PRRSOL Command
File

PRINT REACTION SOLUTIONS PER NODE

 ***** POST1 STATIC REACTION SOLUTION LISTING *****

 CALCULATED LOAD CASE=     0

 THE FOLLOWING X,Y,Z SOLUTIONS ARE IN THE NODAL COORDINATE SYSTEMS

   NODE       FX           FY           FZ           MX           MY           MZ
      1                  12493.      0.27497E-08 0.46693E-08 0.17993E-06
      2  0.23061E-09  12493.

TOTAL VALUES
VALUE   0.23061E-09  24985.      0.27497E-08 0.46693E-08 0.17993E-06  0.0000
```

图 10-26　节点反力列表

6. 退出程序

单击工具条上的 Quit 按钮弹出一个 Exit from ANSYS 对话框，选取一种保存方式，单击 OK 按钮，则退出 ANSYS 软件。

10.2.3 命令流方式

略，见随书网盘资源电子文档。

第11章

谐响应分析

知识导引

谐响应分析用于确定线性结构在承受随时间按正弦（简谐）规律变化载荷时的稳态响应。本章介绍了ANSYS谐响应分析的全流程步骤，详细讲解了其中各种参数的设置方法与功能，最后通过悬臂梁谐响应实例对ANSYS谐响应分析功能进行了具体演示。

通过本章的学习，可以完整深入地掌握ANSYS谐响应分析的各种功能和应用方法。

- 谐响应分析概论
- 实例——悬臂梁谐响应分析

11.1 谐响应分析概论

任何持续的周期载荷都将在结构系统中产生持续的周期响应（谐响应）。谐响应分析使设计人员能预测结构的持续动力特性，帮助设计人员验证其设计能否成功地克服共振、疲劳及其他受迫振动引起的有害后果。

这种分析技术只计算结构的稳态受迫振动，发生在激励开始时的瞬态振动不在谐响应分析中考虑，如图 11-1 所示。

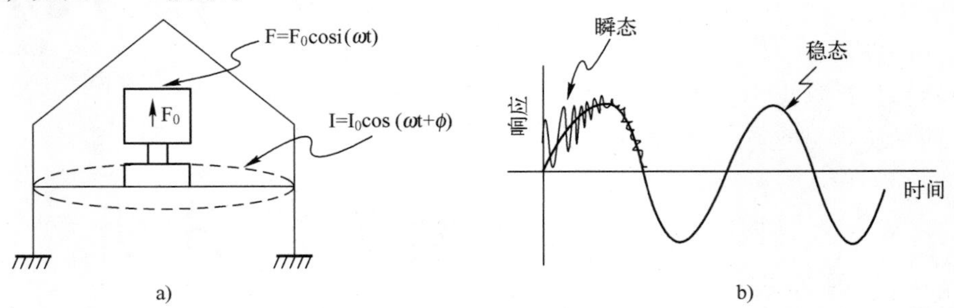

图 11-1　谐响应分析示例

注意：

图 11-1a 表示标准谐响应分析系统，F_0 和 ω 已知，I_0 和 Φ 未知；图 11-1b 表示结构的稳态和瞬态谐响应分析。

谐响应分析是一种线性分析。任何非线性特性，如塑性和接触（间隙）单元，即使被定义了也将被忽略。但在分析中可以包含非对称矩阵，如分析在流体—结构相互作用中的问题。谐响应分析同样也可以用以分析有预应力的结构，如小提琴的弦（假定简谐应力比预加的拉伸应力小得多）。

谐响应分析可以采用 3 种方法：完全法（Full Method），减缩法（Reduced Method），模态叠加法（Mode Superposition Method）。当然，还有另外一种方法，就是将简谐载荷指定为有时间历程的载荷函数而进行瞬态动力学分析，这是一种相对开销较大的方法。下面比较一下各种方法的优缺点。

11.1.1 完全法（Full Method）

完全法是 3 种方法中最容易使用的方法。它采用完整的系统矩阵计算谐响应（没有矩阵减缩）。矩阵可以是对称的或非对称的。Full 法的优点是：

- 容易使用，因为不必关心如何选取主自由度和振型。
- 使用完整矩阵，因此不涉及质量矩阵的近似。
- 允许有非对称矩阵，这种矩阵在声学或轴承问题中很典型。
- 用单一处理过程计算出所有的位移和应力。
- 允许施加各种类型的载荷：节点力、外加的（非零）约束、单元载荷（压力和温度）。
- 允许采用实体模型上所加的载荷。

完全法的缺点是：

- 预应力选项不可用。
- 当采用 Frontal 方程求解器时，通常比其他的方法开销都大。

11.1.2 减缩法（Reduced Method）

减缩法通常采用主自由度和减缩矩阵来压缩问题的规模。主自由度处的位移被计算出来后，解可以被扩展到初始的完整 DOF 集上。

这种方法的优点是：

- 在采用 Frontal 求解器时比 Full 法更快且开销小。
- 可以考虑预应力效果。

减缩法的缺点是：

- 初始解只计算出主自由度的位移。要得到完整的位移、应力和力的解，则需执行扩展处理（扩展处理在某些分析应用中是可选操作）。
- 不能施加单元载荷（压力、温度等）。
- 所有载荷必须施加在用户定义的自由度上，这就限制了采用实体模型上所加的载荷。

11.1.3 模态叠加法（Mode Superposition Method）

模态叠加法通过对模态分析得到的振型（特征向量）乘上因子并求和来计算出结构的响应。它的优点是：

- 对于许多问题，此法比减缩法或完全法更快且开销小。
- 在模态分析中施加的载荷可以通过 LVSCALE 命令用于谐响应分析中。
- 可以使解按结构的固有频率聚集，这样便可产生更平滑、更精确的响应曲线图。
- 可以包含预应力效果。
- 允许考虑振型阻尼（阻尼系数为频率的函数）。

模态叠加法的缺点是：

- 不能施加非零位移。
- 在模态分析中使用 PowerDynamics 法时，初始条件中不能有预加的载荷。

11.1.4 3 种方法的共同局限性

谐响应的 3 种方法有着如下的共同局限性：

- 所有载荷必须随时间按正弦规律变化。
- 所有载荷必须有相同的频率。
- 不允许有非线性特性。
- 不计算瞬态效应。

可以通过进行瞬态动力学分析来克服这些限制，这时应将简谐载荷表示为有时间历程的载荷函数。

11.2 实例——悬臂梁谐响应分析

本节通过对一根悬臂梁进行谐响应分析来介绍 ANSYS 的谐响应分析过程。

11.2.1 分析问题

如图 11-2 所示，悬臂梁长为 $L=0.6\ \text{m}$，宽 $b=0.06\ \text{m}$，高 $h=0.03\ \text{m}$，材料的弹性模量 $E=70\ \text{GPa}$，泊松比 $\nu=0.33$，密度 $\rho=2800\ \text{kg/m}^3$，一端固定，另一端有一水平作用力 84N。受迫振动位置为 0.48 处。分析弦的响应，谐响应是所有响应的基础，可以先分析谐响应。

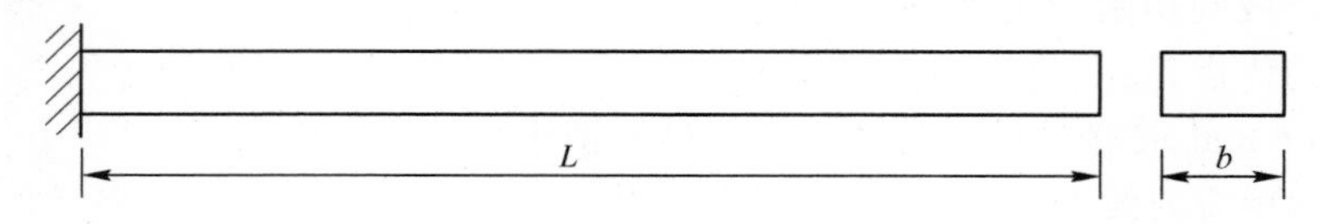

图 11-2　悬臂梁示意图

11.2.2 建立模型

建立模型包括设定分析作业名和标题；定义单元类型和实常数；定义材料属性；建立几何模型；划分有限元网格。

1. 设定分析作业名和标题

在进行一个新的有限元分析时，通常需要修改数据库名，并在图形输出窗口中定义一个标题来说明当前进行的工作内容。另外，对于不同的分析范畴（结构分析、热分析、流体分析、电磁场分析等），ANSYS 所用的主菜单的内容不尽相同，为此，需要在分析开始时选定分析内容的范畴，以便 ANSYS 显示出与其相对应的菜单选项。

1）执行菜单栏中的 Utility Menu > File > Change Jobname 命令，将打开 Change Jobname 对话框，如图 11-3 所示。

2）在 Enter new jobname 文本框中输入 cantilever，为本分析实例的数据库文件名。

3）单击 OK 按钮，完成文件名的修改。

4）执行菜单栏中的 Utility Menu > File > Change Title 命令，将打开 Change Title 对话框，如图 11-4 所示。

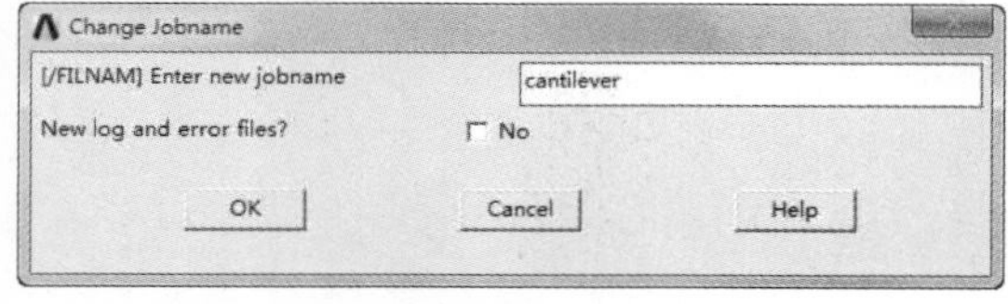

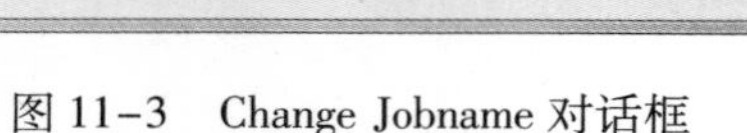

图 11-3　Change Jobname 对话框

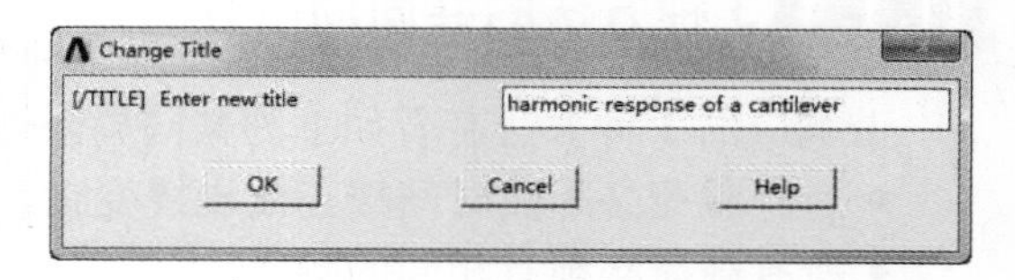

图 11-4　Change Title 对话框

5）在 Enter new title 文本框中输入 harmonic response of a cantilever，为本分析实例的标题名。

6）单击 OK 按钮，完成对标题名的指定。

7）执行菜单栏中的 Utility Menu > Plot > Replot 命令，指定的标题 harmonic response of a cantilever 将显示在图形窗口的左下角。

8）执行主菜单中的 Main Menu > Preference 命令，将打开菜单过滤参数选择对话框，勾选 Structural 复选框，单击 OK 按钮确定。

2. 定义单元类型

在进行有限元分析时，首先应根据分析问题的几何结构、分析类型和所分析的问题精度要求等，选定适合具体分析的单元类型。本例中选用二节点线单元 Link 180。

1）执行主菜单中的 Main Menu > Preprocessor > Element Type > Add/Edit/Delete 命令，将打开 Element Types 对话框。

2）单击 Add 按钮，将打开 Library of Element Types 对话框，如图 11-5 所示。

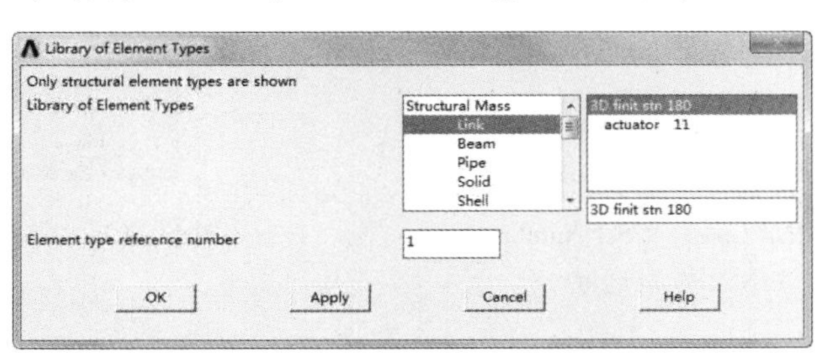

图 11-5 Library of Element Types 对话框

3）在左边的列表框中选择 Link 选项，选择线单元类型。

4）在右边的列表框中选择 3D finit stn 180 选项，选择二节点线单元 Link 180。

5）单击 OK 按钮，添加 Link 180 单元，并关闭 Element Types 对话框，同时返回到第 1）步打开的 Element Types 对话框，如图 11-6 所示。

6）单击 Close 按钮，关闭 Element Types 对话框，结束单元类型的添加。

3. 定义实常数

本实例中选用线单元 Link 180，需要设置其实常数。

1）执行主菜单中的 Main Menu > Preprocessor > Real Constants > Add/Edit/Delete 命令，打开图 11-7 所示的 Real Constants 对话框。

2）单击 Add 按钮，打开图 11-8 所示的 Element Type for Real Constants 对话框，要求选择欲定义实常数的单元类型。

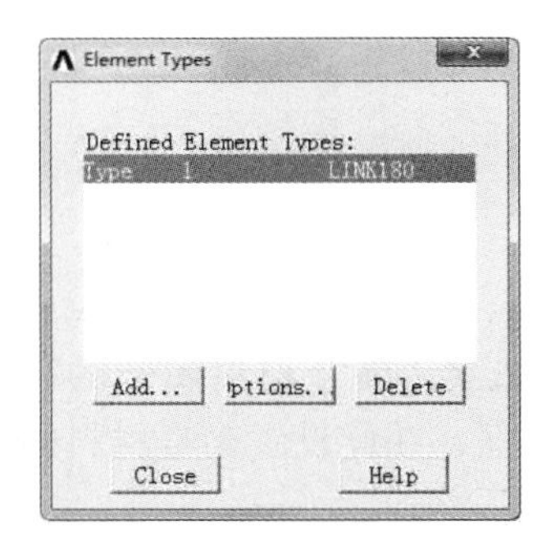

图 11-6 Element Types 对话框

图 11-7 Real Constants 对话框

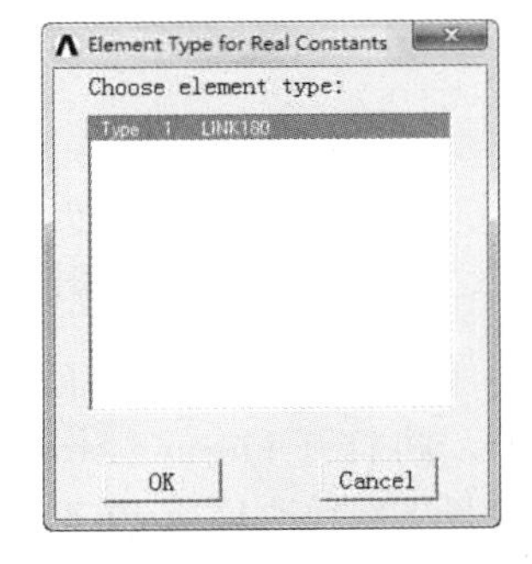

图 11-8 Element Type for Real Constants 对话框

3）本例中定义了一种单元类型，在已定义的单元类型列表中选择 Type 1 Link 180 选项，将为复合单元 Link 180 类型定义实常数。

4）单击 OK 按钮确定，关闭选择单元类型对话框，打开该单元类型 Real Constant Set

Number 1，for LINK 180 对话框，如图 11-9 所示。

5）在 Real Constant Set No. 文本框中输入 1，设置第一组实常数，如图 11-10 所示。

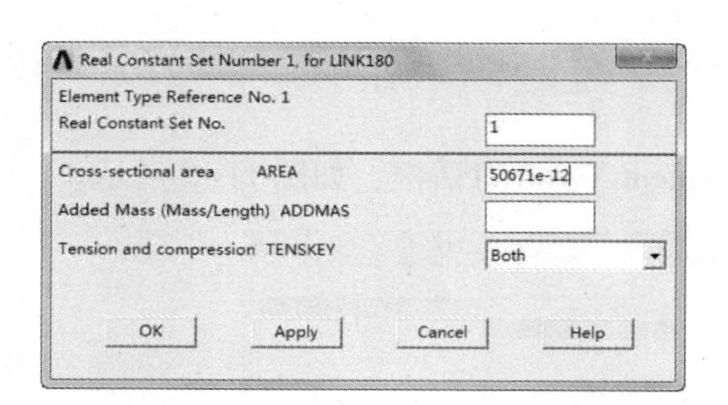

图 11-9　Real Constant Set Number 1，for LINK180 对话框

图 11-10　Real Constants 对话框

6）在 AREA 文本框中输入 1. 8e -9。

7）单击 OK 按钮，关闭 Real Constant Set Number 1，for LINK180 对话框，返回到实常数设置对话框，显示已经定义了的四组实常数。

8）单击 Close 按钮，关闭 Real Constants 对话框。

4. 定义材料属性

考虑谐响应分析中必须定义材料的弹性模量和密度。具体步骤如下。

1）执行主菜单中的 Main Menu > Preprocessor > Material Props > Materia Model 命令，将打开 Define Material Model Behavior 对话框，如图 11-11 所示。

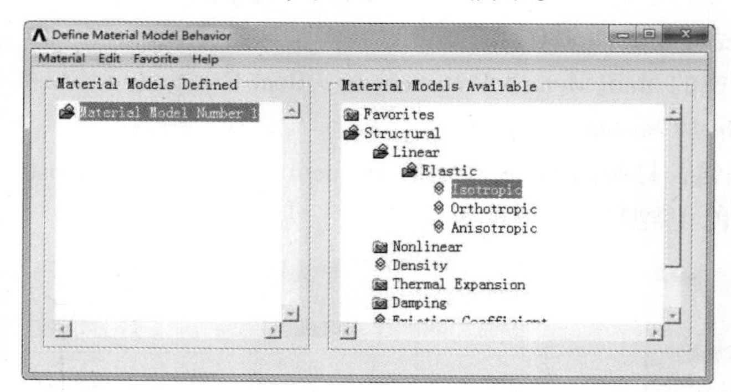

图 11-11　Define Material Model Behavior 对话框

2）依次单击列表框中的 Structural > Linear > Elastic > Isotropic 选项，展开材料属性的树形结构。将打开 Linear Isotropic Properties for Material Number 1 对话框，在此设置 1 号材料的弹性模量 EX 和泊松比 PRXY，如图 11-12 所示。

3）在对话框的 EX 文本框中输入弹性模量 7e6，在 PRXY 文本框中输入泊松比 0. 33。

4）单击 OK 按钮，关闭对话框，并返回到 Define Material Model Behavior 对话框，在此窗口的左边一栏出现刚刚定义的参考号为 1 的材料属性。

5）依次单击列表框中的 Structural > Density 选项，打开 Density for Material Number 1 对话框，如图 11-13 所示。

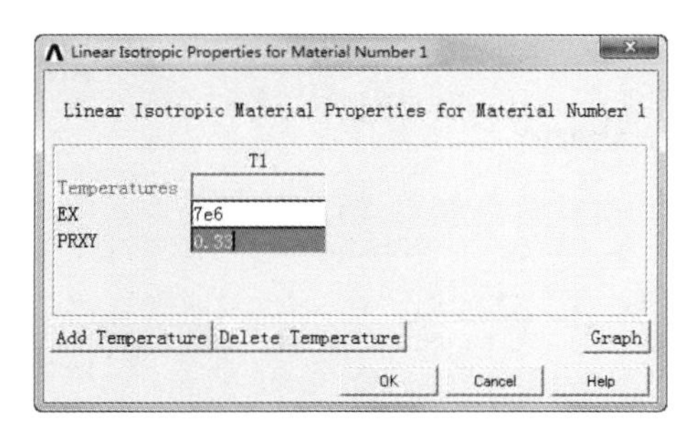

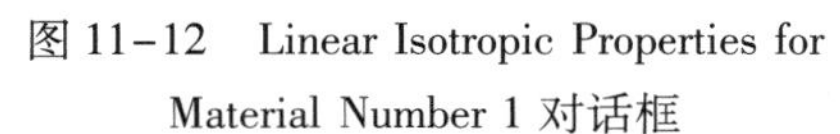

图 11-12　Linear Isotropic Properties for Material Number 1 对话框

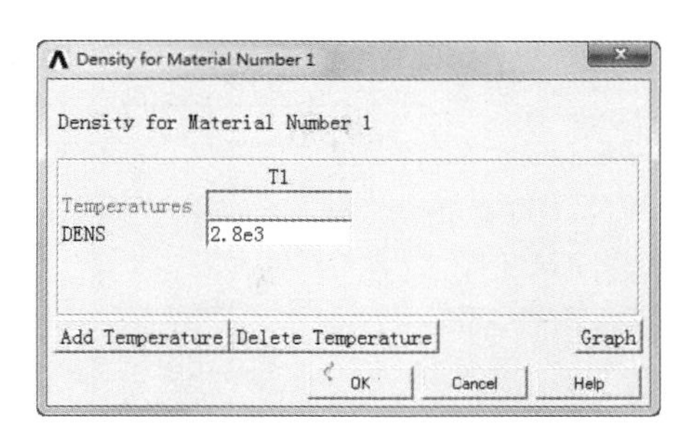

图 11-13　Density for Material Number 1 对话框

6）在 DENS 文本框中输入密度数值 2.8e3。

7）单击 OK 按钮，关闭对话框，并返回到 Define Matorial Model Behavior 对话框，在此窗口的左边一栏参考号为 1 的材料属性下方出现密度项。

8）在 Define Matorial Model Behavior 对话框中，从菜单选择 Material > Exit 命令，或者单击右上角的“关闭”按钮，退出 Define Matorial Model Behavior 对话框，完成对材料模型属性的定义。

5. 建立弹簧、质量、阻尼振动系统模型

（1）定义 1 和 11 两个节点

1）执行主菜单中的 Main Menu > Preprocessor > Modeling > Create > Nodes > In Active CS…命令，弹出 Create Nodes in Active Coordinate System 对话框。

2）在 Node number 文本框中输入 1，单击 Apply 按钮，如图 11-14 所示。

3）在 Node number 文本框中输入 11，在 X 中输入 0.6，单击 OK 按钮。

（2）定义其他节点 2 ~ 10

1）执行主菜单中的 Main Menu > Preprocessor > Modeling > Create > Nodes > Fill between nds…命令，弹出 Fill between Nds 对话框。

2）在文本框中输入“1，11”，单击 OK 按钮，如图 11-15 所示。

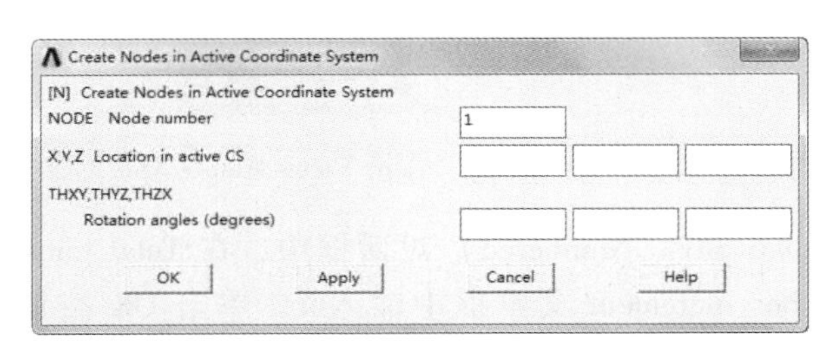

图 11-14　Create Nodes in Active Coordinate System 对话框

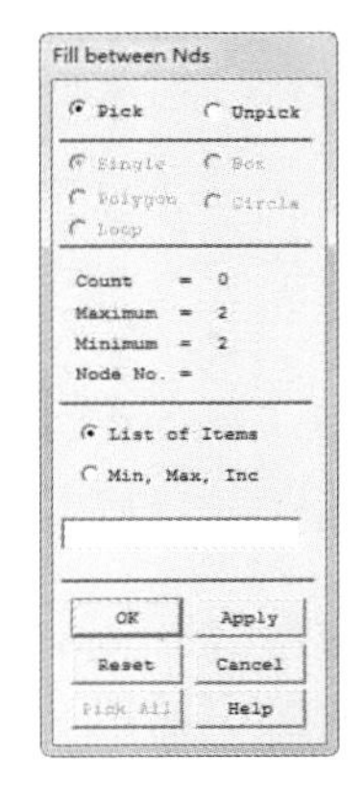

图 11-15　Fill between Nds 对话框

3）在打开的 Create Nodes Between 2 Nodes 对话框中，单击 OK 按钮，如图 11-16 所示。所得结果如图 11-17 所示。

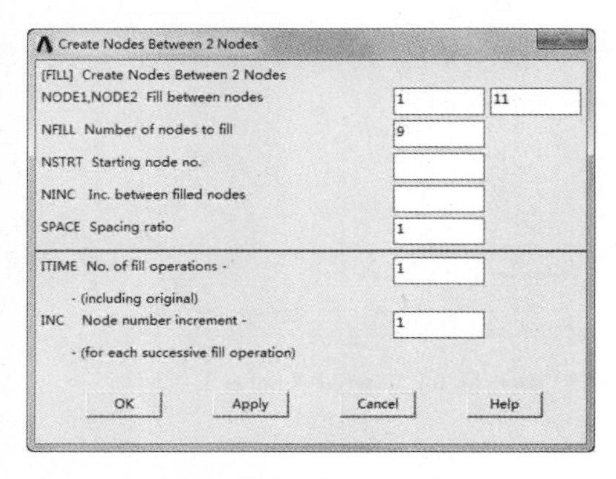

图 11-16　Create Nodes Between 2 Nodes 对话框

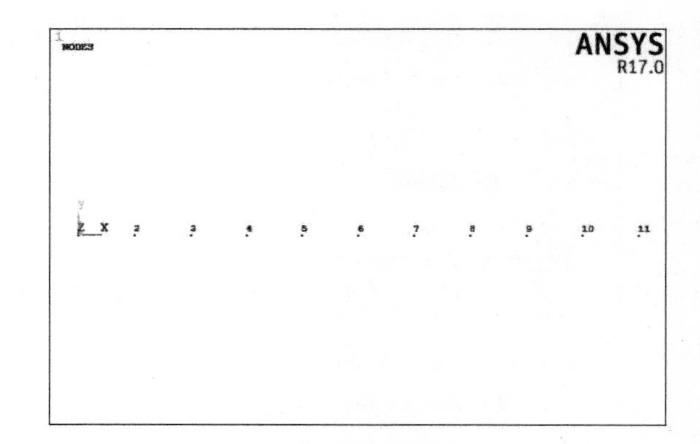

图 11-17　创建的结点

（3）定义一个单元

1）执行主菜单中的 Main Menu > Preprocessor > Modeling > Create > Elements > Auto Numbered > Thru Nodes…命令，弹出 Elements from Nodes 拾取对话框。

2）在文本框中输入“1，2”，用节点 1 和节点 2 创建一个单元，单击 OK 按钮，如图 11-18 所示。

（4）创建其他单元

1）执行主菜单中的 Main Menu > Preprocessor > Modeling > Copy > Elements > Auto Numbered…命令，弹出 Copy Elems Auto - Num 拾取对话框。

2）在文本框中输入 1，选择第一个单元，单击 OK 按钮，如图 11-19 所示。

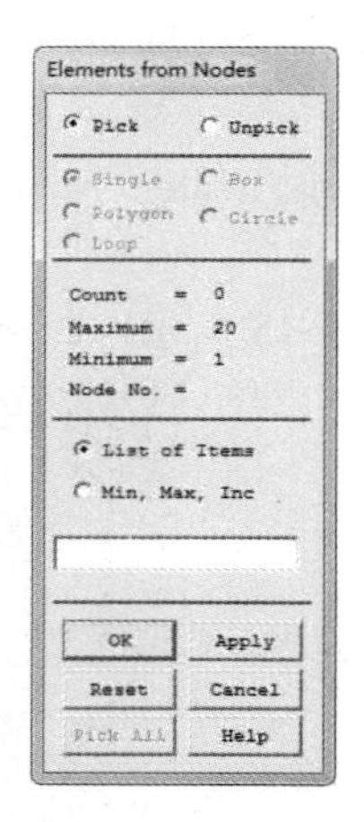

图 11-18　Elements from Nodes 拾取对话框

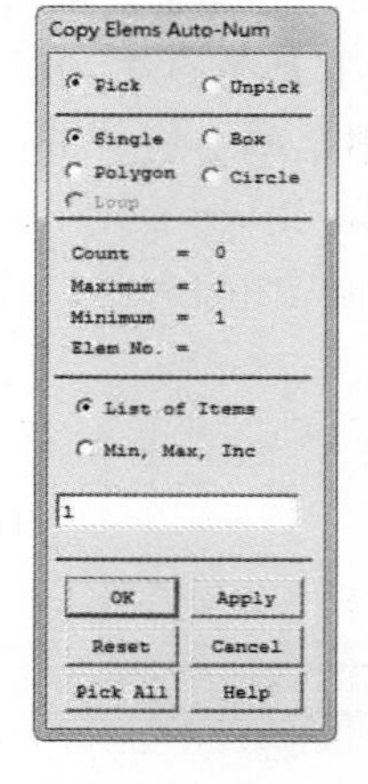

图 11-19　Copy Elems Auto - Num 对话框

3）在打开的 Copy Elements（Automatically - Numbered）对话框中，在 Total number of copies 文本框中输入 10，在 Node number increment 文本框中输入 1，单击 OK 按钮，如图 11-20 所示。

（5）执行主菜单中的 Main Menu > Solution > Define Loads > Apply > Structural > Displacement > On Nodes 命令，打开 Apply U，ROT on Nodes 拾取对话框，要求选择欲施加位移约束的节点。

（6）在文本框中输入 1，单击 OK 按钮，如图 11-21 所示。

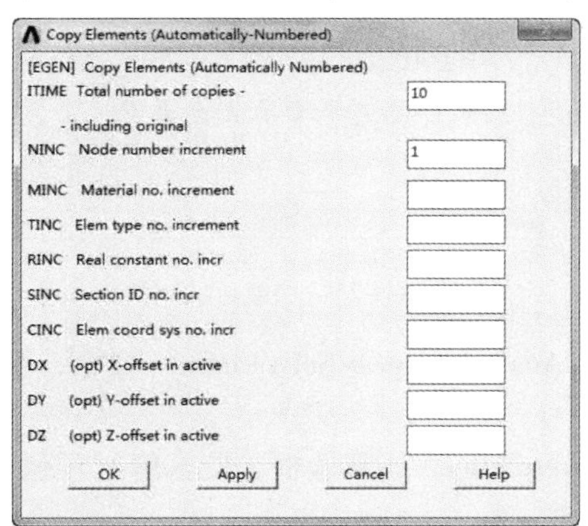

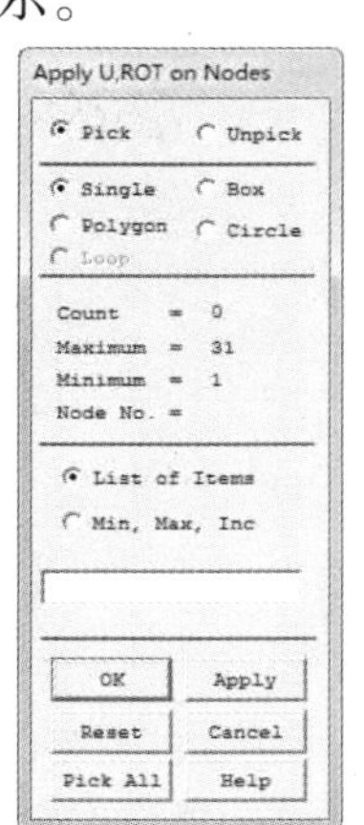

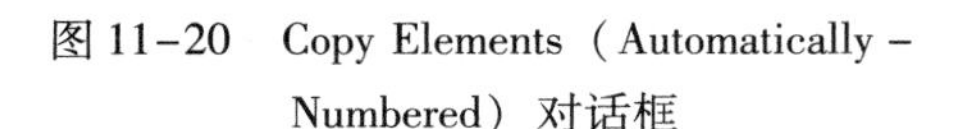

图 11-20 Copy Elements（Automatically-Numbered）对话框

图 11-21 Apply U，ROT on Nodes 拾取对话框

（7）打开 Apply U，ROT on Nodes 对话框，在 DOFS to be constrained 下拉列表框中，选择 All DOF（单击一次使其高亮度显示，确保其他选项未被高亮度显示）选项。单击 Apply 按钮，如图 11-22 所示。

（8）在节点选择对话框中，选择“Min，Max，inc”方式，在文本框中输入“2，11，1”，单击 OK 按钮。

（9）打开 Apply U，ROT on Nodes 对话框，在 DOFS to be constrained 下拉列表框中，选择 UY（单击一次使其高亮度显示，确保其他选项未被高亮度显示）选项，单击 OK 按钮。

（10）执行主菜单中的 Main Menu > Solution > Define Loads > Apply > Structure > Force/Moment > On Nodes 命令，打开 Apply F/M on Nodes 拾取对话框。

（11）在文本框中输入 11，单击 OK 按钮，如图 11-23 所示。

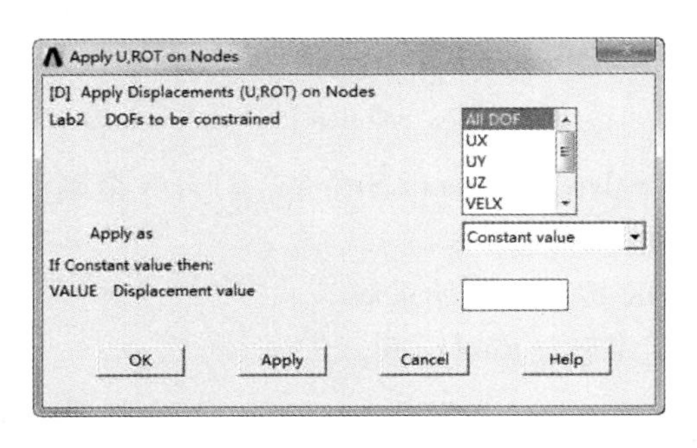

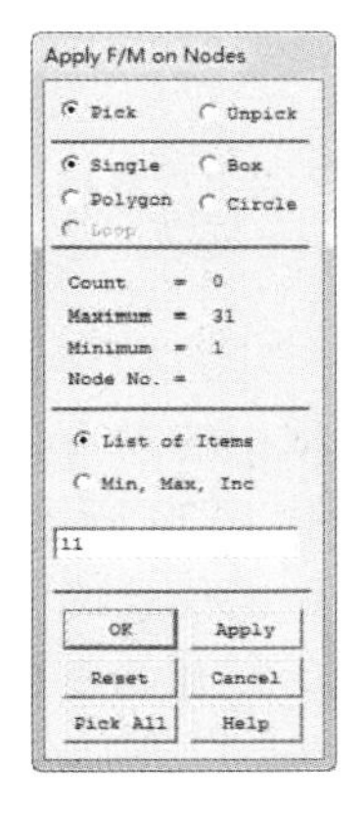

图 11-22 Apply U，ROT on Nodes 对话框

图 11-23 Apply F/M on Nodes 拾取对话框

（12）在 Direction of force/mom 下拉列表框中选择 FX 选项，在 Force/moment value 文本框中输入 84，单击 OK 按钮，如图 11-24 所示。

（13）施加载荷后的结果如图 11-25 所示。

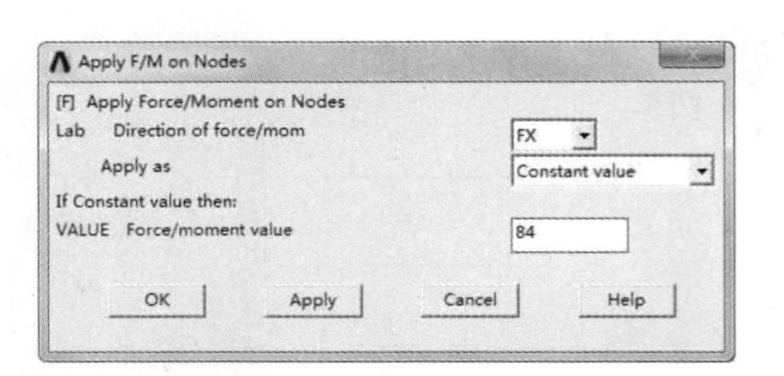

图 11-24　Apply F/M on Nodes 对话框

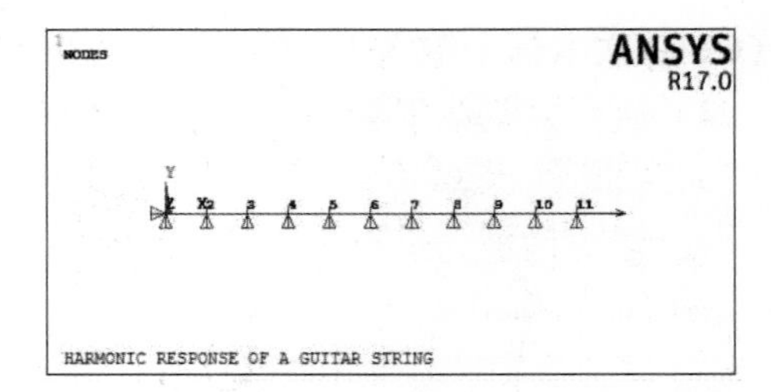

图 11-25　加载后的结果

（14）执行主菜单中的 Main Menu > Solution > Analysis Type > Sol'n Controls 命令，弹出 Solution Controls 对话框。

（15）在 Basic 选项卡中激活“Calculate prestress effects”复选框，使求解过程包含预应力，如图 11-26 所示。单击 OK 按钮，关闭对话框。

（16）执行主菜单中的 Main Menu > Solution > Load Step Opts > Output Ctrls > Solu Printout 命令。

（17）打开 Solution Printout Controls 对话框，在 Item for printout control 下拉列表框中选择 Basic quantities 选项，在 Print frequency 中选择 Every Nth substp 单选按钮，在 Value of N 文本框中输入 1，单击 OK 按钮，如图 11-27 所示。

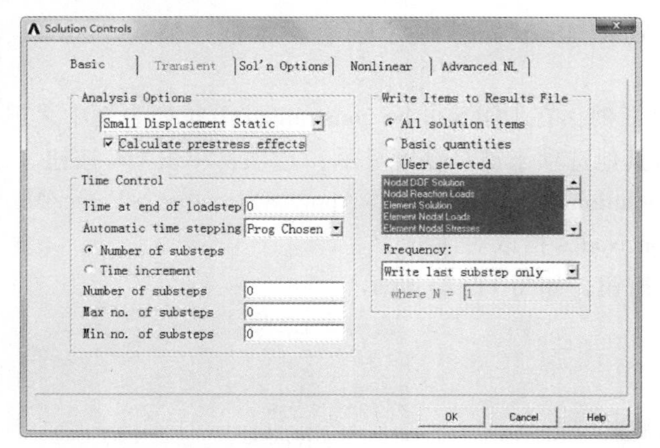

图 11-26　Solution Controls 对话框

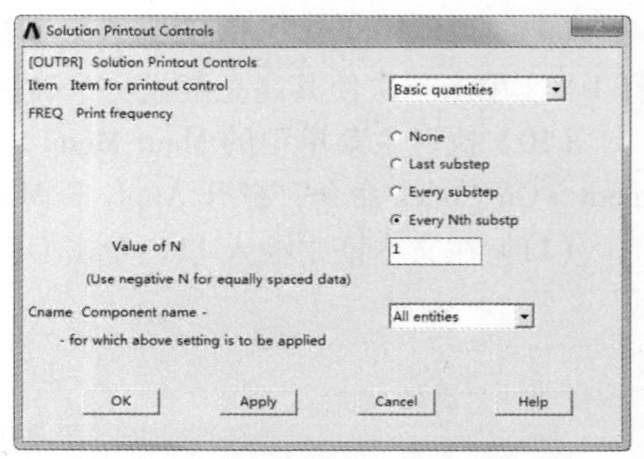

图 11-27　Solution Printout Controls 对话框

（18）执行主菜单中的 Main Menu > Solution > Solve > Current LS 命令，打开一个确认对话框和状态列表，如图 11-28 所示，要求查看列出的求解选项。

（19）查看列表中的信息确认无误后，单击 OK 按钮，开始求解。

（20）求解完成后打开如图 11-29 所示的提示求解结束对话框。

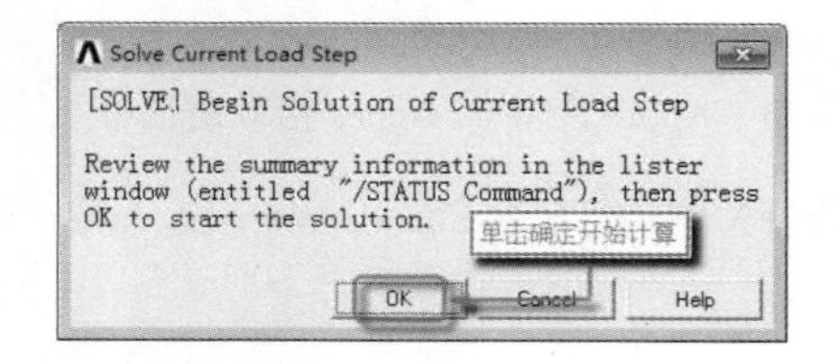

图 11-28　Solve Current Load Step 对话框

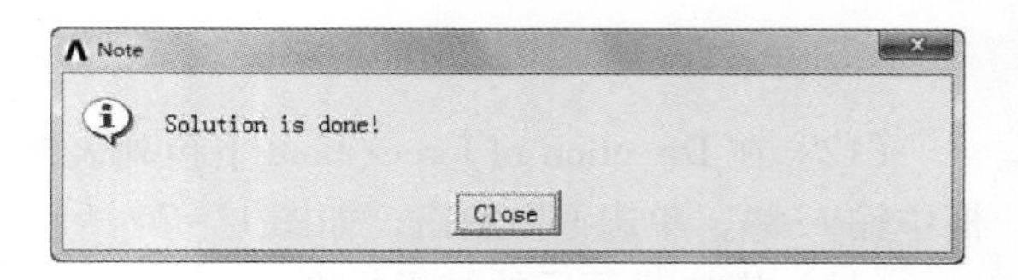

图 11-29　提示求解结束对话框

（21）单击 Close 按钮，关闭提示求解结束对话框。

（22）执行主菜单中的 Main Menu > Finish 命令。

（23）执行主菜单中的 Main Menu > Solution > Analysis Type > New Analysis 命令，打开 New Analysis 对话框，进行模态分析设置，在 Type of analysis 中选择“Modal”单选按钮，单击 OK 按钮，如图 11-30 所示。

（24）执行主菜单中的 Main Menu：Solution > Analysis Type > Analysis Options 命令，打开 Modal Analysis 对话框，要求进行模态分析设置，选择 Block Lanczos 单选按钮，在 No. of nodes to extract 文本框中输入 6，将 Expand mode shapes 设置为 Yes，在 No. of nodes to expand 文本框中输入 6，单击 OK 按钮，如图 11-31 所示。

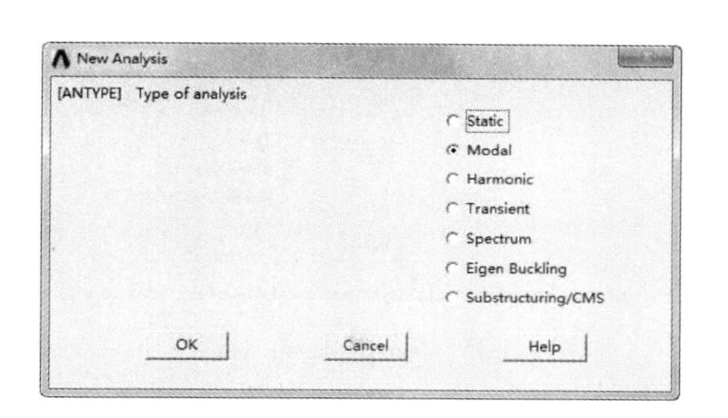

图 11-30 New Analysis 对话框

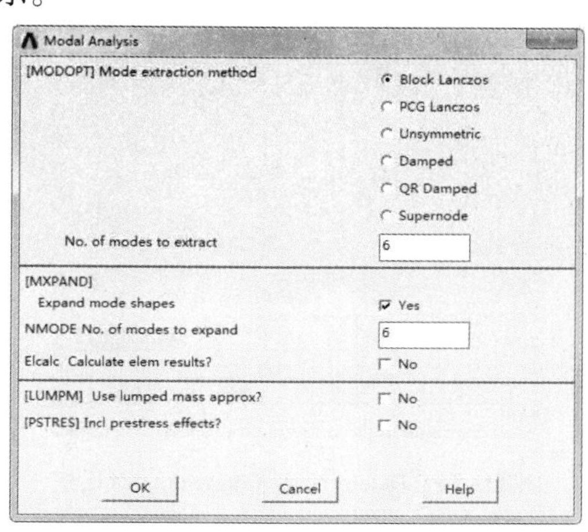

图 11-31 Modal Analysis 对话框

（25）在 Block Lanczos Method 对话框的 Start Freq 文本框中输入 0，在 End Frequency 文本框中输入 100000，单击 OK 按钮，如图 11-32 所示。

（26）执行主菜单中的 Main Menu：Solution > Define Loads > Delete > Structural > Displacement > on Nodes 命令，弹出 Delete Node Constraints 拾取对话框，要求选择欲施加位移约束的节点，在文本框中输入 11，选择 11 号节点，单击 OK 按钮，如图 11-33 所示。

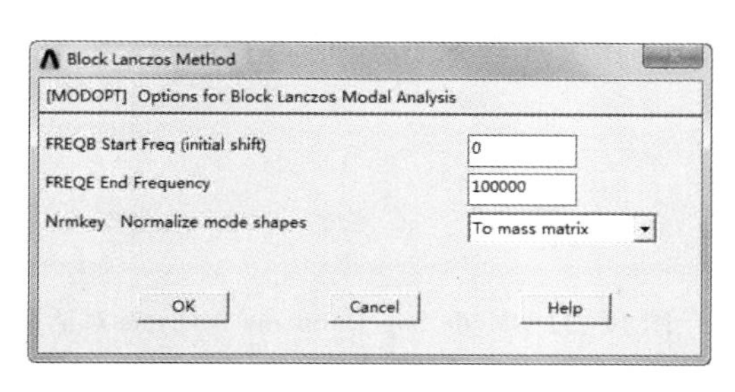

图 11-32 Block Lanczos Method 对话框

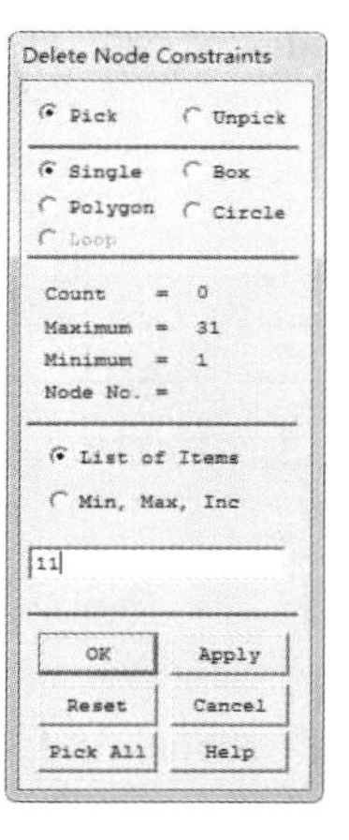

图 11-33 Delete Node Constraints 拾取对话框

（27）打开 Delete Node Constraints 拾取对话框，在下拉列表框中选择 UY 选项，单击 OK 按钮，如图 11-34 所示。

（28）执行主菜单中的 Main Menu：Solution > Solve > Current LS 命令，打开一个确认对话框和状态列表，要求查看列出的求解选项。

（29）查看列表中的信息确认无误后，单击 OK 按钮，开始求解。

（30）求解完成后打开提示求解结束对话框。

（31）单击 Close 按钮，关闭提示求解结束对话框。

（32）执行主菜单中的 Main Menu：Finish 命令。

（33）执行主菜单中的 Main Menu：Solution > Analysis Type > New Analysis 命令，打开 New Analysis 对话框，进行模态分析设置，在 Type of analysis 中选择 Harmonic 单选按钮，单击 OK 按钮，如图 11-35 所示。

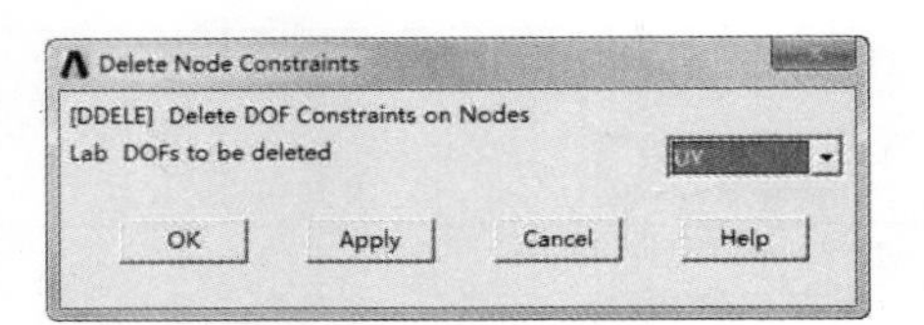

图 11-34　Delete Node Constraints 对话框

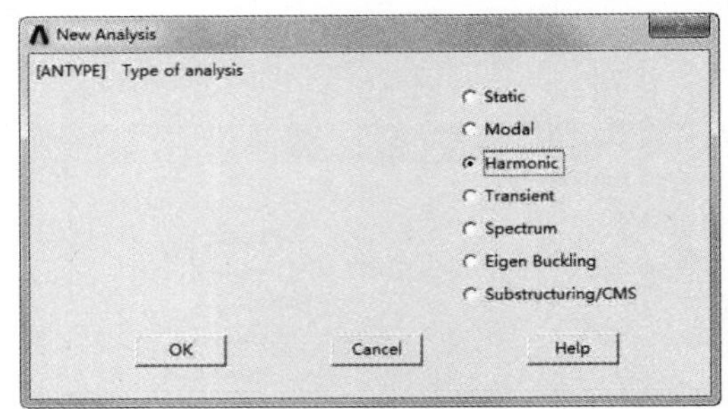

图 11-35　New Analysis 对话框

（34）执行主菜单中的 Main Menu：Solution > Analysis Type > Analysis Options 命令，打开 Harmonic Analysis 对话框，要求进行谐响应分析设置，在 Solution method 下拉列表中选择 Mode Superpos'n 选项，在 DOF printout format 下拉列表中选择 Amplitud + phase 选项，单击 OK 按钮，如图 11-36 所示。

（35）系统弹出 Mode Sap Harmonic Analysis 对话框，在 Maximum node number 文本框中输入 6，单击 OK 按钮，如图 11-37 所示。

（36）执行主菜单中的 Main Menu：Solution > Define Loads > Delete > Structure > Force/Moment > On Nodes 命令。打开 Delete F/M on Nodes 拾取对话框。

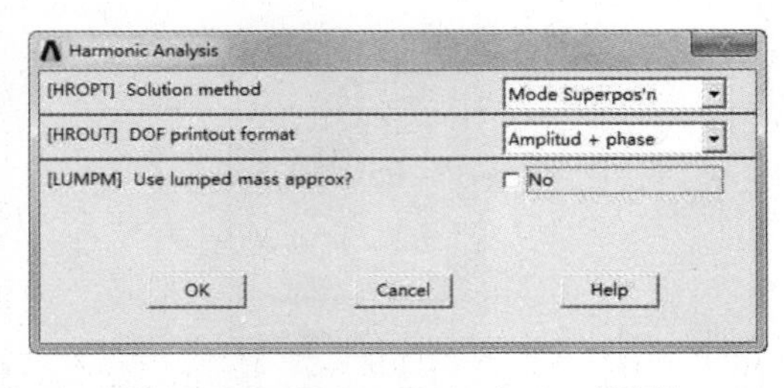

图 11-36　Harmonic Analysis 对话框

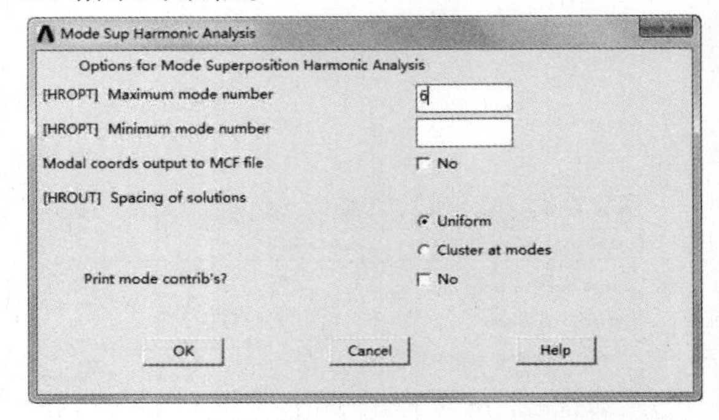

图 11-37　Mode Sup Harmonic Analysis 对话框

（37）在文本框中输入 11，单击 OK 按钮，如图 11-38 所示。

（38）打开 Delete F/M on Nodes 对话框，在下拉列表框中选择 FX 选项，单击 OK 按钮，如图 11-39 所示。

（39）执行主菜单中的 Main Menu：Solution > Define Loads > Apply > Structural > Force/Moment > On Nodes 命令。打开施加节点力拾取对话框。

（40）在文本框中输入 10，单击 OK 按钮。

（41）在 Direction of force/mom 下拉列表框中选择 FY 选项，在 Force/moment value 文本框中输入 -1，单击 OK 按钮。

（42）执行主菜单中的 Main Menu：Solution > Load Step Opts > Time/Frequenc > Freq and Substps 命令。

（43）在 Harmonic Frequency and Substep Options 对话框中的 Harmonic freq range 文本框中输入 0 和 2000，在 Number of substeps 文本框中输入 250，在 Stepped or ramped b. c. 中选择 Stepped 单选按钮，单击 OK 按钮，如图 11-40 所示。

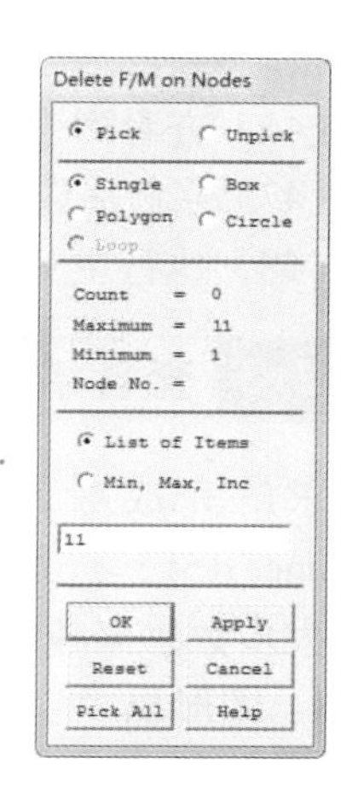

图 11-38　Delet F/M on Nodes 拾取对话框

（44）执行主菜单中的 Main Menu：Solution > Load Step Opts > Output Ctrls > DB/Results Files 命令，打开 Controls for Database and Results File Writing 对话框，在 Item to be controlled 下拉列表框中选择 All items 选项，在 File write frequency 中选择 Every substep 单选按钮，单击 OK 按钮，如图 11-41 所示。

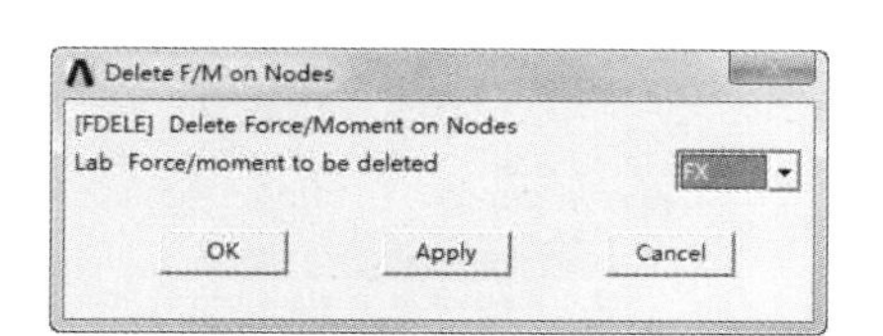

图11-39　Delete F/M on Nodes 对话框

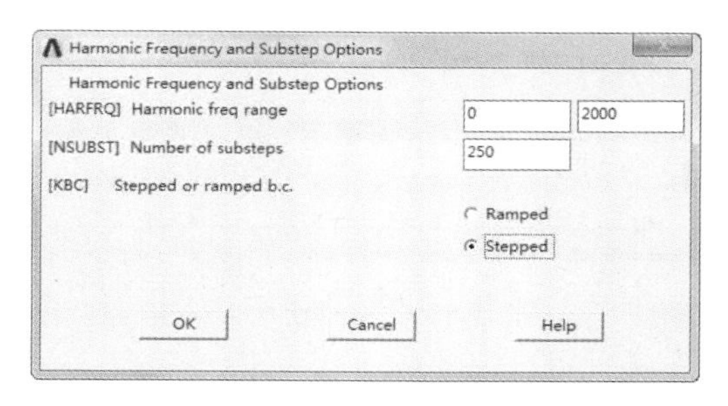

图 11-40　Harmonic Frequency and Substep Options 对话框

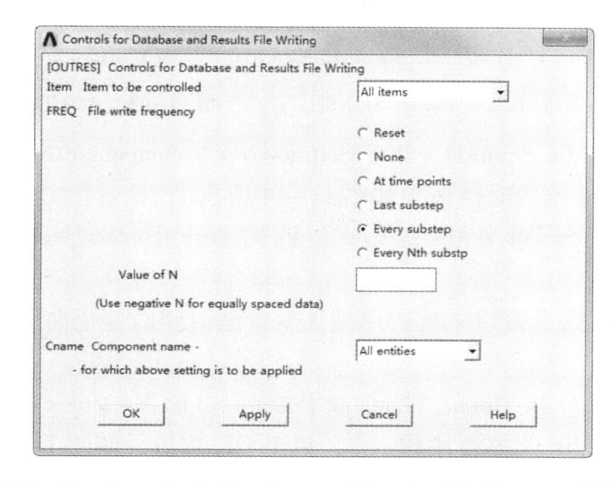

图 11-41　Controls for Database and Results File Writing 对话框

（45）执行主菜单中的 Main Menu：Solution > Solve > Current LS 命令，打开一个确认对话框和状态列表，要求查看列出的求解选项。

（46）查看列表中的信息确认无误后，单击 OK 按钮，开始求解。

（47）求解完成后打开提示求解结束对话框。单击 Close 按钮，关闭提示求解结束对话框。

（48）执行主菜单中的 Main Menu：Finish 命令。

11.2.3 查看结果

求解完成后，就可以利用 ANSYS 软件生成的结果文件（对于静力分析，就是 Jobname. RST）进行后处理。动态分析中通常通过 POST26 时间历程后处理器就可以处理和显示大多数感兴趣的结果数据。

1. 图形显示

1）执行主菜单中的 Main Menu：TimeHist Postpro 命令，弹出 Time History Vatiabies - file. rst 对话框。

2）执行菜单命令 Open file，打开 example. rfrq 结果文件，同时打开 example. db 数据文件，如图 11-42 所示。

3）单击按钮，打开 Add Time - History Variable 对话框，如图 11-43 所示。

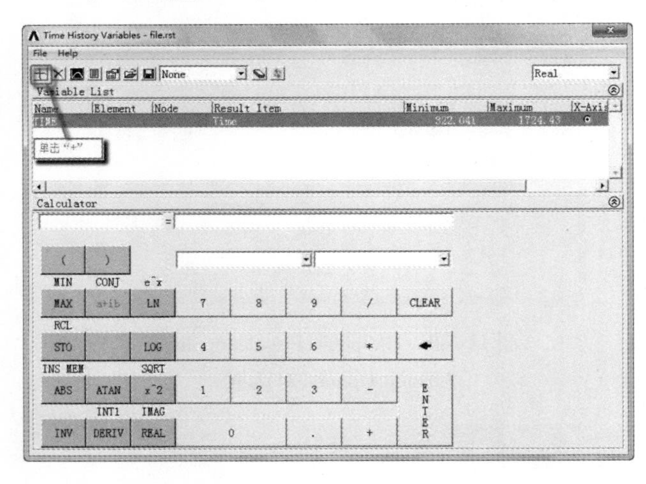

图 11-42 Time History Vatiabies - file. rst 对话框

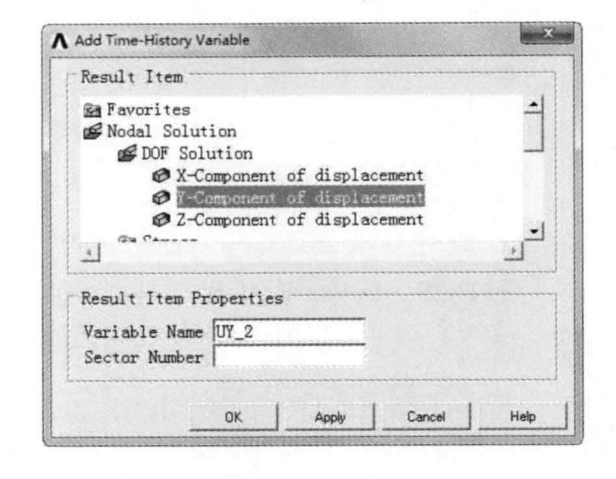

图 11-43 Add Time - History Variable 对话框

4）通过单击选择 Nodal Solution > DOF Solution > Y - component of displacement，单击 OK 按钮，打开 Node for Data 拾取对话框，如图 11-44 所示。

5）在文本框中输入 5，单击 OK 按钮。返回到 Time History Vatiabies - file. rst 对话框，结果如图 11-45 所示。

6）单击按钮，在图形窗口中就会出现该变量随时间的变化曲线，如图 11-46 所示。

2. 列表显示

1）执行主菜单中的 Main Menu：TimeHist Postpro > List Variables 命令。

2）在 1st variable to list 文本框中输入 2，单击 OK 按钮，如图 11-47 所示。

3）ANSYS 进行列表显示，会出现变量与频率的值的列表，如图 11-48 所示。

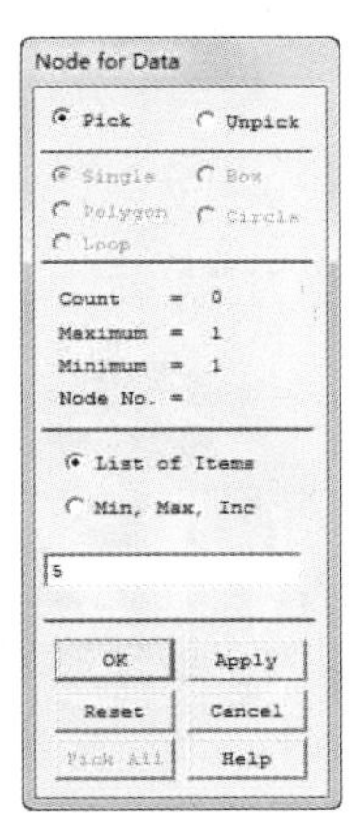

图 11-44 Node for Data 拾取对话框

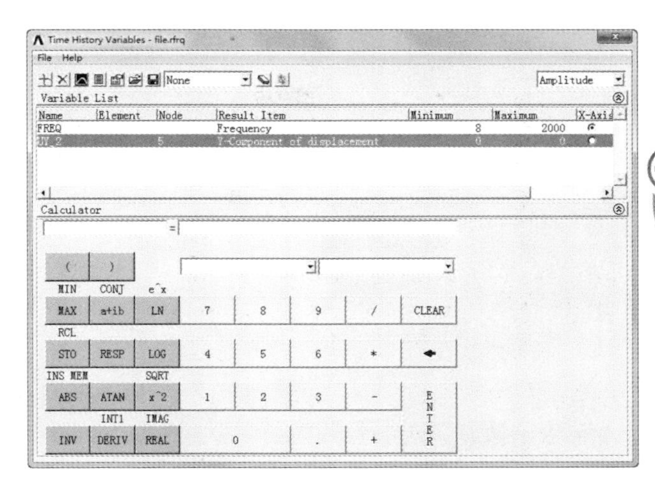

图 11-45 Time History Variables – file. rfrq 对话框

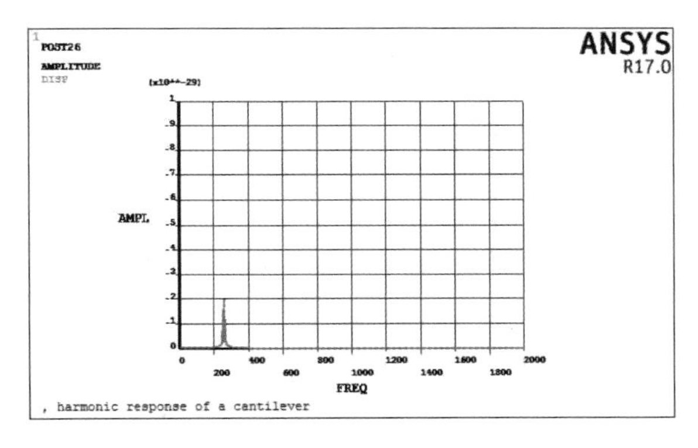

图 11-46 变量随频率的变化曲线

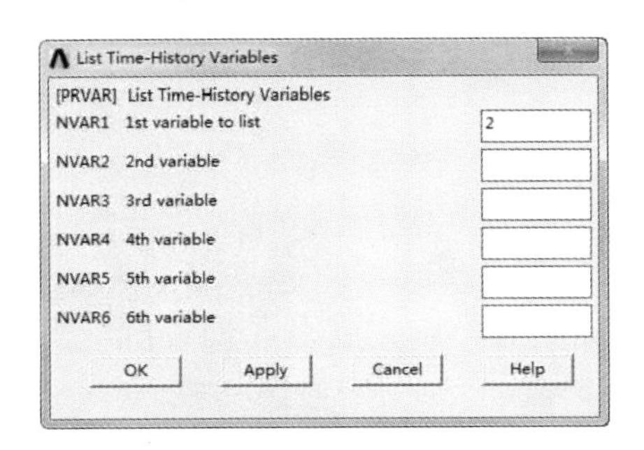

图 11-47 List Time – History Variables 对话框

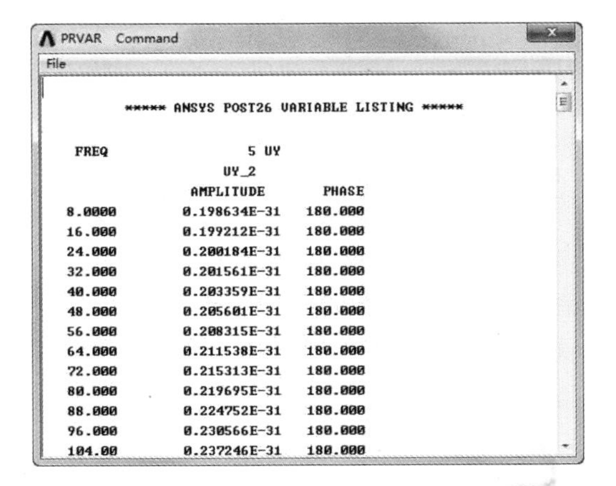
PRVAR Command

File

***** ANSYS POST26 VARIABLE LISTING *****

FREQ	5 UY UY_2 AMPLITUDE	PHASE
8.0000	0.198634E-31	180.000
16.000	0.199212E-31	180.000
24.000	0.200184E-31	180.000
32.000	0.201561E-31	180.000
40.000	0.203359E-31	180.000
48.000	0.205601E-31	180.000
56.000	0.208315E-31	180.000
64.000	0.211538E-31	180.000
72.000	0.215313E-31	180.000
80.000	0.219695E-31	180.000
88.000	0.224752E-31	180.000
96.000	0.230566E-31	180.000
104.00	0.237246E-31	180.000

图 11-48 变量与频率的值的列表

11.2.4 命令流方式

略，见随书网盘资源电子文档。

第12章

瞬态动力学分析

知识导引

瞬态动力学分析（亦称时间历程分析）用于确定承受任意随时间变化载荷的结构的动力学响应的方法。本章介绍了ANSYS瞬态动力学分析的全流程步骤，详细讲解了其中各种参数的设置方法与功能，最后通过阻尼振动系统的自由振动分析实例对ANSYS瞬态动力学分析功能进行了具体演示。

通过本章的学习，读者可以完整深入地掌握ANSYS瞬态动力学分析的各种功能和应用方法。

内容要点

- 瞬态动力学概论
- 实例——哥伦布阻尼的自由振动分析

12.1 瞬态动力学概论

可以用瞬态动力学分析确定结构在静载荷、瞬态载荷和简谐载荷的随意组合作用下随时间变化的位移、应变、应力及力。载荷和时间的相关性使得惯性力和阻尼作用比较显著。如果惯性力和阻尼作用不重要，就可以用静力学分析代替瞬态分析。

瞬态动力学分析比静力学分析更复杂，因为按“工程”时间计算，瞬态动力学分析通常要占用更多的计算机资源和人力。可以先做一些预备工作以理解问题的物理意义，从而节省大量资源，例如，可以做以下预备工作。

首先分析一个比较简单的模型，由梁、质量体、弹簧组成的模型可以以最小的代价对问题提供有效深入的理解，简单模型或许正是确定结构所有的动力学响应所需要的。

如果分析中包含非线性，可以首先通过进行静力学分析尝试了解非线性特性如何影响结构的响应。有时在动力学分析中没必要包括非线性。

了解问题的动力学特性。通过做模态分析计算结构的固有频率和振型，便可了解当这些模态被激活时结构如何响应。固有频率同样也对计算出正确的积分时间步长有用。

对于非线性问题，应考虑将模型的线性部分子结构化以降低分析代价。子结构在帮助文件中的“ANSYS Advanced Analysis Techniques Guide”里有详细的描述。

进行瞬态动力学分析可以采用3种方法：完全法（Full）、减缩法（Reduced）、模态叠加法（Mode Superposition Method）。下面我们比较一下各种方法的优缺点。

12.1.1 完全法（Full Method）

完全法采用完整的系统矩阵计算瞬态响应（没有矩阵减缩）。它是3种方法中功能最强的，允许包含各类非线性特性（塑性、大变形、大应变等）。完全法的优点是。

- 容易使用，因为不必关心如何选取主自由度和振型。
- 允许包含各类非线性特性。
- 使用完整矩阵，因此不涉及质量矩阵的近似。
- 在一次处理过程中计算出所有的位移和应力。
- 允许施加各种类型的载荷，例如，节点力、外加的（非零）约束、单元载荷（压力和温度）。
- 允许采用实体模型上所加的载荷。

Full 法的主要缺点是。

- 比其他方法开销大。

12.1.2 模态叠加法（Mode Superposition Method）

模态叠加法通过对模态分析得到的振型（特征值）乘上因子并求和来计算出结构的响应。它的优点是。

- 对于许多问题，此法比减缩法或完全法更快且开销小。
- 在模态分析中施加的载荷可以通过 LVSCALE 命令用于谐响应分析中。
- 允许指定振型阻尼（阻尼系数为频率的函数）。

模态叠加法的缺点是。

- 整个瞬态分析过程中时间步长必须保持恒定，因此不允许用自动时间步长。
- 唯一允许的非线性是点点接触（有间隙情形）。
- 不能用于分析“未固定的（floating）”或不连续结构。
- 不接受外加的非零位移。
- 在模态分析中使用 PowerDynamics 法时，初始条件中不能有预加的载荷或位移。

12.1.3 减缩法（Reduced Method）

减缩法通常采用主自由度和减缩矩阵来压缩问题的规模。主自由度处的位移被计算出来后，解可以被扩展到初始的完整 DOF 集上。

这种方法的优点是。

比完全法更快且开销小。

- Reduced 法的缺点是。
- 初始解只计算出主自由度的位移。要得到完整的位移、应力和力的解，需执行扩展处理（扩展处理在某些分析应用中可能不必要）。
- 不能施加单元载荷（压力，温度等），但允许有加速度。
- 所有载荷必须施加在用户定义的自由度上，这就限制了采用实体模型上所加的载荷。
- 整个瞬态分析过程中时间步长必须保持恒定，因此不允许用自动时间步长。
- 唯一允许的非线性是点点接触（有间隙情形）。

12.2 实例——哥伦布阻尼的自由振动分析

在此例中，有一个集中质量块的钢梁受到动力载荷作用，用完全法（Full Method）来执行动力响应分析，确定一个随时间变化载荷作用的瞬态响应。

12.2.1 问题描述

一个有哥伦布阻尼的弹簧－质量块系统，如图 12-1 所示，质量块被移动 Δ 位移然后释放。假定表面摩擦力是一个滑动常阻力 F，求系统的位移时间关系。表 12-1 给出了问题的材料属性以及载荷条件和初始条件（采用英制单位）。

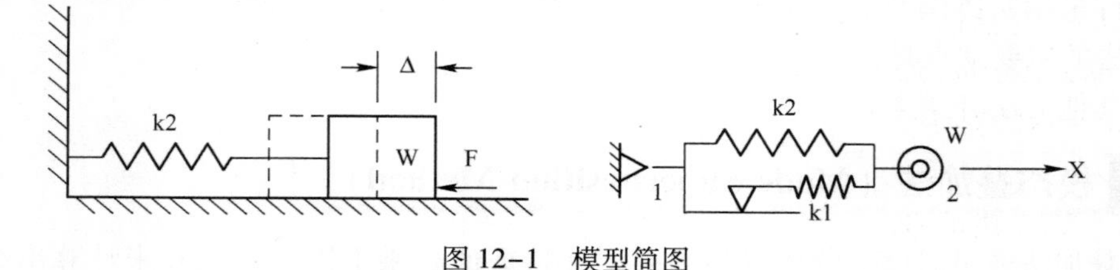

图 12-1　模型简图

表 12-1　材料属性、载荷以及初始条件

材料属性	载　荷	初始条件		
W = 10 lb	Δ = −1 in		X	v0
k^2 = 30lb/in	F = 1.875lb	t = 0	−1	0.0
m = W/g				

12.2.2 GUI 模式

1. 前处理（建模及分网）

1）定义工作标题：依次执行 Utility Menu > File > Change Title 命令，弹出 Change Title 对话框，在 Enter new title 文本框输入 FREE VIBRATION WITH COULOMB DAMPING，如图 12-2 所示，然后单击 OK 按钮。

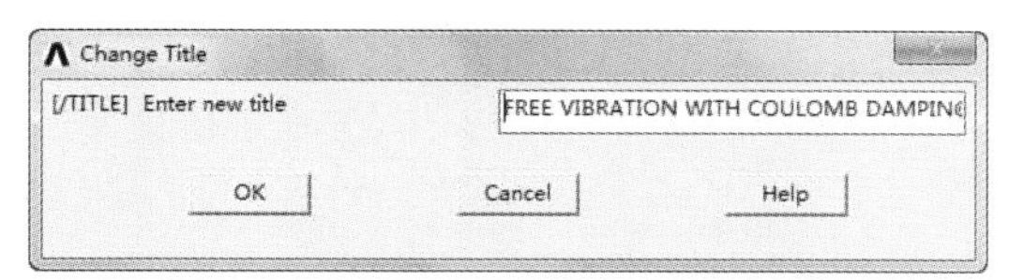

图 12-2　Change Title 对话框

2）定义单元类型：依次执行 Main Menu > Preprocessor > Element Type > Add/Edit/Delete 命令，弹出 Element Types 对话框，如图 12-3 所示，单击 Add 按钮，弹出 Library of Element Types 对话框，在左面下拉列表框中选择 Combination 选项，在右面的下拉列表框中选中 Combination 40 选项，如图 12-4 所示，单击 OK 按钮，回到图 12-3 所示的对话框。

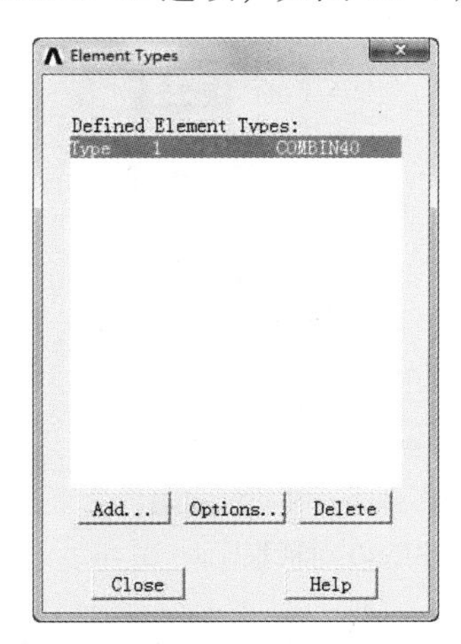

图 12-3　Element Types 对话框

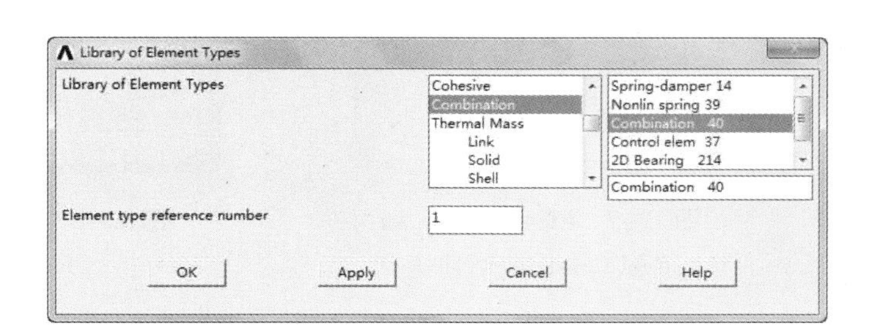

图 12-4　Library of Element Types 对话框

3）定义单元选项：在图 12-3 所示的对话框中单击 Options 按钮，弹出 COMBIN40 element type options 对话框，如图 12-5 所示，在 Element degree(s) of freedom K3 下拉列表中选择 UX，在 Mass location K6 下拉列表中选择 Mass at node J，如图 12-5 所示，单击 OK 按钮，回到图 12-3 所示的对话框。单击 Close 按钮关闭该对话框。

4）定义第一种实常数：依次执行 Main Menu > Preprocessor > Real Constants > Add/Edit/Delete 命令，弹出 Real Constants 对话框，如图 12-6 所示，单击 Add 按钮，弹出 Element Type for Real Constants 对话框，如图 12-7 所示。

5）在如图 12-7 所示的对话框中选取 Type 1 COMBIN40 选项，单击 OK 按钮，出现 Real Constants Set Number 1，for COMBIN40 对话框，在 Spring constant K1 文本框中输入 10000，在 Mass M 文本框中输入 10/386，在 Limiting sliding force FSLIDE 文本框中输入 1.875，在

Spring const（par to slide）K2 文本框中输入 30，如图 12-8 所示，单击“OK”按钮。接着单击“Real Constants”对话框的“Close”按钮关闭该对话框，退出实常数定义。

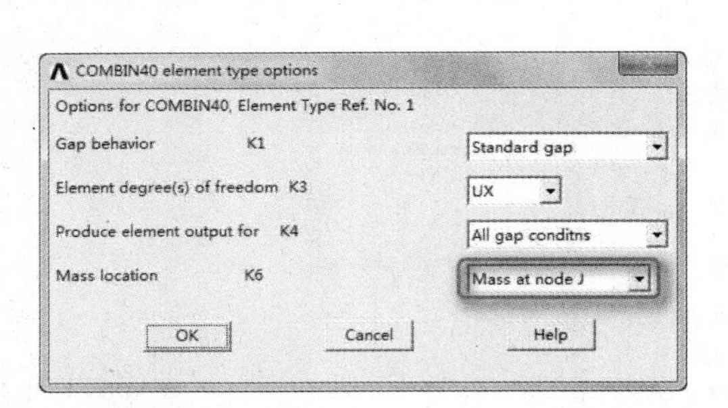

图 12-5　COMBIN40 element type options 对话框

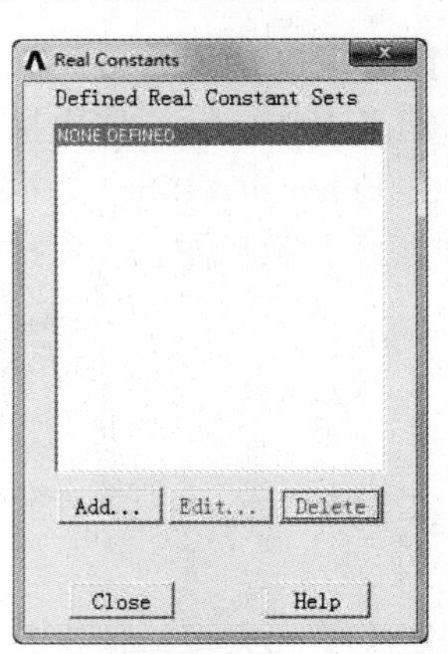

图 12-6　Real Constants 对话框

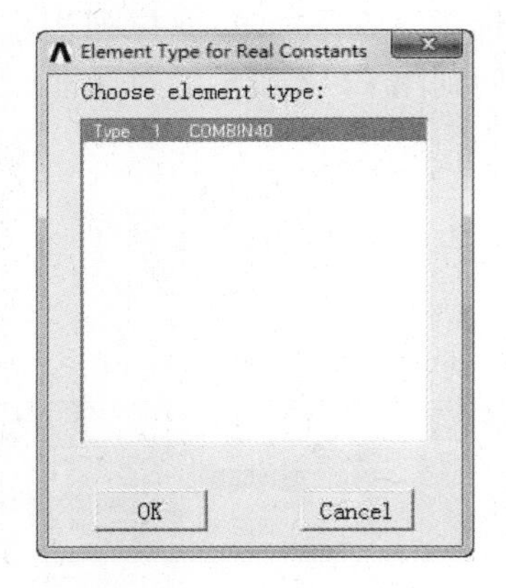

图 12-7　Element Type for Real Constants 对话框

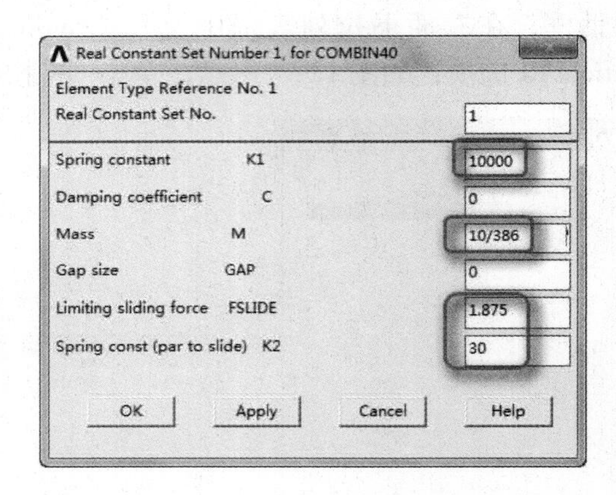

图 12-8　Real Constants Set Number1 for COMBIN40 对话框

6）创建节点：依次执行 Main Menu > Preprocessor > Modeling > Create > Nodes > In Active CS 命令，弹出 Create Nodes in Active Coordinate System 对话框。在 NODE Node number 文本框中输入 1，如图 12-9 所示。在“X，Y，Z　Location in active CS”文本框中输入“0、0、0”，单击 Apply 按钮。

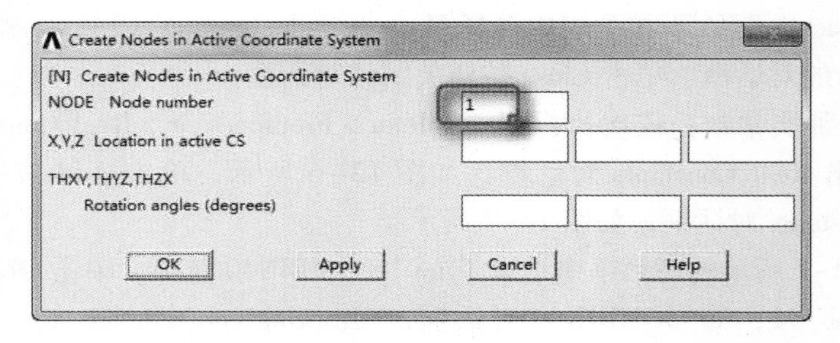

图 12-9　Create Nodes in Active Coordinate System 对话框

7）在 Create Nodes in Active Coordinate System 对话框中的 NODE Node number 文本框中输入2，在X，Y，Z Location in active CS 文本框中输入“1、0、0”，单击OK按钮，屏幕显示如图12-10所示。

8）打开节点编号显示控制：依次执行 Utility Menu > PlotCtrls > Numbering 命令，弹出 Plot Numbering Controls 对话框，勾选 NODE Node numbers 复选框使其显示为 On，如图12-11所示，单击OK按钮。

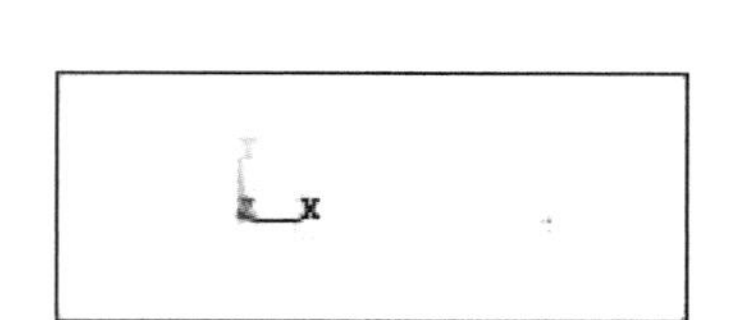

图12-10 节点显示

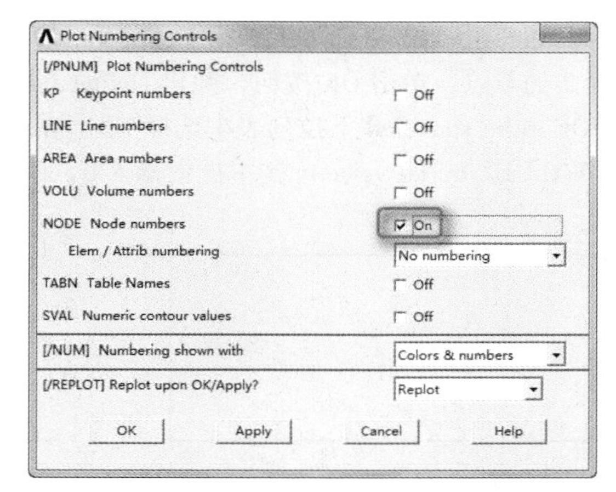

图12-11 Plot Numbering Controls 对话框

9）执行菜单中 Utility Menu > PlotCtrls > Window Controls > Window Options 命令，弹出 Window Options 对话框，在 Location of triad 下拉列表中选择 At top left 选项，如图12-12所示，单击OK按钮关闭该对话框。

10）定义梁单元属性：依次执行 Main Menu > Preprocessor > Modeling > Create > Elements > Elem Attributes 命令，弹出 Elements Attributes 对话框，在 Element type number 下拉列表中选择1 COMBIN40 选项，在 Real constant set number 下拉列表中选择1，如图12-13所示。

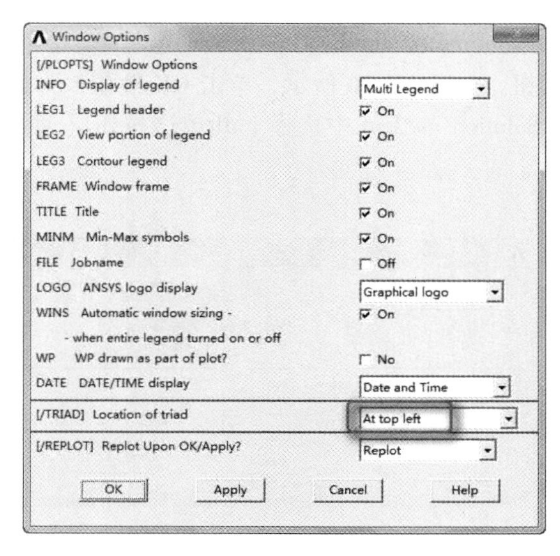

图12-12 Window Options 对话框

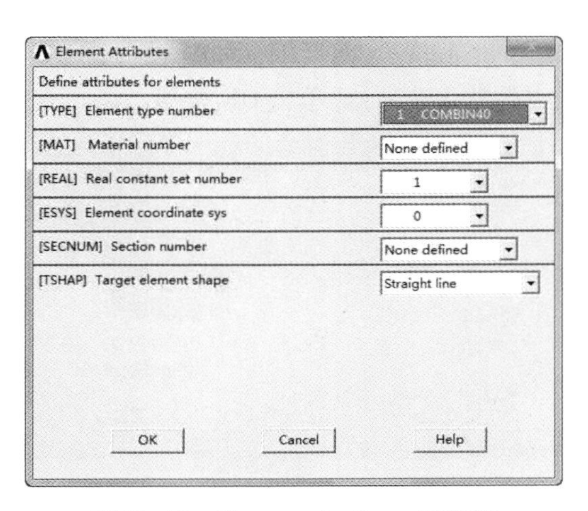

图12-13 Elements Attributes 对话框

11）创建梁单元：依次执行 Main Menu > Preprocessor > Modeling > Create > Elements > Auto Numbered > Thru Nodes 命令，弹出 Elements from Nodes 拾取菜单。用鼠标在屏幕上拾取编号为 1 和 2 的节点，单击 OK 按钮，屏幕上在节点 1 和节点 2 之间出现一条直线。此时屏幕显示如图 12-14 所示。

2. 建立初始条件。

定义初始位移和速度：依次执行 Main Menu > Preprocessor > Loads > Define Loads > Apply > Initial Condit’n > Define 命令，弹出 Define Initial Conditions 拾取菜单，用鼠标在屏幕上拾取编号为 2 的节点，单击 OK 按钮，弹出 Define Initial Conditions 对话框，如图 12-15 所示，在 Lab DOF to be specified 下拉列表中选择 UX，在 VALUE Initial value of DOF 文本框中输入 -1，在 VALUE2 Initial velocity 文本框中输入 0，单击 OK 按钮。

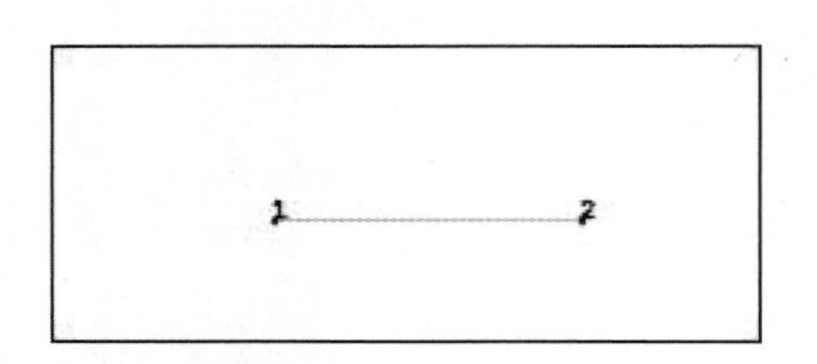

图 12-14　单元模型

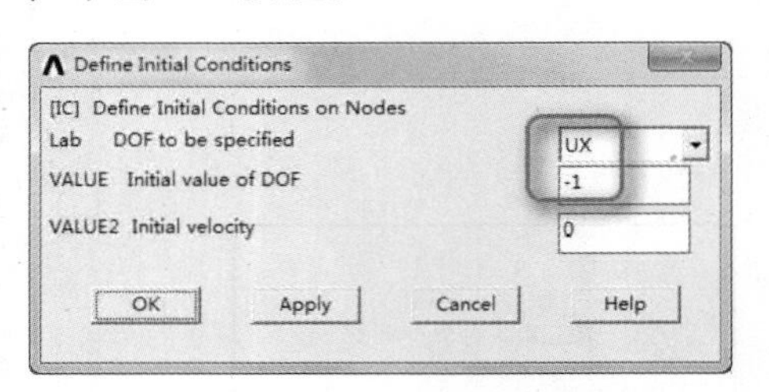

图 12-15　Define Initial Conditions 对话框

注意：

如果在 Main Menu > Preprocessor > Loads > Define Loads > Apply 路径下没有找到 Initial Condit'n 项，可以先选择 Main Menu > Solution > Unabridged Menu 路径显示所有可能的菜单，然后再执行 Main Menu > Preprocessor > Loads > Define Loads > Apply > Initial Condit'n > Define 命令。另外，定义初始位移和初始速度还有一条路径：Main Menu > Solution > Define Loads > Apply > Initial Condit'n > Define，它跟上面的做法是完全等效的。

3. 设定求解类型和求解控制器。

1）定义求解类型：执行菜单中 Main Menu > Solution > Analysis Type > New Analysis 命令。弹出 New Analysis 对话框，选中 Transient 单选按钮，如图 12-16 所示，单击 OK 按钮，弹出 Transient Analysis 对话框，如图 12-17 所示，在 Solution method 中选择 Full 单选按钮（通常它也是默认选项），单击 OK 按钮。

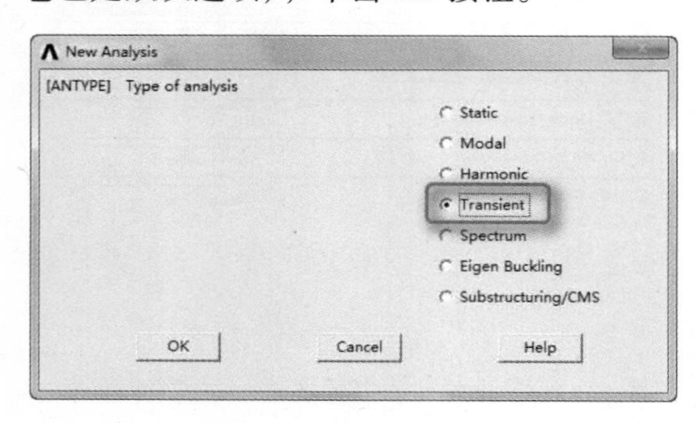

图 12-16　New Analysis 对话框

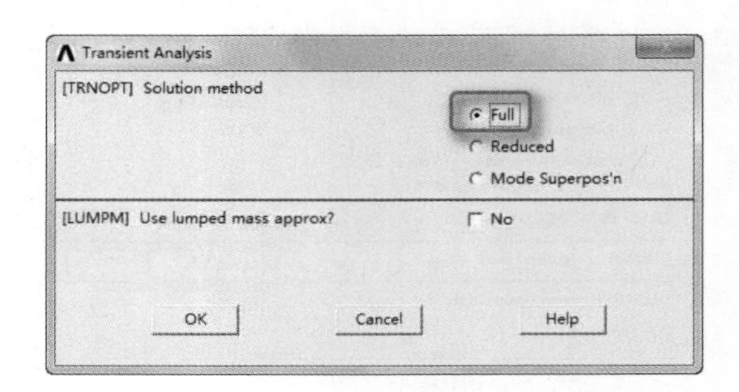

图 12-17　Transient Analysis 对话框

2）设置求解控制器：执行菜单中 Main Menu > Solution > Analysis Type > Sol'n Controls 命令，弹出 Solution Controls 对话框（求解控制器），如图 12-18 所示，在 Time at end of loadstep 文本框中输入 0.2025，在 Automatic time stepping 下拉列表中选择 Off 选项，在 Time controls 下面选择 Number of substeps 单选按钮，在 Number of substeps 文本框中输入 404，在 Write Items to Results File 下面选择 All solution items，在 Frequency 下拉列表中选择 Write every substeps 选项。

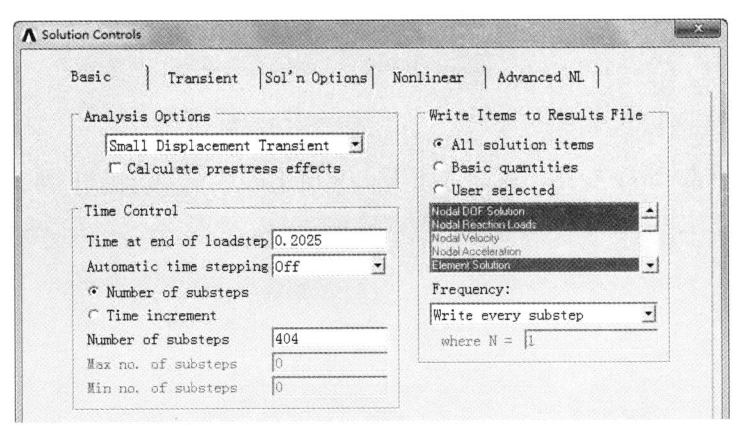

图 12-18 Solution Controls 对话框（Basic 选项卡）

3）在图 12-18 所示的对话框中，单击 Nonlinear 标签，弹出 Nonlinear 选项卡如图 12-19 所示。

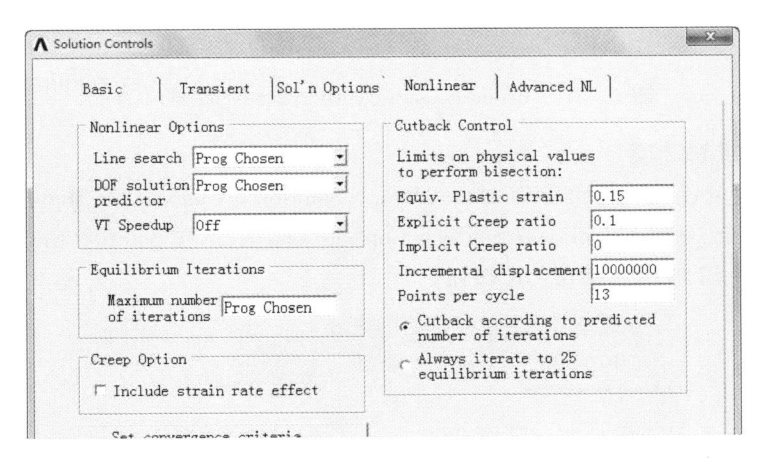

图 12-19 Solution Controls 对话框（Nonlinear 选项卡）

4）在 Nonlinear 选项卡中单击 Set convergence criteria 按钮，弹出 Nonlinear Convergence Criteria 对话框，如图 12-20 所示。

5）单击 Replace 按钮，弹出 Nonlinear Convergence Criteria 对话框，如图 12-21 所示，在 Lab Convergence is based on 右面的第一下拉列表框中选择 Structural 选项，在第二下拉列表框中选择 Force F 选项，在 VALUE Reference value of lab 文本框中输入 1，在 TOLER Tolerance about VALUE 文本框中输入 0.001，其他保持默认设置，单击 OK 按钮，返回到图 12-20

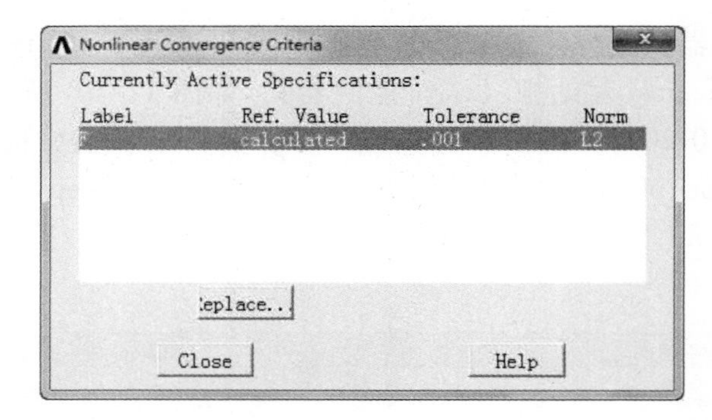

图 12-20 Nonlinear Convergence Criteria 对话框（1）

所示的工具框，单击 Close 按钮，返回到图 12-19 所示的选项卡，单击 OK 按钮。

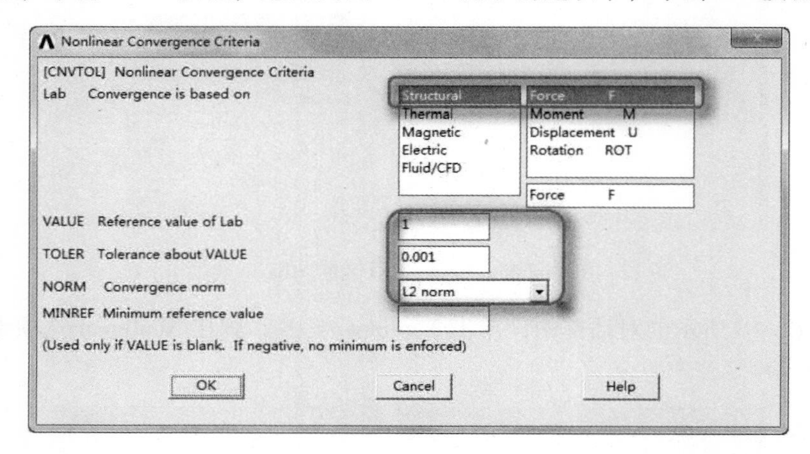

图 12-21 Nonlinear Convergence Criteria 对话框（2）

4. 设定其他求解选项

1）关闭优化设置：执行菜单中 Main Menu > Solution > Unabridged Menu > Load Step Opts > Solution Ctrl 命令，弹出 Nonlinear Solution Controls 对话框，在 Solution Control 后面勾选 Off 复选框，如图 12-22 所示，单击 OK 按钮。

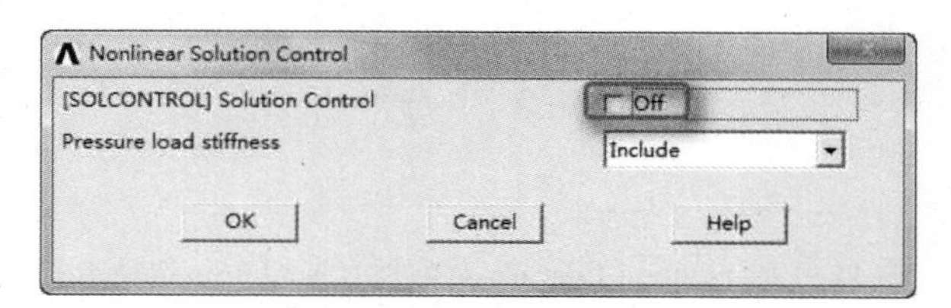

图 12-22 Nonlinear Solution Controls 对话框

2）设置载荷和约束类型（阶跃或者倾斜）：执行菜单 Main Menu > Solution > Load Step Opts > Time/Frequenc > Time and Substps 命令，弹出 Time and Substeps Options 对话框，如图 12-23 所示，在 Stepped or ramped b. c. 后面选择 stepped 单选按钮，其他保持默认，设置单击 OK 按钮。

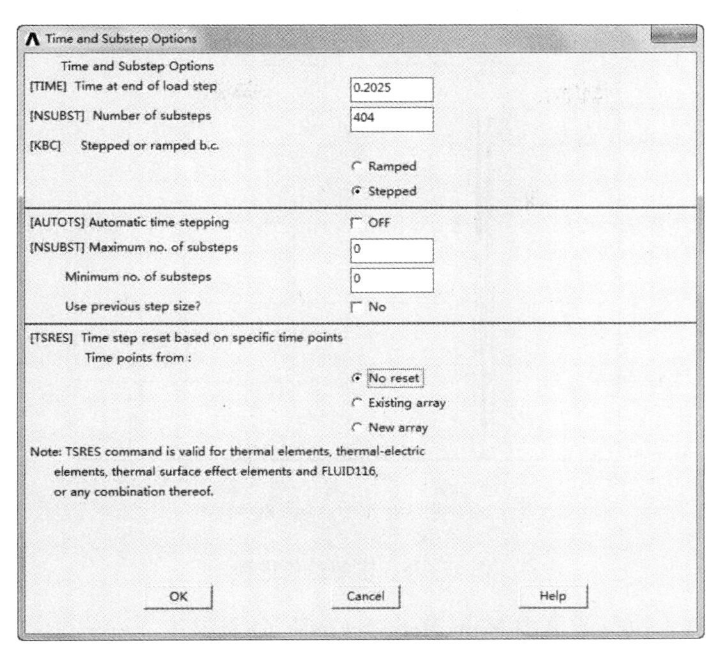

图 12-23　Time and Substeps Options 对话框

5. 施加载荷和约束

执行菜单中 Main Menu > Solution > Define Loads > Apply > Structural > Displacement > On Nodes 命令，弹出 Apply U，ROT on Nodes 拾取菜单，用鼠标在屏幕上拾取编号为 1 的节点，单击 OK 按钮，弹出 Apply U，ROT on Nodes 对话框，在 Lab2 DOFs to be constrained 后面的下拉列表中选择 UX，如图 12-24 所示，单击 OK 按钮。

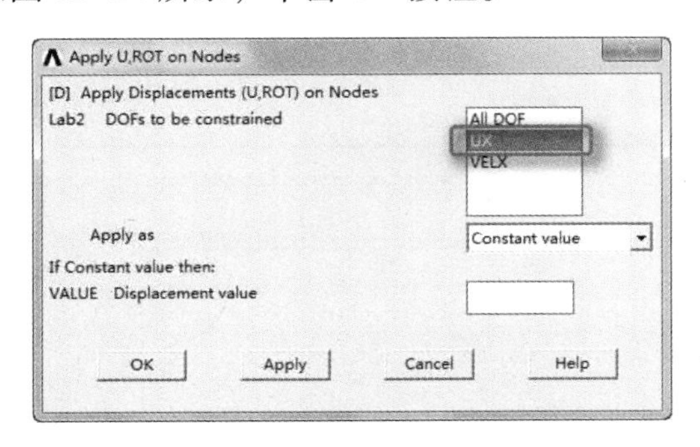

图 12-24　Apply U，ROT on Nodes 对话框

6. 瞬态求解

1）瞬态分析求解：执行菜单中 Main Menu > Solution > Solve > Current LS 命令，弹出/STATUS Command 信息提示栏和 Solve Current Load Step 对话框。浏览信息提示栏中的信息，如果无误，则单击 File > Close 按钮将其关闭。单击 Solve Current Load Step 对话框中的 OK 按钮，开始求解。

2）当求解结束时，会弹出 Solution is done 的提示框，单击 OK 按钮。此时屏幕显示求解迭代进程，如图 12-25 所示。

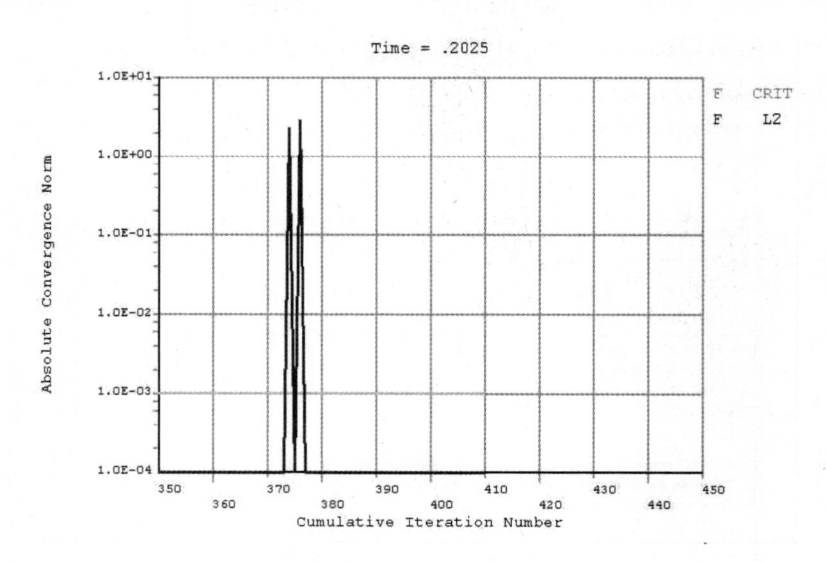

图 12-25　求解迭代进程

3）退出求解器：执行菜单中 Main Menu > Finish 命令。

7. 观察结果（后处理）

1）进入时间历程后处理：执行菜单中 Main Menu > TimeHist PostPro 命令，弹出如图 12-26 所示的 Time History Variables - Grain. rst 对话框，里面已有默认变量时间（TIME）。

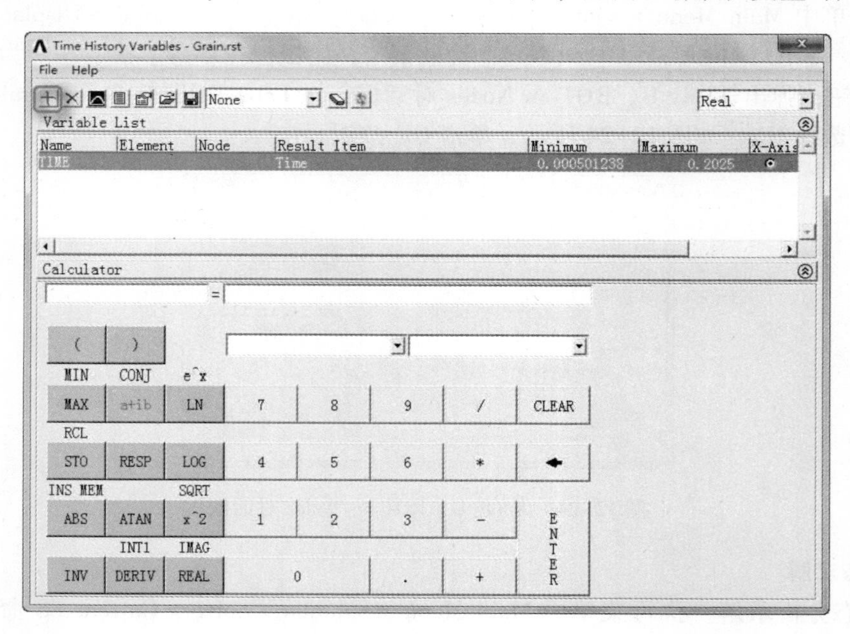

图 12-26　Time History Variables - Grain. rst 对话框

2）定义位移变量 UX：在如图 12-26 所示的对话框中单击左上角的⊞按钮，弹出 Add Time - History Variables 对话框，连续选择 Nodal Solution > DOF Solution > X - Component of displacement，选项如图 12-27 所示，在 Variable Name 文本输入 UX_2，单击 OK 按钮。

3）弹出 Node for Data 拾取菜单，如图 12-28 所示，在拾取菜单文本框中输入 2，单击 OK 按钮，返回到 Time History Variables 对话框，不过此时变量列表里面多了一项 UX 变量。

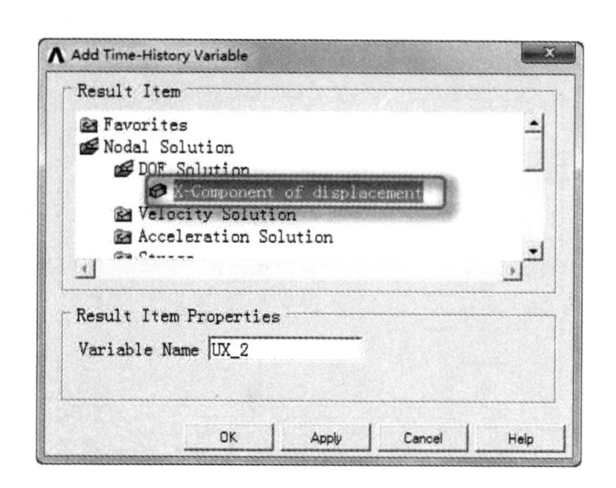

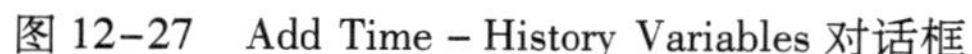

图 12-27 Add Time - History Variables 对话框

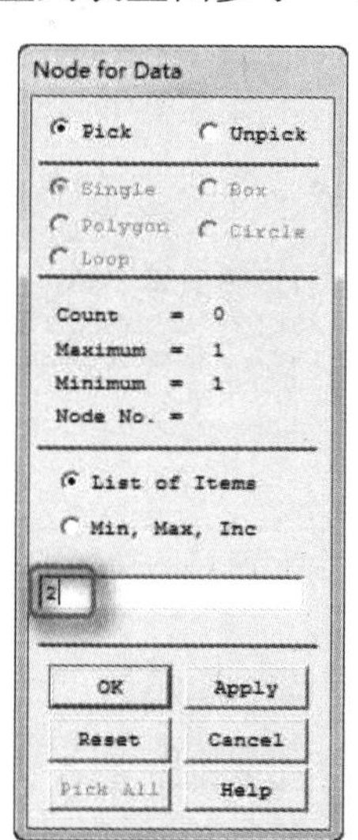

图 12-28 Node for Data 拾取菜单

4）定义应力变量 F1：在如图 12-26 所示的对话框中单击左上角的 按钮，弹出如图 12-27 所示对话框，在该对话框中连续选择 Element Solution > Miscellaneous Items > Summable data（SMISC，1）选项，弹出 Miscellaneous Sequence Number 对话框，如图 12-29 所示。在 Sequence number SMIS 后面输入 1，单击 OK 按钮。返回到如图 12-30 所示的 Add Time - History Variable 对话框，在 Variable Name 文本框中输入 F1，单击 OK 按钮。

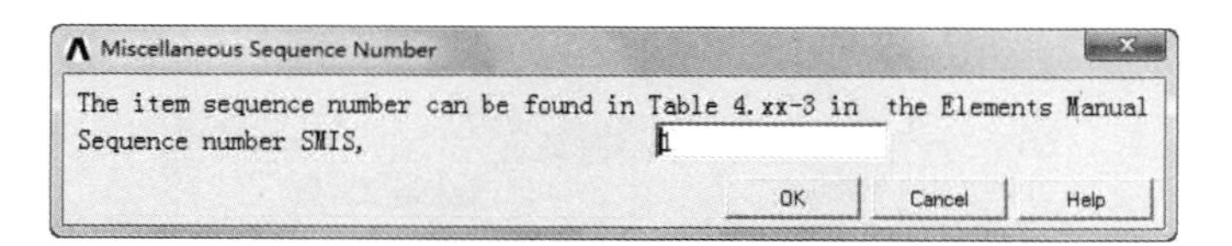

图 12-29 Miscellaneous Sequence Number 对话框

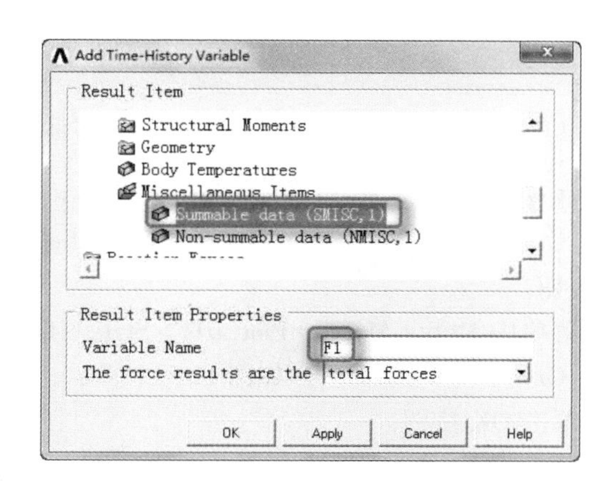

图 12-30 Add Time - History Variable 对话框

5）弹出 Element for Data 拾取菜单，在文本框中输入 1（或者用鼠标在屏幕上拾取单元），单击 OK 按钮，弹出 Node for Data 拾取菜单，在输入框中输入 1（或者用鼠标在屏幕上拾取编号为 1 的节点），单击 OK 按钮，返回 Time History Variables - Grain. rst 对话框，不过此时 Variable List 下增加了两个变量：UX 和 F1，如图 12-31 所示。

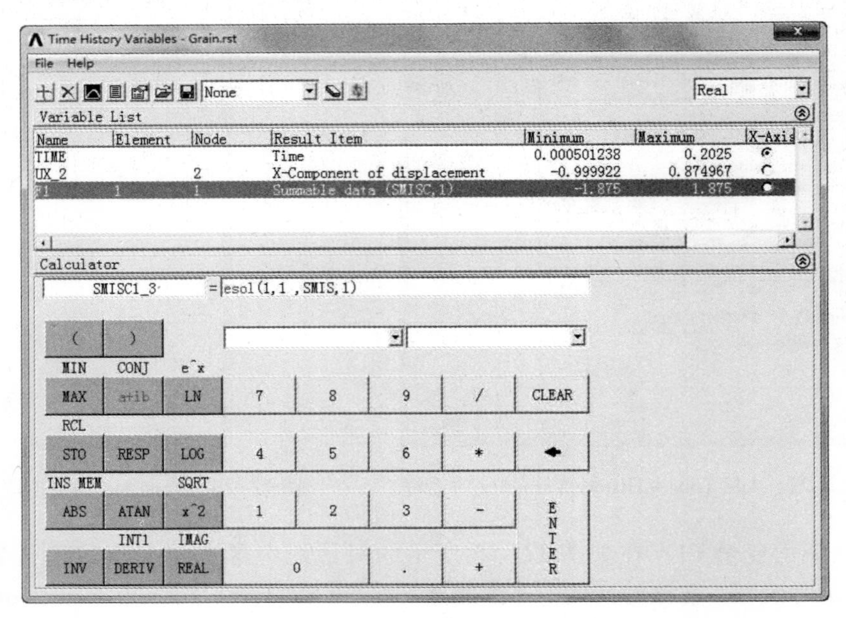

图 12-31　Time History Variables - Grain. rst 对话框

6）设置坐标 1：执行菜单中 Utility Menu > PlotCtrls > Style > Graphs > Modify Grid 命令，弹出 Grid Modifications for Graph Plots 对话框，在 Type of grid 下拉列表中选择 X and Y lines 选项，如图 12-32 所示，单击 OK 按钮。

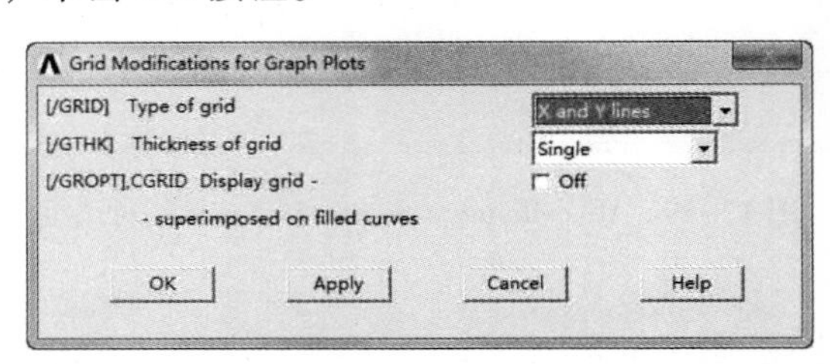

图 12-32　Grid Modifications for Graph Plots 对话框

7）设置坐标 2：执行菜单中 Utility Menu > PlotCtrls > Style > Graphs > Modify Axes 命令，弹出 Axes Modifications for Graph Plots 对话框，在 Y - axis label 文本框中输入 DISP，如图 12-33 所示，单击 OK 按钮。

8）设置坐标 3：执行菜单中 Utility Menu > PlotCtrls > Style > Graphs > Modify Curve 命令，弹出 Curve Modifications for Graph Plots 对话框，如图 12-34 所示，在 Thickness of curves 下拉列表中选择 Double 选项，单击 OK 按钮。

9）绘制 UX 变量图：执行菜单中 Main Menu > TimeHist PostPro > Graph Variables 命令，弹出 Graph Time - History Variables 对话框，如图 12-35 所示。在 lst variable to graph 文本框

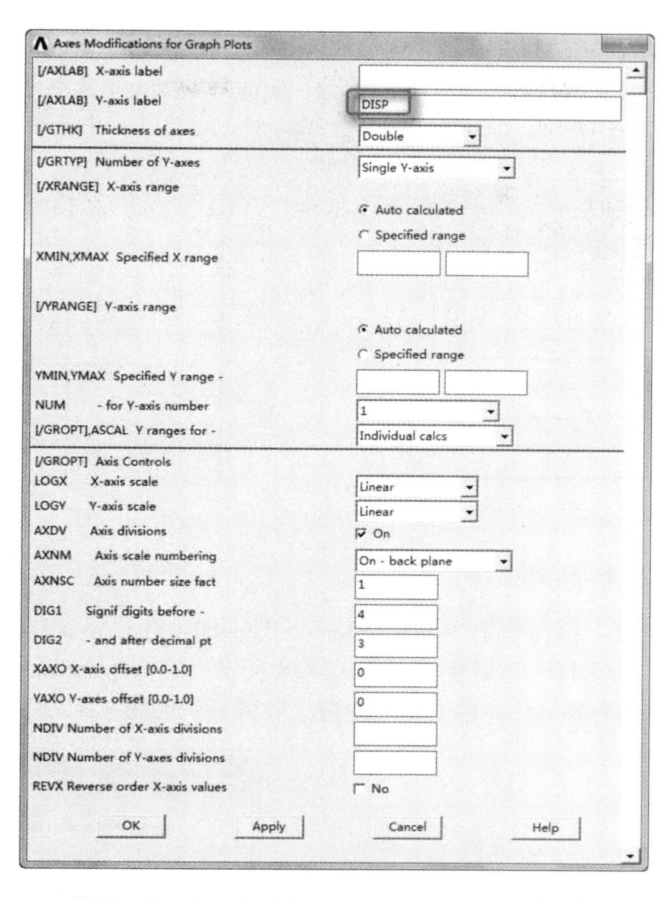

图 12-33 Axes Modifications for Graph Plots 对话框

输入 2，单击 OK 按钮，屏幕显示如图 12-36 所示。

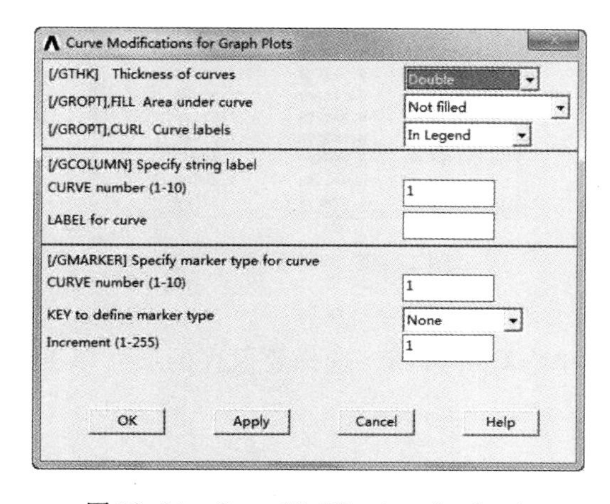

图 12-34 Curve Modifications for Graph Plots 对话框

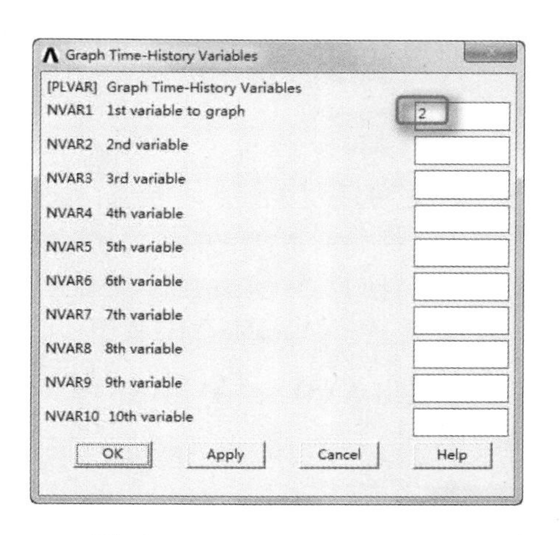

图 12-35 Graph Time – History Variables 对话框

10）重新设置坐标轴标号：执行菜单中 Utility Menu > PlotCtrls > Style > Graphs > Modify Axes 命令，弹出如图 12-33 所示对话框，在 Y – axis label 后面输入 FORCE，单击 OK 按钮。

11）绘制 F1 变量图：执行菜单中 Main Menu > TimeHist PostPro > Graph Variables 命令，弹出 Graph Time – History Variables 对话框。在 lst variable to graph 文本框输入 3，单击 OK 按钮，屏幕显示如图 12-37 所示。

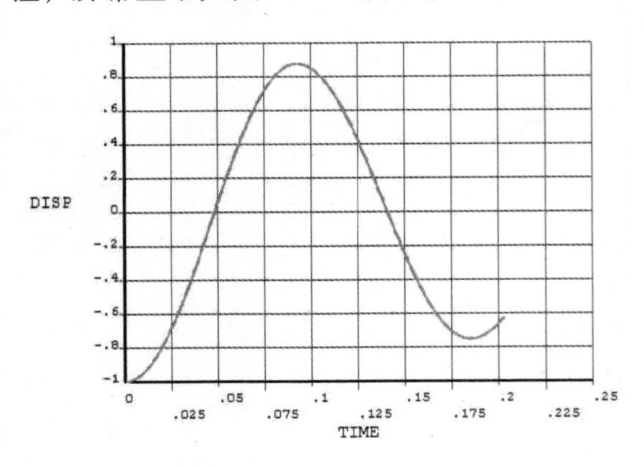

图 12-36　位移时间图曲线

图 12-37　应力时间曲线

12）列表显示变量：执行菜单中 Main Menu > TimeHist PostPro > List Variables 命令，弹出 List Time – History Variables 对话框，如图 12-38 所示，在 lst variable to graph 文本框输入 2，在 Znd variable 文本框输入 3，单击 OK 按钮，屏幕显示如图 12-39 所示。

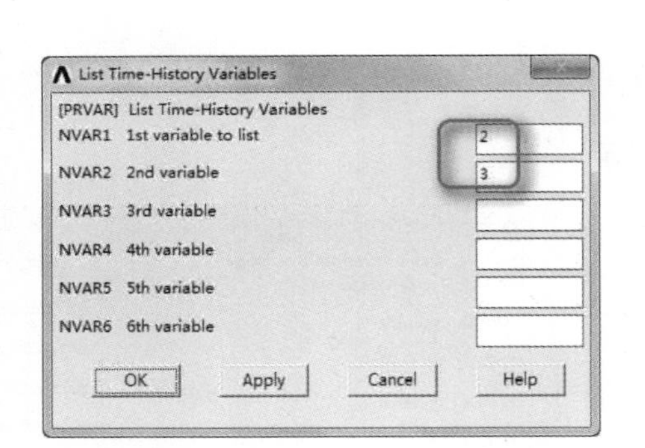

图 12-38　List Time – History Variables 对话框

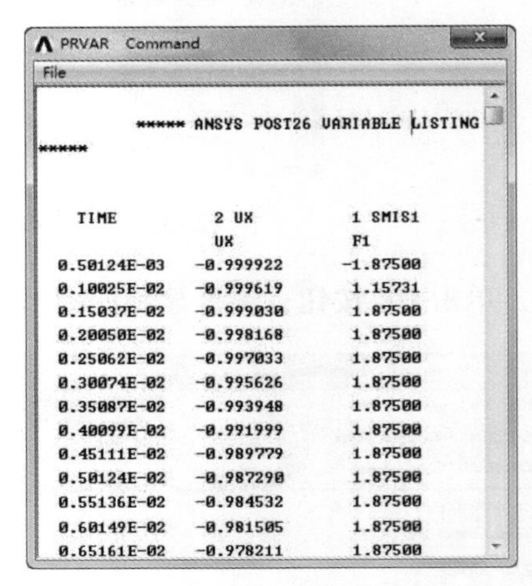
PRVAR Command

File

***** ANSYS POST26 VARIABLE LISTING *****

TIME	2 UX UX	1 SMIS1 F1
0.50124E-03	-0.999922	-1.87500
0.10025E-02	-0.999619	1.15731
0.15037E-02	-0.999030	1.87500
0.20050E-02	-0.998168	1.87500
0.25062E-02	-0.997033	1.87500
0.30074E-02	-0.995626	1.87500
0.35087E-02	-0.993948	1.87500
0.40099E-02	-0.991999	1.87500
0.45111E-02	-0.989779	1.87500
0.50124E-02	-0.987290	1.87500
0.55136E-02	-0.984532	1.87500
0.60149E-02	-0.981505	1.87500
0.65161E-02	-0.978211	1.87500

图 12-39　列表显示变量

13）退出 ANSYS：在“ANAYS Toolbar”中单击 Quit 按钮，选择要保存的项后单击 OK 按钮。

12.2.3 命令流方式

略，见随书网盘资源电子文档。

第13章

非线性分析

知识导引

非线性变化是日常生活和科研工作中经常碰到的情形。本章介绍了 ANSYS 非线性分析的全流程步骤，详细讲解了其中各种参数的设置方法与功能，最后通过几个实例对 ANSYS 非线性分析功能进行了具体演示。

通过本章的学习，可以完整深入地掌握 ANSYS 非线性分析的各种功能和应用方法。

- 非线性分析概论
- 实例——铆钉非线性分析

13.1 非线性分析概论

在日常生活中，会经常遇到结构非线性构件。例如，无论何时用订书机订书，金属订书针都将永久地弯曲成一个不同的形状，如图 13-1a 所示；如果在一个木架上放置重物，随着时间的推移它将越来越下垂，如图 13-1b 所示；当在汽车或卡车上装货时，它的轮胎和路面间接触将随货物重量而变化，如图 13-1c 所示。如果将上面例子的载荷—变形曲线画出来，将会发现它们都显示了非线性结构的基本特征，即变化的结构刚性。

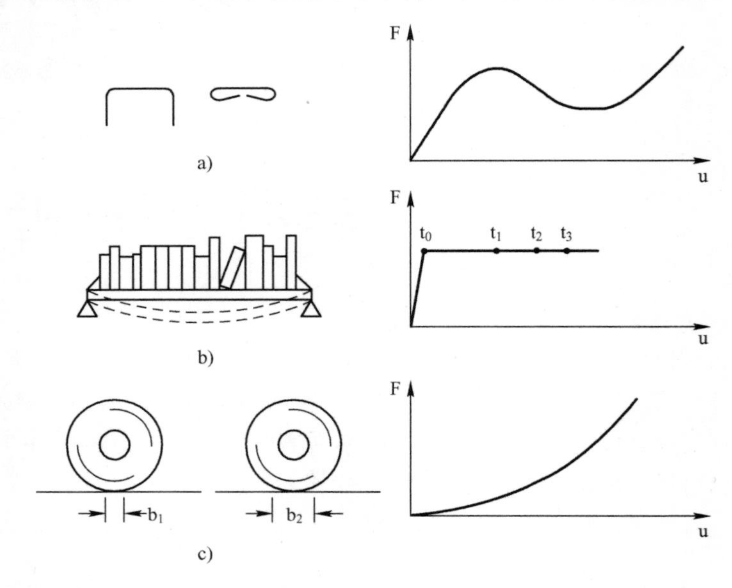

图 13-1 非线性结构行为的普通例子

a）钉书钉 b）木书架 c）轮胎

13.1.1 非线性行为的原因

引起结构非线性的原因很多，它可以被分成以下 3 种主要类型。

1）状态变化（包括接触）。许多普通结构表现出一种与状态相关的非线性行为，例如，一根只能拉伸的电缆可能是松散的，也可能是绷紧的；轴承套可能是接触的，也可能是不接触的；冻土可能是冻结的，也可能是融化的。这些系统的刚度由于系统状态的改变在不同的值之间突然变化。状态改变也许和载荷直接有关（如在电缆情况中），也可能由某种外部原因引起（如在冻土中的紊乱热力学条件）。ANSYS 程序中单元的激活与杀死选项用来给这种状态的变化建模。

接触是一种很普遍的非线性行为，接触是状态变化非线性类型中一个特殊而重要的子集。

2）几何非线性。如果结构经受大变形，它变化的几何形状可能会引起结构的非线性响应。例如，如图 13-2 所示，随着垂向载荷的增加，杆不断弯曲以至于动力臂明显地减少，导致杆端显示出在较高载荷下不断增长的刚性。

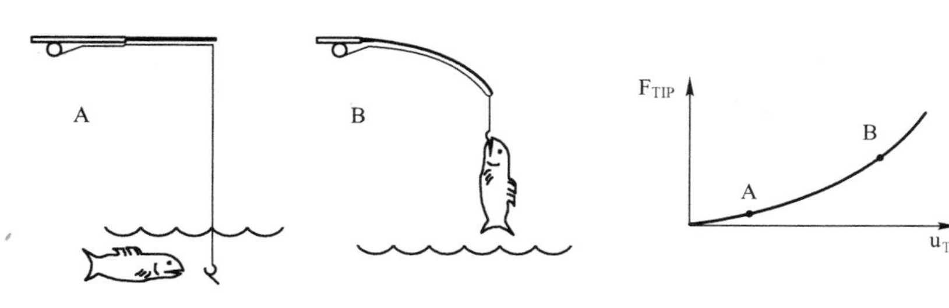

图 13-2　鱼竿示范几何非线性

3）材料非线性。非线性的应力 - 应变关系是造成结构非线性的常见原因。许多因素可以影响材料的应力 - 应变性质，包括加载历史（如在弹 - 塑性响应状况下），环境状况（如温度），加载的时间总量（如在蠕变响应状况下）。

13.1.2 非线性分析的基本信息

ANSYS 程序的方程求解器计算一系列的联立线性方程来预测工程系统的响应。然而，非线性结构的行为不能直接用这样一系列的线性方程表示。需要一系列的带校正的线性近似来求解非线性问题。

1. 非线性求解方法

一种近似的非线性求解是将载荷分成一系列的载荷增量。可以在几个载荷步内或者在一个载荷步的几个子步内施加载荷增量。在每一个增量的求解完成后，继续进行下一个载荷增量之前程序调整刚度矩阵以反映结构刚度的非线性变化。遗憾的是，纯粹的增量近似不可避免地随着每一个载荷增量积累误差，导致结果最终失去平衡，如图 13-3a 所示。

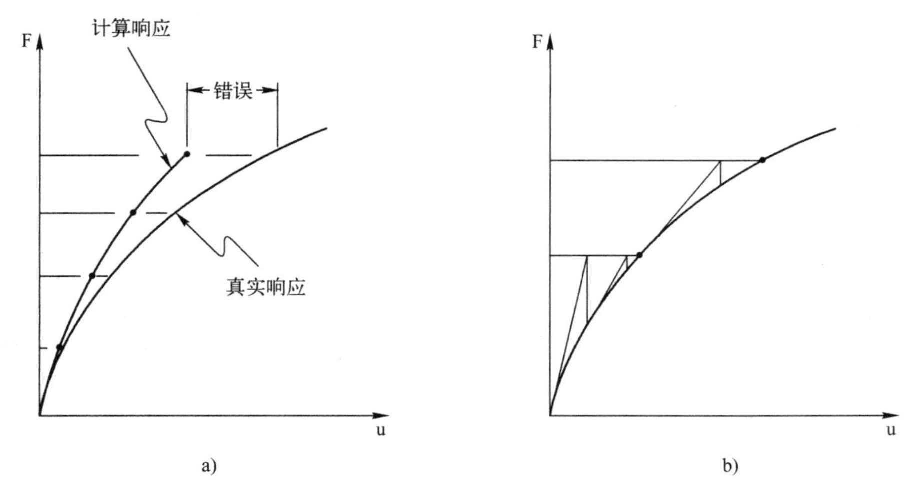

图 13-3　纯粹增量近似与牛顿 - 拉普森近似的关系

a）普通增量式解　b）全牛顿 - 拉普森迭代求解（2 个载荷增量）

ANSYS 程序通过使用牛顿 - 拉普森平衡迭代克服了这种困难，它迫使在每一个载荷增量的末端解达到平衡收敛（在某个容限范围内）。图 13-3b 描述了在单自由度非线性分析中牛顿 - 拉普森平衡迭代的使用。在每次求解前，NR 方法估算出残差矢量，这个矢量是回复力（对应于单元应力的载荷）和所加载荷的差值。程序然后使用非平衡载荷进行线性求解，且核查收敛性。如果不满足收敛准则，重新估算非平衡载荷，修改刚度矩阵，获得新解。持续这种迭代过程直到问题收敛。

ANSYS 程序提供了一系列命令来增强问题的收敛性，如自适应下降、线性搜索、自动载荷步及二分法等，可被激活来加强问题的收敛性，如果不能得到收敛，那么程序要么继续计算下一个载荷步要么终止（依据用户的指示而定）。

对某些物理意义上不稳定系统的非线性静态分析，如果仅仅使用 NR 方法，正切刚度矩阵可能变为降秩矩阵，导致严重的收敛问题。这样的情况包括独立实体从固定表面分离的静态接触分析，结构或者完全崩溃或者"突然变成"另一个稳定形状的非线性弯曲问题。对这样的情况，可以激活另外一种迭代方法（弧长方法），来帮助稳定求解。弧长方法导致 NR 平衡迭代沿一段弧收敛，从而即使当正切刚度矩阵的倾斜为零或负值时，也往往阻止发散。这种迭代方法以图形表示在图 13-4 中。

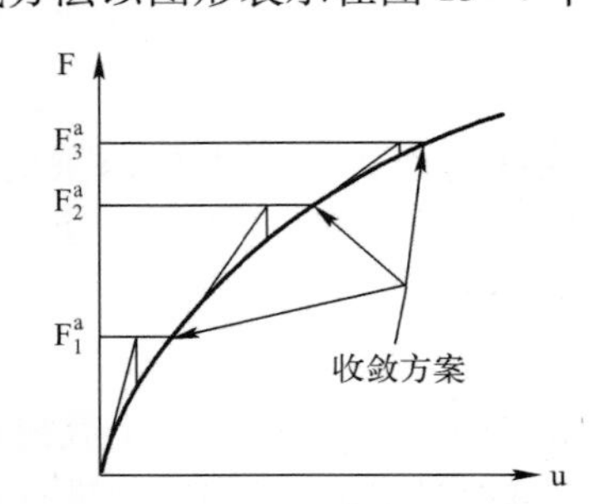

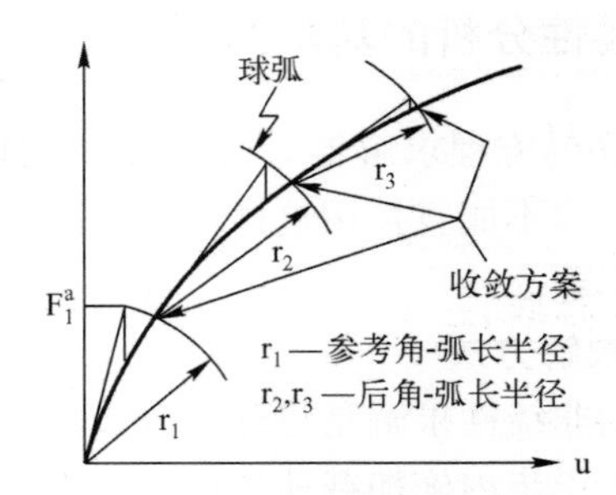

图 13-4　传统的 NR 方法与弧长方法的比较

2. 非线性求解级别

非线性求解被分成以下 3 个操作级别。

1）"顶层"级别由在一定"时间"范围内拟明确定义的载荷步组成。假定载荷在载荷步内是线性地变化的。

2）在每一个载荷子步内，为了逐步加载可以控制程序来执行多次求解（子步或时间步）。

3）在每一个子步内，程序将进行一系列的平衡迭代以获得收敛的解。

图 13-5 说明了一段用于非线性分析的典型的载荷历史。

3. 载荷和位移的方向改变

当结构经历大变形时应该考虑到载荷将发生了什么变化。在许多情况中，无论结构如何变形，施加在系统中的载荷保持恒定的方向。而在另一些情况中，力将改变方向，随着单元方向的改变而变化。

注意：

在大变形分析中不修正节点坐标系方向。因此计算出的位移在最初的方向上输出。

ANSYS 程序对这两种情况都可以建模，依赖于所施加的载荷类型。加速度和集中力将不管单元方向的改变而保持它们最初的方向，表面载荷作用在变形单元表面的法向，且可被用来模拟"跟随"力。图 13-6 说明了恒力和跟随力。

4. 非线性瞬态过程分析

非线性瞬态过程的分析与线性静态或准静态分析类似：以步进增量加载，程序在每一步中进行平衡迭代。静态和瞬态处理的主要不同是在瞬态过程分析中要激活时间积分效应。因此，在瞬态过程分析中，"时间"总是表示实际的时序。自动时间分步和二等分特点同样也适用于瞬态过程分析。

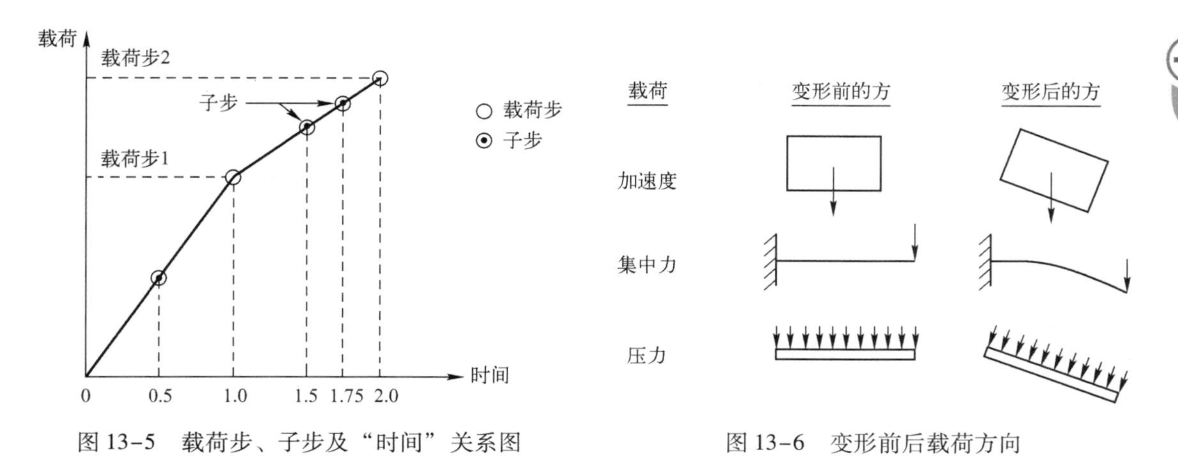

图 13-5 载荷步、子步及"时间"关系图

图 13-6 变形前后载荷方向

13.1.3 几何非线性

小转动（小挠度）和小应变通常假定变形足够小以至于可以不考虑由变形导致的刚度阵变化，但是大变形分析中，必须考虑由于单元形状或者方向导致的刚度阵变化。使用命令 NLGEOM，ON（GUI：Main Menu > Solution > Analysis Type > Sol′n Control（：Basic Tab）或者 Main Menu > Solution > Unabridged Menu > Analysis Type > Analysis Options），可以激活大变形效应（针对支持大变形的单元）。大多数实体单元（包括所有大变形单元和超弹单元）、数梁单元和壳单元都支持大变形。

大变形过程在理论上并没有限制单元的变形或者转动（实际的单元还是要受到经验变形的约束，即不能无限大），但求解过程必须保证应变增量满足精度要求，即总体载荷要被划分为很多小步来加载。

1. 大应变大挠度（大转动）

所有梁单元和大多数壳单元以及其他的非线性单元都有大挠度（大转动）效应，可以通过命令 NLGEOM，ON（GUI：Main Menu > Solution > Analysis Type > Sol′n Control（：Basic Tab）或者 Main Menu > Solution > Unabridged Menu > Analysis Type > Analysis Options）来激活该选项。

2. 应力刚化

结构的面外刚度有时候会受到面内应力的明显影响，这种面内应力与面外刚度的耦合，即所谓的应力刚化，在面内应力很大的薄结构（如缆索、隔膜）中非常明显。

因为应力刚化理论通常假定单元的转动和变形都非常小，所以它应用小转动或者线性理论。但在有些结构里面，应力刚化只有在大转动（大挠度）下才会体现，如图 13-7 所示。

可以在第一个载荷步中利用命令"PSTRES，ON"（GUI：Main Menu > Solution > Unabridged Menu > Analysis Type > Analysis Options）激活应力刚化选项。

大应变和大转动分析过程理论上包括初始应力的影响，多于大多数单元，在使用命令

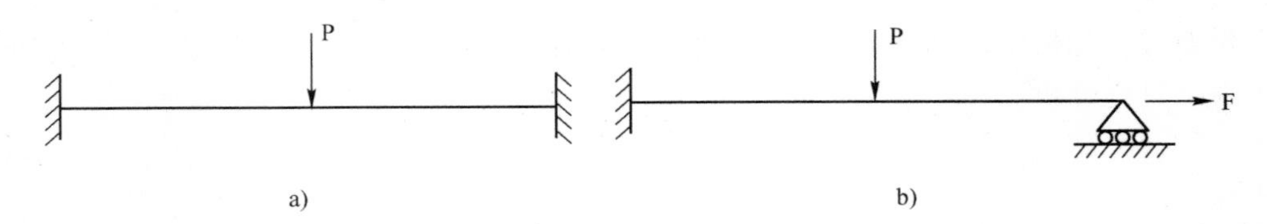

图 13-7　应力刚化的梁

“NLGEOM，ON”（GUI：Main Menu > Solution > Analysis Type > Sol’n Control（：Basic Tab）或者 Main Menu > Solution > Unabridged Menu > Analysis Type > Analysis Options）激活大变形效应时，会自动包括初始刚度的影响。

3. 旋转软化

旋转软化会调整（软化）旋转结构的刚度矩阵来考虑动态质量的影响，这种调整近似于在小挠度分析中考虑大挠度圆周运动引起的几何尺寸的变化，它通常与由旋转模型的离心力所产生的预应力（GUI：Main Menu > Solution > Unabridged Menu > Analysis Type > Analysis Options）一起使用。

注意：

旋转软化不能与其他的几何非线性、大转动或者大应变同时使用。

利用命令 OMEGA 和 CMOMEGA KSPIN 选项（GUI：Main Menu > Preprocessor > Loads > Define Loads > Apply > Structural > Inertia > Angular Velocity）来激活旋转软化效应。

13.1.4 材料非线性

在求解过程中，与材料相关的因子会导致结构的刚度变化。塑性、多线性和超弹性的非线性应力－应变关系会导致结构刚度在不同载荷阶段（例如不同温度）发生变化。蠕变、粘弹性和粘塑性的非线性则与时间、速度、温度以及应力相关。

如果材料的应力－应变关系是非线性的或者跟速度相关，必须利用 TB 命令族（TB-TEMP，TBDATA，TBPT，TBCOPY，TBLIST，TBPLOT，TBDELE）（GUI：Main Menu > Preprocessor > Material Props > Material Models > Structural > Nonlinear）以数据表的形式来定义非线性材料特性。下面对不同的材料非线性行为选项做简单介绍。

1. 塑性

对于多数工程材料，在达到比例极限之前，应力－应变关系都采用线性形式。超过比例极限之后，应力－应变关系呈现非线性，不过通常还是弹性的。而塑性，则以无法恢复的变形为特征，在应力超过屈服极限之后就会出现。因为通常情况下比例极限和屈服极限只有微小的差别，在塑性分析中 ANSYS 程序假定这两点重合，如图 13-8 所示。

塑性是一种不可恢复、与路径相关的变形现象。换句话说，施加载荷的次序以及在何种塑性阶段施加将影响最终的结果。如果想在分析中预测塑性响应，则需要将载荷分解成一系列增量步（或者时间步），这样模型才可能正确地模拟载荷－响应路径。每个增量步（或者时间步）的最大塑性应变会存储在输出文件（Jobname. OUT）里面。

自动步长调整选项（GUI：Main Menu > Solution > Analysis Type > Sol’n Control（：Basic Tab）或者 Main Menu > Solution > Unabridged Menu > Load Step Opts > Time/Frequenc > Time and Substps）会根据实际的塑性变形调整步长，当求解迭代次数过多或者塑性应变增量大于

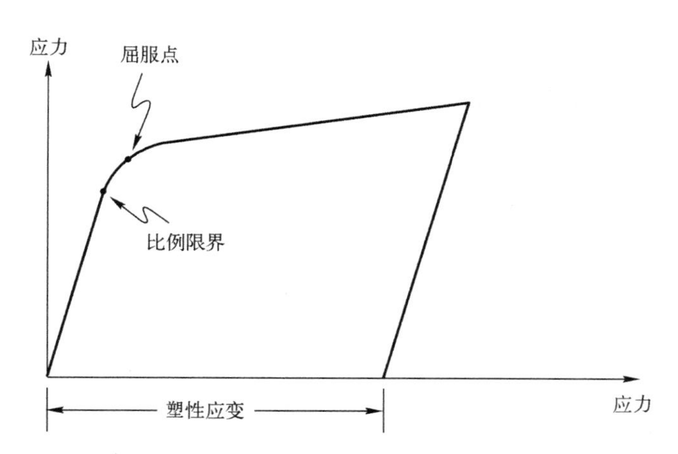

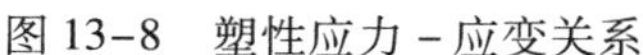
图 13-8 塑性应力 - 应变关系

15% 时会自动缩短步长。如果采用的步长过长，ANSYS 程序会减半或者采用更短的步长，具体如图 13-9 所示。

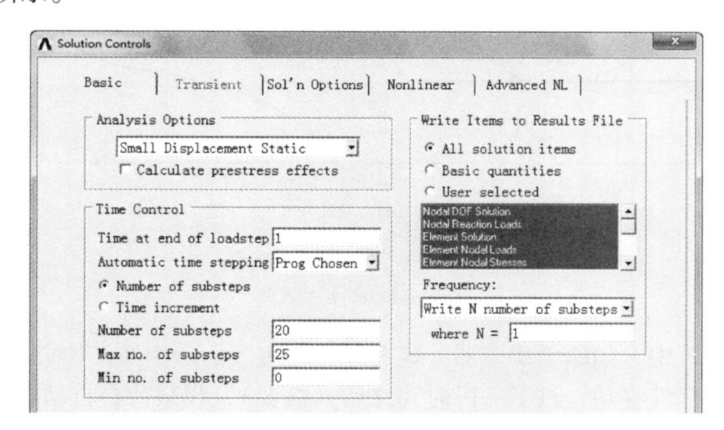

图 13-9 Solution Controls 对话框

在塑性分析时，可能还会同时出现其他非线性特性。例如，大转动（大挠度）和大应变的几何非线性通常伴随塑性同时出现。如果想在分析中加入大变形，可以用命令 NLGEOM（GUI：Main Menu > Solution > Analysis Type > Sol'n Control（：Basic Tab）或者 Main Menu > Solution > Unabridged Menu > Analysis Type > Analysis Options）激活相关选项。对于大应变分析，材料的应力 - 应变特性必须是用真实应力和对数应变输入的。

2. 多线性

多线性弹性材料行为选项（MELAS）描述一种保守响应（与路径无关），其加载和卸载沿相同的应力/应变路径。所以，对于这种非线性行为，可以使用相对较大的步长。

3. 超弹性

如果存在一种弹性能函数（或者应变能密度函数），它是应变或者变形张量的比例函数，对相应应变项求导就能得到相应应力项，这种材料通常被称为超弹性。

超弹性可以用来解释类橡胶材料（如人造橡胶）在经历大应变和大变形时（需要［NLGEOM，ON］）其体积变化非常微小（近似于不可压缩材料）。一种有代表性的超弹结构

（气球封管）如图 13-10 所示。

有两种类型的单元适合模拟超弹材料。

1）超弹单元（HYPER56，HYPER58，HYPER74，HYPER158）

2）除了梁杆单元以外，所有编号为 18x 的单元（PLANE182，PLANE183，SOLID185，SOLID186，SOLID187）

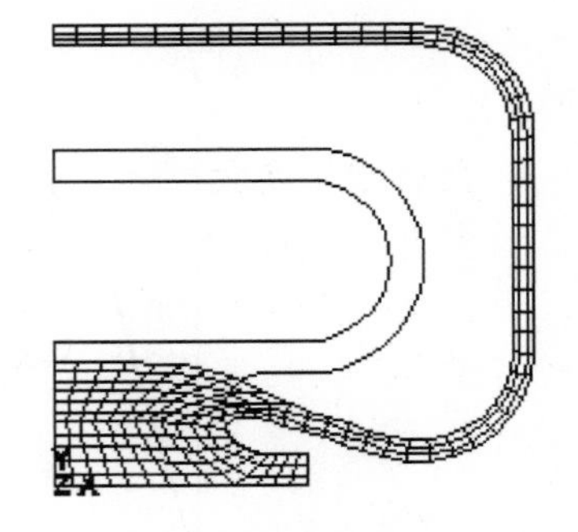

图 13-10　超弹结构

4. 蠕变

蠕变是一种跟速度相关的材料非线性响应，它指当材料受到持续载荷作用的时候，其变形会持续增加。相反地，如果施加强制位移，反作用力（或者应力）会随着时间慢慢减小（应力松弛，如图 13-11a 所示）。蠕变的三个阶段如图 13-11b 所示。ANSYS 程序可以模拟前两个阶段，第三个阶段通常不分析，因为它已经接近破坏程度。

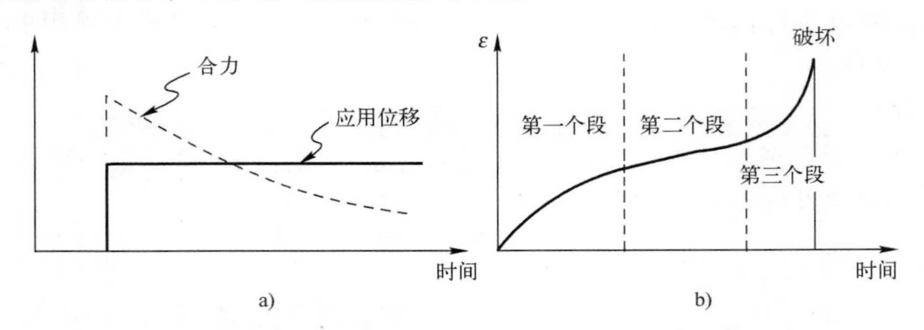

图 13-11　应力松弛和蠕变
a）应力松弛　b）蠕变

在高温应力分析中，如原子反应器，蠕变是非常重要的。例如，如果在原子反应器施加预载荷以防止邻近部件移动，过了一段时间之后（高温），预载荷会自动降低（应力松弛），以致邻近部件开始移动。对于预应力混凝土结构，蠕变效应也是非常显著的，而且蠕变是持久的。

ANSYS 程序利用两种时间积分方法来分析蠕变，这两种方法都适用于静力学分析和瞬态分析。

1）隐式蠕变方法：该方法功能更强大、更快、更精确，对于普通分析，推荐使用。其蠕变常数依赖于温度，也可以与各向同性硬化塑性模型耦合。

2）显式蠕变方法：当需要使用非常短的时间步长时，可考虑该方法，其蠕变常数不能依赖于温度，另外，可以通过强制手段与其他塑性模型耦合。

需要注意以下几个方面：

隐式和显式这两个词是针对蠕变的，不能用于其他环境。例如，没有显式动力分析的说法，也没有显式单元的说法。

隐式蠕变方法支持如下单元：PLANE42，SOLID45，PLANE82，SOLID92，SOLID95，LINK180，SHELL181，PLANE182，PLANE183，SOLID185，SOLID186，SOLID187，BEAM188 和 BEAM189。

显式蠕变方法支持如下单元：LINK1，PLANE2，LINK8，PIPE20，BEAM23，BEAM24，

PLANE42，SHELL43，SOLID45，SHELL51，PIPE60，SOLID62，SOLID65，PLANE82，SOLID92 和 SOLID95.

5. 形状记忆合金

形状记忆合金（SMA）材料行为选项指镍钛合金的过弹性行为。镍钛合金是一种柔韧性非常好的合金，无论在加载卸载时经历多大的变形都不会留下永久变形，如图 13-12 所示，材料行为包含 3 个阶段：奥氏体阶段（线弹性）、马氏体阶段（也是线弹性）和两者间的过渡阶段。

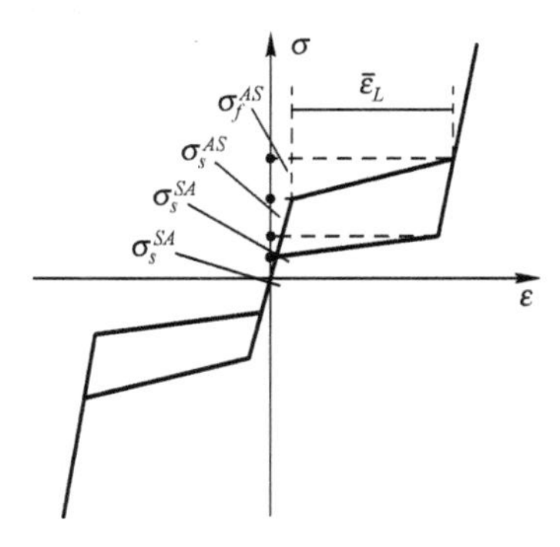

图 13-12 形状记忆合金状态图

利用 MP 命令定义奥氏体阶段的线弹性材料行为，利用“TB，SMA”命令定义马氏体阶段和过渡阶段的线弹性材料行为。另外，可以用“TBDATA”命令输入合金的指定材料参数组，总共可以输入 6 组参数。

形状记忆合金可以使用如下单元：PLANE182，PLANE183，SOLID185，SOLID186，SOLID187。

6. 粘弹性

粘弹性类似于蠕变，不过当去掉载荷时，部分变形会跟着消失。最普遍的粘弹性材料是玻璃，部分塑料也可认为是粘弹性材料。图 13-13 表示一种粘弹性行为。

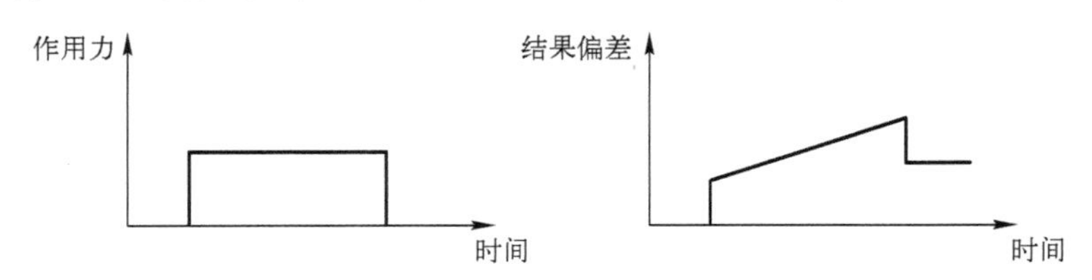

图 13-13 粘弹性行为（麦克斯韦模型）

可以利用单元 VISCO88 和 VISCO89 模拟小变形粘弹性，LINK180、SHELL181、PLANE182、PLANE183、SOLID185、SOLID186、SOLID187、BEAM188 和 BEAM189 模拟小变形或者大变形粘弹性。用户可以用 TB 命令族输入材料属性。对于单元 SHELL181、PLANE182、PLANE183、SOLID185、SOLID186 和 SOLID187，需用 MP 命令指定其粘弹性材料属性，用 TB，HYPER 指定其超弹性材料属性。弹性常数与快速载荷值有关。用 TB，PRONY 和 TB，SHIFT 命令输入松弛属性（可参考对 TB 命令的解释以获得更详细的信息）。

7. 粘塑性

粘塑性是一种跟时间相关的塑性现象，塑性应变的扩展跟加载速率有关，其基本应用是高温金属成型过程，如滚动锻压，会产生很大的塑性变形，而弹性变形却非常小，如图 13-14 所示。因为塑性应变所占比例非常大（通常超过 50%），所以要求打开大变形选项［NLGEOM，ON］。可利用 VISCO106，VISCO107 和 VISCO108 几种单元来模拟粘塑性。粘塑性是通过一套流动和强化准则将塑性和蠕变平均化，约束方程通常用于保证塑性区域的体积。

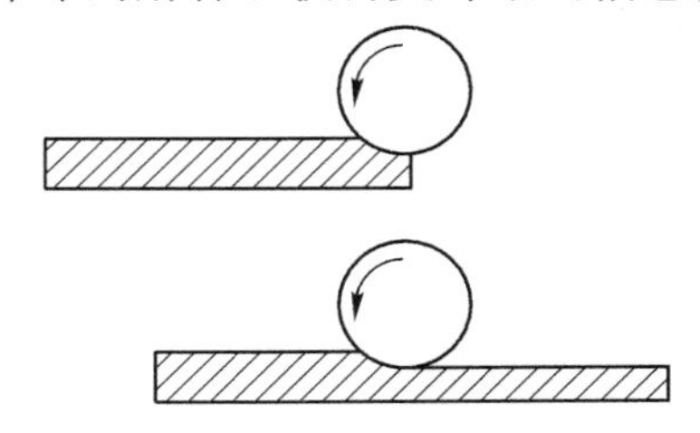
图 13-14 翻滚操作中的粘塑性行为

13.1.5 其他非线性问题

1）屈曲：屈曲分析是一种用于确定结构的屈曲载荷（使结构开始变得不稳定的临界载荷）和屈曲模态（结构屈曲响应的特征形态）的技术。

2）接触：接触问题分为刚体/柔体的接触和半柔体/柔体的接触两种基本类型，都是高度非线性行为。

这两种非线性问题将在下两章单独讲述。

13.2 实例——铆钉非线性分析

本节通过对铆钉的冲压进行应力分析来介绍 ANSYS 非线性问题的分析过程。

13.2.1 问题描述

为了考查铆钉在冲压时发生多大的变形，对铆钉进行分析。铆钉模型如图 13-15 所示。

- 铆钉圆柱高：10 mm。
- 铆钉圆柱外径：6 mm。
- 铆钉内孔孔径：3 mm。
- 铆钉下端球径：15 mm。
- 弹性模量：2.06E11。
- 泊松比：0.3。

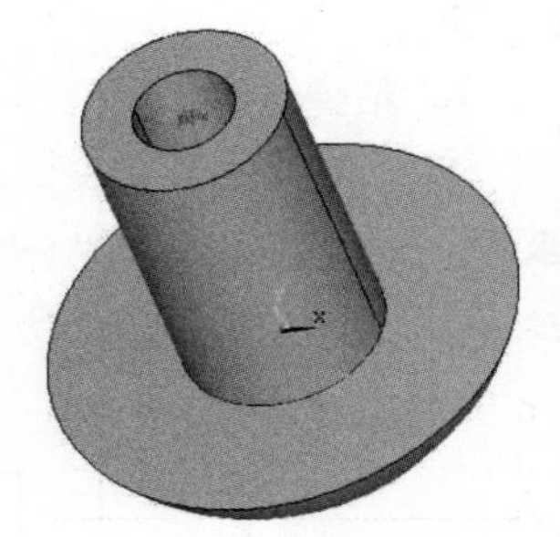

图 13-15　铆钉模型

铆钉材料的应力应变关系见表 13-1。

表 13-1　应力应变关系

应　变	0.003	0.005	0.007	0.009	0.011	0.02	0.2
应力/MPa	618	1128	1317	1466	1510	1600	1610

13.2.2 建立模型

建立模型包括设定分析作业名和标题；定义单元类型和实常数；定义材料属性；建立几何模型；划分有限元网格。其具体步骤如下。

1. 设定分析作业名和标题

在进行一个新的有限元分析时，通常需要修改数据库名，并在图形输出窗口中定义一个标题来说明当前进行的工作内容。另外，对于不同的分析范畴（结构分析、热分析、流体分析、电磁场分析等），ANSYS 所用的主菜单的内容不尽相同，为此，需要在分析开始时选定分析内容的范畴，以便 ANSYS 显示出与其相对应的菜单选项。

1）执行用菜单中 Utility Menu > File > Change Jobname 命令，打开 Change Jobname 对话框，如图 13-16 所示。

2）在 Enter new jobname 文本框中输入文字 rivet 为本分析实例的数据库文件名。

3）单击 OK 按钮，完成文件名的修改。

4）执行实用菜单中 Utility Menu > File > Change Title 命令，将打开 Change Title 对话框，如图 13-17 所示。

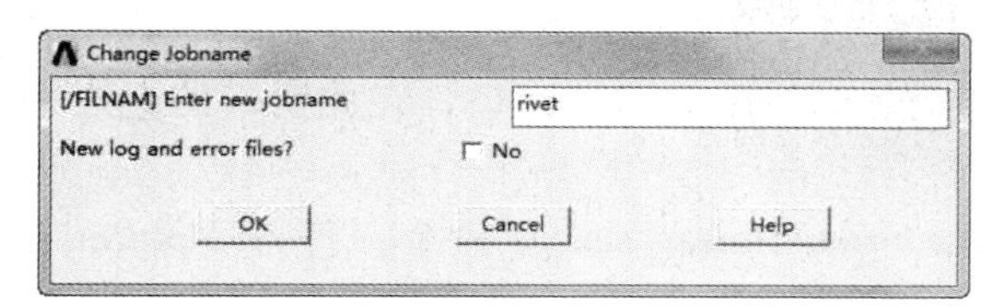

图 13-16 Change Jobname 对话框

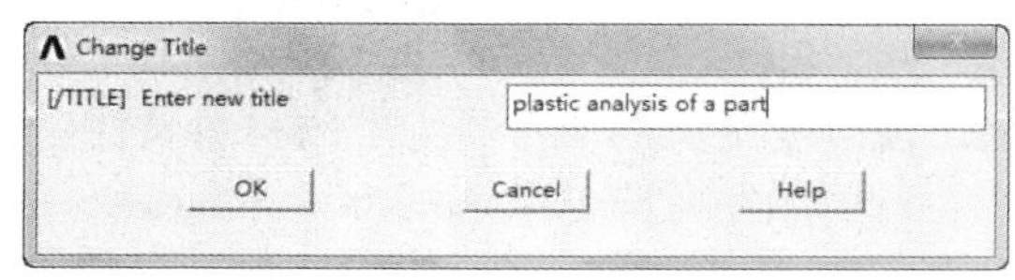

图 13-17 Change Title 对话框

5）在 Enter new title 文本框中输入文字 plastic analysis of a part 为本分析实例的标题名。

6）单击 OK 按钮，完成对标题名的指定。

7）执行实用菜单中 Utility Menu > Plot > Replot 命令，指定的标题 plastic analysis of a part 将显示在图形窗口的左下角。

8）执行主菜单中 Main Menu > Preference 命令，将打开 Preference of GUI Filtering 对话框，勾选 Structural 复选框，单击 OK 按钮确定。

2. 定义单元类型

在进行有限元分析时，首先应根据分析问题的几何结构、分析类型和所分析的问题精度要求等，选定适合具体分析的单元类型。本例中选用四节点四边形板单元 SOLID45。SOLID45 可用于计算三维应力问题。

在输入窗口，输入如下命令。

```
ET,1,SOLID45
```

3. 定义实常数

要实例中选用三维的 SOLID45 单元，不需要设置实常数。

4. 定义材料属性

考虑应力分析中必须定义材料的弹性模量和泊松比，塑性问题中必须定义材料的应力应变关系。具体步骤如下。

1）执行主菜单中 Main Menu > Preprocessor > Material Props > Materia Model 命令，打开 Define Material Model Behavior 对话框，如图 13-18 所示。

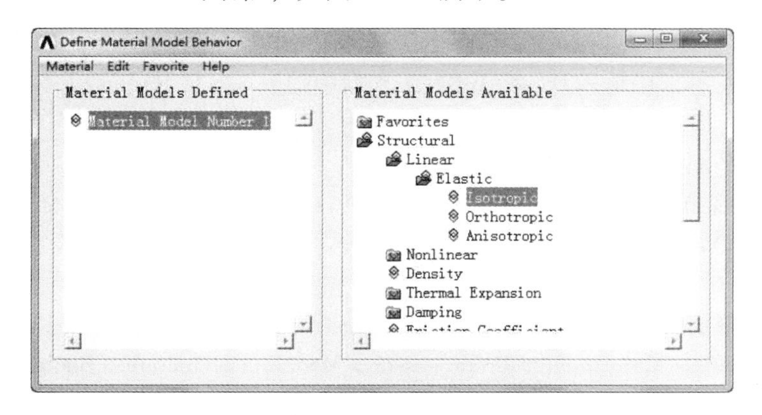

图 13-18 Define Material Model Behavior 对话框

2）依次执行 Structural > Linear > Elastic > Isotropic 命令，展开材料属性的树形结构。将打开 1 号材料的弹性模量 EX 和泊松比 PRXY 的定义对话框，如图 13-19 所示。

3）在对话框的 EX 文本框中输入弹性模量 2.06e11，在 PRXY 文本框中输入泊松比 0.3。

4）单击 OK 按钮，关闭对话框，并返回到定义材料模型属性窗口，在此窗口的左边一栏出现刚刚定义的参考号为 1 的材料属性。

5）依次执行 Structural > Nonlinear > elastic > multilinear elastic 命令，打开 Multilinear Elastic for Material Number 1 对话框，如图 13-20 所示。

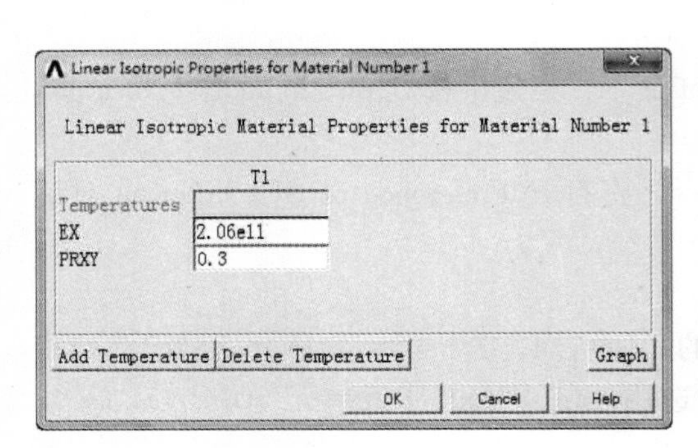

图 13-19 Linear Isotropic Properties for Material Number 1 对话框

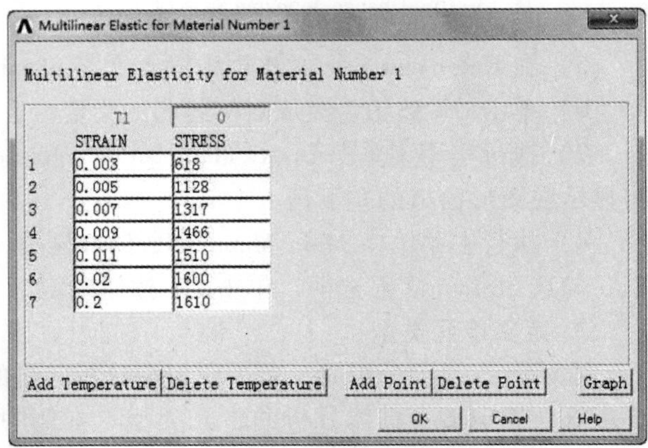

图 13-20 Multilinear Elastic for Material Number 1

6）单击 Add Point 按钮增加材料的关系点，分别输入材料的关系点，如图 13-21 所示。还可以显示材料的曲线关系，单击 Graph 按钮，在图形窗口中就会显示出来。

7）单击 OK 按钮，关闭对话框，并返回到定义材料模型属性窗口。

8）在 Define Material Model Behavior 对话框中，在菜单中执行 Material > Exit 命令，或者单击右上角的“关闭”按钮，退出定义材料模型属性窗口，完成对材料模型属性的定义。

5. 建立实体模型

（1）创建一个球。

1）执行主菜单中 Main Menu > Preprocessor > Modeling > Create > Volumes > Sphere > Solid Sphere 命令。

2）在 WPX 文本框中输入 0，在 WPY 文本框中输入 3，在 Radius 文本框中输入 7.5，单击 OK 按钮，如图 13-22 所示。

（2）将工作平面旋转 90°。

1）执行应用菜单中 Utility Menu > WorkPlane > Offset WP by Increments 命令。

2）在“XY，YZ，ZX Angles”文本框中输入“0，90，0”，单击 OK 按钮，如图 13-23 所示。

（3）用工作平面分割球

1）执行主菜单中 Main Menu > Preprocessor > Modeling > Operate > Booleans > Divide > Vou by WrkPlane 命令。

2）选择刚刚建立的球，单击 OK 按钮，如图 13-24 所示。

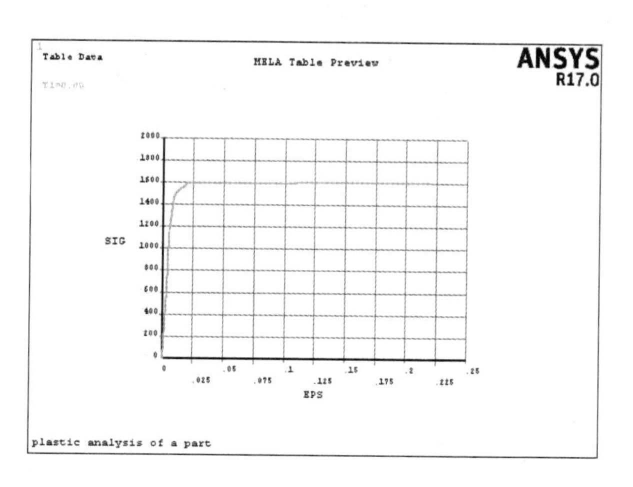

图 13-21　材料关系图

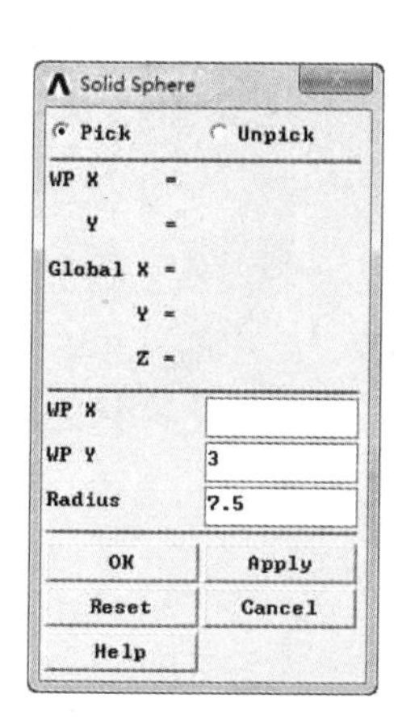

图 13-22　创建一个球

（4）删除上半球

1）执行主菜单中 Main Menu > Preprocessor > Modeling > Delete > Volume and Below 命令。

2）选择球的上半部分，单击 OK 按钮，如图 13-25 所示。

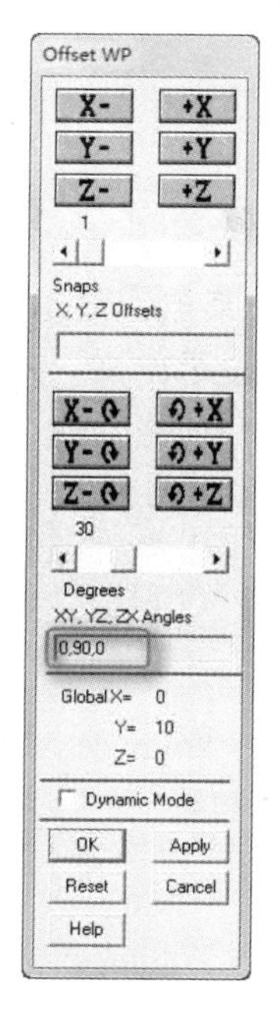

图 13-23　旋转工作平面

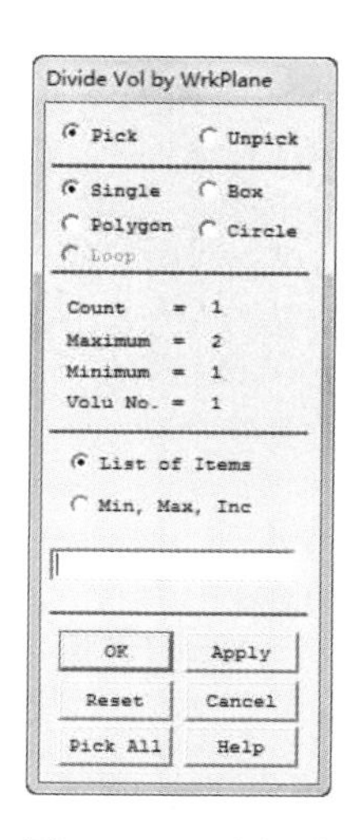

图 13-24　选择球

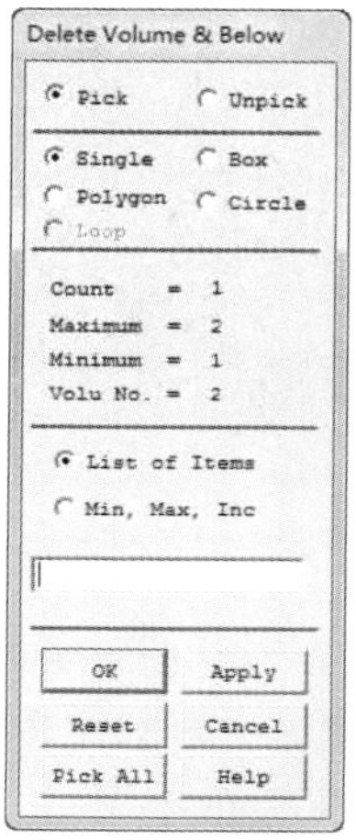

图 13-25　删除体

所得结果如图 13-26 所示。

（5）创建一个圆柱体

1）执行主菜单中 Main Menu > Preprocessor > Modeling > Create > Volumes > Cylinder > Solid Cylinder 命令。

2）在 WP X 文本框输入 0，WP Y 文本框输入 0，Radius 文本框输入 3，Depth 文本框输入 -10，单击 OK 按钮。生成一个圆柱体，如图 13-27 所示。

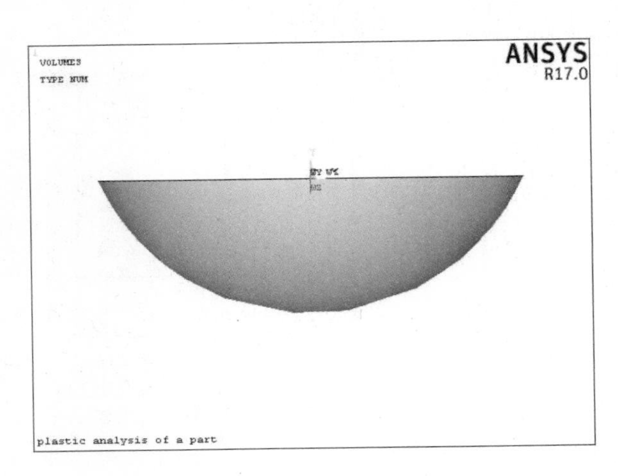

图 13-26　删除上半球的结果

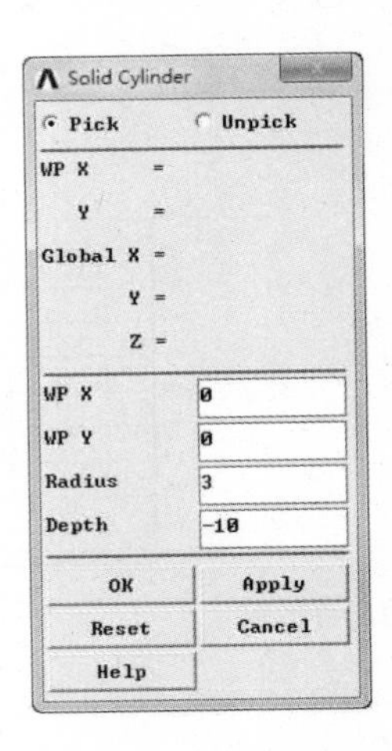

图 13-27　创建圆体

（6）偏移工作平面到总坐标系的某一点

1）执行应用菜单中 Utility Menu > WorkPlane > Offset WP to > XYZ Locations ＋命令，如图 13-28 所示。

2）在 Global Cartesian 文本框中输入“0，10，0”，单击 OK 按钮，如图 13-29 所示。

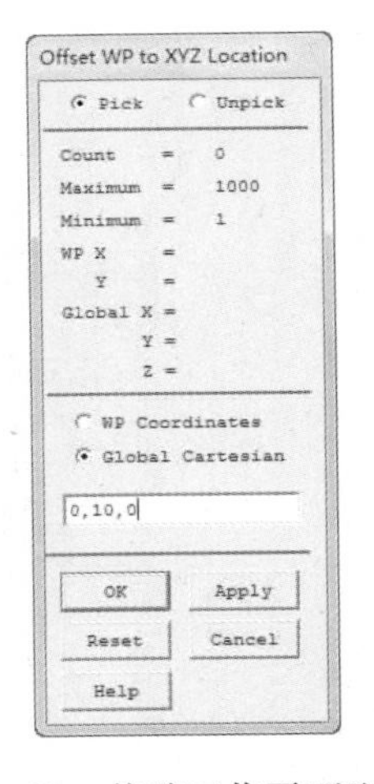

图 13-28　偏移工作平面到一点

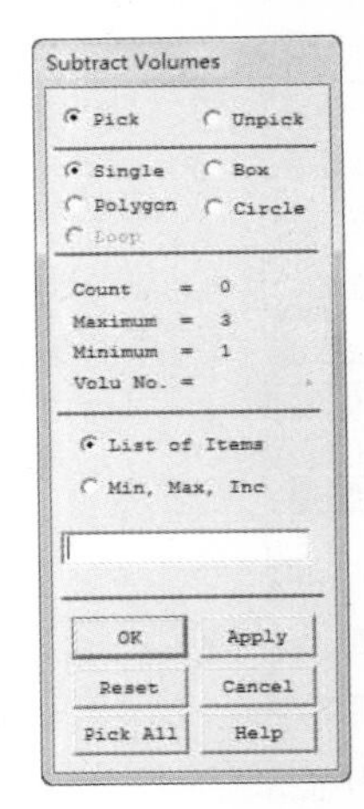

图 13-29　体相减

（7）创建另一个圆柱体

1）执行主菜单中 Main Menu > Preprocessor > Modeling > Create > Volumes > Cylinder > Solid Cylinder 命令。

2）在 WP X 文本框输入 0，WP Y 文本框输入 0，Radius 文本框输入 1.5，Depth 文本框输入 4，单击 OK 按钮，生成另一个圆柱体。

（8）从大圆柱体中“减”去小圆柱体

1）执行主菜单中 Main Menu > Preprocessor > Modeling > Operate > Booleans > Subtract > Volumes 命令 。

2）拾取大圆柱体，作为布尔“减”操作的母体，单击 Apply 按钮。

3）拾取刚刚建立的小圆柱体作为“减”去的对象，单击 OK 按钮。

4）从大圆柱体中“减”去小圆柱体的结果如图 13-30 所示。

（9）从大圆柱体中“减”去小圆柱体的结果与下半球相加

1）执行主菜单中 Main Menu > Preprocessor > Modeling > Operate > Booleans > Add > Volumes 命令。

2）单击 Pick All 按钮，如图 13-31 所示。

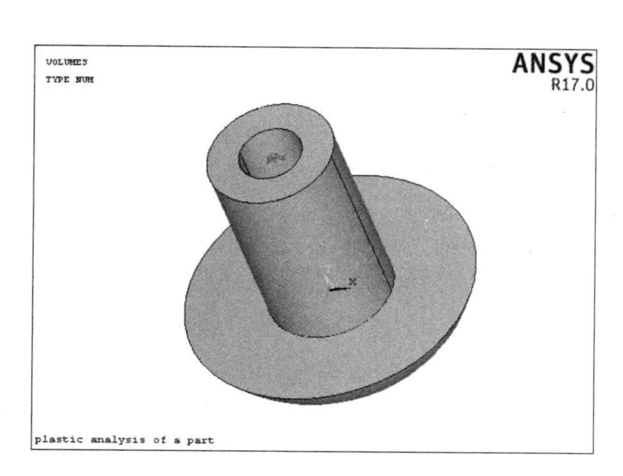

图 13-30　体相减的结果

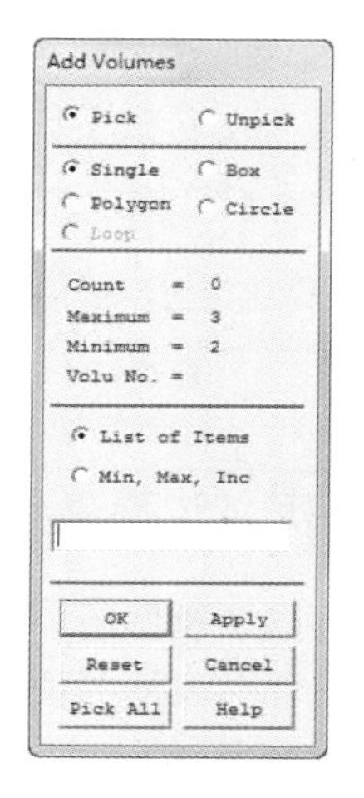

图 13-31　体相加

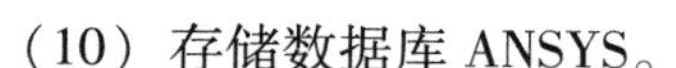
（10）存储数据库 ANSYS。

6. 对铆钉划分网格

本节选用 SOLID185 单元对盘面划分映射网格。

1）执行主菜单中 Main Menu > Preprocessor > Meshing > MeshTool 命令，打开 Mesh Tool 对话框，如图 13-32 所示。

2）选择 Mesh 下拉列表中的 Volumes，单击 Mesh 按钮，打开面选择对话框，要求选择要划分数的体。单击 Pick All 按钮，如图 13-33 所示。

3）ANSYS 会根据进行的控制划分体，划分过程中 ANSYS 会产生提示，如图 13-34 所示，单击 Close 按钮。

划分后的体如图 13-35 所示。

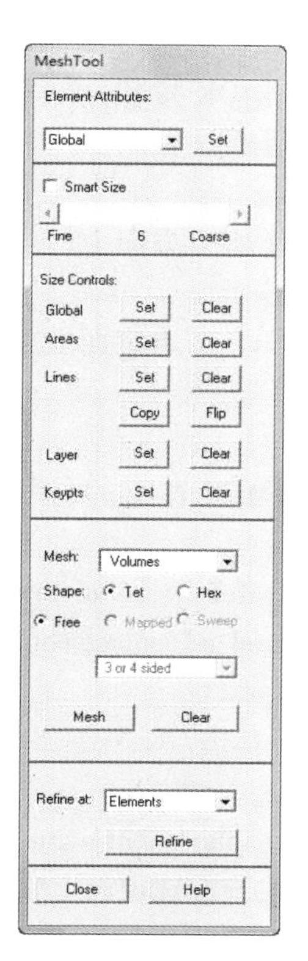

图 13-32　Mesh Tool 对话框

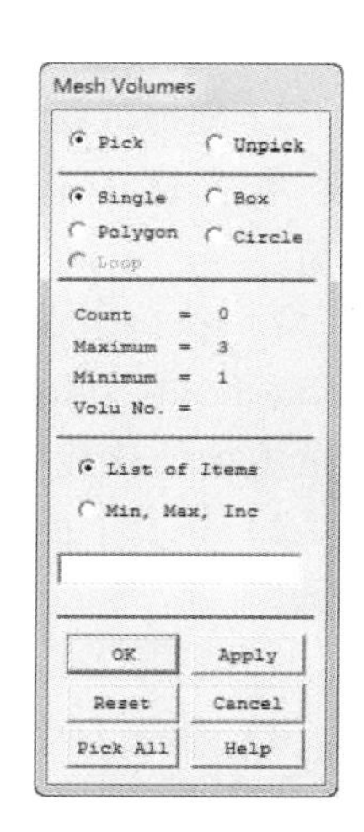

图 13-33　进行体选择

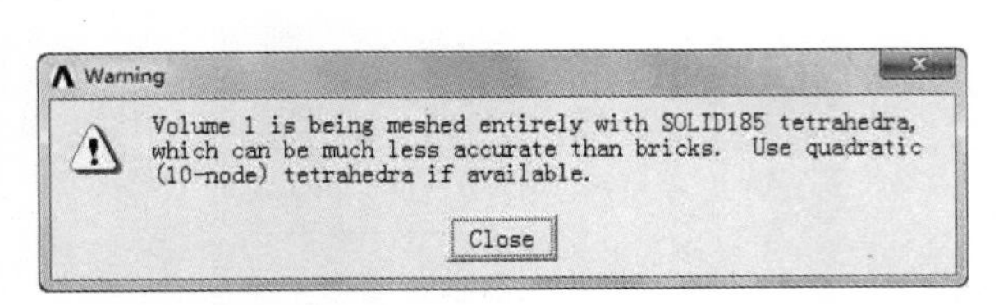
Warning
Volume 1 is being meshed entirely with SOLID185 tetrahedra, which can be much less accurate than bricks. Use quadratic (10-node) tetrahedra if available.
Close

图 13-34 分网提示

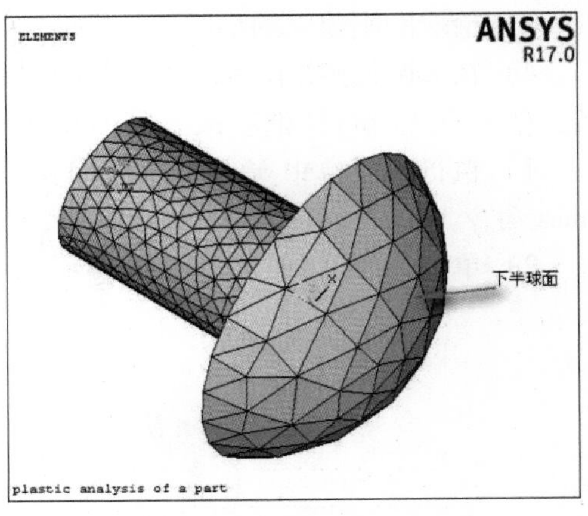

图 13-35 对体划分的结果

13.2.3 定义边界条件并求解

建立有限元模型后，就需要定义分析类型和施加边界条件及载荷，然后求解。本实例中载荷为上圆环形表面的位移载荷，位移边界条件是下半球面所有方向上的位移固定。

1. 施加位移边界

1）执行主菜单中 Main Menu > Solution > Define Loads > Apply > Structural > Displacement > on Areas 命令，打开面选择对话框，要求选择欲施加位移约束的面。

2）选择下半球面，单击 OK 按钮，打开 Apply U，Rot on Nodes 对话框，如图 13-36 所示。

3）选择 All DOF 选项（所有方向上的位移）。

4）单击 OK 按钮，ANSYS 在选定面上施加指定的位移约束。

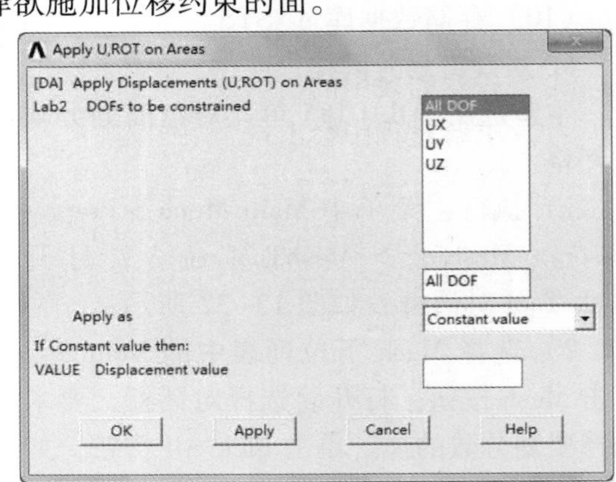

图 13-36 Apply U，ROT on Areas 对话框

2. 施加位移载荷并求解

本实例中载荷为上圆环形表面的位移载荷。

1）执行主菜单中 Main Menu > Solution > Define Loads > Apply > Structural > Displacement > on Areas 命令，打开面选择对话框，要求选择欲施加位移载荷的面。

2）选择上面的圆环面，单击 OK 按钮，打开 Apply U，Rot on Nodes 对话框，如图 13-36 所示。

3）选择 UY 选项，在 Displacement value 文本框中输入 3。

4）单击 OK 按钮，ANSYS 在选定面上施加指定的位移载荷。

5）单击 SAVE - DB 按钮，保存数据库。

6）执行主菜单中 Main Menu > Solution > Analysis Type > Sol'n Controls 命令，打开 Solution Controls 对话框，如图 13-37 所示。

7）在 Basic 选项卡中的 Write Items to Results File 选项组中选择 All solution items 单选按钮，在“Frequency”选项组中选择 Write every Nth substep 选项。

8）在 Time at end of load step 文本框输入 1；在 Number of substeps 文本框输入 20；单击 OK 按钮。

9）执行主菜单中 Main Menu > Solution > Solve > Current LS 命令，打开 Solve Current Load Step 对话框，如图 13-38 所示，要求查看列出的求解选项。

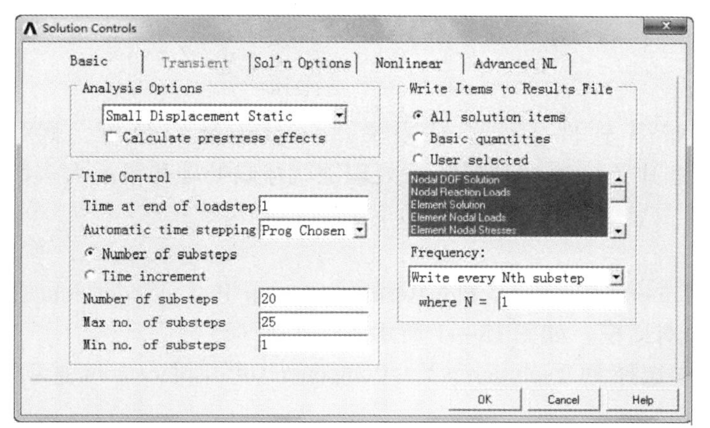

图 13-37　Solution Controls 对话框

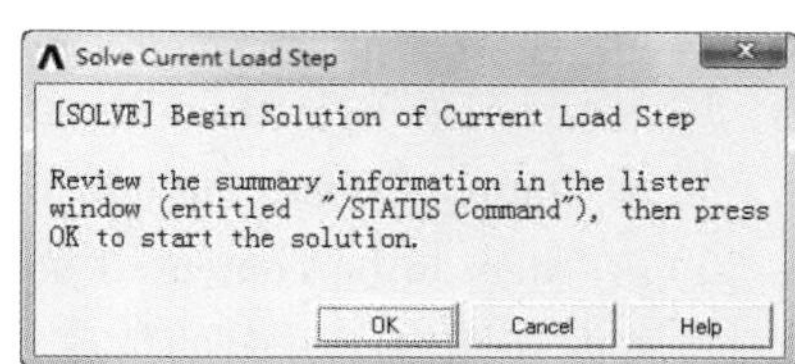

图 13-38　Solve Current Load Step 对话框

10）查看列表中的信息确认无误后，单击 OK 按钮，开始求解。

11）求解过程中会出现结果收敛与否的图形显示，如图 13-39 所示。

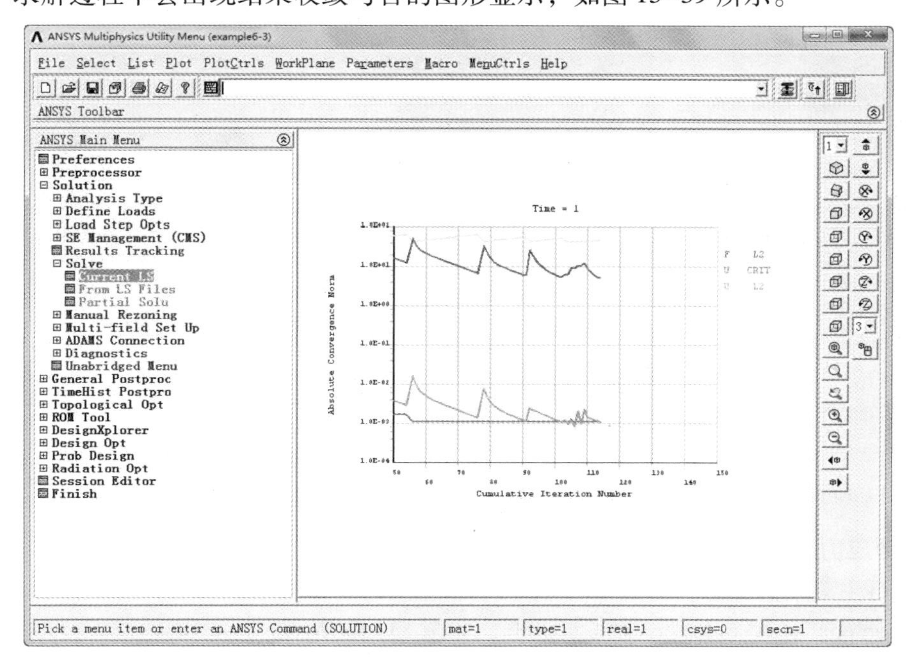

图 13-39　结果收敛显示

12）求解完成后打开如图 13-40 所示的提示求解完成对话框。

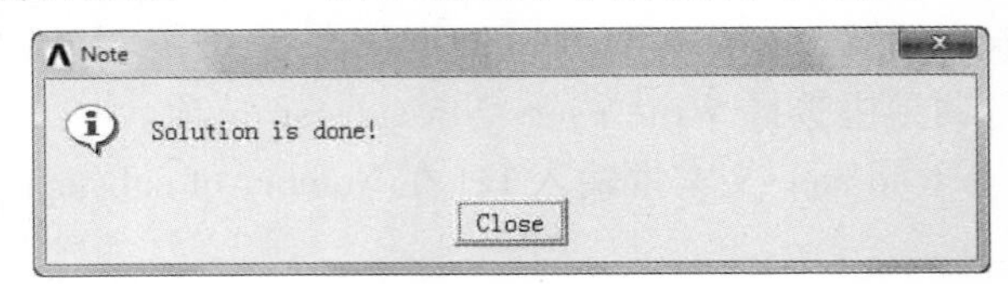

图 13-40　提示求解完成

13）单击 Close 按钮，关闭提示求解完成对话框。

13.2.4 查看结果

求解完成后，就可以利用 ANSYS 软件生成的结果文件（对于静力分析，就是 Jobname. RST）进行后处理。静力分析中通常通过 POST1 后处理器就可以处理和显示大多数感兴趣的结果数据。

1. 查看变形

1）执行主菜单中 Main Menu > General Postproc > Plot Result > Contour Plot > Nodal Solu 命令，打开 Contour Nodal Solution Data 对话框，如图 13-41 所示。

2）在 Item to be contoured 菜单中选择 DOFsolution > Y - Component of displacement 选项，Y 向位移即为铆钉高方向的位移。

3）选择 Deformed shape only 选项。

4）单击 OK 按钮，在图形窗口中显示出变形图，包含变形前的轮廓线，如图 13-42 所示。图中下方的色谱表明不同的颜色对应的数值（带符号）。

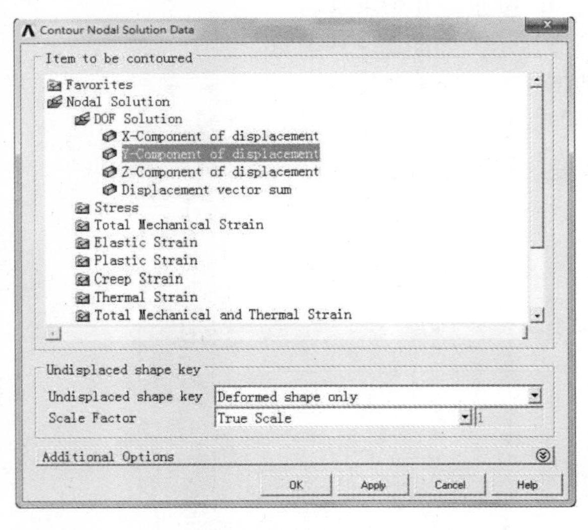

图 13-41　Contour Nodal Solution Data 对话框

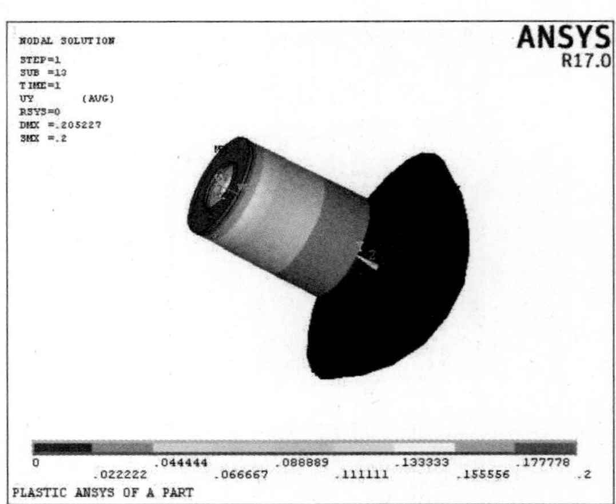

图 13-42　Y 向变形图

2. 查看应力

1）执行主菜单中 Main Menu > General Postproc > Plot Results > Contour Plot > Nodal Solu 命令，打开 Contour Nodal Solution Data 对话框，如图 13-43 所示。

2）在 Item to be contoured 菜单中选择 Total Mechanical Strain > von Mises total mechanical strain 选项。

3）选择 Deformed shape with undeformed edge 单选按钮。

4）单击 OK 按钮，图形窗口中显示出 von Mises 应变分布图，如图 13-44 所示。

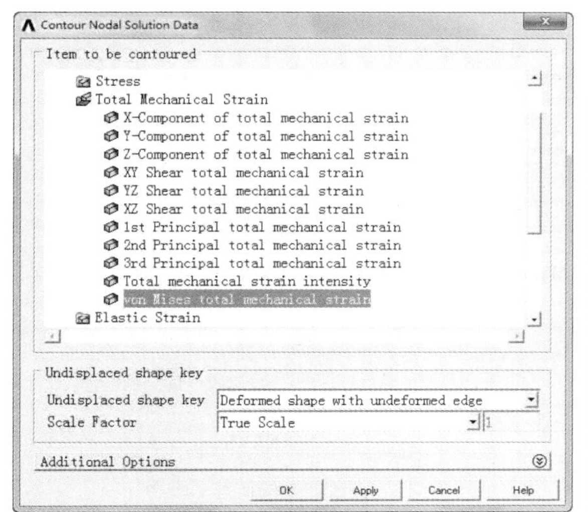

图 13-43　Contour Nodal Solution Data 对话框

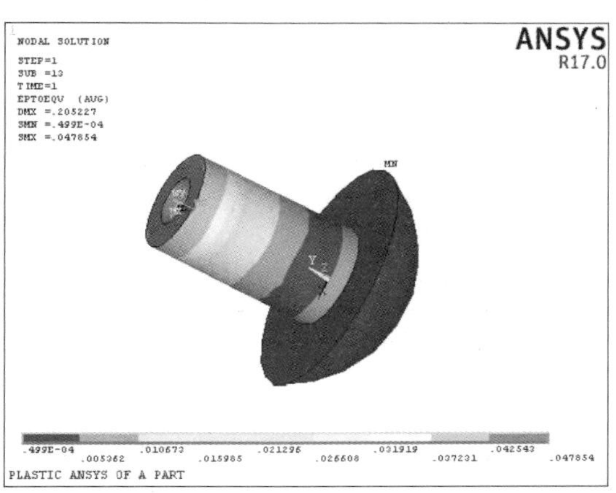

图 13-44　von Mises 应变分布图

3. 查看截面

1）执行应用菜单中 Utility Menu > PlotCtrls > Style > Hidden Line Options 命令，打开 Hidden – Line Options 对话框，如图 13-45 所示。

2）在 Type of Plot 下拉列表框中选择 Capped hidden 选项。

3）单击 OK 按钮，图形窗口中显示出截面上的分布图，如图 13-46 所示。

4. 动画显示模态形状

1）执行应用菜单中 Utility Menu > PlotCtrls > Animate > Mode Shape 命令。

2）选择 DOF solution 选项和 Translation UY 选项，单击 OK 按钮，如图 13-47 所示。ANSYS 将在图形窗口中进行动画显示，如图 13-48 所示。

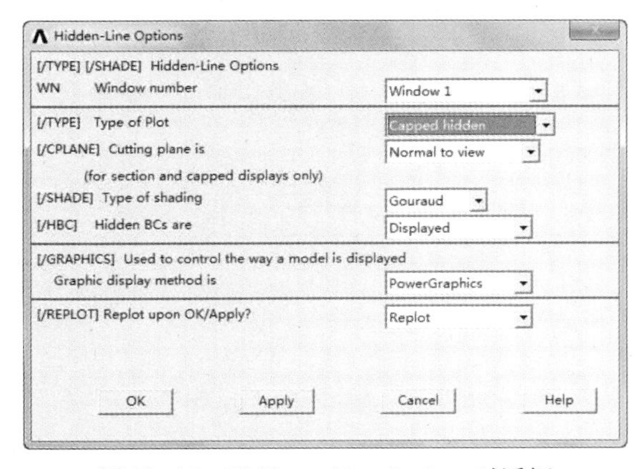

图 13-45　Hidden – Line Options 对话框

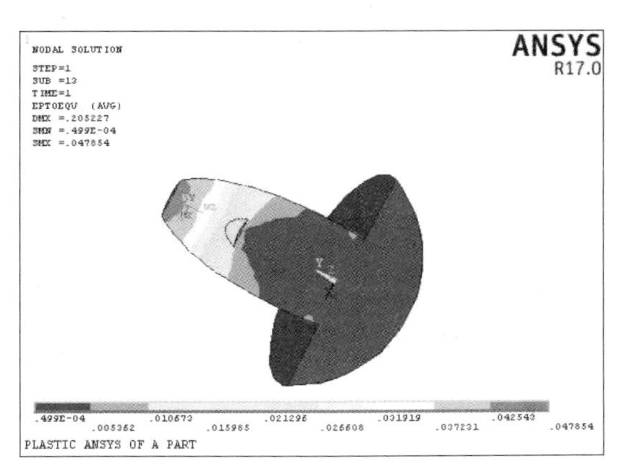

图 13-46　截面上的分布图

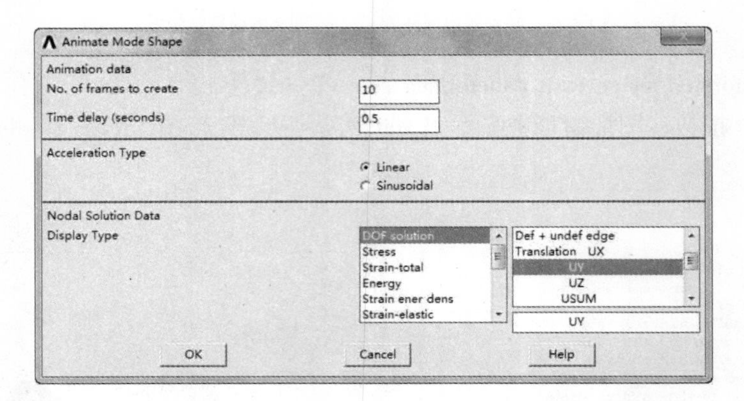

图 13-47　Animate Mode Shape 对话框

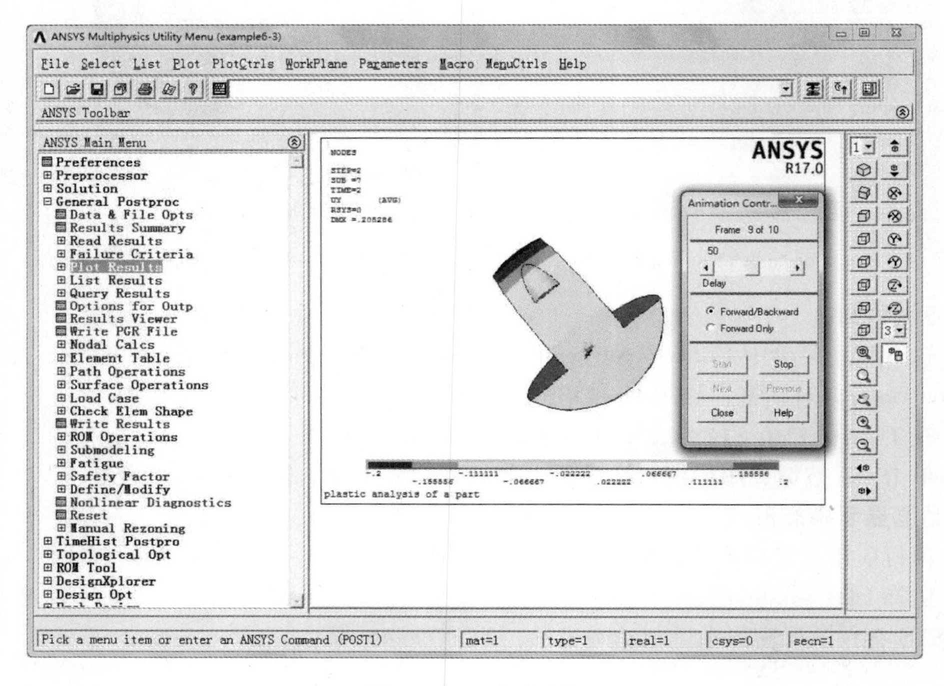

图 13-48　动画显示

13.2.5 命令流方式

略，见随书网盘资源电子文档。

第14章 接触问题分析

知识导引

本章主要介绍了接触问题概论和陶瓷套管的接触分析。

内容要点

- 接触问题概论
- 实例——陶瓷套管的接触分析

14.1 接触问题概论

接触问题的计算存在以下两个较大的难点：

1）在求解问题之前不知道接触区域，表面之间是接触还是分开是未知的、突然变化的，这些随载荷、材料、边界条件和其他因素而定。

2）大多的接触问题需要计算摩擦，有几种摩擦和模型可供挑选，它们都是非线性的，摩擦使问题的收敛性变得困难。

14.1.1 一般分类

接触问题分为两种基本类型：刚体－柔体的接触，半柔体－柔体的接触。在刚体－柔体的接触问题中，接触面的一个或多个被当成刚体（与它接触的变形体相比，有大得多的刚度），一般情况下，一种软材料和一种硬材料接触时，问题可以被假定为刚体－柔体的接触，许多金属成形问题归为此类接触；柔体－柔体的接触，是一种更普遍的类型，在这种情况下，两个接触体都是变形体（有近似的刚度）。

ANSYS 支持 3 种接触方式：点－点，点－面，面－面，每种接触方式使用的接触单元适用于某类问题。

14.1.2 接触单元

为了给接触问题建模，首先必须认识到模型中的哪些部分可能会相互接触，如果相互作用的其中之一是一个点，模型的对应组元是一个节点；如果相互作用的其中之一是一个面，模型的对应组元是单元。例如，梁单元、壳单元或实体单元，有限元模型通过指定的接触单元来识别可能的接触匹对，接触单元是覆盖在分析模型接触面之上的一层单元，至于 ANSYS 使用的接触单元和使用它们的过程，下面分类详述。

1. 点－点接触单元

点－点接触单元主要用于模拟点－点的接触行为，为了使用点－点的接触单元，需要预先知道接触位置，这类接触问题只能适用于接触面之间有较小相对滑动的情况（即使在几何非线性情况下）。

如果两个面上的节点一一对应，相对滑动又以忽略不计，两个面挠度（转动）保持小量，那么可以用点－点的接触单元来求解面－面的接触问题，过盈装配问题是一个用点－点的接触单元来模拟面－面接触问题的典型例子。

2. 点－面接触单元

点－面接触单元主要用于给点－面的接触行为建模，如两根梁的相互接触。

如果通过一组节点来定义接触面，生成多个单元，那么可以通过点－面的接触单元来模拟面－面的接触问题，面既可以是刚性体也可以是柔性体，这类接触问题的一个典型例子是插头到插座里。使用这类接触单元，不需要预先知道确切的接触位置，接触面之间也不需要保持一致的网格，并且允许有大的变形和大的相对滑动。

CONTA175 是点－面的接触单元，它支持大滑动、大变形和不同网格之间连接的组件。

接触时发生单元渗透从一个目标表面到一个指定的目标表面。

3. 面－面的接触单元

ANSYS 支持刚体－柔体的面－面的接触单元，刚性面被当成“目标”面，分别用 TARGE169 和 TARGE170 来模拟2D 和3D 的“目标”面，柔性体的表面被当成“接触”面，用 CONTA171、CONTA172、CONTA173、CONTA174 来模拟。一个目标单元和一个接触单元叫做一个“接触对”，程序通过一个共享的实常号来识别“接触对”，为了建立一个“接触对”给目标单元和接触单元指定相同的实常的号。

与点－面接触单元相比，面－面接触单元的优点如下。

- 支持低阶和高阶单元。
- 支持有大滑动和摩擦的大变形，协调刚度阵计算，不对称单元刚度阵的计算。
- 提供工程目的采用的更好的接触结果，如法向压力和摩擦应力。
- 没有刚体表面形状的限制，刚体表面的光滑性不是必须的，允许有自然的或网格离散引起的表面不连续。
- 需要较小的磁盘空间和 CPU 时间。
- 允许多种建模控制，例如，绑定接触；渐变初始渗透；目标面自动移动到补始接触；平移接触面（老虎梁和单元的厚度）；支持死活单元；支持耦合场分析；支持磁场接触分析等。

14.2 实例——陶瓷套管的接触分析

14.2.1 问题描述

如图 14-1 所示，插销比插销孔稍稍大一点，这样它们之间由于接触就会产生应力应变。由于对称性，可以只取模型的四分之一来进行分析，并分成两个载荷步来求解。第一个载荷步是观察插销接触面的应力，第二个载荷步是观察插销拔出过程中的应力、接触压力和反力等。

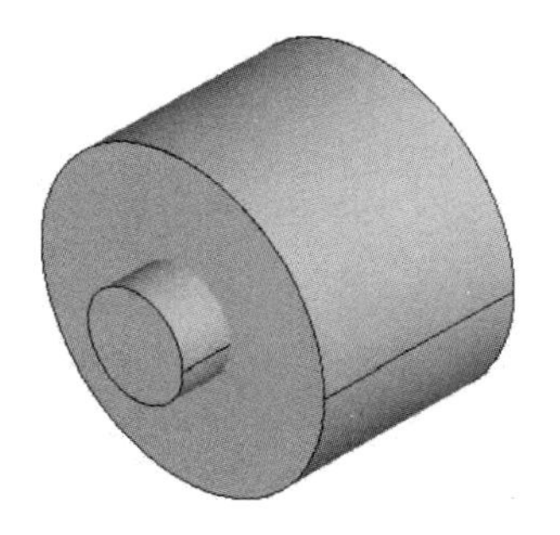

图 14-1 圆柱套管示意图

材料性质：EX = 30e6（杨氏弹性模量），NUXY = 0.25（泊松比），f = 0.2（摩擦因数）。

几何尺寸：圆柱套管 R1 = 0.5 mm，H1 = 3 mm；套筒 R2 = 1.5 mm，H2 = 2 mm；套筒孔 R3 = 0.45 mm，H3 = 2 mm。

14.2.2 GUI 方式

1. 建立模型并划分网格

1）设置分析标题：执行 Utility Menu > File > ChangeTitle 命令，在输入栏中输入 Contact Analysis，单击 OK 按钮。

2）定义单元类型：执行 Main Menu > Preprocessor > Element Type > Add/Edit/Delete 命令，出现 Element Types 对话框，如图 14-2 所示，单击 Add 按钮，弹出如图 14-3 所示的 Library of Element Types 对话框，单击选择 Structural Solid 和 Brick 8node 185，单击 OK 按钮，然后单击 Element Types 对话框的 Close 按钮。

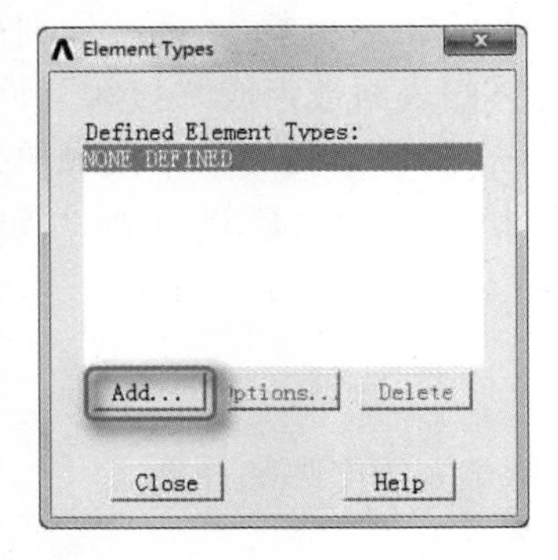

图 14-2　Element Types 对话框

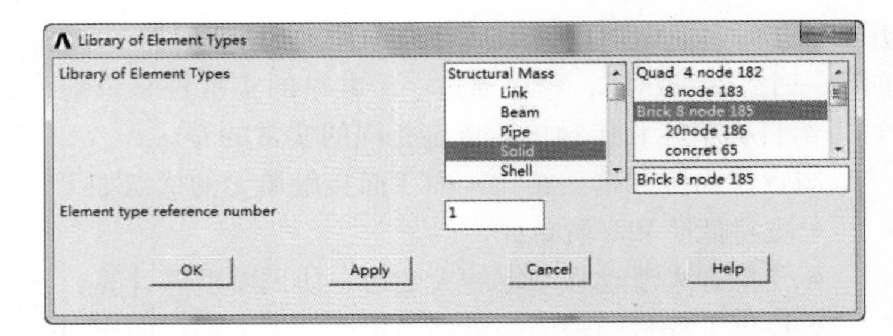

图 14-3　Library of Element Types 对话框

3）定义材料性质：执行 Main Menu > Preprocessor > Material Props > Material Models 命令，弹出如图 14-4 所示的 Define Material Model Behavior 对话框，在 Material Models Available 栏目中连续选择 Structural > Linear > Elastic > Isotropic 选项，弹出如图 14-5 所示 Linear Isotropic Propertities for Material Number 1 对话框，在 EX 后面输入 30E6，在 PRXY 后面输入 0. 25，单击 OK 按钮。然后执行 Define Material Models Behavior 对话框上的 Material > Exit 退出。

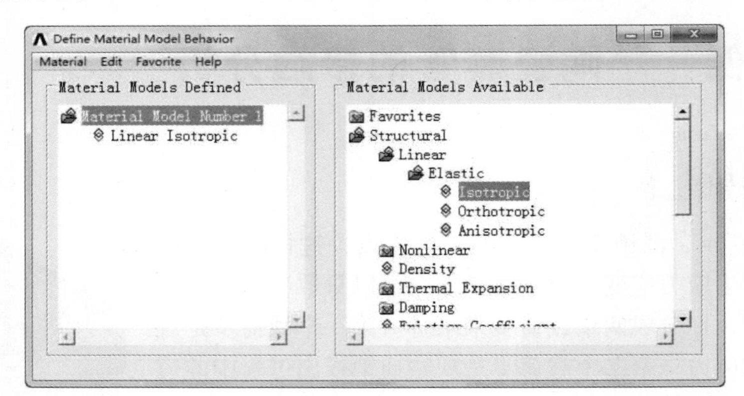

图 14-4　Define Material Model Behavior 对话框

4）生成圆柱：执行 Main Menu > Preprocessor > Modeling > Create > Volumes > Cylinder > By Dimesions 命令，弹出如图 14-6 所示的 Create Cylinder by Dimensions 对话框，在 RAD1 Outer radius 后面输入 1. 5，在 Z1，Z2 Z - coordinates 后面输入 2. 5、4. 5，单击 OK 按钮。

5）打开 Pan - Zoom - Rotate 工具条：执行 Utility Menu > PlotCtrls > Pan，Zoom，Rotate 命令，弹出 Pan - Zoom - Rotate 工具条，如图 14-7 所示，单击 Iso 按钮，单击 Close 按钮关闭之。结果显示如图 14-8 所示。

6）生成圆柱孔：执行 Main Menu > Preprocessor > Modeling > Create > Volumes > Cylinder > By Dimesions 命令，弹出如图 14-6 所示的对话框，在 RAD1 Outer radius 后面输入 0. 45，在 Z1，Z2 Z - coordinates 后面输入 2. 5，4. 5，单击 OK 按钮。

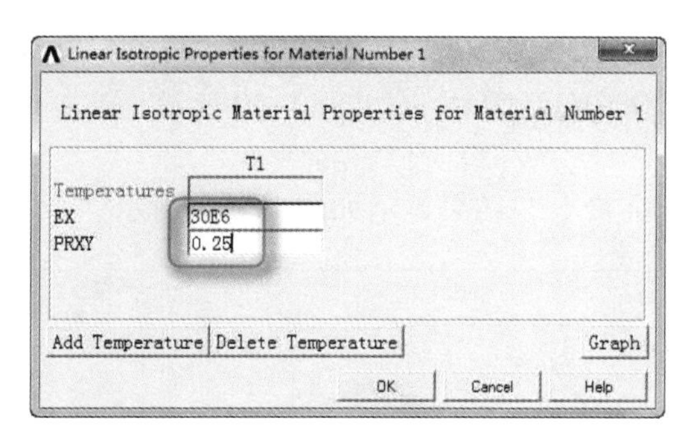

图 14-5 Linear Isotropic Propertities for Material Number 1 对话框

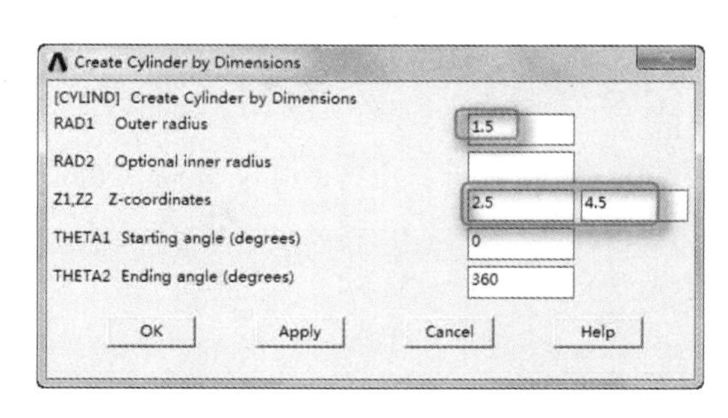

图 14-6 Create Cylinder by Dimensions 对话框

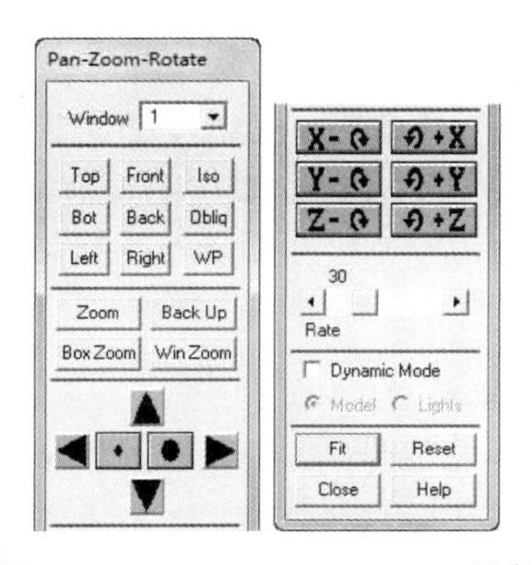

图 14-7 Pan - Zoom - Rotate 工具条

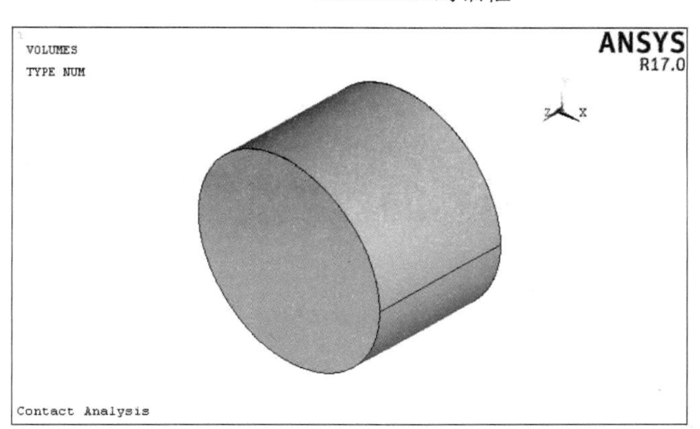

图 14-8 实体模块显示

7）体相减操作：执行 Main Menu > Preprocessor > Modeling > Operate > Booleans > Substract > Volumes 命令，弹出一个拾取框，在图形上拾取大圆柱体，单击 OK 按钮，又弹出一个拾取框，在图形上拾取小圆柱体，单击 OK 按钮，结果显示如图 14-9 所示。

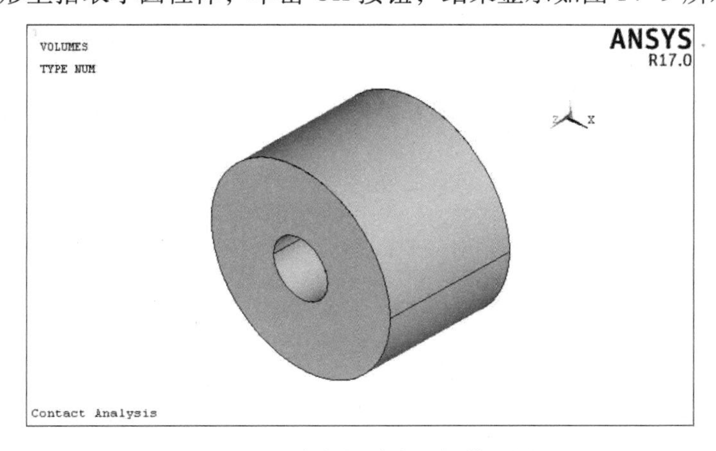

图 14-9 布尔相减之后的模型图

8）生成圆柱套管：执行 Main Menu > Preprocessor > Modeling > Create > Volumes > Cylinder > By Dimesions 命令，弹出如图 14-6 所示的对话框，在 RAD1 Outer radius 后面输入 0.5，在 Z1，Z2 Z - coordinates 后面输入 2.0 和 5，单击 OK 按钮。

9）打开体编号显示：执行 Utility Memu > PlotCtrls > Numbering 命令，弹出 Plot Numbering Controls 对话框，在 VOLU Volume numbers 后面单击使其显示为 On，如图 14-10 所示，单击 OK 按钮。

10）重新显示：执行 Utility Menu > Plot > Replot 命令，结果显示如图 14-11 所示。

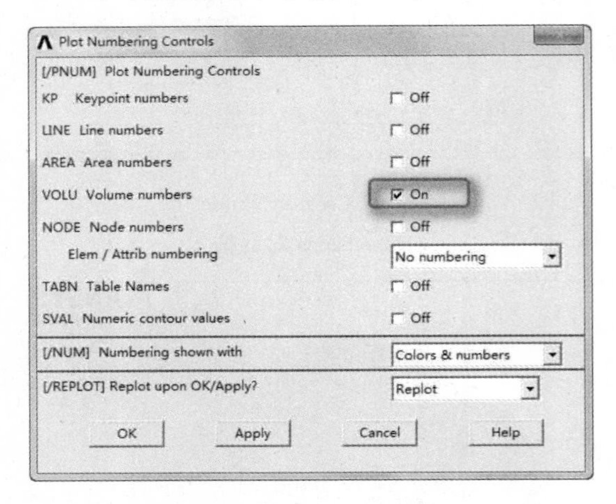

图 14-10 Plot Numbering Controls 对话框

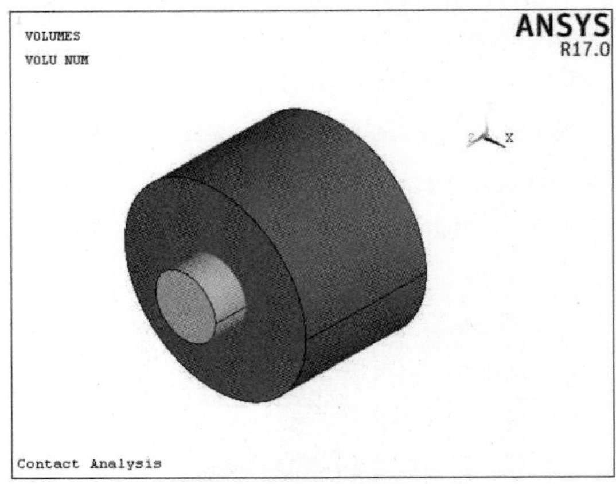

图 14-11 套筒和套管显示

11）显示工作平面：执行 Utility Menu > WorkPlane > Display Working Plane 命令。

12）设置工作平面：执行 Utility Menu > WorkPlane > WP Settings 命令，弹出 WP Settings 工具条，如图 14-12 所示，单击选中 Grid and Triad 选项，单击 OK 按钮。

13）移动工作平面：执行 Utility Menu > WorkPlane > Offset WP by Increments 命令，弹出 Offset WP 工具条，如图 14-13 所示，用鼠标拖动小滑块到最右端，滑块上方显示为 90，然后单击↙+Y 按钮，单击 OK 按钮。

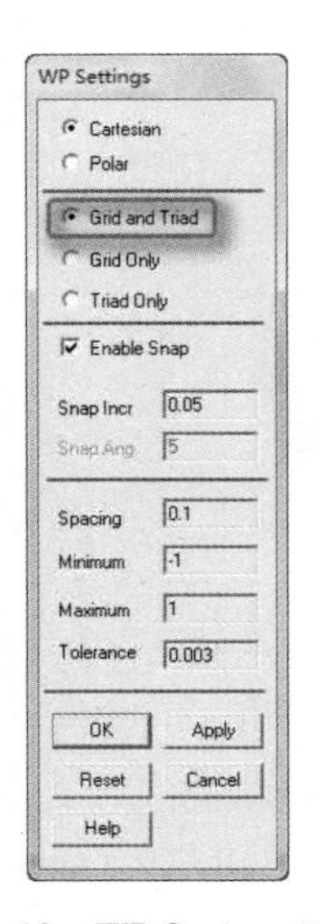

图 14-12 WP Settings 工具条

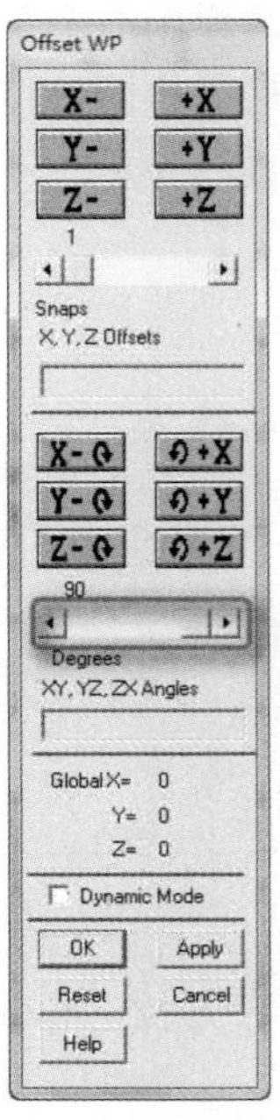

图 14-13 Offset WP 工具条

14）体分解操作：执行 Main Menu > Preprocessor > Modeling > Operate > Booleans > Divide > Volu by Workplane 命令，弹出 Divide Vol by WP 拾取菜单，单击 Pick All 按钮。

15）重新显示：执行 Utility Menu > Plot > Replot 命令，结果如图 14-14 所示。

16）保存数据：单击工具条上的 SAVE_DB 按钮。

17）体删除操作：执行 Main Menu > Preprocessor > Modeling > Delete > Volumes and Below 命令，弹出一个拾取框，在图形上拾取右边的套筒和套管，单击 OK 按钮，屏幕显示如图 14-15 所示。

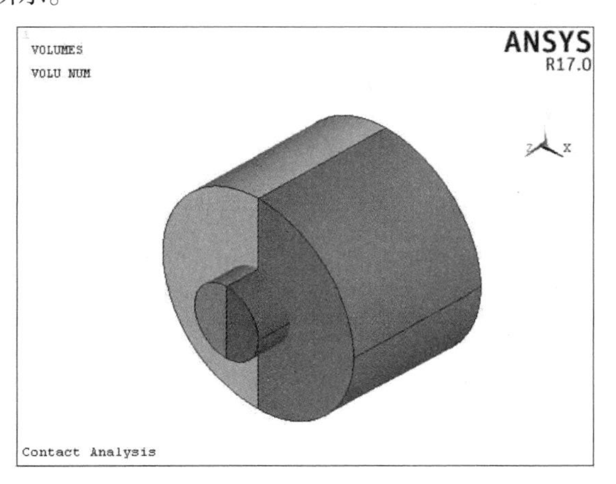

图 14-14 第一次用工作平面做布尔分操作

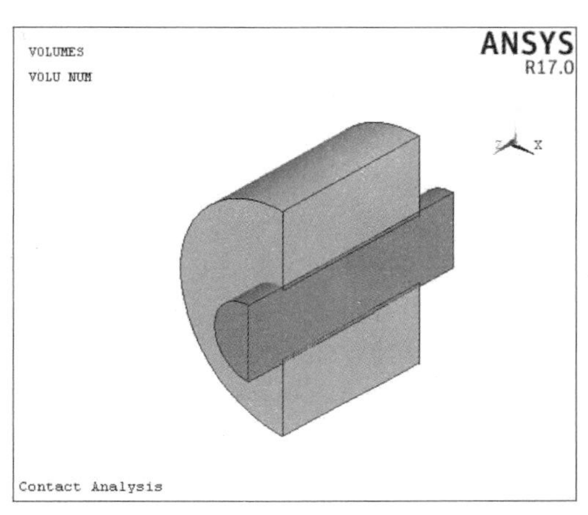

图 14-15 删除右边模型

18）移动工作平面：执行 Utility Menu > WorkPlane > Offset WP by Increments 命令，弹出 Offset WP 工具条，用鼠标拖动小滑块到最右端，滑块上方显示为 90，然后单击↙ +X 按钮，单击 OK 按钮。

19）体分解操作：执行 Main Menu > Preprocessor > Modeling > Operate > Booleans > Divide > Volu by Workplane 命令，弹出 Divide Vol by WP 拾取菜单，单击 Pick All 按钮。

20）重新显示：执行 Utility Menu > Plot > Replot 命令，结果如图 14-16 所示。

21）体删除操作：执行 Main Menu > Preprocessor > Modeling > Delete > Volumes and Below 命令，弹出 Delete Volumes 拾取菜单，在图形上拾取上半部套筒和套管，单击 OK 按钮，屏幕显示如图 14-17 所示。

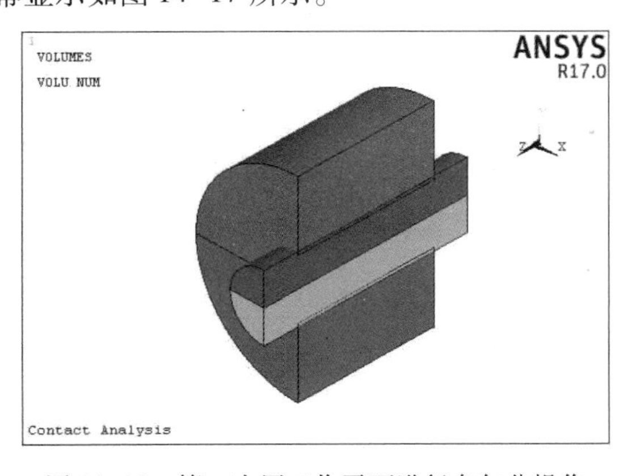

图 14-16 第二次用工作平面进行布尔分操作

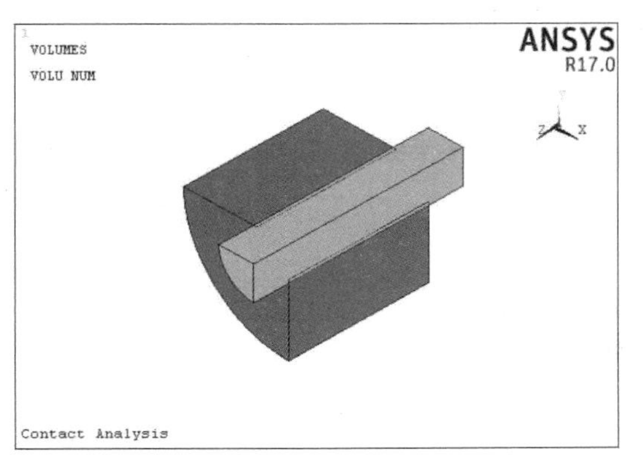

图 14-17 删除上半部模型

22）重新显示：执行 Utiltiy Menu > Plot > Replot 命令。

23）保存数据：单击工具条上的 SAVE_DB 按钮。

24）关闭工作平面：执行 Utility Menu > WorkPlane > Display Working Plane 命令。

25）打开线编号显示：执行 Utility Menu > PlotCtrls > Numbering 命令，弹出 Plot Numbering Controls 对话框，勾选 LINE Line numbers 复选框使其显示为 On，单击 OK 按钮。

26）设置线单元尺寸：执行 Main Menu > Preprocessor > Meshing > Size Cntrls > Manual Size > Lines > Picked Lines 命令，弹出一个拾取框，在图形上拾取编号为 7 的线，单击 OK 按钮，又弹出如图 14-18 所示的 Element Sizes on Picked Lines 对话框，在 NDIV No. of element divisions 后面输入 10，单击 Apply 按钮，又弹出拾取框，在图形上拾取编号为 27 的线，单击 OK 按钮，弹出对话框，在 NDIV No. of element divisions 后面输入 5，单击 Apply 按钮，又弹出拾取框，在图形上拾取编号为 17 的线（套管所在套筒前面的弧线），如图 14-19 所示，单击 OK 按钮，弹出 Element Sizes on Picked Lines 对话框，在 NDIV No. of element divisions 后面输入 5，单击 OK 按钮。

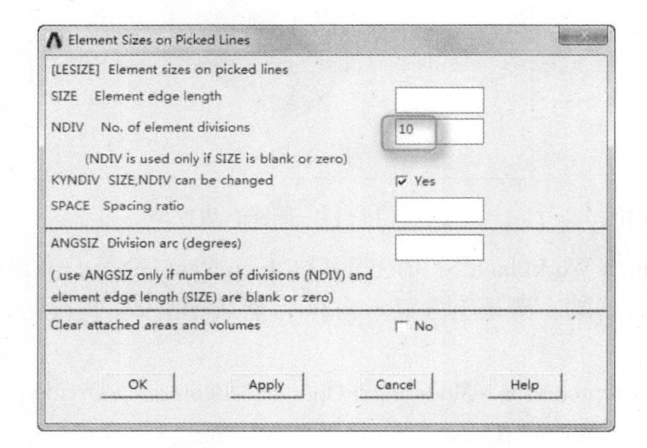

图 14-18　Element Sizes on Picked Lines 对话框

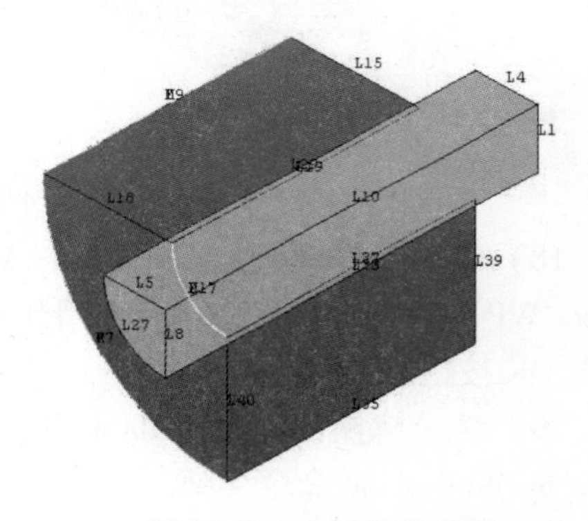

图 14-19　L17 线的显示

27）有限元网格的划分：执行 Main Menu > Preprocessor > Meshing > Mesh > Volume Sweep > Sweep 命令，弹出 Volume Sweeping 拾取菜单，单击 Pick All 命令。结果显示如图 14-20 所示。

28）优化网格：执行 Utility Menu > PlotCtrls > Style > Size and Shape 命令，弹出如图 14-21 所示的 Size and Shape 对话框，在［EFACET］Facets/element edge 后面的下拉列表选择 2 facets/edge，单击 OK 按钮。

29）保存数据：单击 ANSYS Toolbar 上的 SAVE_DB 按钮。

2. 定义接触对

1）创建目标面：执行 Main Menu > Prerprocessor > Modeling > Create > Contact Pair 命令，弹出如图 14-22 所示的 Contact Manager 对话框，单击 Contact Wizard 按钮（对话框左上角）。弹出如图 14-23 所示的 Contact Wizard 对话框，接受默认选项，单击 Pick Target 按钮，弹出一个拾取框，在图形上单击拾取套筒的接触面，如图 14-24 所示，单击 OK 按钮。

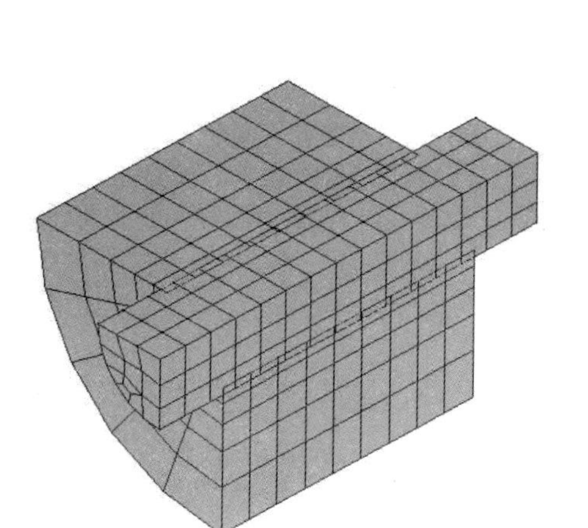

图 14-20　网格显示

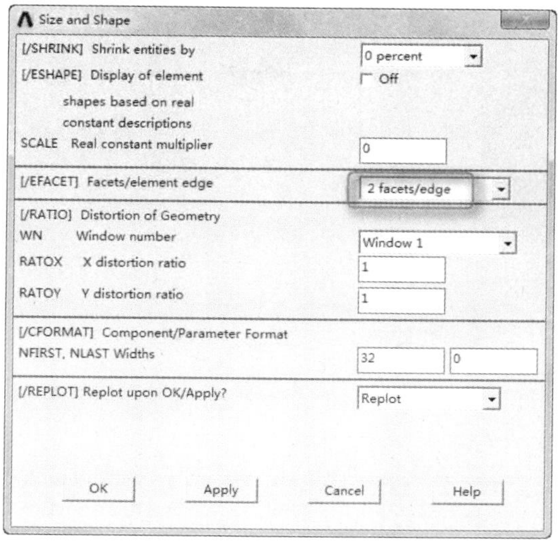

图 14-21　Size and Shape 对话框

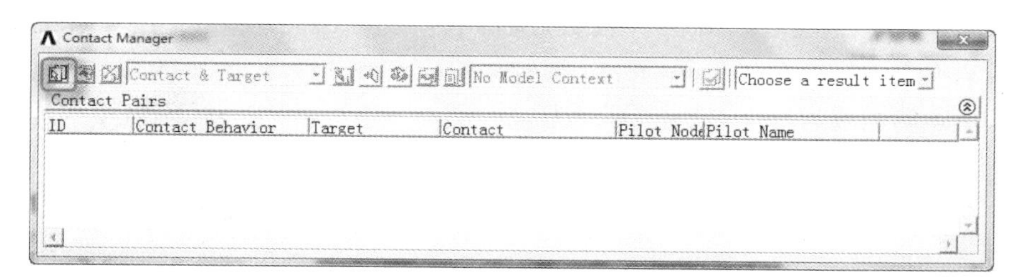

图 14-22　Contact Manager 对话框

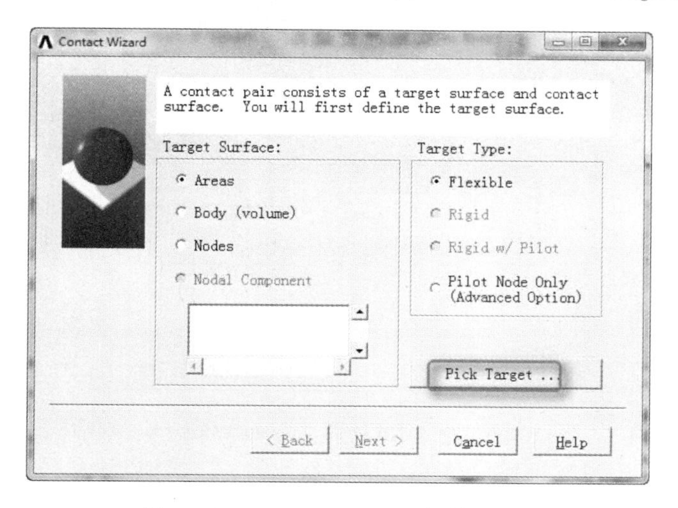

图 14-23　Contact Wizard 对话框（1）

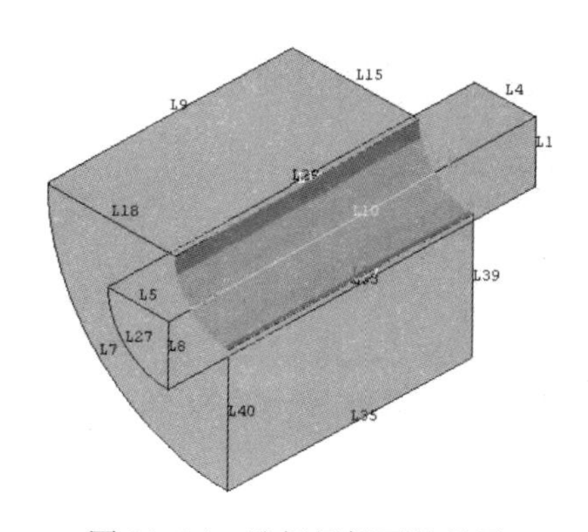

图 14-24　选择目标面的显示

2）创建接触面：屏幕再次弹出 Contact Wizard 对话框，单击 Next 按钮，弹出如图 14-25 所示的 Contact Wizard 对话框，在 Contact Element Type 选项组选中 Surface－to－Surface 单选按钮，单击 Pick Contact 按钮，弹出一个拾取框，在图形上单击拾取圆柱套管的接触面，如图 14-26 所示，单击 OK 按钮，再次弹出 Add Contact Pair 按钮，单击 Next 按钮。

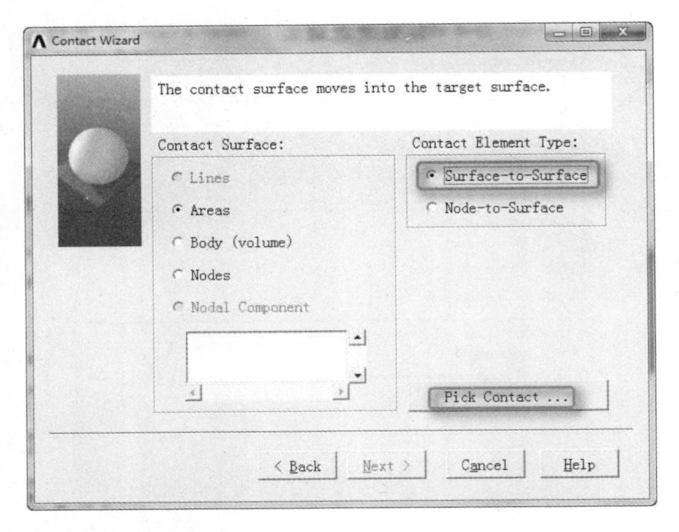

图 14-25　Contact Wizard 对话框（2）

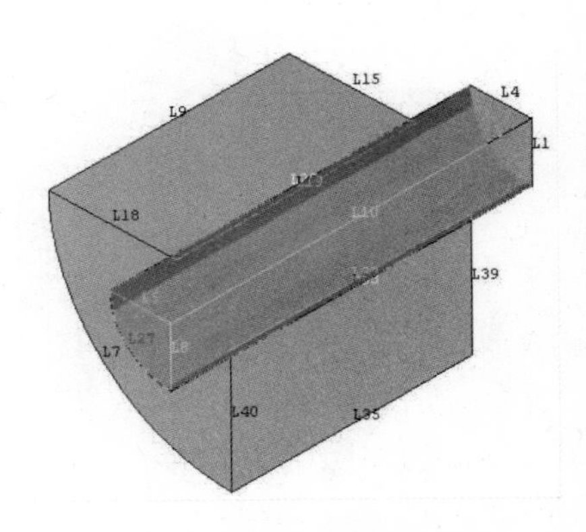

图 14-26　选择接触面的显示

3）设置接触面：又弹出 Contact Wizard 对话框，如图 14-27 所示，在 Coefficient of Friction 后面输入 0. 2，单击 Optional settings 按钮，弹出如图 14-28 所示的对话框，在 Normal Penalty Stiffness 后面输入 0. 1，单击 OK 按钮。

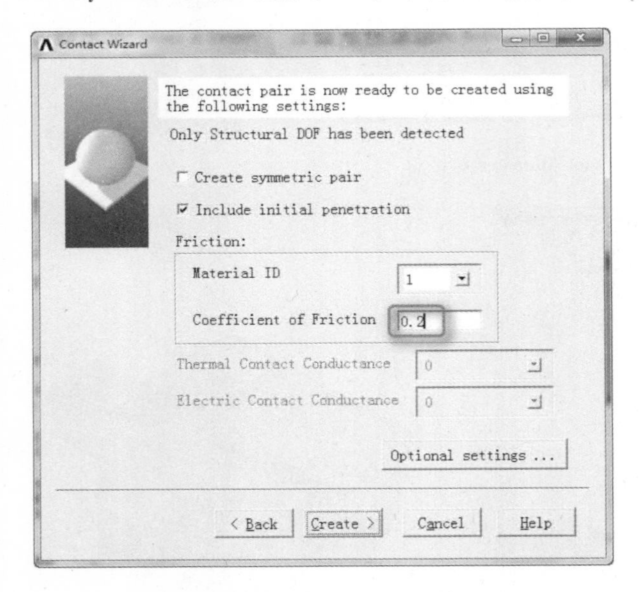

图 14-27　Contact Wizard 对话框（3）

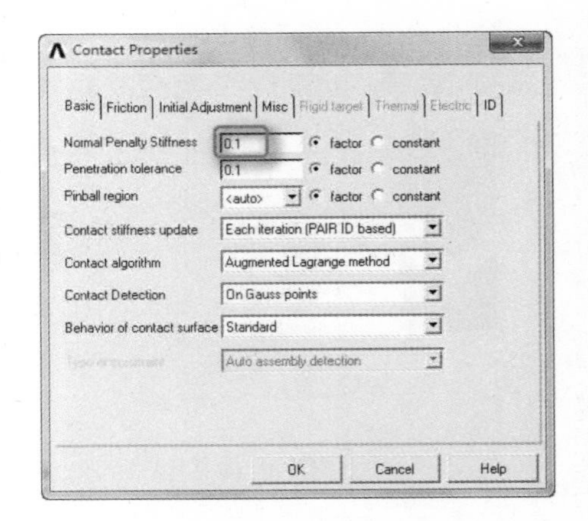

图 14-28　Contact Properties 对话框

4）接触面的生成：又回到 Add Contact Pair 对话框，单击 Create 按钮，弹出 Contact Wizard 提示框，如图 14-29 所示，单击 Finish 按钮，结果如图 14-30 所示。

3. 施加载荷并求解

1）打开面编号显示：执行 Utility Menu > PlotCtrls > Numbering 命令，弹出 Plot Numbering Controls 对话框，勾选 AREA Area numbers 复选框使其显示为 On，勾选 LINE Line numbers 复选框使其显示为 Off，单击 OK 按钮。

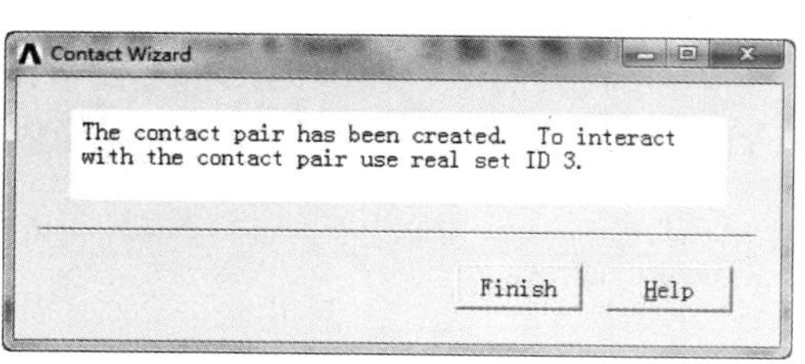
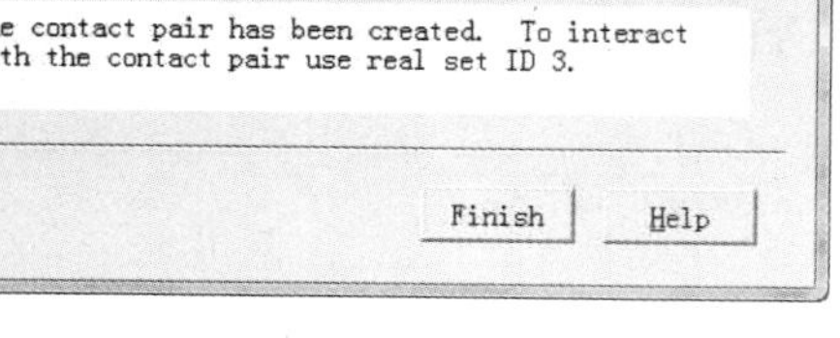

图 14-29 Contact Wizard 提示框

图 14-30 接触面显示

2）施加对称位移约束：执行 Main Menu > Solution > Define Loads > Apply > Structural > Displacement > Symmetry B. C. > On Areas 命令，弹出一个拾取框，在图形上拾取编号为 10，3，4，24 的面，单击 OK 按钮。

3）施加面约束条件：执行 Main Menu > Solution > Define Loads > Apply > Structural > Displacement > On Areas 命令，弹出一个拾取框，在图形上拾取编号为 28 的面（即套筒左边的面），单击 OK 按钮，又弹出如图 14-31 所示的 Apply U，ROT on Areas 对话框，单击选择 All DOF，然后单击 OK 按钮。

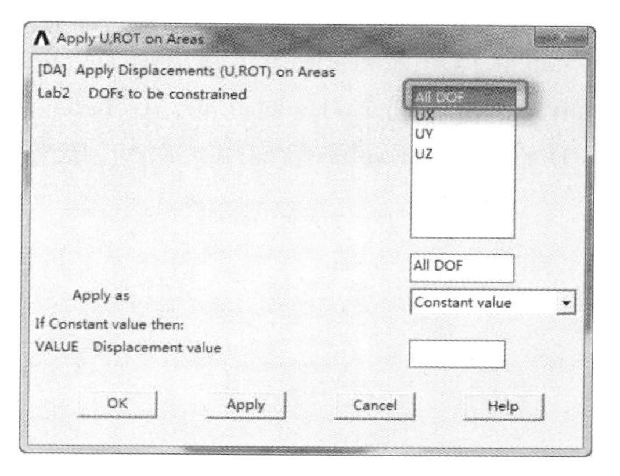

图 14-31 Apply U. ROT on Areas 对话框

4）对第一个载荷步设定求解选项：执行 Main Menu > Solution > Analysis Type > Sol'n Controls 命令，弹出 Solution Controls 对话框，在 Analysis Options 的下拉列表中选择 Large Displacement Static 选项，在 Time at end of loadstep 后面输入 100，在 Automatic time stepping 下拉列表中选择 Off 选项，在 Number of substeps 后面输入 1，如图 14-32 所示，单击 OK 按钮。

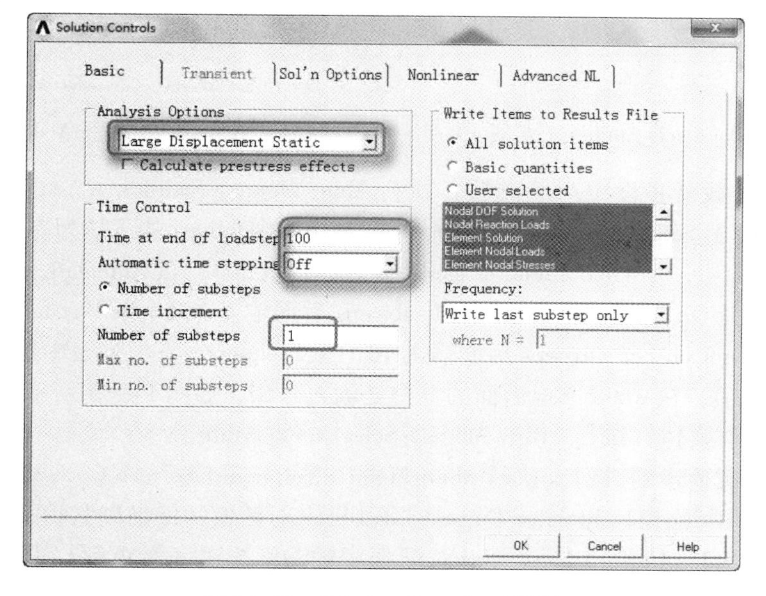

图 14-32 Solution Controls 对话框

5）第一个载荷步的求解：执行 Main Menu > Solution > Solve > Current LS 命令，弹出/STATUS Command 状态窗口和 Solve Current Load Step 对话框，仔细浏览状态窗口中的信息然后关闭它，单击 Solve Current Load Step 对话框中的 OK 按钮开始求解。求解完成后会弹出 Solution is done 提示框，单击 Close 按钮。

6）重新显示：执行 Utility Menu > Plot > Replot 命令。

注意：

在开始求解的时候，可能会跳出警告信息提示框和确认对话框，单击 OK 按钮即可。

7）选择节点：执行 Utility Menu > Select > Entities 命令，弹出如图 14-33 所示的 Select Entities 工具条，在第一个下拉列表中选择 Nodes 选项，在第二个下拉列表中选择 By Location 选项，选择 Z coordinates 单选按钮，在“Min，Max”下面空白处输入 5，单击 OK 按钮。

8）施加节点位移：执行 Main Menu > Solution > Define Loads > Apply > Structural > Displacement > On Nodes 命令，弹出一个拾取框，单击 Pick All 按钮，又弹出如图 14-34 所示 Apply U，ROT on Nodes 对话框，在 Lab2 DOFs to be constrained 后面选中 UZ 选项，在 VALUE Displacement value 后面输入 2.5，单击 OK 按钮。

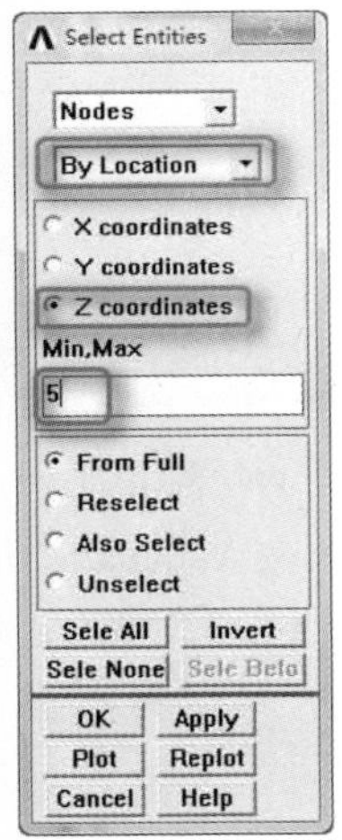

图 14-33　Select Entities 工具条

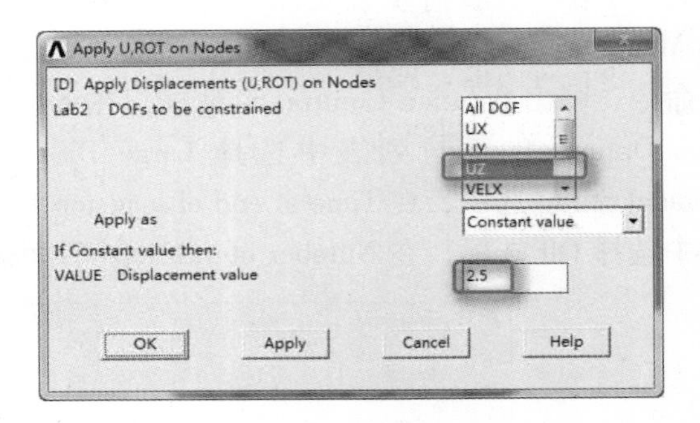

图 14-34　Apply U，ROT on Nodes 对话框

9）对第二个载荷步设定求解选项：执行 Main Menu > Solution > Analysis Type > Sol’n Controls 命令，弹出 Solution Controls 对话框，在 Analysis Options 的下拉列表中选择 Large Displacement Static 选项，在 Time at end of loadstep 后面输入 200，在 Automatic time stepping 后面的下拉列表中选择 On 选项，在 Number of substeps 后面输入 100，在 Max no. of substeps 后面输入 10000，在 Min no. of substeps 后面输入 10，在 Frequency 下拉列表中选择 Write N number of substeps 选项，在 where N = 后面的空白处输入 -10，如图 14-35 所示，单击 OK 按钮。

10）选择所有实体：执行 Utility Menu > Select > Everythig 命令。

11）第二个载荷步的求解：执行 Main Menu > Solution > Solve > Current LS 命令，弹出/STATUS Command 状态窗口和 Solve Current Load Step 对话框，仔细浏览状态窗口中的信息然后关闭它，单击 Solve Current Load Step 对话框中的 OK 按钮开始求解。求解完成后会弹出 Solution is done 提示框，单击 Close 按钮。

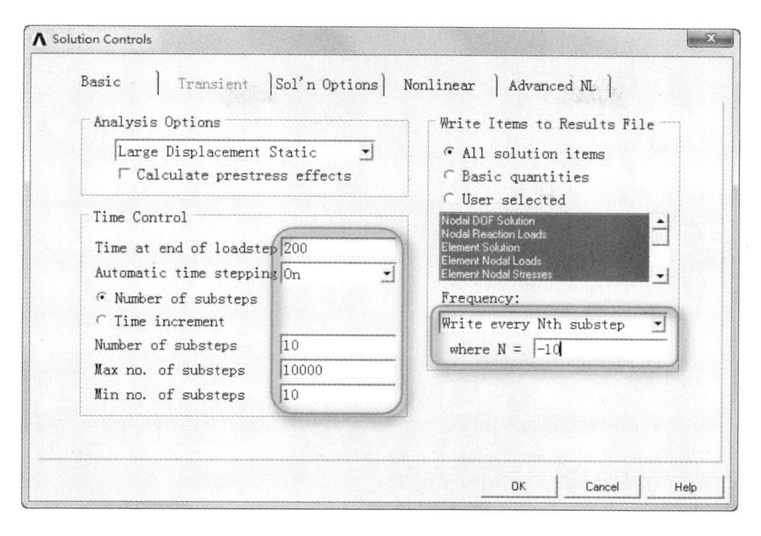

图 14-35　Solution Controls 对话框

4. Post1 后处理

1）设置扩展模式：执行 Utility Menu > PlotCtrls > Style > Symmetry Expansion > Periodic/Cyclic Symmetry 命令，弹出如图 14-36 所示的 Periodic/Cyclic Symmetry Expansion 对话框，接受默认选择，单击 OK 按钮。

2）读入第一个载荷步的计算结果：执行 Main Menu > General Postproc > Read Results > By Load Step 对话框，弹出如图 14-37 所示的 Read Results by Load Step Number 对话框，在 LSTEP Load step number 后面输入 1，单击 OK 按钮。

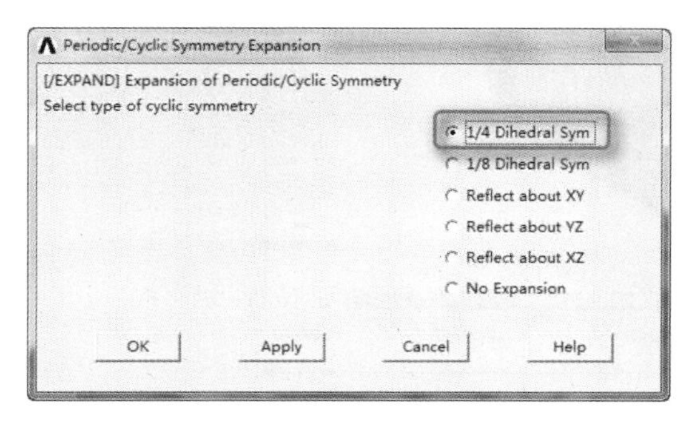

图 14-36　Periodic/Cyclic Symmetry Expansion 对话框

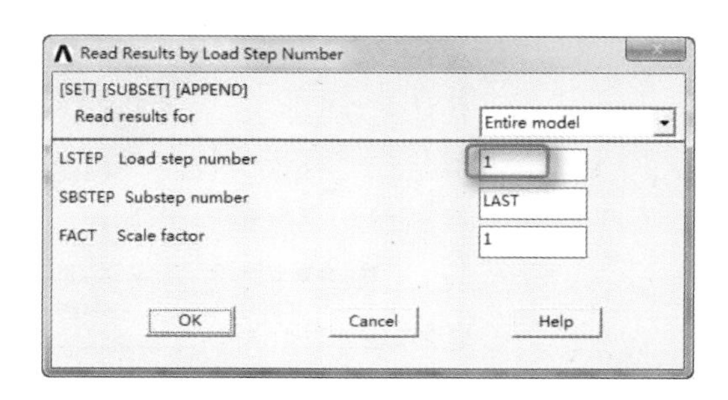

图 14-37　Read Results by Load Step Number 对话框

3）Von - Mises 应力云图显示：执行 Main Menu > General Postproc > Plot Results > Contour Plot > Nodal Solu 命令，弹出 Contour Nodal Solution Data 对话框，在 Item to be contoured 下面依次选择 Nodal Solution > Stress > von Mises stress 选项，如图 14-38 所示，单击 OK 按钮，结果显示如图 14-39 所示。

4）读入某时刻计算结果：执行 Main Menu > General Postproc > Read Results > By Time/Freq 命令，弹出如图 14-40 所示的 Read Results by Time or Frequency 对话框，在 TIME Value of time or freq 后面输入 120，单击 OK 按钮。

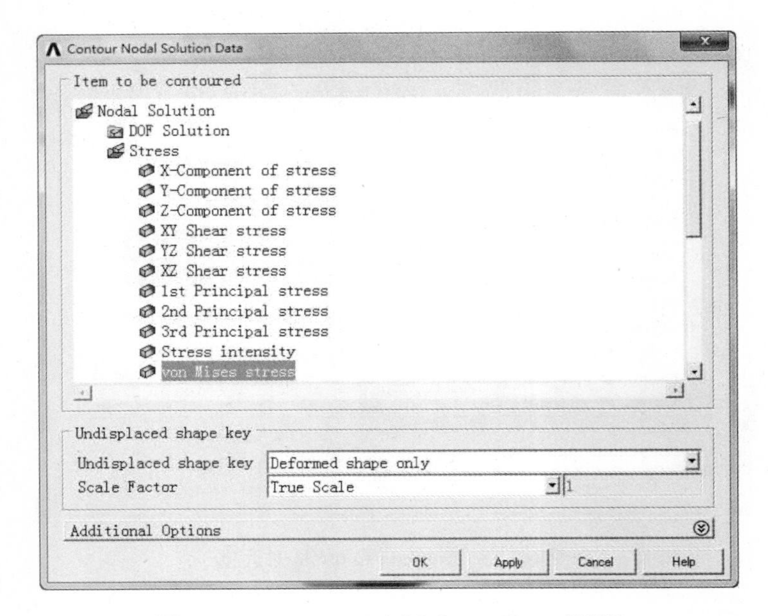

图 14-38　Contour Nodal Solution Data 对话框

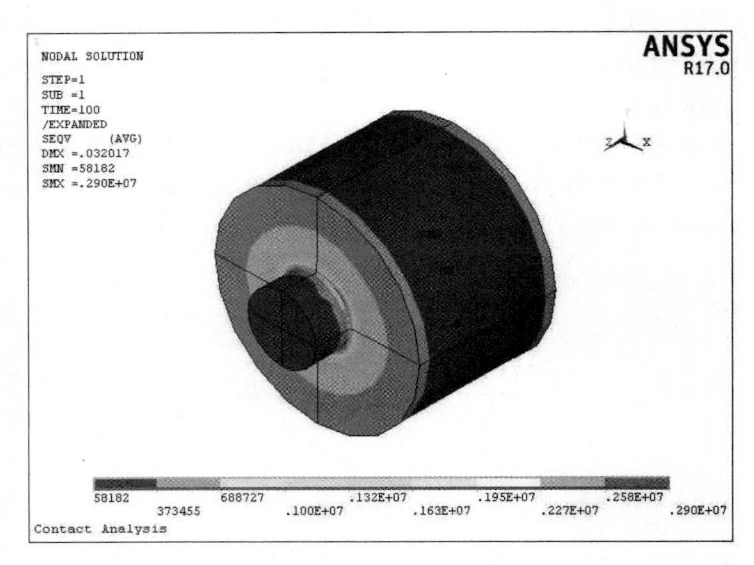

图 14-39　第一个载荷步的应力云图

5）选择单元：执行 Utility Menu > Select > Entities 命令，弹出 Select Entities 工具条，在第一个下拉列表中选择 Elements 选项，在第二个下拉列表中选择 By Elem Name 选项，在 Element name 下面输入 174，如图 14-41 所示，按下〈Enter〉键，单击 OK 按钮。

6）接触面压力云图显示：执行 Main Menu > General Postproc > Plot Results > Contour Plot > Nodal Solu 命令，弹出如图 14-42 所示的 Contour Nodal Solution Data 对话框，在 Item to be contoured 下面依次选择 Nodal Solution > Contact > Contact pressure 选项，单击 OK 按钮，结果显示如图 14-43 所示。

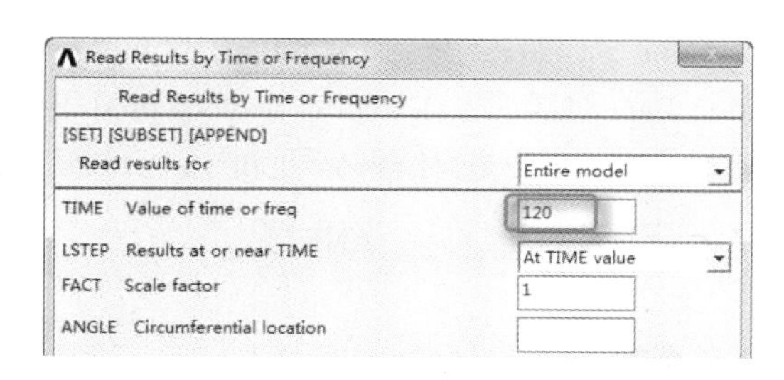

图 14-40 Read Results by Time or Frequency 对话框

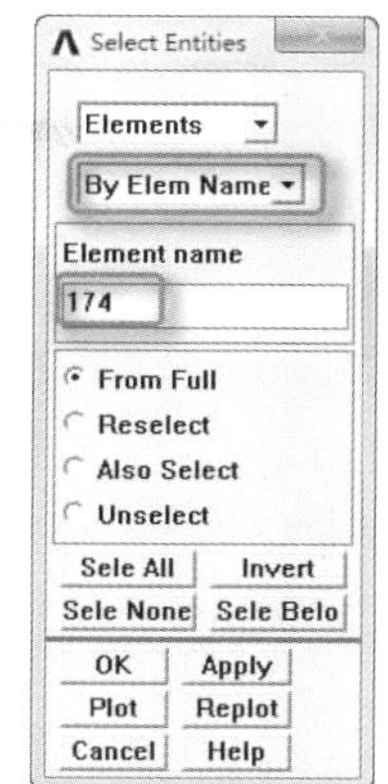

图 14-41 Select Entities 工具条

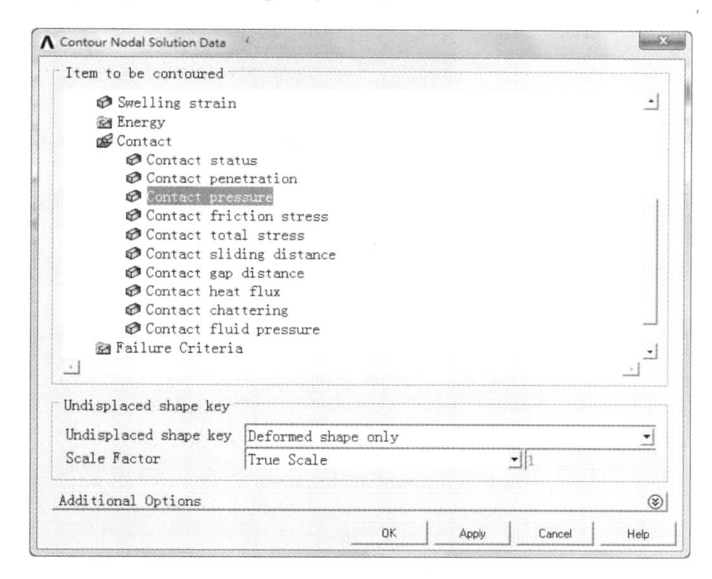

图 14-42 Contour Nodal Solution Data 对话框

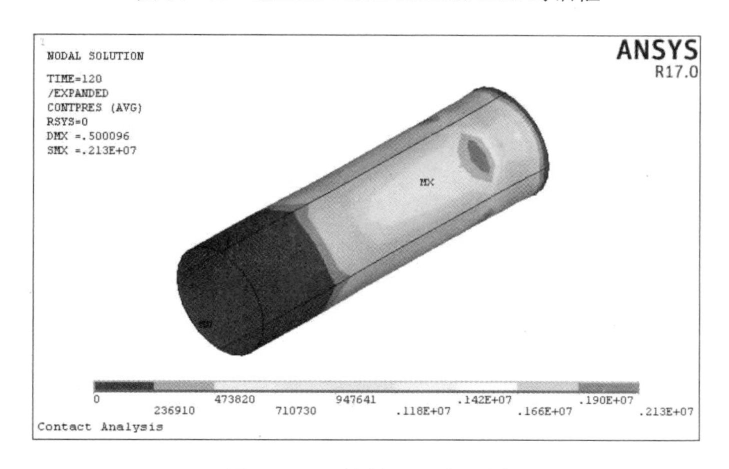

图 14-43 接触面压力云图

7）读取第二个载荷步的计算结果：执行 Main Menu > General Postproc > Read Results > By Load Step 命令，弹出 Read Results by Load Step Number 对话框，在 LSTEP Load step number 后面输入 2，单击 OK 按钮。

8）选择所有模型：执行 Utility Menu > Select > Everything。

9）Von – Mises 应力云图显示：执行 Main Menu > General Postproc > Plot Results > Contour Plot > Nodal Solu 命令，弹出 Contour Nodal Solution Data 对话框，在 Item to be contoured 下面依次选择 Nodal Solution > Stress > von Mises stress 选项，单击 OK 按钮，结果显示如图 14–44 所示。

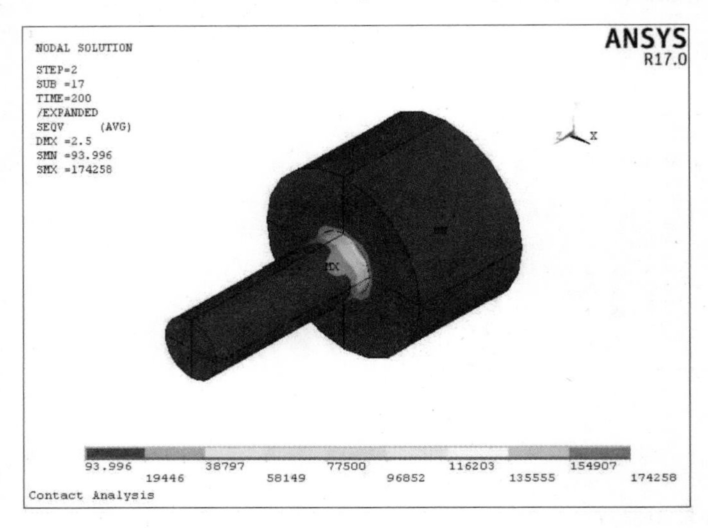

图 14–44 套管拔出时的应力云图

5. Post26 后处理

定义时域变量：执行 Main Menu > TimeHist Postpro 命令，弹出如图 14–45 所示的 Time

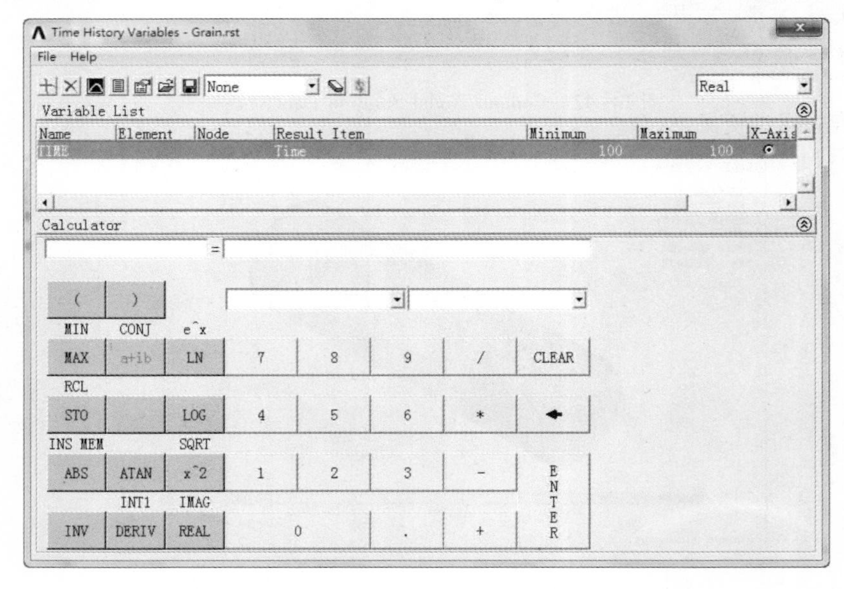

图 14–45 Time History Variables 对话框

History Variables 对话框，单击左上加的按钮，弹出如图 14-46 所示的 Add Time - History Variables 对话框，依次选择 Reaction Forces > Structural Forces > Z - Component of force 选项，单击 OK 按钮，弹出 Node for Data 拾取框，在图形上拾取套管端部的任何一个节点（即 Z 坐标为 5 的任何一个节点），单击 OK 按钮。

绘制节点反力随时间的变化图：在 Time History Variables 对话框中，单击 Graph Data 按钮（左上角第三个按钮），则在屏幕上绘制出以节点反力随时间的变化图，如图 14-47 所示。

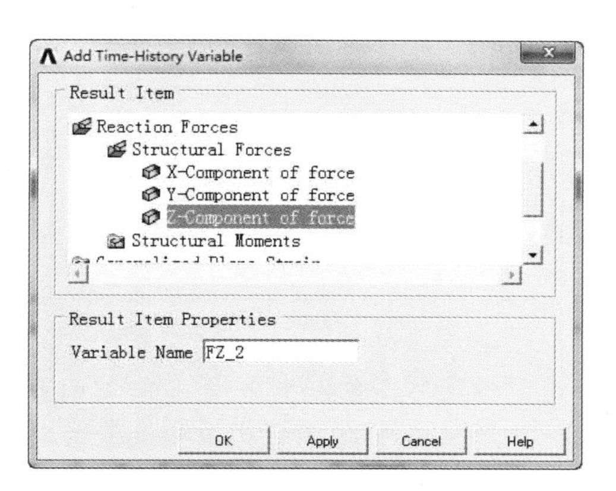

图 14-46 Add Time - History Variables 对话框

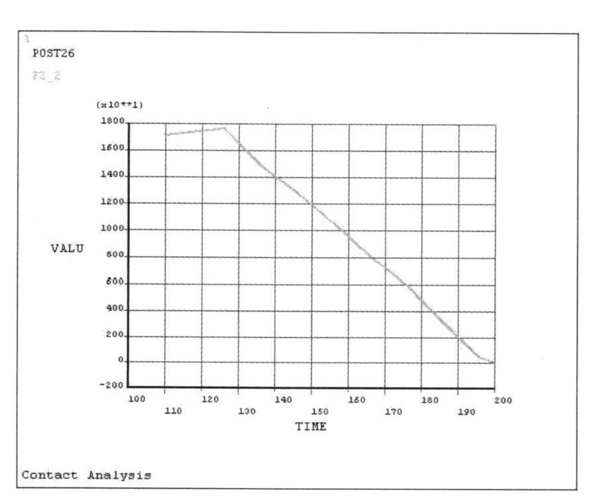

图 14-47 节点反力时间曲线图

6. 退出 ANSYS

单击 ANSYS Toolbar 上的 QUIT 按钮，弹出 Exit from ANSYS 对话框。选择 Quit - No Save 选项，单击 OK 按钮。

14.2.3 命令流方式

略，见随书网盘资源电子文档。

第 15 章

结构屈曲分析

知识导引

屈曲分析是一种用于确定结构的屈曲载荷（使结构开始变得不稳定的临界载荷）和屈曲模态（结构屈曲响应的特征形态）的技术。

本章介绍了 ANSYS 屈曲分析的全流程步骤，详细讲解了其中各种参数的设置方法与功能，最后通过薄壁圆筒屈曲分析实例对 ANSYS 屈曲分析功能进行了具体演示。

通过本章的学习，读者可以完整深入地掌握 ANSYS 屈曲分析的各种功能和应用方法。

- 结构屈曲概论
- 实例——薄壁圆筒屈曲分析

15.1 结构屈曲概论

ANSYS 提供了以下两种分析结构屈曲的技术。

1）非线性屈曲分析：该方法是逐步的增加载荷，对结构进行非线性静力学分析，然后在此基础上寻找临界点，如图 15-1a 所示。

2）特征值屈曲分析（线性屈曲分析）：该方法用于预测理想弹性结构的理论屈曲强度（即通常所说的欧拉临界载荷），如图 15-1b 所示。

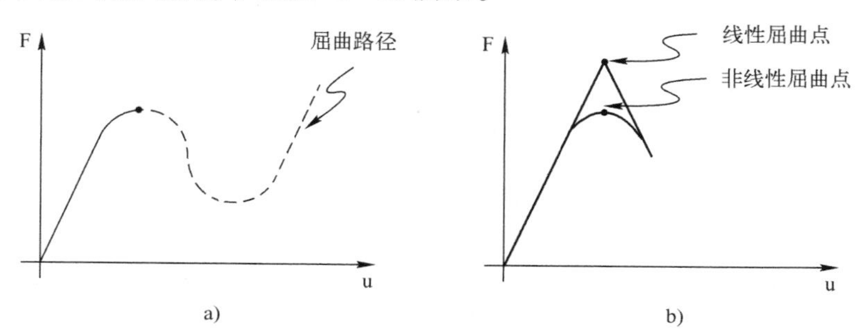

图 15-1 屈曲曲线

a）非线性屈曲载荷 - 位移曲线 b）线性（特征值）屈曲曲线

15.2 实例——薄壁圆筒屈曲分析

本节实例将进行一个薄壁圆筒的几何非线性分析，用轴对称单元模拟薄壁圆筒，求解通过单一载荷步来实现。

15.2.1 分析问题

如图 15-2 所示，薄壁圆筒的半径 $R=2540\,\mathrm{mm}$，高 $h=20320\,\mathrm{mm}$，壁厚 $t=12.35\,\mathrm{mm}$，在圆筒的顶面上受到均匀的压力作用，压力的大小为 1e6Pa。材料的弹性模量 $E=200\,\mathrm{GPa}$，泊松比 $\nu=0.3$，计算薄壁圆筒的屈曲模式及临界载荷。其计算分析过程如下。

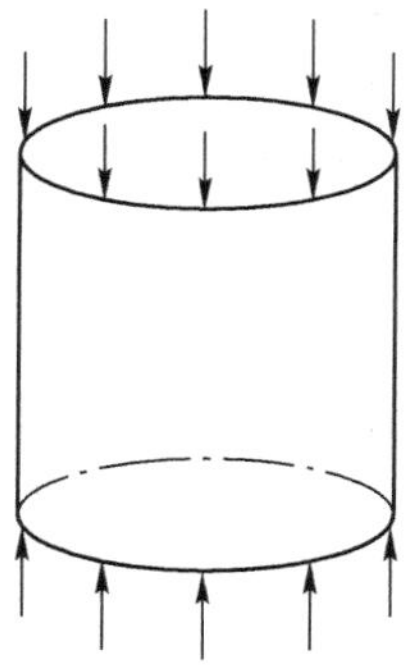

图 15-2 薄壁圆筒的示意图

15.2.2 操作步骤

1. 前处理

1）定义工作标题。执行菜单栏中的 Utility Menu > File > Change Title 命令，输入文字 Buckling of a thin cylinder，单击 OK 按钮。

2）定义单元类型。执行 Mail Menu > Preprocessor > Element Type > All/Edit/Delete 命令，出现 Element Type 对话框，单击 Add 按钮，弹出 Library of Element Types 对话框，如图 15-3 所示，在靠近左边的列表框中，选择 Structural Beam 选项，在靠近右边的列表框中，选择 3D 2 node 188 选项，单击 OK 按钮。最后单击 Element Type 对话框的 OK 按钮，关闭该对话框。

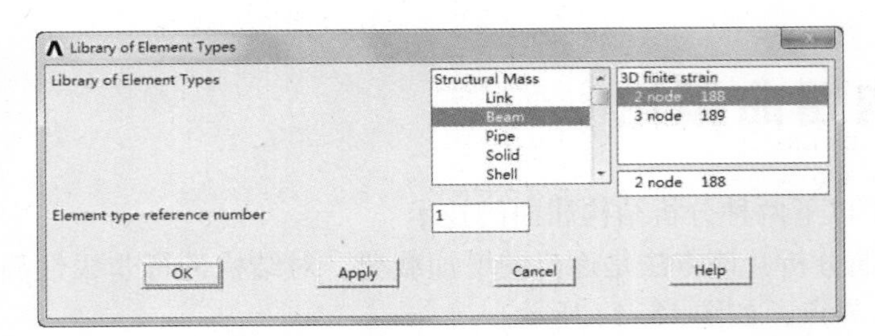

图 15-3　Library of Element Typse 对话框

3）定义材料性质。执行主菜单中的 Main Menu > Preprocessor > Material Props > Material Models 命令，弹出如图 15-4a 所示的 Define Material Model Behavior 对话框，在 Material Models Available 栏中连续单击 Favorites→Linear Static→Linear Isotropic 选项，弹出如图 15-4b 所示的 Linear Isotropic Properties for Material Numberl 对话框，在 EX 后文本框中输入 15e11，在 NUXY 后文本框中输入 0.35，单击 OK 按钮。最后在 Define Material Model Behavior 对话框中，选择菜单路径 Material > Exit，退出材料定义窗口。

4）定义杆件材料性质。执行主菜单中的 Main Menu > Preprocessor > Sections > Beam > Common Section 命令，弹出如图 15-5 所示的 Beam Tool 对话框，在 Sub－Type 下拉列表中选择空心圆管，在 Ri 中输入内半径 2527.65，在 Ro 中输入外半径为 2540，单击 OK 按钮。

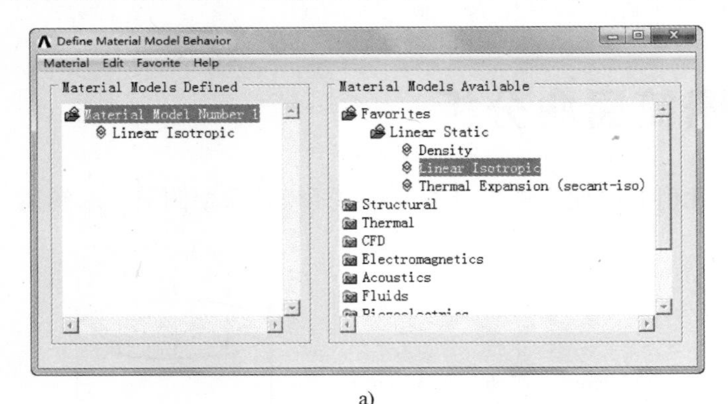

a)

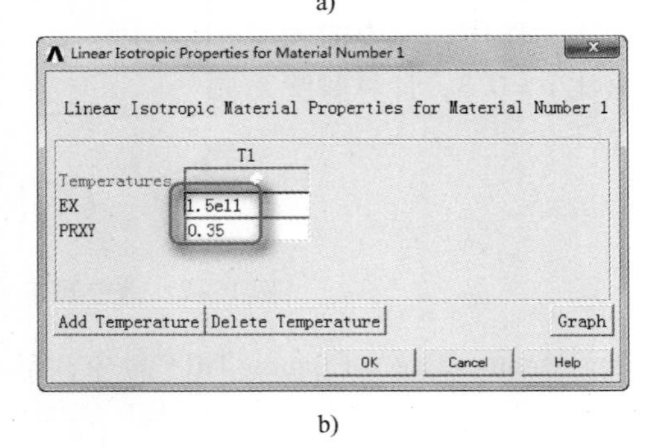

b)

图 15-4　定义材料性质

a）Define Material Model Behavior 对话框

b）Linear Isotropic Properties for Material Numberl 对话框

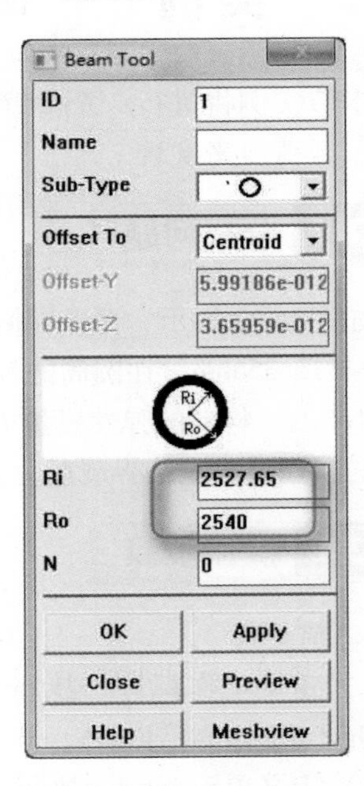

图 15-5　Beam Tool 对话框

2. 建立实体模型

1）执行 ANSYS Main Menu > Preprocessor > Modeling > Create > Nodes > In Active CS 命令，打开 Create Nodes in Active Coordinate System 对话框，如图 15-6 所示。在 NODE Node number 文本框输入 1，在“X,Y,Z Location in active CS”文本框中输入“0，0”。

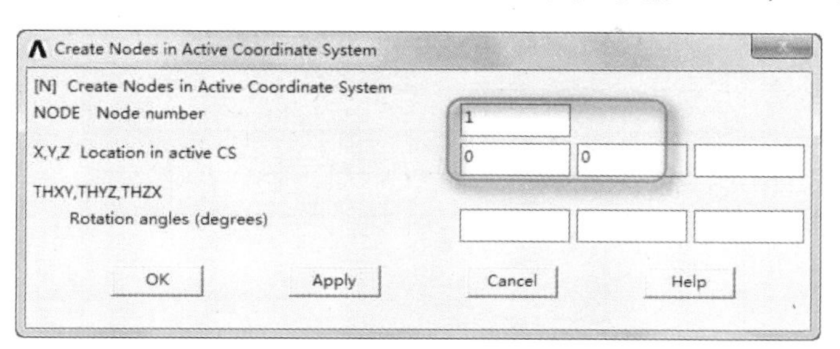

图 15-6 Create Nodes in Active Coordinate System 对话框

2）单击 Apply 按钮会再次打开 Create Nodes in Active Coordinate System 对话框，如图 15-6 所示。在 NODE Node number 文本框输入 11，在“X,Y,Z Location in active CS”文本框中依次输入“0，20320”，单击 OK 按钮关闭该对话框。

3）插入新节点：执行 Main Menu > Preprocessor > Modeling > Create > Nodes > Fill between Nds 命令，弹出 Fill between Nds 拾取菜单，如图 15-7 所示。用鼠标在屏幕上单击拾取编号为 1 和 11 的两个节点，单击 OK 按钮，弹出 Create Nodes Between 2 Nodes 对话框。单击 OK 按钮接受默认设置，如图 15-8 所示。

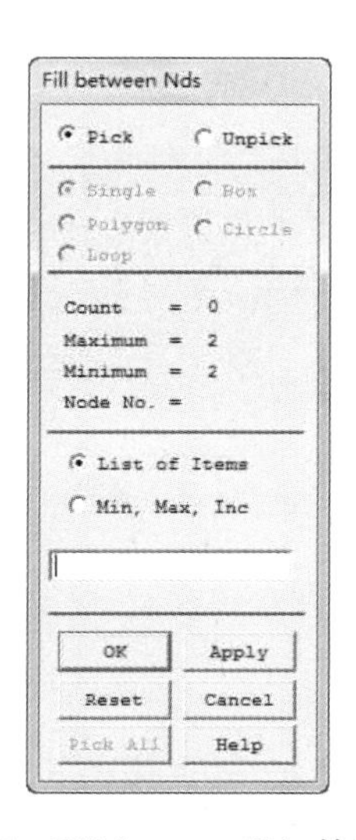

图15-7 Fill between Nds 拾取菜单

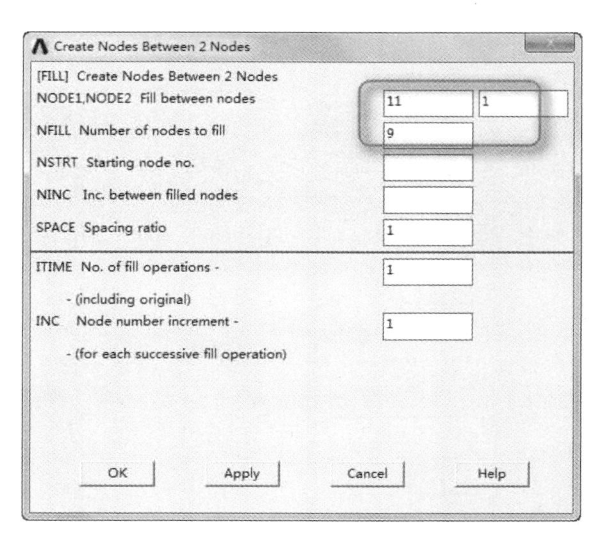

图 15-8 Create Nodes Between 2 Nodes 对话框

4）执行 ANSYS Main Menu > Preprocessor > Modeling > Create > Elements > Elem Attributes 命令，打开 Element Attributes 对话框，如图 15-9 所示。在[TYPE]Element type number 下拉列表框中选择 1 BEAM188 选项，在[REAL]Real constant set number 下拉列表框中选择 1，其余选项采用系统默认设置，单击 OK 按钮关闭该对话框。

5）执行 ANSYS Main Menu > Preprocessor > Modeling > Create > Elements > Auto Numbered >

Thru Nodes 命令，打开 Elements from Nodes 对话框，在文本框输入“1，2”，单击 OK 按钮关闭该对话框。

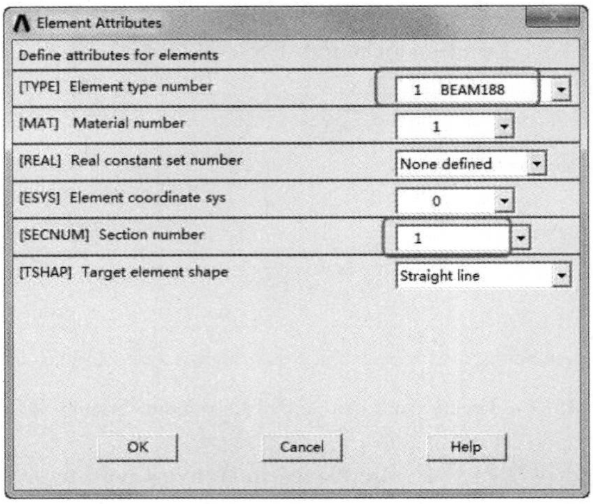

图 15-9　Element Attributes 对话框

复制单元：执行 Main Menu > Preprocessor > Modeling > Copy > Elements > Auto Numbered 命令，弹出 Copy Elems Auto - Num 拾取菜单，如图 15-10 所示，在屏幕上选所创建的单元，单击 OK 按钮。

弹出 Copy Elements（Automatically - Numbered）对话框，如图 15-11 所示，在 ITIME Total number of copies 后面输入 10，在 NINC Node number increment 后面输入 1，单击 OK 按钮。

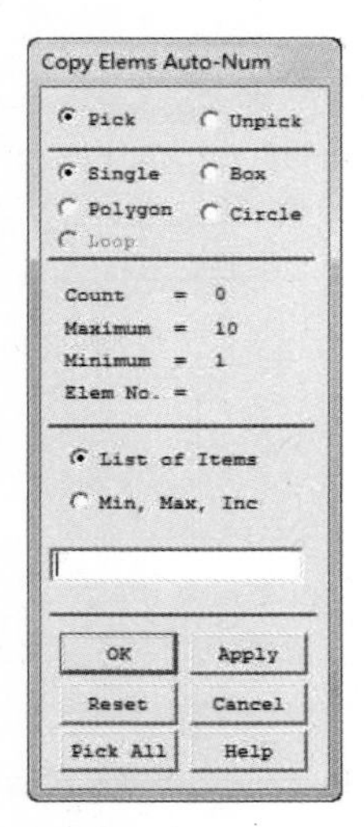

图 15-10　Copy Elems Auto - Num 拾取菜单

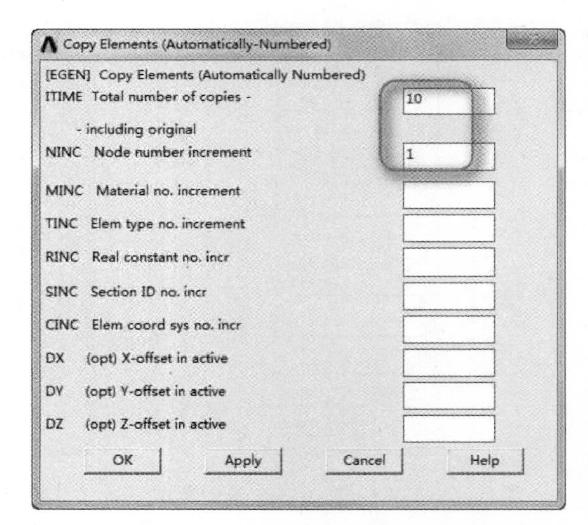

图 15-11　Copy Elements（Automatically - Numbered）对话框

6）执行菜单栏中的 PlotCtrls > Style > Colors > Reverse Video 命令，ANSYS 窗口将变成白色。执行菜单栏中的 Plot > Elements 命令，ANSYS 窗口会显示模型，如图 15-12 所示。

7）存储数据库 ANSYS。单击“SAVE_DB 按钮。

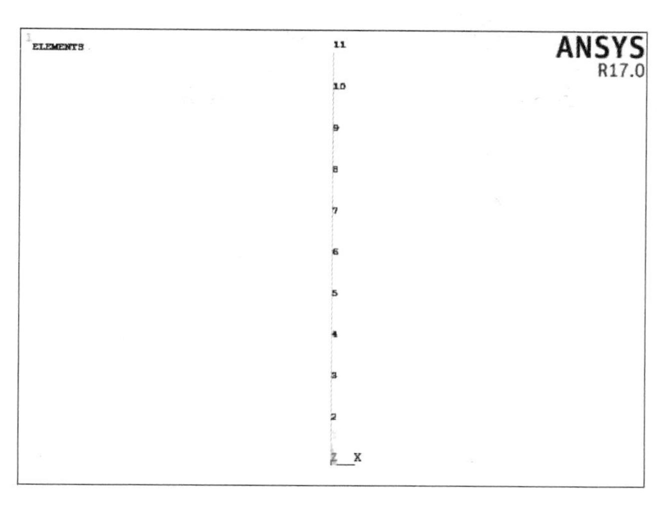

图 15-12 模型

3. 获得静力解

1）设定分析类型。执行主菜单中的 Main Menu > Solution > Unabridged Menu > Analysis Type > New Analysis 命令，弹出 New Analysis 对话框，如图 15-13 所示，单击 OK 按钮接受默认设置。

2）设定分析选项。执行主菜单中的 Main Menu > Solution > Analysis Type > Sol'n Controls 命令，弹出如图 15-14 所示的 Solution Controls 对话框，选择 Calculate prestress effects 复选框，单击 OK 按钮。

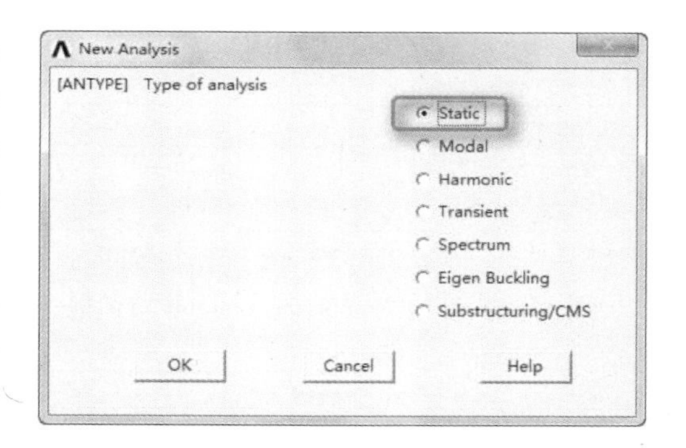

图 15-13 New Analysis 对话框

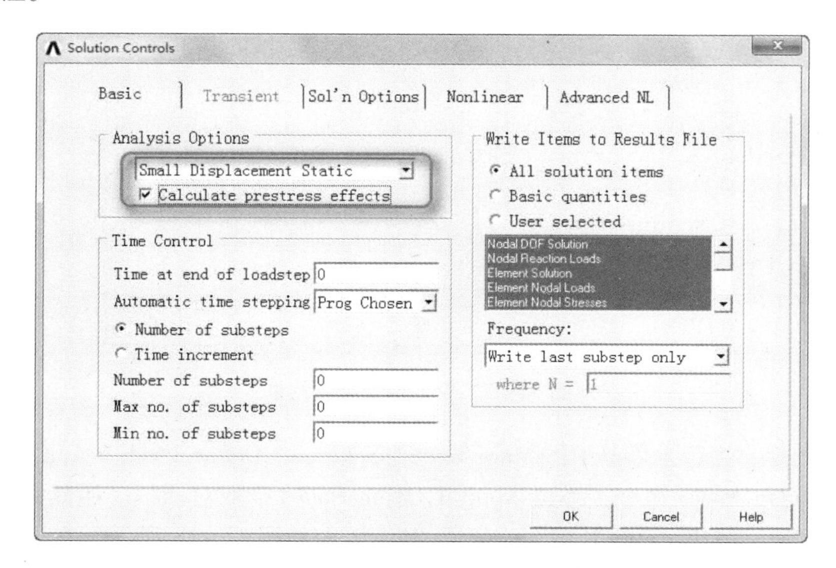

图 15-14 Solution Controls 对话框

3）打开节点编号显示。执行菜单栏中的 Utility Menu > PlotCtrls > Numbering 命令，弹出 Plot Numbering Controls 对话框，如图 15-15 所示，单击 NODE 后面对应项使其显示为 Yes，单击 OK 按钮。

4）定义边界条件。执行主菜单中的 Main Menu > Solution > Define Loads > Apply > Structural > Displacement > On Nodes 命令，弹出 Apply U，ROT on Nodes 拾取对话框。用鼠标在屏幕里面单击拾取节点 1，单击 OK 按钮，弹出如图 15-16 所示的 Apply U，ROT on Nodes 对话框，在 Lab2 后面的下拉列表中选择 All DOF 选项，单击 OK 按钮，屏幕显示如图 15-17 所示。

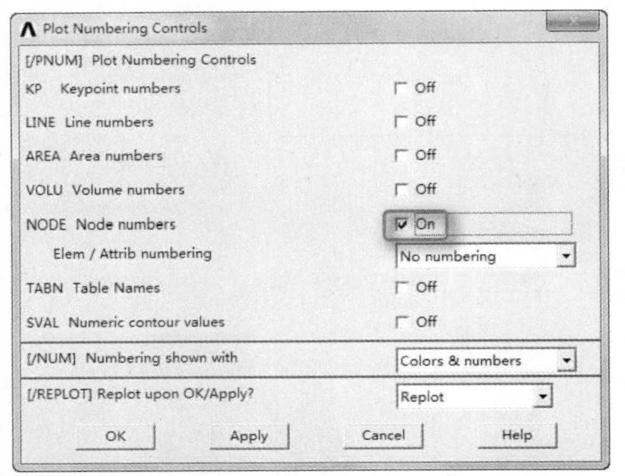

图 15-15 Plot Numbering Controls 对话框

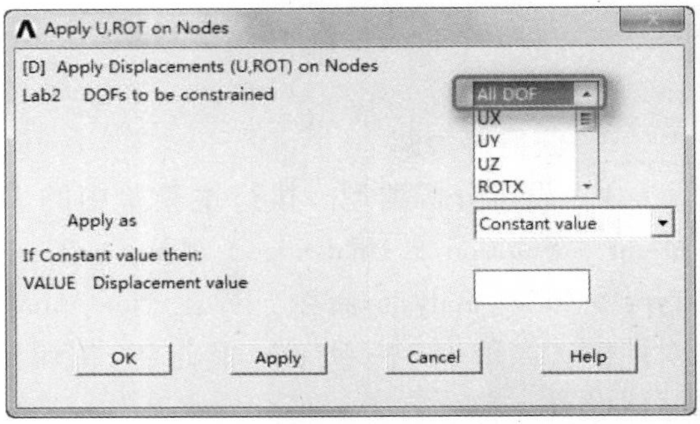

图 15-16 Apply U，ROT on Nodes 对话框

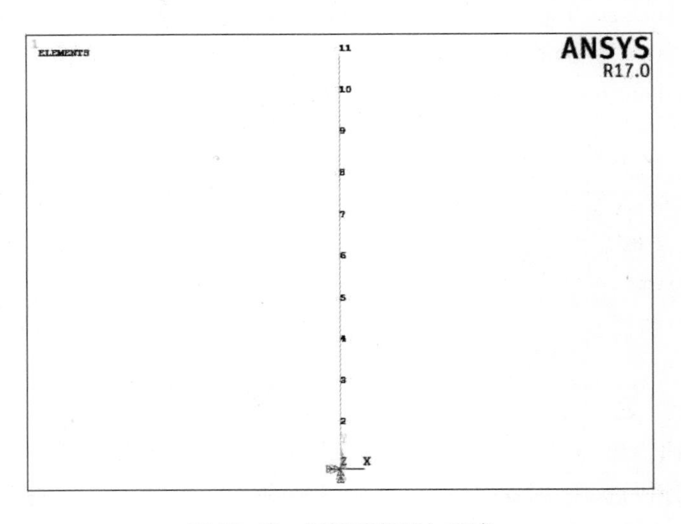

图 15-17 框架端部施加约束

5）施加载荷。执行主菜单中的 Main Menu > Solution > Define Loads > Apply > Structural > Force/Moment > On Nodes 命令，弹出 Apply F/M on Nodes 拾取对话框。用鼠标单击节点 11，单击“OK”按钮，弹出 Apply F/M on Nodes 对话框，如图 15-18 所示。在 Lab Direction of force/mom 下拉列表中选择 FY 选项，在 VALUE Force/moment value 后面输入 -1e6，单击

OK 按钮。屏幕显示如图 15-19 所示。

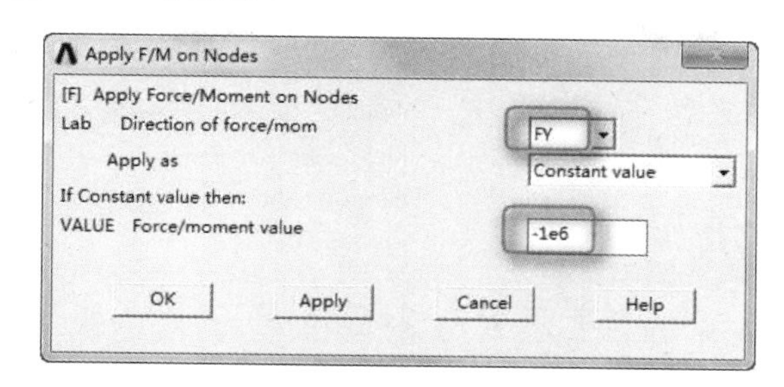

图 15-18 Apply F/M on Nodes 对话框

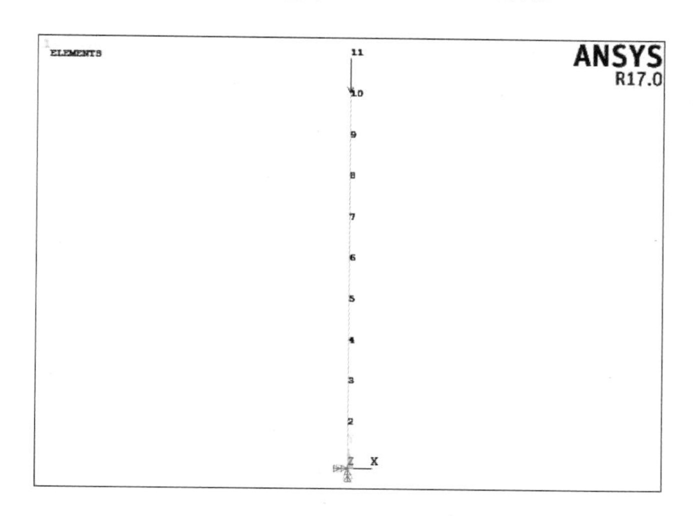

图 15-19 施加位载荷

6）静力分析求解。执行主菜单中的 Main Menu > Solution > Solve > Current LS 命令 ，弹出/STATUS 命令信息提示窗口和求解当前载荷步对话框，仔细浏览信息提示窗口中的信息，如果无误则单击 File > Close 关闭之。单击 OK 按钮开始求解。当静力求解结束时，屏幕上会弹出 Solution is done 提示框，单击 Close 按钮。

7）退出静力求解。执行主菜单中的 Main Menu > Finish 命令。

4. 获得特征值屈曲解

1）屈曲分析求解。执行主菜单中的 Main Menu > Solution > Analysis Type > New Analysis 命令，弹出如图 15-20 所示的 New Analysis 对话框，在 Type of analysis 后面选择“Eigen Buckling”单选按钮，单击 OK 按钮。

2）设定屈曲分析选项。执行主菜单中的 Main Menu > Solution > Analysis Type > Analysis Options 命令，弹出 Eigenvalue Buckling Options 对话框，如图 15-21 所示，在 NMODE No. of modes to extract 后面输入 10，单击 OK 按钮。

3）屈曲求解。执行主菜单中的 Main Menu > Solution > Solve > Current LS 命令，弹出/STATUS 命令信息提示窗口和 Solve Current Load Step 对话框。仔细浏览信息提示窗口中的信息，如果无误则单击 File > Close 关闭之。单击 OK 按钮开始求解。当屈曲求解结束时，屏幕上会弹出 Solution is done 提示框，单击 Close 按钮关闭它。

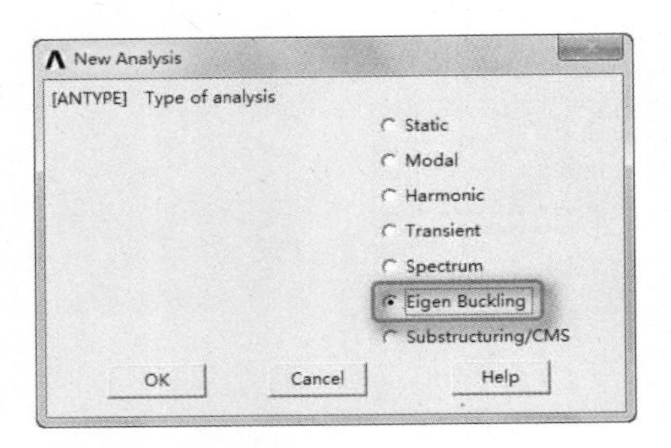

图 15-20 Nwe Analysis 对话框

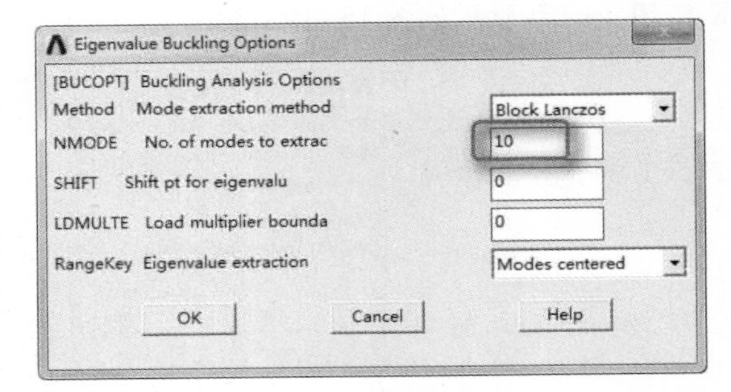

图 15-21 Eigenvalue Buckling Options 对话框

4）退出屈曲求解。执行主菜单中的 Main Menu > Finish 命令。

5. 扩展解

1）激活扩展过程。执行主菜单中的 Main Menu > Solution > Analysis Type > ExpansionPass 命令，弹出 Expansion Pass 对话框，如图 15-22 所示，单击[EXPASS]Expansion pass 后面使其显示为 On，单击 OK 按钮。

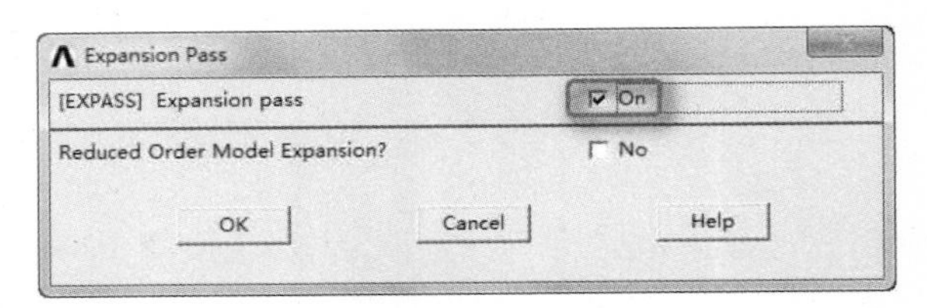

图 15-22 Expansion Pass 对话框

2）设定扩展解。设定扩展模态选项：执行主菜单中的 Main Menu > Solution > Load Step Opts > ExpansionPass > Single Expand > Expand Modes 命令，弹出如图 15-23 所示的 Expand Modes 对话框，在 NMODE No. of modes to expand 后面输入 10，在 Elcalc 后面单击使其显示为 Yes，单击 OK 按钮。

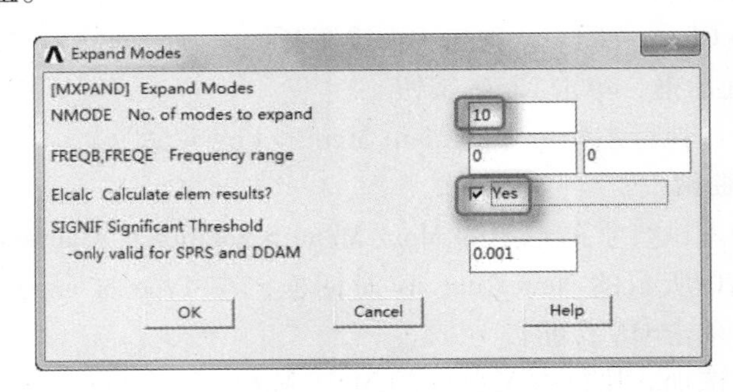

图 15-23 Expand Modes 对话框

3）扩展求解。执行主菜单中的 Main Menu > Solution > Solve > Current LS 命令，弹出/STATUS 命令信息提示窗口和求解当前载荷步对话框。仔细浏览信息提示窗口中的信息，如果无误则单击 File > Close 关闭之。单击 OK 按钮开始求解。当屈曲求解结束时，屏幕上会弹出 Solution is done 提示框，单击 Close 按钮关闭它。

4）退出扩展求解。执行主菜单中的 Main Menu > Finish 命令。

6. 后处理

列表显示各阶临界载荷。执行主菜单中的 Main Menu > General Postproc > Results Summary 命令，弹出 SET，LIST Command 列表框，如图 15-24 所示。框中 TIME/FREQ 下面对应的数值表示载荷放大倍数。

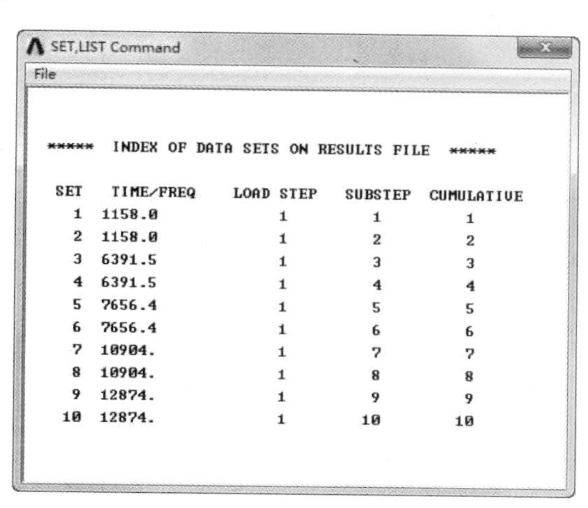

SET,LIST Command

File

***** INDEX OF DATA SETS ON RESULTS FILE *****

SET	TIME/FREQ	LOAD STEP	SUBSTEP	CUMULATIVE
1	1158.0	1	1	1
2	1158.0	1	2	2
3	6391.5	1	3	3
4	6391.5	1	4	4
5	7656.4	1	5	5
6	7656.4	1	6	6
7	10904.	1	7	7
8	10904.	1	8	8
9	12874.	1	9	9
10	12874.	1	10	10

图 15-24 SET，LIST Command 列表框

15.2.3 命令流

略，见随书网盘资源电子文档。

第16章 热力学分析

知识导引

热分析用于计算一个系统或部件的温度分布以及其他热物理参数，如热量的获取或损失、热梯度、热流密度（热通量）等。

本章将通过两个实例讲述热分析的基本步骤和具体方法。

- 热分析概论
- 实例——长方体形坯料空冷过程分析
- 实例——某零件铸造过程分析

16.1 热分析概论

热分析在工程问题分析计算中扮演着重要角色，内燃机、换热器、管路系统、电子元件等的设计中都会用到热分析。

16.1.1 热分析的特点

ANSYS 的热分析是基于能量守恒原理的热平衡方程，通过有限元法计算各节点的温度分布，并由此导出其他热物理参数。ANSYS 热分析包括热传导、热对流和热辐射 3 种热传递方式。此外，还可以分析相变、内热源、接触热阻等问题。

- 热传导：热传导是指在几个完全接触的物体之间或同一物体的不同部分之间由于温度梯度而引起的热量交换。
- 热对流：热对流是指物体的表面与周围的环境之间，由于温差而引起的热量的交换。热对流可分为自然对流和强制对流两类。
- 热辐射：热辐射指物体发射能量，并被其他物体吸收转变为热量的能量交换过程。物体温度越高，单位时间辐射的热量越多。热传导和热对流都需要传热介质，而热辐射无须任何介质，而且在真空中热辐射的效率最高。

ANSYS 热分析包括稳态传热和瞬态传热。

ANSYS 热耦合分析包括热 – 结构耦合、热 – 流体耦合、热 – 电耦合、热 – 磁耦合以及热 – 电、磁 – 结构耦合等。

ANSYS 热分析的边界条件或初始条件可以分为温度、热流率、热流密度、对流、辐射、绝热和生热。

16.1.2 热分析单元

表 16–1 给出了 ANSYS 热分析中使用的符号与单位。

表 16–1 符号与单位

项　目	国际单位	英制单位	ANSYS 代号
长度	m	ft	
时间	s	s	
质量	kg	lbm	
温度	℃	℉	
力	N	lbf	
能量（热量）	J	BTU	
功率（热流率）	W	BTU/sec	
热流密度	W/m^2	BTU/sec – ft2	
生热速率	W/m^3	BTU/sec – ft3	
导热系数	W/m · K	BTU/sec – ft – ℉	KXX

（续）

项　　目	国际单位	英制单位	ANSYS 代号
对流系数	$W/m^2-℃$	BTU/sec - ft - ℉	HF
密度	kg/m^3	Lbm/ft3	DENS
比热	J/kg · K	BTU/lbm - ℉	C
焓	J/m^3	BTU/ft3	ENTH

热分析涉及的大约有 40 多种，其中专门用于热分析的有 14 种，见表 16-2。

表 16-2　热分析单元

单元类型	ANSYS 单元	说　　明
线形	LINK31	2 节点热辐射单元
	LINK32	二维 2 节点热传导单元
	LINK33	三维 2 节点热传导单元
	LINK34	2 节点热对流单元
二维实体	PLANE35	6 节点三角形单元
	PLANE55	4 节点四边形单元
	PLANE75	4 节点轴对称单元
	PLANE77	8 节点四边形单元
	PLANE78	8 节点轴对称单元
三维实体	SOLID70	8 节点六面体单元
	SOLID87	10 节点四面体单元
	SOLID90	20 节点六面体单元
壳	SHELL57	4 节点
	SHELL131	4 节点
	SHELL132	8 节点
点	MASS71	质量单元

注意：

有关单元的详细解释，请参阅帮助文件中的《ANSYS Element Reference Guide》。

16.2　实例——长方体形坯料空冷过程分析

本例将详细介绍应用 ANSYS 的表面效应单元 SURF152 进行瞬态热辐射分析的基本步骤，此方法是一种进行辐射分析的方法。要求读者掌握 SURF152 选项设置及实常数定义的方法。

16.2.1 问题描述

一个立方形的钢坯料，环境温度为 TE，钢坯料温度为 TB，计算 3.7h 后钢坯料的温度分布，几何模型图如图 16-1 所示，有限元模型如图 16-2 所示，材料参数、几何尺寸、边界条件见表 16-3，分析时，温度采用 K，其他单位采用英制单位。

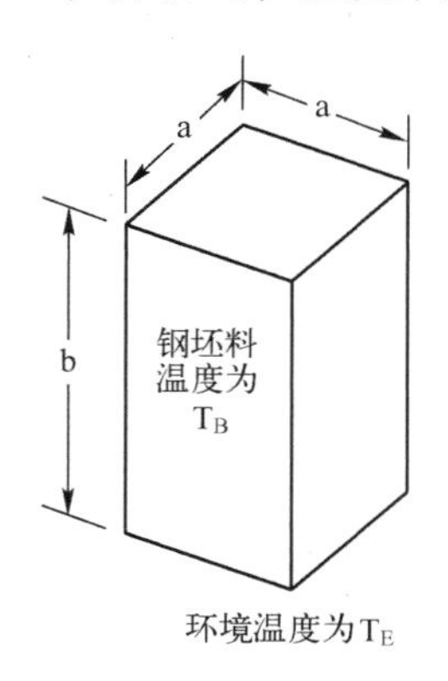

图 16-1　几何模型图

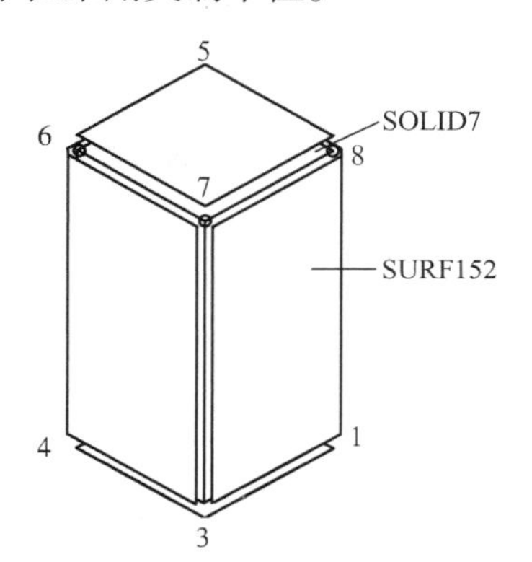

图 16-2　有限元模型图

表 16-3　钢坯料的材料参数、几何尺寸及温度载荷表

材料参数					几何参数		温度载荷	
传热系数 BTU/s · ft · K	密度/(lb/ft^3)	比热容 Btu/lb · K	辐射率	斯蒂芬-波尔兹曼常数 Btu/hr · ft^2 · K^4	a/ft	b/ft	TE/K	TB/K
10000	487.5	0.11	1	0.1712e-8	1	0.6	530	2000

16.2.2 问题分析

本例采用三维 8 节点 SOLID70 六面体热分析单元，结合表面效应单元 SURF152，进行瞬态热辐射的有限元分析。

16.2.3 GUI 操作步骤

1. 定义分析文件名

执行 Utility Menu > File > Change Jobname 命令，在弹出的对话框中输入 Radiation_Box，单击 OK 按钮。

2. 定义单元类型

1）选择热分析实体单元：执行 Main Menu > Preprocesor > Element Type > Add/Edit/Delete 命令，单击对话框中的 ADD 按钮，选择 Thermal Solid，Brick 8node 70，8 节点三维六面体单元，单击 OK 按钮。

2）选择表面效应单元：执行 Main Menu > Preprocesor > Element Type > Add/Edit/Delete 命令，单击对话框 ADD 按钮，选择 Surface Effect，3D thermal 152 单元，如图 16-3 所示，单击 OK 按钮。

选中 Type 2 SURF152 单元，弹出如图 16-4 所示的对话框，在 K4 中选择 Exclude 选项，在 K5 中选择 Include 1 node 选项，在 K9 中选择 Real const FORMF 选项，单击 OK 按钮。

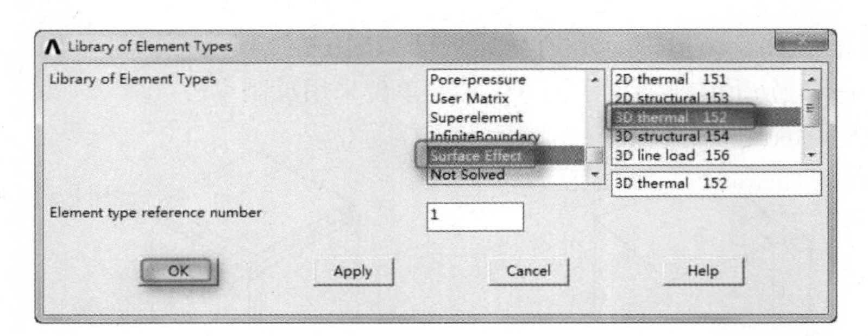

图 16-3　Library of Element Types 对话框

3. 定义实常数

执行 Main Menu > Preprocesor > Real Constants > Add/Edit/Delete 命令，在弹出的对话框中选择 Type 2 SURF152 单元，弹出如图 16-5 所示的对话框，在 Real Constant Set No. 中输入 2，在 FORMF 中输入 1，在 SBCONST 中输入 1. 712e -9，单击 OK 按钮。

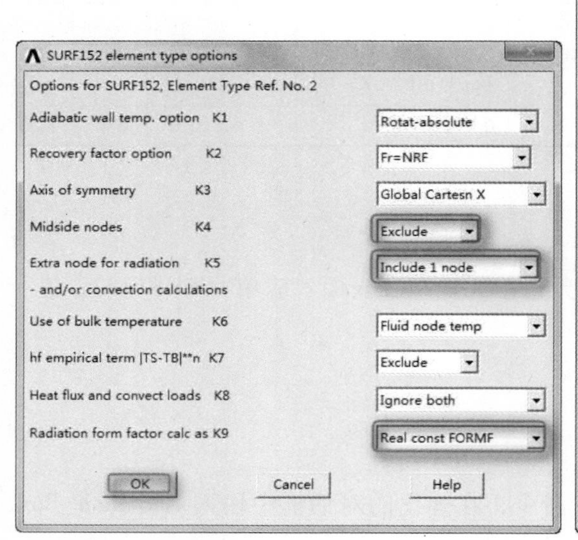

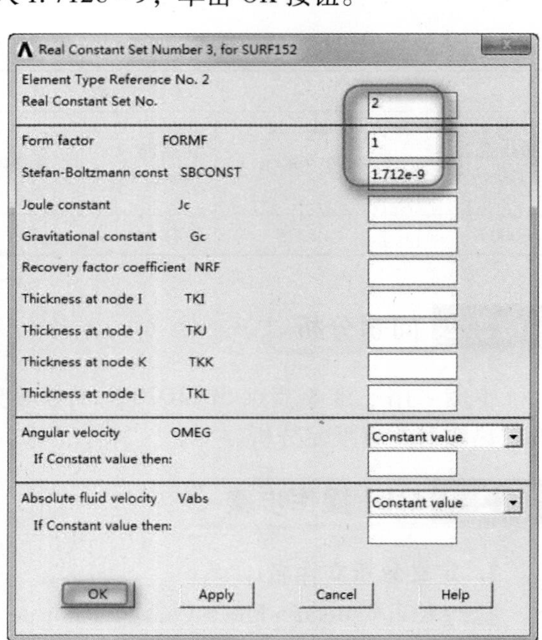

图 16-4　SUR F152 element type options 对话框　图 16-5　Real Constant Set Number 3 for SURF152 对话框

4. 定义材料属性

（1）定义钢坯料材料属性

1）定义热传导系数：执行 Main Menu > Preprocessor > Material Props > Material Mode 命令，单击对话框右侧的 Thermal > Conductivity > Isotropic 选项，在弹出的对话框中输入导热系数 KXX10000，单击 OK 按钮。

2）定义材料的比热容：选择对话框右侧的 Thermal > Specific Heat 选项，在弹出对话框的 C 中输入比热容 0. 11，单击 OK 按钮。

3）定义材料的密度：执行 Main Menu > Preprocessor > Material Props > Material Models 命令，在弹出的对话框中，默认材料编号 1，单击对话框右侧的 Thermal，单击 Density，在框

中输入 487.5，单击 OK 按钮。

（2）定义表面效应热辐射参数

单击对话框 Material > New Model，在弹出的对话框中单击 OK 按钮，选中材料模型 2，单击对话框右侧的 Thermal > Emissivity，在弹出对话框的 EMIS 中输入 1，单击 OK 按钮。

5. 建立几何模型

执行 Main Menu > Preprocessor > Modeling > Create > Volumes > Block > By Dimensions 命令，在弹出的对话框中的 X1、X2、Y1、Y2、Z1、Z2 中分别输入 0、2、0、2、0、4，建立三维几何模型。

6. 设定网格密度

执行 Main Menu > Preprocessor > Meshing > Size Cntrls > Manualsize > Global > Size 命令，在 NDIV 框中输入 1，单击 OK 按钮。

7. 划分网格

执行 Main Menu > Preprocessor > Meshing > Mesh > Volumes > Mapped > 4 to 6 sides 命令，选择 Pick All 选项。

8. 建立表面效应单元

1）设置单元属性：执行 Main Menu > Preprocessor > Modeling > Create > Elements > Element Attributes 命令，弹出如图 16-6 所示的对话框，在弹出的对话框中的 TYPE、MAT、REAL 分别选择 2，单击 OK 按钮。

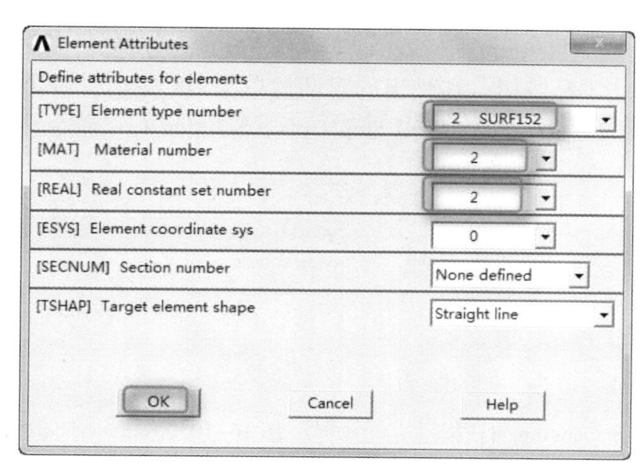

图 16-6　Element Attributes 对话框

2）建立空间辐射节点：执行 Main Menu > Preprocessor > Modeling > Create > Nodes > In Active CS 命令，在弹出的对话框中的 NODE 和 X，Y，Z，THXY，THYZ，THZX 中分别输入 100 和 5，5，5，0，0，0，单击 OK 按钮。

3）建立表面效应单元：执行 Main Menu > Preprocessor > Modeling > Create > Elements > Surf/Contact > Surf Effect > General Surface > Extra Node 命令，在弹出的对话框中单击 Min、Max、Inc，输入 1、8、1，后按〈Enter〉键，单击 OK 按钮，在弹出的对话框中单击 List of Items，输入 100 后按〈Enter〉键，单击 OK 按钮，完成以上操作，所建立的有限元模型如图 16-7 所示。

9. 施加温度载荷

1）施加空间温度载荷：执行 Main Menu > Solution > Define Loads > Apply > Thermal > Temperature > on Nodes 命令，选择 100 号节点，弹出如图 16-8 所示的对话框，在 Lab2 中选择 TEMP 选项，在 VALUE 中输入 530，单击 OK 按钮。

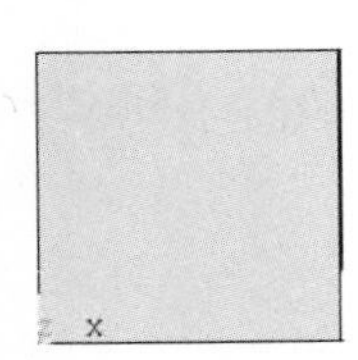

图 16-7　有限元模型图

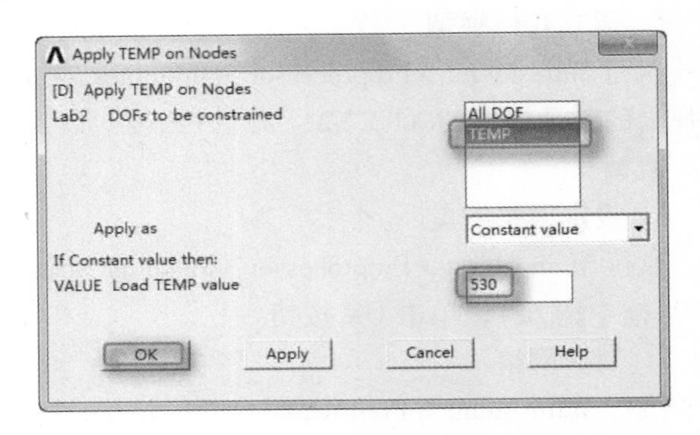

图 16-8　Apply TEMP on Nodes 加对话框

2）施加钢坯料温度载荷：执行 Main Menu > Solution > Define Loads > Apply > Thermal > Temperature > Uniform Temperature 命令，在弹出的对话框中输入 2000，如图 16-9 所示，单击 OK 按钮。

10. 设置求解选项

1）执行 Main Menu > Solution > Analysis Type > New Analysis 命令，在弹出的对话框中选择 Transient 选项，单击 OK 按钮，在弹出的对话框单击 OK 按钮，关闭对话框。

2）执行 Main Menu > Solution > Load Step Opts > Solution Ctrl 命令，弹出如图 16-10 所示对话框，将 SOLCONTROL 设置为 Off。

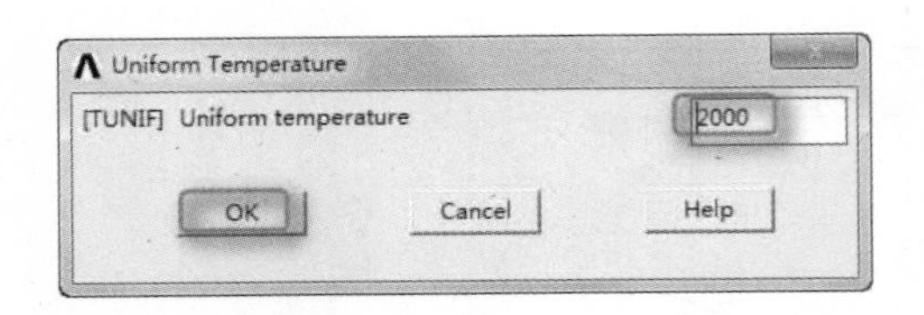

图 16-9　Uniform Temperature 对话框

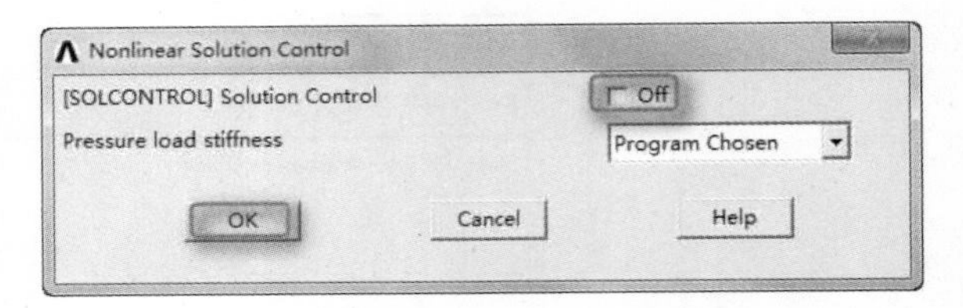

图 16-10　Nonlinear Solution Control 对话框

3）执行 Main Menu > Solution > Load Step Opts > Time/Frequenc > Time – Time Step 命令，弹出如图 16-11 所示的对话框，在 TIME 中输入 3.7，在 DELTIM 中输入 0.005，在 KBC 中选择 Stepped 选项，在 AUTOTS 中设置为 ON，单击 OK 按钮。

4）执行 Main Menu > Solution > Analysis Type > Sol'n Controls 命令，在弹出的对话框中，在 Frequency 选择 Write every substep 选项，单击 OK 按钮。

11. 存盘

执行 Utility Menu > Select > Everything 命令，选择 ANSYS Toolbar SAVE_DB 选项。

12. 求解

执行 Main Menu > Solution > Solve > Current LS 命令，进行计算。

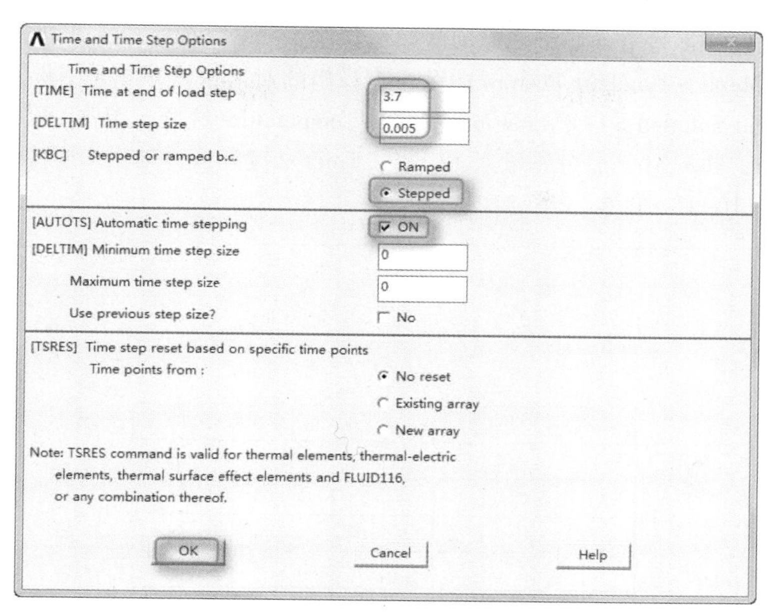

图 16-11 Time and Time Step Options 对话框

13. 显式温度场分布云图

执行 Utility Menu > PlotCtrls > Window Controls > Window Options 命令，在弹出的对话框中的 INFO 中选择 Legend ON 选项，单击 OK 按钮。执行 Main Menu > General Postproc > Read Results > Last Set 命令，读最后一个子步的分析结果，执行 Main Menu > General Postproc > Plot Results > Contour Plot > Nodal Solu 命令，执行 DOF Solution > Temperature TEMP 命令，如图 16-12 所示。

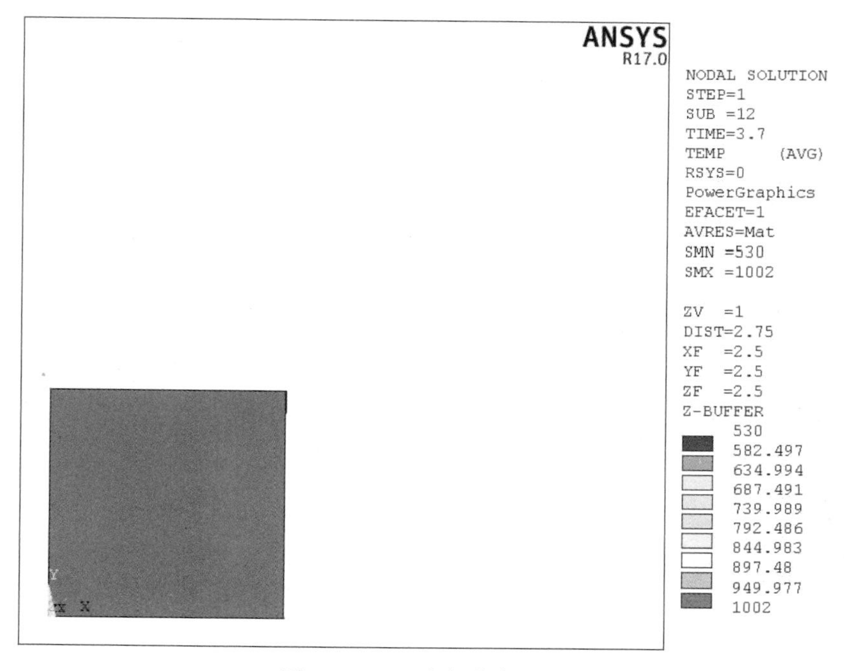

图 16-12 温度场分布云图

14. 显示钢坯料 1 号节点温度随时间变化曲线图

执行 Main Menu > TimeHist Postpro 命令，在弹出的对话框中单击⊞图标，在弹出的对话框中，选择 Nodal Solution > DOF Solution > Nodal Temperature 选项，单击 OK 按钮。在弹出的对话框中的 Min、Max、Inc 后分别输入 1，按〈Enter〉键确认，单击 OK 按钮，再单击▣图标，曲线图如图 16-13 所示。

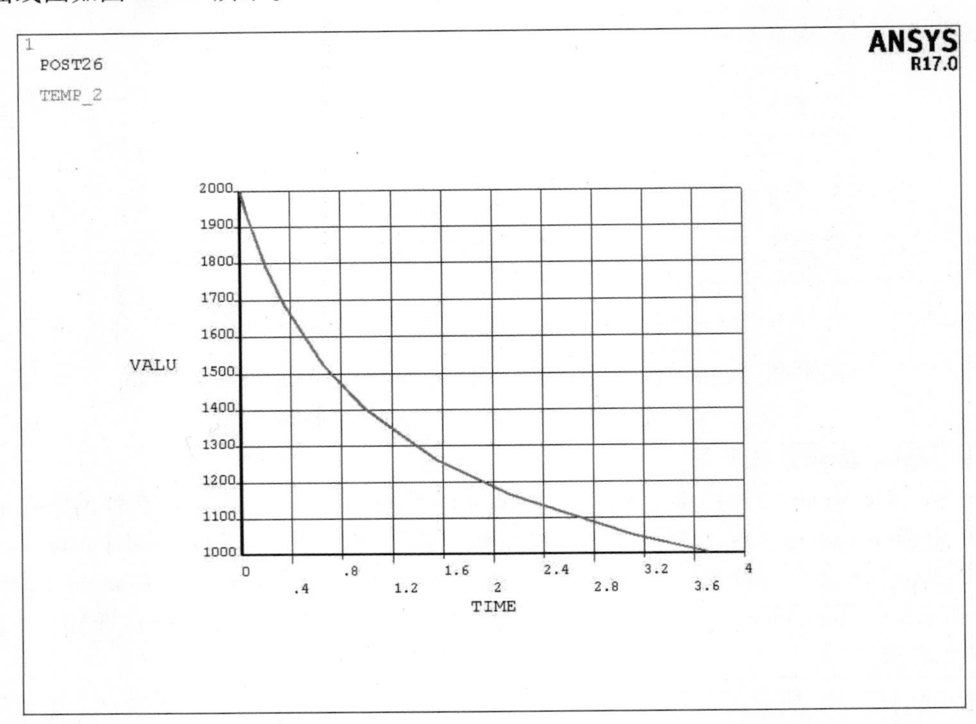

图 16-13　钢坯料 1 号节点温度随时间变化曲线图

15. 退出 ANSYS

单击 ANSYS Toolbar 中的 QUIT，选择 Quit No Save！选项后单击 OK 按钮。

16.2.4 命令流方式

略，见随书网盘资料电子文档。

16.3 实例——某零件铸造过程分析

本例将详细介绍应用 ANSYS 进行铸造相变分析的基本步骤，并体会 ANSYS 进行铸造相变分析的基本算法。要求读者掌握应用 ANSYS 进行铸造相变分析的基本方法。

16.3.1 问题描述

某一钢制零件铸坯的几何模型如图 16-14 所示，计算模型如图 16-15 所示。

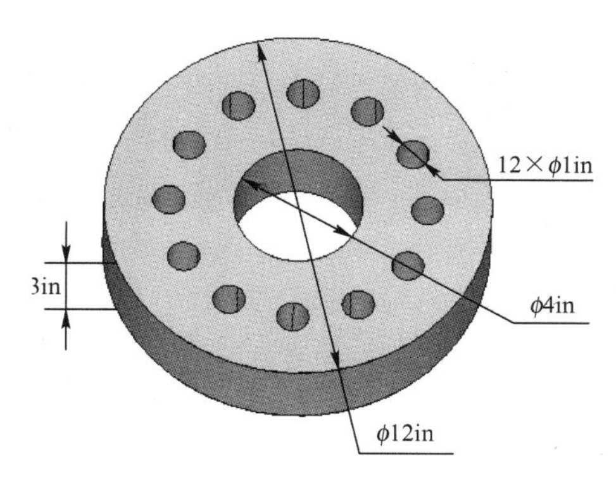

图 16-14　铸钢零件的几何模型

图 16-15　铸钢零件的计算模型

砂模的热物理性能和铸钢的热物理性能分别见表 16-4 和表 16-5。

初始条件：铸钢的温度为 2875 ℉，砂模的温度为 80 ℉；

砂模外边界的对流边界条件：对流系数 0.014 Btu/(h · in^2 · ℉)，空气温度 80 ℉；

求 15 min 后铸钢及砂模的温度分布。

表 16-4　砂模的热物理性能表

材料参数	单位制	数值
导热系数(KXX)	Btu/h · in · ℉	0.025
密度(DENS)	lb/in^3	0.054
比热容(C)	Btu/lb · m · ℉	0.28

表 16-5　铸钢的热物理性能表

材料参数	单位制	0 ℉	2643 ℉	2750 ℉	2875 ℉
导热系数	Btu/hr · in · ℉	1.44	1.54	1.22	1.22
焓	Btu/in^3	0	128.1	163.8	174.2

16.3.2 问题分析

本例属于周期对称问题，对模型的 1/12 进行分析，采用三维八节点热分析 SOLID70 单元。分析时，采用英制单位。

16.3.3 GUI 操作步骤

1. 定义分析文件名

执行 Utility Menu > File > Change Jobname 命令，在弹出的对话框中输入 Casting_Part，单击 OK 按钮。

2. 定义单元类型

执行 Main Menu > Preprocesor > Element Type > Add/Edit/Delete 命令，在弹出的 Element Types 对话框中单击 Add...按钮，在弹出的对话框中选择 Thermal Solid，Brick 8node 70，八节点三维六面体单元，然后单击 OK 按钮，单击单元增添对话框中的 Close 按钮，关闭单元

增添对话框。

3. 定义砂模和铸钢的材料属性

（1）定义砂模的材料属性

1）定义砂模的密度：执行 Main Menu > Preprocessor > Material Props > Material Models 命令，在弹出的对话框中，默认材料编号 1，选择对话框右侧的 Thermal > Density 选项，在对话框中输入 0.054，单击 OK 按钮。

2）定义砂模的热传导系数：选择对话框右侧的 Thermal > Conductivity > Isotropic 选项，在弹出的对话框中输入导热系数 KXX0.025，单击 OK 按钮。

3）定义砂模的比热容：选择对话框右侧的 Thermal > Specific Heat 选项，在弹出的对话框中输入比热容 0.28，单击 OK 按钮。

（2）定义铸钢的材料属性

1）定义铸钢与温度相关的热传导参数：选择材料属性对话框中 Material > New Model 选项，在弹出的对话框中单击 OK 按钮。选中材料 2，单击对话框右侧 Thermal > Conductivity > Isotropic 选项，在弹出的如图 16-16 所示的对话框中单击 ADD Temperature 按钮，增加温度到 T4，按照图 16-16 所示输入材料参数，单击对话框右下角的 Graph 按钮，铸钢热传导参数随温度变化曲线如图 16-17 所示。

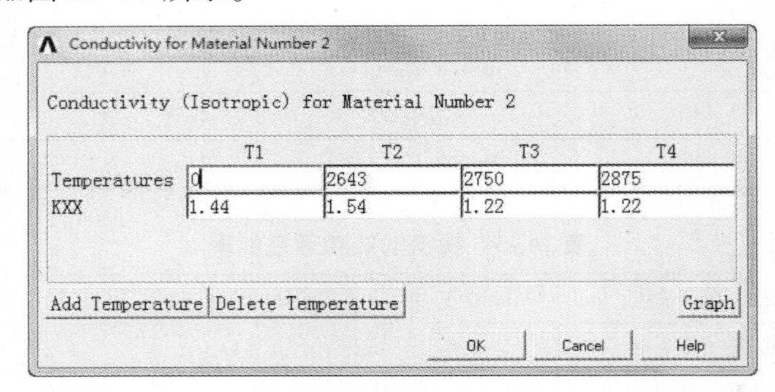

图 16-16　Conductivity for Material Number 2 对话框

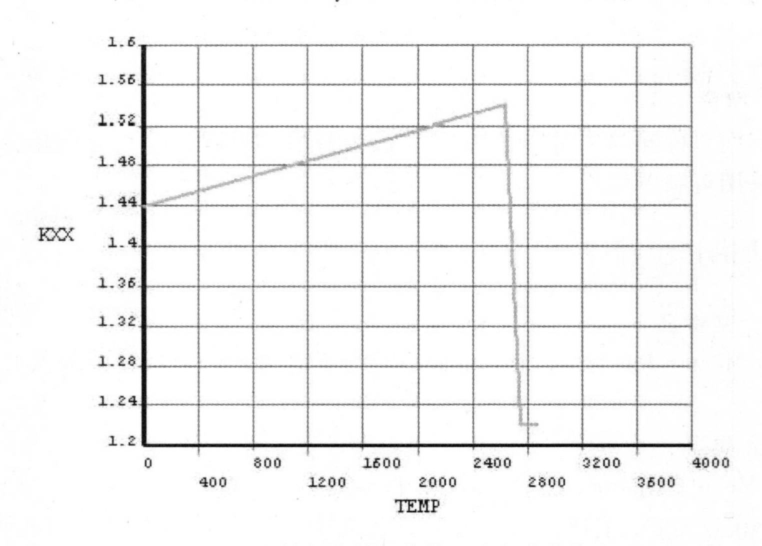

图 16-17　铸钢热传导参数温度变化曲线

2）定义铸钢与温度相关的焓参数：选择材料属性对话框对话框右侧的 Thermal > Conductivity > Enthalpy 选项，在弹出的如图 16-18 所示的对话框左下角单击 ADD Temperature 按钮，增加温度到 T4，按照图 16-16 所示输入材料参数，单击对话框右下角的 Graph 按钮，铸钢焓随温度变化曲线如图 16-19 所示，单击 OK 按钮。完成以上操作后关闭材料属性定义对话框。

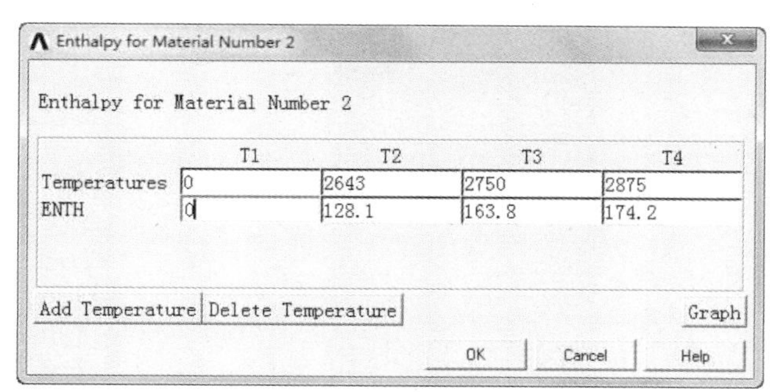

图 16-18　铸钢焓参数输入对话框

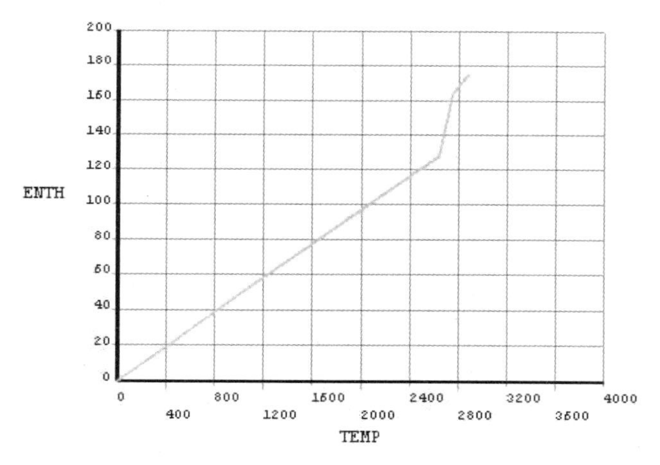

图 16-19　铸钢焓参数温度变化曲线

4. 建立几何模型

1）执行 Main Menu > Preprocessor > Modeling > Create > Volumes > Cylinder > ByDimensions 命令，在弹出的对话框中，在 RAD1、RAD2、Z1、Z2、THETA1、THETA2 中分别输入 6、2、0、3、-15、15，单击 OK 按钮，如图 16-20 所示。

2）执行 Utility Menu > Work Plane > Display Working Plane 命令，执行 Utility Menu > Work Plane > Offset WP by Increments 命令，在弹出如图 16-21 所示的对话框中，在 X、Y、Z Offsets 中输入 4，按〈Enter〉键确认，单击 OK 按钮，关闭坐标系平移对话框。

3）执行 Main Menu > Preprocessor > Modeling > Create > Volumes > Cylinder > By Dimensions 命令，在弹出的对话框中，在 RAD1、AD2、Z1、Z2、THETA1、THETA2 中分别输入 0.5、0、0、3、0、360，单击 OK 按钮。执行 Main Menu > Preprocessor > Modeling > Operate > Boooleans > Subtract > Volumes 命令，在 Min、Max、Inc 中输入 1 后按〈Enter〉键，单击 OK 按钮。在弹出的对话框中，在 Min、Max、Inc 中输入 2 后按〈Enter〉键，单击 OK 按钮。

4）执行 Utility Menu > WorkPlane > Offset WP to > Global Origin 命令，执行 Main Menu > Preprocessor > Modeling > Create > Volumes > Cylinder > By Dimensions 命令，在弹出的对话框中，在 RAD1、RAD2、Z1、Z2、THETA1、THETA2 中分别输入 8、0、-2、5、-15、15，单击 OK 按钮。

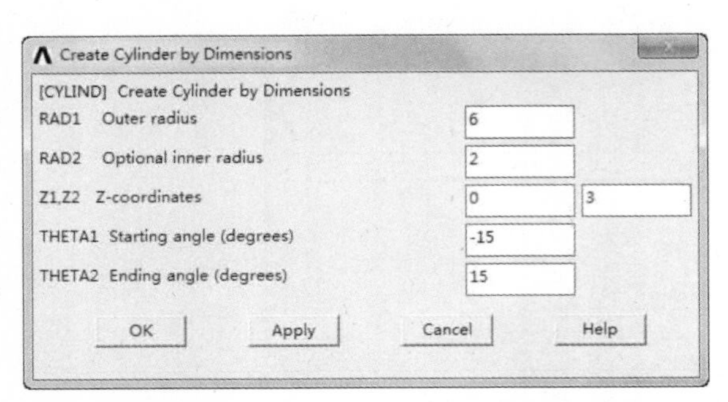

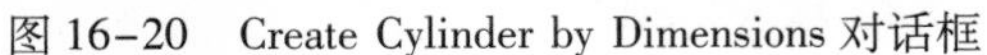
图 16-20　Create Cylinder by Dimensions 对话框

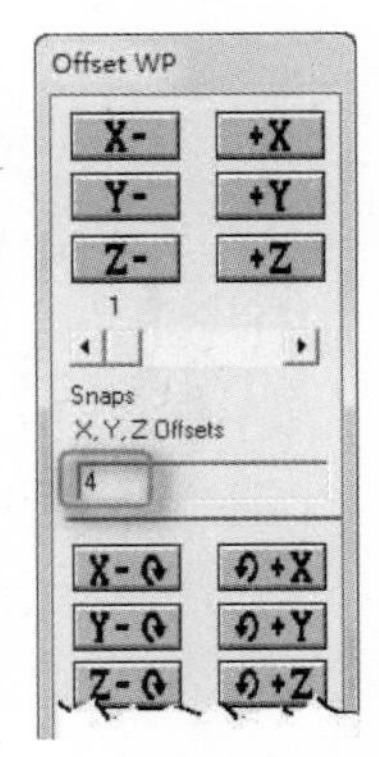

图 16-21　工作坐标系平移对话框

5. 布尔操作

执行 Main Menu > Preprocessor > Modeling > Operate > Boooleans > Overlap > Volumes 命令，在弹出的对话框中，单击 Pick All 按钮。建立的几何模型如图 16-22 所示。

6. 设置单元密度

执行 Main Menu > Preprocessor > Meshing > Size Cntrls > Manualsize > Global > Size 命令，在弹出的对话框中，在 element edge length 框中输入 0.35，单击 OK 按钮。

7. 附于材料属性

1）设置砂模属性：执行 Main Menu > Preprocessor > Meshing > Mesh Attributes > Picked Volumes 命令，在 Min、Max、Inc 中，输入 2 后按〈Enter〉键，单击 OK 按钮，在弹出的对话框中的 MAT 和 TYPE 中选择 1 和 1 SOLID70。

2）设置保温层属性：执行 Main Menu > Preprocessor > Meshing > Mesh Attributes > Picked Volumes 命令，在 Min，Max，Inc 中，输入 3 后按〈Enter〉键，单击 OK 按钮，在弹出的对话框中的 MAT 和 TYPE 中选择 2 和 1 SOLID70。

8. 划分单元

执行 Main Menu > Preprocessor > Meshing > Mesh > Volumes > Free 命令，单击 "Pick All" 按钮；有限元模型如图 16-23 所示。当出现警告提示对话框时，关闭该对话框。

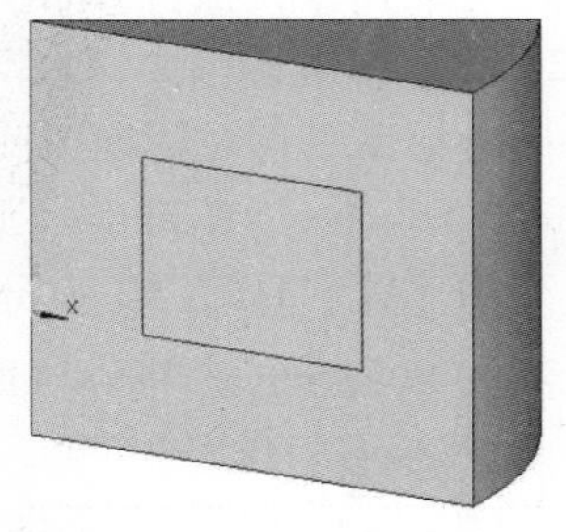
图 16-22　几何模型

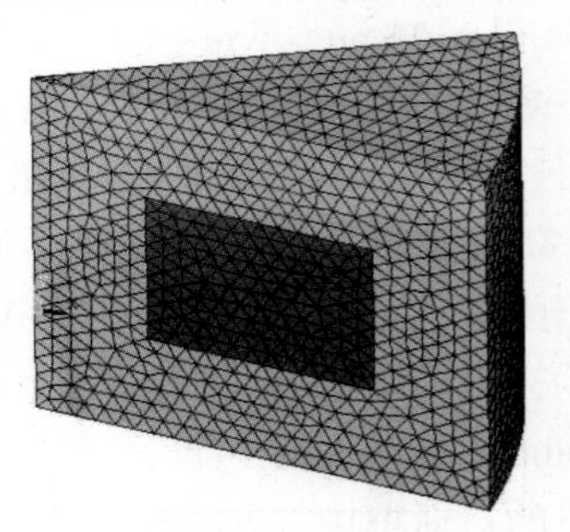
图 16-23　有限元模型

9. 施加初始温度

1）对砂模施加初始温度：执行 Utility Menu > Select Entities 命令，弹出如图 16-24 所示的对话框，执行 Elements、By Attributes、Material num 命令，在 Min、Max、Inc 中输入 1，单击 Apply 按钮；执行 Nodes Attached to、Elements、From Full 命令，单击 OK 按钮，如图 16-25 所示。

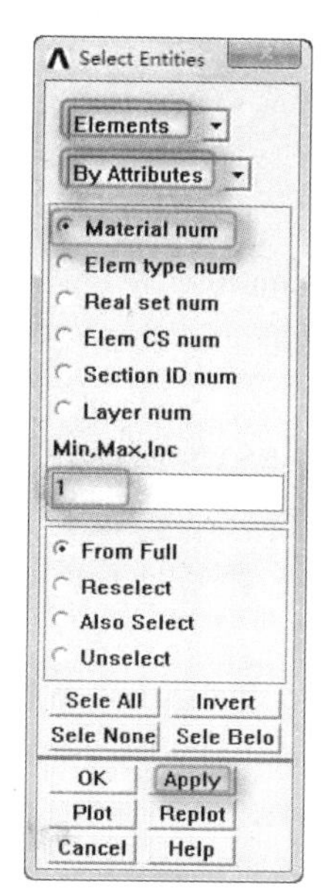

图 16-24　单元选择对话框

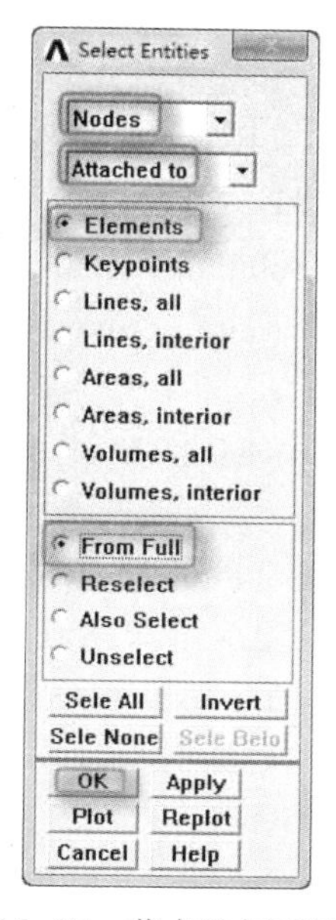

图 16-25　节点选择对话框

执行 Main Menu > Solution > Define Loads > Apply > Initial Condit'n > Define 命令，单击 Pick All 按钮，弹出如图 16-26 所示的对话框，在 Lab 中选择 TEMP 选项，在 VALUE 中输入 2875，单击 OK 按钮。

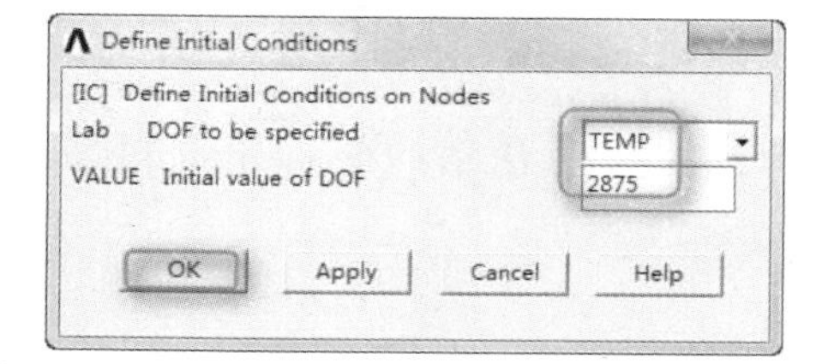

图 16-26　初始温度施加对话框

2）对铸钢施加初始温度：执行 Utility Menu > Select Entities 命令，在弹出的对话框中，执行 Elements、By Attributes、Material num 命令，在 Min、Max、Inc 中输入 2，单击 Apply 按钮；执行 Nodes Attached to、Elements、From Full 命令，单击 OK 按钮。

执行 Main Menu > Solution > Define Loads > Apply > Initial Condit'n > Define 命令，单击"Pick All"按钮，在弹出的对话框中，在 Lab 中选择 TEMP 选项，在 VALUE 中输入 80，单击 OK 按钮。

10. 在顶面施加对流载荷

执行 Utility Menu > Select > Everything 命令。执行 Utility Menu > Plot > Areas 命令，执行 Main Menu > Solution > Define Loads > Apply > Thermal > Convection > On Areas 命令，在 Min、Max、Inc 中输入 1，2，1 后按〈Enter〉键，输入 7 后按〈Enter〉键，单击 OK 按钮。在弹出的对话框中，在 VALI 中输入 0.014，在 VAL2I 中输入 80，单击 OK 按钮。

11. 设置求解选项

1）执行 Main Menu > Solution > Analysis Type > New Analysis 命令，在弹出的对话框中，

选择 Transient 选项，单击 OK 按钮，在弹出的对话框中接受默认设置，单击 OK 按钮。

2）执行 Main Menu > Preprocessor > Loads > Load Step Opts > Time/Frequenc > Time – Time Step 命令，在弹出的对话框中的 TIME 中输入 0.25，在 DELTIM 中输入 0.01，在 DELTIM 中的 Minmum time step size 输入 0.01，在 DELTIM 中的 Maxmum time step size 输入 0.01，在 KBC 中选择 Stepped 选项，在 AUTOTS 中选择 ON 选项，单击 OK 按钮。

12. 温度偏移量设置

执行 Main Menu > Solution > Analysis Type > Analysis Options 命令，在弹出对话框中的 TOFFST 中输入 460。

13. 输出控制对话框

执行 Main Menu > Solution > Analysis Type > Sol' n Controls 命令，在弹出的对话框中，在 Frequency 中选择 Write every substep 选项，单击 OK 按钮。

14. 存盘

执行 Utility Menu > Select > Everything 命令，单击 ANSYS Toolbar 中的 SAVE_DB 按钮。

15. 求解

执行 Main Menu > Solution > Solve > Current LS 命令，进行计算。

16. 显示 15 min 后温度场分布云图

1）显示砂模温度场分布云图：执行 Utility Menu > PlotCtrls > Window Controls > Window Options 命令，在弹出的对话框中，在 INFO 中选择 Legend ON 选项，单击 OK 按钮。

执行 Main Menu > General Postproc > Read Results > Last Set 命令，读最后一个子步的分析结果，执行 Utility Menu > Select Entities 命令，在弹出的对话框中，选择 Elements > By Attributes > Material num 命令，在 Min、Max、Inc 中输入 1，单击 Apply 按钮；选择 Nodes Attached to > Elements > From Full 命令，单击 OK 按钮。

执行 Main Menu > General Postproc > Plot Results > Contour Plot > Nodal Solu 命令，在弹出的对话框中，选择 DOF solution 和 Nodal Temperature 选项，单击 OK 按钮。温度分布云图如图 16-27 所示。

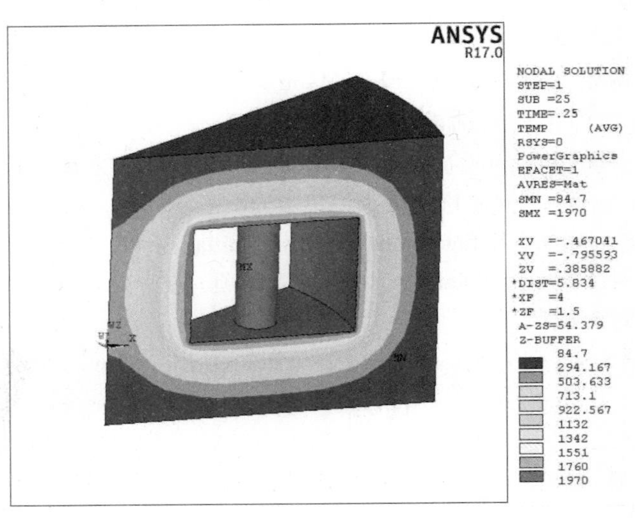

图 16-27　砂模的温度分布云图

执行 Utility Menu > PlotCtrls > Style > Symmetry Expansion > User Specified Expansion 命令，在弹出的对话框中的/EXPAND 1st Expansion of Symmetry 中输入 9，在 DY 中输入 30，在 Type 中选择 Polor 选项，单击 OK 按钮。扩展的温度分布云图如图 16-28 所示。

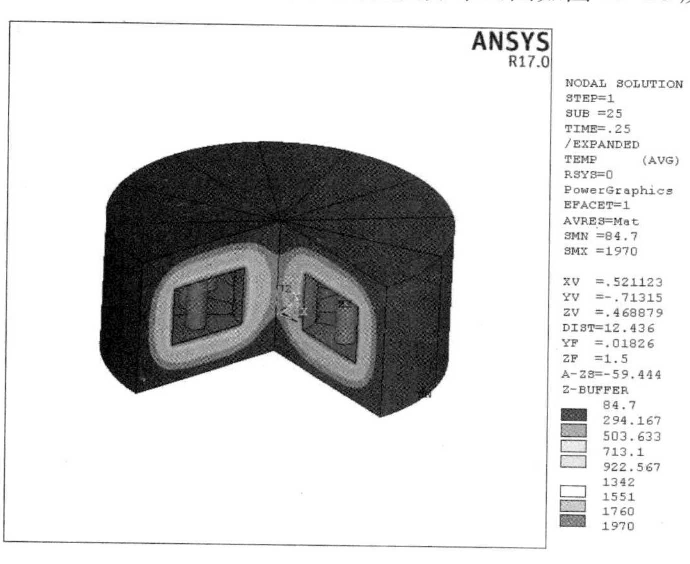

图 16-28　砂模的扩展的温度分布云图

2）显示零件温度场分布云图：执行 Utility Menu > Select Entities 命令，在弹出的对话框中，执行 Elements > By Attributes > Material num 命令，在 Min，Max，Inc 中输入 2，单击 Apply 按钮；执行 Nodes Attached to > Elements > From Full 命令，单击 OK 按钮。

执行 Main Menu > General Postproc > Plot Results > Contour Plot > Nodal Solu 命令，在弹出的对话框中，选择 DOF solution 和 Nodal Temperature 选项，单击 OK 按钮。零件的扩展的温度分布云图如图 16-29 所示。

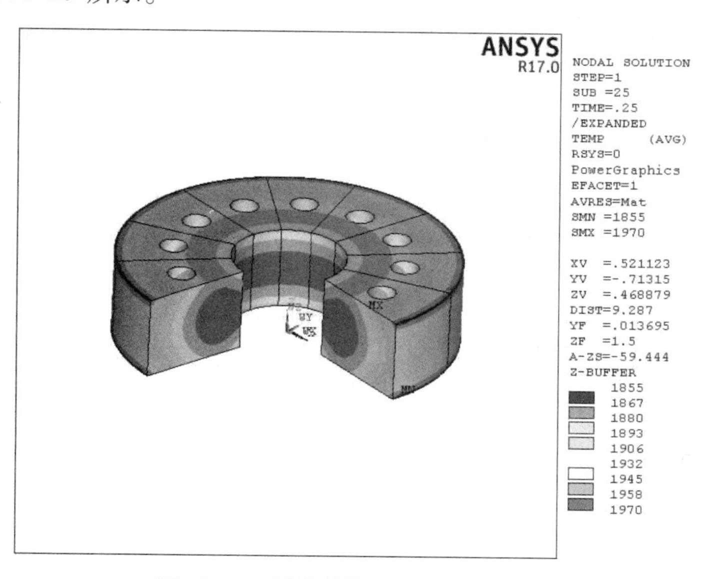

图 16-29　零件的扩展的温度分布云图

执行 Utility Menu > PlotCtrls > Style > Symmetry Expansion > No Expansion 命令。执行 Main Menu > General Postproc > Plot Results > Contour Plot > Nodal Solu 命令，在弹出的对话框中，选择 DOF solution 和 Temperature TEMP 选项，单击 OK 按钮。零件温度分布云图如图 16-30 所示。

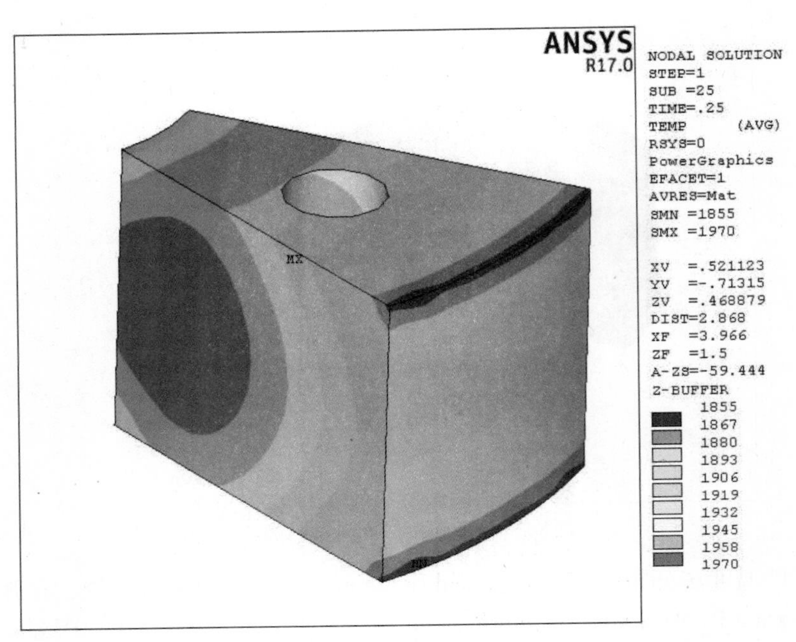

图 16-30　零件的温度分布云图

17. 显示 15 min 沿零件内壁温度分布

1）定义径向路径：执行 Main Menu > Preprocessor > Path Operations > Define Path > By Nodes 命令，用鼠标拾取 Y =0，X =2 * cos150 的所有节点，单击 OK 按钮，在弹出的对话框中的 Name 中输入 TR，单击 OK 按钮。

2）将温度场分析结果映射到路径上：执行 Main Menu > General Postproc > Path Operations > Map onto Path 命令，在弹出的对话框中的 Lab 中输入 TR，在 Rem、Comp Item to be mapped 中选择 DOF solution 和 Temperature TEMP 选项，单击 OK 按钮。

3）显示沿路径温度分布曲线：执行 Main Menu > General Postproc > Path Operations > Plot Path Item > On Graph 命令，在弹出的对话框中的 Lab1 -6 中选择 TR 选项，单击 OK 按钮。曲线图如图 16-31 所示。

4）显示沿路径温度分布云图：执行 Main Menu > General Postproc > Plot Results > Plot Path Item > On Geometry 命令，在弹出的对话框中的 Item，Path items to be mapped 中选择 TR 选项，单击 OK 按钮。

执行 Utility Menu > PlotCtrls > Window Controls > Window Options 命令，在弹出的对话框中的 INFO 中选择 Legend ON 选项，单击 OK 按钮。沿路径温度分布云图如图 16-32 所示。

18. 显示零件的某些节点在铸造过程中温度随时间变化曲线图

1）显示如图 16-33 所示的顶面 4 个节点温度随时间变化曲线图，执行 Main Menu >

TimeHistory 在弹出的对话框中单击＋图标，在弹出的对话框中，选择 Nodal Solution > DOF Solution > Nodal Temperature 选项，单击 OK 按钮。在弹出的对话框中，在 Min、Max、Inc 中输入 210 后按〈Enter〉键确认，单击 OK 按钮。重复以上操作，选择 599、592、20 号节点。

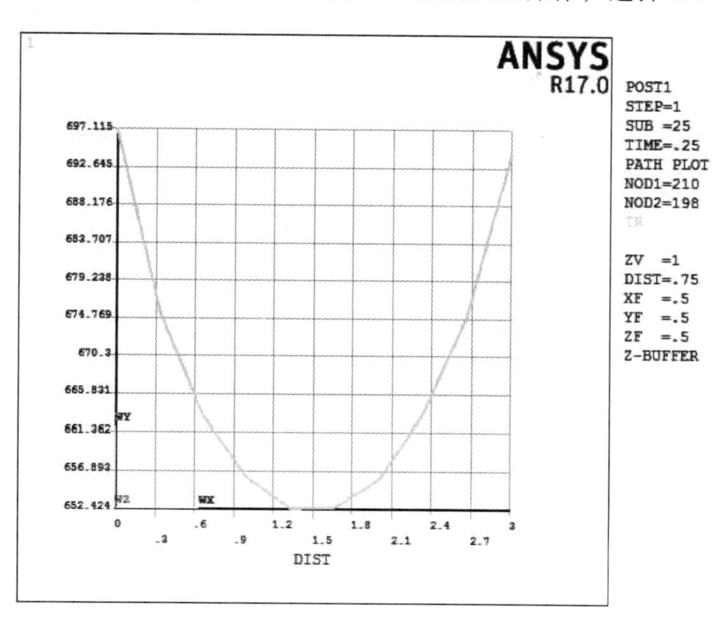

图 16-31　15 min 零件内壁沿高度方向温度分布曲线

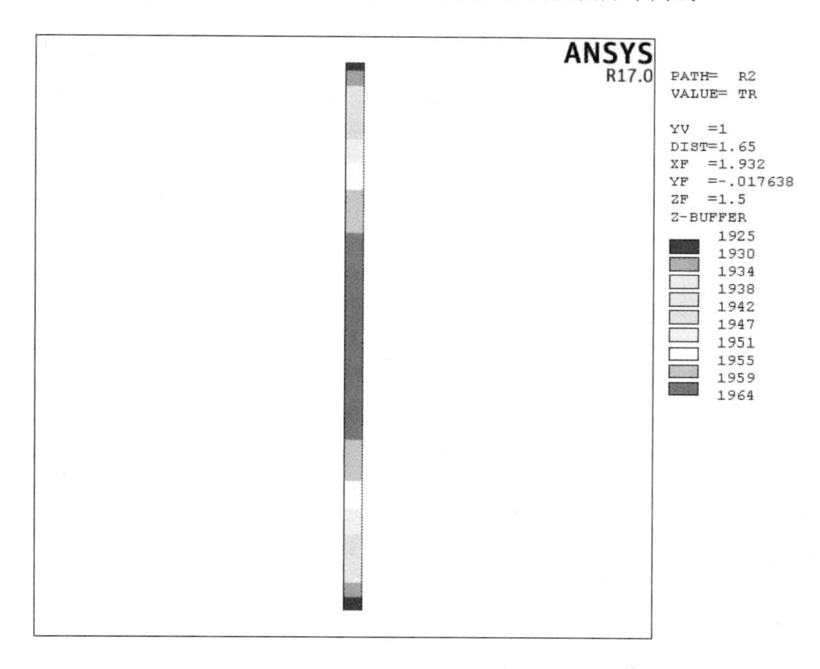

图 16-32　15 min 零件内壁沿高度方向温度分布云图

2）执行 Utility Menu > PlotCtrls > Style > Graphs > Modify Axes 命令，在弹出的对话框中，在/AXLAB 中分别输入 TIME 和 TEMPERATURE，在/XRANGE 中选择 Specified range 选项，

在 XMIN 和 XMAX 中输入 0 和 0.25，单击 OK 按钮。按住〈Ctrl〉键，选择 TEMP_2 到 TEMP_5，单击图标，曲线图如图 16-34 所示。

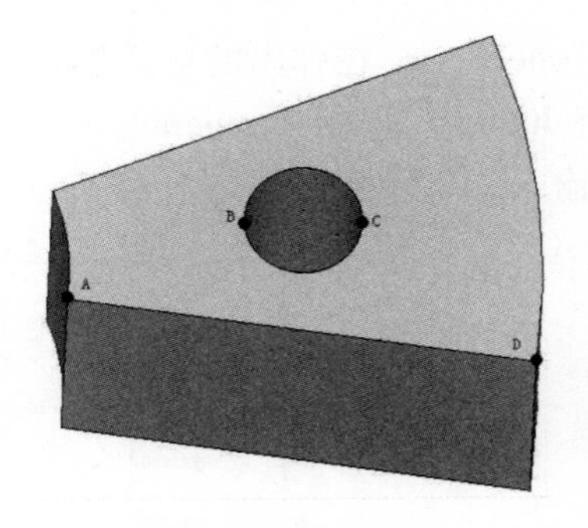

图 16-33 所要显示节点的示意图

19. 生成零件铸造过程动画

执行 Utility Menu > PlotCtrls > Animate > Over Results 命令，在弹出的对话框中的 Display Type 中的左侧选中 DOF solution 选项，在右侧选择 Temperature TEMP 选项，在 Auto contour scaling 中设置 ON，单击 OK 按钮，在放映的过程中，执行 Utility Menu > PlotCtrls > Animate > Save Animation 命令，可存储动画，当观看完结果时可单击对话框中的 Close 按钮，结束动画放映。

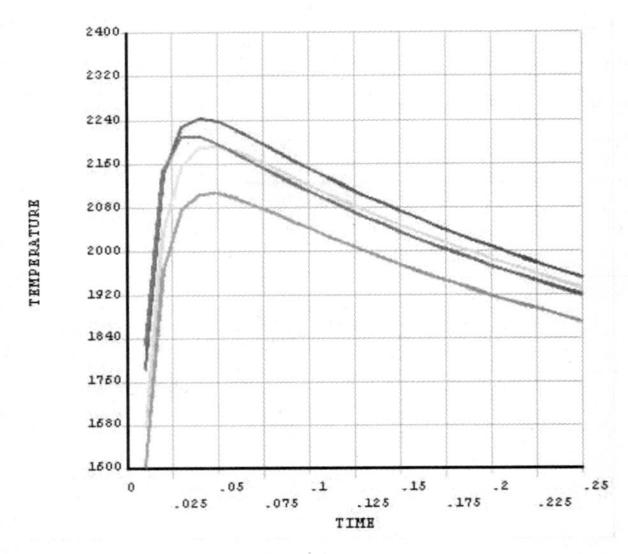

图 16-34 零件某些位置节点温度随时间变化曲线图

20. 显示 6 s 零件状态

1）执行 Main Menu > General Postproc > Read Results > First Set 命令，读第一个子步的分析结果，执行 Utility Menu > PlotCtrls > Style > Contours > Non_uniform Contours 命令，弹出如图 16-35 所示的对话框，在对话框 V1、V2 和 V3 中分别输入 0、2643、2767，单击 OK 按钮。

2）执行 Utility Menu > PlotCtrls > Style > Symmetry Expansion > User Specified Expansion 命令，在弹出的对话框中的/EXPAND 1st Expansion of Symmetry 中输入 9，在 DY 中输入 30，在 Type 中选择 Polor 选项，单击 OK 按钮。

3）执行 Main Menu > General Postproc > Plot Results > Con tour Plot > Nodal Solu 命令，选择 DOF solution 和 Temperature TEMP 选项，然后单击 OK 按钮。温度分布云图如图 16-36 所示。从图中可见，里面的酱紫色的区域为没有凝固的区域，外面绿色的区域为凝固的区域（由于图书为黑白印刷，具体颜色结合电子资源参考学习）。

21. 退出 ANSYS

单击 ANSYS Toolbar 中的 QUIT 按钮，选择 Quit No Save! 选项后单击 OK 按钮。

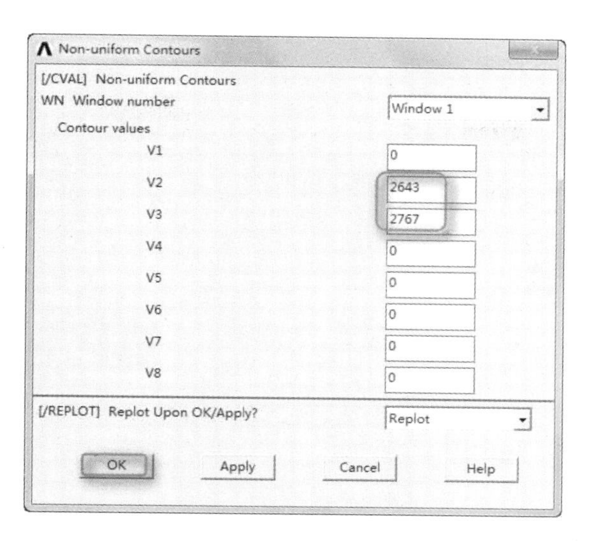

图 16-35 Non－uniform Contours 对话框

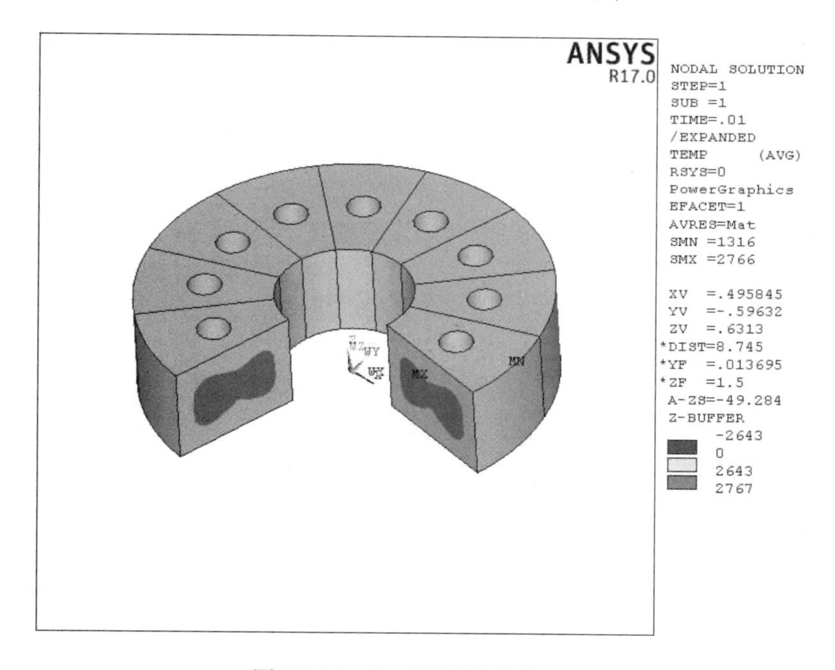

图 16-36 6 s 后温度场分布云图

16.3.4 命令流方式

略，见随书网盘资源电子文档。

第 17 章

电磁场分析

知识导引

本章首先将对电磁场的基本理论作简单介绍，然后介绍ANSYS 电磁场分析的对象和方法，最后介绍了在以后章节中经常用到的电磁宏和远场单元内容。

- 电磁场有限元分析概述
- 实例——二维螺线管制动器内瞬态磁场的分析
- 实例——正方形电流环中的磁场

17.1 电磁场有限元分析概述

17.1.1 电磁场中常见边界条件

电磁场问题实际求解过程中，有各种各样的边界条件，但归结起来可分为3种：狄利克莱（Dirichlet）边界条件、诺依曼（Neumann）边界条件以及它们的组合。

狄利克莱边界条件表示为

$$\phi\big|_{\Gamma}=g\ (\Gamma)$$

式中，Γ 为狄利克莱边界；$g(\Gamma)$是位置的函数，可以为常数和零。

诺依曼边界条件可表示为

$$\left.\frac{\delta\phi}{\delta n}\right|_{\Gamma}+f(\Gamma)\phi\big|_{\Gamma}=h(\Gamma)$$

式中，Γ 为诺依曼边界；n 为边界 Γ 的外法线矢量；$f(\Gamma)$和 $h(\Gamma)$为一般函数（可为常数和零），当为零时为齐次诺依曼条件。

实际上电磁场微分方程的求解中，只有在限制边界条件和初始条件时，电磁场才有确定解。因此，通常称求解此类问题为边值问题和初值问题。

17.1.2 ANSYS 电磁场分析对象

ANSYS 以麦克斯韦方程组作为电磁场分析的出发点。有限元方法计算未知量（自由度）主要是磁位或通量，其他关心的物理量可以由这些自由度导出。根据所选择的单元类型和单元选项的不同，ANSYS 计算的自由度可以是标量磁位、矢量磁位或边界通量。

ANSYS 利用 ANSYS/Emag 或 ANSYS/Multiphysics 模块中的电磁场分析功能，如图17-1所示，可分析计算电磁场的设备有：电力发电机、磁带及磁盘驱动器、变压器、波导、螺线管传动器、谐振腔、电动机、连接器、磁成像系统、天线辐射、图像显示设备传感器、滤波器和回旋加速器。

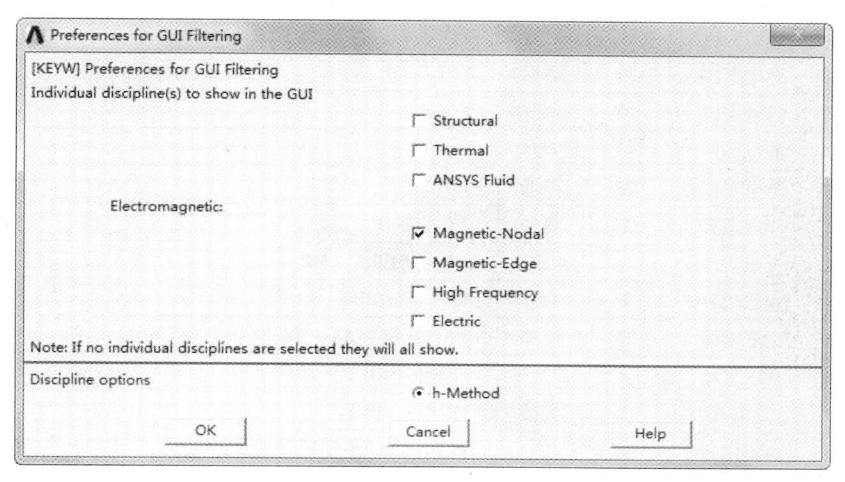

图17-1 选择电磁场分析类型

在一般电磁场分析中关心的典型的物理量为：磁通密度、能量损耗、磁场强度、漏磁、磁力及磁矩、s－参数、阻抗、品质因子 Q、电感、回波损耗、涡流和本征频率。

利用 ANSYS 可完成下列电磁场分析。

- 二维静态磁场分析，分析直流电（DC）或永磁体所产生的磁场。
- 二维谐波磁场分析，分析低频交流电流（AC）或交流电压所产生的磁场。
- 二维瞬态磁场分析，分析随时间任意变化的电流或外场所产生的磁场，包含永磁体的效应。
- 三维静态磁场分析，分析直流电或永磁体所产生的磁场。
- 三维谐波磁场分析，分析低频交流电所产生的磁场。
- 三维瞬态磁场分析，分析随时间任意变化的电流或外场所产生的磁场。

17.1.3 电磁场单元概述

ANSYS 提供了很多可用于模拟电磁现象的单元，见表 17-1。

表 17-1　电磁场单元

单元	维数	单元类型	节点数	形状	自由度和其他特征
PLANE53	2－D	磁实体矢量	8	四边形	AZ；AZ－VOLT；AZ－CURR；AZ－CURR－EMF
SOURC36	3－D	电流源	3	无	无自由度，线圈、杆、弧形基元
SOLID96	3－D	磁实体标量	8	砖形	MAG（简化、差分、通用标势）
SOLID97	3－D	磁实体矢量	8	砖形	AX、AY、AZ、VOLT；AX、AY、AZ、CURR；AX、AY、AZ、CURR、EMF；AX、AY、AZ、CURR、VOLT；支持速度效应和电路耦合
INTER115	3－D	界面	4	四边形	AX、AY、AZ、MAG
SOLID117	3－D	低频棱边单元	20	砖形	AZ（棱边）；AZ（棱边）－VOLT
HF119	3－D	高频棱边单元	10	四面体	AX（棱边）
HF120	3－D	高频棱边单元	20	砖形	AX（棱边）
CIRCU124	18－D	电路	8	线段	VOLT、CURR、EMF；电阻、电容、电感、电流源、电压源、3D 大线圈、互感、控制源
PLANE121	2－D	静电实体	8	四边形	VOLT
SOLID122	3－D	静电实体	20	砖形	VOLT
SOLID123	3－D	静电实体	10	四面体	VOLT
SOLID127	3－D	静电实体	10	四面体	VOLT
SOLID128	3－D	静电实体	20	砖形	VOLT
INFIN9	2－D	无限边界	2	线段	AZ－TEMP
INFIN10	2－D	无限实体	8	四边形	AZ、VOLT、TEMP
INFIN47	3－D	无限边界	4	四边形	MAG、TEMP
INFIN111	3－D	无限实体	20	砖形	MAG、AX、AY、AZ、VOLT、TEMP
PLANE67	2－D	热电实体	4	四边形	TEMP－VOLT
LINK68	3－D	热电杆	2	线段	TEMP－VOLT
SOLID69	3－D	热电实体	8	砖形	TEMP－VOLT
SHELL157	3－D	热电壳	4	四边形	TEMP－VOLT

（续）

单元	维数	单元类型	节点数	形状	自由度和其他特征
PLANE13	2－D	耦合实体	4	四边形	UX、UY、TEMP、AZ；UX－UY－VOLT
SOLID5	3－D	耦合实体	8	砖形	UX－UY－UZ－TEMP－VOLT－MAG；TEMP－VOLT－MAG；UX－UY－UZ；TEMP、VOLT/MAG
SOLID62	3－D	磁结构	8	砖形	UX－UY－UZ－AX－AY－AZ－VOLT
SOLID98	3－D	耦合实体	10	四面体	UX－UY－UZ－TEMP－VOLT－MAG；TEMP－VOLT－MAG；UX－UY－UZ；TEMP、VOLT/MAG

17.2 实例——二维螺线管制动器内瞬态磁场的分析

本实例介绍一个二维螺线管制动器内瞬态磁场的分析（GUI 方式和命令流方式）方法。

17.2.1 问题描述

把螺线管制动器作为 19－D 轴对称模型进行分析，计算衔铁部分（螺线管制动器的运动部分）的受力情况、线圈电感和电压激励下的线圈电流。螺线管制动器如图 17-2 所示，其参数见表 17-2。

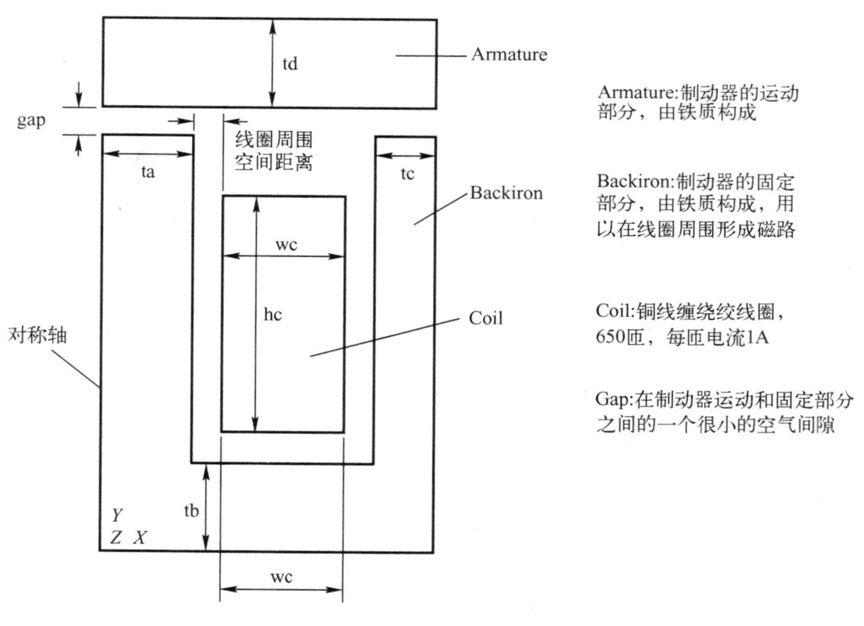

图 17-2　螺线管制动器

在 0.01 s 时间内给线圈加电压（斜坡式）0～12 V，然后电压保持常数直到 0.06 s。线圈要求定义其他特性，包括横截面面积和填充系数。本实例使用了铜的阻抗，衔铁部分假设为铁质，故也应该输入电阻。

本实例的目的在于研究已知变化电压载荷下，线圈电流、衔铁受力和线圈电感随时间的响应情况（由于衔铁中的涡流效应，线圈电感会有微小变化）。

求解时，使用恒定时间步长，分为3个载荷步，分别设置在0.01 s、0.03 s、0.06 s。在时间历程后处理器中，对于已经定义好的组件可以用PMGTRAN命令或者其等效路径计算需要的结果，并可用DISPLAY程序显示从该命令生成的filemg_trns. plt文件中的结果。

表17-2　参数说明

参　数	说　明
n = 650	线圈匝数，在后处理中用
ta = 0.75	磁路内支路厚度（cm）
tb = 0.75	磁路下支路厚度（cm）
tc = 0.50	磁路外支路厚度（cm）
td = 0.75	衔铁厚度（cm）
wc = 1	线圈宽度（cm）
hc = 2	线圈高度（cm）
gap = 0.25	间隙（cm）
space = 0.25	线圈周围空间距离（cm）
ws = wc + 2 * space	
hs = hc + 0.75	
w = ta + ws + tc	模型总宽度（cm）
hb = tb + hs	
h = hb + gap + td	模型总高度（cm）
acoil = wc * hc	线圈截面积（cm^2）

17.2.2 创建物理环境

1）过滤图形界面：执行主菜单中Main Menu > Preferences命令，弹出Preferences for GUI Filtering对话框，选中Magnetic - Nodal选项来对后面的分析进行菜单及相应的图形界面过滤。

2）定义工作标题：执行实用菜单中Utility Menu > File > Change Title命令，在弹出的对话框中输入2D Solenoid Actuator Transient Analysis，单击OK按钮，如图17-3所示。

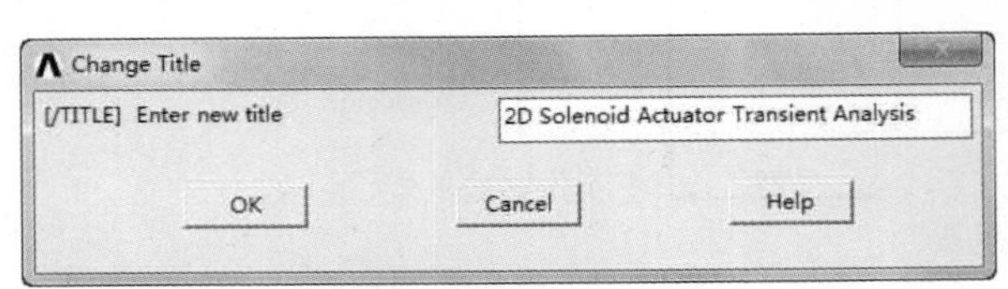

图17-3　定义工作标题

3）指定工作名：执行实用菜单中Utility Menu > File > Change Jobname命令，弹出一个对话框，在Enter new Name后面输入Emage42D，单击OK按钮。

4）定义单元类型和选项：执行主菜单中Main Menu > Preprocessor > Element Type > Add/

Edit/Delete 命令，弹出 Element Types 单元类型对话框，如图 17-4 所示，单击 Add 按钮，弹出 Library of Element Types 单元类型库对话框，如图 17-5 所示。

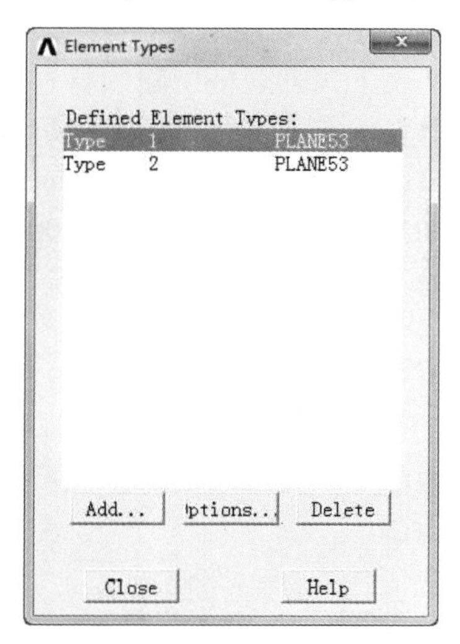

图 17-4 单元类型对话框

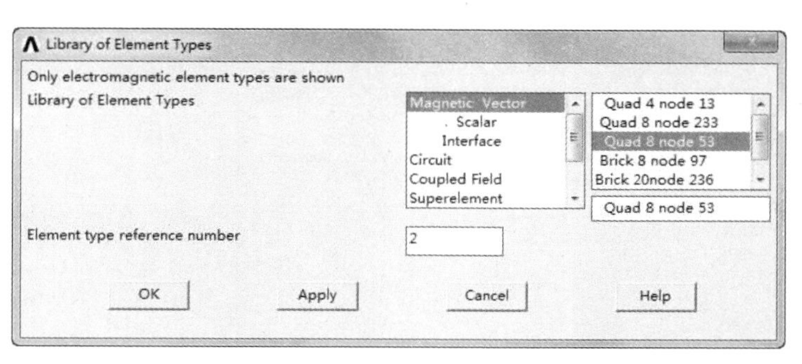

图 17-5 单元类型库对话框

5）在该对话框中左面滚动栏中选择 Magnetic Vector 选项，在右边的滚动栏中选择 Quad 8 node53 选项，单击 Apply 按钮，再单击 OK 按钮，定义了两个 PLANE53 单元。在 Element Types 对话框中选择单元类型 1，单击 Options 按钮，弹出 PLANE53 element type options 单元类型选项对话框，如图 17-6 所示，在 Element behavior K3 下拉列表框 Axisymmetric 选项，单击 OK 按钮回到 Element Types 对话框，选择单元类型 2，单击 Options 按钮，弹出 PLANE53 element type options 单元类型选项对话框，在 Element degree(s)of freedom 下拉列表框中选择 AZ CURR 选项，在 Element behavior 下拉列表框中选择 Axisymmetric 选项，单击 OK 按钮退出此对话框，得到如图 17-4 所示的结果。最后单击 Close 按钮，关闭单元类型对话框。

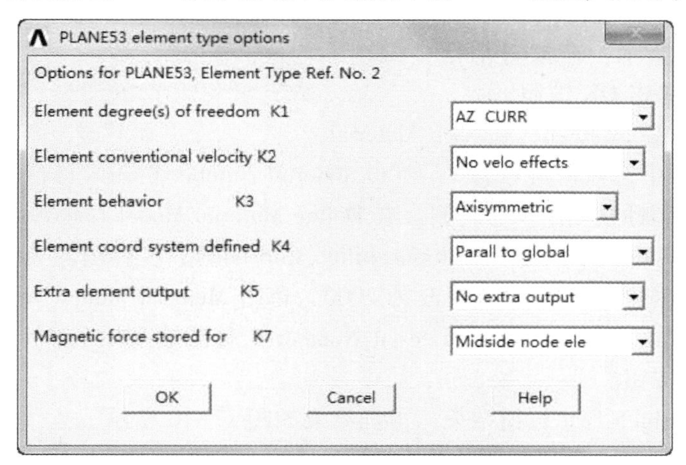

图 17-6 单元类型选项

6）定义材料属性：执行主菜单中 Main Menu > Preprocessor > Material Props > Material Models 命令，弹出 Define Material Model Behavior 对话框，在右边的栏中连续选择 Electromagnetics > Relative Permeability > Constant 选项后，又弹出 Relative Permeability for Material Number 1 对话框，如图 17-7 所示，在该对话框中 PERX 后面的输入栏输入 1，单击 OK 按钮。

7）单击 Edit > Copy 按钮弹出 Copy Material Model 对话框，如图 17-8 所示。在 from Material Number 下拉列表框中选择材料号为 1；在 to Material Number 下拉列表框中输入材料号为 2，单击 OK 按钮，这样就把 1 号材料的属性复制给了 2 号材料。在 Define Material Model Behavior 对话框左边栏依次单击 Material Model Number 2 和 Relative Permeability(Constant)，在弹出的“Permeability for Material Number 2”对话框中将 PERX 后面的输入栏改为 1000，单击 OK 按钮。

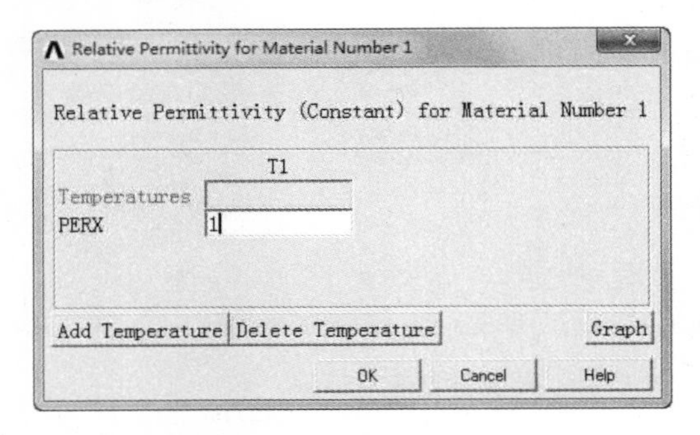

图 17-7　定义相对磁导率

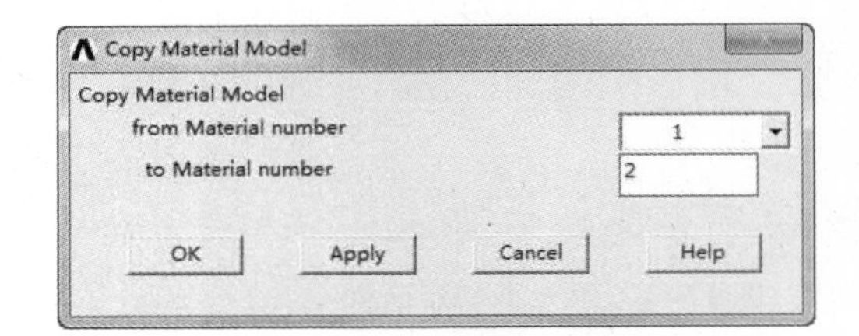

图 17-8　复制材料属性

8）再次单击 Edit > Copy 按钮，在 from Material Number 下拉列表框中选择材料号为 1；在 to Material Number 栏输入材料号为 3，单击 OK 按钮，把 1 号材料的属性复制给 3 号材料。在 Define Material Model Behavior 对话框左边栏依次单击 Material Model Number 3 和对话框中右边栏 Electromagnetics > Resistivity > Constant 后，又弹出 Resistivity for Material Number 3 对话框，如图 17-9 所示，在该对话框中 RSVX 栏输入 3E-008，单击 OK 按钮。

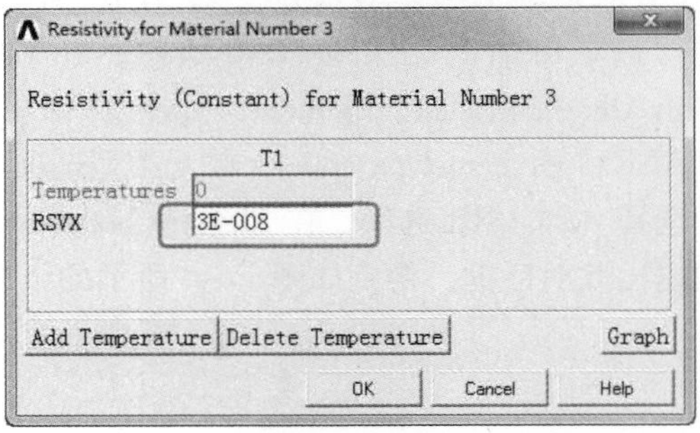

图 17-9　定义阻抗

9）单击 Edit > Copy 按钮，在 from Material Number 下拉列表框中选择材料号为 3；在 to Material Number 栏输入材料号为 4，单击 OK 按钮，把 3 号材料的属性复制给 4 号材料。在 Define Material Model Behavior 对话框中左边栏中依次单击 Material Model Number 4 和 Permeability(Constant)，在弹出的 Permeability for Material Number 4 对话框中将 PERX 输入栏改为 2000，单击 Material Model Number 4 和 Resistivity (Constant)，在弹出的 Resistivity for Material Number 4 对话框中将 RSVX 后面的输入栏改为 70E-8，单击 OK 按钮。

10）单击 Material > Exit 按钮结束，得到结果如图 17-10 所示。

11）查看材料列表：执行实用菜单中 Utility Menu > List > Properties > All Materials 命令，弹出 MPLIST Command 信息窗口，信息窗口列出了所有已经定义的材料以及其属性，确认无误后，关闭窗口。

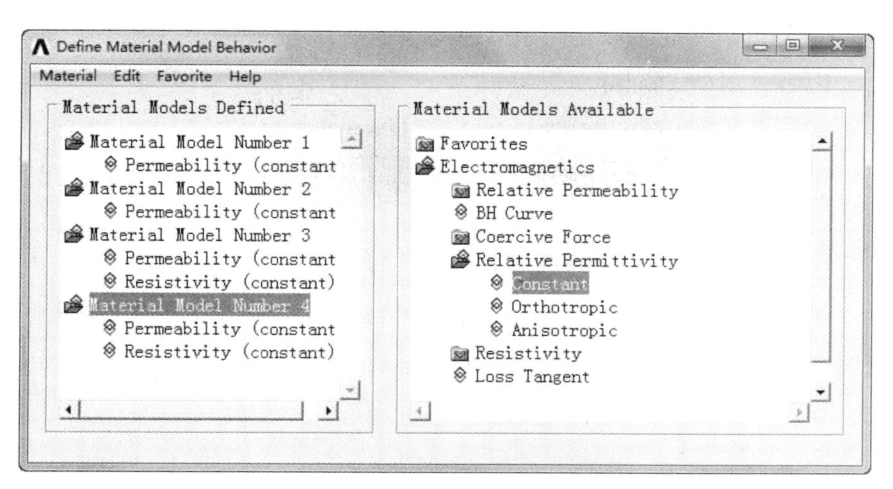

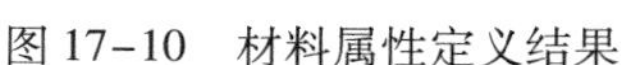
图 17-10　材料属性定义结果

17.2.3 建立模型、赋予特性、划分网格

1）定义分析参数：执行实用菜单中 Utility Menu > Parameters > Scalar Parameters 命令，弹出 Scalar Parameters 对话框，在 Selection 输入 n = 650，单击 Accept 按钮。然后依次在 Selection 分别输入 ta = 0.75、tb = 0.75、tc = 0.50、td = 0.75、wc = 1、hc = 2、gap = 0.25、space = 0.25、ws = wc + 2 * space、hs = hc + 0.75、w = ta + ws + tc、hb = tb + hs、h = hb + gap + td、acoil = wc * hc。

单击 Accept 按钮确认，最后输入完后，单击 Close 按钮关闭 Scalar Parameters 对话框，其输入参数的结果如图 17-11 所示。

2）打开面积区域编号显示：执行实用菜单中 Utility Menu > PlotCtrls > Numbering 命令，弹出 Plot Numbering Controls 对话框，如图 17-12 所示。勾选 Area numbers 复选框由“Off”变为“On”，单击 OK 按钮关闭窗口。

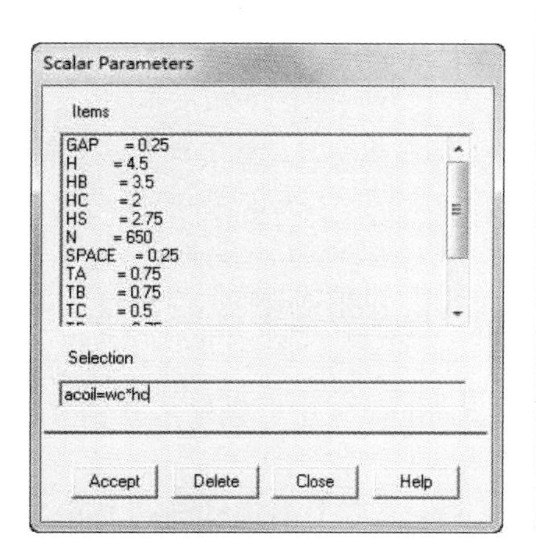

图 17-11　输入参数对话框

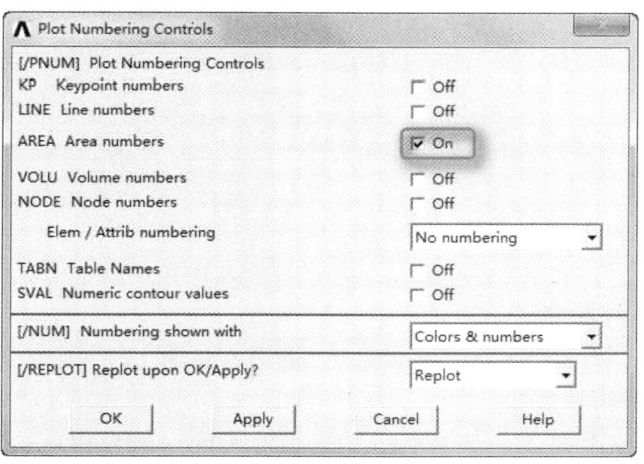

图 17-12　显示面积编号对话框

3）定义实常数：执行主菜单中 Main Menu > Preprocessor > Real Constants > Add/Edit/Delete 命令，弹出 Element Types 单元类型对话框，选择单元类型 2，再按 OK 按钮，出现 PLANE53 单元的实常数对话框 Real Constant Set Number，for PLANE53，如图 17-13 所示。分别在 Coil cross - sectional area 中输入 acoil *（0.01 * *2），Total number of coil turns 中输入 n，Current in z - direction 中输入 1，Coil fill factor 中输入 0.95。

单击 OK 按钮，出现 Real Constants 对话框，其中列出常数组 1，如图 17-14 所示。

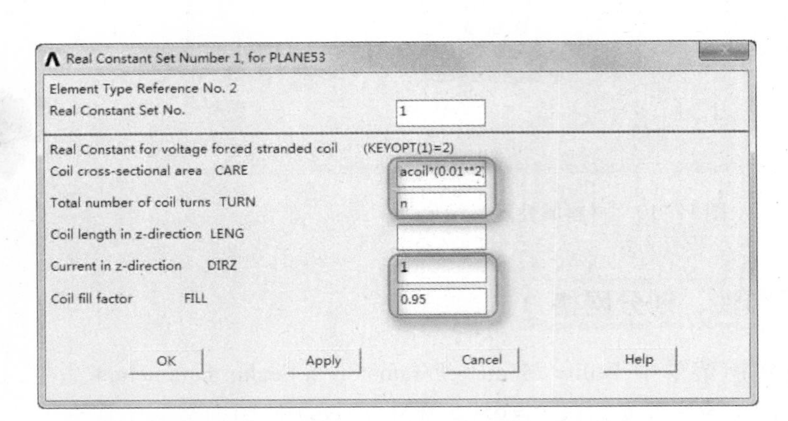

图 17-13 PLANE53 单元的实常数对话框

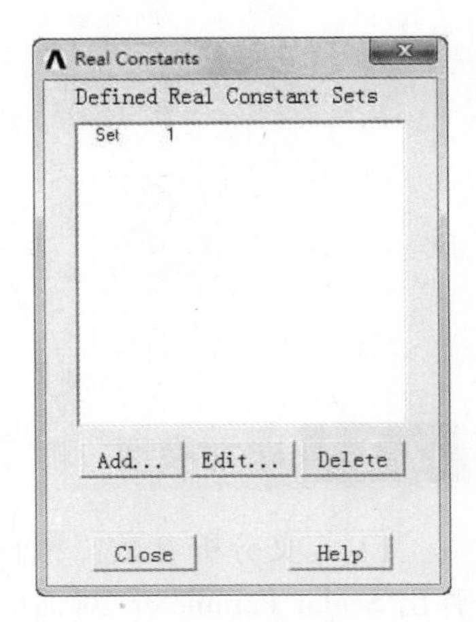

图 17-14 实常数数组

4）建立平面几何模型：执行主菜单中 Main Menu > Preprocessor > Modeling > Create > Areas > Rectangle > By Dimensions 命令，弹出 Create Rectangle by Dimension 对话框，如图 17-15 所示。在 X - coordinates 中分别输入 0 和 w，在 Y - coordinates 中分别输入 0 和 tb，单击 Apply 按钮。

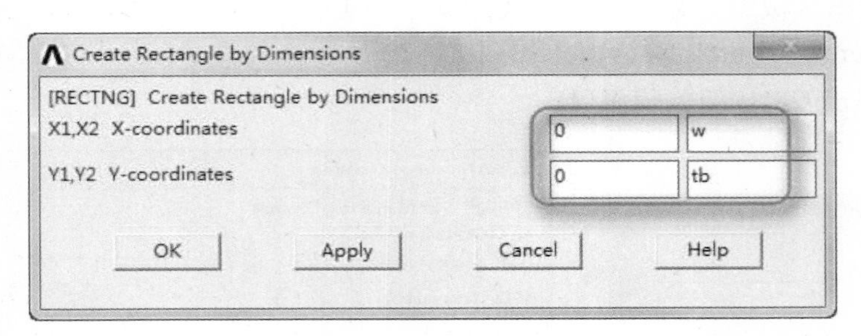

图 17-15 生成矩形对话框

① 在 X - coordinates 中分别输入 0 和 w，在 Y - coordinates 中分别输入 tb 和 hb，单击 Apply 按钮。

② 在 X - coordinates 中分别输入 ta 和 ta + ws，在 Y - coordinates 中分别输入 0 和 h，单击 Apply 按钮。

③ 在 X - coordinates 中分别输入 ta + space 和 ta + space + wc，在 Y - coordinates 中分别输入 tb + space 和 tb + space + hc，单击 OK 按钮。

④ 布尔运算：执行主菜单中 Main Menu > Preprocessor > Modeling > Operate > Booleans >

Overlap > Areas 选项，弹出 Overlap Areas 对话框如图 17-16 所示。单击 Pick All 按钮，对所有的面进行叠分操作。

⑤ 打开 Create Rectangle by Dimension 对话框，在 X - coordinates 中分别输入 0 和 w，在 Y - coordinates 中分别输入 0 和 hb + gap，单击 Apply 按钮。

⑥ 在 X - coordinates 中分别输入 0 和 w，在 Y - coordinates 中分别输入 0 和 h，单击 OK 按钮。

⑦ 打开 Overlap Areas 拾取框，单击 Pick All 按钮，对所有的面进行叠分操作。

⑧ 压缩不用的面号：执行主菜单中 Main Menu > Preprocessor > Numbering Ctrls > Compress Numbers 命令，弹出 Compress Numbers 对话框如图 17-17 所示，在 Item to be compressed 下拉列表框中选择 Areas 选项，将面号重新压缩编排，从 1 开始中间没有空缺，单击 OK 按钮退出对话框。

⑨ 重新显示：执行实用菜单中 Utility Menu > Plot > Replot 命令，最后得到制动器的几何模型，如图 17-18 所示。

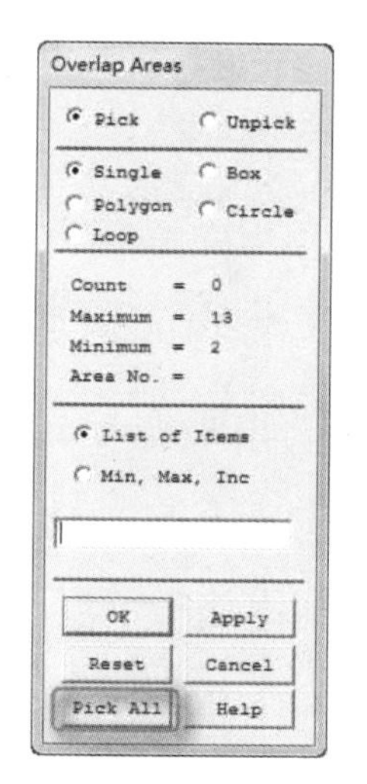

图 17-16　面叠分拾取框

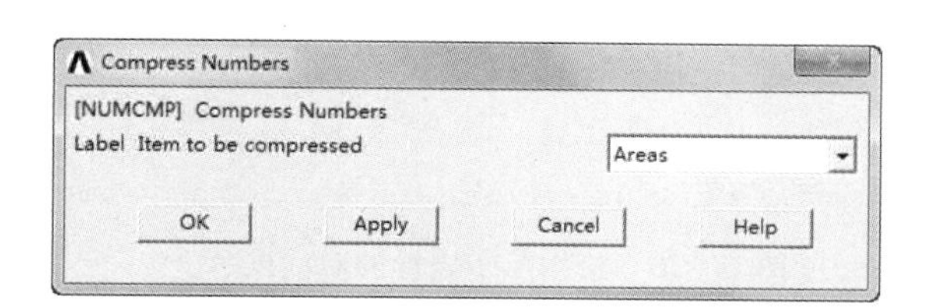

图 17-17　压缩面号对话框

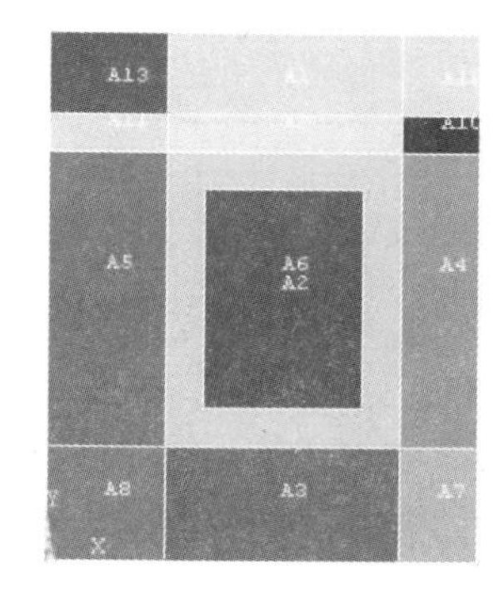

图 17-18　生成的制动器几何模型

5）保存几何模型文件；执行实用菜单中 Utility Menu > File > Save as 命令，弹出一个 Save Database 对话框，在 Save Database to 中输入文件名 Emage_2D_geom. db，单击 OK 按钮。

6）给面赋予特性：执行主菜单中 Main Menu > Preprocessor > Meshing > MeshTool 命令，弹出 MeshTool 对话框，如图 17-19 所示，在 Element Attributes 下拉列表框中选择 Areas 选项，单击 Set 按钮，弹出一个 Area Attributes 面拾取对话框，在图形界面上拾取编号为 A2 的面，或者直接在拾取框的输入栏中输入 2 并按〈Enter〉键，单击拾取框上的 OK 按钮，又弹出一个如图 17-20 所示的 Area Attributes 对话框，在 Material number 下拉列表框中选取 3，在 Element type number 下拉列表框中选取 2 PLANE53，给线圈输入材料属性。单击 Apply 按钮再次弹出面拾取框。

① 在 Area Attributes 面拾取框的输入栏中输入“1，12，13”并按〈Enter〉键，单击拾取框上的 OK 按钮，弹出如图 17-20 所示的 Area Attributes 对话框，在 Material number 下拉列表框中选取 3，在“Element type number”下拉列表框中选取 1 PLANE53，给制动器运动

部分输入材料属性。单击 Apply 按钮再次弹出面拾取框。

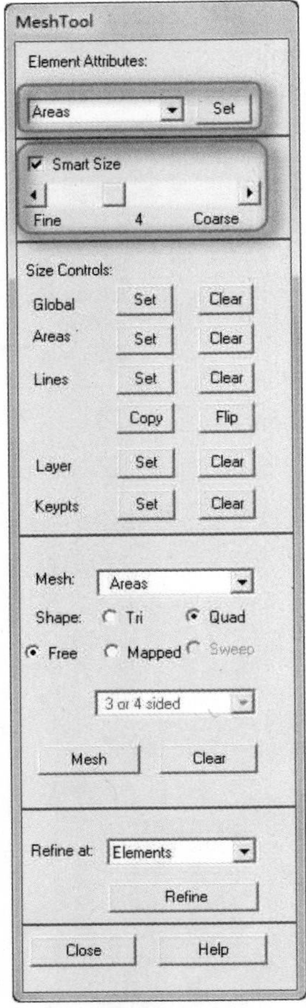

图 17-19　网格划分工具栏

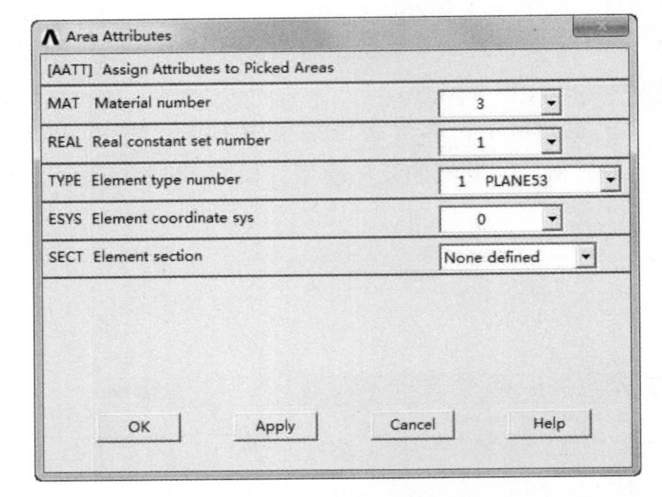

图 17-20　给面赋予属性的对话框

② 在 Area Attributes 面拾取框的输入栏中输入“3，4，5，7，8”并按〈Enter〉键，单击拾取框上的 OK 按钮，弹出如图 17-20 所示的 Area Attributes 对话框，在 Material number 下拉列表框中选取 2，给制动器固定部分输入材料属性。单击 OK 按钮。

③ 剩下的空气面默认被赋予了 1 号材料属性和 1 号单元类型。

7）选择所有的实体：执行实用菜单中 Utility Menu > Select > Everything 命令。

8）按材料属性显示面：执行实用菜单中 Utility Menu > PlotCtrls > Numbering 命令，弹出 Plot Numbering Controls 对话框。在 Elem/Attrib numbering 下拉列表框中选择 Material numbers 选项，单击 OK 按钮，其结果如图 17-21 所示。

9）保存数据结果：单击工具栏上的 SAVE_DB 按钮。

10）制定智能网格划分的等级：在 MeshTool 对话框 Smart Size 前面的复选框上打上“√”，并将 fine - coarse 工具条拖到 4 的位置，如图 17-19 所示。设定智能网格划分的等级为 4。

11）智能划分网格：在 MeshTool 对话框的“Mesh”下拉列表框中选择 Areas 选项，在 Shape 后面的要划分单元形状选择四边形 Quad 选项，在下面的自由划分 Free 和映射划分

Mapped 中选择 Free 选项。单击 Mesh 按钮，弹出 Mesh Areas 拾取框，单击 Pick All 按钮，生成的网格结果如图 17-22 所示。单击网格划分工具栏上的 Close 按钮。

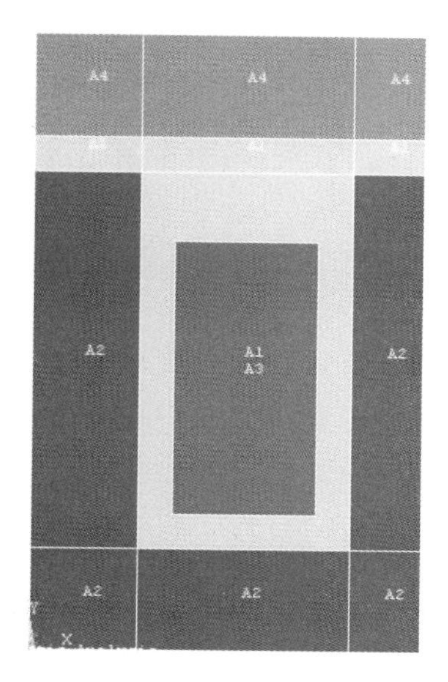

图 17-21 按材料属性显示面

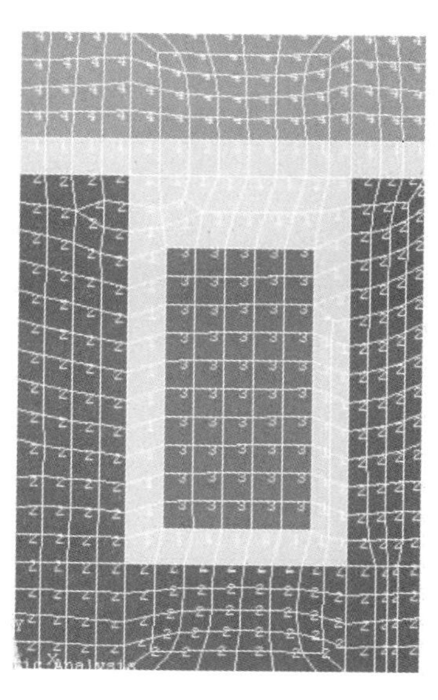

图 17-22 生成的有限元网格面

12）保存网格数据：执行实用菜单中 Utility Menu > File > Save as 命令，弹出一个 Save Database 对话框，在 Save Database to 中输入文件名 Emage_2D_mesh. db，单击 OK 按钮。

17.2.4 加边界条件和载荷

1）选择衔铁上的所有单元：执行实用菜单中 Utility Menu > Select > Entities 命令，弹出一个 Select Entities 对话框，如图 17-23 所示。在最上边的第一个下拉列表框中选取 Elements 选项，在其下的第二个下拉列表框中选择 By Attributes 选项，再在下边的单选框中选择 Material num 单选按钮，在“Min，Max，Inc”下面的输入栏中输入 4，单击 OK 按钮。

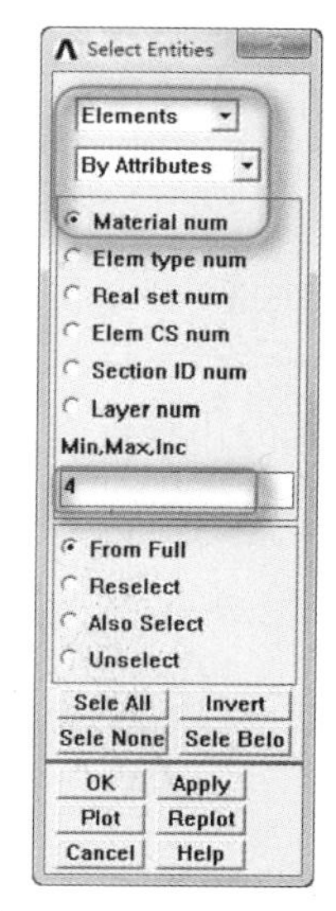

图 17-23 Select Entities 对话框

2）将所选单元生成一个组件：执行实用菜单中 Utility Menu > Select > Comp/Assembly > Create Component 命令，弹出一个 Create Component 对话框，如图 17-24 所示。在 Component name 中输入组件名 ARM，在 Component is made of 中选择 Element 选项，单击 OK 按钮。

3）选择所有实体：执行实用菜单中 Utility Menu > Select > Everything 命令。

4）给衔铁施加边界条件：执行主菜单中选择 Main Menu > Preprocessor > Loads > Define Loads > Apply > Magnetic > Flag > Comp. Force/Torque 命令，弹出一个如图 17-25 所示的对话框，在选择栏中选取组件名 ARM 选项，单击 OK 按钮。

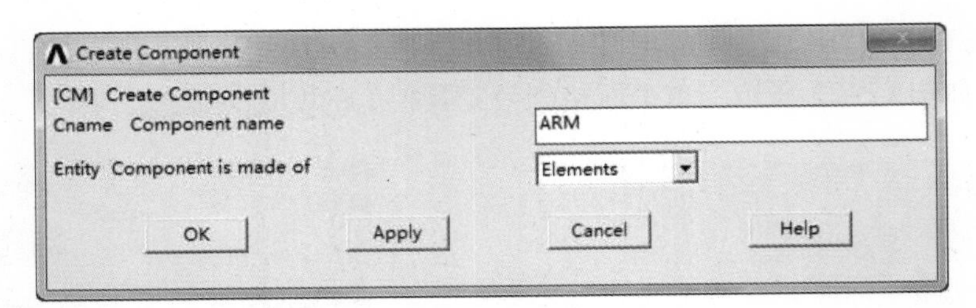

图 17-24　生成组件对话框

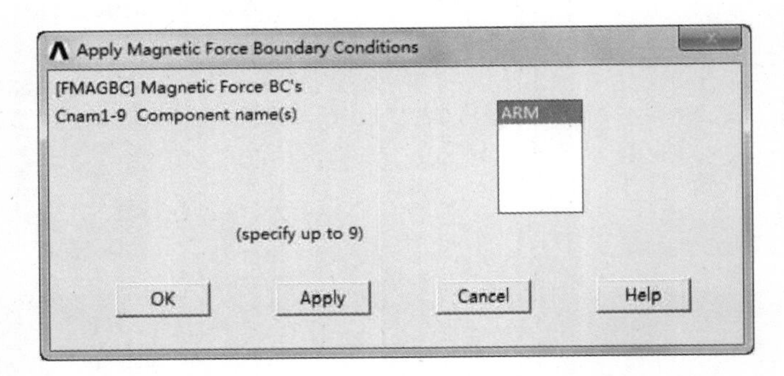

图 17-25　给衔铁施加边界条件对话框

5）选择线圈上的所有单元：执行实用菜单中 Utility Menu > Select > Entities 命令，弹出一个 Select Entities 对话框，如图 17-23 所示。在最上边的第一个下拉列表框中选取 Elements 选项，在其下的第二个下拉列表框中选择 By Attributes 选项，再在下边的单选框中选择 Material Num 单选按钮，在“Min，Max，Inc”下面的输入栏中输入 3，单击 Apply 按钮。

6）选择线圈上的所有节点：将最上边的第一个下拉列表框改为 Nodes，将其下的第二个下拉列表框中改为 Attached to，在下面的单选框中分别选择 Elements 和 From Full 单选按钮，单击 OK 按钮。

7）耦合线圈节点电流自由度：执行主菜单中 Main Menu > Preprocessor > Coupling/Ceqn > Couple DOFs 命令，弹出一个定义耦合节点自由度的节点拾取框，单击 Pick All 按钮，弹出一个 Define Couple DOFs 对话框，如图 17-26 所示。在 Set reference number 中输入 1，在 Degree - of - freedom label 下拉列表框中选择 CURR 选项。单击 OK 按钮。可以看到在模型的线圈部分出现标志，图 17-27 所示是耦合了电流自由度后的线圈单元。

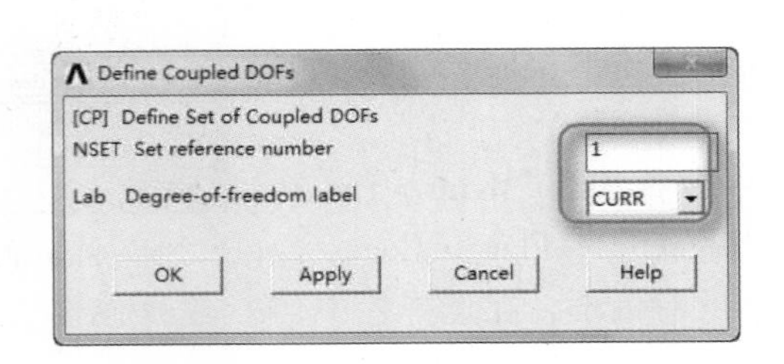

图 17-26　自由度耦合设置对话框

图 17-27　自由度耦合后线圈单元

8）将线圈单元生成一个组件：执行实用菜单中 Utility Menu > Select > Comp/Assembly > Create Component 命令，弹出一个 Create Component 对话框，如图 17-24 所示。在 Component name 中输入组件名 coil，在 Component is made of 下拉列表框中选择 Element 选项，单击 OK 按钮。

9）选择所有实体：执行实用菜单中 Utility Menu > Select > Everything 命令。

10）将模型单位制改成（Scale）MKS 单位制（米）：执行主菜单中 Main Menu > Preprocessor > Modeling > Operate > Scale > Areas 命令，弹出一个面拾取框，单击拾取框上的 Pick All 按钮，又弹出一个如图 17-28 所示的对话框，在 "RX，RY，RZ Scale factors" 后面依次输入 "0.01，0.01，1"，在 Existing areas will be 下拉列表框中选择 Moved 选项，单击 OK 按钮。

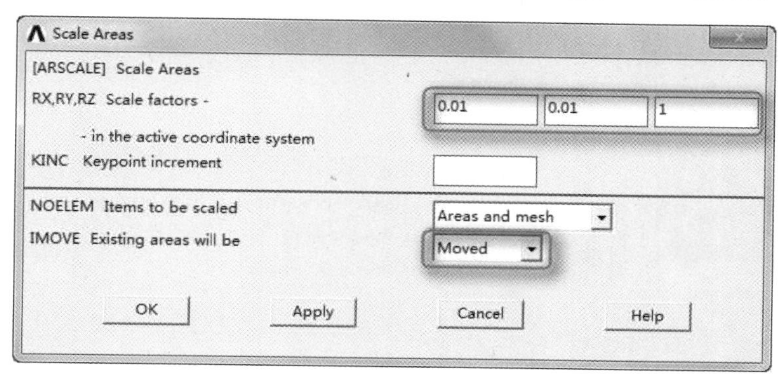

图 17-28 模型缩放对话框

11）选择分析类型：执行主菜单中 Main Menu > Solution > Analysis Type > New Analysis 命令，弹出一个 New Analysis 对话框，如图 17-29 所示，在单选框中选 Transient 单选按钮，单击 OK 按钮。又弹出一个 Transient Analysis 对话框，如图 17-30 所示，接受求解方法 Solution method 为 "Full"，单击 OK 按钮。

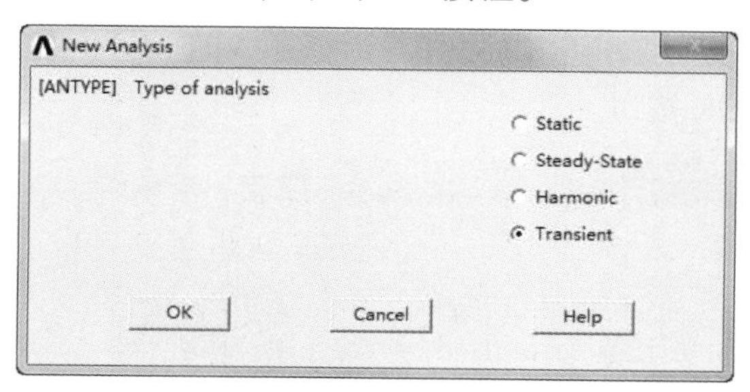

图 17-29 选择分析类型对话框

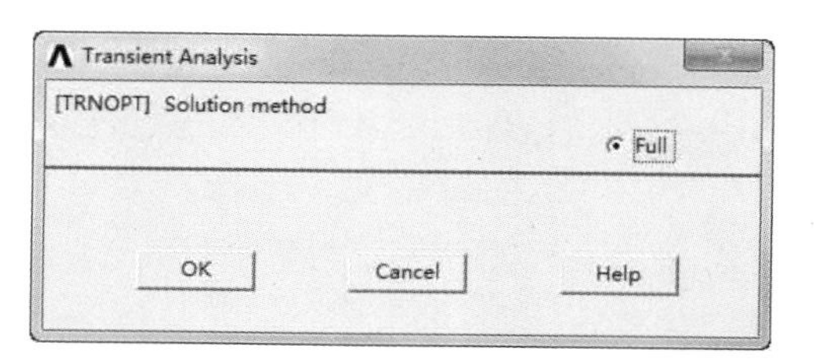

图 17-30 瞬态分析对话框

12）选择外围节点：执行实用菜单中 Utility Menu > Select > Entities 命令，弹出一个 Select Entities 对话框。在最上边的第一个下拉列表框中选取 Nodes 选项，在其下的第二个下拉列表框中选择 Exterior 选项，单击 Sele All 按钮，再单击 OK 按钮。

13）施加磁力线平行条件：执行主菜单中 Main Menu > Solution > Define Loads > Apply > Magnetic > Boundary > Vector Poten > Flux Par'l > On Nodes 命令，出现节点一个拾取框，单击 Pick All 按钮，所施加的结果如图 17-31 所示。

14）选择所有实体：执行实用菜单中 Utility Menu > Select > Everything 命令。

15）选择组件：执行实用菜单中 Utility Menu > Select > Comp/Assembly > Select Comp/Assembly 命令，弹出 Select Component or Assembly 对话框，接受默认选项 by Component name，单击 OK 按钮，又弹出一个选择组件对话框，在 Comp/Assemb to be selected 后面的选择栏中选择 Coil 选项，单击 OK 按钮。

16）施加电压载荷：执行主菜单中 Main Menu > Solution > Define Loads > Apply > Magnetic > Excitation > Voltage Drop > On Elements 命令，弹出一个单元拾取框，单击 Pick All 按钮，弹出 Apply VLTG on Elems 对话框，如图 17-32 所示，在 Voltage drop mag（VLTG）中输入 12，单击 OK 按钮。

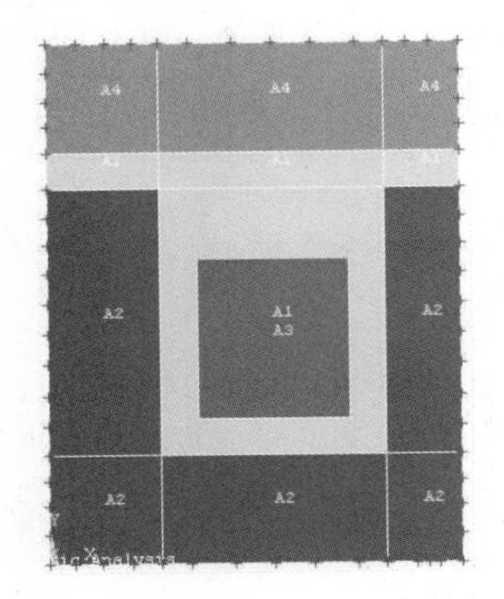

图 17-31　施加磁力线平行条件

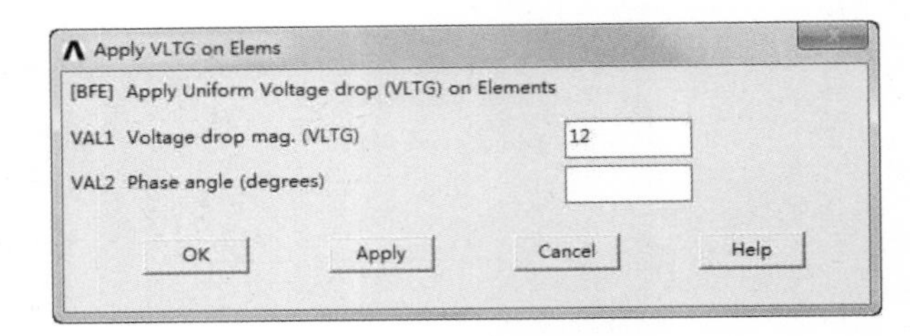

图 17-32　施加电压载荷对话框

17）选择所有实体：执行实用菜单中 Utility Menu > Select > Everything 命令。

17.2.5 求解

1）设定时间和子步选项：执行主菜单中 Main Menu > Solution > Load Step Opts > Time/Frequency > Time and Substeps 命令，弹出 Time and Substp Options 对话框，如图 17-33 所示，在 Time at end of load step 中输入 0.01，单击 OK 按钮。

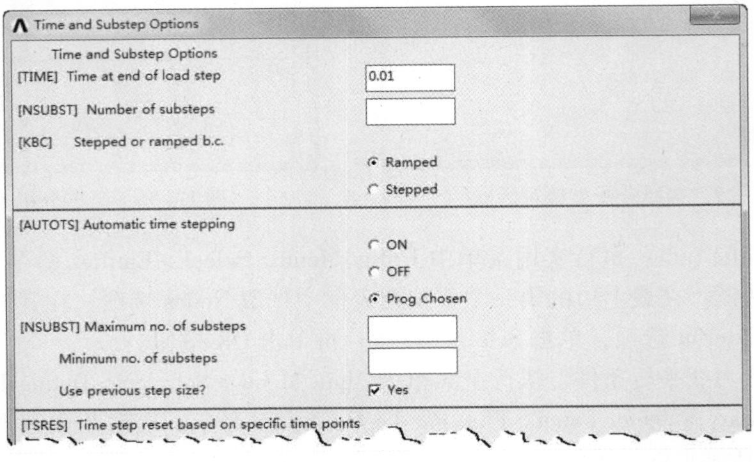

Time and Substep Options
Time and Substep Options
[TIME] Time at end of load step　0.01
[NSUBST] Number of substeps
[KBC] Stepped or ramped b.c.
Ramped
Stepped
[AUTOTS] Automatic time stepping
ON
OFF
Prog Chosen
[NSUBST] Maximum no. of substeps
Minimum no. of substeps
Use previous step size?　Yes
[TSRES] Time step reset based on specific time points

图 17-33　时间和子步选项对话框

2）设定时间和时间步长选项：执行主菜单中 Main Menu > Solution > Load Step Opts > Time/Frequenc > Time – Time Step 命令，弹出 Time and Time Step Options 对话框，如图 17-34 所示，在 Time step size 中输入 0.002，单击 OK 按钮。这样将加载时间设置 0 ~ 0.01 s 内分为 5 个子步求解，每一步加载方式为斜坡式（ANSYS 默认设置）。

3）数据库和结果文件输出控制：执行主菜单中 Main Menu > Solution > Load Step Opts > Output Ctrls > DB/Results File 命令，弹出 Controls for Database and Result File Writing 对话框，如图 17-35 所示，在 Item to be controlled 下拉列表框中选择 All Items 按钮，在 File write frequency 下面的单选框中选择 Every substep 单选按钮，单击 OK 按钮，把每个子步的求解结果写到数据库中。

4）求解：执行主菜单中 Main Menu > Solution > Solve > Current LS 命令，弹出一个信息窗口和一个求解当前载荷步对话框，确认信息无误后关闭，单击求解对话框的 OK 按钮，开始求解运算，直到出现一个 Solution is done 的提示栏，表示求解结束。

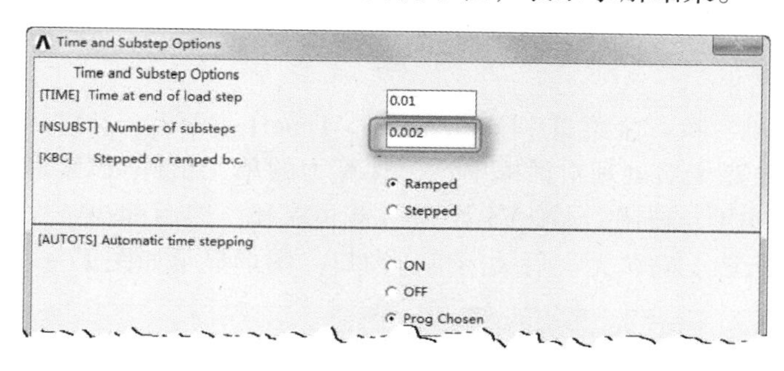

图 17-34 时间和时间步长选项对话框

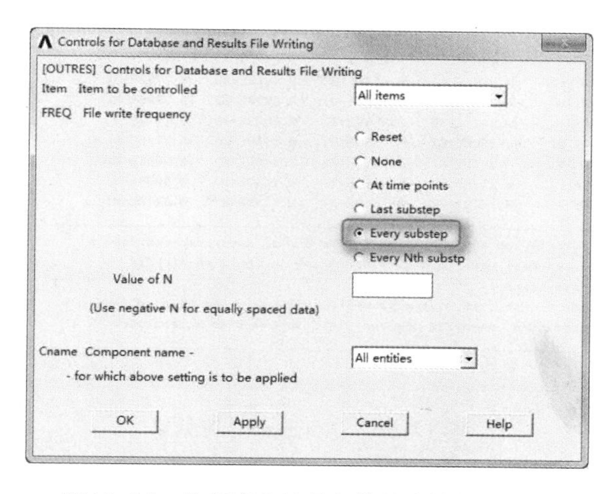

图 17-35 数据库和结果文件输出控制对话框

5）设定时间和子步选项：执行主菜单中 Main Menu > Solution > Load Step Opts > Time/Frequency > Time and Substps 命令，弹出 Time and Substp Options 对话框，如图 17-33 所示，在 Time at end of load step 中输入 0.03，在 Number of Substeps 中输入 1，单击 OK 按钮。

6）求解：执行主菜单中 Main Menu > Solution > Solve > Current LS 命令，弹出一个信息窗口和一个求解当前载荷步对话框，确认信息无误后关闭，单击求解对话框的 OK 按钮，开始求解运算，直到出现一个 Solution is done 的提示栏，表示求解结束。

7）设定时间和时间步长选项：执行主菜单中 Main Menu > Solution > Load Step Opts > Time/Frequenc > Time – Time Step 命令，弹出 Time and Time Step Options 对话框，如图 17-34 所示，在 Time step size 中输入 0.005，单击 OK 按钮。

8）设定时间和子步选项：执行主菜单中 Main Menu > Solution > Load Step Opts > Time/Frequency > Time and Substeps 命令，弹出 Time and Substp Options 对话框，如图 17-33 所示，在 Time at end of load step 中输入 0.06，在 Number of Substps 中输入 1，单击 OK 按钮。

9）求解：执行主菜单中 Main Menu > Solution > Solve > Current LS 命令，弹出一个信息窗口和一个求解当前载荷步对话框，确认信息无误后关闭，单击求解对话框的 OK 按钮，开始求解运算，直到出现一个 Solution is done 的提示栏，表示求解结束。

10）保存计算结果到文件：执行实用菜单中 Utility Menu > File > Save as 命令，弹出一个 Save Database 对话框，在 Save Database to 中输入文件名 Emage_2D_resu.db，单击 OK 按钮。

11）查看结算结果。

① 查看计算结果：执行主菜单中 Main Menu > TimeHist Postpro > Elec&Mag > Magnetics 命令，在弹出的瞬态电磁场后处理对话框中选择计算力的单元组件 ARM 和计算电流和电感的单元组件 COIL，单击 OK 按钮，ANSYS 计算结果并求和，然后弹出一个信息窗口显示数据信息，如图 17-36 所示。确认无误后关闭信息窗口。图形显示如图 17-37 所示。

mg_trns.out

File

TIME HISTORY SUMMARIES FOR SELECTED COMPONENTS

COMPONENT NAMES

TIME (sec)	ARM ARM ARM ARM	ARM For-Y MXWF (N)	COIL Current (A-t)	COIL Induct. (H)
0.2000E-02	-0.5301E-02	-0.5138E-02	0.1818E+02	0.7952E-01
0.4000E-02	-0.7910E-01	-0.7667E-01	0.6993E+02	0.7968E-01
0.6000E-02	-0.3671E+00	-0.3558E+00	0.1503E+03	0.7977E-01
0.8000E-02	-0.1060E+01	-0.1028E+01	0.2550E+03	0.7982E-01
0.1000E-01	-0.2367E+01	-0.2294E+01	0.3807E+03	0.7986E-01
0.3000E-01	-0.2130E+02	-0.2065E+02	0.1137E+04	0.8003E-01
0.6000E-01	-0.2578E+02	-0.2499E+02	0.1249E+04	0.8010E-01

Note: Maxwell forces (MXWF) are in the Global Cartesian coordinate system. Virtual work forces (V.Work) are in the element ESYS coordinate system.
The plots of the time histories are contained in the file mg_trns.plt and the printed summaries are contained in the file mg_trns.out.

图 17-36 单元组件计算结果

② 退出 ANSYS：单击工具条上的 Quit 按钮弹出一个如图 17-38 所示的 Exit from ANSYS 对话框，选择 Quit—No Save！选项，单击 OK 按钮，则退出 ANSYS 软件。

17.2.6 命令流方式

略，见随书网盘资源电子文档。

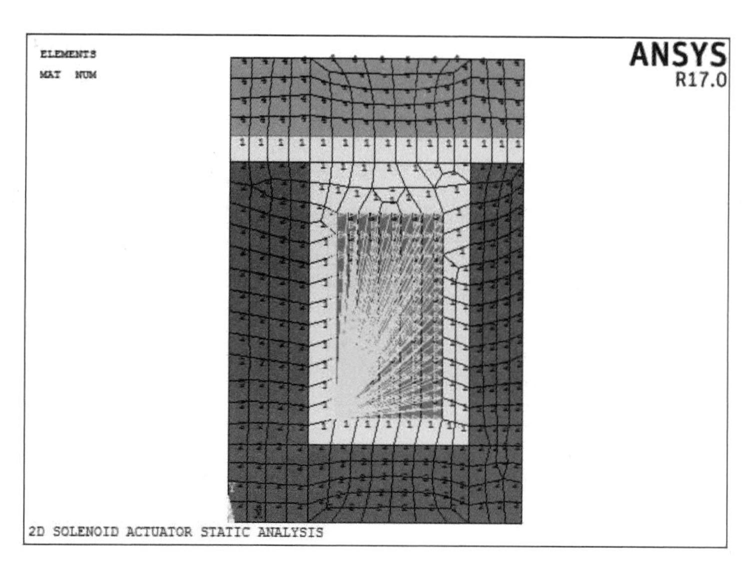

图 17-37　图形显示结果

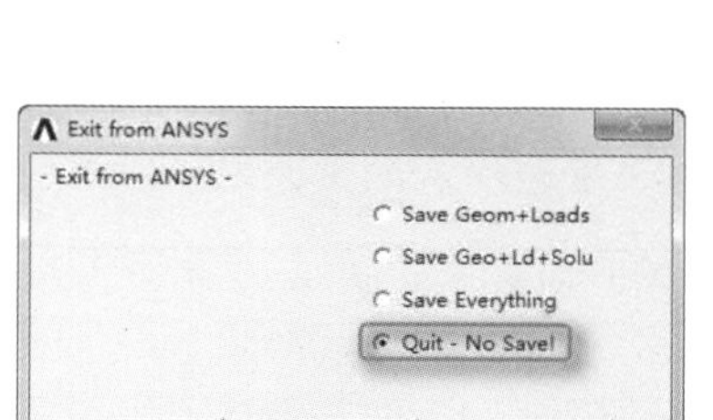

图 17-38　Exit from ANSYS 对话框

17.3　实例——正方形电流环中的磁场

本节实例为一个正方形电流环中的磁场分布（GUI 方式和命令流方式）。

17.3.1 问题描述

一个正方形电流环，载有电流 I，放置在空气中，如图 17-39 所示。试求 p 点处的磁通量密度值，p 点处的高为 b。实例中用到的参数见表 17-3。

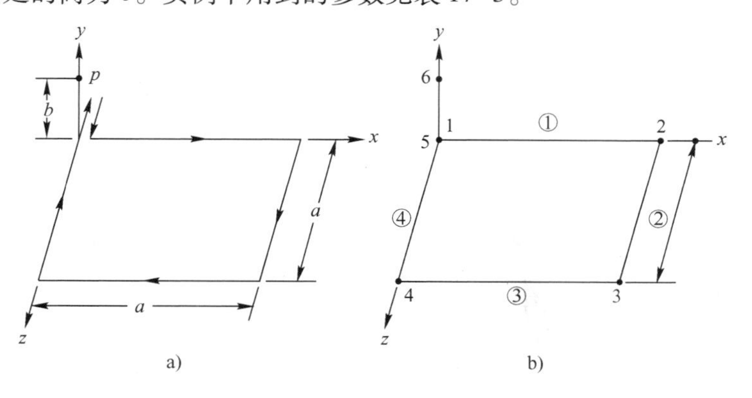

图 17-39　正方形电流环中的磁场

a）分析问题的简图　b）分析问题的有限元模型

表 17-3　参数说明

几何特性	材料特性	载　荷
$a=1.5$ m	$\mu_o=4\pi\times10^{-7}$ H/m	$I=7.5$ A
$b=0.35$ m	$\rho=4.0\times10^{-8}$ ohm - m	

这是一个耦合电磁场的分析。使用 LINK68 单元来创建导线环中的电场，由此确定的电场再被用来计算 *p* 点处的磁场。在图 17-39b 中，节点 5 是与 1 重合的，并紧挨着电流环。当给 1 节点施加电流 *I* 时，设定 5 节点的电压为零。

第一步求解计算导线环中的电流分布，然后用 BIOT 命令来从电流分布中计算磁场。

由于在求解过程中并不需要导线的横截面积，所以可以任意输入一个横截面积 1.0，由于线单元的毕奥 - 萨伐尔（Biot - Savart）磁场积分是非常精确的，所以正方形每一个边用一个单元就可以了。磁通密度可以通过磁场强度来计算，公式为 $B=\mu_o H$。

此实例的理论值和 ANSYS 计算值比较见表 17-4。

表 17-4　理论值和 ANSYS 计算值比较

磁通密度	理论值	ANSYS	比率
BX（$\times 10^{-6}$ T）	2.010	2.010	1.000
BY（$\times 10^{-6}$ T）	-0.662	-0.662	1.000
BZ（$\times 10^{-6}$ T）	2.010	2.010	1.000

17.3.2 创建物理环境

1）过滤图形界面：执行主菜单中 Main Menu > Preferences 命令，弹出 Preferences for GUI Filtering 对话框，选中 Electric 选项来对后面的分析进行菜单及相应的图形界面过滤。

2）定义工作标题：执行实用菜单中 Utility Menu > File > Change Title 命令，在弹出的对话框中输入 MAGNETIC FIELD FROM A SQUARE CURRENT LOOP，单击 OK 按钮，如图 17-40 所示。

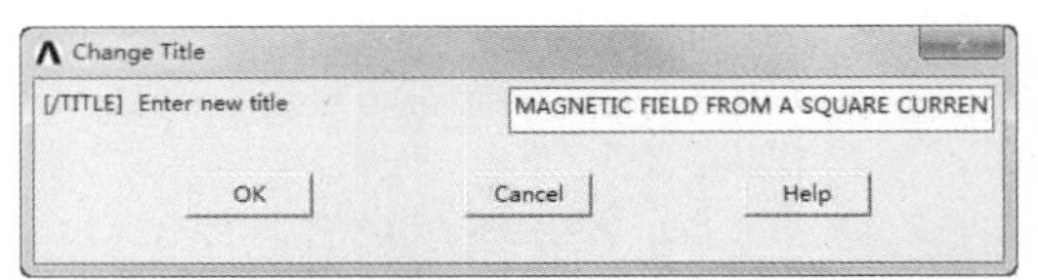

图 17-40　定义工作标题

3）指定工作名：执行实用菜单中 Utility Menu > File > Change Jobname 命令，弹出一个对话框，在 Enter new Name 后面输入 CURRENT LOOP，单击 OK 按钮。

4）定义单元类型：执行主菜单中 Main Menu > Preprocessor > Element Type > Add/Edit/Delete 命令，弹出 Element Types 对话框，如图 17-41 所示，单击 Add 按钮，弹出 Library of Element Types 对话框，如图 17-42 所示。在该对话框中左面下拉列表框中选择 Elect Conduction 选项，在右边的下拉列表框中选择 3D Line 68 选项，单击 OK 按钮，定义了一个 LINK68 单元。得到如图 17-41 所示结果。最后单击 Close 按钮，关闭单元类型对话框。

5）定义材料属性：执行主菜单中 Main Menu > Preprocessor > Material Props > Material Models 命令，弹出 Define Material Model Behavior 对话框，如图 17-43 所示，在右边的栏中连续选择 Electromagnetics > Resistivity > Constant” 选项后，弹出 Resistivity > for Material Number 1 对话框，如图 17-44 所示，在该对话框中 RSVX 输入 4E -008，单击 OK 按钮。最后选择 Material > Exit 结束，得到结果如图 17-43 所示。

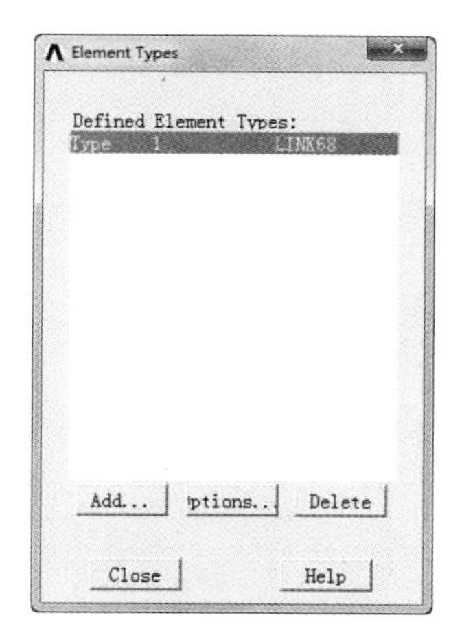

图 17-41　单元类型对话框

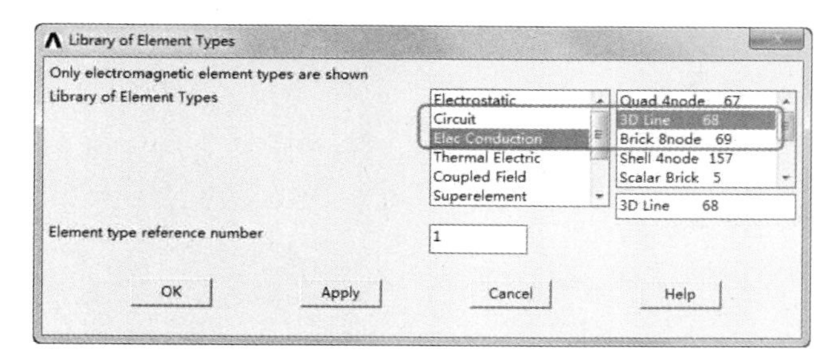

图 17-42　单元类型库对话框

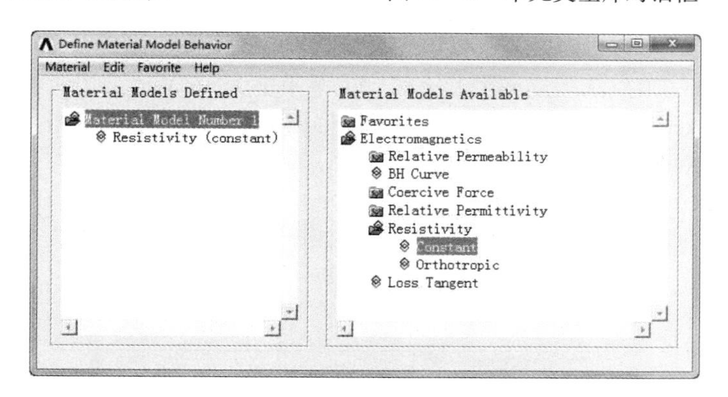

图 17-43　材料特性定义的结果

6）定义导线横截面积实常数：执行主菜单中 Main Menu > Preprocessor > Real Constants > Add/Edit/Delete 命令，弹出 Real Constants 对话框，在对话框的列表框中显示 NO DEFINED，单击 Add 按钮，弹出 Element Types for R…对话框，在对话框的列表框中出现 Type 1 LINK68，选择单元类型 1，单击 OK 按钮，出现 Real Constant Set Number 1，for LINK68 对话框，如图 17-45 所示。

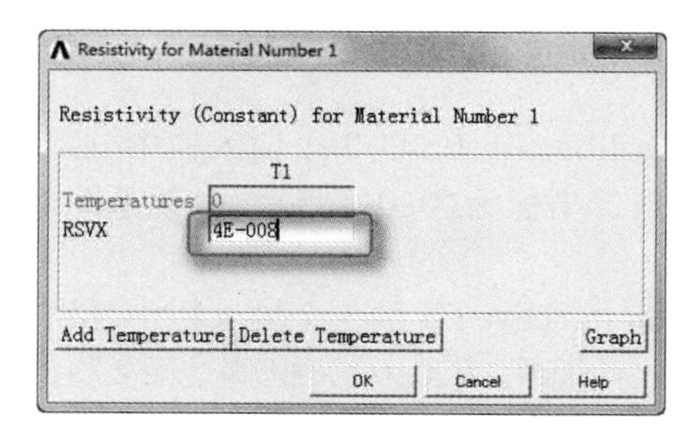

图 17-44　定义电阻率

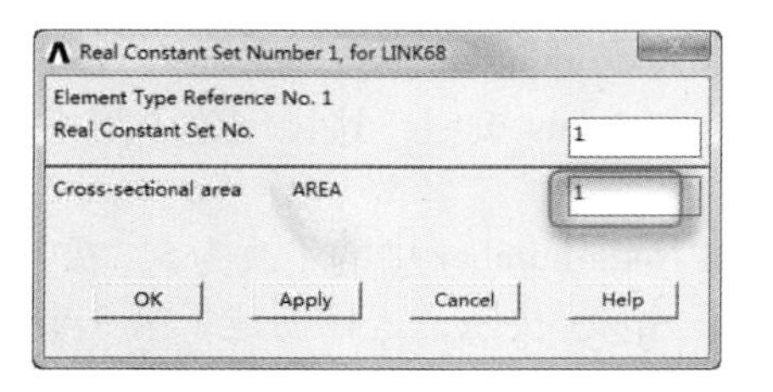

图17-45　LINK68 单元的实常数对话框

在 Cross - sectional area （AREA） 中输入1，单击 OK 按钮，回到 “Real Constants” 实常数对话框，其中列出常数组 1，如图 17-46 所示。

图 17-46　实常数数组

17.3.3 建立模型、赋予特性、划分网格

1）创建节点（用节点法建立模型）：执行主菜单中 Main Menu > Preprocessor > Modeling > Create > Nodes > In Active CS 命令，弹出 Create Nodes in Active coordinate System 对话框，如图 17-47所示，在 Node number 中输入 1，单击 Apply 按钮，这样就创建了 1 号节点，坐标为(0,0,0)。

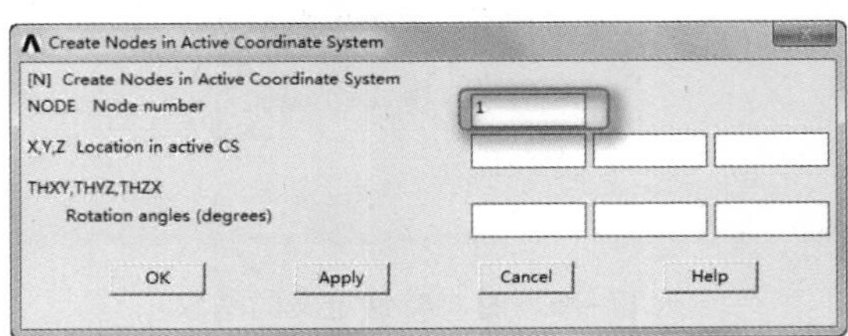

图 17-47　创建第一个节点

2）将 Node number 中的 1 改为 2，在 Location in active CS 后面的 3 个输入栏中分别输入 1.5、0 和 0，单击 Apply 按钮，这样创建了第二个节点，坐标为(1.5,0,0)，也就是图 17-39b 中的 2 号节点。

3）将 Node number 中的 2 改为 3，在 Location in active CS 的 3 个输入栏中分别输入 1.5、0 和 1.5，单击 Apply 按钮，这样创建了第 3 个节点，坐标为(1.5,0,1.5)，也就是图 17-39 b 中的 3 号节点。

4）将 Node number 中的 3 改为 4，在 Location in active CS 的 3 个输入栏中分别输入 0、0 和 1.5，单击 Apply 按钮，这样创建了第 4 个节点，坐标为(0,0,1.5)，也就是图 17-39b 中的 4 号节点。

5）将 Node number 中的 4 改为 5，在 Location in active CS 的 3 个输入栏中分别输入 0、0 和 0，单击 Apply 按钮，这样创建了第 5 个节点，坐标为(0,0,0)，也就是图 17-39b 中的 5 号节点，此节点与 1 号节点重合。

6）将 Node number 中的 5 改为 6，在 Location in active CS 的 3 个输入栏中分别输入 0、0.35 和 0，单击 Apply 按钮，这样创建了第 6 个节点，坐标为(0,0.35,0)，也就是图 17-39b 中的 6 号节点。

7）改变视角方向：执行实用菜单中 Utility Menu > PlotCtrls > Pan, Zoom, Rotate 命令，

弹出移动、缩放和旋转对话框，单击视角方向为 iso，可以在(1,1,1)方向观察模型，单击 Close 按钮关闭对话框。

8）创建导线单元：执行主菜单中 Main Menu > Preprocessor > Modeling > Create > Elements > Auto Numbered > Thru Nodes 命令，弹出一个节点拾取框，在图形界面上选取节点 1 和 2 节点，或者直接在拾取框的输入栏中分别输入 1 和 2 并按〈Enter〉键，单击拾取框上 OK 按钮，于是就创建了第一个单元，如图 17-48 所示。由于只有一种材料属性，此单元属性默认为 1 号材料属性，用节点法建模时，每得到一个单元应立即给此单元分配属性。

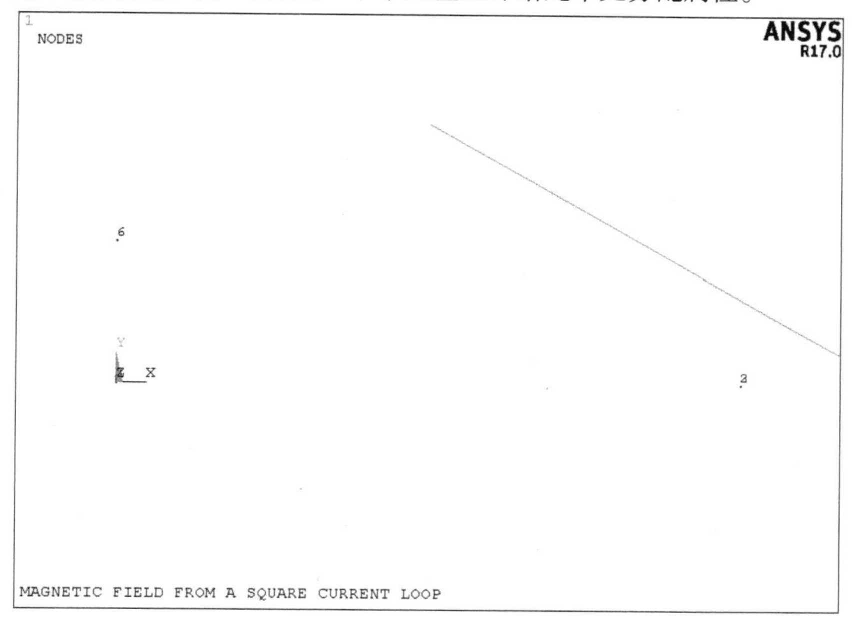

图 17-48 创建的第一个单元

9）复制单元：执行主菜单中 Main Menu > Preprocessor > Modeling > Copy > Elements > Auto Numbered 命令，弹出一个单元拾取框，在图形界面上拾取单元 1，单击 OK 按钮，又弹出 Copy Elements（Automatically Numbered）对话框，如图 17-49 所示，在 Total number of copies 中输入 4，单击 OK 按钮，得到的所有线圈单元如图 17-50 所示。

Copy Elements (Automatically-Numbered)

[EGEN] Copy Elements (Automatically Numbered)

ITIME Total number of copies - - including original	4
NINC Node number increment	1
MINC Material no. increment	
TINC Elem type no. increment	
RINC Real constant no. incr	
SINC Section ID no. incr	
CINC Elem coord sys no. incr	
DX (opt) X-offset in active	
DY (opt) Y-offset in active	
DZ (opt) Z-offset in active	

OK Apply Cancel Help

图 17-49 复制单元对话框

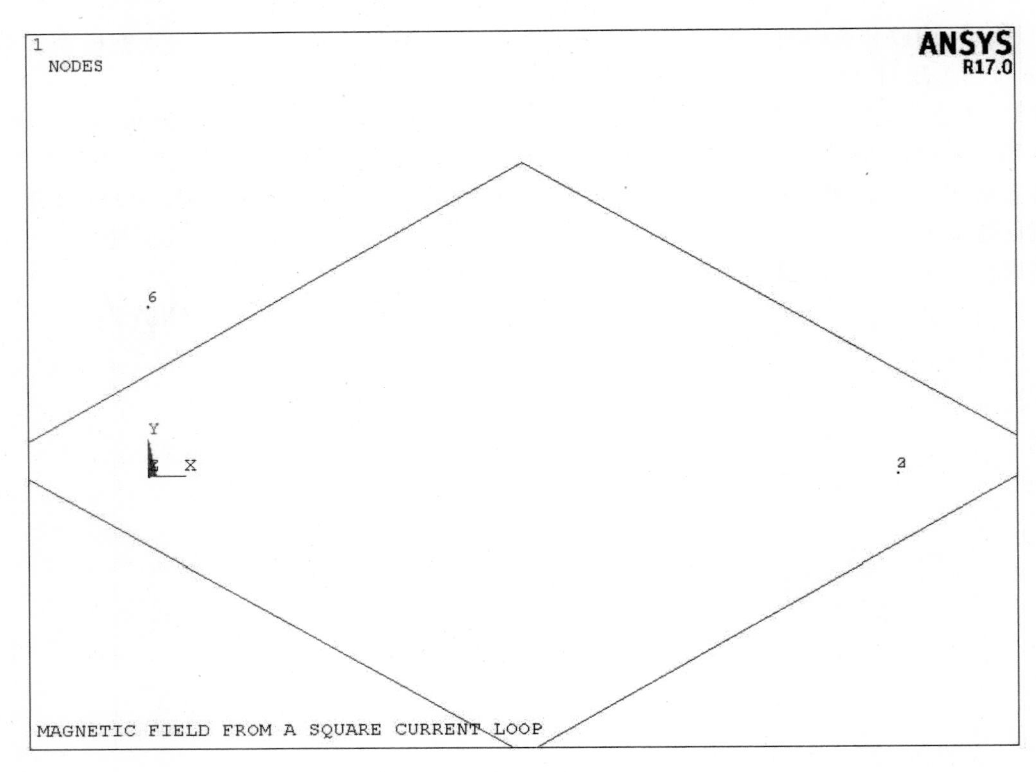

图 17-50　导线单元

17.3.4 加边界条件和载荷

1）施加电压边界条件：执行主菜单中 Main Menu > Solution > Define Loads > Apply > Electric > Boundary > Voltage > On Nodes 命令，弹出一个节点拾取框，在图形界面上拾取 5 号节点，或者直接在拾取框的输入栏中输入 5 并按〈Enter〉键，单击 OK 按钮，又弹出一个 Apply VOLT on nodes 对话框，如图 17-51 所示，在 Load VOLT value 中输入 0，单击 OK 按钮，这样就给 5 号节点施加了 0V 电压的边界条件。

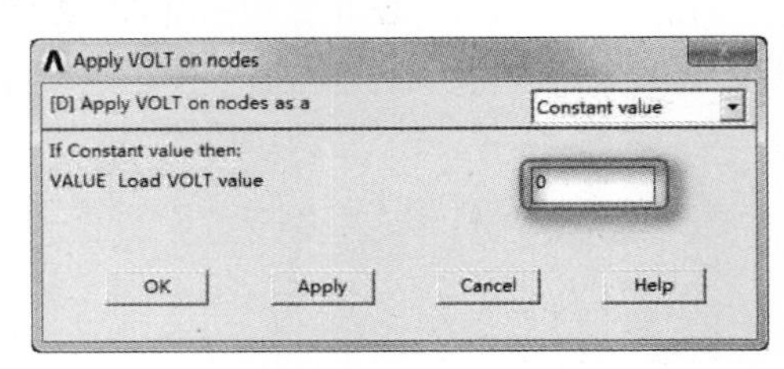

图 17-51　给节点施加电压对话框

2）施加电流载荷：执行主菜单中 Main Menu > Solution > Define Loads > Apply > Electric > Excitation > Current > On Nodes 命令，弹出一个节点拾取框，在图形界面上拾取 1 号节点，或者直接在拾取框的输入栏中输入 1 并按〈Enter〉键，单击 OK 按钮，又弹出一个 Apply AMPS on nodes 对话框，如图 17-52 所示，在 Load AMPS value 中输入 7.5，单击 OK 按钮，

这样就给 1 号节点施加了 7.5 A 电流的载荷。

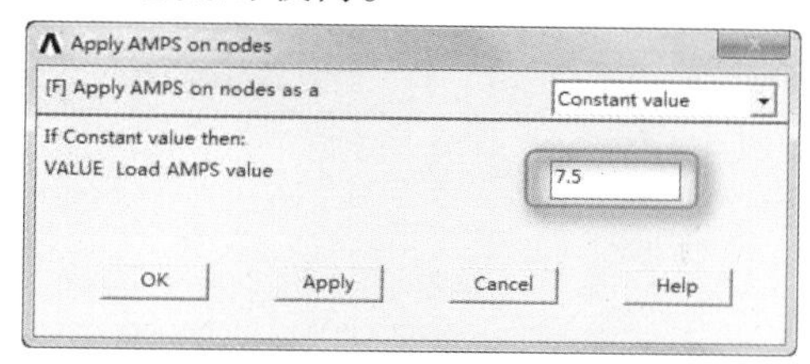

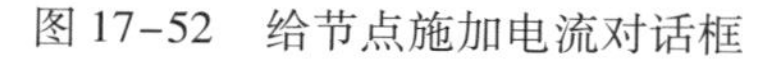
图 17-52　给节点施加电流对话框

3）数据库和结果文件输出控制：执行主菜单中 Main Menu > Solution > Load Step Opts > Output Ctrls > DB/Results File 命令，弹出 Controls for Database and Result File Writing 对话框，如图 17-53 所示，在 Item to be controlled 下拉列表框中选择 Element solution 选项，检查并确认在 File write frequency 下面的单选框中选择 Last substep 单选按钮，单击 OK 按钮，把最后一步的单元解求解结果写到数据库中。

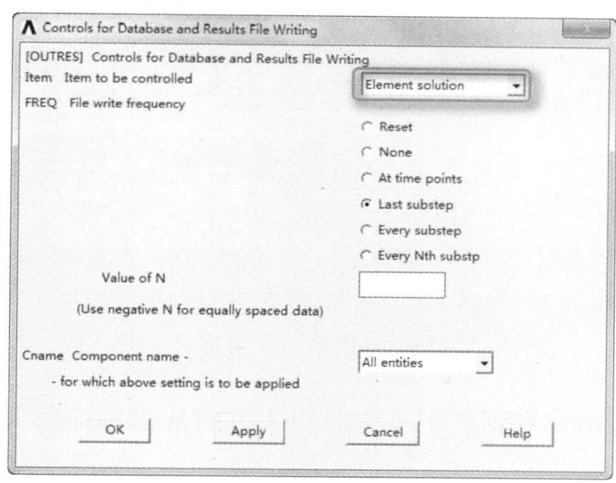

图 17-53　数据库和结果文件输出控制对话框

17.3.5 求解

1）求解：执行主菜单中 Main Menu > Solution > Solve > Current LS 命令，弹出一个信息窗口和一个求解当前载荷步对话框，确认信息无误后关闭，单击求解对话框的 OK 按钮，开始求解运算，直到出现一个 Solution is done 的提示栏，表示求解结束。

2）毕奥 - 萨伐尔磁场积分求解：直接在命令窗口输入“biot，new”，并按〈Enter〉键来执行毕奥 - 萨伐尔磁场积分求解。

17.3.6 查看结算结果

1）取出 6 号节点处 X 方向磁场强度值：执行实用菜单中 Utility Menu > Parameters > Get Scalar Data 命令，弹出一个 Get Scalar Data 对话框，如图 17-54 所示。

在 Type of data to be retrieved 左边下拉列表框中选择 Results data 选项，右边下拉列表框中选择 Nodal results 选项，单击 OK 按钮，弹出一个 Get Nodal Results Date 对话框，如

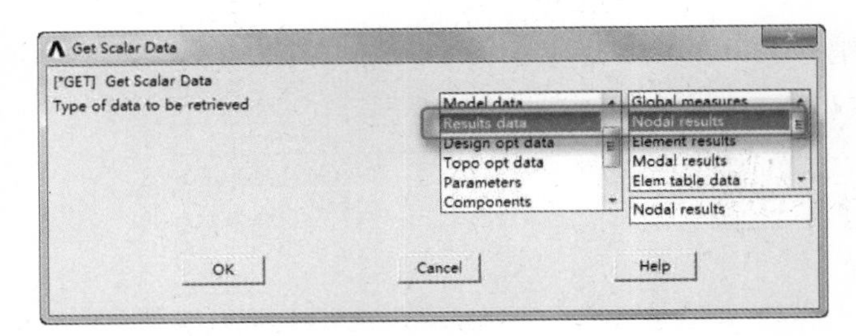

图 17-54　获取标量参数对话框

图 17-55 所示。在 Name of parameter to be defined 中输入 hx，在 Nodal number N 中输入 6，在 Result data to be retrieved 左边下拉列表框中选择 Flux & gradient 选项，右边下拉列表框中选择 Mag source HSX 选项，单击 OK 按钮。将 6 号节点 X 方向磁场强度 HX 的值赋予标量参数 hx。

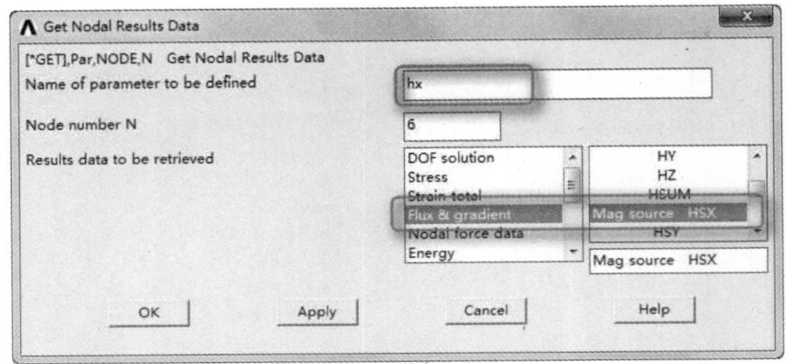

图 17-55　获取节点求解值对话框

2）同样的步骤，取出 6 号节点处 Y 方向和 Z 方向的磁场强度 HY 和 HZ 值，并分别赋予标量参数 hy 和 hz。

3）定义真空磁导率和磁通密度参数：执行实用菜单中 Utility Menu > Parameters > Scalar Parameters 命令，弹出 Scalar Parameters 对话框，在 Selection 中输入 "MUZRO = 12.5664E -7"（真空磁导率），单击 Accept 按钮。然后依次在 Selection 分别输入：

```
"BX = MUZRO * HX"        (X 方向磁通密度)
"BY = MUZRO * HY"        (Y 方向磁通密度)
"BZ = MUZRO * HZ"        (Z 方向磁通密度)
```

单击 Accept 按钮确认，最后输入完后，单击 Close 按钮，关闭 Scalar Parameters 对话框，其输入参数的结果如图 17-56 所示。

4）列出当前所有参数：执行实用菜单中 Utility Menu > List > Status > Parameters > All Parameters 命令，弹出一个信息窗口，如图 17-57 所示，确认无误后，选择信息窗口 File > Close 选项关闭窗口，或者直接单击窗口右上角 x 按钮关闭窗口。

5）定义数组：执行实用菜单中 Utility Menu > Parameters > Array Parameters > Define/Edit 命令，弹出 Array Parameters 对话框，单击 Add 按钮弹出 Add New Array Parameter 对话框，如图 17-58 所示。

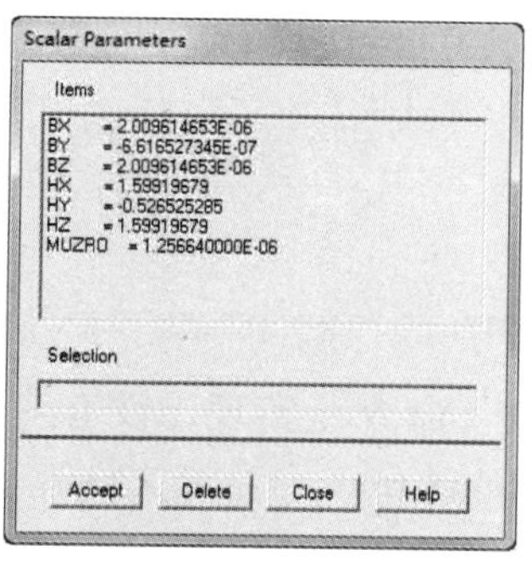

图 17-56 输入参数结果

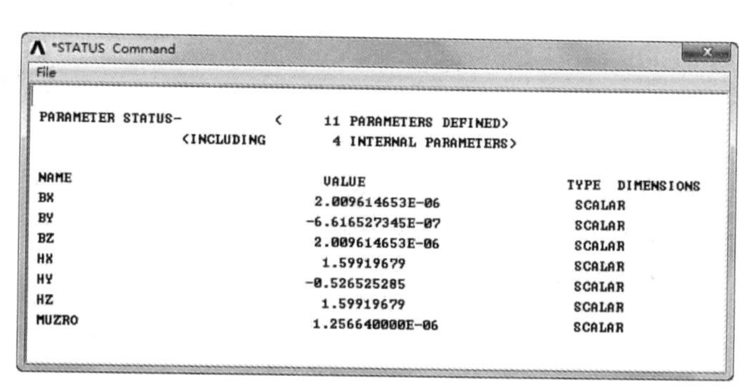

图 17-57 所有参数列表

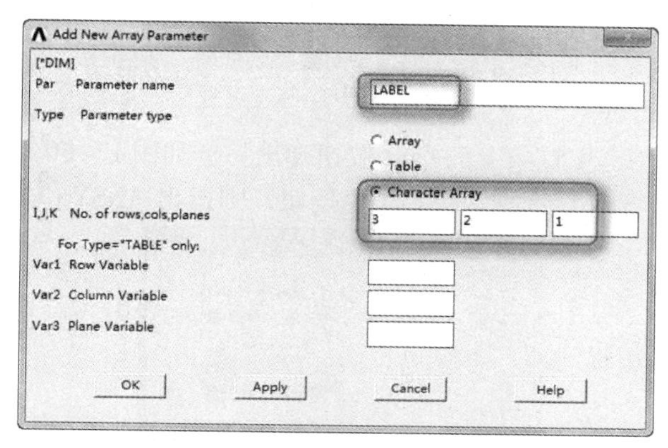

图 17-58 定义数组对话框

在 Parameter name 中输入 label，在 Parameter type 后面的单选框中选择 Character Array 单选按钮，在 No. of rows cols，planes 的 3 个输入栏中分别输入 3、2 和 0，单击 OK 按钮，回到 Array Parameters 对话框。这样就定义一个数组名为 LABEL 的 3×2 字符数组。

6）同样的步骤，可以定义一个数组名为 VALUE 的 3×3 一般数组。Array Parameters 对话框中列出了已经定义的数组，如图 17-59 所示。

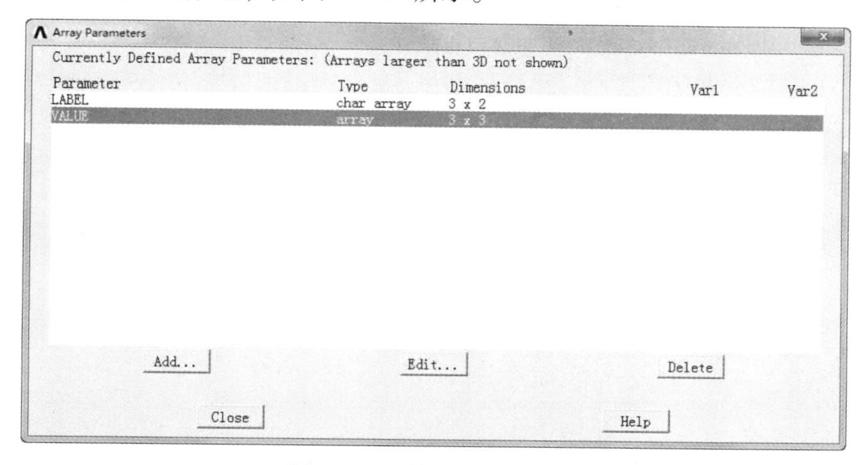

图 17-59 数组类型对话框

7）在命令窗口输入以下命令给数组赋值，即把理论值，计算值和比率复制给一般

数组。

```
LABEL(1,1) = 'BX ','BY ','BZ '
LABEL(1,2) = 'TESLA ','TESLA ','TESLA '
*VFILL,VALUE(1,1),DATA,2.010E-6,-.662E-6,2.01E-6
*VFILL,VALUE(1,2),DATA,BX,BY,BZ
*VFILL,VALUE(1,3),DATA,ABS(BX/(2.01E-6)),ABS(BY/.662E-6),ABS(BZ/(2.01E-6))
```

8）查看数组的值，并将结果输出到 C 盘下的一个文件中（命令流实现，没有对应的 GUI 形式，且必须是执行实用菜单中 Utility Menu > File > Read Input from 命令流文件）。结果见表 17-4。

```
*CFOPEN, CURRENT LOOP,TXT,C:\
*VWRITE,LABEL(1,1),LABEL(1,2),VALUE(1,1),VALUE(1,2),VALUE(1,3)
(1X,A8,A8,'   ',F12.9,'   ',F12.9,'   ',1F5.3)
*CFCLOS
```

9）退出 ANSYS：单击工具条上的 Quit 按钮弹出一个如图 17-60 所示的 Exit from ANSYS 对话框，选择 Quit—No Save！选项，单击 OK 按钮，则退出 ANSYS 软件。

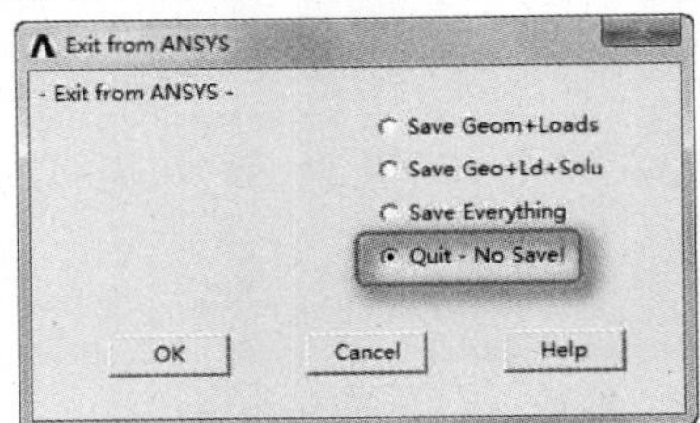

图 17-60　退出 ANSYS 对话框

17.3.7 命令流方式

略，见随书网盘资源电子文档。

第 18 章

耦合场分析

知识导引

本章主要介绍了耦合场分析的基本概念、分析类型和单位制。

分析类型主要包括直接耦合分析、载荷传递分析以及其他分析方法。耦合场分析单位制主要通过表格方式给出了几种单位的换算因数。

- 耦合场分析的定义
- 耦合场分析的类型
- 耦合场分析的单位制
- 实例——热电冷却器耦合分析
- 实例——机电－电路耦合分析实例

18.1 耦合场分析的定义

耦合场分析是指考虑了两个或多个工程物理场之间相互作用的分析。例如，压电分析，考虑结构和电场的相互作用，求解由于所施加位移造成的电压分布或相反。其他耦合场分析的例子包括热-应力分析、热-电分析、流体结构耦合分析。

需要进行耦合场分析的工程应用包括压力容器（热-应力分析）、感应加热（磁-热分析）、超声波传感器（压电分析）以及磁体成形（磁-结构分析）等。

18.2 耦合场分析的类型

18.2.1 直接方法

直接方法通常只包含一个分析，它使用一个包含所有必需自由度的耦合单元类型，通过计算包含所需物理量的单元矩阵或单元载荷向量的方式进行耦合。直接方法耦合场分析的一个例子是使用了 PLANE223、SOLID226 或 SOLID227 单元的压电分析，另一个例子是使用 TRANS126 单元的 MEMS 分析。使用 FLOTRAN 单元的 FLOTRAN 分析是另一种直接方法。

18.2.2 载荷传递分析

载荷传递方法包含了两个或多个分析，每一个分析都属于一个不同的场，通过将一个分析的结果作为载荷施加到另一个分析中的方式耦合两个场。载荷分析有不同的类型。

1. 载荷传递耦合方法-ANSYS 多场求解器

ANSYS 多场求解器可用于多类耦合分析问题，它是一个求解载荷传递耦合场问题的自动化工具，取代了基于物理文件的过程，并为求解载荷传递耦合物理问题提供了一个强大、精确、易使用的工具。每一个物理场都可视为一个包含独立实体模型和网格的场。耦合载荷传递要确定面或体。多场求解器命令集使问题成形，并定义了求解先后顺序。通过使用求解器，耦合载荷会自动在不同的网格中传递。求解器适用于稳态、谐波以及瞬态分析，这要取决于物理需求。以顺序（或混合顺序同步）方式可以求解许多场。ANSYS 多场求解器的两种版本是为了不同应用场合而设计的，它们拥有不同的优点及程序。

1）MFS-单代码：基本的 ANSYS 多场求解器，如果模拟包含带有所有物理场的小模型时可以使用。这些物理场包含在一个软件包内（如 ANSYS 多场）。MFS-单代码求解器使用迭代耦合，其中每一个物理场要顺序求解，并且每一个矩阵方程要分别求解。求解器在每个物理场之间迭代，直到通过物理界面传递的载荷收敛为止。

2）MFX-多代码：高级 ANSYS 多场求解器，用于模拟分布在多个软件包之间的物理场（如在 ANSYS 多场和 ANSYS CFX 之间）。MFX 求解器比 MFS 版本提供了更多的模型。MFX-多代码求解器使用迭代耦合，其中每一个物理场可以同时求解，也可以顺序求解，而每一个矩阵方程要分别求解。求解器在每一个物理场之间迭代，直到通过物理界面传递的载荷收敛为止。

2. 载荷传递耦合分析－物理文件

对于一个基于物理文件的载荷传递，必须使用物理环境明确地传递载荷。这类分析的一个例子是顺序热－应力分析，其中热分析中的节点温度作为“体力”施加到随后的应力分析中。物理分析基于一个物理场中的有限元网格之上。要创建用于定义物理环境的物理文件，这些文件形成数据库，并为一个给定的物理模拟提供单一网格。一般过程为读入第一个物理文件并求解，然后读入下一个物理场，确定将要传递的载荷并求解第二个物理场。使用LDREAD命令连接不同的物理环境，并将第一个物理环境中得到的结果数据作为载荷，通过节点－节点相似网格界面传递到下一个物理环境中求解。也可以使用LDREAD从一个分析中读取结果并作为载荷施加到随后的分析中，而不必使用物理文件。

3. 载荷传递耦合分析－单向载荷传递

可以通过单向载荷传递的方法耦合流－固相互作用的分析，这种方法要求确定流体分析结果并没有严重影响固体载荷，反之亦然。ANSYS多物理分析中的载荷可以单向地传递到CFX流体分析中，或者CFX流体分析中的载荷可以传递到ANSYS多物理分析中。载荷传递发生在分析的外部。

18.2.3 直接方法和载荷传递

当耦合场之间的相互作用包括强烈耦合的物理场，或者是高度非线性的，直接耦合较具优势，它使用耦合变量一次求解得到结果。直接耦合的例子有压电分析、流体流动的共轭传热分析、电路－电磁分析。这些分析中使用了特殊的耦合单元直接求解耦合场的相互作用。

对于多场的相互作用非线性程度不是很高的情况，载荷传递方法更有效，也更灵活。因为每种分析是相对独立的。耦合可以是双向的，不同物理场之间进行相互耦合分析，直到收敛到达一定精度。例如，在一个载荷传递热－应力分析中，可以先进行非线性瞬态分析，接着再进行线性静力分析。可以将热分析中任一载荷步或时间点的节点温度作为载荷施加到应力分析中。在一个载荷传递耦合分析中，可使用FLOTRAN流体单元和ANSYS结构、热或耦合场单元进行非线性瞬态流体－固体相互作用分析。

直接耦合需要较少的用户干涉，因为耦合场单元会控制载荷传递。进行某些分析时必须使用直接耦合（如压电分析）。载荷传递方法要求定义更多细节，并要手动设定传递的载荷，但是它会提供更多灵活性，这样就可以在不同的网格之间和不同的分析之间传递载荷了。各种分析方法应用场合见表18-1；各种物理场分析方法见表18-2。

表18-1 各种分析方法的应用场合

方　法	应用场合
载荷传递方法	
热－结构	各种场合
电磁－热，电磁－热－结构	感应加热、RF加热、Peltier（珀耳帖）冷却器
静电－结构，静电－结构－流体	MEMS
磁－结构	螺线管、电磁机械
FSI，基于CFX和FLOTRAN	航空航天、自动燃料、水力系统、MEMS流体阻尼、药物输送泵、心脏阀
电磁－固体－流体	流体处理系统、EFI、水力系统

（续）

方　法	应用场合
热 - CFD	电子冷却
直接方法	
热 - 结构	燃气涡轮、MEMS 共鸣器
声学 - 结构	声学、声纳，SAW
压电	传声器、传感器、激励器、变换器、共鸣器
电弹	MEMS
压阻	压力传感器、应变仪、加速计
热 - 电	温度传感器、热管理、Peltier（珀耳帖）冷却器、热电发电机
静电 - 结构	MEMS
环路耦合电磁	发动机，MEMS
电 - 热 - 结构 - 磁	IC、PCB 电热压力、MEMS 激励器
流体 - 热	管网、歧管

表 18-2　各种物理场可用的分析方法

耦合物理场	载荷传递	直　接	注　释
热 - 结构	ANSYS 多场求解器	PLANE13，SOLID5，SOLID98，PLANE223，SOLID226，SOLID227	也可以使用 LDREAD，但是如果采用载荷传递方法就推荐使用 ANSYS 多场求解器
热 - 电		PLANE223，SOLID226，SOLID227（Joule，Seebeck，Peltier，Thompson）	
热 - 电 - 结构		PLANE223，SOLID226，SOLID227	也可以使用 LDREAD，但是如果采用载荷传递方法就推荐使用 ANSYS 多场求解器。直接和载荷传递方法都支持焦耳加热。只有直接方法才能使用 Seebeck（塞贝克），Peltier（珀耳帖）和 Thompson（汤普森）效应
压电	-	PLANE13，SOLID5，SOLID98，PLANE223，SOLID226，SOLID227	
电弹	-	PLANE223，SOLID226，SOLID227	
压阻	-	PLANE223，SOLID226，SOLID227	
电磁 - 热	ANSYS 多场求解器	PLANE13，SOLID5，SOLID98	也可以使用 LDREAD，但是如果采用载荷传递方法就推荐使用 ANSYS 多场求解器
电磁 - 热 - 结构		PLANE13，SOLID5，SOLID98	
声学 - 结构（无粘性 FSI）	-	FLUID29，FLUID30	
电路 - 耦合电磁	-	CIRCU124 + PLANE53，或 SOLID117，CIRCU94	

（续）

耦合物理场	载荷传递	直　接	注　释
静电-结构	ANSYS 多场求解器	TRANS109，TRANS126	也可以使用 LDREAD，但是如果采用载荷传递方法就推荐使用 ANSYS 多场求解器
电磁-结构-流体（基于 FLOTRAN）		-	
磁-结构		PLANE13，SOLID62，SOLID5，SOLID98	
流体-热（基于 FLOTRAN）	ANSYS 多场求解器 MFS	FLOTRAN 共轭传热	
流体-热（基于 CFX）		CFX 共轭传热	
FSI（基于 FLOTRAN）		-	
FSI（基于 CFX）	ANSYS 多场求解器 MFX，单向 ANSYS 到 CFX 载荷传递（EXPROFILE），单向 CFX 到 ANSYS 载荷传递（MFIMPORT）	-	如果需要在单独的代码间进行迭代可以使用 MFX 求解器。否则使用适当的单向选项
磁-流体	ANSYS 多场求解器	-	也可以使用 LDREAD，但是如果采用载荷传递方法就推荐使用 ANSYS 多场求解。LDREAD 能够将 Lorentz（洛伦兹）力读入 CFD 网格中，也可以通过将 CFD 计算出来的速度分布输入到电磁模型中模拟发电来说明常规速度效应（PLANE53，SOLID97，SOLID117）
FSI（基于 CFX-）	ANSYS 多场求解器 MFX，单向 ANSYS 到 CFX 载荷传递（EXPROFILE），单向 CFX 到 ANSYS 载荷传递（MFIMPORT）	-	如果需要在单独的代码间进行迭代可以使用 MFX 求解器。否则使用适当的单向选项
磁-流体	ANSYS 多场求解器	-	也可以使用 LDREAD，但是如果采用载荷传递方法就推荐使用 ANSYS 多场求解。LDREAD 能够将 Lorentz（洛伦兹）力读入 CFD 网格中，也可以通过将 CFD 计算出来的速度分布输入到电磁模型中模拟发电来说明常规速度效应（PLANE53，SOLID97，SOLID117）

18.3 耦合场分析的单位制

在 ANSYS 中必须确保输入的所有数据用相同的单位制，可使用任何一个相同的单位制。对于微型电子机械系统（MEMS），元件尺寸可能只有几微米，最好用更方便的单位建立问题。表 18-3 ~ 表 18-16 列出了从标准 MKS（米－千克－秒）单位到 μMKSV（微米－千克－秒－伏特）和 μMSVfA（微米－秒－伏特－毫微安）单位的换算因数。

表 18-3　从 MKS 到 μMKSV 的磁换算因数

磁参数	MKS 单位	SI 及非 SI 导出单位	乘以此数	μMKSV 单位	SI 及非 SI 导出单位
磁通	Weber	$kg \cdot m^2/(A \cdot s^2)$	1	Weber	$kg \cdot \mu m^2/(pA \cdot s^2)$
磁通密度	Tesla	$kg/(A \cdot s^2)$	10^{-12}	TTesla	$kg/(pA \cdot s^2)$
场强	A/m	A/m	10^6	pA/μm	pA/μm
电流	A	A	10^{12}	pA	pA
电流密度	A/m^2	A/m^2	1	$pA/\mu m^2$	$pA/\mu m^2$
渗透性①	H/m	$kg \cdot m/(A^2 \cdot s^2)$	10^{-18}	TH/μm	$kg \cdot \mu m/(pA^2 \cdot s^2)$
感应系数	H	$kg \cdot m^2/(A^2 \cdot s^2)$	10^{-12}	TH	$kg \cdot \mu m^2/(pA^2 \cdot s^2)$

① 自由空间渗透性为 $4\pi \times 10^{-25}$ TH/μm，只有常数渗透性才能和这些单位一起使用。

表 18-4　从 MKS 到 μMKSV 的压电换算因数

压电矩阵	MKS 单位	SI 及非 SI 导出单位	乘以此数	μMKSV 单位	SI 及非 SI 导出单位
应力矩[e]	C/m^2	$A \cdot s/m^2$	1	$pC/\mu m^2$	$pA \cdot s/\mu m^2$
应变矩[d]	C/N	$A \cdot s^3/(kg \cdot m)$	10^6	pC/μN	$pA \cdot s^3/(kg \cdot \mu m)$

表 18-5　从 MKS 到 μMKSV 的机械换算因数

机械参数	MKS 单位	SI 及非 SI 导出单位	乘以此数	得到 μMKSv 单位	SI 及非 SI 导出单位
长度	m	m	10^6	μm	μm
力	N	$Kg \cdot m/s^2$	10^6	μN	$kg \cdot \mu m/s^2$
时间	s	s	1	s	s
质量	kg	kg	1	kg	kg
压力	Pa	$kg/(m \cdot s^2)$	10^{-6}	MPa	$kg/(\mu m \cdot s^2)$
速度	m/s	m/s	10^6	μm/s	μm/s
加速度	m/s^2	m/s^2	10^6	$\mu m/s^2$	$\mu m/s^2$
密度	kg/m^3	kg/m^3	10^{-18}	$kg/\mu m^3$	$kg/\mu m^3$
应力	Pa	$kg/(m \cdot s^2)$	10^{-6}	MPa	$kg/(\mu m \cdot s^2)$
杨氏模量	Pa	$kg/(m \cdot s^2)$	10^{-6}	MPa	$kg/(\mu m \cdot s^2)$
功率	W	$kg \cdot m^2/s^3$	10^{12}	pW	$kg \cdot \mu m^2/s^3$

表 18-6　从 MKS 到 μMKSV 热换算因数

热参数	MKS 单位	MKS 单位	乘以此数	μMKSV 单位	SI 及非 SI 导出单位
传导率	W/(m · ℃)	$kg \cdot m/(℃ \cdot s^3)$	10^6	pW/(μm · ℃)	$kg \cdot \mu m/(℃ \cdot s^3)$
热通量	W/m^2	kg/s^3	1	$pW/\mu m^2$	kg/s^3

（续）

热参数	MKS 单位	MKS 单位	乘以此数	μMKSV 单位	SI 及非 SI 导出单位
比热	J/(kg·℃)	m^2/(℃·s^2)	10^{12}	pJ/(kg·℃)	μm^2/(℃·s^2)
热通量	W	kg·m^2/s^3	10^{12}	pW	kg·μm^2/s^3
单位容积的生热	W/m^3	kg/(m·s^3)	10^{-6}	pW/μm^3	kg/(μm·s^3)
对流系数	W/(m^2·℃)	kg/(s^3·℃)	1	pW/(μm^2·℃)	kg/(s^3·℃)
动力粘度	kg/(m·s)	kg/(m·s)	10^{-6}	kg/(μm·s)	kg/(μm·s)
运动粘度	m^2/s	m^2/s	10^{12}	μm^2/s	μm^2/s

表 18-7 从 MKS 到 μMKSV 的电换算因数

电参数	MKS 单位	SI 及非 SI 导出单位	乘以此数	μMKSV 单位	SI 及非 SI 导出单位
电流	A	A	10^{12}	pA	pA
电压	V	kg·m^2/(A·s^3)	1	V	kg·μm^2/(pA·s^3)
电荷	C	A·s	10^{12}	pC	pA·s
传导率	S/m	A^2·s^3/(kg·m^3)	10^6	pS/μm	pA^2·s^3/(kg·μm^3)
电阻系数	Ωm	k·gm^3/(A^2·s^3)	10^{-6}	TΩμm	kg·μm^3/(pA^2·s^3)
介电系数①	F/m	A^2·s^4/(kg·m^3)	10^6	pF/μm	pA^2·s^4/(kg·μm^3)
能量	J	kg·m^2/s^2	10^{12}	pJ	kg·μm^2/s^2
电容	F	A^2·s^4/(kg·m^2)	10^{12}	pF	pA^2·s^4/(kg·μm^2)
电场	V/m	kg·m/(s^3·A)	10^{-6}	V/μm	kg·μm/(s^3·pA)
电通量密度	C/m^2	A·s/m^2	1	pC/μm^2	pA·s/μm^2

① 自由空间介电系数为 8.854×10^{-6} pF/μm。

表 18-8 从 MKS 到 μMKSV 的压阻换算因数

压阻矩阵	MKS 单位	SI 及非 SI 导出单位	乘以此数	μMKSV 单位	SI 及非 SI 导出单位
压阻应力矩阵 [π]	Pa^{-1}	m·s^2/kg	10^6	MPa^{-1}	μm·s^2/kg

表 18-9 从 MKS 到 μMSVfA 的机械换算因数

机械参数	MKS 单位	SI 及非 SI 导出单位	乘以此数	μMSVfa 单位	SI 及非 SI 导出单位
长度	m	m	10^6	μm	μm
力	N	kg·m/s^2	10^9	nN	g·μm/s^2
时间	s	s	1	s	s
质量	kg	kg	10^3	g	g
压力	Pa	kg/(m·s^2)	10^{-3}	kPa	g/(μm·s^2)
速度	m/s	m/s	10^6	μm/s	μm/s
加速度	m/s^2	m/s^2	10^6	m/s^2	μm/s^2
密度	kg/m^3	kg/m^3	10^{-15}	g/μm^3	g/μm^3
应力	Pa	kg/(m·s^2)	10^{-3}	kPa	g/(μm·s^2)
杨氏模量	Pa	kg/(m·s^2)	10^{-3}	kPa	g/(μm·s^2)
功率	W	kg·m^2/s^3	10^{15}	fW	g·μm^2/s^3

表 18-10　从 MKS 到 μMSVfA 的热换算因数

热参数	MKS 单位	MKS 单位	乘以此数	μMSVfa 单位	SI 及非 SI 导出单位
传导率	W/(m·℃)	kg·m/(℃·s^3)	10^9	fW/(μm·℃)	g·μm/(℃·s^3)
热通量	W/m^2	kg/s^3	10^3	fW/$μm^2$	g/s^3
比热容	J/(kg·℃)	m^2/(℃·s^2)	10^{12}	fJ/(g·℃)	$μm^2$/(℃·s^2)
热通量	W	kg·m^2/s^3	10^{15}	fW	g·$μm^2$/s^3
单位容积的生热	W/m^3	kg/(m·s^3)	10^{-3}	fW/$μm^3$	g/(μm·s^3)
对流系数	W/(m^2·℃)	kg/(s^3·℃)	10^3	fW/($μm^2$·℃)	g/(s^3·℃)
动力粘度	kg/(m·s)	kg/(m·s)	10^{-3}	g/(μm·s)	g/(μm·s)
运动粘度	m^2/s	m^2/s	10^{12}	$μm^2$/s	$μm^2$/s

表 18-11　从 MKS 到 μMSKVfA 的磁换算因数

磁参数	MKS 单位	SI 及非 SI 导出单位	乘以此数	μMKSV 单位	SI 及非 SI 导出单位
通量	Weber	kg·m^2/(A·s^2)	1	Weber	g·$μm^2$/(fA·s^2)
通量密度	Tesla	kg/(A·s^2)	10^{-12}	–	g/(fA·s^2)
场强	A/m	A/m	10^9	fA/μm	fA/μm
电流	A	A	10^{15}	fA	fA
电流密度	A/m^2	A/m^2	10^3	fA/(μm)2	fA/$μm^2$
渗透性①	H/m	kg·m/(A^2·s^2)	10^{-21}	–	g·μm/(fA^2·s^2)
感应系数	H	kg·m^2/(A^2·s^2)	10^{-15}	–	g·$μm^2$/(fA^2·s^2)

① 自由空间渗透性为 $4\pi\times10^{-28}$(g)(μm)/(fA)2(s)2，只有常数渗透性才能和这些单位一起使用。

表 18-12　从 MKS 到 μMKSV 的热电换算因数

热电参数	MKS 单位	SI 及非 SI 导出单位	乘以此数	μMKSV 单位	SI 及非 SI 导出单位
塞贝克系数	V/°C	kg·m^2/(A·s^3·℃)	1	V/°C	kg·$μm^2$/(pA·s^3·°C)

表 18-13　从 MKS 到 μMSVfA 的电换算因数

电参数	MKS 单位	SI 及非 SI 导出单位	乘以此数	μMSVfa 单位	SI 及非 SI 导出单位
电流	A	A	10^{15}	fA	fA
电压	V	$(kg·m)^2$/(A·s^3)	1	V	gμ·m^2/(fA·s^3)
电荷	C	A·s	10^{15}	fC	fA·s
传导率	S/m	A^2·s^3/(kg·m^3)	10^9	nS/μm	fA^2·s^3/(g·$μm^3$)
电阻系数	Ω·m	kg·m^3/(A^2·s^3)	10^{-9}	–	g·$μm^3$/(fA^2·s^3)
介电系数①	F/m	A^2·s^4/(kg·m^3)	10^9	fF/μm	fA^2·s^4/(g·$μm^3$)
能量	J	kg·m^2/s^2	10^{15}	fJ	g·$μm^2$/s^2
电容	F	A^2·s^4/(kg·m^2)	10^{15}	fF	fA^2·s^4/(g·$μm^2$)
电场	V/m	kg·m/(s^3·A)	10^{-6}	V/μm	g·μm/(s^3·fA)
电通量密度	C/m^2	A·s/m^2	10^3	fC/$μm^2$	fA·s/$μm^2$

① 自由空间介电系数为 8.854×10^{-3} fF/μm。

表 18-14　从 MKS 到 μMSKVfA 的压电换算因数

压电矩阵	MKS 单位	SI 及非 SI 导出单位	乘以此数	μMKSV 单位	SI 及非 SI 导出单位
压电应[e]	C/m^2	$A\cdot s/m^2$	10^3	$fC/\mu m^2$	$fA\cdot s/\mu m^2$
压电应[d]	C/N	$A\cdot s^3/(kg\cdot m)$	10^6	$fC/\mu N$	$fA\cdot s^3/(g\cdot \mu m)$

表 18-15　从 MKS 到 μMSKVfA 的压阻换算因数

压阻矩阵	MKS 单位	SI 及非 SI 导出单位	乘以此数	μMKSV 单位	SI 及非 SI 导出单位
压阻应力矩阵[π]	Pa^{-1}	$m\cdot s^2/kg$	10^3	kPa^{-1}	$\mu m\cdot s^2/g$

表 18-16　从 MKS 到 μMKSVfA 的热电换算因数

热电参数	MKS 单位	SI 及非 SI 导出单位	乘以此数	μMKSV 单位	SI 及非 SI 导出单位
塞贝克系数	V/℃	$kg\cdot m^2/(A\cdot s^3\cdot ℃)$	1	V/°C	$g\cdot \mu m^2/(fA\cdot s^3\cdot ℃)$

18.4　实例——热电冷却器耦合分析

热电冷却器由铜片连接的两个半导体元件组成。一个元件是 n 型材料，另一个元件是 p 型材料。两个元件的长度为 $L=1$ cm，横截面积为 $A=W^2=1$ cm^2。其中，W 为元件的宽度，$W=1$ cm。冷却器的设计目的是为了在电流为 I 的通道中保持温度为 T_c 的冷端，并且使温度为 T_h 的热端散热。电流的正方向为 n 型材料到 p 型材料的方向，如图 18-1 所示。

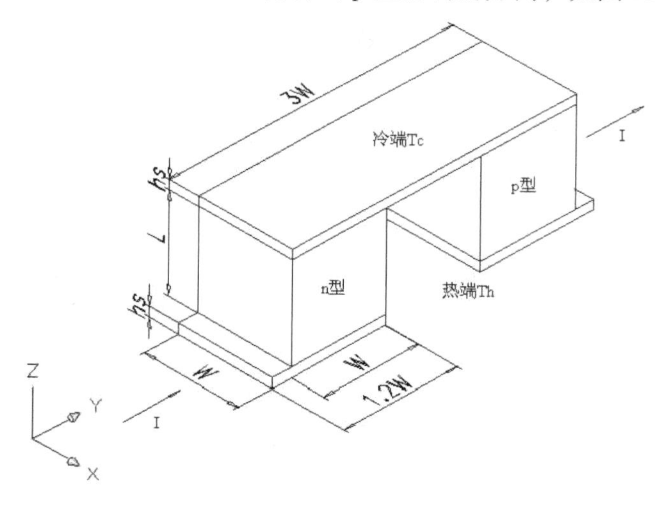

图 18-1　热电冷却器结构示意图

3 片铜片的尺寸对分析结果影响不大。这里铜片的厚度 hs 为 1 cm，其余尺寸如图 18-1 所示。热电冷却器的材料属性见表 18-17。

表 18-17　材料属性参数

元件	电阻系数/Ω · cm	导热系数/[W/(cm · ℃)]	塞贝克系数/(μV/°C)
n 型元件	$\rho n=1.05\times10^{-3}$	$\lambda n=0.013$	$\alpha n=-165$
p 型元件	$\rho p=0.98\times10^{-3}$	$\lambda p=0.012$	$\alpha p=210$
铜片	1.7×10^{-6}	400	-

热电冷却器的工作性能可以用三维稳态热－电耦合来分析。初始条件为 $T_c=0℃$，$T_h=54℃$，$I=28.7A$。通过以下方程式可以计算和比较分析的结果。

$$Q_c=\alpha T_c I-\frac{1}{2}I^2R-K\Delta T \tag{1}$$

$$P=VI=\sigma I(\Delta T)+I^2R \tag{2}$$

$$\beta=\frac{Q_c}{P} \tag{3}$$

式中，Q_c为耗热率；α 为塞贝克系数，$\alpha=|\alpha_n|+|\alpha_p|$；$R$ 为内电阻，$R=(\rho_n+\rho_p)L/A$；K 为内部热传导，$K=(\lambda_n+\lambda_p)A/L$；$\Delta T$ 为实际温差，$\Delta T=T_h-T_c$。当初始值给出 $Q_c=0.74W$，$T_h=54°C$，$I=28.7\,A$，并且已知冷端温度分布时，可以对反问题进行求解。

18.4.1 前处理

1. 定义工作文件名和工作标题

1）执行菜单栏中的 File > Change Jobname 命令，打开 Change Jobname 对话框，在 [/FILNAM] Enter new jobname 文本框中输入工作文件名 Thermoelectric_Cooler，使 NEW log and error files 保持 Yes 状态，单击 OK 按钮关闭对话框。

2）执行菜单栏中的 File > Change Title 命令，打开 Change Title 对话框，在对话框中输入工作标题 Thermoelectric Cooler Analysis，单击 OK 按钮关闭对话框。

2. 指定坐标系的参考方向

1）执行菜单栏中的 PlotCtrls > View Settings > Viewing Direction 命令，打开 Viewing Direction 对话框，如图 18-2 所示。

2）在 XV，YV，ZV Coords of view point 后的文本框中依次输入 1，1，1，在 Coord axis orientation 下拉列表框中选择 Z - axis up 选项，其余选项采用系统默认设置，单击 OK 按钮关闭该对话框。

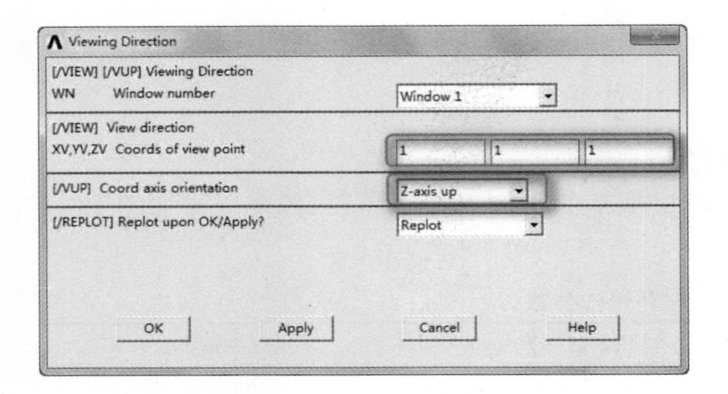

图 18-2 Viewing Direction 对话框

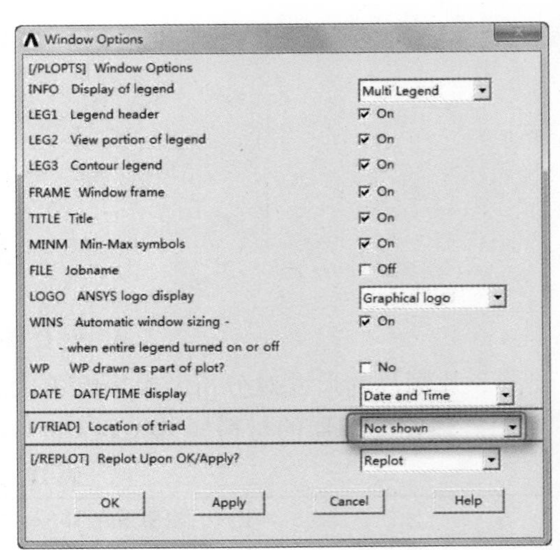

图 18-3 Window Options 对话框

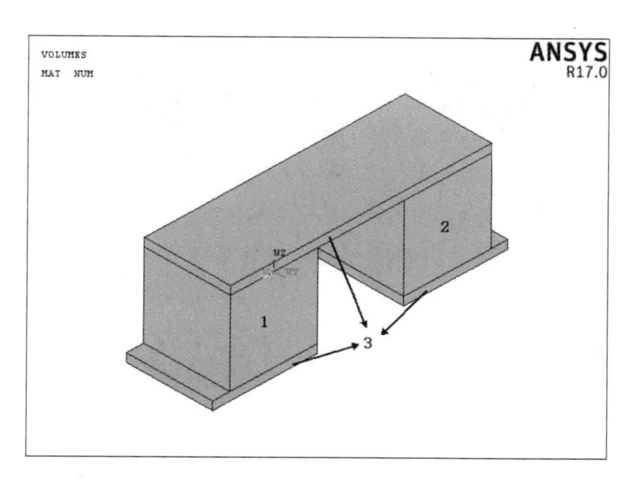

图 18-14 生成的几何模型

7. 划分网格

1）执行 ANSYS Main Menu > Preprocessor > Meshing > Size Cntrls > ManualSize > Global > Size 命令，打开 Global Element Sizes 对话框，如图 18-15 所示。在 SIZE Element edge length 文本框中输入 W/3，其余选项采用系统默认设置，单击 OK 按钮关闭该对话框。

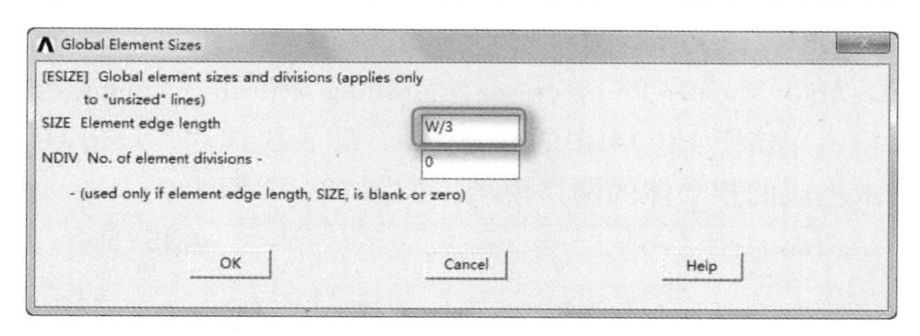

图 18-15 Global Element Sizes 对话框

2）执行 ANSYS Main Menu > Preprocessor > Meshing > Mesh Attributes > Picked Volumes 命令，打开 Volume Attributes 对话框，单击图 18-14 中标记的体 1，单击 OK 按钮打开 Volume Attributes 对话框，如图 18-16 所示。在 MAT Material number 下拉列表框中选择 1 选项，在 TYPE Element type number 下拉列表框中选择 1 SOLID226 选项，其余选项采用系统默认设置，单击 OK 按钮关闭该对话框。

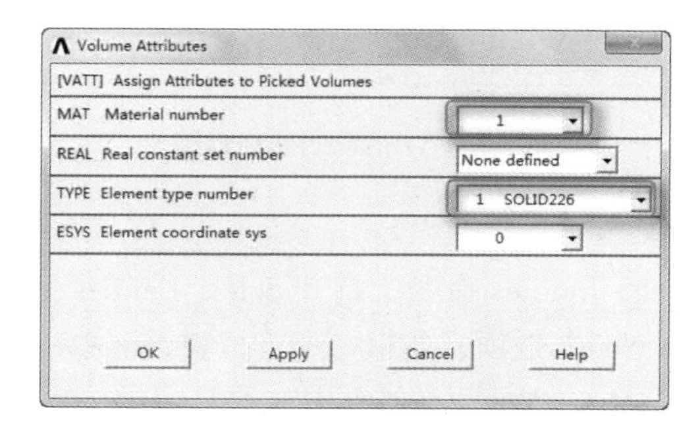

图 18-16 Volume Attributes 对话框

3）执行 ANSYS Main Menu > Preprocessor > Meshing > Mesh > Volumes > Mapped > 4 to 6 sided 命令，打开 Mesh Volumes 对话框，单击图 18-14 中标记的体 1，单击 OK 按钮关闭该对话框，此时窗口会显示生成的体积 1 的网格模型。

4）执行菜单栏中 Plot > Volumes 命令，窗口会重新显示整体几何模型。

5）执行 ANSYS Main Menu > Preprocessor > Meshing > Mesh Attributes > Picked Volumes 命令，打开 Volume Attributes 对话框，单击图 18-14 中标记的体 2，单击 OK 按钮打开 Volume Attributes 对话框，如图 18-16 所示。在 MAT Material number 下拉列表框中选择 2 选项，在 TYPE Element type number 下拉列表框中选择 1 SOLID226 选项，其余选项采用系统默认设置，单击 OK 按钮关闭该对话框。

6）执行 ANSYS Main Menu > Preprocessor > Meshing > Mesh > Volumes > Mapped > 4 to 6 sided 命令，打开 Mesh Volumes 对话框，单击图 18-14 中标记的体 2，单击 OK 按钮关闭该对话框，此时窗口会显示生成的体积 1 和体积 2 的网格模型。

7）执行菜单栏中 Plot > Volumes 命令，窗口会重新显示整体几何模型。

8）执行 ANSYS Main Menu > Preprocessor > Meshing > Mesh Attributes > Picked Volumes 命令，打开 Volume Attributes 对话框，单击图 18-14 中标记的体 3，即 3 块铜片，单击 OK 按钮打开 Volume Attributes 对话框，如图 18-16 所示。在 MAT Material number 下拉列表框中选择 3 选项，在 TYPE Element type number 下拉列表框中选择 2 SOLID227 选项，其余选项采用系统默认设置，单击 OK 按钮关闭该对话框。

9）执行 ANSYS Main Menu > Preprocessor > Meshing > Mesh > Volumes > Free 命令，打开 Mesh Volumes 对话框，单击图 18-14 中的标记体 3，即 3 块铜片，单击 OK 按钮关闭该对话框。此时窗口会显示生成的整个体的网格模型，如图 18-17 所示。

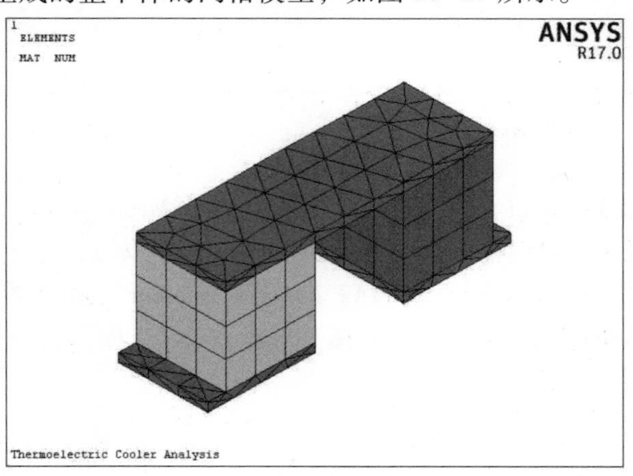

图 18-17　生成的网格模型

8. 设置边界条件和载荷

1）执行菜单栏中 Select > Entities 命令，打开 Select Entities 对话框，如图 18-18 所示。在第一个下拉列表框中选择 Nodes 选项，在第二个下拉列表框中选择 By Location 选项，选择 Z coordinates 单选按钮，在“Min，Max”文本框中输入 L + HS，单击 OK 按钮关闭该对话框。

2）执行 ANSYS Main Menu > Preprocessor > Coupling/Ceqn > Couple DOFs 命令，打开 Define Coupled DOFs 对话框，单击 Pick All 按钮打开 Define Coupled DOFs 对话框，如图 18-19 所示。在 NSET Set reference number 文本框中输入 1，在 Lab Defree - of - freedom label 下拉列表框中选择 TEMP 选项，单击 OK 按钮关闭该对话框。

3）执行菜单栏中 Parameters > Scalar Parameters 命令，打开 Scalar Parameters 对话框，如图 18-11 所示。在 Select 文本框中输入 nc = ndnext(0)，单击 Accept 按钮后 Items 列表框中会显示 NC = 927，单击 Close 按钮关闭该对话框。

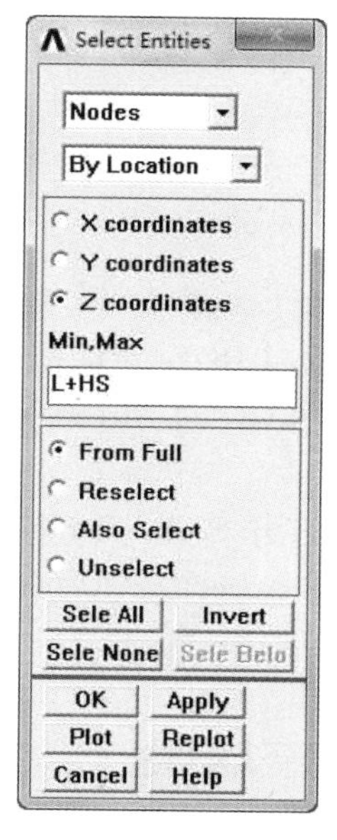

图 18-18 Select Entities 对话框

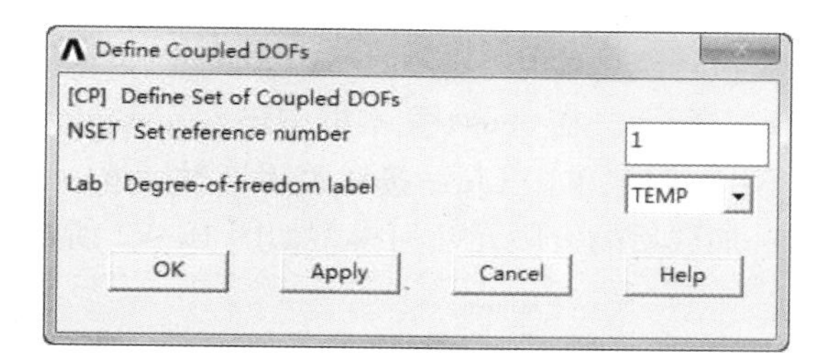

图 18-19 Define Coupled DOFs 对话框

4）执行 Select > Entities 命令，打开 Select Entities 对话框，如图 18-18 所示。在第一个下拉列表框中选择 Nodes 选项，在第二个下拉列表框中选择 By Location 选项，选择 Z coordinates 单选按钮，在"Min，Max"文本框中输入 - HS，单击 OK 按钮关闭该对话框。

5）执行 ANSYS Main Menu > Preprocessor > Loads > Define Loads > Apply > Thermal > Temperature > On Nodes 命令，打开 Apply TEMP on Nodes 对话框，单击 Pick All 按钮打开 Apply TEMP on Nodes 对话框，如图 18-20 所示。在 Lab2 DOFs to be constrained 下拉列表框中选择 TEMP 选项，在 Apply as 下拉列表框中选择 Constant value 选项，在 VALUE Load TEMP value 文本框中输入 54，单击 OK 按钮关闭该对话框。

6）执行菜单栏中 Select > Entities 命令，打开 Select Entities 对话框，如图 18-18 所示。在第一个下拉列表框中选择 Nodes 选项，在第二个下拉列表框中选择 By Location 选项，选择 X coordinates 单选按钮，在"Min，Max"文本框中输入 - 1.7 * W，单击 OK 按钮关闭该对话框。

7）执行 ANSYS Main Menu > Preprocessor > Loads > Define Loads > Apply > Electric > Boundary > Voltage > On Nodes 命令，打开 Apply VOLT on Nodes 对话框，单击 Pick All 按钮打开 Apply VOLT on Nodes 对话框，如图 18-21 所示。在 VALUE Load VOLT value 文本框中输入 0，单击 OK 按钮关闭该对话框。

8）执行菜单栏中 Select > Entities 命令，打开 Select Entities 对话框，如图 18-18 所示。在第一个下拉列表框中选择 Nodes 选项，在第二个下拉列表框中选择 By Location 选项，选择 X coordinates 单选按钮，在“Min，Max”文本框中输入 1.7 * W，单击 OK 按钮关闭该对话框。

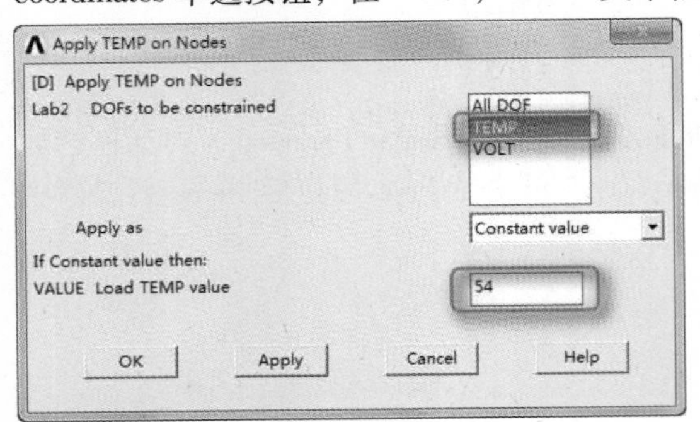

图 18-20 Apply TEMP on Nodes 对话框

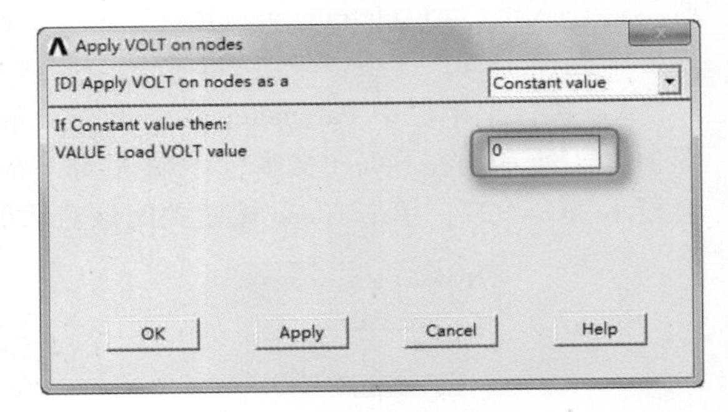

图 18-21 Apply VOLT on Nodes 对话框

9）执行 ANSYS Main Menu > Preprocessor > Coupling/Ceqn > Couple DOFs 命令，打开 Define Coupled DOFs 对话框，单击 Pick All 按钮打开 Define Coupled DOFs 对话框，如图 18-19 所示。在 NSET Set reference number 文本框中输入 2，在 Lab Defree - of - freedom label 列表框中选择 VOLT 选项，单击 OK 按钮关闭该对话框。

10）执行菜单栏中 Parameters > Scalar Parameters 命令，打开 Scalar Parameters 对话框，如图 18-11 所示。在 Select 文本框中输入 ni = ndnext(0)，单击 Accept 按钮后 Items 列表框中会显示 NI = 424，单击 Close 按钮关闭该对话框。

11）加载后的有限元几何模型如图 18-22 所示。

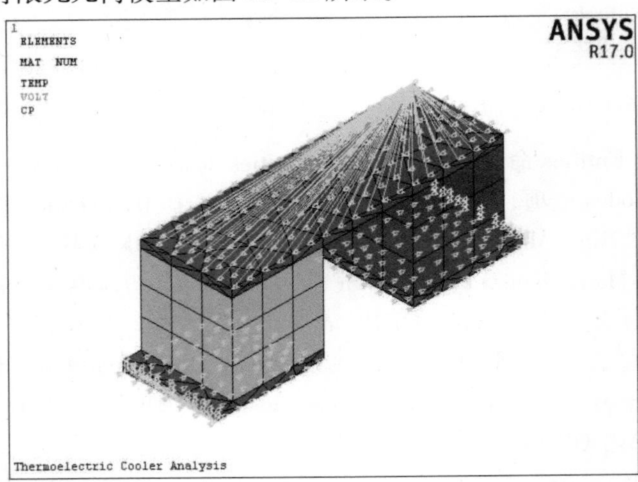

图 18-22 加载后的有限元几何模型

18.4.2 求解

1. 正问题求解

1）执行菜单栏中 Select > Everything 命令。

2）执行 ANSYS Main Menu > Solution > Analysis Type > New Analysis 命令，打开 New Analysis 对话框，如图 18-23 所示。在［ANTYPE］Type of analysis 选项组中选择 Steaty - State

单选按钮，单击 OK 按钮关闭该对话框。

3）执行 ANSYS Main Menu > Solution > Define Loads > Apply > Thermal > Temperature > On Nodes 命令，打开 Apply TEMP on Nodes 对话框，在文本框中输入 NC，单击 OK 按钮打开 Apply TEMP on Nodes 对话框，如图 18-20 所示。在 Lab2 DOFs to be constrained 下拉列表框中选择 TEMP 选项，在 Apply as 下拉列表框中选择 Constant value 选项，在 VALUE Load TEMP value 文本框中输入 0，单击 OK 按钮关闭该对话框。

4）执行 ANSYS Main Menu > Solution > Define Loads > Apply > Electric > Excitation > Current > On Nodes 命令，打开 Apply AMPS on Nodes 对话框，在文本框中输入 NI，单击 OK 按钮打开 Apply AMPS on nodes 对话框，如图 18-24 所示。在 VALUE Load APMS value 文本框中输入 I，单击 OK 按钮关闭该对话框。

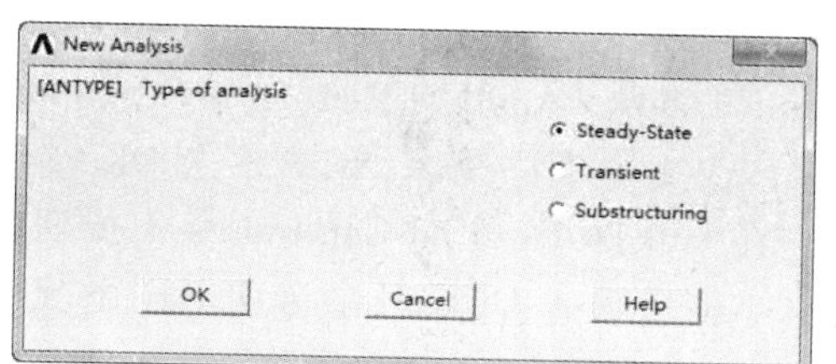

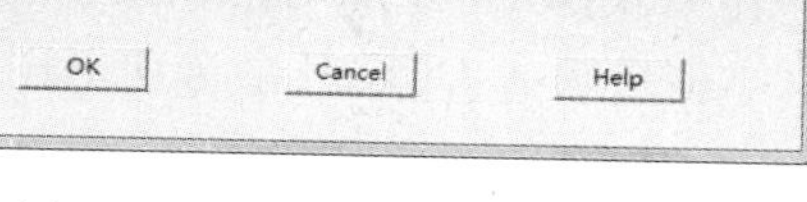

图 18-23 New Analysis 对话框

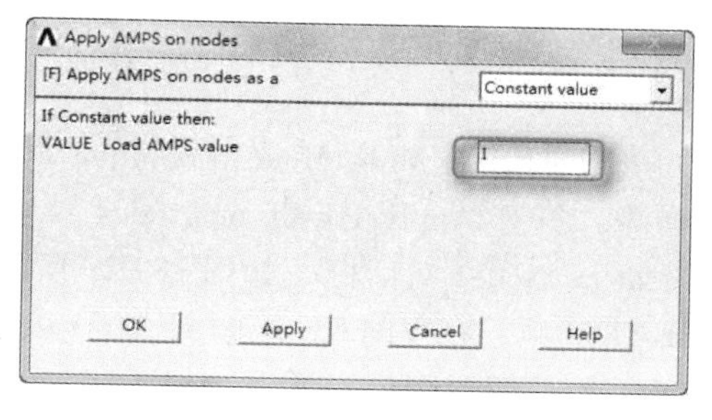

图 18-24 Apply AMPS on nodes 对话框

5）执行 ANSYS Main Menu > Solution > Solve > Current LS 命令，打开/STATUS Command 和 Solve Current Load Step 对话框，关闭/STATUS Command 对话框，单击 Solve Current Load Step 对话框中的 OK 按钮，ANSYS 开始求解。

6）求解结束后，弹出 Note 对话框，单击 Close 按钮关闭该对话框，第一次求解的迭代曲线如图 18-25 所示。

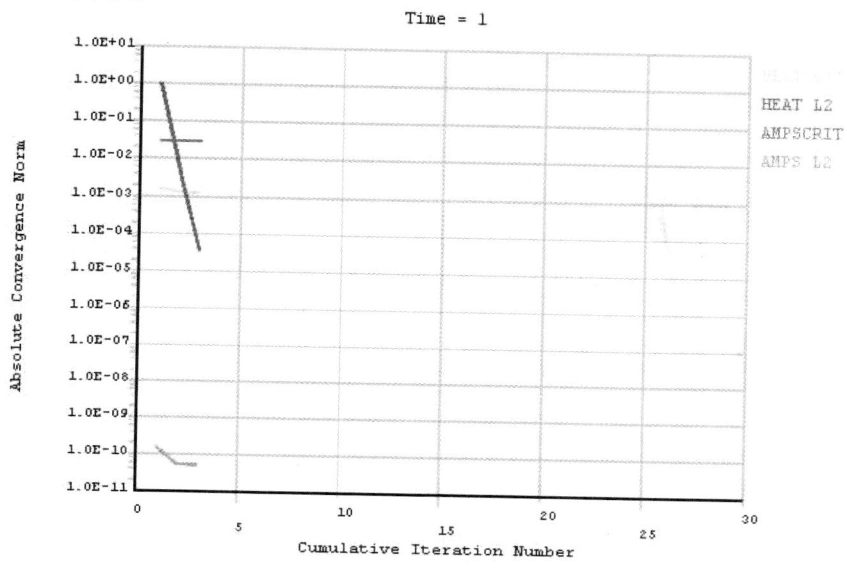

图 18-25 第一次求解的迭代曲线

2. 反问题求解

1）执行 ANSYS Main Menu > Solution > Define Loads > Delete > Thermal > Temperature > On Nodes 命令，打开 Delete TEMP on Nodes 对话框，在文本框中输入 NC，单击 OK 按钮打开 Delete Node Constraints 对话框，如图 18-26 所示。

在 LabDOFs to be deleted 下拉列表框中选择 TEMP 选项，单击 OK 按钮关闭该对话框。

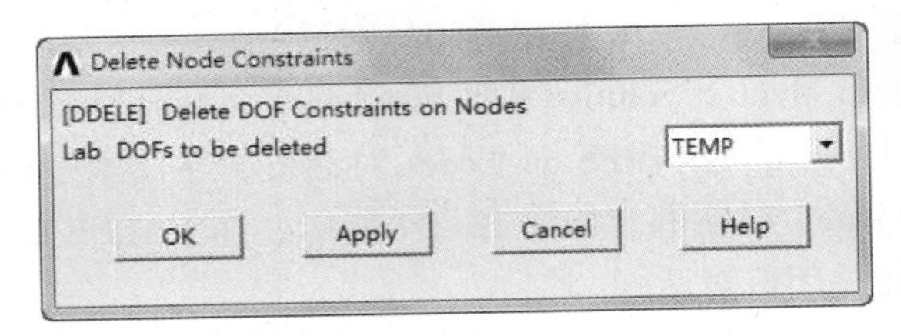

图 18-26　Delete Node Constraints 对话框

2）执行 ANSYS Main Menu > Solution > Define Loads > Apply > Thermal > Heat Flow > On Nodes 命令，打开 Apply HEAT on Nodes 对话框，在文本框中输入 NC，单击 OK 按钮打开 Apply Heat on Nodes 对话框，如图 18-27 所示。在 Lab DOFs to be Constraints 下拉列表框中选择 HEAT 选项，在 VALUE Load HEAT value 文本框中输入 QC，其余选项采用系统默认设置，单击 OK 按钮关闭该对话框。

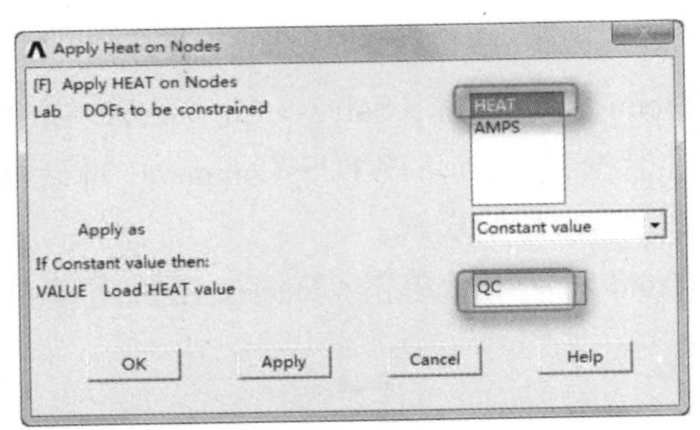

图 18-27　Apply Heat on Nodes 对话框

3）执行 ANSYS Main Menu > Solution > Solve > Current LS 命令，打开/STATUS Command 和 Solve Current Load Step 对话框，关闭/STATUS Command 对话框，单击 Solve Current Load Step 对话框中的 OK 按钮，ANSYS 开始求解。

4）求解结束后，打开 Note 对话框，单击 Close 按钮关闭该对话框。

注意：

两次求解的结果是一样的，读者可以进行两次后处理，以验证求解是否正确。

18.4.3 后处理

1）执行 ANSYS Main Menu > General Postproc > Read Results > Last Set 命令。

2）执行 ANSYS Main Menu > General Postproc > Plot Results > Contour Plot > Nodal Solu 命令，打开 Contour Nodal Solution Date 对话框。在 Item to be contoured 列表框中选择 Nodal Solution > DOF Solution > Nodal Temperature 命令，单击 OK 按钮关闭该对话框，ANSYS 窗口将

显示温度场分布等值线图，如图 18-28 所示。

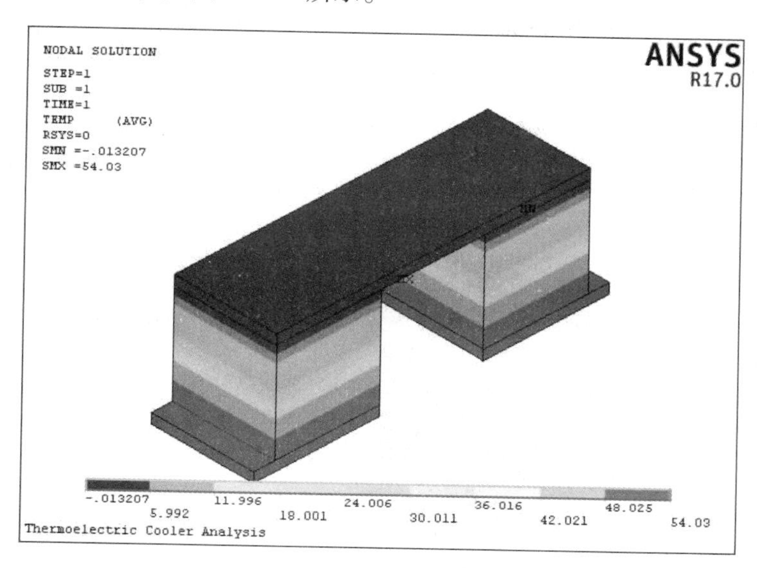

图 18-28 温度场分布等值线图

3）执行 ANSYS Main Menu > General Postproc > Plot Results > Contour Plot > Nodal Solu 命令，打开 Contour Nodal Solution Date 对话框。在 Item to be contoured 列表框中选择 Nodal Solution > DOF Solution > Electriic potential 命令，单击 OK 按钮关闭该对话框，ANSYS 窗口将显示电势分布等值线图，如图 18-29 所示。

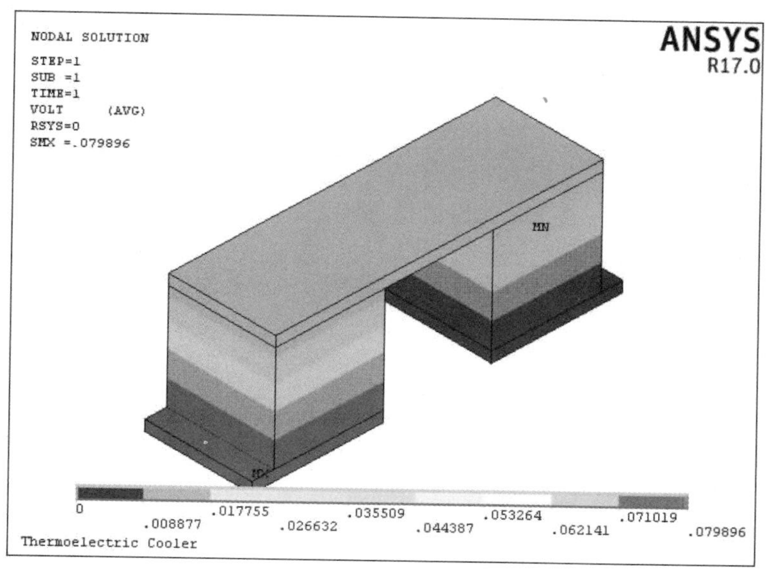

图 18-29 电势分布等值线图

4）执行 ANSYS Main Menu > General Postproc > Plot Results > Contour Plot > Nodal Solu 命令，打开 Contour Nodal Solution Date 对话框。在 Item to be contoured 列表框中选择 Nodal So-

lution > Conduction Current Density > Conduction current density vector sum 命令，单击 OK 按钮关闭该对话框，ANSYS 窗口将显示传导电流密度分布等值线图，如图 18-30 所示。

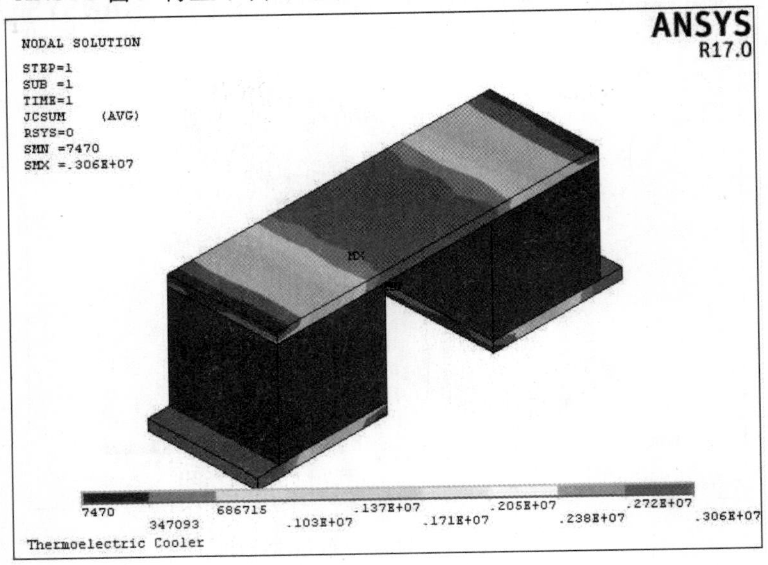

图 18-30　传导电流密度分布等值线图

18.4.4 命令流方式

略，见随书网盘资源电子文档。

18.5　实例——机电系统电路耦合分析实例

本实例分析的是由静电传感器和机械谐振器组成的微机械系统，如图 18-31 所示。图中的弹簧 K1、质量 M1 和阻尼器 D1 代表机械谐振器，EMT1 代表静电传感器。静电传感器的脉冲激励电压如图 18-32 所示。此例需要输入的参数，平板面积为 1×10^{8} μm²；初始间隙为 150 μm；相对介电常数为 1；质量为 1×10^{-4} kg；弹簧刚度系数为 200 μN/μm；阻尼系数为 40×10^{-3} μNs/μm。计算机械谐振器的时间瞬时位移。

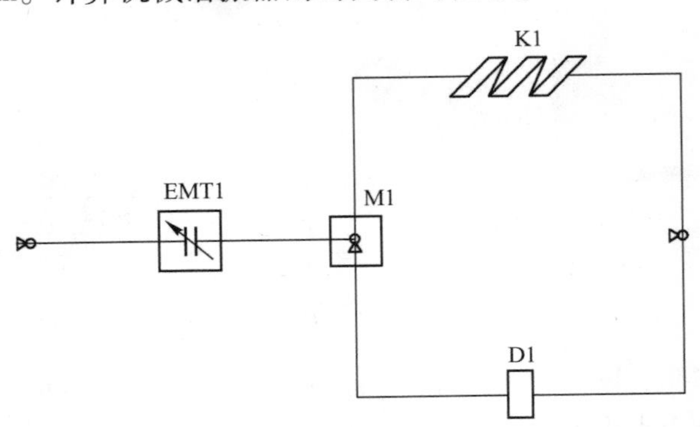

图 18-31　静电传感器和机械谐振器模型

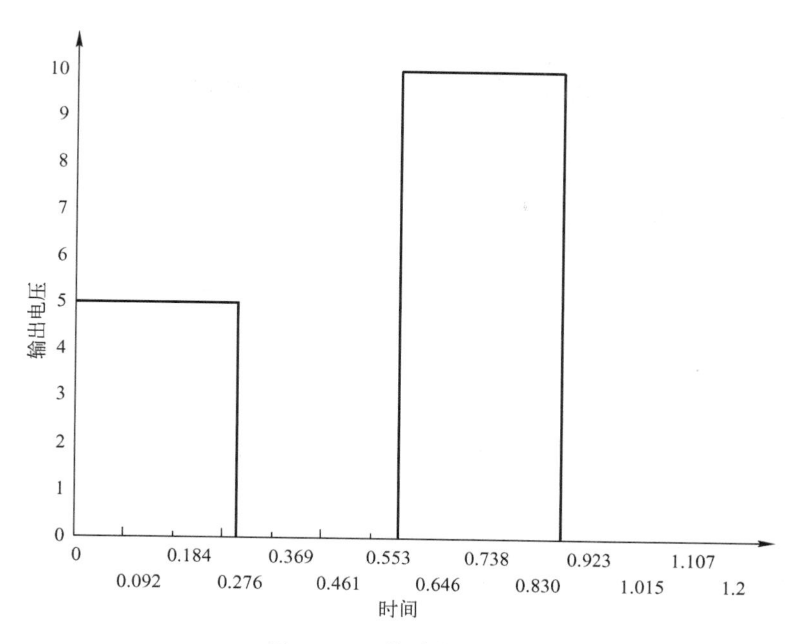

图 18-32 脉冲激励电压

18.5.1 前处理

1. 定义工作文件名和工作标题

1）执行菜单栏中 File > Change Jobname 命令，打开 Change Jobname 对话框，在对话框的文本框中输入工作文件名 exercise1，使 NEW log and error files 保持 Yes 状态，单击 OK 按钮关闭对话框。

2）执行菜单栏中的 File > Change Title 命令，打开 Change Title 对话框，在对话框中输入工作标题 Transient response of an electrostatic transducer - resonator，单击 OK 按钮关闭对话框。

2. 定义单元类型

1）执行 ANSYS Main Menu > Preprocessor > Element Type > Add/Edit/Delete 命令，打开 Element Types 对话框，如图 18-33 所示。

2）单击 Add 按钮，打开 Library of Element Types 对话框，如图 18-34 所示。在 Library of Element Types 两个下拉列表框中分别选择 Coupled Field 和 Transducer 126 选项，在 Element type reference number 文本框中输入 1，单击 OK 按钮关闭 Library of Element Types 对话框。

3）单击“Add”按钮，打开 Library of Element Types 对话框，如图 18-34 所示。在 Library of Element Types 两个下拉列表框中分别选择 Structual Mass 和 3D mass 21 选项，在 Element type reference number 文本框中输入 2，单击 OK 按钮关闭 Library of Element Types 对话框。

4）在 Defined Element Types 列表框中选择 Type 2 MASS21 选项，单击 Options 按钮，打开 MASS21 element type options 对话框，如图 18-35 所示。在 Rotary intertia options K3 下拉列表框中选择 2 - D w/o rot iner 选项，其余选项采用系统默认设置，单击 OK 按钮关闭该对话框。

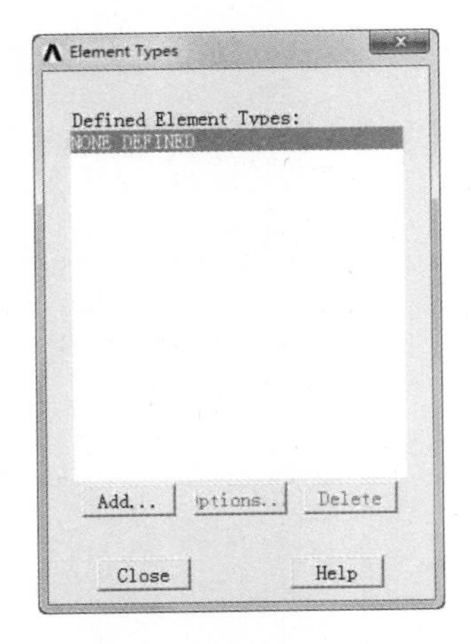

图 18-33　Element Types 对话框

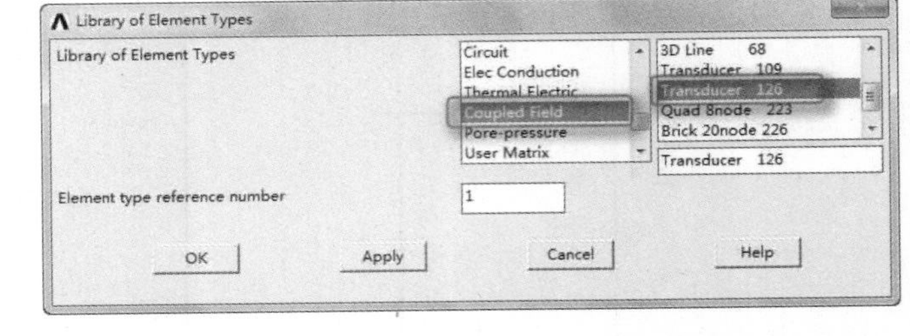

图 18-34　Library of Element Types 对话框

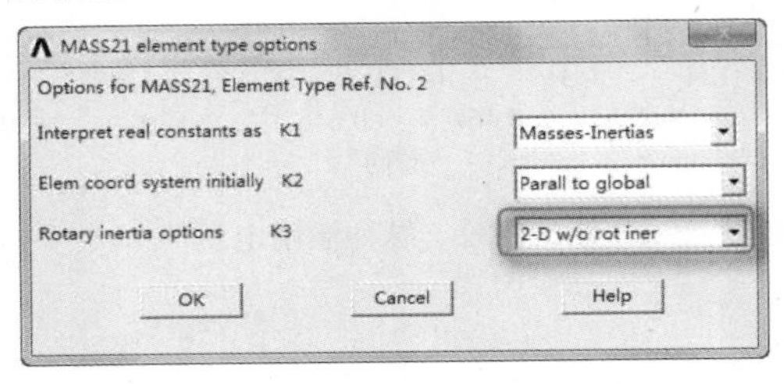

图 18-35　MASS21 element type options 对话框

5）单击 Add 按钮，打开 Library of Element Types 对话框，如图 18-34 所示。在 Library of Element Types 两个下拉列表框中选择 Combination 和 Spring - damper 14 选项，在 Element type reference number 文本框中输入 3，单击 OK 按钮关闭 Library of Element Types 对话框。

6）在 Defined Element Types 下拉列表框中选择 Type 3 COMBIN14 选项，单击 Options 按钮，打开 COMBIN14 element type options 对话框，如图 18-36 所示。在 DOF select for 1D behavior K2 下拉列表框中选择 Longitude UX DOF 选项，其余选项采用系统默认设置，单击 OK 按钮关闭该对话框。

7）单击 Add 按钮，打开 Library of Element Types 对话框，如图 18-34 所示。在 Library of Element Types 两个下拉列表框中分别选择 Combination 和 Spring - damper 14 选项，在 Element type reference number 文本框中输入 4，单击 OK 按钮关闭 Library of Element Types 对话框。

8）在 Defined Element Types 列表框中选择 Type 4 COMBIN14 选项，单击 Options 按钮，打开 COMBIN14 element type options 对话框，如图 18-36 所示。在 DOF select for 1D behavior K2 下拉列表框中选择 Longitude UX DOF 选项，其余选项采用系统默认设置，单击 OK 按钮关闭该对话框。

9）单击 Close 按钮关闭 Element Types 对话框。

3. 定义实常数并建立模型

1）执行 ANSYS Main Menu > Preprocessor > Real Constants > Add/Edit/Delete 命令，打开 Real Constants 对话框，如图 18-37 所示。

2）单击 Add 按钮打开 Element Type for Real Constants 对话框，在 Choose element type 列表框中选择 Type 1 TRANS126 选项，如图 18-38 所示。

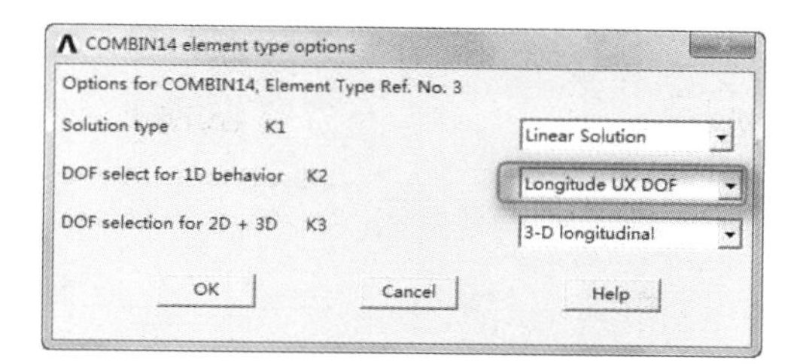

图 18-36　COMBIN14 element type options 对话框

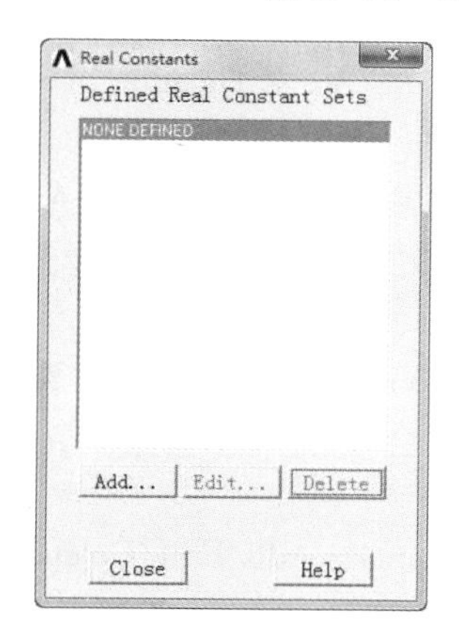

图 18-37　Real Constants 对话框

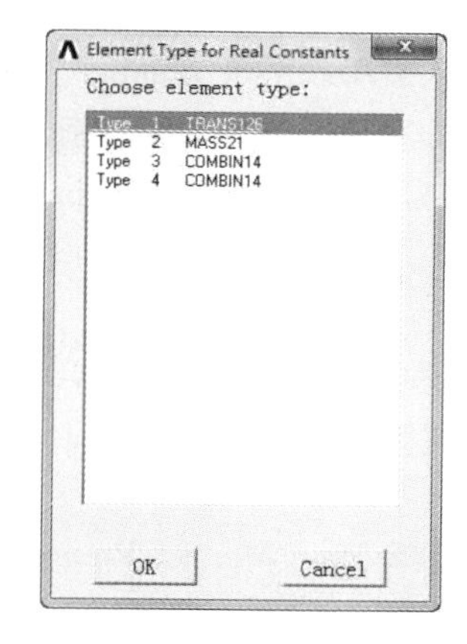

图 18-38　Element Type for Real Constants 对话框

3）单击 OK 按钮打开 Real Constant Set Number 1，for EMT 126 对话框，如图 18-39 所示。在 Initial gap GAP 文本框输入 150，其余选项采用系统默认设置。

4）单击 OK 按钮打开 Real Constant Set Number 1，for EMT 126 对话框，如图 18-40 所示。在 Eqn constant C0 C0 文本框输入 8. 854e2，其余选项采用系统默认设置，单击 OK 按钮关闭该对话框，单击 Close 按钮关闭 Real Constants 对话框。

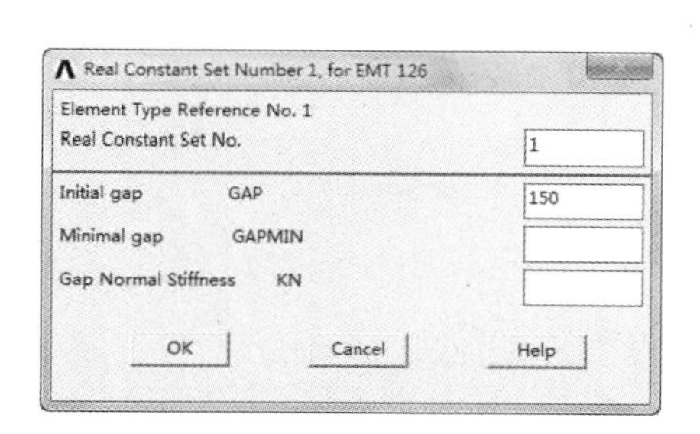

图 18-39　Real Constant Set Number 1，for EMT 126 对话框 1

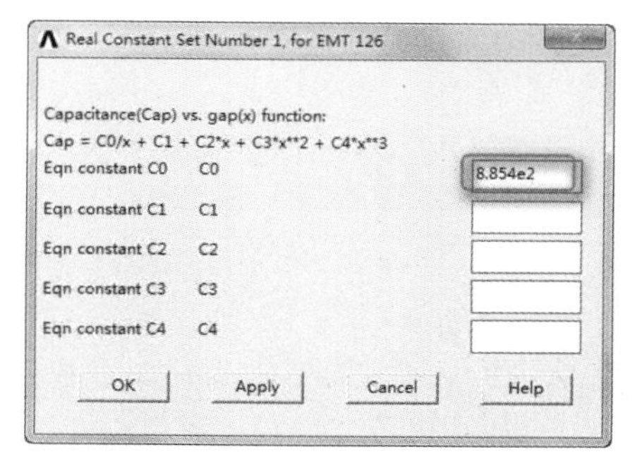

图 18-40　Real Constant Set Number 1，for EMT 126 对话框 2

5）执行 ANSYS Main Menu > Preprocessor > Modeling > Create > Nodes > In Active CS 命令，打开 Create Nodes in Active Coordinate System 对话框，如图 18-41 所示。在 NODE Node number 文本框输入 1，在"X，Y，Z Location in active CS"文本框中输入 0，0。

6）单击 Apply 按钮会再次打开 Create Nodes in Active Coordinate System 对话框，如

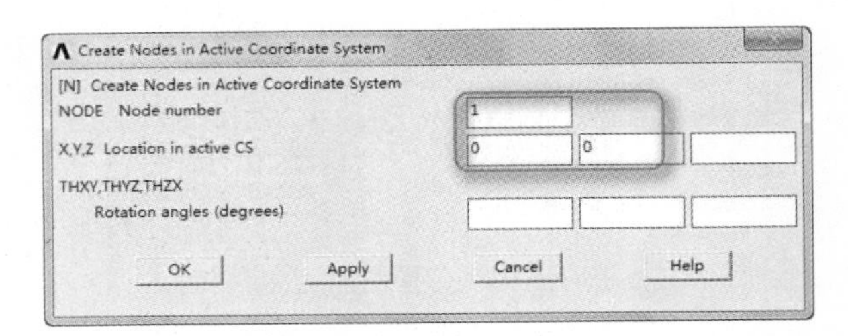

图 18-41　Create Nodes in Active Coordinate System 对话框

图 18-41所示。在 NODE Node number 文本框输入2，在“X，Y，Z Location in active CS”文本框中依次输入0.1，0，单击 OK 按钮关闭该对话框。

7）执行 ANSYS Main Menu > Preprocessor > Modeling > Create > Elements > Auto Numbered > Thru Nodes 命令，打开 Elements from Nodes 对话框，在文本框输入1，2，单击 OK 按钮关闭该对话框。

8）执行菜单栏中的 PlotCtrls > Style > Colors > Reverse Video 命令，ANSYS 窗口将变成白色。选择菜单栏中的 Plot > Elements 命令，ANSYS 窗口会显示 EMT0 模型，如图 18-42 所示。

9）执行 ANSYS Main Menu > Preprocessor > Real Constants > Add/Edit/Delete 命令，打开 Real Constants 对话框，如图 18-37 所示。

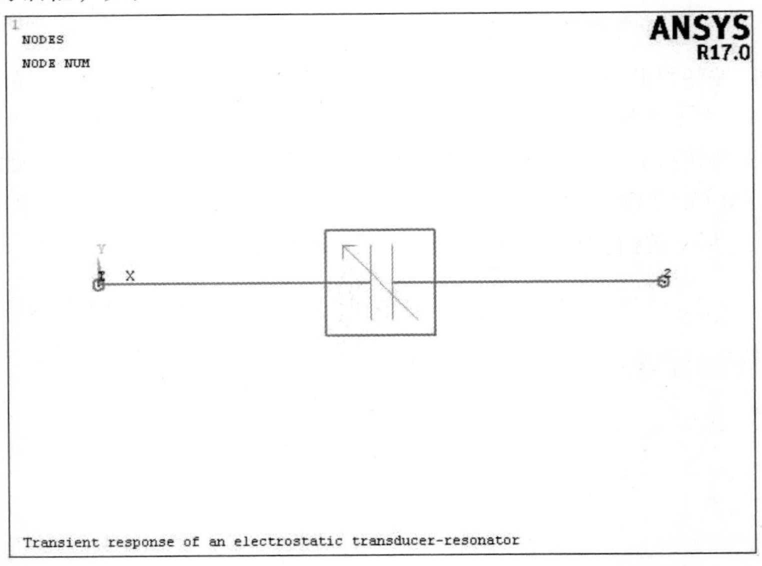

图 18-42　EMT0 模型

10）单击 Add 按钮打开 Element Type for Real Constants 对话框，在 Choose element type 列表框中选择 Type 2 MASS21 选项，如图 18-38 所示。

11）单击 OK 按钮打开 Real Constant Set Number 2，for MASS21 对话框，如图 18-43 所示。在 2 - D mass MASS 文本框输入 1e - 4，其余选项采用系统默认设置，单击 OK 按钮关闭该对话框，单击 Close 按钮关闭 Real Constants 对话框。

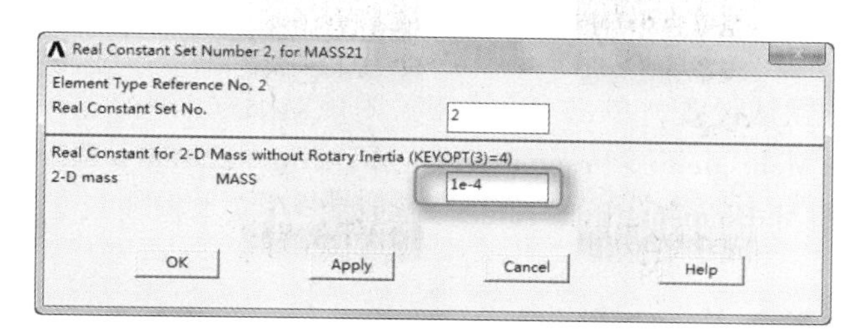

图 18-43 “Real Constant Set Number 2，for MASS21”对话框

12）执行 ANSYS Main Menu > Preprocessor > Modeling > Create > Elements > Elem Attributes 命令，打开 Element Attributes 对话框，如图 18-44 所示。在［TYPE］Element type number 下拉列表框中选择 2 MASS21 选项，在［REAL］Real constant set number 下拉列表框中选择 2，其余选项采用系统默认设置，单击 OK 按钮关闭该对话框。

13）执行 ANSYS Main Menu > Preprocessor > Modeling > Create > Elements > Auto Numbered > Thru Nodes 命令，打开 Elements from Nodes 对话框，在文本框输入 2，单击 OK 按钮关闭该对话框。

14）执行 ANSYS Main Menu > Preprocessor > Real Constants > Add/Edit/Delete 命令，打开 Real Constants 对话框，如图 18-37 所示。

15）单击 Add 按钮打开 Element Type for Real Constants 对话框，在 Choose element type 列表框中选择 Type 3 COMBIN14 选项，如图 18-38 所示。

16）单击 OK 按钮打开 Real Constant Set Number 3，for COMBIN14 对话框，如图 18-45 所示。在 Spring constant K 文本框输入 200，其余选项采用系统默认设置，单击 OK 按钮关闭该对话框，单击 Close 按钮关闭 Real Constants 对话框。

17）执行 ANSYS Main Menu > Preprocessor > Modeling > Create > Nodes > In Active CS 命令，打开 Create Nodes in Active Coordinate System 对话框，如图 18-41 所示。在 NODE Node number 文本框输入 3，在“X，Y，Z Location in active CS”文本框中依次输入 0.2，0，单击 OK 按钮关闭该对话框。

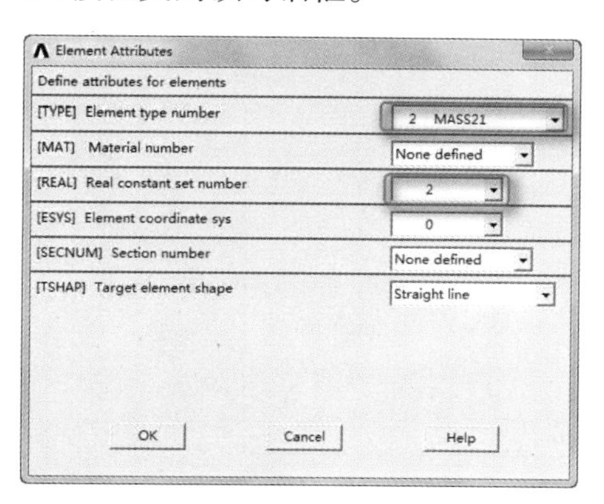

图 18-44 Element Attributes 对话框

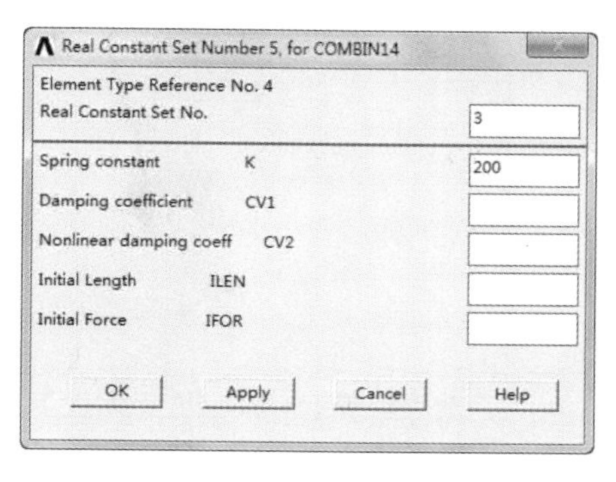

图 18-45 Real Constant Set Number 3，for COMBIN14 对话框

18）执行 ANSYS Main Menu > Preprocessor > Modeling > Create > Elements > Elem Attributes 命令，打开 Element Attributes 对话框，如图 18-44 所示。在［TYPE］Element type number 下

拉列表框中选择 3 COMBIN14 选项，在［REAL］Real constant set number 下拉列表框中选择 3，其余选项采用系统默认设置，单击 OK 按钮关闭该对话框。

19）执行 ANSYS Main Menu > Preprocessor > Modeling > Create > Elements > Auto Numbered > Thru Nodes 命令，打开 Elements from Nodes 对话框，在文本框输入 2，3，单击 OK 按钮关闭该对话框。

20）执行 ANSYS Main Menu > Preprocessor > Real Constants > Add/Edit/Delete 命令，打开 Real Constants 对话框，如图 18-37 所示。

21）单击 Add 按钮打开 Element Type for Real Constants 对话框，在 Choose element type 列表框中选择 Type 4 COMBIN14 选项，如图 18-38 所示。

22）单击 OK 按钮打开 Real Constant Set Number 4，for COMBIN14 对话框，类似于如图 18-45所示。在 Damping coefficient CV1 文本框输入 40e -3，其余选项采用系统默认设置，单击 OK 按钮关闭该对话框，单击 Close 按钮关闭 Real Constants 对话框。

23）执行 ANSYS Main Menu > Preprocessor > Modeling > Create > Elements > Elem Attributes 命令，打开 Element Attributes 对话框，如图 18-44 所示。在［TYPE］Element type number 下拉列表框中选择 4 COMBIN14 选项，在［REAL］Real constant set number 下拉列表框中选择 4，其余选项采用系统默认设置，单击 OK 按钮关闭该对话框。

24）执行 ANSYS Main Menu > Preprocessor > Modeling > Create > Elements > Auto Numbered > Thru Nodes 命令，打开 Elements from Nodes 对话框，在文本框输入 2，3，单击 OK 按钮关闭该对话框。

25）执行菜单栏中的 Plot > Elements 命令，ANSYS 窗口会显示静电传感器和机械谐振器模型，如图 18-46 所示。

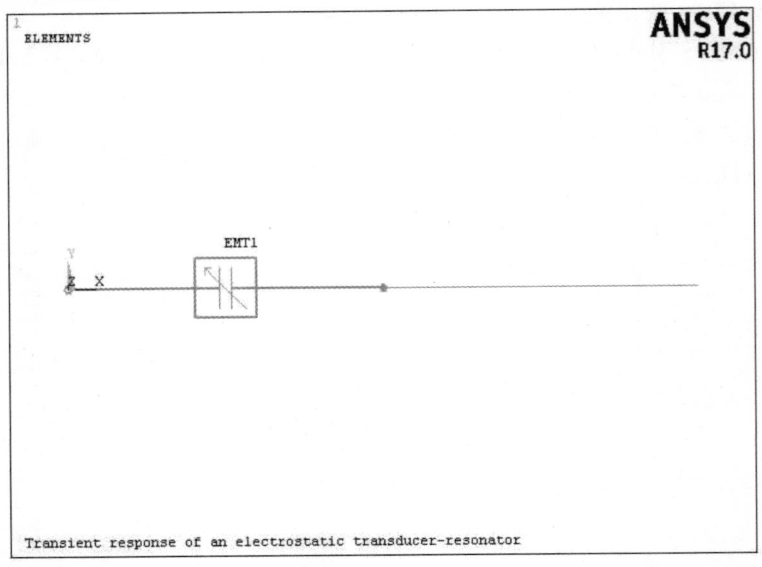

图 18-46　几何模型示意图

4. 设置边界条件

1）执行菜单栏中的 Select > Entities 命令，打开 Select Entities 对话框，如图 18-47 所示。在第一个下拉列表框中选择 Nodes 选项，在第二个下拉列表框中选择 By Num/Pick 选项，选择 From Full 单选按钮，单击 OK 按钮打开 Select nodes 对话框，如图 18-48 所示。在文本框输入 1，3，单击 OK 按钮关闭该对话框。

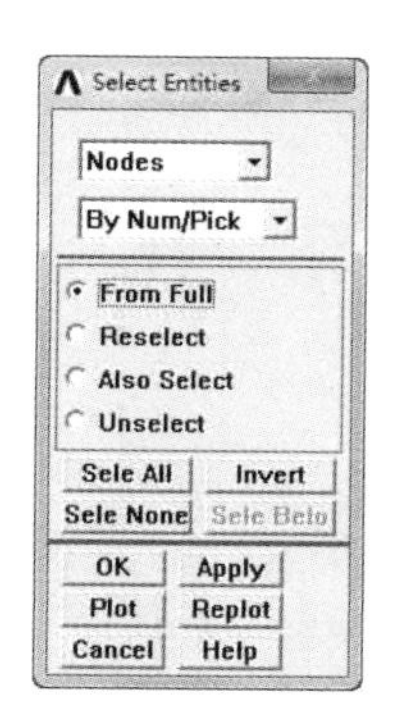

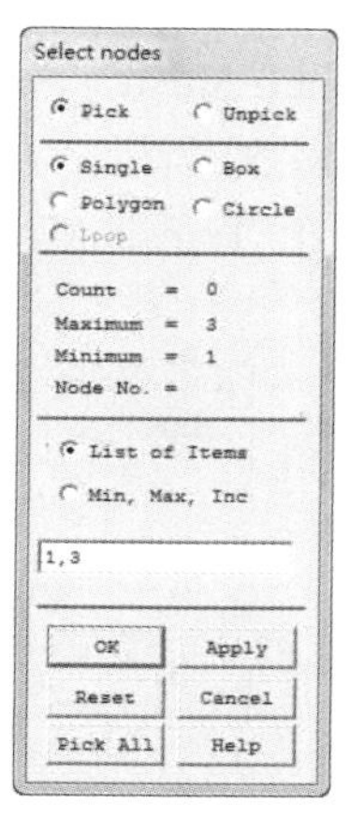

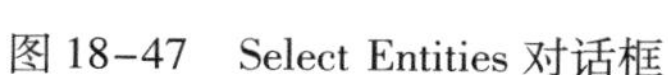

图 18-47 Select Entities 对话框　　图 18-48 Select nodes 对话框

2）执行菜单栏中的单击 ANSYS Main Menu > Preprocessor > Loads > Define Loads > Apply > Structural > Displacement > On Nodes 命令，打开 Apply U，Rot on Nodes 对话框，单击 Pick All 按钮打开 Apply U，Rot on Nodes 对话框，如图 18-49 所示。在“Lab2 DOFs to be constrained”下拉列表框中选择 UX 选项，在 VALUE Displacement value 文本框输入 0，单击 OK 按钮关闭该对话框。

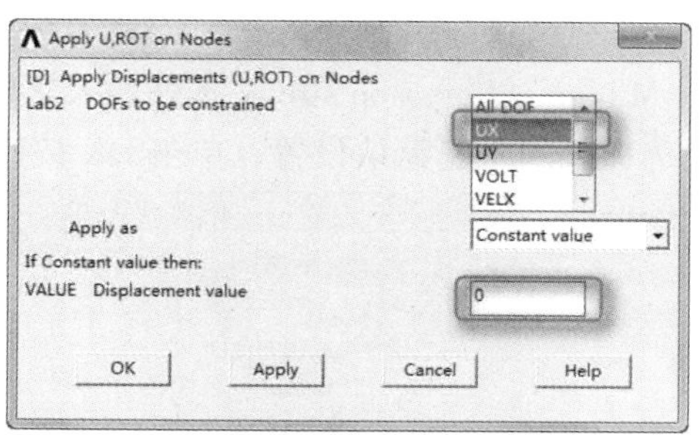

图 18-49 Apply U，Rot on Nodes 对话框

3）执行菜单栏中的 Select > Everything 命令。

4）执行 ANSYS Main Menu > Preprocessor > Loads > Define Loads > Apply > Structural > Displacement > On Nodes 命令，打开 Apply U，Rot on Nodes 对话框，在文本框输入 1，单击 OK 按钮打开 Apply U，Rot on Nodes 对话框，如图 18-49 所示。在 Lab2 DOFs to be constrained 列表框中选择 VOLT 选项，在 VALUE Displacement value 文本框输入 0，单击 OK 按钮关闭该对话框。

5）执行 ANSYS Main Menu > Preprocessor > Loads > Define Loads > Apply > Structural > Displacement > On Nodes 命令，打开 Apply U，Rot on Nodes 对话框，在文本框输入 2，单击 OK 按钮打开 Apply U，Rot on Nodes 对话框，如图 18-49 所示。在 Lab2 DOFs to be constrained 列表框中选择 UY 选项，在 VALUE Displacement value 文本框输入 0，单击 OK 按钮关闭该对话框。

18.5.2 求解

1）执行 ANSYS Main Menu > Solution > Analysis Type > New Analysis 命令，打开 New Analysis 对话框，如图 18-50 所示。在［ANTYE］Type of analysis 选项组中选择 Transient 单选按钮，单击 OK 按钮打开 Transient Analysis 对话框，采用系统默认设置，单击 OK 按钮关闭该对话框。

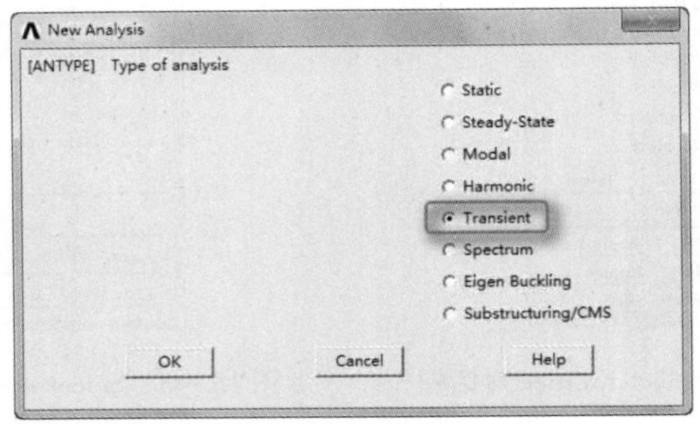

图 18-50 New Analysis 对话框

2）执行 ANSYS Main Menu > Solution > Load Step Opts > Time/Frequenc > Time - Time Step 命令，打开 Time - Time Step Options 对话框，如图 18-51 所示。在［TIME］Time at end of load step 文本框输入 0.03，在［DELTIM］Time step size 文本框输入 0.0005，在［KBC］Stepped or ramped 选项组中选择 Stepped 单选按钮，使［AUTOTS］Automatic time stepping 保持 ON 状态，在［DELTIM］Minimum time step size 文本框输入 0.0001，在 Maximum time step size 文本框输入 0.01，其余选项采用系统默认设置，单击 OK 按钮关闭该对话框。

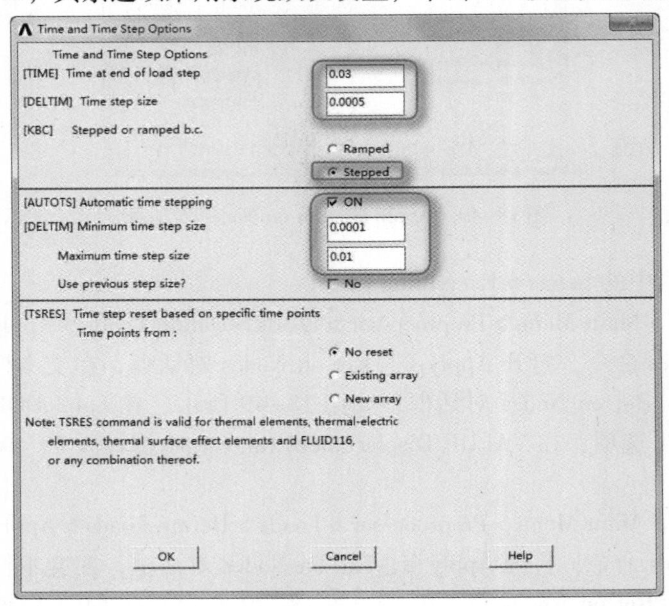

图 18-51 Time - Time Step Options 对话框

3）执行 ANSYS Main Menu > Solution > Define Loads > Apply > Structural > Displacement > On Nodes 命令，打开 Apply U，Rot on Nodes 对话框，在文本框输入 2，单击 OK 按钮打开 Apply U，Rot on Nodes 对话框，如图 18-49 所示。在 Lab2 DOFs to be constrained 下拉列表框中选择 VOLT 选项，在 VALUE Displacement value 文本框输入 5，单击 OK 按钮关闭该对话框。

4）执行 ANSYS Main Menu > Solution > Load Step Opts > Output Ctrls > DB/Results File 命令，打开 Controls for Database and Results File Writing 对话框，如图 18-52 所示。在 Item Item to be controlled 下拉列表框中选择 All items 选项，在 FREQ File write frequency 选项组中选择 Every substep 单选按钮，其余选项采用系统默认设置，单击 OK 按钮关闭该对话框。

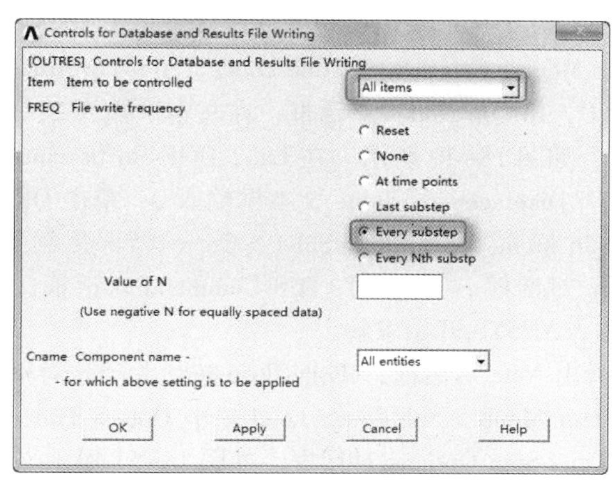

图 18-52　Controls for Database and Results File Writing 对话框

5）执行 ANSYS Main Menu > Solution > Load Step Opts > Nonlinear > Convergence Crit 命令，打开 Default Nonlinear Convergence Criteria 对话框，单击 Replace 按钮打开 Nonlinear Convergence Criteria 对话框，如图 18-53 所示。在 Lab Convergence is based on 两个下拉列表框中分别选择 Structual > Force F 选项，在 VALUE Reference value of lab 文本框输入 1，其余选项采用系统默认设置，单击 OK 按钮关闭该对话框，单击 Close 按钮关闭 Default Nonlinear Convergence Criteria 对话框。

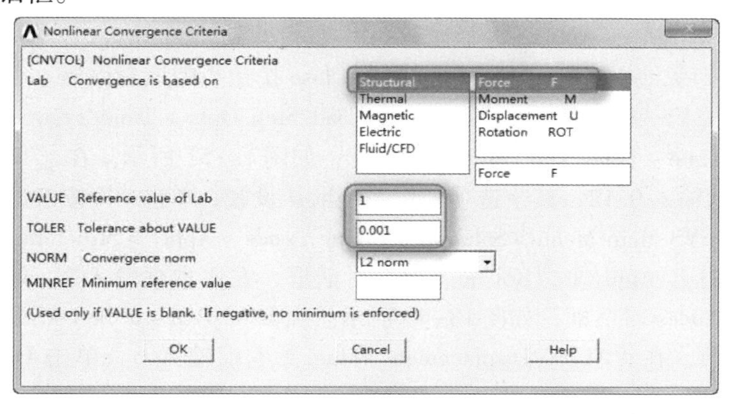

图 18-53　Nonlinear Convergence Criteria 对话框

6）执行 ANSYS Main Menu > Solution > Solve > Current LS 命令，打开 STATUS Command 和 Solve Current Load Step 对话框。关闭/STATUS Command 对话框，单击 Solve Current Load Step 对话框中的 OK 按钮，ANSYS 开始求解。

注意：

单击 OK 按钮之后打开 Verify 对话框，单击 Yes 按钮即可。

7）求解结束后，弹出 Note 对话框，单击 Close 按钮关闭该对话框。

8）执行 ANSYS Main Menu > Solution > Load Step Opts > Time/Frequenc > Time – Time Step 命令，打开 Time – Time Step Options 对话框，如图 18-51 所示。在［TIME］Time at end of load step 文本框输入 0.06，其余选项采用系统默认设置，单击 OK 按钮关闭该对话框。

9）执行 ANSYS Main Menu > Solution > Define Loads > Apply > Structural > Displace ment > On Nodes 命令，打开 Apply U，Rot on Nodes 对话框，在文本框输入 2，单击 OK 按钮打开 Apply U，Rot on Nodes 对话框，如图 18-49 所示。在 Lab2 DOFs to be constrained 下拉列表框中选择 VOLT 选项，在 VALUE Displacement value 文本框输入 0，单击 OK 按钮关闭该对话框。

10）执行 ANSYS Main Menu > Solution > Solve > Current LS 命令，打开 STATUS Command 和 Solve Current Load Step 对话框，关闭/STATUS Command 对话框，单击 Solve Current Load Step 对话框中的 OK 按钮，ANSYS 开始求解。

11）求解结束后，弹出 Note 对话框，单击 Close 按钮关闭该对话框。

12）执行 ANSYS Main Menu > Solution > Load Step Opts > Time/Frequenc > Time – Time Step 命令，打开 Time – Time Step Options 对话框，如图 18-51 所示。在［TIME］Time at end of load step 文本框输入 0.09，其余选项采用系统默认设置，单击 OK 按钮关闭该对话框。

13）执行 ANSYS Main Menu > Solution > Define Loads > Apply > Structural > Displace ment > On Nodes 命令，打开 Apply U，Rot on Nodes 对话框，在文本框输入 2，单击 OK 按钮打开 Apply U，Rot on Nodes 对话框，如图 18-49 所示。在 Lab2 DOFs to be constrained 下拉列表框中选择 VOLT 选项，在 VALUE Displacement value 文本框输入 10，单击 OK 按钮关闭该对话框。

14）执行 ANSYS Main Menu > Solution > Solve > Current LS 命令，打开 STATUS Command 和 Solve Current Load Step 对话框，关闭/STATUS Command 对话框，单击 Solve Current Load Step 对话框中的 OK 按钮，ANSYS 开始求解。

15）求解结束后，弹出 Note 对话框，单击 Close 按钮关闭该对话框。

16）执行 ANSYS Main Menu > Solution > Load Step Opts > Time/Frequenc > Time – Time Step 命令，打开 Time – Time Step Options 对话框，如图 18-51 所示。在［TIME］Time at end of load step 文本框输入 0.12，其余选项采用系统默认设置，单击 OK 按钮关闭该对话框。

17）执行 ANSYS Main Menu > Solution > Define Loads > Apply > Structural > Displacement > On Nodes 命令，打开 Apply U，Rot on Nodes 对话框，在文本框输入 2，单击 OK 按钮打开 Apply U，Rot on Nodes 对话框，如图 18-49 所示。在 Lab2 DOFs to be constrained 下拉列表框中选择 VOLT 选项，在 VALUE Displacement value 文本框输入 0，单击 OK 按钮关闭该对话框。

18）执行 ANSYS Main Menu > Solution > Solve > Current LS 命令，打开 STATUS Command 和 Solve Current Load Step 对话框，关闭/STATUS Command 对话框，单击 Solve Current Load

Step 对话框中的 OK 按钮，ANSYS 开始求解。

19）求解结束后，弹出 Note 对话框，单击 Close 按钮关闭该对话框。

18.5.3 后处理

1）执行 ANSYS Main Menu > TimeHist Postpro > Define Variables 命令，打开 Defined Time - History Variables 对话框，单击 Add 按钮打开 Add Time - History Variable 对话框，在 Type of variable 选项组中选择 Nodal DOF result 单选按钮，如图 18-54 所示。

2）单击 OK 按钮打开 Define Nodal Data 对话框，在文本框输入 2，单击 OK 按钮打开 Define Nodal Data 对话框，如图 18-55 所示。在 Item，Comp Data item 两个下拉列表框中分别选择 DOF solution 和 Translation UX 选项，其余选项采用系统默认设置，单击 OK 按钮关闭该对话框。

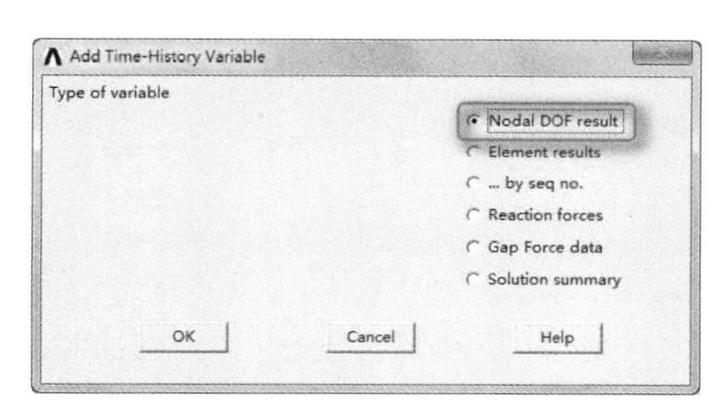

图 18-54 Add Time - History Variable 对话框

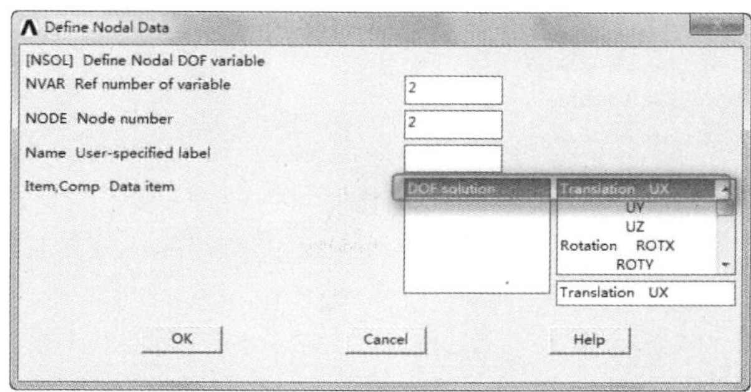

图 18-55 Define Nodal Data 对话框

注意：

若弹出其他对话框，关闭即可。

3）执行菜单栏中的 PlotCtrls > Style > Graphs > Modify Axes 命令，打开 Axes Modifications for Graph Plots 对话框，如图 18-56 所示。在［/AXLAB］X - axis label 文本框输入 Time (sec)，在［/AXLAB］Y - axis label 文本框输入 Displacement（micro meters），在［/XRANGE］X - axis range 选项组中选择 Specified range 单选按钮，在“XMIN，XMAX Specified X range”文本框依次输入 0，0.12，在［/YRANGE］Y - axis range 选项组中选择 Specified range 单选按钮，在“YMIN，YMAX Specified X range”文本框依次输入 -0.02，0.01，其余选项采用系统默认设置，单击 OK 按钮关闭该对话框。

4）执行 ANSYS Main Menu > TimeHist Postpro > Graph Variables 命令，打开 Graph Time - History Variables 对话框，如图 18-57 所示。在 NVAR1 1st variable to be graph 文本框输入 2，单击 OK 按钮关闭该对话框。

5）ANSYS 窗口会显示节点 2 上的机械谐振位移曲线，如图 18-58 所示。

18.5.4 命令流方式

略，见随书网盘资源电子文档。

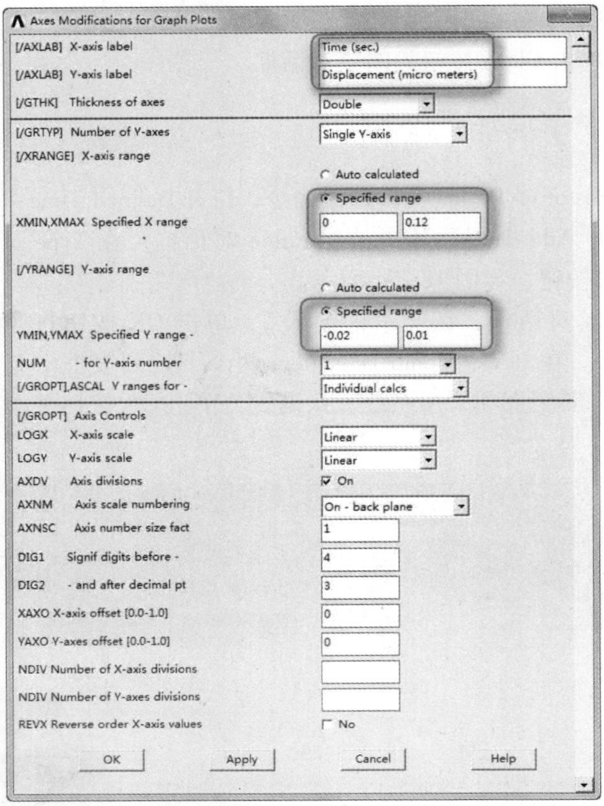

Axes Modifications for Graph Plots
[/AXLAB] X-axis label
Time (sec.)
[/AXLAB] Y-axis label
Displacement (micro meters)
[/GTHK] Thickness of axes
Double
[/GRTYP] Number of Y-axes
Single Y-axis
[/XRANGE] X-axis range
Auto calculated
Specified range
XMIN,XMAX Specified X range
0
0.12
[/YRANGE] Y-axis range
Auto calculated
Specified range
YMIN,YMAX Specified Y range -
-0.02
0.01
NUM - for Y-axis number
1
[/GROPT],ASCAL Y ranges for -
Individual calcs
[/GROPT] Axis Controls
LOGX X-axis scale
Linear
LOGY Y-axis scale
Linear
AXDV Axis divisions
On
AXNM Axis scale numbering
On - back plane
AXNSC Axis number size fact
1
DIG1 Signif digits before -
4
DIG2 - and after decimal pt
3
XAXO X-axis offset [0.0-1.0]
0
YAXO Y-axes offset [0.0-1.0]
0
NDIV Number of X-axis divisions
NDIV Number of Y-axes divisions
REVX Reverse order X-axis values
No
OK
Apply
Cancel
Help

图 18-56　Axes Modifications for Graph Plots 对话框

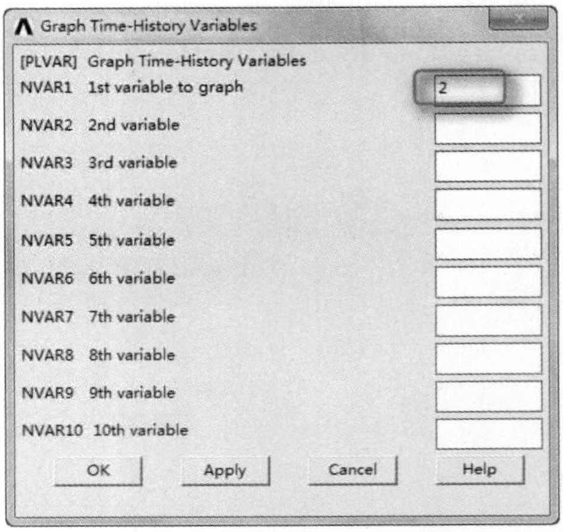

Graph Time-History Variables
[PLVAR] Graph Time-History Variables
NVAR1 1st variable to graph
2
NVAR2 2nd variable
NVAR3 3rd variable
NVAR4 4th variable
NVAR5 5th variable
NVAR6 6th variable
NVAR7 7th variable
NVAR8 8th variable
NVAR9 9th variable
NVAR10 10th variable
OK
Apply
Cancel
Help

图 18-57　Graph Time - History Variables 对话框

POST26
UX
ANSYS
R17.0
(x10**-2)
1
.7
.4
.1
-.2
-.5
-.8
-1.1
-1.4
-1.7
-2
Displacement (micro meters)
0
.012
.024
.036
.048
.06
.072
.084
.096
.108
.12
Time (sec.)
Transient response of an electrostatic transducer-resonator

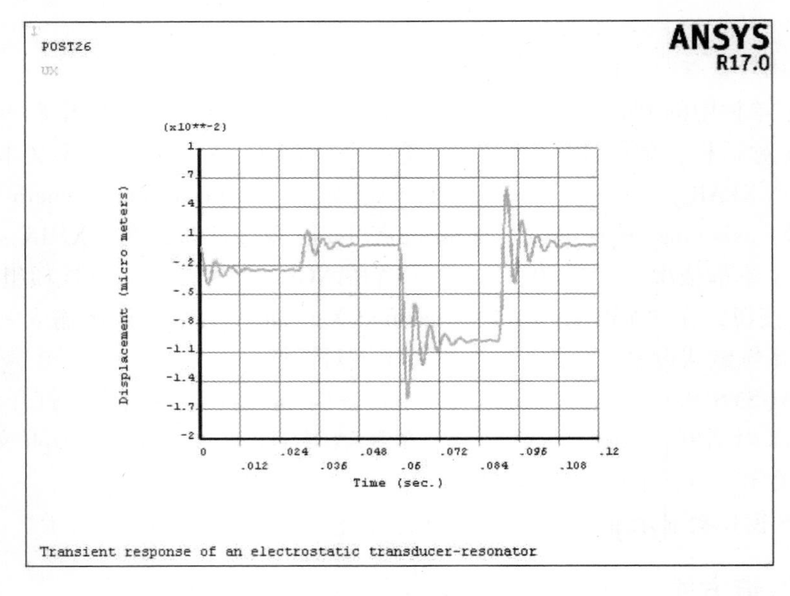

图 18-58　机械谐振位移曲线